내가 뽑은 원픽! 최신 출제경향에 맞춘 최고의 수험서

2026
자동차정비
기능사 필기

+전과목 무료동영상

이병근 편저

카페 닉네임

도서 구매자들에게만 드리는 특별한 혜택

예문에듀 단독
저자 직강이 0원 강의료

총 44강 이론부터 모의고사까지 모두 제공!

혜택 1 저자따로 강사따로? **NO!**

총 44강! 이병근 저자 직강을 무료로 모두 제공!

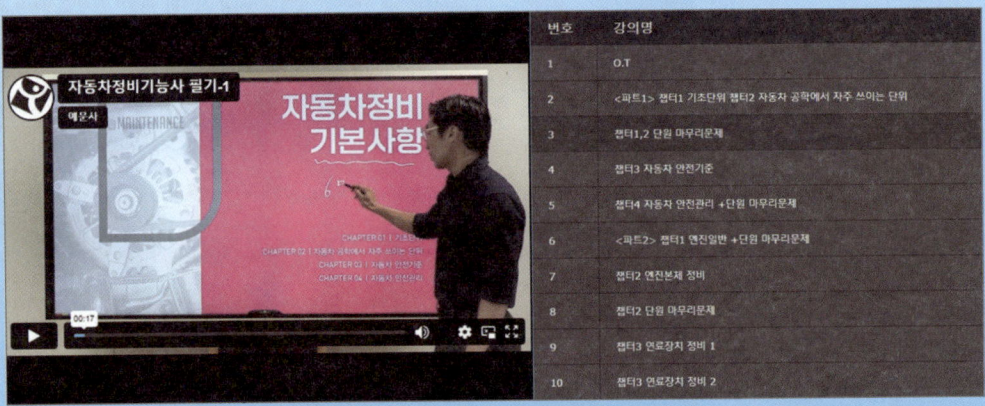

평균 기능사 합격률 48%, 자동차정비 합격률 36%?
예문에듀와 함께라면

합격 확률 100%

연도	기능사 전체 필기 합격률(%)	자동차정비기능사 필기 합격률(%)
2019	46.8	39.1
2020	52.3	45.1
2021	52.1	41.1
2022	51.1	34.8
2023	50.1	38
2024	48	36.8

※ 출처 : 한국산업인력공단(2025), 국가기술자격통계연보

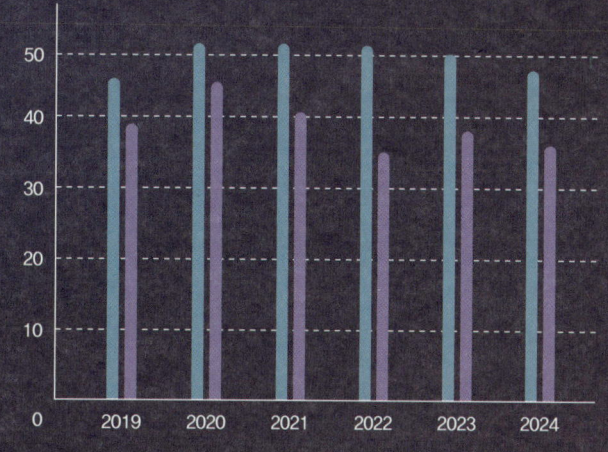

혜택 2 타사와 가격비교? NO!

교재 구매만으로 강의까지 모두 즐기며 합격을 향해 GO!

교재 구매 시 강의 무료 제공

- 교재+강의비 S사 : 18.5만 원
- 교재+강의비 E사 : 20만 원
- 교재+강의비 N사 : 17만 원
- 교재 구매 시 강의 무료 예문 에듀 : 3만 원

혜택 3 컴퓨터 시험에 대한 걱정? NO!

예문에듀만의 온라인 CBT 모의고사를 통해 실전감각 UP!

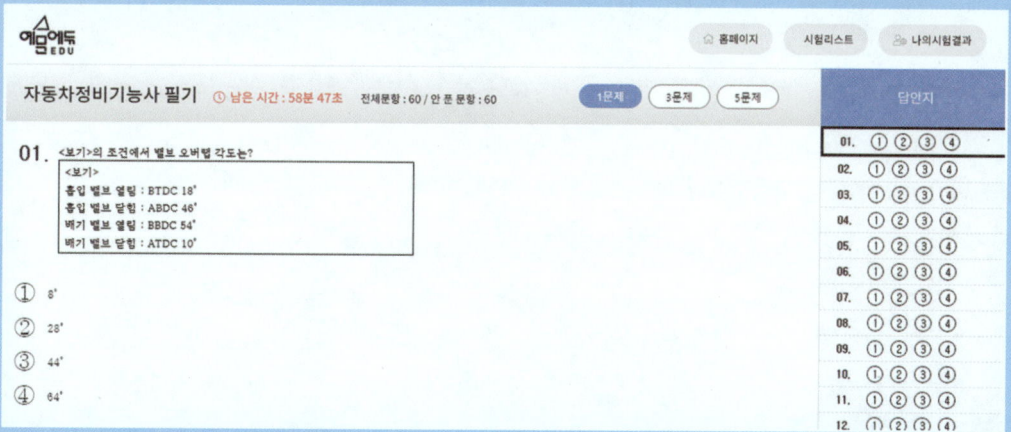

머리말

자동차 산업은 가솔린, 디젤, LPG 자동차를 단계적으로 발전시켰고, 더 나아가 환경까지 생각한 친환경 자동차(하이브리드, 전기, 수소 자동차 등)를 개발하고 활성화하는 데 집중을 하고 있습니다. 이러한 시장흐름을 반영하여 한국산업인력공단에서는 국가직무능력표준(NCS)에 맞추어 출제기준을 새롭게 개편하였습니다.

출제기준이 개편됨에 따라 기존 자동차정비에 관련한 이론과 NCS 학습모듈의 내용이 합쳐 출제되는 경향을 보이고 있습니다. 이에 따라 기존의 단순 암기, 기출문제 위주 학습으로는 시험 합격에 어려움을 겪는 분들이 많아졌습니다.

이러한 문제점을 해결하기 위해 본교에서 가르친 학생들을 대상으로 기초이론은 물론 어렵게 느껴지는 부분, 쉽게 놓치고 실수하는 부분을 파악하고 반영하여 새롭게 핵심이론을 정리하였습니다. 또한, 정기 기능사 1~4회에 출제된 문제들을 모두 파악하여 출제 가능성이 높은 문제만 선별하여 기출복원문제 및 실전모의고사를 수록하였습니다.

이 책은 자동차의 이론지식을 배우고 자격증을 취득하고자 하는 분들께 도움이 되고자 자동차 공학의 기초부터 엔진, 전기·전자장치, 섀시 파트의 지식을 다양하게 수록하였고, 다양한 도표와 사진을 수록하여 더욱 쉽게 학습할 수 있도록 집필하였습니다.

자동차정비기능사 필기를 준비하시는 수험생 여러분, 목적지까지 가는 길은 여러 가지입니다. 빙빙 돌아가는 길도 빠른 지름길도 있습니다. 아무리 좋은 차를 타도 빙빙 돌아간다면 오랜 시간과 노력이 필요합니다. 이 교재가 수험생들의 자동차정비기능사 필기 합격으로 가는 지름길이 되길 진심으로 바랍니다. 감사합니다.

저자 이병근

시험 가이드 / GUIDE

개요

자동차정비는 자동차의 기계상의 결함이나 사고 등 여러 가지 이유로 정상적으로 운행되지 못할 때 원인을 찾아내어 정비하는 것을 말한다. 최근 운행 자동차 수의 증가로 정비의 필요성이 증가함에 따라 산업현장에서 자동차정비의 효율성 및 안정성 확보를 위한 제반 환경을 조성하기 위해 정비분야 기능인력 양성이 필요하다.

시험정보

① 시행처 : 한국산업인력공단
② 관련학과 : 고등학교, 대학 및 전문대학의 자동차 관련학과
③ 시험과목(필기) : 자동차 엔진, 섀시, 전기·전자장치 정비 및 안전관리
④ 검정방법(필기) : 객관식 4지 택일형 60문항(60분)
  ※ 합격 기준 : 100점을 만점으로 하여 60점 이상
⑤ 필기시험 수수료 : 14,500원

검정현황

연도	필기			실기		
	응시(명)	합격(명)	합격률(%)	응시(명)	합격(명)	합격률(%)
2024	13,605	5,004	36.8	6,367	4,435	69.7
2023	13,542	5,142	38	6,486	4,634	71.4
2022	12,221	4,250	34.8	5,815	4,122	70.9
2021	14,935	6,138	41.1	8,385	5,703	68
2020	12,620	5,695	45.1	8,541	5,851	68.5
2019	18,044	7,061	39.1	11,223	6,864	61.2

출제기준

1. 충전장치 정비	• 충전장치 점검 · 진단 • 충전장치 검사	• 충전장치 수리 • 충전장치 교환
2. 시동장치 정비	• 시동장치 점검 · 진단 • 시동장치 교환	• 시동장치 수리 • 시동장치 검사
3. 편의장치 정비	• 편의장치 점검 · 진단 • 편의장치 수리 • 편의장치 검사	• 편의장치 조정 • 편의장치 교환
4. 등화장치 정비	• 등화장치 점검 · 진단 • 등화장치 교환	• 등화장치 수리 • 등화장치 검사
5. 엔진 본체 정비	• 엔진본체 점검 · 진단 • 엔진본체 수리 • 엔진본체 검사	• 엔진본체 관련 부품 조정 • 엔진본체 관련 부품 교환
6. 윤활장치 정비	• 윤활장치 점검 · 진단 • 윤활장치 교환	• 윤활장치 수리 • 윤활장치 검사
7. 연료장치 정비	• 연료장치 점검 · 진단 • 연료장치 교환	• 연료장치 수리 • 연료장치 검사
8. 흡 · 배기 장치 정비	• 흡 · 배기장치 점검 · 진단 • 흡 · 배기장치 교환	• 흡 · 배기장치 수리 • 흡 · 배기장치 검사
9. 클러치 · 수동변속기 정비	• 클러치 · 수동변속기 점검 · 진단 • 클러치 · 수동변속기 수리 • 클러치 · 수동변속기 검사	• 클러치 · 수동변속기 조정 • 클러치 · 수동변속기 교환
10. 드라이브라인 정비	• 드라이브라인 점검 · 진단 • 드라이브라인 수리 • 드라이브라인 검사	• 드라이브라인 조정 • 드라이브라인 교환
11. 휠 · 타이어 · 얼라인먼트 정비	• 휠 · 타이어 · 얼라인먼트 점검 · 진단 • 휠 · 타이어 · 얼라인먼트 수리 • 휠 · 타이어 · 얼라인먼트 검사	• 휠 · 타이어 · 얼라인먼트 조정 • 휠 · 타이어 · 얼라인먼트 교환
12. 유압식 제동장치 정비	• 유압식 제동장치 점검 · 진단 • 유압식 제동장치 수리 • 유압식 제동장치 검사	• 유압식 제동장치 조정 • 유압식 제동장치 교환
13. 엔진점화장치 정비	• 엔진점화장치 점검 · 진단 • 엔진점화장치 수리 • 엔진점화장치 검사	• 엔진점화장치 조정 • 엔진점화장치 교환
14. 유압식 현가장치 정비	• 유압식 현가장치 점검 · 진단 • 유압식 현가장치 검사	• 유압식 현가장치 교환
15. 조향장치 정비	• 조향장치 점검 · 진단 • 조향장치 수리 • 조향장치 검사	• 조향장치 조정 • 조향장치 교환
16. 냉각장치 정비	• 냉각장치 점검 · 진단 • 냉각장치 교환	• 냉각장치 수리 • 냉각장치 검사

도서의 구성과 활용

자동차정비기능사 필기

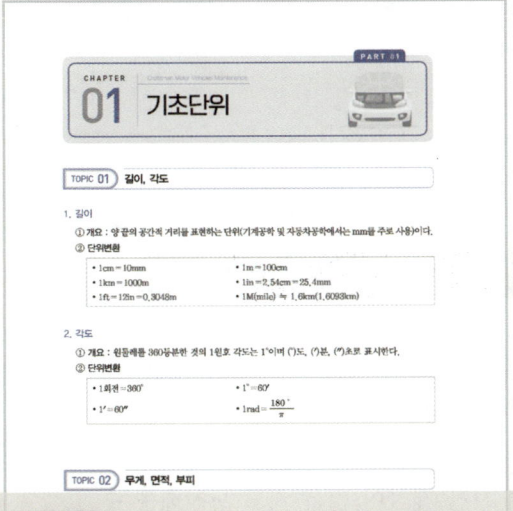

핵심이론
효율적인 학습을 위해 최신 출제기준에 따라 핵심이론만을 정리·분석하여 체계적으로 수록하였습니다.

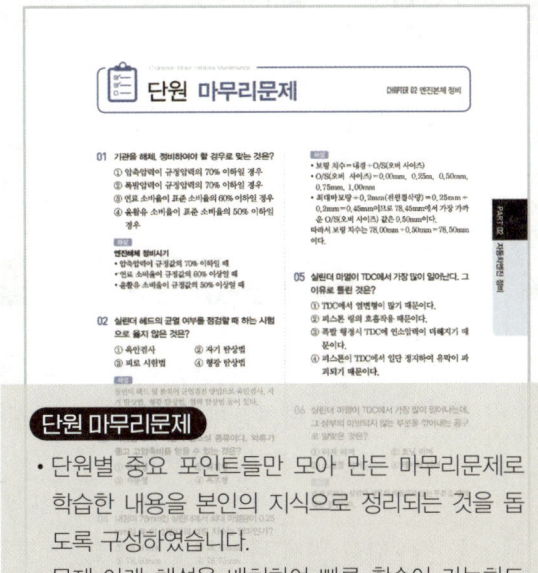

단원 마무리문제
- 단원별 중요 포인트들만 모아 만든 마무리문제로 학습한 내용을 본인의 지식으로 정리되는 것을 돕도록 구성하였습니다.
- 문제 아래 해설을 배치하여 빠른 학습이 가능하도록 하였습니다.

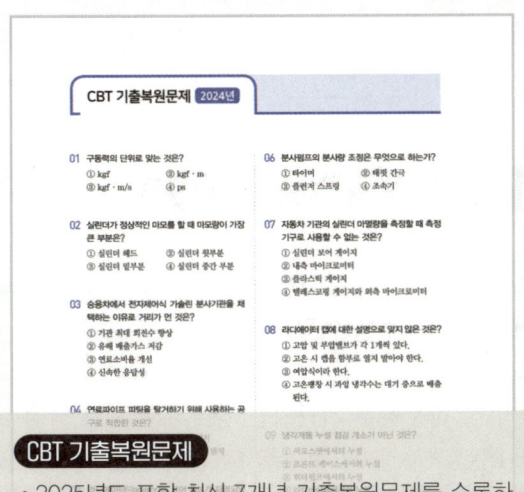

CBT 기출복원문제
- 2025년도 포함 최신 7개년 기출복원문제를 수록하였습니다.
- 문제와 해설을 분리 구성하였으며 문제를 풀어보며 문제의 유형 및 난이도를 확인하고 학습이 부족한 단원을 체크할 수 있도록 하였습니다.

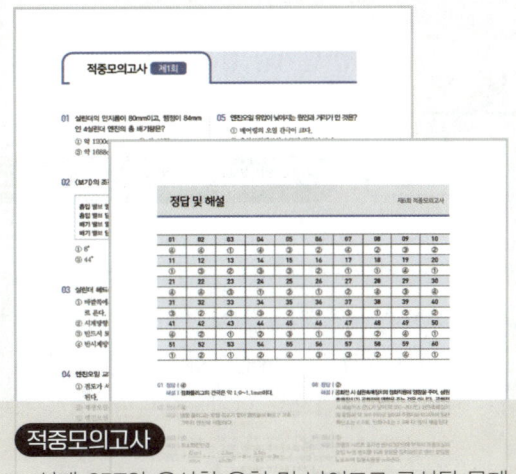

적중모의고사
- 실제 CBT와 유사한 유형 및 난이도로 구성된 문제를 통해 실제 시험과 같이 60문항을 풀어볼 수 있도록 하였습니다.
- 명쾌한 해설은 물론 오답해설과 [Tip]까지 모두 제공하여 완벽한 마무리를 돕도록 하였습니다.

자동차정비기능사
합격후기

비전공자 직장인의 단기간 합격 후기_이*호

저는 30대 중반의 비전공 직장인이자 8개월 아기를 키우고 있는 아빠입니다. 퇴근 후 육아를 병행하면서 단기간에 자격증을 따고 싶어 인터넷 검색을 하던 중 예문에듀 자동차정비기능사 필기 교재를 알게 되었습니다. 무료 동영상 강의와 CBT 기출복원문제, 적중모의고사, 그리고 카페의 다양한 정보까지 제공되는 구성 덕분에 시간 제약이 많은 저도 도전해볼 수 있겠다는 자신감을 얻게 되었습니다. 퇴근 후 평일엔 2~3시간, 주말엔 6~7시간 정도 집중해서 약 2주 정도 공부했습니다. 이론은 빠르게 훑고 바로 단원 마무리 문제를 정답과 해설을 중심으로 풀었고, 이후엔 기출복원문제와 적중모의고사를 반복해서 총 2~3회독 했습니다. 시험 당일 오전엔 카페에 올라온 신유형 출제 자료와 단답형 정리본을 보고 마무리 학습을 했습니다. 여러 번 반복 학습한 덕분에 흔들리지 않고 시험을 치를 수 있었고, 2주 만에 합격이라는 쾌거를 이루어냈습니다. 시간이 부족하신 분, 비전공자분들도 예문에듀 교재와 강의 커리큘럼을 믿고 따라가신다면 단기간 합격 가능하실 겁니다. 다들 꼭 합격하시길 바랍니다. 파이팅입니다!

40대에 이직을 목표로 하는 중년의 합격 후기_민*준

40이 넘은 나이에 이직을 목표로 자동차정비기능사 자격증에 도전하게 되었습니다. 자동차정비는 저에게 정말 낯선 분야였기 때문에, 처음에는 어디서부터 어떻게 시작해야 할지 막막했습니다. 그러다 예문에듀 교재를 알게 되었고, 저자 직강 무료 동영상 강의가 포함되어 있다는 점이 큰 매력으로 다가왔습니다. 처음에는 어려웠지만, 하루하루 차근차근 공부하다 보니 점점 자신감이 생겼습니다. 그렇게 이론 2주, 문제풀이 1주, 최종정리 1주, 총 4주간 꾸준히 학습했습니다. 예문에듀 교재의 이론 구성은 처음 접하는 사람도 이해하기 쉽게 잘 정리되어 있고, 강사님의 설명도 귀에 쏙쏙 들어와서 큰 도움이 됐습니다. 실제로 여러 출판사의 책들을 서점에서 비교해 봤을 때도 가독성, 구성, 강의 연계성 면에서 예문에듀 교재의 강점이 뚜렷하게 느껴졌습니다. 처음이 어렵지, 예문에듀와 함께라면 누구나 단기간 합격 가능하다는 걸 직접 경험했습니다. 훌륭한 교재와 강의, 정말 감사합니다!

CBT 모의고사
이용 가이드

다음 단계에 따라 시리얼 번호를 등록하면 무료 CBT 모의고사를 이용할 수 있습니다.

www.yeamoonedu.com

STEP 01 로그인 후 메인 화면 상단의 **[CBT 모의고사]**를 누른 다음 시험 과목을 선택합니다.

STEP 02 시리얼 번호 등록 안내 팝업창이 뜨면 **[확인]**을 누른 뒤 **시리얼 번호**를 입력합니다.

시리얼번호

| XXXX | − | XXXX | − | XXXX | − | XXXX |

STEP 03 **[마이페이지]**를 클릭하면 등록된 CBT 모의고사를 **[모의고사]**에서 확인할 수 있습니다.

시리얼 번호

S030 − 037P − 5Z8I − A120

목차

PART 01 자동차정비 기본사항

CHAPTER 01 기초단위   12
CHAPTER 02 자동차 공학에서 자주 쓰이는 단위   15
CHAPTER 03 자동차 안전기준   25
CHAPTER 04 자동차 안전관리   52

PART 02 자동차엔진 정비

CHAPTER 01 엔진일반   68
CHAPTER 02 엔진본체 정비   74
CHAPTER 03 연료장치 정비   100
CHAPTER 04 흡 · 배기장치 정비 151
CHAPTER 05 윤활장치 정비   170
CHAPTER 06 냉각장치 정비   182
CHAPTER 07 엔진점화장치 정비 194

PART 03 자동차 전기 · 전자장치 정비

CHAPTER 01 전기일반   212
CHAPTER 02 충전장치 정비   230
CHAPTER 03 시동장치 정비   249
CHAPTER 04 등화장치 정비   262
CHAPTER 05 편의장치 정비   277

PART 04 자동차섀시 정비

CHAPTER 01 클러치 · 수동변속기 정비   294
CHAPTER 02 드라이브라인 정비   308
CHAPTER 03 유압식 현가장치 정비   322
CHAPTER 04 조향장치 정비   333
CHAPTER 05 유압식 제동장치 정비   345
CHAPTER 06 휠 · 타이어 · 얼라인먼트 정비 359

PART 05 CBT 기출복원문제

2019년 CBT 기출복원문제   378
2020년 CBT 기출복원문제   389
2021년 CBT 기출복원문제   400
2022년 CBT 기출복원문제   411
2023년 CBT 기출복원문제   423
2024년 CBT 기출복원문제   434
2025년 CBT 기출복원문제   445

PART 06 적중모의고사

제1회 적중모의고사   458
제2회 적중모의고사   469
제3회 적중모의고사   480
제4회 적중모의고사   491
제5회 적중모의고사   503
제6회 적중모의고사   515
제7회 적중모의고사   526

PART 01
자동차정비 기본사항

CHAPTER 01 | 기초단위
CHAPTER 02 | 자동차 공학에서 자주 쓰이는 단위
CHAPTER 03 | 자동차 안전기준
CHAPTER 04 | 자동차 안전관리

CHAPTER 01 기초단위

TOPIC 01) 길이, 각도

1. 길이

① 개요 : 양 끝의 공간적 거리를 표현하는 단위(기계공학 및 자동차공학에서는 mm를 주로 사용)이다.

② 단위변환

- 1cm = 10mm
- 1m = 100cm
- 1km = 1000m
- 1in = 2.54cm = 25.4mm
- 1ft = 12in = 0.3048m
- 1M(mile) ≒ 1.6km(1.6093km)

2. 각도

① 개요 : 원둘레를 360등분한 것의 1원호 각도는 1°이며 (°)도, (′)분, (″)초로 표시한다.

② 단위변환

- 1회전 = 360°
- 1° = 60′
- 1′ = 60″
- $1\text{rad} = \dfrac{180°}{\pi}$

TOPIC 02) 무게, 면적, 부피

1. 무게

① 개요 : 어떤 물질의 무거운 정도를 표시할 때 사용하는 단위이다.

② 단위변환

- 1t = 1000kg
- 1g = 1000mg
- 1oz(온스) = 28.35g
- 1kg = 1000g
- 1lb(파운드) = 0.4536kg
- 1kg(중) = 1000g(중) = 9.8N

③ 무게 계산식 : 체적(부피) × 비중

※ 비중 : 어떤 물질의 질량과 이것과 같은 부피를 가진 표준물질의 질량과의 비
※ 밀도 : 단위 체적당 질량

2. 면적

① 개요 : 물체 평면의 크기와 표현하는 단위 mm^2, cm^2, m^2, km^2을 사용한다.
② 삼각형 면적 : 밑변 × 높이 × 1/2
③ 사각형 면적 : 가로 × 세로
④ 원 면적 : 반지름(r) × 반지름(r) × π(3.14)

$$= \frac{D(지름)}{2} \times \frac{D(지름)}{2} \times \pi(3.14) = \frac{D^2 \times \pi}{4}$$

⑤ 타원의 면적 $= \frac{\pi \times d \times D}{4}$

※ 타원의 면적에서 D는 장축의 지름, d는 단축의 지름을 의미함

⑥ 중공원의 면적 $= \frac{\pi(D^2 - d^2)}{4}$

※ 중공원의 면적에서 D는 바깥쪽 원의 지름, d는 중공(구멍)의 지름을 의미함

3. 부피(체적)

① 개요 : 입체적인 공간에서 차지하는 크기를 표현하는 단위로 ℓ, cc, mm^3, cm^3, m^3을 사용한다.
② 단위변환

- 1ℓ = 1000cc
- $1cm^3$ = 1cc
- $1cm^3$ = 10mm × 10mm × 10mm = $1000mm^3$

③ 원기둥 부피 = 밑면 원 넓이 × 높이 $= \frac{D^2 \times \pi}{4} \times h(높이)$

④ 사각기둥 부피 = 가로 × 세로 × 높이

TOPIC 03   온도, 시간, 열량

1. 온도
① 개요 : 뜨거운 정도 혹은 차가운 정도를 숫자로 나타낸 것을 말하며 섭씨(°C), 화씨(°F), 절대온도(°K)로 표현한다.

② 섭씨온도를 화씨온도로 변환 : $°F = \dfrac{9}{5}°C + 32$

③ 화씨온도를 섭씨온도로 변환 : $°C = \dfrac{5}{9}(°F - 32)$

④ 절대온도를 섭씨(화씨)온도로 변환 : $0°K = -273°C(-460°F)$

2. 시간
① 개요 : 하루를 24분의 1이 되는 동안을 세는 단위이다. 시(h : hour), 분(m : minute), 초(s : second)로 표시한다.

② 단위변환

$$1h = 60min = 3600s$$

3. 열량
① 개요 : 1cal는 1기압에서 순수한 물 1g을 1°C 올리는 데 필요한 열의 양을 말한다.

② 단위변환

$$1000cal = 1kcal$$

CHAPTER 02 자동차 공학에서 자주 쓰이는 단위

TOPIC 01 일, 회전력, 압력

1. 일(Work : kgf · m)
① 개요 : 어떤 물체에 힘을 가하여 힘의 작용방향으로 이동한 값을 말한다.
② 계산식 : 일(W) = 힘(F) × 이동거리(m)
③ 1kgf · m ≒ 9.8J ≒ 426.9kcal

2. 회전력(Torque : m · kgf)
① 개요 : 어떤 물체를 회전하였을 때의 일어나는 힘을 말한다.
② 계산식 : 회전력(T) = 중심점과의 거리(m) × 힘(kgf)

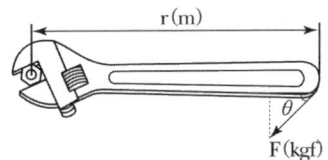

③ 사선의 회전력(T) = 중심점과의 거리(m) × 힘(kgf) × $\sin\theta$

3. 압력(Pressure : kgf/cm², lb/in²(psi))
① 개요 : 단위 면적당 받는 힘의 크기를 말한다.
② 계산식 : $P(압력) = \dfrac{F(힘)}{A(면적)}$
③ 1kgf/cm² = 1bar = 14.22lb/in²(psi)
   ㉠ 대기압(Pa) : 공기층을 지구의 중력이 잡아당기기 때문에 생기는 압력
   ㉡ 진공압(Pv) : 10%의 진공압이란 대기압에 대한 진공된 압력
   ㉢ 절대압(P) : 대기압에서 진공압을 뺀 값. P = Pa − Pv

TOPIC 02 속도, 가속도

1. 속도
① 개요 : 단위시간에 이동한 거리를 나타내며 m/s, km/h 등의 단위를 사용한다.

② 계산식 : $1km/h = \dfrac{1000m}{3600s}$

2. 가속도
① 개요 : 시간의 흐름에 따라 증가하는 속도의 정도를 말하며 m/s^2를 주로 사용한다.

② 계산식 : 가속도(m/s^2) = $\dfrac{\text{나중 속도} - \text{처음 속도}}{\text{걸린 시간}}$

※ 중력가속도 : $9.8m/s^2$

TOPIC 03 배기량, 압축비

1. 배기량
① 개요 : 피스톤이 1행정 하였을 때의 흡입 또는 배출한 공기나 혼합기의 체적을 말하며 주로 cm^3, cc의 단위를 사용한다($1cm^3 = 1cc$).

② 실린더 배기량(V) = $\dfrac{\pi D^2}{4} L$

③ 총 배기량(V) = $\dfrac{\pi D^2 L N}{4}$

④ 분당 배기량(V) = $\dfrac{\pi D^2 L N}{4} \times R$

D : 실린더 안지름(cm) L : 피스톤 행정(cm)
N : 실린더 수 R : 회전수$\left(\text{2행정 기관 : R, 4행정 기관 : } \dfrac{R}{2}\right)$

※ D를 cm로, L을 m로 환산할 경우 $\dfrac{1}{1000}$은 곱하지 않는다.

2. 압축비

① 개요 : 실린더 총 체적과 연소실 체적과의 비를 말하며 ε로 나타낸다.

② 계산식 : 압축비$(\varepsilon) = \dfrac{\text{실린더체적}(V_b)}{\text{연소실체적}(V_c)} = \dfrac{\text{행정체적}(V_s) + \text{연소실체적}(V_c)}{\text{연소실체적}(V_c)}$

$= \dfrac{\text{행정체적}(V_s)}{\text{연소실체적}(V_c)} + 1$

TOPIC 04 마력(Horse Power)

1. 개요

① 동력을 나타내는 단위로 주로 불마력(PS)을 사용한다.
② 불마력(PS) : $1\text{PS} = 75\text{kgf} \cdot \text{m/s} = 0.736\text{kW}$
③ 영마력(HP) : $1\text{HP} = 76\text{kgf} \cdot \text{m/s}$

2. 지시마력(도시마력 IHP : Indicated Horse Power)

① 개요 : 실린더 내에서 발생한 폭발 압력을 직접 측정한 마력을 말한다.
② 계산식 : 지시마력(IHP) = 제동마력 + 마찰마력

$$\text{IHP} = \dfrac{P \times A \times L \times N \times R}{75 \times 60}$$

※ 75는 1PS = 75kgf · m/s, 60은 분당회전수를 초당회전수로 변환한 값

P : 지시평균 유효압력(kgf/cm^2)

A : 실린더 단면적(cm^2)

L : 행정(m)

N : 실린더 수

R : 회전수$\left(\text{rpm, 2행정은 R, 4행정은 } \dfrac{R}{2}\right)$

※ 4행정 기관은 크랭크 축 2회전에 1회의 동력을 얻으므로 $\dfrac{R}{2}$이다.

3. 제동마력(정미(축)마력 BHP ; Brake Horse Power)

① 개요 : 크랭크 축에서 발생하여 실제 일로 변환되는 마력을 말한다.

② 계산식 : $\text{BHP} = \dfrac{2\pi TR}{75 \times 60} = \dfrac{TR}{716}$

　T : 회전력(m · kgf)

　R : 회전수(rpm)

　2π : 360°

4. 마찰마력(손실마력 FHP ; Friction Horse Power)

① 개요 : 기계마찰 등으로 인하여 손실된 마력을 말한다.

② 계산식 : $\text{FHP} = \dfrac{\text{총 마찰력(kgf)} \times \text{속도(m/s)}}{75}$

5. 연료마력(PHP ; Petrol Horse Power)

① 개요 : 연료 소비량에 따른 기관의 출력을 측정한 마력을 말한다.

② 계산식 : $\text{PHP} = \dfrac{60CW}{632.3t} = \dfrac{C \times W}{10.5t}$

　※ 1PS = 632.3kcal/h

　C : 연료의 저위발열량(kcal/kg)

　W : 연료의 무게(kg)

　t : 측정시간(분)

6. SAE 마력(과세표준(공칭)마력)

① 실린더 안지름이 mm일 때 계산법 : SAE 마력 $= \dfrac{M^2 N}{1613}$

② 실린더 안지름이 inch일 때 계산법 : SAE 마력 $= \dfrac{D^2 N}{2.5}$

　M, D : 실린더 안지름

　N : 실린더 수

TOPIC 05 효율

1. 기계효율

① 개요 : 도시마력에서 실제 일로 변환된 제동마력을 효율로 표시한 것을 말한다.

② 계산법 : 기계효율$(\eta_m) = \dfrac{제동마력(BHP)}{도시마력(IHP)} \times 100\%$

2. 제동 열효율

① 개요 : 공급된 열에너지에서 실제 일로 변환된 열에너지를 효율로 표시한 것을 말한다.

② 계산법 : 제동 열효율$(\eta_e) = \dfrac{632.3 \times BHP}{B_e \times H_\ell} \times 100\%$

BHP : 제동마력

B_e : 제동연료 소비율(kg/h)

H_ℓ : 연료의 저위발열량(kcal/kg)

단원 마무리문제

CHAPTER 01 기초단위
CHAPTER 02 자동차 공학에서 자주 쓰이는 단위

01 어느 기관의 실린더 단면적이 10cm², 피스톤 압축력이 120kgf이다. 이 실린더의 압축압력은 얼마인가?

① 8kgf/cm² ② 10kgf/cm²
③ 12kgf/cm² ④ 14kgf/cm²

해설
$P = \dfrac{F}{A} = \dfrac{120\text{kgf}}{10\text{cm}^2} = 12\text{kgf/cm}^2$

02 단면적이 6cm²인 실린더의 압축압력이 8kgf/cm²이라면, 이 실린더의 피스톤 압축력은 얼마인가?

① 44kgf ② 48kgf
③ 52kgf ④ 56kgf

해설
$P = \dfrac{F}{A}$, $F = P \times A = 8 \times 6 = 48\text{kgf}$이다.

03 다음 중 단위환산이 잘못된 것은?

① 1in = 2.54cm
② 1kgf/cm² = 14.22psi
③ 1PS = 75kgf · m/s
④ 1PS = 632.3cal/h

해설
1PS = 632.3kcal/h

04 어느 실린더의 압축압력을 측정하였더니 150lb/in²이었다. 몇 kgf/cm²인가?

① 9.55kgf/cm² ② 10.55kgf/cm²
③ 11.55kgf/cm² ④ 12.55kgf/cm²

해설
1kgf/cm² ≒ 14.22lb/in²(psi)이다.
따라서 $\dfrac{150}{14.22} ≒ 10.55\text{kgf/cm}^2$이다.

05 섭씨 20℃를 화씨온도로 환산하면 몇 도인가?

① 66°F ② 68°F
③ 70°F ④ 72°F

해설
$°F = \dfrac{9}{5}°C + 32$, $\left(\dfrac{9}{5} \times 20\right) + 32 = 68°F$

06 화씨 140°F는 섭씨 몇 ℃인가?

① 50℃ ② 60℃
③ 70℃ ④ 80℃

해설
$℃ = \dfrac{5}{9}(°F - 32)$
$\dfrac{5}{9}(140 - 32) = 60℃$

07 70km/h로 주행하는 자동차의 1초간 속도는 얼마인가?

① 16.22m/s ② 19.44m/s
③ 22.44m/s ④ 25.22m/s

정답 01 ③ 02 ② 03 ④ 04 ② 05 ② 06 ② 07 ②

해설

속도 = $\dfrac{70km}{1h} = \dfrac{70000m}{3600sec} ≒ 19.44m/s$

08 자동차를 일정한 속도로 주행시켜 500m의 구간을 통과하는 데 40초가 소요되었다. 이 자동차의 속도는 얼마인가?

① 30km/h ② 35km/h
③ 40km/h ④ 45km/h

해설

속도 = $\dfrac{움직인\ 거리}{걸린시간} = \dfrac{500m}{40sec} × \dfrac{3600}{1000} = 45km/h$

09 40km/h로 주행하는 자동차가 가속하여 10초 후에 76km/h의 속도가 되었다. 이때의 가속도는 얼마인가?

① 1m/s² ② 5m/s²
③ 10m/s² ④ 36m/s²

해설

가속도(m/s²) = $\dfrac{나중\ 속도 - 처음\ 속도}{걸린\ 시간(s)}$
$= \dfrac{76km/h - 40km/h}{10s} = \dfrac{36km/h}{10s}$
$= \dfrac{10m/s}{10s} = 1m/s^2$

10 어느 자동차로 2km의 비탈길을 올라가는데 3분 20초가 걸리고, 내려오는데 1분 40초가 걸렸다면 이 자동차의 평균속도는 몇 km/h인가?

① 40km/h ② 44km/h
③ 48km/h ④ 52km/h

해설

속도(V) = $\dfrac{이동거리}{걸린시간}$ 이다. 걸린시간은 $\dfrac{5}{60}$ 시간이므로
V = $\dfrac{4}{\frac{5}{60}}$ = 48km/h이다.

11 3kgf의 물체를 5m 이동시켰을 때 한 일은 얼마인가?

① 10kgf·m ② 15kgf·m
③ 20kgf·m ④ 25kgf·m

해설

일(W) = 힘(F) × 이동거리(m)
= 3kgf × 5m = 15kgf·m

12 3PS의 출력을 낼 수 있는 단기통 엔진은 몇 kw의 출력을 낼 수 있는가?

① 225 ② 75
③ 12.5 ④ 2.208

해설

1PS=0.736kw이다. 따라서 단기통 엔진의 출력은 3×0.736=2.208kw이다.

13 〈그림〉의 길이가 100cm인 스패너를 끝에서 안쪽으로 30°기울여서 10kgf의 힘으로 회전할 때 토크는 얼마인가?

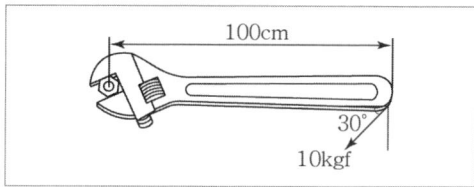

① 5m-kgf ② 6m-kgf
③ 7m-kgf ④ 8m-kgf

해설

토크 계산(T) = F × r = 10 × sin30° × 1
= 10 × 0.5 = 5m-kgf

14 어느 4기통 기관의 실린더 직경×행정이 70mm×80mm이다. 이 기관의 총 배기량은 얼마인가?

① 1200.44cc ② 1210.44cc
③ 1220.88cc ④ 1230.88cc

> **해설**
>
> 총 배기량(V) = $\frac{\pi D^2 LN}{4} = \frac{3.14}{4} \times 7^2 \times 8 \times 4$
> $\approx 1230.88cc$

15 어느 기관의 연소실 체적이 210cc이고 행정체적이 1470cc이다. 이 기관의 압축비는 얼마인가?

① 8 : 1 ② 9 : 1
③ 10 : 1 ④ 11 : 1

> **해설**
>
> 압축비(ε) = $\frac{Vc+Vs}{Vc} = 1 + \frac{Vs}{Vc} = 1 + \frac{1470}{210} = 8$

16 어느 기관의 연소실 체적이 80cc이고, 압축비가 9 : 1인 기관의 행정체적은 얼마인가?

① 560cc ② 640cc
③ 720cc ④ 800cc

> **해설**
>
> 압축비(ε) = $\frac{Vc+Vs}{Vc} = 1 + \frac{Vs}{Vc}$
> 따라서 Vs = Vc×(ε-1) = 80×(9-1) = 640cc

17 75kgf의 물체를 5초 동안에 25m 들어 올리는데 필요한 출력은 얼마인가?

① 2.76kw ② 3.15kw
③ 3.68kw ④ 5.27kw

> **해설**
>
> 1PS = 75kgf·m/s = 0.736kw,
> (75×25)÷5 = 375kgf·m/s
> 따라서 (375×0.736)÷75 = 3.68kw

18 평균유효압력이 10kgf/cm², 배기량 100cc, 회전속도가 3000rpm인 2행정 사이클 단기통 가솔린 기관의 지시마력은 얼마인가?

① 약 3.33PS ② 약 6.67PS
③ 약 10.00PS ④ 약 13.33PS

> **해설**
>
> 지시마력(IHP) = $\frac{P \times V \times N \times Z}{75 \times 60 \times 100} = \frac{10 \times 100 \times 3000}{75 \times 60 \times 100}$
> $\approx 6.67PS$

19 어느 가솔린 기관의 유효압력이 4kgf/cm², 배기량이 800cc라면 몇 kgf·m의 일을 할 수 있는가?

① 3.2 ② 32
③ 320 ④ 3200

> **해설**
>
> 800cc = 800cm³이므로
> 4×800 = 3200kgf·cm = 32kgf·m

20 4사이클 가솔린 기관의 제동마력이 15PS이고, 기관 회전수가 2000rpm이었다면 몇 m-kgf의 회전력이 발생하겠는가?

① 1.87 ② 3.67
③ 5.37 ④ 7.57

> **해설**
>
> 제동마력(BHP) = $\frac{T \times R}{716}$
> 따라서 T = $\frac{716 \times BHP}{R} = \frac{716 \times 15}{2000} = 5.37$m-kgf

21 기관의 크랭크 축에서 발생하여 실제 일로 변환되는 마력은 무엇인가?

① 지시마력 ② 정미마력
③ 마찰마력 ④ 연료마력

22 4사이클 6실린더 기관의 지름이 100mm, 행정이 100mm이고, 기관 회전수 2500rpm, 지시평균 유효압력 8kgf/cm²이라면 지시마력은 얼마인가?

① 약 80PS ② 약 93PS
③ 약 105PS ④ 약 150PS

정답 15 ① 16 ② 17 ③ 18 ② 19 ② 20 ③ 21 ② 22 ③

해설

$$\text{지시마력(IHP)} = \frac{P \times A \times L \times N \times Z}{75 \times 60}$$

$$= \frac{8 \times \pi \times 10^2 \times 0.1 \times \frac{2500}{2} \times 6}{75 \times 60 \times 4}$$

$$\fallingdotseq 104.67 \text{PS}$$

23 엔진의 출력시험에서 크랭크 축에 밴드 브레이크를 감은 다음 1m의 거리를 두고 그 끝의 힘을 측정하였더니 12kgf이었다. 이때 회전수가 1000rpm이었다면, 이 엔진의 제동마력은 약 얼마인가?

① 13PS ② 16.8PS
③ 20.6PS ④ 24PS

해설

$$\text{제동마력(BHP)} = \frac{T \times R}{716} = \frac{12 \times 1000}{716} \fallingdotseq 16.759$$

T : 토크(m-kgf), R : 회전수

24 4사이클 가솔린 기관의 회전수가 2200rpm에서 6.5m-kgf의 회전력이 발생하였다면, 이 엔진의 제동마력은 얼마인가?

① 14PS ② 16PS
③ 18PS ④ 20PS

해설

$$\text{제동마력(BHP)} = \frac{T \times R}{716} = \frac{6.5 \times 2200}{716} \fallingdotseq 19.97 \text{PS}$$

25 연료의 저위 발열량이 10500kcal/kg인 연료를 사용하여 30분간 시험한 결과 6ℓ를 사용하였다. 이 경우의 연료마력은 얼마인가? (단, 연료 비중은 0.72이다.)

① 144PS ② 146PS
③ 148PS ④ 150PS

해설

$$\text{연료마력(PHP)} = \frac{60CW}{632.3t} = \frac{C \times W}{10.5t}$$

$$= \frac{10500 \times 6 \times 0.72}{10.5 \times 30} = 144 \text{PS}$$

26 매시 36km의 속도로 달리던 자동차가 급제동하였을 때 발생된 총 마찰력이 350kgf이었다. 이 때 발생된 마찰마력은 얼마인가?

① 21.67PS ② 34.67PS
③ 46.67PS ④ 57.67PS

해설

36km/h = 10m/s이므로

$$\text{마찰마력(FHP)} = \frac{\text{총마찰력} \times \text{속도}}{75}$$

$$= \frac{350 \times 10}{75} \fallingdotseq 46.67 \text{PS}$$

27 어느 4기통 기관의 실린더 내경×행정이 80mm×80mm일 때 이 기관의 SAE 마력은 얼마인가?

① 14.43PS ② 14.87PS
③ 15.48PS ④ 15.87PS

해설

$$\text{SAE 마력} = \frac{M^2N}{1613} = \frac{80^2 \times 4}{1613} \fallingdotseq 15.87 \text{PS}$$

28 지시마력(IHP)이 120PS이고, 기계효율이 80%인 기관의 제동마력(BHP)은 얼마인가?

① 150PS ② 120PS
③ 96PS ④ 24PS

해설

$$\text{기계효율}(\eta m) = \frac{\text{BHP}}{\text{IHP}} \text{이다.}$$

따라서, BHP = IHP × ηm = 120PS × 0.8 = 96PS

29 어느 가솔린 기관의 총 배기량이 2700cc이고 도시평균 유효압력이 8kgf/cm², 회전수가 1000rpm인 4행정 4기통 기관에서 제동마력이 18PS이라면 기계효율은 얼마인가?

① 75% ② 80%
③ 85% ④ 90%

정답 23 ② 24 ④ 25 ① 26 ③ 27 ④ 28 ③ 29 ①

해설

- 지시마력(IHP) $= \dfrac{P \times A \times L \times N \times Z}{75 \times 60}$

  $= \dfrac{8 \times 2700 \times 1000}{4500 \times 2 \times 100} = 24\text{PS}$

- 기계효율(ηm) $= \dfrac{\text{BHP}}{\text{IHP}} = \dfrac{18}{24} = 0.75$

30 어느 기관의 지시마력이 120마력이고, 기계효율이 80%였다면 이 기관의 마찰마력은 얼마인가?

① 24마력 ② 48마력
③ 72마력 ④ 96마력

해설

기계효율 $= \dfrac{\text{제동마력}}{\text{지시마력}} \times 100(\%)$ 이므로

제동마력 $= 0.8 \times 120 = 96\text{PS}$
지시마력 = 제동마력 + 마찰마력이다.
따라서 마찰마력 $= 120 - 96 = 24\text{PS}$

정답 30 ①

CHAPTER 03 자동차 안전기준

TOPIC 01 총칙 및 안전기준

1. 총칙

① 공차상태
  ㉠ 자동차에 사람이 승차하지 아니하고 물품(예비 부분품 및 공구 기타 휴대물품을 포함)을 적재하지 아니한 상태
  ㉡ 연료·냉각수 및 윤활유를 만재하고 예비타이어를 설치하여 운행할 수 있는 상태

② 적차상태 : 공차상태의 자동차에 승차정원과 최대 적재량이 적재된 상태(승차정원 1인(13세 미만의 자는 1.5인을 승차정원 1인으로 본다)의 중량은 65kgf으로 계산)를 말한다.

③ 축중 : 수평상태에서 1개의 차축에 연결된 모든 바퀴의 윤중을 합한 중량을 말한다.

④ 윤중 : 수평상태에서 1개의 바퀴가 수직으로 지면을 누르는 중량을 말한다.

⑤ 차량 중심선 : 직진, 수평상태에서 가장 앞의 차축의 중심점과 가장 뒤의 차축의 중심점을 통과하는 직선을 말한다.

⑥ 차량 중량 : 공차상태의 자동차의 중량을 말한다.

⑦ 차량 총중량 : 적차상태의 자동차의 중량을 말한다.

⑧ 풀 트레일러 : 차량 총중량을 대부분 당해 자동차의 앞·뒤의 차축으로 지지하는 구조의 피견인 자동차이다.

⑨ 연결 자동차 : 견인자동차와 피견인 자동차를 연결한 상태의 자동차이다.

⑩ 조향비 : 조향핸들의 회전각도와 조향바퀴의 조향각도와의 비율을 말한다.

⑪ 승차정원 : 자동차에 승차할 수 있는 최대인원(운전자 포함)을 말한다.

⑫ 최대 적재량 : 자동차에 적재할 수 있는 물품의 최대중량을 말한다.

⑬ 유효 조광면적 : 등화 렌즈의 바깥둘레를 기준으로 산정한 면적에서 반사기 렌즈의 면적과 등화부 착용 나사 머리부의 면적 등을 제외한 면적을 말한다.

⑭ 머리 충격 부위 : 좌석을 앞뒤로 조절할 수 있는 경우 착석 기준점 및 착석 기준점 앞 127mm의 지점에서 위로 19mm 지점에서 가장 윗부분을 736mm에서 838mm까지 조절할 때에 머리모형이 정적으로 접할 수 있는 표면 중 유리면 외의 차실 안의 표면을 말한다.

⑮ **착석 기준점** : 좌석에 착석시킨 인체모형의 상체와 골반 사이의 회전중심점 또는 제작자 등이 정하는 이에 상당하는 표준 설계 위치이다.
⑯ **골반 충격 부위** : 착석 기준점에서 위로 178mm, 아래로 102mm, 앞으로 204mm, 뒤로 51mm으로 결정되는 지면과 수직인 직사각형을 좌우로 이동할 경우 포함되는 부분을 말한다.

2. 안전기준

(1) 길이, 너비 및 높이

① 길이 : 13m 이하(연결 자동차의 경우 16.7m 이하)
② 너비 : 2.5m 이하(외부 돌출부가 있는 승용차 25cm, 기타 자동차 30cm)
③ 높이 : 4m 이하
④ 측정조건
  ㉠ 공차상태
  ㉡ 직진상태에서 수평면에 있는 상태
  ㉢ 차체 밖의 돌출부분은 이를 제거하거나 닫은 상태

(2) 최저 지상고

공차상태에서 접지부분 외의 부분은 지면과 10cm 이상 간격이 있어야 한다.

(3) 차량 총중량

차량 총중량은 20톤(화물자동차 및 특수자동차의 경우 40톤), 축중은 10톤, 윤중은 5톤 이내여야 한다.

(4) 최대 안전 경사각도

① 공차상태에서 좌·우 각각 35도(차량 총중량이 차량중량의 1.2배 이하인 자동차는 30도) 이상이어야 한다.
② 승차정원 11명 이상인 승합자동차 : 적차상태에서 28도이어야 한다.

(5) 최소 회전반경

① 자동차의 최소회전반경은 바깥쪽 앞바퀴 자국의 중심선을 따라 측정할 때에 12m를 초과하여서는 아니 된다.
② ①에도 불구하고 승합자동차의 경우에는 해당 자동차가 반지름 5.3m와 12.5m의 동심원 사이를 회전하였을 때 그 차체가 각 동심원에 모두 접촉되어서는 안 된다.

(6) 접지압력

무한궤도를 장착한 자동차의 접지압력은 1cm²당 3kgf을 초과하지 아니하여야 한다.

(7) 원동기 및 동력 전달장치

① 원동기 각부의 작동에 이상이 없어야 하며, 주시동장치 및 정지장치는 운전자의 좌석에서 원동기를 시동 또는 정지시킬 수 있는 구조여야 한다.
② 자동차의 동력전달장치는 안전운행에 지장을 줄 수 있는 연결부의 손상 또는 오일의 누출 등이 없어야 한다.
③ 경유를 연료로 사용하는 자동차의 조속기는 연료의 분사량을 임의로 조작할 수 없도록 봉인을 하여야 하며, 봉인을 임의로 제거하거나 조작 또는 훼손하여서는 안 된다.
④ 초소형자동차의 경우 최고속도가 80km/h를 초과하지 않도록 원동기 및 동력전달장치를 설계·제작하여야 한다.

(8) 주행장치

① 자동차의 타이어 및 기타 주행장치의 각부는 견고하게 결합되어 있어야 하며, 갈라지거나 금이 가고 과도하게 부식되는 등의 손상이 없어야 한다.
② 브레이크라이닝 마모상태를 휠의 탈거(脫去) 없이 확인할 수 있는 구조이어야 한다. 다만, 초소형자동차는 제외한다.
 ※ 자동차(승용 자동차 제외)의 바퀴 뒷쪽에는 흙받이를 부착할 것
③ 타이어공기압 경고장치는 다음 기준에 적합해야 한다.
 ㉠ 최소한 40km/h부터 해당 자동차의 최고속도까지의 범위에서 작동될 것
 ㉡ 경고등은 운전자가 낮에도 운전석에서 맨눈으로 쉽게 식별할 수 있을 것

(9) 조종장치

조종장치 및 표시장치[표 3-1]는 운전자가 좌석안전띠를 착용한 상태에서 쉽게 조작 및 식별할 수 있도록 조향핸들의 중심으로부터 좌우 각각 50cm 이내에 배치하여야 한다.

[표 3-1] 손조작식 조종장치의 식별표시 및 조명기준

■ 자동차 및 자동차부품의 성능과 기준에 관한 규칙 [별표 2]

손조작식 조종장치 또는 표시장치의 식별표시 및 조명기준
(제13조제4항 및 제5항 관련)

항목	식별단어 또는 약어	식별부호	기능	조명기준	식별색상
등화점등장치	점등 또는 Light	☀	조종장치	–	–
			표시장치	설치 필요	녹색
변환빔 전조등 자동표시기	–		조종장치	–	
			표시장치	설치 필요	녹색
주행빔 전조등 자동표시기	–		조종장치	–	
			표시장치	설치 필요	청색
적응형 주행빔 자동표시기	–	A 또는 AUTO	조종장치	–	
			표시장치	설치 필요	
전조등 세척장치 (별도의 조정장치 설치시)	–		조종장치	–	–
방향지시등 자동표시기	표시가능	⇔	조종장치	–	
			표시장치	설치 필요	녹색
비상경고신호등 자동표시기	비상 또는 Hazard	△	조종장치	설치 필요	
			표시장치	설치 필요	적색
앞면안개등			조종장치	–	
			표시장치	설치 필요	녹색
뒷면안개등			조종장치		
			표시장치	설치 필요	황색
연료량자동표시기	연료 또는 Fuel	또는	표시장치	설치 필요	황색
연료계			지시장치	설치 필요	–
오일압력자동표시기	오일 또는 oil		표시장치	설치 필요	적색
오일압력계			지시장치	설치 필요	–
냉각수온도자동표시기	온도 또는 Temp		표시장치	설치 필요	적색
온도계			지시장치	설치 필요	–
충전자동표시기	전압, 전류, 충전, Volts, Amp 또는 Charge		표시장치	설치 필요	적색
전류계			지시장치	설치 필요	–
앞면창유리창닦이기	창닦이기, Wiper 또는 Wipe		조종장치	설치 필요	–

항목	식별단어 또는 약어	식별부호	기능	조명기준	식별색상
전동식창유리 잠금장치		(그림) 또는 (그림)	조종장치	–	–
앞면창유리세정액 분사장치	세정액, Washer 또는 Wash	(그림)	조종장치	설치 필요	–
앞면창유리창닦이기 및 세정액분사장치	창닦이기-세정액, Wash-wipe 또는 Washer-wiper	(그림)	조종장치	설치 필요	–
앞면창유리서리제거장치	서리제거, Defrost, Defog 또는 Def	(그림)	조종장치	설치 필요	
			표시장치	설치 필요	황색
뒷면창유리서리제거장치	뒷면서리제거, Rear Def, Rear Defrost, Rear Defog 또는 R-Def	(그림)	조종장치	설치 필요	–
			표시장치	설치 필요	황색
차폭등	차폭등, Marker Lamps 또는 Mk Lps	(그림)	조종장치	–	–
			표시장치	설치 필요	녹색
주차등	Parking lamps	(그림)	조종장치	–	–
			표시장치	설치 필요	녹색
안전띠자동표시기	안전띠착용, fasten Belts 또는 Fasten Seat belts	(그림)	표시장치	설치 필요	적색
에어백고장자동표시기		(그림)	표시장치	설치 필요	적색 또는 황색
측면에어백고장자동표시기		(그림)	표시장치	설치 필요	적색 또는 황색
승객석에어백작동정지장치		(그림)	표시장치	설치 필요	황색
제동장치고장자동표시기	제동, Brake	(그림)	표시장치	설치 필요	적색 또는 황색
ABS고장자동표시기	자동제어 또는 ABS	(그림) 또는 (ABS)	표시장치	설치 필요	황색
속도계	km/h 또는 (km/h 및 MPH)	–	지시장치	설치 필요	–
주차제동장치자동표시기	주차, Parking	(P)	표시장치	설치 필요	적색 또는 황색
경음기	경음기 또는 Horn	(그림)	조종장치	–	–

CHAPTER 03 자동차 안전기준

항목	식별단어 또는 약어	식별부호	기능	조명기준	식별색상
원동기 고장자동표시기	Engine on-board diagnostics engine malfunction	(엔진 심볼)	표시장치	설치 필요	황색
경유 예열장치	Diesel pre-heat	(예열 심볼)	표시장치	설치 필요	황색
수동초우크	초우크 또는 Choke	(초우크 심볼)	조종장치	–	–
			표시장치	설치 가능	황색
냉방장치		(눈꽃 심볼) 또는 A/C	조종장치	설치 필요	
자동변속기변속단수		PRND	지시장치	설치 필요	–
원동기 시동	시동 또는 Engine Start	(시동 심볼)	조종장치	–	–
원동기 정지	정지 또는 Engine Stop	(정지 심볼)	조종장치	설치 필요	
브레이크라이닝 마모상태자동표시기		(브레이크 심볼)	표시장치	설치 필요	황색
난방장치		(난방 심볼)	조종장치	설치 필요	–
냉·난방용 팬	팬 또는 Fan	(팬 심볼)	조종장치	설치 필요	
전조등 높이조절장치		(전조등 심볼) 또는 (전조등 심볼)	조종장치	–	–
주행거리계	km 또는 (km 및 mile)	–	지시장치	설치 필요	–
타이어공기압경고장치 자동표시기	–	(!) 또는 (차량 심볼)	표시장치	설치 필요	황색
자동차안정성제어장치 기능고장 자동표시기	ESC	(ESC 심볼) 또는 ESC	표시장치	설치 필요	황색
자동차안정성제어장치 기능정지	ESC OFF	(ESC OFF 심볼) 또는 ESC OFF	조종장치	설치 필요	
자동차안정성제어장치 기능정지 자동표시기			표시장치	설치 필요	황색

항목		식별단어 또는 약어	식별부호	기능	조명기준	식별색상
정속주행장치		제작자가 정함	표시가능	표시장치	설치 필요	
경제운전 표시장치		에코 또는 ECO	–	표시장치	설치 필요	청색 또는 녹색
수소누출감지 자동표시기		수소누출, H_2 또는 H_2 Leak	–	표시장치	설치 필요	적색
수소누출감지기 고장 자동표시기		수소센서, H_2 또는 H_2 Sensor	–	표시장치	설치 필요	황색 또는 호박색
차로 이탈 경고 장치	기능정지	제작자가 정함	표시 가능	조종장치	설치 필요	제작자가 정함
	차로 이탈경고	제작자가 정함	표시 가능	표시장치	–	제작자가 정함
	기능정지 자동표시기	제작자가 정함	표시 가능	표시장치	–	제작자가 정함
	기능고장 자동표시기	제작자가 정함	표시 가능	표시장치	–	황색
비상 자동 제동 장치	기능정지	제작자가 정함	표시 가능	조종장치	설치 필요	제작자가 정함
	충돌 위험경고	제작자가 정함	표시 가능	표시장치	–	제작자가 정함
	기능정지 자동표시기	제작자가 정함	표시 가능	표시장치	–	제작자가 정함
	기능고장 자동표시기	제작자가 정함	표시 가능	표시장치	–	황색

(10) 조향장치

① 조향핸들의 유격(조향바퀴가 움직이기 직전까지 조향핸들이 움직인 거리)은 조향 핸들지름의 12.5% 이내여야 한다.
② 조향바퀴의 옆으로 미끄러짐이 1m 주행에 좌우방향으로 각각 5mm 이내여야 한다.

(11) 제동장치

① 주제동 장치의 급제동능력

[표 3-2] 주제동장치의 급제동 정지거리 및 조작력 기준

■ 자동차 및 자동차부품의 성능과 기준에 관한 규칙 [별표 3]			
구분	최고속도가 80km/h 이상의 자동차	최고속도가 35km/h 이상 80km/h 미만의 자동차	35km/h 미만의 자동차
제동초속도(km/h)	50	35	당해 자동차의 최고속도
급제동정지거리(m)	22 이하	14 이하	5 이하
측정시 조작력(kg)	• 발조작식의 경우 : 90 이하	• 손조작식의 경우 : 30 이하	
측정자동차의 상태	공차상태의 자동차에 운전자 1인이 승차한 상태		

② 주제동장치의 제동능력과 조작력

[표 3-3] 주제동장치의 제동능력 및 조작력 기준

■ 자동차 및 자동차부품의 성능과 기준에 관한 규칙 [별표 4]	
구분	기준
측정자동차의 상태	공차상태의 자동차에 운전자 1인이 승차한 상태
제동능력	• 최고속도가 80km/h 이상이고 차량 총중량이 차량중량의 1.2배 이하인 자동차의 각축의 제동력의 합 : 차량 총중량의 50% 이상 • 최고속도가 80km/h 미만이고 차량 총중량이 차량중량의 1.5배 이하인 자동차의 각축의 제동력의 합 : 차량 총중량의 40% 이상 • 기타의 자동차 　- 각축의 제동력의 합 : 차량중량의 50% 이상 　- 각축의 제동력 : 각 축중의 50%(다만, 뒷축의 경우에는 당해 축중의 20%) 이상
좌 · 우 바퀴의 제동력의 차이	당해 축중의 8% 이하
제동력의 복원	브레이크 페달을 놓을 때에 제동력이 3초 이내에 당해 축중의 20% 이하로 감소될 것

※ 관성제동장치를 갖춘 피견인자동차에 대해서는 위표를 적용하지 않는다.

③ 주차 제동장치의 제동능력과 조작력

[표 3-4] 주차 제동장치의 제동능력 및 조작력 기준

■ 자동차 및 자동차부품의 성능과 기준에 관한 규칙 [별표 4의2]		
구분		기준
측정자동차의 상태		공차상태의 자동차에 운전자 1인이 승차한 상태
측정 시 조작력	승용자동차	발조작식의 경우 : 60kgf 이하
		손조작식의 경우 : 40kgf 이하
	기타 자동차	발조작식의 경우 : 70kgf 이하
		손조작식의 경우 : 50kgf 이하
제동능력		경사각 11도 30분 이상의 경사면에서 정지상태를 유지할 수 있거나 제동 능력이 차량중량의 20% 이상일 것

(12) 연료장치

① 연료탱크 · 주입구 및 가스배출구의 기준
  ㉠ 배기관의 끝으로부터 30cm 이상 떨어져 있을 것(연료탱크 제외)
  ㉡ 노출된 전기단자 및 전기개폐기로부터 20cm 이상 떨어져 있을 것(연료탱크 제외)

② 수소가스를 연료로 사용하는 자동차의 기준
  ㉠ 자동차의 배기구에서 배출되는 가스의 수소농도는 평균 4%, 순간 최대 8%를 초과하지 않을 것
  ㉡ 수소가스 누출 시 승객거주 공간의 공기 중 수소농도는 1% 이하일 것
  ㉢ 수소가스 누출 시 승객거주 공간, 수하물 공간, 후드 하부 등 밀폐 또는 반밀폐 공간의 공기 중 수소농도가 2±1% 초과 시 적색경고등이 점등되고, 3±1% 초과 시 차단밸브가 작동할 것

(13) 차대 및 차체

① 차대 및 차체의 기준(뒤 오버행)

  ㉠ 경형 및 소형자동차 : $\frac{11}{20}$ 이하일 것

  ㉡ 밴형, 승합자동차 : $\frac{2}{3}$ 이하일 것

  ㉢ 기타 자동차 : $\frac{1}{2}$ 이하일 것

② 측면보호대의 양쪽 끝과 앞 · 뒷바퀴와의 간격은 각각 40cm 이내이어야 하고, 가장 아랫부분과 지상과의 간격은 55cm 이하이고, 가장 윗부분과 지상과의 간격은 95cm 이상이어야 한다.

③ 후부안전판의 설치방법 등의 기준
  ㉠ 가장 아랫부분과 지상과의 간격은 55cm 이내일 것
  ㉡ 차량 수직방향의 단면 최소높이는 10cm 이상일 것
  ㉢ 차량 폭의 100% 이하일 것
  ㉣ 좌 · 우 최외측 타이어 바깥면 지점부터의 간격은 각각 100mm 이내일 것
  ㉤ 지상으로부터 200cm 이하의 높이에 있는 차체후단으로부터 차량 길이 방향의 안쪽으로 40cm 이내(자동차의 구조상 40cm 이내에 설치가 곤란한 자동차는 제외)에 설치할 것

④ 등록번호표의 부착위치는 차체의 뒷쪽 끝으로부터 65cm 이내로 설치하여야 한다.

(14) 연결 및 견인장치

자동차를 견인할 때에 차량중량의 $\frac{1}{2}$ 이상의 힘에 견딜 수 있는 견인장치를 갖추어야 한다.

(15) 승차장치

자동차의 승차장치는 승차인이 안전하게 승차할 수 있는 구조이어야 한다.

(16) 운전자의 좌석

① 좌석의 규격은 가로 · 세로 각각 40cm 이상이어야 한다.
② 23인승을 초과하는 승합자동차의 좌석의 세로는 35cm 이상이어야 한다.

(17) 승객좌석의 규격

① 승객좌석의 규격은 가로 · 세로 각각 40cm 이상, 앞좌석등받이의 뒷면과 뒷좌석등받이의 앞면간의 거리는 65cm 이상으로 하여야 한다.
② 어린이용좌석의 규격은 5% 성인여자 인체모형이 착석할 수 있도록 하되, 등받이 높이는 71cm 이상이어야 한다.
  ※ "5% 성인여자 인체모형"이란 5번째 백분위 수의 성인 여성의 크기와 무게에 해당하는 인체모형을 의미
③ 승합자동차(15인승 이하의 승합자동차 및 어린이운송용 승합자동차는 제외)의 승객좌석의 높이는 40cm 이상 50cm 이하이어야 한다.

(18) 좌석 안전띠 장치

① 승용, 승합(시내 및 농어촌버스 제외), 화물자동차의 좌석에는 3점식 또는 2점식 안전띠를 설치해야 한다.
② 안전띠 조절장치(2점식) : 인장하중 9800N의 하중에서 분리되거나 파손되지 않아야 한다.
③ 부착구와 안전띠 : 인장하중 14700N의 하중에서 분리되거나 파손되지 않아야 한다.

(19) 입석

① 2층 대형 승합자동차의 위층에서는 입석을 할 수 없다.
② 1인의 입실 면적

구분	1인당 입석면적
승차정원 23인승 이하 승합자동차	0.125m² 이상
좌석 승객의 수보다 입석 승객의 수가 많은 승차정원 23인승을 초과하는 승합자동차	0.125m² 이상
입석 승객의 수보다 좌석 승객의 수가 많은 승차정원 23인승을 초과하는 승합자동차	0.15m² 이상

③ 입석을 할 수 있는 자동차에는 손잡이를 설치해야 한다.

(20) 승강구

승차정원 16인 이상의 승합자동차에는 승강구(승강구를 열고 바로 탑승하도록 좌석이 설치된 구조의 승강구는 제외한다)를 설치하여야 한다.

(21) 비상탈출장치

승차정원 16인 이상의 승합자동차에는 비상탈출장치를 설치해야 한다.

(22) 통로

승차정원 16인승 이상의 승합자동차에는 통로를 갖추어야 한다.

(23) 물품 적재장치

초소형화물자동차의 물품적재장치는 다음 기준에 적합하여야 한다.
① 최대적재량은 100kg 이상일 것
② 물품적재장치 공간은 적재함의 길이×너비 ≥ 차량의 길이×너비×0.3을 충족할 것
③ 한 변의 길이가 60cm인 정육면체를 실을 수 있을 것

(24) 창유리

창유리 등이 닫힐 때 창유리 등의 윗면에 지름 4mm부터 200mm까지의 반강체원통(탄성계수가 mm당 1kg인 것을 말한다)이 닿거나 10kg 이상의 하중을 가하였을 때에 다음 어느 하나에 해당하는 기능을 갖추어야 한다.
① 창유리 등이 닫히기 시작하기 전의 위치로 돌아갈 것
② 창유리 등이 반강체원통에 닿거나 하중을 가한 위치로부터 50mm 이상 열릴 것
③ 창유리 등이 200mm 이상 열릴 것

(25) 소음 방지장치

「소음・진동관리법」 시행규칙 [별표 13]에 의거 승용자동차의 경우 경적소음은 1999년 12월 31일 이전 제작되는 자동차는 90dB ~115dB, 2000년 1월 1일 이후 제작된 자동차는 90dB~110dB에 해당하여야 한다.

(26) 배기가스 발산 방지장치

「대기환경보전법」 규정에 의한 배출허용기준에 적합하여야 한다.

① 「대기환경보전법」 시행규칙 [별표 22] 정기검사의 방법 및 기준(제87조 제1항 관련)

검사항목	검사기준	검사방법
배출가스 및 공기과잉률 검사	일산화탄소, 탄화수소, 공기과잉률의 측정결과가 저속공회전 검사모드 및 고속공회전 검사모드 모두 운행차 배출가스 정기검사의 배출허용기준에 각각 적합하여야 한다.	저속공회전 검사모드(Low Speed Idle Mode) ① 측정대상자동차의 상태가 정상으로 확인되면 원동기가 가동되어 공회전(500~1000rpm) 되어 있으며, 가속페달을 밟지 않은 상태에서 시료채취관을 배기관 내에 30cm 이상 삽입한다. ② 측정기 지시가 안정된 후 일산화탄소는 소수점 둘째자리 이하는 버리고 0.1% 단위로, 탄화수소는 소수점 첫째자리 이하는 버리고 1ppm단위로, 공기과잉률(λ)은 소수점 둘째자리에서 0.01단위로 최종측정치를 읽는다. 다만, 측정치가 불안정할 경우에는 5초간의 평균치로 읽는다.
매연	광투과식 분석방법(부분유량 채취방식만 해당한다)을 채택한 매연측정기를 사용하여 매연을 측정한 경우 측정한 매연의 농도가 운행차정기검사의 광투과식 매연 배출허용기준에 적합할 것	① 측정대상자동차의 원동기를 중립인 상태(정지가동상태)에서 급가속하여 최고 회전속도 도달 후 2초간 공회전시키고 정지가동(Idle) 상태로 5~6초간 둔다. 이와 같은 과정을 3회 반복 실시한다. ② 측정기의 시료채취관을 배기관의 벽면으로부터 5mm 이상 떨어지도록 설치하고 5cm 정도의 깊이로 삽입한다. ③ 가속페달에 발을 올려놓고 원동기의 최고회전속도에 도달할 때까지 급속히 밟으면서 시료를 채취한다. 이때 가속페달을 밟을 때부터 놓을 때까지 걸리는 시간은 4초 이내로 한다. ④ ③의 방법으로 3회 연속 측정한 매연농도를 산술평균하여 소수점 이하는 버린 값을 최종측정치로 한다. 다만, 3회 연속 측정한 매연농도의 최대치와 최소치의 차가 5%를 초과하거나 최종측정치가 배출허용기준에 맞지 아니한 경우에는 순차적으로 1회씩 더 측정하여 최대 5회까지 측정하면서 매회 측정시마다 마지막 3회의 측정치를 산출하여 마지막 3회의 최대치와 최소치의 차가 5% 이내이고 측정치의 산술평균값도 배출허용기준 이내이면 측정을 마치고 이를 최종측정치로 한다. ⑤ ④의 단서에 따른 방법으로 5회까지 반복 측정하여도 최대치와 최소치의 차가 5%를 초과하거나 배출허용기준에 맞지 아니한 경우에는 마지막 3회(3회, 4회, 5회)의 측정치를 산술하여 평균값을 최종측정치로 한다.

② 「대기환경보전법」 시행규칙 [별표 26] 운행차의 정밀검사 방법 항목

배출가스검사(부하검사방법의 적용)

사용연료	부하검사방법	적용차종
휘발유·알코올·가스	정속모드(ASM2525 모드 : 저속공회전 검사모드를 포함한다)	모든 자동차
경유	한국형 경유 147(KD147 모드) 검사방법	• 승용자동차 • 중형 이하 승합·화물·특수자동차
	엔진회전수 제어방식(Lug-Down3 모드)	• 대형 승합·화물·특수자동차 • 중형 화물·특수자동차 중 일반형에서 특수용도형으로 구조를 변경한 자동차

(27) 배기관

① 배기관의 열림 방향은 왼쪽 또는 오른쪽으로 45도를 초과해 열려 있어서는 안 된다.
② 배기관의 끝은 차체 외측으로 돌출되지 않도록 설치해야 한다.
③ 배기관은 자동차 또는 적재물을 발화시키거나 자동차의 다른 기능을 저해할 우려가 없어야 하며, 견고하게 설치하여야 한다.

(28) 전조등

① 등광색 : 백색
② 1등당 광도 : 변환빔은 3000cd 이상일 것
③ 수직위치
  ㉠ 설치 높이가 1.0m 이하인 경우(한계범위 : -0.5%~-2.5%)
  ㉡ 설치 높이가 1.0m 초과인 경우(한계범위 : -1.0%~-3.0%)
④ 주변환빔 전조등의 광속(光束)이 2000lm을 초과하는 전조등에는 다음 기준에 적합한 전조등 닦이기를 설치하여야 한다.
  ㉠ 130km/h 이하의 속도에서 작동될 것
  ㉡ 전조등 닦이기 작동 후 광도는 최초 광도 값의 70% 이상일 것

(29) 안개등

① 앞면 안개등
  ㉠ 등광색 : 백색 또는 황색
  ㉡ 좌·우에 각각 1개를 설치할 것. 다만, 너비가 130cm 이하인 초소형자동차에는 1개 설치 가능

② 뒷면 안개등
　㉠ 등광색 : 적색
　㉡ 2개 이하로 설치할 것

(30) 후퇴등

① 등광색 : 백색
② 1개 또는 2개를 설치할 것. 다만, 길이가 600cm 이상인 자동차(승용자동차는 제외한다)에는 자동차 측면 좌·우에 각각 1개 또는 2개 추가로 설치 가능

(31) 차폭등

① 등광색 : 백색
② 좌·우에 각각 1개를 설치할 것. 다만, 너비가 130cm 이하인 초소형자동차에는 1개 설치 가능

(32) 번호등

① 등광색 : 백색
② 번호등은 등록번호판을 잘 비추는 구조이어야 한다.

(33) 후미등

① 좌·우에 각각 1개를 설치할 것. 다만, 다음 자동차에는 기준에 따라 후미등을 설치할 수 있다.
　㉠ 끝단표시등이 설치되지 않은 다음 자동차 : 좌·우에 각각 1개의 후미등 추가 설치 가능
　　• 승합자동차
　　• 차량 총중량 3.5ton 초과 화물자동차 및 특수자동차(구난형 특수자동차는 제외)
　㉡ 구난형 특수자동차 : 좌·우에 각각 1개의 후미등 추가 설치 가능
　㉢ 너비가 130cm 이하인 초소형자동차 : 1개의 후미등 설치 가능
② 등광색 : 적색

(34) 제동등

① 등광색 : 적색
② 너비가 130cm 이하인 **초소형자동차** : 1개의 제동등 설치가 가능하다.

(35) 방향지시등

① 등광색 : 호박색
② 점멸주기 : 매분 60회 이상 120회 이하(90±30)
③ 방향지시기를 조작한 후 1초 이내에 점등되어야 하며, 1.5초 이내에 소등되어야 한다.
④ 하나의 방향지시등에서 합선 외의 고장이 발생된 경우 다른 방향지시등은 작동되는 구조이어야 하며 점멸횟수는 변경될 수 있다.

(36) 비상점멸표시등

① 비상점멸표시등은 모든 방향지시등을 동시에 점멸할 수 있도록 독립된 조작장치에 의해 작동되어야 한다.
② 비상점멸표시등은 충돌사고가 발생하거나 긴급제동신호가 소멸되더라도 자동으로 작동할 수 있으며, 수동으로 점등 또는 소등할 수 있는 구조이어야 한다.
③ 길이 6m 미만인 승용자동차와 차량총중량 3.5ton 이하 화물자동차 및 특수자동차에 설치된 호박색 옆면표시등은 동일한 측면의 방향지시등과 동일하게 점멸하는 구조여야 한다.

(37) 후부 반사기

① 후부 반사기의 반사광은 적색이어야 한다.
② 최고속도가 40km/h 이하인 자동차에는 「자동차 및 자동차부품의 성능과 기준에 관한 규칙」제112조의13의 기준에 적합한 저속차량용 후부표시판을 설치하여야 한다.
③ 반사띠의 의한 반사광 색상
    ㉠ 앞면 : 백색
    ㉡ 옆면 : 황색 또는 백색
    ㉢ 뒷면 : 황색 또는 적색
④ 반사기의 중심점은 공차 상태에서 지상 350mm 이상 1500mm 이하의 높이여야 한다.

(38) 간접시계장치

① 어린이운송용 승합자동차에는 차체 바로 앞에 있는 장애물을 확인할 수 있는 간접시계장치를 추가로 설치하여야 한다.
② 어린이운송용 승합자동차의 좌우에 설치하는 간접시계장치는 승강구의 가장 늦게 닫히는 부분의 차체로부터 자동차 길이방향의 수직으로 300mm 떨어진 지점에 직경 30mm 및 높이 1200mm의 관측봉을 설치하고, 운전자의 착석 기준점으로부터 위로 635mm의 높이에서 관측봉을 확인하였을 때 관측봉의 전부가 보일 수 있는 구조로 하여야 한다.

(39) 창닦이기 장치

① 자동차의 앞면창유리에는 자동식 창닦이기·세정액분사장치·서리제거장치 및 안개제거장치를 설치하여야 하며, 필요한 경우 뒷면 및 기타 창유리의 경우에도 창닦이기·세정액분사장치·서리제거장치 또는 안개제거장치 등을 설치할 수 있다.

② 자동차(초소형자동차는 제외)의 앞면 창유리에 설치하는 창닦이기는 다음 기준에 적합하여야 한다.
　㉠ 작동주기의 종류는 2가지 이상일 것
　㉡ 최저작동주기는 분당 20회 이상이고, 다른 하나의 작동주기는 분당 45회 이상일 것
　㉢ 최고작동주기와 다른 하나의 작동주기의 차이는 분당 15회 이상일 것
　㉣ 작동을 정지시킨 경우 자동적으로 최초의 위치로 복귀되는 구조일 것

③ 초소형자동차의 앞면 창유리에 설치하는 창닦이기는 다음 기준에 적합하여야 한다.
　㉠ 분당 40회 이상 작동할 것
　㉡ 작동 정지 시 최초의 위치로 자동으로 돌아오는 구조일 것

(40) 경음기

① 일정한 크기의 경적음을 동일한 음색으로 연속하여 내어야 한다.
② 경적음의 크기는 일정하여야 하며, 차체전방에서 2m 떨어진 지상높이 1.2±0.05m가 되는 지점에서 측정한 경적음의 최소크기는 90dB 이상이어야 한다.

(41) 후방보행자 안전장치

① 변속레버가 후진 위치인 경우 차량 후방을 확인할 수 있는 후방영상장치를 설치하여야 한다.
② 자동차를 후진하는 경우 운전자에게 자동차의 후방에 있는 보행자의 접근상황을 알리는 접근경고음 발생장치를 설치하여야 한다.
③ 보행자에게 자동차가 후진 중임을 알리는 후진경고음 발생장치를 설치하여야 한다.

(42) 속도계 및 주행 거리계

① 자동차에 설치한 속도계의 지시 오차는 평탄한 노면에서의 속도가 25km/h 이상에서 다음 계산식에 적합하여야 한다.

$$O \leq V_1 - V_2 \leq V_2/10 + 6 \text{(km/h)}$$
V_1 : 지시속도(km/h)
V_2 : 실제속도(km/h)

② 속도 제한장치 설치차량
　㉠ 승합자동차 : 110km/h 속도제한
　㉡ 차량총중량이 3.5ton을 초과하는 화물자동차·특수자동차 : 90km/h 속도제한
　㉢ 고압가스를 운송하기 위하여 필요한 탱크를 설치한 화물자동차 : 90km/h 속도제한
　㉣ 저속전기자동차 : 60km/h 속도제한

(43) 운행기록계 설치 차량
① 「여객자동차 운수사업법」에 따른 여객자동차
② 「화물자동차 운수사업법」에 따른 화물자동차
③ 어린이통학버스

(44) 소화설비
승차정원 11인 이상의 승합자동차의 경우에는 운전석 또는 운전석과 옆으로 나란한 좌석 주위에 1개 이상의 A·B·C 소화기를 설치하여야 한다.

(45) 경광등 및 사이렌
① 경광등
　㉠ 1등당 광도는 135cd 이상 2500cd 이하일 것
　㉡ 등광색(「자동차 및 자동차부품의 성능과 기준에 관한 규칙」 제58조 제1항)

구분	등광색
• 경찰용 자동차 중 범죄수사·교통단속 그 밖의 긴급한 경찰임무 수행에 사용되는 자동차 • 국군 및 주한국제연합군용 자동차 중 군 내부의 질서유지 및 부대의 질서있는 이동을 유도하는데 사용되는 자동차 • 수사기관의 자동차 중 범죄수사를 위하여 사용되는 자동차 • 교도소 또는 교도기관의 자동차 중 도주자의 체포 또는 피수용자의 호송·경비를 위하여 사용되는 자동차 • 소방용 자동차	적색 또는 청색
• 전신·전화의 수리공사 등 응급작업에 사용되는 자동차와 우편물의 운송에 사용되는 자동차 중 긴급배달우편물의 운송에 사용되는 자동차 • 전기사업·가스사업 그 밖의 공익사업기관에서 위해 방지를 위한 응급작업에 사용되는 자동차 • 민방위업무를 수행하는 기관에서 긴급예방 또는 복구를 위한 출동에 사용되는 자동차 • 도로의 관리를 위하여 사용되는 자동차 중 도로상의 위험을 방지하기 위하여 응급작업에 사용되는 자동차(구난형 특수자동차와 노면 청소용 자동차 등) • 전파감시업무에 사용되는 자동차 • 기타 자동차	황색
구급, 혈액 공급차량	녹색

② 사이렌 음의 크기는 자동차의 전방 20m의 위치에서 90dB 이상 120dB 이하로 설정해야 한다.

TOPIC 02 자동차 검사

1. 자동차의 종류(「자동차관리법」 시행규칙 [별표1])

(1) 규모별 세부기준

[표 3-5] 자동차의 규모별 세부기준

종류	경형 - 초소형	경형 - 일반형	소형	중형	대형
승용 자동차	배기량이 250cc(전기자동차의 경우 최고정격출력이 15kW) 이하이고, 길이 3.6m, 너비 1.5m, 높이 2.0m 이하인 것	배기량이 1000cc 미만이고, 길이 3.6m, 너비 1.6m, 높이 2.0m 이하인 것	배기량이 1600cc 미만이고, 길이 4.7m, 너비 1.7m, 높이 2.0m 이하인 것	배기량이 1600cc 이상 2000cc 미만이거나, 길이·너비·높이 중 어느 하나라도 소형을 초과하는 것	배기량이 2000cc 이상이거나, 길이·너비·높이 모두 소형을 초과하는 것
승합 자동차		배기량이 1000cc 미만이고, 길이 3.6m, 너비 1.6m, 높이 2.0m 이하인 것	승차정원이 15인 이하이고, 길이 4.7m, 너비 1.7m, 높이 2.0m 이하인 것	승차정원이 16인 이상 35인 이하이거나, 길이·너비·높이 중 어느 하나라도 소형을 초과하고, 길이가 9m 미만인 것	승차정원이 36인 이상이거나, 길이·너비·높이 모두 소형을 초과하고, 길이가 9m 이상인 것
화물 자동차	배기량이 250cc(전기자동차의 경우 최고정격출력이 15kW) 이하이고, 길이 3.6m, 너비 1.5m, 높이 2.0m 이하인 것	배기량이 1000cc 미만이고, 길이 3.6m, 너비 1.6m, 높이 2.0m 이하인 것	최대적재량이 1ton 이하이고, 총중량이 3.5ton 이하인 것	최대적재량이 1ton 초과 5ton 미만이거나, 총중량이 3.5ton 초과 10ton 미만인 것	최대적재량이 5ton 이상이거나, 총중량이 10ton 이상인 것
특수 자동차		배기량이 1000cc 미만이고, 길이 3.6m, 너비 1.6m, 높이 2.0m 이하인 것	총중량이 3.5ton 이하인 것	총중량이 3.5ton 초과 10ton 미만인 것	총중량이 10ton 이상인 것
이륜 자동차		배기량이 50cc 미만(최고정격출력 4kW 이하)인 것	배기량이 100cc 이하(최고정격출력 11kW 이하)인 것	배기량이 100cc 초과 260cc 이하(최고정격출력 11kW 초과 15kW 이하)인 것	배기량이 260cc(최고정격출력 15kW)를 초과하는 것

(2) 유형별 세부기준

[표 3-6] 자동차의 유형별 세부기준

종류	유형별	세부기준
승용 자동차	일반형	2개 내지 4개의 문이 있고, 전후 2열 또는 3열의 좌석을 구비한 유선형인 것
	승용겸화물형	차실 안에 화물을 적재하도록 장치된 것
	다목적형	후레임형이거나 4륜구동장치 또는 차동제한장치를 갖추는 등 험로운행이 용이한 구조로 설계된 자동차로서 일반형 및 승용 겸 화물형이 아닌 것
	기타형	위 어느 형에도 속하지 아니하는 승용자동차인 것
승합 자동차	일반형	주목적이 여객운송용인 것
	특수형	특정한 용도(장의·헌혈·구급·보도·캠핑 등)를 가진 것
화물 자동차	일반형	보통의 화물운송용인 것
	덤프형	적재함을 원동기의 힘으로 기울여 적재물을 중력에 의하여 쉽게 미끄러뜨리는 구조의 화물운송용인 것
	밴형	지붕구조의 덮개가 있는 화물운송용인 것
	특수용도형	특정한 용도를 위하여 특수한 구조로 하거나, 기구를 장치한 것으로서 위 어느 형에도 속하지 아니하는 화물운송용인 것
특수 자동차	견인형	피견인차의 견인을 전용으로 하는 구조인 것
	구난형	고장·사고 등으로 운행이 곤란한 자동차를 구난·견인 할 수 있는 구조인 것
	특수용도형	위 어느 형에도 속하지 아니하는 특수용도용인 것
이륜 자동차	일반형	자전거로부터 진화한 구조로서 사람 또는 소량의 화물을 운송하기 위한 것
	특수형	경주·오락 또는 운전을 즐기기 위한 경쾌한 구조인 것
	기타형	3륜 이상인 것으로서 최대적재량이 100kg 이하인 것

2. 자동차 검사의 유효기간(「자동차관리법」 시행규칙 [별표15의2])

구분		검사유효기간
비사업용 승용자동차 및 피견인자동차		2년(신조차로서 법 제43조 제5항에 따른 신규검사를 받은 것으로 보는 자동차의 최초 검사유효기간은 4년)
사업용 승용자동차		1년(신조차로서 법 제43조 제5항에 따른 신규검사를 받은 것으로 보는 자동차의 최초 검사유효기간은 2년)
경형·소형의 승합 및 화물자동차		1년
사업용 대형화물자동차	차령이 2년 이하인 경우	1년
	차령이 2년 초과된 경우	6월
중형 승합자동차 및 사업용 대형 승합자동차	차령이 8년 이하인 경우	1년
	차령이 8년 초과된 경우	6월
그 밖의 자동차	차령이 5년 이하인 경우	1년
	차령이 5년 초과된 경우	6월

3. 검사의 방법(「자동차관리법」 시행규칙 [별표 15])

[표 3-7] 일반 자동차 검사방법

항목	검사기준	검사방법
1) 동일성 확인	자동차의 표기와 등록번호판이 자동차등록증에 기재된 차대번호·원동기형식 및 등록번호가 일치하고, 등록번호판 및 봉인의 상태가 양호할 것	자동차의 차대번호 및 원동기 형식의 표기 확인 등록번호판 및 봉인상태 확인
2) 제원측정	제원표에 기재된 제원과 동일하고, 제원이 안전기준에 적합할 것	길이·너비·높이·최저지상고, 뒤 오우버행(뒤차축중심부터 차체후단까지의 거리) 및 중량을 계측기로 측정하고 제원허용차의 초과 여부 확인
3) 원동기	① 시동상태에서 심한 진동 및 이상음이 없을 것	공회전 또는 무부하 급가속상태에서 진동·소음 확인
	② 원동기의 설치상태가 확실할 것	원동기 설치상태 확인
	③ 점화·충전·시동장치의 작동에 이상이 없을 것	점화·충전·시동장치의 작동상태 확인
	④ 윤활유 계통에서 윤활유의 누출이 없고, 유량이 적정할 것	윤활유 계통의 누유 및 유량 확인
	⑤ 팬벨트 및 방열기 등 냉각 계통의 손상이 없고 냉각수의 누출이 없을 것	냉각계통의 손상 여부 및 냉각수의 누출 여부 확인
4) 동력 전달장치	① 손상·변형 및 누유가 없을 것	① 변속기의 작동 및 누유 여부 확인 ② 추진축 및 연결부의 손상·변형 여부 확인
	② 클러치 페달 유격이 적정하고, 자동변속기 선택레버의 작동상태 및 현재 위치와 표시가 일치할 것	클러치 페달 유격 적정 여부, 자동변속기 선택레버의 작동상태 및 위치표시 확인
5) 주행장치	① 차축의 외관, 휠 및 타이어의 손상·변형 및 돌출이 없고, 수나사 및 암나사가 견고하게 조여 있을 것	① 차축의 외관, 휠 및 타이어의 손상·변형 및 돌출 여부 확인 ② 수나사·암나사의 조임 상태 확인
	② 타이어 요철형 무늬의 깊이는 안전기준에 적합하여야 하며, 타이어 공기압이 적정할 것	타이어 요철형 무늬의 깊이 및 공기압을 계측기로 확인
	③ 흙받이 및 휠하우스가 정상적으로 설치되어 있을 것	흙받이 및 휠하우스 설치상태 확인
	④ 가변축 승강조작장치 및 압력조절장치의 설치 위치는 안전기준에 적합할 것	가변축 승강조작장치 및 압력 조절장치의 설치 위치 및 상태 확인
6) 조종장치	조종장치의 작동상태가 정상일 것	시동·가속·클러치·변속·제동·등화·경음·창닦이기·세정액분사장치 등 조종장치의 작동 확인
7) 조향장치	① 조향바퀴 옆미끄럼량은 1m 주행에 5mm 이내일 것	조향핸들에 힘을 가하지 아니한 상태에서 사이드슬립측정기의 답판 위를 직진할 때 조향바퀴의 옆미끄럼량을 사이드슬립측정기로 측정
	② 조향 계통의 변형·느슨함 및 누유가 없을 것	기어박스·로드암·파워실린더·너클 등의 설치상태 및 누유 여부 확인
	③ 동력조향 작동유의 유량이 적정할 것	동력조향 작동유의 유량 확인

항목	검사기준	검사방법
8) 제동장치	① 제동력 　㉠ 모든 축의 제동력의 합이 공차중량의 50% 이상이고 각축의 제동력은 해당 축하중의 50%(뒤축의 제동력은 해당 축하중의 20%) 이상일 것 　㉡ 동일 차축의 좌·우 차바퀴 제동력의 차이는 해당 축하중의 8% 이내일 것 　㉢ 주차제동력의 합은 차량 중량의 20% 이상일 것	주제동장치 및 주차제동장치의 제동력을 제동시험기로 측정
	② 제동계통 장치의 설치상태가 견고하여야 하고, 손상 및 마멸된 부위가 없어야 하며, 오일이 누출되지 아니하고 유량이 적정할 것	제동계통 장치의 설치상태 및 오일 등의 누출 여부 및 브레이크 오일량이 적정한지 여부 확인
	③ 제동력 복원상태는 3초 이내에 해당 축하중의 20% 이하로 감소될 것	주제동장치의 복원상태를 제동시험기로 측정
	④ 피견인자동차 중 안전기준에서 정하고 있는 자동차는 제동장치 분리 시 자동으로 정지가 되어야 하며, 주차브레이크 및 비상브레이크 작동상태 및 설치상태가 정상일 것	피견인자동차의 제동공기라인 분리 시 자동 정지 여부, 주차 및 비상브레이크 작동 및 설치상태 등 확인
9) 완충장치	① 균열·절손 및 오일 등의 누출이 없을 것	스프링·쇼크업소버의 손상 및 오일 등의 누출 여부 확인
	② 부식·절손 등으로 판스프링의 변형이 없을 것	판스프링의 설치상태 확인
10) 연료장치	작동상태가 원활하고 파이프·호스의 손상·변형·부식 및 연료누출이 없을 것	① 연료장치의 작동상태, 손상·변형·부식 및 조속기 봉인상태 확인 ② 가스를 연료로 사용하는 자동차는 가스누출 감지기로 연료누출 여부 확인 및 가스저장용기의 부식상태 확인 ③ 연료의 누출 여부 확인(연료탱크의 주입구 및 가스배출구로의 자동차의 움직임에 의한 연료누출 여부 포함)
11) 전기 및 전자장치	① 전기장치 　㉠ 축전지의 접속·절연 및 설치상태가 양호할 것 　㉡ 전기배선의 손상이 없고 설치상태가 양호할 것	① 축전지와 연결된 전기배선 접속단자의 흔들림 여부 확인 ② 전기배선의 손상·절연 여부 및 설치상태를 육안으로 확인
	② 고전원전기장치 　㉠ 고전원전기장치의 접속·절연 및 설치상태가 양호할 것 　㉡ 고전원 전기배선의 손상이 없고 설치상태가 양호할 것	① 고전원전기장치(구동축전지, 전력변환장치, 구동전동기, 충전접속구 등)의 설치상태, 전기배선 접속단자의 접속·절연상태 등을 맨눈으로 확인 ② 구동축전지와 전력변환장치, 전력변환장치와 구동전동기, 전력변환장치와 충전접속구 사이의 고전원 전기배선의 절연 피복 손상 또는 활선 도체부의 노출여부를 맨눈으로 확인

항목	검사기준	검사방법
11) 전기 및 전자장치	ⓒ 구동축전지는 차실과 벽 또는 보호판으로 격리되는 구조일 것	③ 구동축전지와 차실 사이가 벽 또는 보호판 등으로 격리여부 확인
	ⓔ 차실 내부 및 차체 외부에 노출되는 고전원 전기장치간 전기배선은 금속 또는 플라스틱 재질의 보호기구를 설치할 것	④ 맨눈으로 확인이 가능한 고전원 전기배선 보호기구의 고정, 깨짐, 손상 여부 등을 확인
	ⓜ 「자동차 및 자동차부품의 성능과 기준에 관한 규칙」 별표 5 제1호 가목에 따른 고전원 전기장치 활선도체부의 보호기구는 공구를 사용하지 않으면 개방·분해 및 제거되지 않는 구조일 것	⑥ 고전원전기장치 활선도체부의 보호기구 체결상태 및 공구를 사용하지 않고 개방·분해 및 제거 가능 여부 확인. 다만, 차실, 벽, 보호판 등으로 격리된 경우 생략 가능
	ⓑ 고전원전기장치의 외부 또는 보호기구에는 「자동차 및 자동차부품의 성능과 기준에 관한 규칙」 별표 5 제4호에 따른 경고표시가 되어 있을 것	⑦ 고전원전기장치의 외부 또는 보호기구에 부착 또는 표시된 경고표시의 모양 및 식별가능성 여부를 맨눈으로 확인
	ⓢ 고전원전기장치 간 전기배선(보호기구 내부에 위치하는 경우는 제외한다)의 피복은 주황색일 것	⑧ 맨눈으로 확인 가능한 구동축전지와 전력변환장치, 전력변환장치와 구동전동기, 전력변환장치와 충전접속구에 사용되는 전기배선의 색상이 주황색인지 여부 확인
	ⓞ 전기자동차 충전접속구의 활선도체부와 차체 사이의 절연저항은 최소 1MΩ 이상일 것	⑨ 절연저항시험기를 이용하여 충전접속구 각각의 활선도체부(+극 및 -극)와 차체 사이에 충전전압 이상의 시험전압을 인가하여 절연저항 측정
	ⓩ 구동축전지, 전력변환장치, 구동전동기, 연료전지 등 고전원전기장치의 절연상태가 양호할 것	⑩ 전자장치진단기로 고전원전기장치의 절연저항 관련 고장진단코드를 확인. 다만, 전자장치진단기로 진단되지 않는 경우에는 계기장치의 고장경고등 점등 여부 확인
	ⓧ 구동축전지, 전력변환장치, 구동전동기, 연료전지 등 고전원전기장치의 작동에 이상이 없을 것	⑪ 전자장치진단기로 고전원전기장치의 고장진단코드를 확인. 다만, 전자장치진단기로 진단되지 않는 경우에는 계기장치의 고장경고등 점등 여부 확인
	③ 전자장치 ㉠ 원동기 전자제어 장치가 정상적으로 작동할 것 ㉡ 바퀴잠김방지식 제동장치, 구동력제어장치, 전자식차동제한장치, 차체자세제어장치, 에어백, 순항제어장치, 차로이탈경고장치 및 비상자동제동장치 등 안전운전 보조 장치가 정상적으로 작동할 것	① 전자장치진단기로 각종 센서의 정상 작동 여부를 확인. 다만, 차로이탈경고장치가 전자장치진단기로 진단되지 않는 경우에는 맨눈으로 설치 여부 확인
	㉢ 저소음자동차의 경고음발생장치가 정상적으로 작동할 것	② 전자장치진단기로 경고음발생장치의 고장진단코드를 확인. 다만, 전자장치진단기로 진단되지 않는 경우에는 주행상태에서 경고음 발생 여부 확인
	㉣ 후방보행자 안전장치가 정상적으로 작동할 것	③ 후방보행자 안전장치의 작동상태 확인

항목	검사기준	검사방법
12) 차체 및 차대	① 차체 및 차대의 부식·절손 등으로 차체 및 차대의 변형이 없을 것	차체 및 차대의 부식 및 부착물의 설치상태 확인
	② 후부안전판 및 측면보호대의 손상·변형이 없을 것	후부안전판 및 측면보호대의 설치상태 확인
	③ 최대적재량의 표시가 자동차등록증에 기재되어 있는 것과 일치할 것	최대적재량(탱크로리는 최대적재량·최대적재용량 및 적재품명) 표시 확인
	④ 차체에는 예리하게 각이 지거나 돌출된 부분이 없을 것	차체의 외관 확인
	⑤ 어린이운송용 승합자동차의 색상 및 보호표지는 안전기준에 적합할 것	차체의 색상 및 보호표지 설치 상태 확인
13) 연결장치 및 견인장치	① 변형 및 손상이 없을 것	커플러 및 킹핀의 변형 여부 확인
	② 차량 총중량 0.75t 이하 피견인자동차의 보조연결장치가 견고하게 설치되어 있을 것	보조연결장치 설치상태 확인
14) 승차장치	① 안전기준에서 정하고 있는 좌석·승강구·조명·통로·좌석안전띠 및 비상구 등의 설치상태가 견고하고, 파손되어 있지 아니하며 좌석 수의 증감이 없을 것	좌석·승강구·조명·통로·좌석안전띠 및 비상구 등의 설치상태와 비상탈출용 장비의 설치상태 확인
	② 머리지지대가 설치되어 있을 것	승용자동차 및 경형·소형 승합자동차의 앞좌석(중간좌석 제외)에 머리지지대의 설치 여부 확인
	③ 어린이운송용 승합자동차의 승강구가 안전기준에 적합할 것	승강구 설치상태 및 규격 확인
15) 물품적재 장치	① 적재함 바닥면의 부식으로 인한 변형이 없을 것 ② 적재량의 증가를 위한 적재함의 개조가 없을 것 ③ 물품적재장치의 안전잠금장치가 견고할 것 ④ 청소용 자동차 등 안전기준에서 정하고 있는 차량에는 덮개가 설치되어 있어야 하고, 설치상태가 양호할 것	① 물품의 적재장치 및 안전시설 상태 확인(변경된 경우 계측기 등으로 측정) ② 청소용 자동차 등 안전기준에서 정하고 있는 차량의 덮개 설치여부를 확인
16) 창유리	① 접합유리 및 안전유리로 표시된 것일 것	유리(접합·안전)규격품 사용 여부 확인
	② 「자동차 및 자동차부품의 성능과 기준에 관한 규칙」 제94조 제3항에 따른 어린이운송용 승합자동차의 모든 창유리의 가시광선 투과율 기준에 적합할 것	창유리의 가시광선 투과율을 가시광선투과율 측정기로 측정하거나 선팅 여부를 맨눈으로 확인
17) 배기가스 발산 방지 및 소음방지장치	① 배기소음 및 배기가스농도는 운행차 허용기준에 적합할 것	배기소음 및 배기가스농도를 측정기로 측정
	② 배기관·소음기·촉매장치의 손상·변형·부식이 없을 것	배기관·촉매장치·소음기의 변형 및 배기계통에서의 배기가스누출 여부 확인
	③ 측정결과에 영향을 줄 수 있는 구조가 아닐 것	측정결과에 영향을 줄 수 있는 장치의 훼손 또는 조작 여부 확인

항목	검사기준	검사방법
18) 등화장치	① 변환빔의 광도는 3000cd 이상일 것	좌·우측 전조등(변환빔)의 광도와 광도점을 전조등시험기로 측정하여 광도점의 광도 확인
	② 변환빔의 진폭은 10m 위치에서 다음 수치 이내일 것 | 설치높이 ≤ 1.0m | 설치 높이 > 1.0m | |---|---| | −0.5% ~ −2.5% | −1.0% ~ −3.0% |	좌·우측 전조등(변환빔)의 컷오프선 및 꼭지점의 위치를 전조등시험기로 측정하여 컷오프선의 적정 여부 확인
	③ 컷오프선의 꺾임점(각)이 있는 경우 꺾임점의 연장선은 우측 상향일 것	변환빔의 컷오프선, 꺾임점(각), 설치상태 및 손상여부 등 안전기준 적합 여부를 확인
	④ 정위치에 견고히 부착되어 작동에 이상이 없고, 손상이 없어야 하며, 등광색이 안전 기준에 적합할 것	전조등·방향지시등·번호등·제동등·후퇴등·차폭등·후미등·안개등 및 비상점멸표시등과 그 밖의 등화장치의 점등·등광색 및 설치상태 확인
	⑤ 후부반사기 및 후부반사판의 설치상태가 안전기준에 적합할 것	후부반사기 및 후부반사판의 설치상태 확인
	⑥ 어린이운송용 승합자동차에 설치된 표시등이 안전기준에 적합할 것	표시등 설치 및 작동상태 확인
	⑦ 안전기준에서 정하지 아니한 등화 및 안전기준에서 금지한 등화가 없을 것	안전기준에 위배되는 등화설치 여부 확인
19) 경음기 및 경보장치	경음기의 음색이 동일하고, 경적음·싸이렌음의 크기는 안전기준상 허용기준 범위 이내일 것	① 경적음이 동일한 음색인지 확인 ② 경적음 및 싸이렌음의 크기를 소음측정기로 확인(경보장치는 신규검사로 한정함)
20) 시야확보 장치	① 후사경은 좌·우 및 뒤쪽의 상황을 확인할 수 있고, 돌출거리가 안전기준에 적합할 것	후사경 설치상태 확인
	② 창닦이기 및 세정액 분사장치는 기능이 정상적일 것	창닦이기 및 세정액 분사장치의 작동 및 설치상태 확인
	③ 어린이운송용 승합자동차에는 광각 실외후사경이 설치되어 있을 것	광각 실외후사경 설치 여부 확인
21) 계기장치	① 모든 계기가 설치되어 있을 것	계기장치의 설치 여부 확인
	② 속도계의 지시오차는 정 25%, 부 10% 이내일 것	40km/h의 속도에서 자동차속도계의 지시오차를 속도계시험기로 측정
	③ 최고속도제한장치, 운행기록장치 및 주행기록계의 설치 및 작동상태가 양호할 것	최고속도제한장치, 운행기록장치 및 주행기록계의 설치상태 및 정상작동 여부 확인
22) 소화기 및 방화장치	소화기가 설치위치에 설치되어 있을 것	소화기의 설치 여부 확인
23) 내압용기	용기 등이 관련 법령에 적합하고 견고하게 설치되어 있으며, 용기의 변형이 없고 사용연한 이내일 것	용기 등이 「자동차관리법」에 따른 합격품인지 여부, 설치상태 및 변형·손상 여부 및 사용연한 확인
24) 기타	어린이운송용 승합자동차의 색상 및 보호표지 등 그 밖의 구조 및 장치가 안전기준 및 국토교통부장관이 정하는 기준에 적합할 것	그 밖의 구조 및 장치가 안전기준 및 국토교통부장관이 정하는 기준에 적합한지를 확인

단원 마무리문제

CHAPTER 03 자동차 안전기준

01 차량 중량이 1480kg, 최대 적재량이 1300kg, 승차인원이 3명인 자동차의 차량 총중량은 얼마인가? (단, 승차 인원 1인의 몸무게는 65kg으로 본다)

① 1495kg   ② 1675kg
③ 2780kg   ④ 2975kg

해설
차량중량＋최대적재량＋승차 인원 중량
＝1480kg＋1300kg＋(65kg×3)
＝2975kg

02 자동차 길이, 너비 및 높이의 안전기준으로 잘못된 것은?

① 자동차의 길이는 13m 이하일 것
② 자동차의 너비는 2.5m 이하일 것
③ 자동차의 높이는 4.5m 이하일 것
④ 연결 자동차의 길이는 16.7m 이하일 것

해설
자동차의 높이는 4.0m 이하이어야 한다.

03 공차상태에서 접지부분 외의 부분은 지면과 얼마 이상의 간격을 두어야 하는가?

① 10cm   ② 12cm
③ 14cm   ④ 16cm

해설
공차상태의 자동차에 있어서 접지부분 외의 부분은 지면과의 사이에 10cm 이상의 간격이 있어야 한다.

04 화물자동차 및 특수자동차의 차량 총중량은 몇 톤을 초과해서는 안 되는가?

① 5톤   ② 10톤
③ 20톤   ④ 40톤

해설
자동차의 차량 총중량은 20톤(승합자동차의 경우에는 30톤, 화물자동차 및 특수자동차의 경우에는 40톤)을 초과해서는 아니 된다.

05 승용자동차는 공차상태에서 좌, 우측 각각 몇 도까지 기울여도 자동차가 전복되지 않아야 하는가?

① 25도   ② 30도
③ 35도   ④ 40도

해설
최대안전 경사각도
• 승용자동차, 화물자동차, 특수자동차 및 승차정원 10명 이하인 승합자동차 : 공차상태에서 35도
• 차량 총중량이 차량 중량의 1.2배 이하인 경우 : 30도
• 승차정원 11명 이상인 승합자동차 : 적차 상태에서 28도

06 자동차의 최소 회전반경은 얼마 이하이어야 하는가?

① 6m 이하   ② 10m 이하
③ 12m 이하   ④ 16m 이하

해설
자동차의 최소회전반경은 바깥쪽 앞바퀴 자국의 중심선을 따라 측정할 때에 12m를 초과하여서는 아니 된다.

정답 01 ④ 02 ③ 03 ① 04 ④ 05 ③ 06 ③

07 무한궤도를 장착한 자동차의 접지압력은 무한궤도 1cm²당 몇 kgf 이하이어야 하는가?

① 1kgf ② 3kgf
③ 5kgf ④ 7kgf

해설
무한궤도를 장착한 자동차의 접지압력은 무한궤도 1cm²당 3kgf을 초과하지 아니하여야 한다.

08 자동차의 조종 및 표시장치는 조향 핸들 중심으로부터 좌우 각각 몇 cm 이내에 있어야 하는가?

① 10cm ② 30cm
③ 50cm ④ 70cm

해설
조향핸들의 중심으로부터 좌우 각각 50cm 이내에 배치하여야 한다.

09 자동차의 조향핸들 유격은 조향 핸들지름의 얼마인가?

① 10% 이내 ② 12.5% 이내
③ 15% 이내 ④ 17.5% 이내

해설
조향핸들의 유격(조향바퀴가 움직이기 직전까지 조향 핸들이 움직인 거리)은 조향 핸들지름의 12.5% 이내여야 한다.

10 조향바퀴의 사이드 슬립량을 측정하였더니, 3mm/m였다면 이 자동차가 1km를 직진 주행 시 사이드 슬립량은 얼마인가?

① 3cm ② 30cm
③ 3m   ④ 30m

해설
1mm/m=1m/km이므로 3mm/m=3m/km
따라서 3m/km×1km=3m이다.

11 브레이크 페달을 놓을 때에 제동력이 몇 초 이내에 당해 축중의 몇 20% 이하로 감소되어야 하는가?

① 1초 ② 3초
③ 5초 ④ 7초

해설
브레이크 페달을 놓을 때에 제동력이 3초 이내에 당해 축중의 20% 이하로 감소되어야 한다.

12 승용차의 발 조작식 주차 제동 조작력은 얼마인가?

① 40kgf 이하 ② 50kgf 이하
③ 60kgf 이하 ④ 90kgf 이하

해설
- 발 조작식의 경우 : 60kgf 이하
- 손 조작식의 경우 : 40kgf 이하

13 휘발유 또는 경유를 사용하는 자동차의 연료 탱크 주입구 및 가스 배출구는 노출된 전기단자 및 전기개폐기로부터 몇 cm 이상 떨어져 있어야 하는가? (단, 연료탱크는 제외)

① 10cm 이상 ② 20cm 이상
③ 30cm 이상 ④ 40cm 이상

해설
- 배기관의 끝으로부터 30cm 이상 떨어져 있을 것(연료탱크를 제외한다)
- 노출된 전기단자 및 전기개폐기로부터 20cm 이상 떨어져 있을 것(연료탱크를 제외한다)

14 밴형, 승합자동차의 뒤 오버행은 얼마인가?

① $\frac{1}{2}$ 이하 ② $\frac{2}{3}$ 이하
③ $\frac{3}{4}$ 이하 ④ $\frac{11}{20}$ 이하

정답 07 ② 08 ③ 09 ② 10 ③ 11 ② 12 ④ 13 ② 14 ②

해설

차량의 종류에 따른 오버행

- 경형 및 소형자동차 : $\frac{11}{20}$ 이하일 것
- 밴형, 승합자동차 : $\frac{2}{3}$ 이하일 것
- 기타 자동차 : $\frac{1}{2}$ 이하일 것

15 자동차의 방향지시등에 관한 설명으로 옳지 않은 것은?

① 등광색은 호박색이어야 한다.
② 매분 60회 이상 100회 이하의 점멸 횟수를 가진다.
③ 방향지시기를 조작한 후 1초 이내에 점등되어야 한다.
④ 하나의 방향지시등에서 고장이 발생된 경우 점멸횟수는 변경될 수 있다.

해설
분당 60~120회의 점멸 횟수를 가진다.

16 경음기의 최소 음량 크기는 얼마인가?

① 70dB ② 80dB
③ 90dB ④ 100dB

해설
자동차 전방으로 2m 떨어진 지점으로서 지상높이가 1.2±0.05m인 지점에서 측정한 경적음의 최소크기가 최소 90dB(C) 이상이어야 한다.

17 좌·우 바퀴의 제동력 차이는 당해 축하중의 몇 % 이하이어야 하는가?

① 3% ② 5%
③ 8% ④ 10%

해설
동일 차축의 좌·우 차바퀴 제동력의 차이는 해당 축하중의 8% 이내이어야 한다.

18 사업용 승용차의 검사 유효기간은 얼마인가? (단, 신규 등록은 제외)

① 6개월 ② 1년
③ 1년 6개월 ④ 2년

해설
자동차 검사의 유효기간(「자동차관리법」 시행규칙 제74조)
- 사업용 승용자동차 검사 유효기간 : 1년(신조차로서 법 제43조 제5항에 따른 신규검사를 받은 것으로 보는 자동차의 최초 검사유효기간은 2년)
- 비사업용 승용자동차 및 피견인자동차 검사 유효기간 : 2년(신조차로서 법 제43조 제5항에 따른 신규검사를 받은 것으로 보는 자동차의 최초 검사유효기간은 4년)

19 조향륜 옆 미끄럼량은 1m 주행에 몇 mm 이내이어야 하는가?

① 3mm ② 4mm
③ 5mm ④ 6mm

해설
조향바퀴의 옆으로 미끄러짐이 1m 주행에 좌우방향으로 각각 5mm 이내이어야 한다.

20 1999년 12월 31일 이전에 제작된 운행자동차의 경음기 경적음은 몇 데시벨(dB)인가?

① 70 이상 110 이하일 것
② 80 이상 115 이하일 것
③ 90 이상 115 이하일 것
④ 90 이상 112 이하일 것

해설
「소음·진동관리법」 시행규칙 [별표 13]
- 1999년 12월 31일 이전 제작 차량 : 90~115dB
- 2000년 1월 1일 이후 제작 차량 : 90~110dB

정답 15 ② 16 ③ 17 ③ 18 ② 19 ③ 20 ③

CHAPTER 04 자동차 안전관리

TOPIC 01 자동차 안전관리

1. 자동차 점검 시 유의사항

① 실린더 헤드를 분해할 때에는 대각선 방향으로 바깥쪽에서 안쪽으로 분해한다.
② 실린더 헤드를 조립할 때에는 대각선 방향으로 안쪽에서 바깥쪽으로 조립한다.
③ 실린더 헤드 변형도를 점검할 때에는 좌, 우, 대각선의 6방향을 측정하여 점검한다.
④ 실린더 블록 및 헤드의 평면도 측정은 직정규자와 필러게이지를 사용한다.
⑤ 기관의 볼트를 조일 때에는 규정된 토크 값으로 토크 렌치를 이용하여 조인다.
⑥ 팬 벨트를 점검할 때에는 기관이 정지한 상태에서 점검한다.
⑦ 회전 중인 냉각팬이나 벨트에 손이나 옷자락이 접촉되지 않도록 주의한다.
⑧ 자동차를 잭으로 들어 올려서 작업할 때에는 반드시 스탠드로 지지하고 작업한다.
⑨ 자동차의 유압회로를 수리 또는 교환할 경우에는 반드시 공기빼기 작업을 실시한다.
⑩ 자동차 밑에서 작업(클러치, 변속기 교환 작업)할 때에는 반드시 보안경을 착용하고 작업한다.
⑪ 자동차의 가스켓, 오일 씰 등은 분해한 후에는 재사용이 불가하므로 반드시 새것으로 교환한다.
⑫ 자동변속기의 스톨 테스터는 D와 R 위치에서 5초 이내로 실시한다.
⑬ 자동차의 전기장치를 점검할 때에는 배터리의 (−)터미널을 제거한 후 점검한다.

2. 엔진오일 점검요령

① 자동차를 평탄한 곳에 주차시킨 후 점검한다.
② 기관을 정상 작동온도까지 워밍업 시킨 후 시동을 끄고 점검 및 교환한다.
③ 엔진오일 레벨 게이지로 오일의 양을 확인한다(MAX와 MIN(또는 F와 L) 사이일 때 정상).
④ 오일의 오염 여부와 점도를 점검한다.
⑤ 계절 및 사용조건에 맞는 오일을 사용한다.
⑥ 오일은 정기적으로 점검 및 교환한다.

3. 배터리 취급 시 유의사항

① 배터리의 전해액은 묽은 황산이므로 옷이나 피부에 닿지 않도록 주의한다.
② 배터리 충전 시에는 수소가스가 발생하므로 통풍이 잘되는 곳에서 실시한다.
③ 배터리 충전 중 전해액의 온도가 45℃ 이상이 되지 않도록 주의한다.
④ 충전하기 전에 배터리의 벤트 플러그를 열어 놓는다.
⑤ 충전 중에 배터리가 과열되거나 전해액이 넘칠 때에는 즉시 충전을 중단한다.
⑥ 전해액을 만들 때에는 물에 황산을 조금씩 부어 만든다.
⑦ 배터리 용량(부하)시험은 5초 이내로 하며, 부하전류는 용량의 3배 이내로 한다.
⑧ 부식방지를 위해 배터리 단자에는 그리스를 발라 둔다.
⑨ 축전지 방전 시험 시 전류계는 부하와 직렬접속하고, 전압계는 병렬접속한다.

4. 연료탱크 정비 시 주의사항

① 연료탱크에 연결된 전선은 모두 제거한다.
② 연료탱크 내에 남아있는 연료를 모두 제거한다(특히 연료 증기는 반드시 없앨 것).
③ 연료탱크의 작은 구멍 수리 시에는 연료 탱크에 물을 반쯤 채워서 납땜으로 작업한다.

TOPIC 02 산업의 안전관리

1. 목적

① 생산성 향상 및 손실 최소화
② 사고의 발생을 방지
③ 산업재해로부터 인간의 생명과 재산을 보호

2. 재해요인의 3요소

① 인위적 재해
② 물리적 재해
③ 자연적 재해

3. 안전사고의 연쇄성

① 사회적 환경과 유전적 요소
② 성격의 결함
③ 불안전한 행위 및 환경
④ 사고현상
⑤ 재해

4. 재해율

① **도수율** : 안전사고 발생 빈도로 근로시간 100만 시간당 발생하는 사고건수

$$도수율 = \frac{사고건수}{노동총시간} \times 1000000$$

② **강도율** : 안전사고의 강도로 근로시간 1000시간당의 재해에 의한 노동손실일수

$$강도율 = \frac{노동손실일수}{노동총시간} \times 1000$$

③ **연천인율** : 1년 동안 1000명의 근로자가 작업할 때 발생하는 사상자의 비율

$$연천인율 = \frac{재해건수}{재적근로자} \times 1000$$

5. 재해 예방대책 5단계

① 1단계 : 안전관리 조직
② 2단계 : 사실의 발견
③ 3단계 : 분석 평가
④ 4단계 : 시정 방법의 선정
⑤ 5단계 : 시정책의 적용

6. 안전 · 보건표지의 종류와 색채

[표 4-1] 안전 · 보건표지의 종류와 색체

용도	색체	종류	표지표시
금지표지	빨강색	출입, 보행, 차량통행, 사용, 탑승, 화기, 물체이동 등의 금지, 금연	바탕은 흰색, 기본 모형은 빨강색, 관련부호 및 그림은 검정색
경고표지	노랑색	인화성 · 산화성 물질, 폭발물 · 독극물, 부식성 · 방사성물질, 고압전기, 매달린 물체, 낙하물체, 고온, 저온, 몸균형상실, 레이저광선, 유해물질, 위험장소 등의 경고	바탕은 노랑색, 기본 모형, 관련 부호 및 그림은 검정색
지시표지	파랑색	보안경, 방독마스크, 방진마스크, 보안면, 안전모, 귀마개, 안전화, 안전장갑, 안전복 등의 착용	바탕은 파랑색, 관련 그림은 흰색
안내표지	녹색	녹십자표시, 응급구호표시, 들것, 세안장치, 비상구, 좌측 비상구, 우측 비상구 등	바탕은 흰색, 기본 모형 및 관련부호는 녹색 또는 바탕은 녹색, 관련부호 및 그림은 흰색
	흰색	–	파랑색(지시), 녹색(안내)에 대한 보조색
	검정색	–	문자 및 빨강색(금지), 노랑색(경고)에 대한 보조색

7. 안전관리자의 직무

① 안전장치 및 안전 등의 보호구, 소화설비 기타 위험방지 시설의 정기 점검 및 정비
② 법에 의한 명령이나 사업장의 안전에 관한 규정을 위반한 근로자에 대한 조치 및 의견서 제출
③ 재해 원인의 조사와 대책 수립 및 근로자의 배치에 관한 동의
④ 작업의 안전에 관한 교육 및 훈련, 기타 근로자의 안전에 관한 사항
⑤ 안전에 관한 보조자의 감독
⑥ 안전에 관한 주요사항의 기록 및 보존
⑦ 건설물, 설비, 작업장소 또는 작업방법의 위험에 따른 응급조치 또는 적절한 방지조치

8. 소화기

(1) 소화원리

① 제거 소화법 : 가연물질 제거
② 질식 소화법 : 산소 차단
③ 냉각 소화법 : 점화원 냉각

(2) 화재 종류

① A급 화재 : 일반 가연물의 화재(백색표시)
② B급 화재 : 유류화재(황색표시)
③ C급 화재 : 전기화재(청색표시)

(3) 화재 급별 소화기

① 수성 소화기 : A급 화재
② 포말 소화기 : A, B급 화재
③ 분말 소화기 : A, B급 화재
④ 탄산가스 소화기 : B, C급 화재
⑤ 증발성 액체 소화기 : B, C급 화재

TOPIC 03 공구 및 작업상의 안전관리

1. 작업장에서의 복장

① 작업복은 몸에 맞는 것을 입는다.
② 상의의 옷자락이 밖으로 나오지 않도록 한다.
③ 기름이 밴 작업복은 될 수 있는 한 입지 않는다.
④ 작업에 따라 보호구 및 기타 물건을 착용할 수 있어야 한다.
⑤ 소매나 바짓자락은 조일 수 있어야 한다.

2. 일반 수공구 사용 시 유의사항

① 작업에 알맞은 수공구를 선택하여 사용한다.
② 공구 이외의 목적에는 사용하지 않는다.
③ 공구의 기름, 이물질 등을 제거하고 사용한다.
④ 공구의 사용법에 알맞게 사용한다.
⑤ 작업 주위를 정리, 정돈한 후 작업한다.
⑥ 작업 후에는 공구를 정비한 후 지정된 장소에 보관한다.

3. 공구 사용 시 유의사항

(1) 드라이버

① 드라이버 날 끝은 편평한 것을 사용한다.
② 드라이버의 날 끝이 홈의 너비와 길이에 맞는 것을 사용한다.
③ 나사를 조이거나 풀 때에는 홈에 수직으로 대고 한 손으로 작업한다.
④ 드라이버의 날이 빠지거나 둥근 것은 사용하지 않는다.

(2) 정

① 정의 머리가 버섯머리인 경우는 그라인더로 갈은 후에 사용한다.
② 정의 머리에 기름이 묻어 있으면 기름을 제거한 후 사용한다.
③ 담금질(열처리)한 재료는 정 작업을 하지 않는다.
④ 쪼아내기 작업을 할 때에는 보안경을 착용한다.
⑤ 정 작업을 할 때에는 마주보고 작업하지 않는다.
⑥ 정 작업을 할 때에는 날 끝부분에 시선을 두고 작업한다.

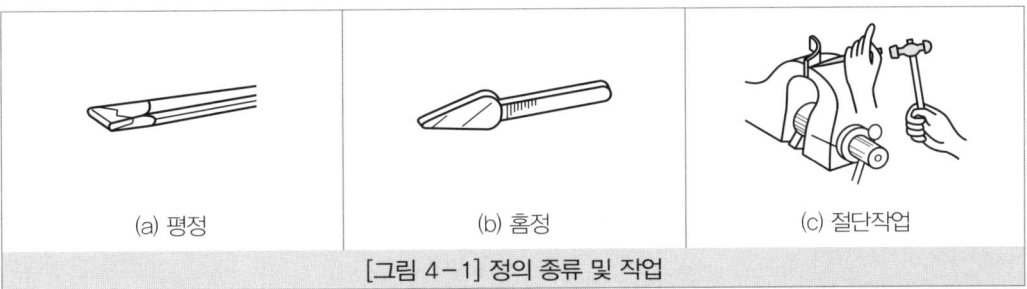

[그림 4-1] 정의 종류 및 작업

(3) 해머

① 쐐기를 박아서 해머가 빠지지 않도록 한다.
② 해머의 타격면이 찌그러지거나 부서진 것을 사용하지 않는다.
③ 장갑을 끼거나 기름이 묻은 손으로 작업하지 않는다.
④ 타격하려는 곳에 시선을 고정하고 작업한다.
⑤ 서로 마주 보고 해머작업을 하지 않는다.
⑥ 녹이 슬거나 깨지기 쉬운 작업을 할 경우에는 보안경을 착용한다.
⑦ 처음과 마지막 해머 작업을 할 때에는 무리한 힘을 가하지 않는다.
⑧ 해머작업 시 처음에는 타격면에 맞추도록 적게 흔들고 점차 크게 흔든다.
⑨ 해머작업 시에는 주위를 살핀 후에 작업한다.

(4) 스패너

① 스패너의 입이 볼트나 너트의 치수에 맞는 것을 사용한다.
② 스패너 작업 시에는 조금씩 몸 앞으로 당겨 작업한다.
③ 스패너에 이음대를 끼워 사용하지 않는다.
④ 스패너 작업 시 몸의 균형을 잘 잡고 발을 벌려서 작업한다.
⑤ 스패너를 해머로 두드리거나 해머 대신 사용해서는 안 된다.

(5) 렌치

① 볼트나 너트의 치수에 맞는 렌치를 사용한다.
② 조정 렌치는 조정 조에 힘이 가해져서는 안 된다(파손될 우려가 있다).
③ 렌치에 이음대를 끼워 사용하지 않는다.
④ 렌치를 잡아당겨서 볼트나 너트를 조이거나 푼다.
⑤ 렌치를 해머로 두드리거나 해머 대신 사용해서는 안 된다.
⑥ 사용 후에는 건조한 헝겊으로 깨끗하게 닦아 보관한다.
⑦ 토크 렌치는 규정된 토크로 볼트나 너트를 조일 때 사용한다.

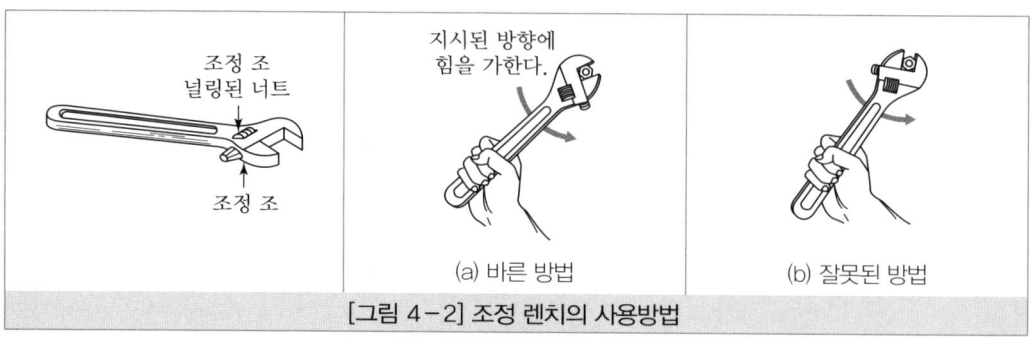

[그림 4-2] 조정 렌치의 사용방법

(6) 줄

① 줄 작업을 할 때에는 반드시 손잡이를 끼워 사용한다.
② 줄의 균열 유무를 확인하고 사용한다.
③ 줄 작업 시 절삭분을 입으로 불거나 손으로 제거하지 않는다.
④ 줄 작업을 할 때에는 전진운동을 할 때만 힘을 가한다.
⑤ 줄 작업을 할 때에는 서로 마주 보고 작업하지 않는다.

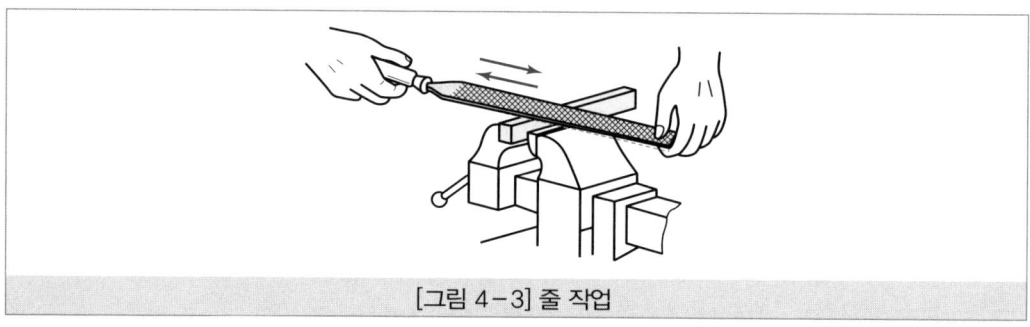

[그림 4-3] 줄 작업

(7) 리머작업

① 리머는 어떠한 경우에도 역회전시키면 안 된다.
② 리머의 절삭량은 구멍의 지름 10mm에 대해 0.05mm가 적당하다.
③ 절삭유를 충분히 공급하여야 한다.
④ 리머의 진퇴는 항상 절삭방향의 회전으로 한다.

4. 게이지 취급 시 유의사항

(1) 마이크로미터

① 마이크로미터의 오차는 ±0.02mm 이하이어야 한다.
② 스핀들유를 발라 산화 부식을 방지하고 습기가 없는 곳에 보관한다.
③ 스핀들과 앤빌을 접촉시켜 보관하지 않는다.
④ 게이지에 충격을 가하거나 떨어뜨려서는 안 된다.

(2) 다이얼 게이지

① 다이얼 게이지 지지대는 휨이 없어야 한다.
② 게이지에 충격을 가하거나 떨어뜨려서는 안 된다.
③ 스핀들에는 급유를 하지 않는다.
④ 사용 후에는 건조한 헝겊으로 닦아서 지정된 장소에 보관한다.
⑤ 인디게이터는 분해하지 않는다.

(3) 실린더 게이지

① 게이지에 충격을 가하거나 떨어뜨려서는 안 된다.
② 스핀들에는 고급 스핀들유를 주입하여 사용한다.
③ 사용 후에는 건조한 헝겊으로 닦아서 지정된 장소에 보관한다.
④ 실린더 게이지 지지부는 휨이 없어야 한다.

5. 기계작업 시 유의사항

(1) 연삭기작업

① 연삭기의 장치와 시운전은 정해진 사람만 시행한다.
② 작업 전에 숫돌바퀴의 균열 여부를 확인한다.
③ 반드시 숫돌 커버를 설치하고 사용한다.
④ 숫돌의 회전은 알맞은 속도로 회전시켜 작업한다.
⑤ 숫돌바퀴의 측면에 서서 숫돌의 정면을 이용하여 연삭한다.
⑥ 숫돌바퀴와 받침대의 간격은 3mm 이하로 유지시켜 작업한다.
⑦ 연삭작업 시에는 반드시 보안경을 착용한다.

(2) 드릴작업

① 드릴 날은 재료의 재질에 알맞은 것을 선택하여 사용한다.
② 반드시 보안경을 착용하고 작업한다.
③ 재료는 반드시 바이스나 고정장치에 단단히 고정시키고 작업한다.
④ 칩 제거 시 입으로 불거나 손으로 제거하지 않는다.
⑤ 큰 구멍을 뚫을 경우에는 먼저 작은 드릴 날을 사용하고 난 후에 치수에 맞는 큰 드릴 날을 사용하여 뚫는다.
⑥ 구멍이 거의 뚫리면 힘을 약하게 조절하여 작업하고 관통되면 회전을 멈추고 손으로 돌려 드릴을 빼낸다.
⑦ 드릴작업은 장갑을 끼거나 소맷자락이 넓은 상의는 착용하지 않는다.
⑧ 드릴작업 시 재료 밑에 나무판을 받쳐 작업하는 것이 좋다.

(3) 전기 용접작업

① 우천 시에는 작업을 하지 않는다.
② 인화되기 쉬운 물질을 지니고 작업하지 않는다.
③ 헬멧, 용접장갑, 앞치마를 반드시 착용하고 작업한다.
④ 용접봉은 홀더의 클램프에 정확하게 끼워 빠지지 않도록 한다.
⑤ 용접기의 리드 단자와 케이블의 접속 상태가 양호하여야 하며 절연물로 보호한다.
⑥ 용접 중에 전류를 조정하지 않는다.
⑦ 작업이 끝나면 용접기를 끄고 주변을 정리한다.

(4) 산소 – 아세틸렌 용접작업

① 산소, 아세틸렌 용기는 안정되게 세워서 보관한다.
② 밸브 및 연결 부분에 기름이 묻어서는 안 된다.
③ 보안경, 용접장갑, 앞치마를 반드시 착용하고 작업한다.
④ 점화 시 아세틸렌밸브를 먼저 열고 난 후 산소밸브를 열어 불꽃을 조정한다(소화 시에는 반대 순서로 행한다).
⑤ 역화 발생 시에는 먼저 산소밸브를 잠그고 아세틸렌밸브를 잠근다.
⑥ 산소 용기는 40℃ 이하의 장소에서 보관한다.
⑦ 산소 용기는 고압으로 충전되어 있으므로 취급 시 충격을 금한다.
⑧ 아세틸렌은 1.5기압 이상 시 폭발 위험성이 있다.
⑨ 아세틸렌은 $1.0 kgf/cm^2$ 이하로 사용한다.
⑩ 가스의 누출 점검은 비눗물을 사용하여 점검한다.
⑪ 산소용 호스는 녹색, 아세틸렌용 호스는 적색을 사용한다.
⑫ 토치를 함부로 분해하지 않는다.
⑬ 용기를 운반할 때에는 운반차를 이용한다.

장갑을 끼고 해서는 안 되는 작업
해머작업, 드릴작업, 선반작업, 밀링작업

단원 마무리문제

CHAPTER 04 자동차 안전관리

01 실린더 헤드 볼트를 조일 때 규정된 값으로 조이기 위해 쓰는 공구는?
① 복스 렌치 ② 소켓 렌치
③ 오픈 렌치 ④ 토크 렌치

02 실린더 블록 및 헤드의 평면도 측정에 알맞은 게이지는?
① 마이크로미터
② 직각자와 필러 게이지
③ 버니어 캘리퍼스
④ 다이얼 게이지

03 보호 안경을 착용하고 해야 할 작업으로 가장 알맞은 것은?
① 기관 분해 조립
② 자동차 허브 작업
③ 클러치 탈착 작업
④ 축전지의 폐기와 설치

해설
클러치 탈착 작업의 경우 차량 하부에서 작업하므로 차량 부속품의 낙하 및 오염물로 인한 피해를 막기 위해 보호 안경을 착용해야 한다.

04 자동차의 엔진오일을 점검하는 설명으로 틀린 것은?
① 자동차를 평탄한 곳에 주차시킨 후 점검한다.
② 기관 시동을 건 상태에서 오일을 점검한다.
③ 계절 및 사용조건에 맞는 오일을 사용한다.
④ 오일 레벨 게이지로 오일의 양과 질을 점검한다.

해설
기관 시동을 끈 상태에서 오일을 점검한다.

05 자동차 정비작업 시 주의사항으로 틀린 것은?
① 가스켓, 오일 씰은 손상이 없으면 다시 사용한다.
② 부품 교환 시는 제작회사의 순정품을 사용한다.
③ 볼트 및 너트는 규정토크로 조인다.
④ 작업 중 다른 부품에 손상 가능성이 있을 경우는 커버를 씌운다.

해설
가스켓, 오일 씰은 손상이 없어도 신품으로 교환한다.

06 자동차의 정비작업을 가장 안전하게 하는 방법은?
① 전기장치를 정비할 때 숙련된 자는 자기 뜻대로 한다.
② 규정 토크로 조일 때에는 오픈 앤드 렌치가 좋다.
③ 테스터기를 사용하지 않을 때는 전원스위치를 끈다.
④ 연삭작업 시 숫돌차와 연삭대의 간격은 5mm로 한다.

해설
① 숙련된 자도 규정을 지켜 정비한다.
② 규정 토크로 조이기 위한 공구는 토크 렌치이다.
④ 연삭작업 시 숫돌차와 연삭대의 간격은 3mm 이내로 한다.

정답 01 ④ 02 ② 03 ③ 04 ② 05 ① 06 ③

07 기관 분해 정비작업의 설명으로 잘못된 것은?
① 실린더 내경 마멸량 측정을 외경 마이크로미터와 텔레스코핑 게이지로 했다.
② 실린더 헤드 볼트의 균일한 조임을 위해 토크렌치를 사용했다.
③ 분해된 부품의 세척을 솔벤트로 하였다.
④ 실린더 헤드부의 구멍 부근에는 그리스를 발라 누수를 방지했다.

해설
실린더 헤드부의 구멍 부근은 냉각수 및 오일의 통로로 그리스를 바르는 경우 오염될 수 있다.

08 정비 공장에서 엔진을 이동시키는 방법으로 가장 알맞은 것은?
① 호이스트를 사용한다.
② 로프로 묶고 잡아당긴다.
③ 여러 사람이 들고 움직인다.
④ 지렛대를 이용하여 움직인다.

해설
호이스트란 로프 또는 체인이 감싸는 드럼 또는 리프트 휠을 사용하여 중량물을 들어 올리거나 내리는 데 사용되는 장치로 엔진을 이동시키기에 적합하다.

09 축전지 용량(부하) 시험 시 안전 및 주의사항 중 옳지 않은 것은?
① 축전지 용액이 옷에 묻으면 즉시 옷을 갈아입는다.
② 부하 시험기에서 1분 정도 지나면 즉시 부하를 푼다.
③ 기름이 묻은 손으로 시험기를 조작해서는 안 된다.
④ 모든 조작에서 시험기를 조심스럽게 다룬다.

해설
축전지 용량(부하)시험 시 5초 이내로 한다.

10 배터리 충전 시 화기를 가까이하면 배터리가 폭발할 위험이 있는데 무엇 때문인가?
① 황산
② 수증기
③ 수소가스
④ 산소가스

해설
충전 시 배터리 (−)단자에서 수소가스가 발생한다.

11 재해요인의 3가지 요소가 아닌 것은?
① 기계적 재해
② 물리적 재해
③ 자연적 재해
④ 인위적 재해

해설
재해 요인의 3요소
• 인위적 재해
• 물리적 재해
• 자연적 재해

12 1년 동안 1000명의 근로자가 작업할 때 발생하는 사상자의 비율을 무엇이라 하는가?
① 상해율
② 도수율
③ 강도율
④ 연천인율

해설
연천인율은 1년 동안 1000명의 근로자가 작업할 때 발생하는 사상자의 비율을 말한다.
② 도수율 : 안전사고 발생 빈도로 근로시간 100만 시간당 발생하는 사고건수
③ 강도율 : 안전사고의 강도로 근로시간 1000시간당의 재해에 의한 노동손실일수

13 다음 중 사고예방 대책의 5단계 중 그 대상이 아닌 것은?
① 사실의 발견
② 분석 평가
③ 안전관리의 조직
④ 엄격한 규율의 책정

해설
재해 예방대책 5단계
• 1단계 : 안전관리 조직
• 2단계 : 사실의 발견
• 3단계 : 분석 평가
• 4단계 : 시정 방법의 선정
• 5단계 : 시정책의 적용

정답 07 ④ 08 ① 09 ② 10 ③ 11 ① 12 ④ 13 ④

14 화재의 분류기준에서 휘발유(액상 또는 기체상의 연료성 화재)로 인해 발생한 화재는?

① A급 화재   ② B급 화재
③ C급 화재   ④ D급 화재

해설
화재의 종류
- A급 : 일반화재
- B급 : 유류화재
- C급 : 전기화재
- D급 : 금속화재

15 다음은 작업장에서 사용하는 작업복으로 적합하지 못한 것은?

① 작업복은 몸에 맞는 것을 입는다.
② 소매나 바짓자락은 조일 수 있어야 한다.
③ 상의의 옷자락이 밖으로 나오지 않도록 한다.
④ 여름에 작업할 때는 통기를 위해 반소매나, 통이 큰 바지를 입어도 좋다.

해설
정비 작업 시 통이 큰 바지를 입는 경우 회전체에 말려 사고의 위험이 있다.

16 정 작업에 대한 주의사항 중 옳지 못한 것은?

① 정 작업은 시작과 끝에 조심할 것
② 정 작업을 할 때는 서로 마주 보고 작업하지 말 것
③ 정 작업은 반드시 열처리한 재료에만 사용할 것
④ 정 작업에서 버섯머리는 그라인더로 갈아서 사용할 것

해설
열처리한 재료는 표면에 경도가 강하여 정 작업을 할 경우 공구가 망가질 수 있다.

17 해머작업 방법으로 안전상 가장 옳은 것은?

① 해머로 타격 시에 처음과 마지막에 힘을 특히 많이 가해야 한다.
② 타격 가공하려는 곳에 시선을 고정시켜야 한다.
③ 해머의 타격면에 기름을 발라서 사용하는 것이 효과적이다.
④ 해머로 녹슨 것을 때릴 때에는 반드시 안전모를 써야 한다.

해설
해머작업 시 유의 사항
- 쐐기를 박아서 해머가 빠지지 않도록 한다.
- 해머의 타격면이 찌그러지거나 부서진 것을 사용하지 않는다.
- 장갑을 끼거나 기름이 묻은 손으로 작업하지 않는다.
- 타격하려는 곳에 시선을 고정하고 작업한다.
- 서로 마주보고 해머작업을 하지 않는다.
- 녹이 슬거나 깨지기 쉬운 작업을 할 경우에는 보안경을 착용한다.
- 처음과 마지막 해머 작업을 할 때에는 무리한 힘을 가하지 않는다.
- 해머작업 시 처음에는 타격면에 맞추도록 적게 흔들고 점차 크게 흔든다.
- 해머작업 시에는 주위를 살핀 후에 작업한다.

18 조정 렌치를 사용 시 바르지 못한 것은?

① 볼트나 너트의 치수에 맞는 렌치를 사용한다.
② 조정 렌치는 조정 조에 힘을 가해 사용한다.
③ 렌치에 이음대를 끼워 사용하지 않는다.
④ 렌치를 잡아당겨서 볼트나 너트를 조이거나 푼다.

해설
렌치 사용방법
- 볼트나 너트의 치수에 맞는 렌치를 사용한다.
- 조정 렌치는 조정 조에 힘이 가해져서는 안 된다(파손될 우려가 있음).
- 렌치에 이음대를 끼워 사용하지 않는다.
- 렌치를 잡아당겨서 볼트나 너트를 조이거나 푼다.
- 렌치를 해머로 두드리거나 해머 대신 사용해서는 안 된다.
- 사용 후에는 건조한 헝겊으로 깨끗하게 닦아 보관한다.
- 토크 렌치는 규정된 토크로 볼트나 너트를 조일 때 사용한다.

정답 14 ② 15 ④ 16 ③ 17 ② 18 ②

19 줄 작업의 바른 자세를 설명한 것이다. 옳은 것은?

① 허리를 높이고 작업하여야 한다.
② 줄 작업 시 절삭분을 입으로 불거나 손으로 제거한다.
③ 줄의 균열 유무를 확인하고 사용한다.
④ 줄 작업을 할 때에는 후진운동을 할 때만 힘을 가한다.

해설
줄 작업 시 유의사항
- 줄 작업을 할 때에는 반드시 손잡이를 끼워 사용한다.
- 줄의 균열 유무를 확인하고 사용한다.
- 줄 작업 시 절삭분을 입으로 불거나 손으로 제거하지 않는다.
- 줄 작업을 할 때에는 전진운동을 할 때만 힘을 가한다.
- 줄 작업을 할 때에는 서로 마주보고 작업하지 않는다.

20 드릴머신에서 얇은 판에 구멍을 뚫을 때 가장 적당한 방법은?

① 바이스에 고정하는 방법
② 판 밑에 나무를 놓고 뚫는 방법
③ 맨손으로 잡고 다치지 않게 뚫는 방법
④ 테이블 위에 직접 고정하고 뚫는 방법

해설
드릴작업 시 재료 밑에 나무판을 받쳐 작업하는 것이 좋다.

21 앤빌(Anvil)을 운반할 때의 안전사항 중 틀린 것은?

① 혼자 힘으로 조심성 있게 운반한다.
② 운반차를 이용하는 것이 좋다.
③ 타인의 협조로 조심성 있게 운반한다.
④ 작업장에 내려놓을 때에는 주의하여 조용히 놓는다.

해설
앤빌은 모로로 중량이 무거우므로 혼자 힘으로 무리하게 들지 않는다.

22 가스 용접 시 지켜야 할 안전수칙 중 잘못된 것은?

① 차광안경을 쓴다.
② 산소용기는 40℃ 이하에서 보관한다.
③ 봄베는 충격을 주지 않는다.
④ 봄베는 안전하게 눕혀 놓고 사용한다.

해설
봄베는 바르게 세워 놓고 사용한다.

23 정비작업 시 유류에 화재가 발생하였다. 소화방법으로 틀린 것은?

① CO_2를 화염표면에 뿌린다.
② 점화원을 차단하기 위해 물을 뿌린다.
③ 산소공급을 차단하기 위해 모래를 뿌린다.
④ 가마니를 덮어 산소공급을 차단한다.

해설
유류 화재가 발생한 경우 물을 뿌리면 불이 붙은 기름이 물의 표면을 타고 연소면이 확대되어 위험하다.

24 전등 스위치가 옥내에 있으면 안 되는 경우는?

① 산소 저장소   ② 절삭유 저장소
③ 카바이드 저장소   ④ 기계류 저장소

해설
카바이드의 경우 불꽃에 의해 폭발할 수 있다. 또한 전등스위치의 접촉 시에도 스파크에 의해 폭발할 가능성이 있어 옥내에 두어서는 아니 된다.

25 리머 작업 시 주의해야 할 사항으로 옳지 않은 것은?

① 절삭유를 충분히 공급하면서 작업한다.
② 리머의 진퇴는 항상 절삭 방향의 회전으로 한다.
③ 리머의 절삭량은 구멍의 지름 10mm에 대해 0.05mm가 적당하다.
④ 리머 작업 시 절삭이 불량하면 역회전시키면서 작업한다.

정답 19 ③ 20 ② 21 ① 22 ④ 23 ② 24 ③ 25 ④

해설
리머작업 시 유의사항
- 리머는 어떠한 경우에도 역회전시키면 안 된다.
- 리머의 절삭량은 구멍의 지름 10mm에 대해 0.05mm가 적당하다.
- 절삭유를 충분히 공급하여야 한다.
- 리머의 진퇴는 항상 절삭방향의 회전으로 한다.

26 장갑을 끼고 해서는 안 되는 작업 중 옳지 않은 것은?

① 전기용접작업 ② 해머작업
③ 드릴작업   ④ 선반작업

해설
전기용접작업 시 감전 및 비산물, 불꽃 등에 의해 부상의 위험이 있어 반드시 장갑을 착용해야 한다.

27 실내에서 휴대용 엔진을 사용할 때 특히 주의해야 할 사항은?

① 일산화탄소   ② 진동
③ 작업시간   ④ 소음

해설
휴대용 엔진의 배기가스에는 불완전연소에 의한 일산화탄소(CO)가스에 의해 질식할 수 있어 창문을 열어 환기한다.

PART 02
자동차엔진 정비

CHAPTER 01 | 엔진일반
CHAPTER 02 | 엔진본체 정비
CHAPTER 03 | 연료장치 정비
CHAPTER 04 | 흡·배기장치 정비
CHAPTER 05 | 윤활장치 정비
CHAPTER 06 | 냉각장치 정비
CHAPTER 07 | 엔진점화장치 정비

PART 02

CHAPTER 01 엔진일반

TOPIC 01 자동차 엔진 이해

1. 열기관

① 외연기관 : 실린더 밖에서 연료가 연소되는 기관이다. (예 증기기관)

② 내연기관 : 실린더 안에서 연료가 연소되는 기관이다. (예 가솔린 기관, 디젤 기관)

2. 엔진분류

(1) 열역학적 분류

① 오토(정적) 사이클 : 일정한 체적하에서 연소되는 사이클을 말한다. (예 가솔린 기관)

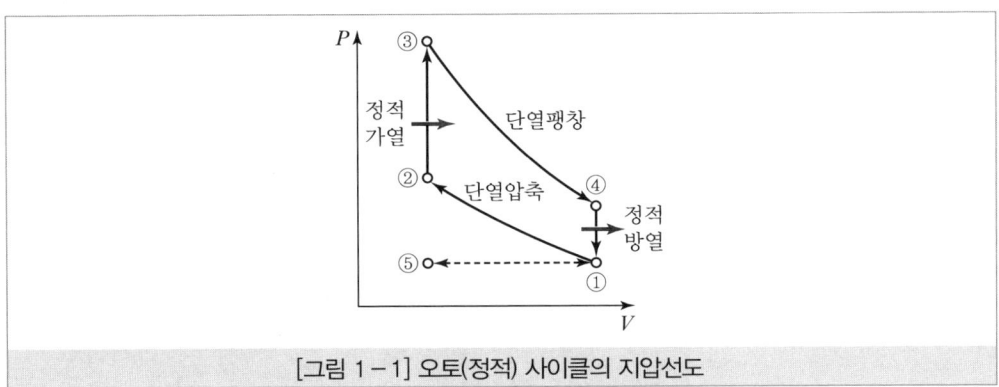

[그림 1-1] 오토(정적) 사이클의 지압선도

$$\text{이론열효율}(\eta tho) = 1 - \frac{1}{\varepsilon^{k-1}}$$

ε : 압축비, k : 비열비

② 디젤(정압) 사이클 : 일정한 압력하에서 연소되는 사이클을 말한다. (예 저속·중속 디젤 기관)

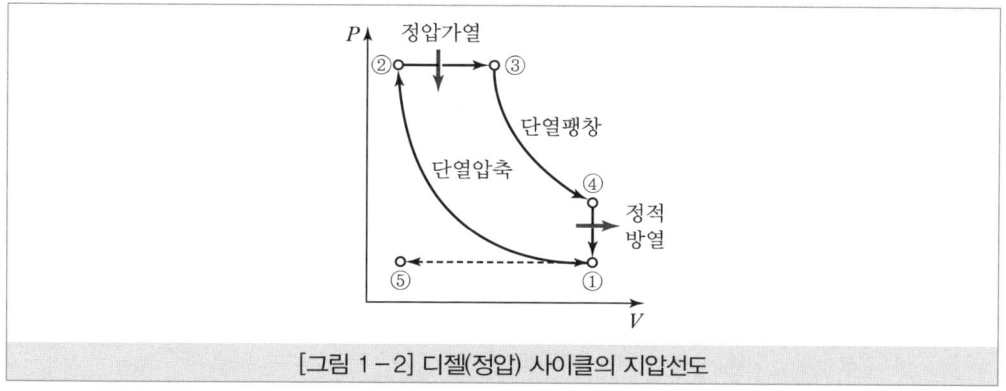

[그림 1-2] 디젤(정압) 사이클의 지압선도

③ 사바테(복합) 사이클 : 일정한 압력, 체적하에서 연소되는 사이클을 말한다. (예 고속디젤 기관)

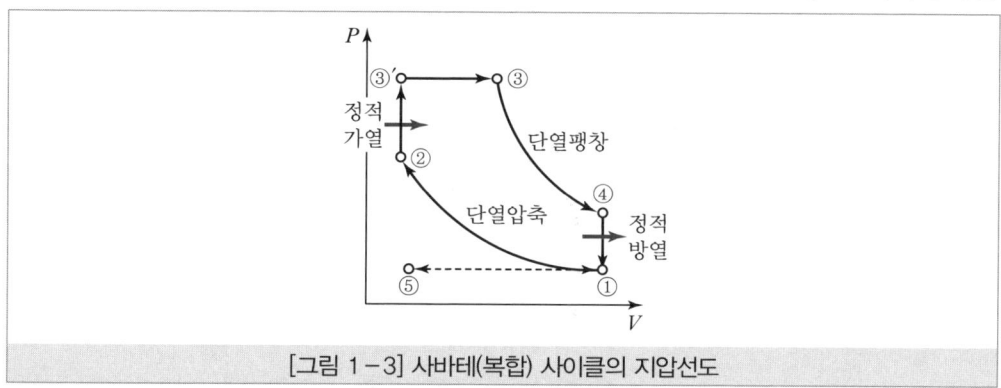

[그림 1-3] 사바테(복합) 사이클의 지압선도

(2) 기계학적 분류

1) 4행정 사이클기관

① 개요 : 흡입, 압축, 폭발(동력), 배기의 4행정이 1사이클을 완성하는 기관이다.
② 흡입행정 : 피스톤이 하강하여 혼합기나 공기를 흡입한다(흡기밸브 열림, 배기밸브 닫힘).
③ 압축행정 : 피스톤이 상승하여 혼합기나 공기를 압축한다(흡·배기밸브 닫힘).

[표 1-1] 가솔린 및 디젤엔진의 압축비, 압축압력 비교

구분 \ 기관	가솔린 기관	디젤 기관
압축비	7~11 : 1	15~22 : 1
압축 압력	7~11kgf/cm²	30~45kgf/cm²
압축 온도	120~140℃	500~550℃

④ **폭발(동력)행정** : 연소 시 폭발 압력으로 피스톤이 하강하여 크랭크 축을 회전시킨다(흡·배기밸브 닫힘).

[표 1-2] 가솔린 및 디젤 엔진의 점화방식과 압력 비교

구분 \ 기관	가솔린 엔진	디젤 엔진
점화 방식	전기 불꽃점화	압축 자기착화
폭발 압력	35~45kgf/cm²	55~65kgf/cm²

⑤ **배기행정** : 피스톤이 상승하며 배기가스를 배출시킨다(흡기밸브 닫힘, 배기밸브 열림).

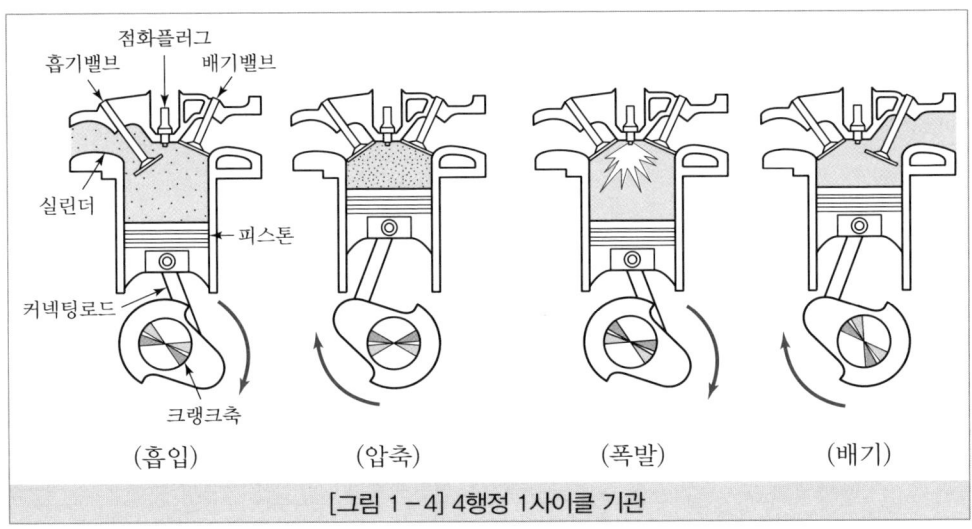

[그림 1-4] 4행정 1사이클 기관

2) 2행정 사이클 기관

① **개요** : 피스톤 상승행정과 하강행정의 2행정이 1사이클을 완성하는 기관이다.
② **상승행정** : 연소실 내의 혼합기 압축, 크랭크 실로 혼합기 흡입한다.
③ **하강행정** : 연소실 내의 동력행정, 하강행정 말 배기와 함께 소기구멍을 통해 혼합기 흡입한다.
④ 2사이클 디젤 기관의 소기방식은 다음과 같다.
  ㉠ 단류 소기식(밸브 인 헤드형, 피스톤 제어형)
  ㉡ 루프 소기식
  ㉢ 횡단 소기식

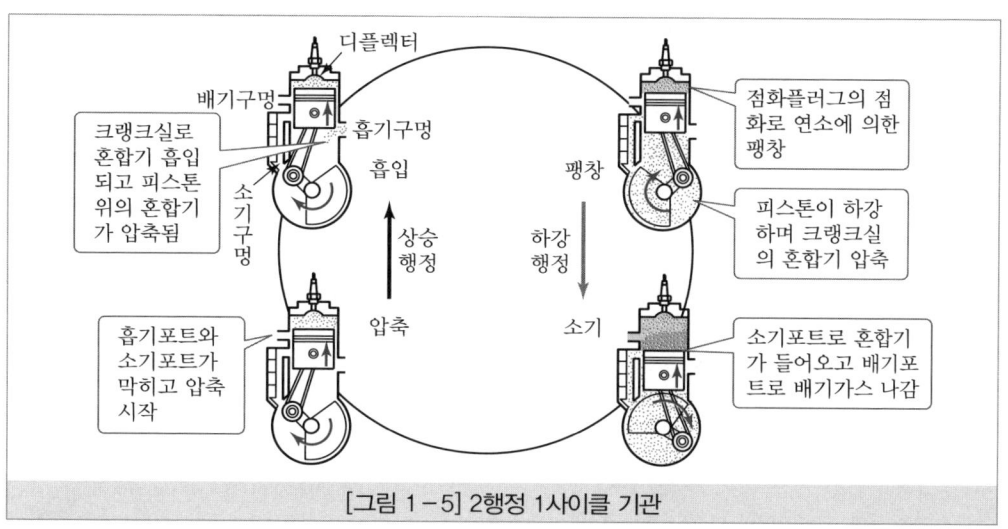

[그림 1-5] 2행정 1사이클 기관

> **Tip**
>
> **디플렉터의 작용**
> - 혼합기의 와류작용
> - 압축비 높임
> - 잔류가스 배출
> - 연료 손실 감소

3) 4행정 및 2행정 사이클 기관 비교

구분 \ 기관	4행정 사이클	2행정 사이클
장점	• 각 행정의 구분이 확실함 • 회전속도 범위가 넓음 • 체적효율이 높음 • 연료 소비율이 떨어짐 • 기동이 쉬움	• 4행정 사이클 기관의 1.6~1.7배 출력 가능함 • 회전력의 변동이 적음 • 실린더 수가 적어도 회전이 원활함 • 밸브기구가 간단함 • 소음이 적고 마력당 중량이 가벼움
단점	• 밸브기구가 복잡함 • 충격이나 기계적 소음이 큼 • 실린더 수가 적을 경우 회전이 원활하지 못함 • 마력당 중량이 무거움	• 유효행정이 짧아 흡·배기가 불완전함 • 연료 소비율이 높음 • 저속이 어렵고 역화 현상이 발생함 • 피스톤과 피스톤 링의 소손이 빠름

단원 마무리문제

CHAPTER 01 엔진일반

01 고속 디젤 기관의 사이클로 옳은 것은?
① 오토 사이클 ② 정적 사이클
③ 디젤 사이클 ④ 사바테 사이클

해설
사바테(복합) 사이클은 고속 디젤 기관에서 활용된다.
• 가솔린 기관 : 오토(정적) 사이클
• 저속, 중속 디젤 기관 : 디젤(정압) 사이클

02 정적 사이클로 일반적으로 가솔린 기관(승용차)에서 많이 사용하는 사이클은?
① 오토 사이클 ② 복합 사이클
③ 디젤 사이클 ④ 사바테 사이클

03 압축비가 8인 오토 사이클의 이론 열효율은 몇 %인가? (단, 비열비는 1.4이다)
① 약 45.4 ② 약 56.5
③ 약 65.8 ④ 약 72.7

해설
오토 사이클의 이론 열효율(ηtho)
$= 1 - \dfrac{1}{\varepsilon^{k-1}} = 1 - \dfrac{1}{8^{0.4}} ≒ 0.565$
(단, k : 비열비, ε : 압축비)

04 압축비가 동일할 때 이론 열효율이 가장 높은 사이클은 무엇인가?
① 오토 사이클 ② 복합 사이클
③ 디젤 사이클 ④ 사바테 사이클

해설
• 압축비가 동일 시 열효율 : 오토 > 사바테 > 디젤
• 최고압력이 동일 시 열효율 : 디젤 > 사바테 > 오토

05 4행정 사이클 기관에서 3행정을 완성하려면 크랭크 축은 몇 도 회전해야 하는가?
① 180° ② 360°
③ 540° ④ 720°

해설
4행정 사이클 기관이 1행정을 완성하는데 크랭크 축이 180도 회전하므로 180°×3=540° 회전해야 한다.

06 2행정 기관에서 1회의 폭발 행정을 하였다면 크랭크 축은 몇 도 회전하는가?
① 180° ② 360°
③ 540° ④ 720°

해설
2행정 1사이클 기관이 1회 폭발행정을 하는데 크랭크 축은 1회전하므로 360° 회전한다.

07 2사이클 디젤 기관의 소기방식이 아닌 것은?
① 단류 소기식 ② 루프 소기식
③ 횡단 소기식 ④ 복류 소기식

08 2행정 1사이클 기관에서의 디플렉터 작용이 아닌 것은?
① 혼합기의 와류작용 ② 잔류가스 배출
③ 압축비의 감소 ④ 연료 손실 감소

해설
디플렉터 설치로 압축비는 증가한다.

정답 01 ④ 02 ① 03 ② 04 ① 05 ③ 06 ② 07 ④ 08 ③

09 다음 중 4행정 사이클 기관의 특징이 아닌 것은?

① 체적 효율이 높다.
② 연료 소비율이 떨어진다.
③ 회전속도의 범위가 넓다.
④ 2행정 사이클 기관에 비해 출력이 높다.

해설
4행정 사이클 기관보다 2행정 사이클 기관의 출력이 1.6~1.7배 높다.

10 4행정 1사이클 6기통 기관에서 모든 실린더가 한 번씩 폭발하기 위해서 크랭크 축은 몇 회전하여야 하는가?

① 2회전　　② 4회전
③ 6회전　　④ 8회전

해설
4행정 1사이클 기관이므로 크랭크 축 2회전에 모든 실린더가 폭발행정을 갖는다.

11 오토(정적) 사이클의 이론 열효율을 구하는 공식으로 맞는 것은? (단, ε : 압축비, k : 비열비, σ : 단절비)

① $1 - \dfrac{1}{\varepsilon^{k-1}}$　　② $\dfrac{1}{\varepsilon^{k-1}} - 1$

③ $1 - \dfrac{1}{\varepsilon^{\sigma-1}}$　　④ $\dfrac{1}{\varepsilon^{\sigma-1}} - 1$

12 연소실 체적이 행정체적의 20%인 가솔린 기관의 이론 열효율은 얼마인가? (단, 비열비 k = 1.4이다)

① 약 50.4%　　② 약 50.8%
③ 약 51.2%　　④ 약 51.6%

해설
$\varepsilon = 1 + \dfrac{V_S}{V_C} = 1 + \dfrac{100}{20} = 6$

가솔린 기관의 이론 열효율
$= 1 - \left(\dfrac{1}{\varepsilon}\right)^{(k-1)} = 1 - \left(\dfrac{1}{6}\right)^{1.4-1} = 0.5116$
$= 0.512 \times 100\% = $ 약 51.2%

13 디젤 기관의 압축비가 가솔린 기관보다 높은 이유는?

① 전기 불꽃으로 점화하므로
② 소음 발생을 줄이기 위해서
③ 압축열로 착화시키기 위해서
④ 노크 발생을 일으키지 않기 위해서

해설
디젤 기관은 압축열로 자기착화시키기 위해서 압축비를 가솔린 기관보다 높게 한다.

14 다음은 4행정 사이클 기관을 설명한 것이다. 틀린 것은?

① 각 행정이 완전하게 구분되어 있다.
② 블로바이 현상이 적어 연료 소비율이 높다.
③ 기동이 쉽고 불완전한 연소에 의한 실화가 발생되지 않는다.
④ 폭발 횟수가 적어 실린더 수가 적을 경우 회전이 원활하지 못하다.

해설
블로바이 현상이 적어 연료 소비율이 낮다.

정답　09 ④　10 ①　11 ①　12 ③　13 ③　14 ②

CHAPTER 02 엔진본체 정비

TOPIC 01 엔진본체 이해

1. 실린더 헤드

(1) 연소실의 구비조건

① 화염전파 시간이 짧아야 한다.
② 연소실 표면적을 최소화하여야 한다.
③ 흡·배기밸브의 지름을 크게 하여 흡·배기 효율이 높아야 한다.
④ 압축 행정시 혼합기 또는 공기에 와류가 있어야 한다.
⑤ 가열되기 쉬운 돌출부가 없어야 한다.

(2) 연소실의 종류(O.H.V 기관)

종류	특징
반구형	열효율이 좋음
쐐기형	와류가 좋음, 고압축비
지붕형	연소실 상단부가 90°를 이룸
욕조형	고압축비, 반구형과 쐐기형의 중간형

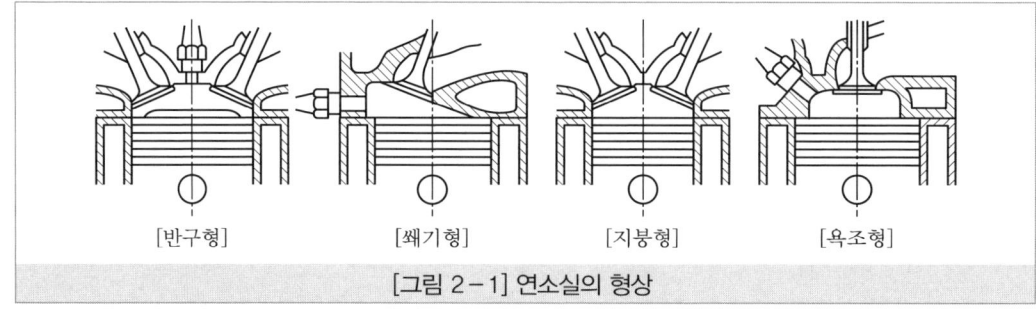

[그림 2-1] 연소실의 형상

(3) 실린더 헤드 가스켓(Gasket)

① 실린더와 헤드 사이에 설치되어 혼합기의 밀봉 및 냉각수, 오일의 누설을 방지한다.
② 가스켓의 종류
   ㉠ 보통 가스켓
   ㉡ 스틸 베스토 가스켓(고부하, 고압축에 우수)
   ㉢ 스틸 가스켓

2. 실린더 블록

(1) 실린더

기관의 기초구조물로서 실린더 부분과 물 재킷 및 크랭크 케이스 등으로 구성된다.

(2) 실린더 라이너

구분 \ 종류	습식 라이너	건식 라이너
방식	냉각수와 직접 접촉	냉각수와 간접 접촉
두께	5~8mm	2~3mm
특징	2~3개의 실링(보호링)을 끼워 냉각수의 누출을 방지하며 디젤 기관에 사용	마찰력에 의해 실린더에 설치(내경 100mm당 2~3ton의 힘이 필요)하며 가솔린기관에 사용

(3) 실린더 마멸

① 실린더 마멸은 TDC 부근에서 최대이고, BDC에서도 마멸량이 크다.
   ※ 피스톤이 TDC와 BDC 위치에서 일단 정지하기 때문에 유막의 단절과 피스톤 링의 호흡작용을 하고 폭발행정 시 TDC에 더해지는 연소 압력 등으로 피스톤 링이 실린더 벽에 밀착되기 때문에 TDC 부근에서 마멸이 최대이고, BDC에서 또한 마멸량이 커짐

피스톤 링의 호흡작용
- 피스톤의 작동위치가 변환될 때 피스톤 링의 접촉부분이 바뀌는 과정에서 순간적으로 떨림현상이 발생하는 것
- 피스톤 링의 플러터(flutter)현상이라고도 하며, 이로 인해 실린더의 마모가 많아짐

② 실린더 마멸 측정방법
   ㉠ 실린더 보어 게이지를 이용하는 방법
   ㉡ 내측 마이크로미터를 이용하는 방법
   ㉢ 외측 마이크로미터와 텔레스코핑 게이지를 이용하는 방법

③ 측정부위 : 실린더의 상, 중, 하로 크랭크 축의 방향과 그 직각 방향(측압 방향) 6개소
④ 오버 사이즈 치수

KS 규격	SAE 규격
0.25mm	0.02″
0.50mm	
0.75mm	0.04″
1.00mm	
1.25mm	0.06″
1.50mm	

⑤ 수정값 = 최대 측정값 + 0.2mm(수정 절삭량)
 → O/S에 맞는 큰 치수로 수정값을 선택

> **Tip**
>
> **보링(boring) 및 호닝(honing)**
> - 보링(boring) : 실린더 내면을 확대 가공하는 작업
>
> | 실린더 내경 | 수정 한계값 | 오버 사이즈 | 보링 값 |
> |---|---|---|---|
> | 70mm 미만 | 0.15mm 이상 | 1.25mm | 최대 마모량 + 수정 절삭량(0.2mm)로 계산하여 피스톤 오버 사이즈에 맞지 않으면 계산값보다 크면서 가장 가까운 값으로 선정 |
> | 70mm 이상 | 0.20mm 이상 | 1.50mm | |
>
> - 호닝(honing)
>   - 기름숫돌을 이용 정밀 연마하는 작업으로 바이트 자국을 제거
>   - 실린더 간 내경차 한계값 0.05mm 이하

3. 실린더 행정과 내경비

① **장행정 기관(under square engine)** : 실린더의 내경보다 피스톤 행정이 긴 기관이다($\frac{D}{L} < 1.0$).

② **정방형 기관(square engine)** : 실린더 내경과 피스톤 행정의 길이가 같은 기관이다(D/L = 1.0).

③ **단행정 기관(over square engine)** : 실린더 내경이 피스톤 행정보다 긴 기관이다($\frac{D}{L} > 1.0$).

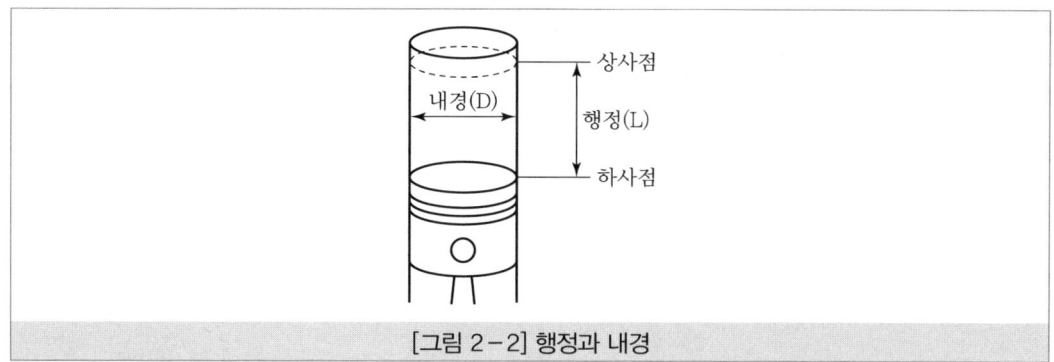

[그림 2-2] 행정과 내경

④ 단행정 기관의 특징
  ㉠ 피스톤 평균속도를 변화시키지 않고 엔진회전속도를 높일 수 있음
  ㉡ 체적당 출력이 큼
  ㉢ 흡·배기밸브의 지름을 크게 할 수 있어 효율을 증대할 수 있음
  ㉣ 기관 높이를 낮게 할 수 있음

4. 피스톤 어셈블리

(1) 피스톤(Piston)

1) 구조

① **피스톤 헤드** : 연소실의 일부가 되는 부분이며 내면에 리브를 설치하여 피스톤을 보강한다(헤드부의 열 : 1500~2000℃).
② **링 홈** : 피스톤 링을 설치하기 위한 홈을 말한다.
③ **랜드** : 링 홈과 링 홈 사이을 말한다.
④ **스커트 부** : 피스톤이 왕복운동을 할 때 측압을 받는 부분이다.
⑤ **보스 부** : 커넥팅 로드에 피스톤 핀이 설치되는 부분이다.
⑥ **히트 댐** : 헤드부의 열이 스커트 부에 전달되는 것을 방지하는 홈을 말한다.

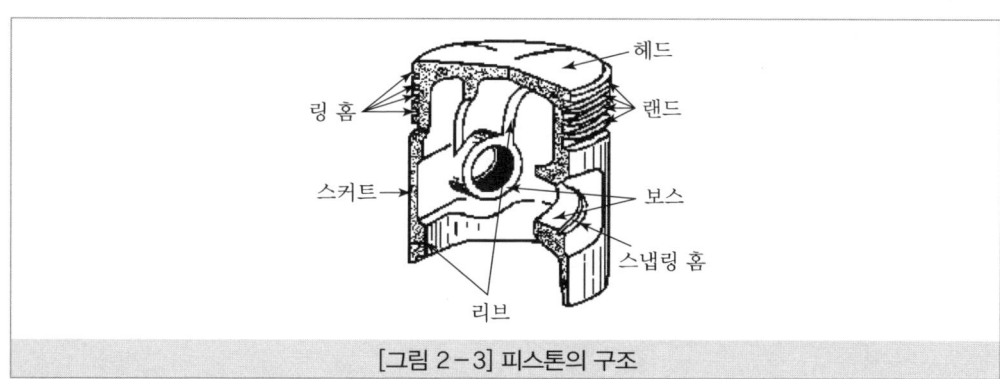

[그림 2-3] 피스톤의 구조

2) 구비조건

① 폭발압력을 유효하게 이용할 수 있어야 한다.
② 가스 및 오일누출이 없어야 한다.
③ 마찰로 인한 기계적 손실을 방지하여야 한다.
④ 기계적 강도가 커야 한다.
⑤ 관성력을 방지하기 위하여 가벼워야 한다.
⑥ 열 팽창율이 적고, 열전도가 잘되어야 한다.

3) 피스톤 간극

※ 피스톤 최대 외경과 실린더 내경과의 차이로 열팽창을 고려하여 둔다.

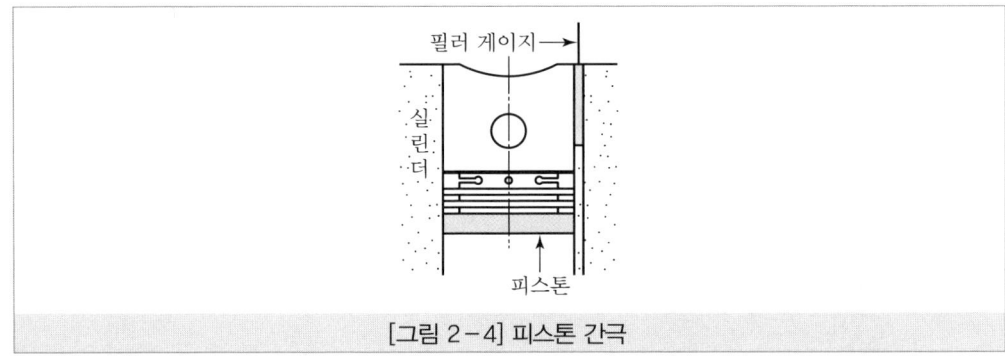

[그림 2-4] 피스톤 간극

① 간극이 클 때
  ㉠ 블로바이에 의한 압축압력이 저하됨
  ㉡ 오일이 연소실에 유입되어 오일 소비가 증대됨
  ㉢ 피스톤 슬랩 현상이 발생되며 엔진 출력이 저하됨

② 간극이 적을 때
  ㉠ 오일 간극의 저하로 유막이 파괴되어 마찰·마멸이 증대됨
  ㉡ 마찰열에 의한 소결(stick) 현상이 발생함

> **Tip**
>
> **피스톤에서 발생하는 현상**
> - 블로바이현상 : 피스톤 간극이 커서 혼합기의 일부가 크랭크 실로 유입되는 현상
> - 블로다운현상 : 배기행정 초기에 배기밸브가 열려 배기가스 자체의 압력에 의하여 배기가스가 배출되는 현상
> - 슬랩현상 : 피스톤이 운동방향을 바꿀 때 실린더 벽에 충격을 주는 현상
> - 소결현상 : 실린더와 피스톤이 눌어붙는 현상

4) 피스톤 오프셋

측압을 감소시켜 피스톤의 원활한 회전과 편마모를 방지하고 실린더에 가해지는 압력을 감소시켜 실린더의 마멸을 감소시킨다.

5) 피스톤의 평균속도

$$S = \frac{2NL}{60} (m/s)$$

N : 회전수(rpm), L : 행정(m)

6) 피스톤의 재질

① 특수 주철 : 강도가 크고 열팽창이 적으나 관성이 커서 현재에는 거의 사용하지 않는다.
② Al(알루미늄) 합금 : 구리계 Y합금과 규소계 Lo-Ex 합금을 사용한다.
  ㉠ 장점 : 특수주철에 비해 열전도성이 우수, 비중이 작아 고속·고압축비 기관에 적합, 출력을 증대시킬 수 있음
  ㉡ 단점 : 특수주철에 비해 강도가 적고 열팽창 계수가 큼

(2) 피스톤 링(Piston Ring)

① 혼합기의 기밀 유지와 오일 제어, 열전도의 3가지 기능을 한다.
② 압축 링과 오일 링으로 구성된다.
③ **피스톤 링 이음 간극** : 엔진의 작동 온도 시 열팽창 고려하여 0.03~0.1mm 정도 유격한다.
④ 피스톤 측압과 보스부 방향을 피하여 120~180° 정도의 각을 두고 피스톤 링을 설치한다.
⑤ 피스톤 링 마찰력

$$P = Pr \times N \times Z$$

P : 총 마찰력, Pr : 피스톤 링 1개당 마찰력(kgf)
N : 피스톤당 링 수, Z : 실린더 수

(3) 피스톤의 종류

① 캠연마 피스톤 : 타원형 피스톤(보스부는 단경, 스커트부는 장경)이다.
② 솔리드 피스톤 : 통형 피스톤으로 기계적 강도가 크고, 열팽창 계수가 적어, 고부하 기관에 사용한다.
③ 스플릿 피스톤 : 스커트 상부에 홈을 두어 스커트부로 열이 전달되는 것을 방지한다.
④ 인바 스트럿 피스톤 : 인바 강을 넣고 일체로 주조한 형식으로 작동 중 일정한 피스톤 간극을 유지한다.

⑤ 옵셋 피스톤 : 피스톤 핀 중심을 1.5mm 정도 편심시켜 피스톤 슬랩을 방지한 형식이다.
⑥ 슬리퍼 피스톤 : 측압을 받지 않는 부분의 스커트부를 잘라낸 피스톤 형식이다.

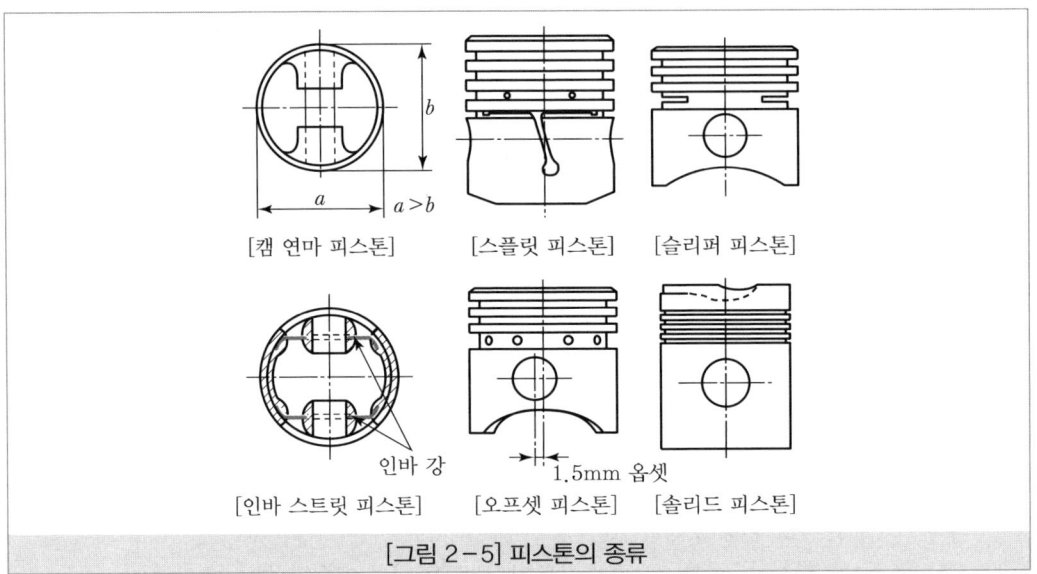

[그림 2-5] 피스톤의 종류

(4) 피스톤 핀(Piston Pin)

피스톤과 커넥팅 로드를 연결하는 핀으로 폭발압력을 커넥팅 로드에 전달한다.

1) 피스톤 핀의 설치방법

① 고정식 : 핀을 보스부에 고정볼트로 고정하는 방식이다.
② 반부동식 : 커넥팅 로드 소단부에 클램프 볼트로 고정하는 방식이다.
③ 전부동식 : 고정된 부분 없이 스냅링에 의해 빠져나오지 않도록 하는 방식이다.

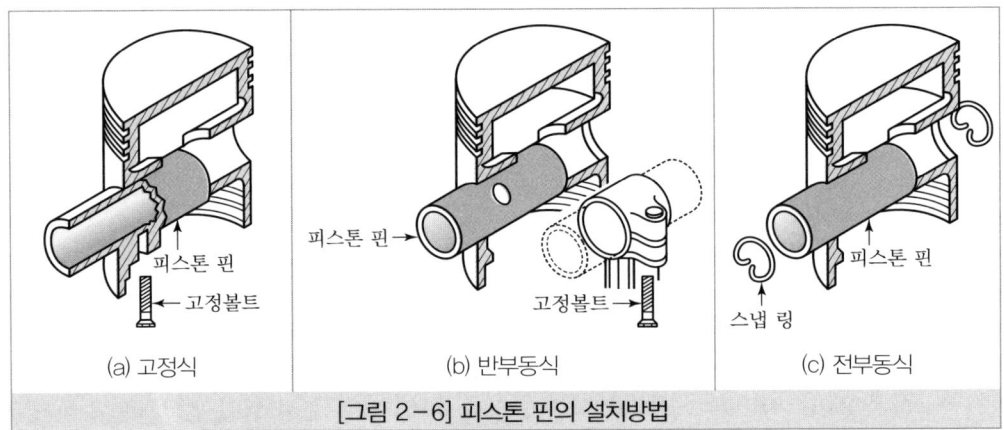

[그림 2-6] 피스톤 핀의 설치방법

5. 커넥팅 로드(connecting Rod)

① 피스톤과 크랭크 축을 연결하는 I 단면의 로드이다.
② 압축력과 인장력에 견뎌야 하며, 휨과 비틀림에 견딜 수 있는 강도와 강성이 있어야 한다.
③ 피스톤 행정의 약 1.5~2.3배 정도의 길이여야 한다.
④ 커넥팅 로드의 길이는 소단부와 대단부의 중심선 사이의 길이에 따라 용도가 다르다.

소단부와 대단부의 중심선 사이가 긴 경우	소단부와 대단부의 중심선 사이가 짧은 경우
측압이 작아 실린더의 마멸이 감소되며 강도가 적고 중량 면에 불리하여 기관이 높이가 높아짐	측압이 증대되어 마멸이 증대되나 강성은 커지며, 기관의 높이는 낮아져 고속용 기관에 적합함

6. 크랭크 축 및 기관 베어링

(1) 크랭크 축(Crank Shaft)

1) 크랭크 축의 구조

① 크랭크 핀 : 커넥팅 로드 대단부와 연결되는 부분이다.
② 크랭크 암 : 크랭크 축의 크랭크 핀과 메인 저널을 연결하는 부분이다.
③ 메인 저널 또는 메인 베어링 저널 : 축을 지지하는 메인 베어링이 들어가는 부분이다.
④ 평형추 : 크랭크 축의 평형을 유지시키기 위하여 크랭크 암에 부착되는 추이다.

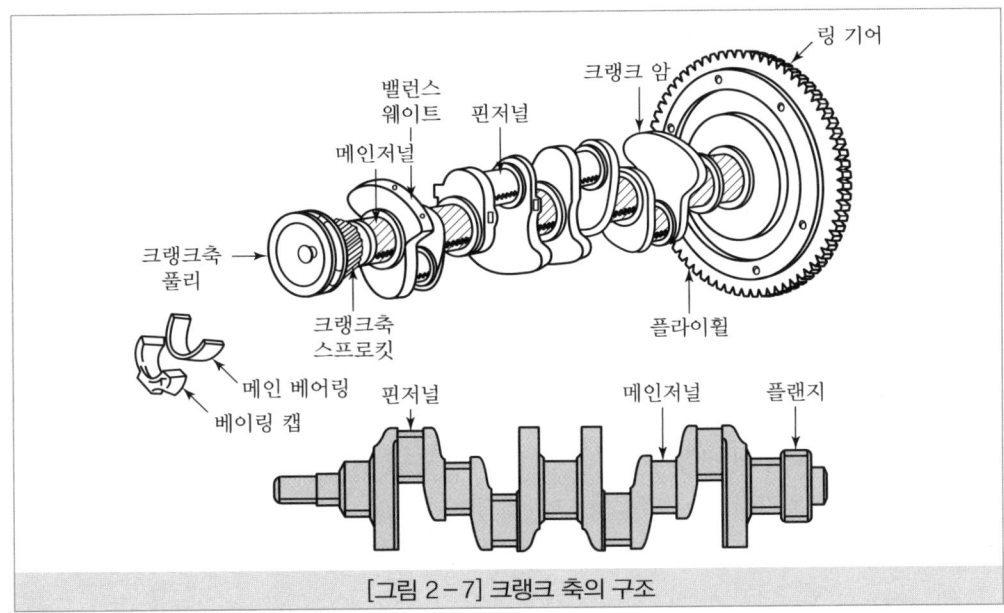

[그림 2-7] 크랭크 축의 구조

2) 구비조건

① 정적, 동적 평형이 잡혀 있어야 한다(회전밸런스).
② 강성이 커야 한다.
③ 내마모성이 커야 한다.

3) 크랭크 축 엔드플레이(축방향 유격) 조정

① 일체식 : 스러스트 베어링
② 시임 조정식 : 스러스트 와셔를 베어링과 크랭크 축 사이 끼워 조정한다.

※ 엔드플레이(endplay ; 축방향 유격) : 크랭크 축 축방향의 움직임

4) 크랭크 축의 점화 순서

① 4행정 사이클 엔진에서 1번 실린더를 점화 순서의 첫 번째로 설정한다.
② 점화시기 고려사항
  ㉠ 연소가 같은 간격으로 일어나도록 해야 함
  ㉡ 크랭크 축에 비틀림 진동이 일어나지 않게 해야 함
  ㉢ 혼합기가 각 실린더에 균일하게 분배되게 해야 함
  ㉣ 하나의 메인 베어링에 연속해서 하중이 걸리지 않을 수 있도록 인접한 실린더에 연이어 점화되지 않도록 해야 함
③ 점화순서와 각 실린더의 작동
  ㉠ 4기통 엔진 : 크랭크 핀의 위상각은 180도
    • 점화순서 : 1-3-4-2, 1-2-4-3

> **Tip**
> **위상각**
> 폭발행정이 일어나는 각으로 4행정 1사이클 기관의 위상각 = $\dfrac{720°}{기통수}$ 이다.

  ㉡ 6기통 엔진 : 위상각은 120도
    • 우수식 작동행정 : 1-5-3-6-2-4
    • 좌수식 작동행정 : 1-4-2-6-3-5
    • 행정과 점화순서 : 행정의 순서는 시계방향, 점화순서는 반시계방향

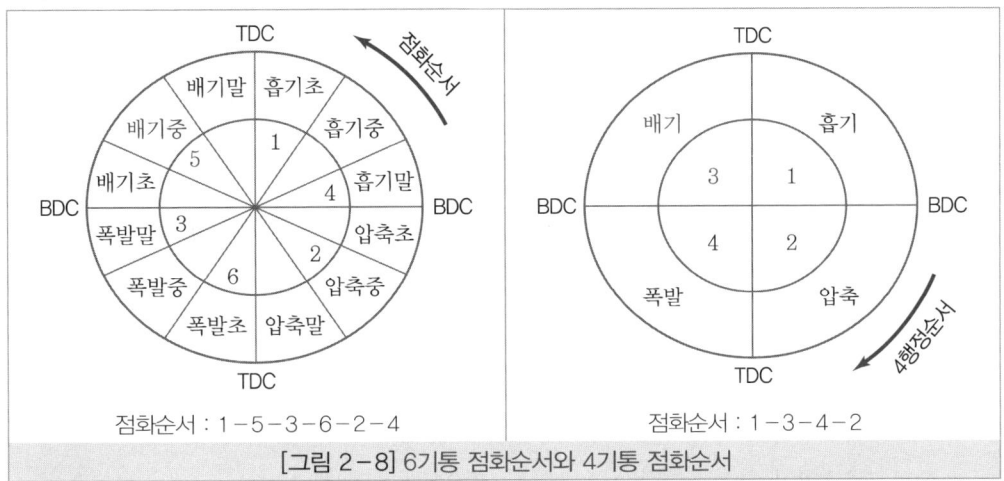

[그림 2-8] 6기통 점화순서와 4기통 점화순서

> **Tip**
>
> **연소 지연시간에 따른 크랭크 축 회전각도**
>
> 연소 지연시간에 따른 크랭크 축 회전각도 $= \dfrac{rpm}{60} \times$ 연소지연시간 $\times 360°$

(2) 기관 베어링(Engine Bearing)

1) 재질

① 배빗메탈(Babbitt Metal)
② 켈밋 합금(Kelmet Alloy)
③ 트리메탈(tri metal)

2) 구조

① 베어링 크러시
   ㉠ 하우징 안둘레와 베어링 바깥 둘레와의 차이
   ㉡ 크러시가 작으면 엔진 작용 온도변화로 헐겁게 되어 베어링이 움직임
   ㉢ 크러시가 크면 조립 시에 찌그러져 오일 유막이 파괴되어 소결현상 초래

② 베어링 스프레드
   ㉠ 베어링 바깥쪽 지름과 베어링 하우징의 지름 차이(0.125~0.5mm)
   ㉡ 스프레드를 두는 이유 : 작은 힘으로 눌러 끼워 베어링을 제자리에 밀착시키고 크러시가 조립 시 안쪽으로 찌그러짐을 방지

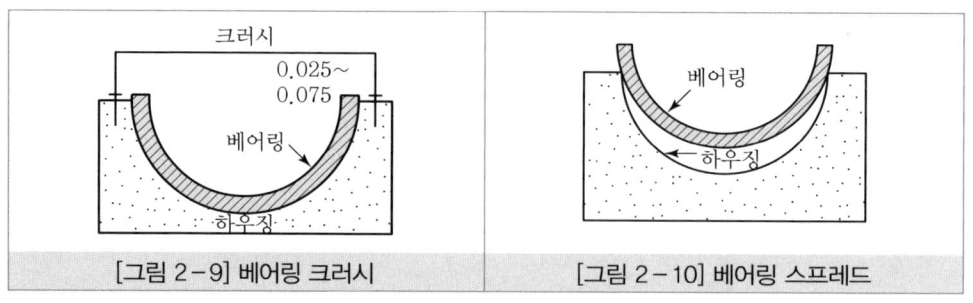

| [그림 2-9] 베어링 크러시 | [그림 2-10] 베어링 스프레드 |

③ 베어링 간극 : 오일 간극 0.03~0.1mm
　㉠ 간극이 큰 경우 : 유압이 저하되고 오일의 소비가 증대되며 소음이 발생
　㉡ 간극이 작은 경우 : 유막 파괴로 베어링이 소결됨
　㉢ 간극 측정 : 플라스틱 게이지, 마이크로미터와 실납

7. 플라이휠(Fly Wheel)

① 크랭크 축 후부에 설치되어 맥동적인 출력을 원활하게 한다.
② 회전 중 관성이 크고 중량이 가벼워야 한다.
③ 중량은 회전속도와 실린더 수에 따라 설정된다.

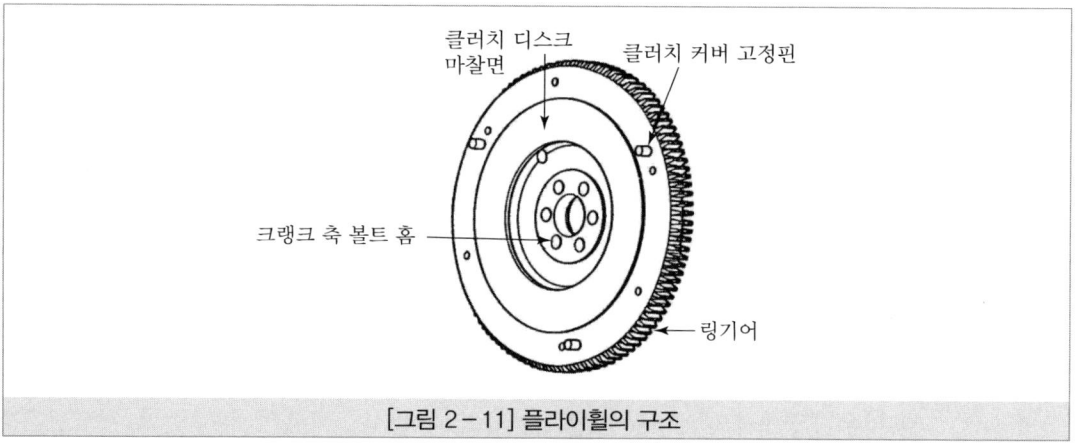

[그림 2-11] 플라이휠의 구조

8. 밸브기구

(1) 밸브기구의 형식

1) 오버헤드 밸브기구(OHV ; Over Head Valve)

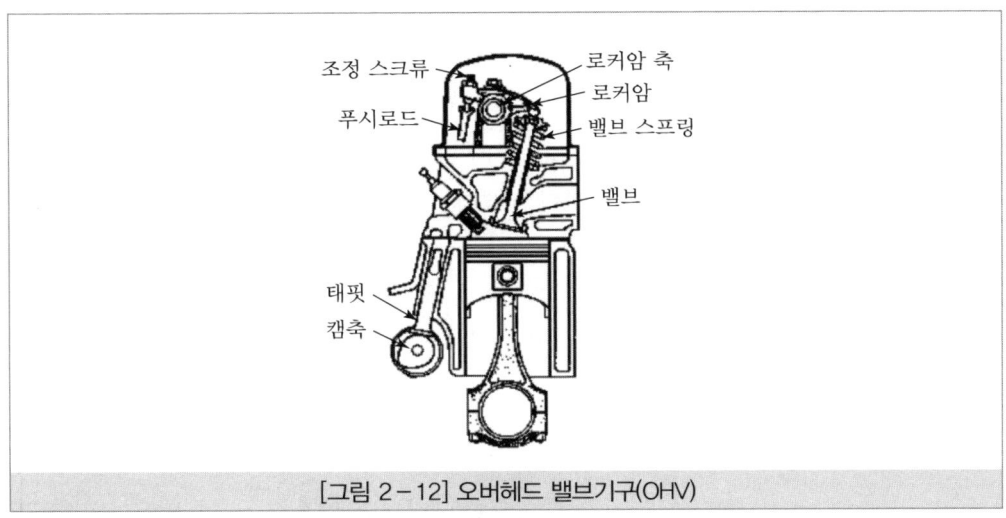

[그림 2-12] 오버헤드 밸브기구(OHV)

2) 오버헤드 캠축 밸브기구(OHC ; Over Head Cam shaft)

① 형식 : 캠축을 실린더 헤드 위에 설치하고 캠이 직접 로커암을 움직여 밸브를 열도록 되어 있다.

② 특징
  ㉠ 복잡한 구조이나 밸브 기구의 왕복운동 관성력이 작으므로 가속도를 크게 할 수 있음
  ㉡ 고속에서도 밸브 개폐가 안정되어 고속성능이 향상됨

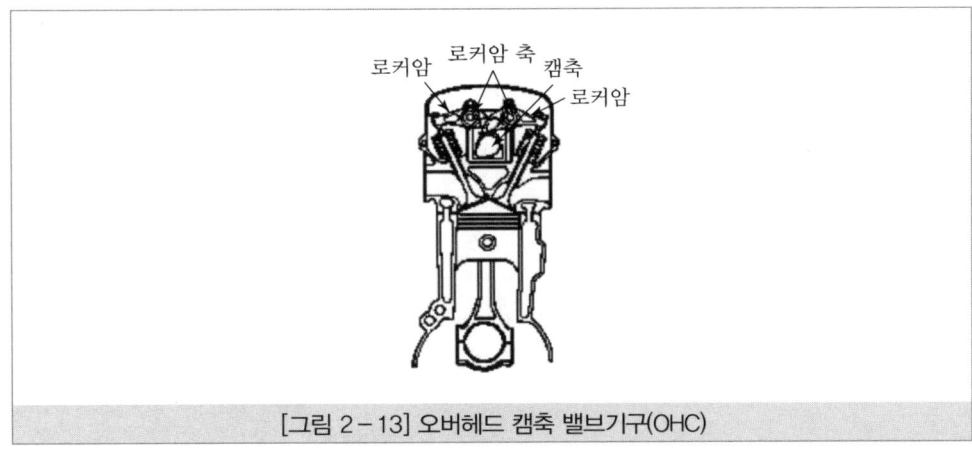

[그림 2-13] 오버헤드 캠축 밸브기구(OHC)

(2) 밸브 기구의 구성부품

1) 캠축(Cam shaft)

① 크랭크 축에서 동력을 받아 캠을 구동한다.
② 밸브 수와 같은 수의 캠이 배열된 축이다.
③ 구성 : 저널, 캠, 편심륜
④ 캠의 구성
  ㉠ 베이스 서클(Base Circle) : 기초원
  ㉡ 노스(Nose) : 밸브가 완전히 열리는 점
  ㉢ 리프트(Lift : 양정) : 기초원과 노스원과의 거리
  ㉣ 플랭크(Flank) : 밸브 리프터 또는 로커암이 접촉되는 옆면
  ㉤ 로브(Rob) : 밸브가 열려서 닫힐 때까지의 거리

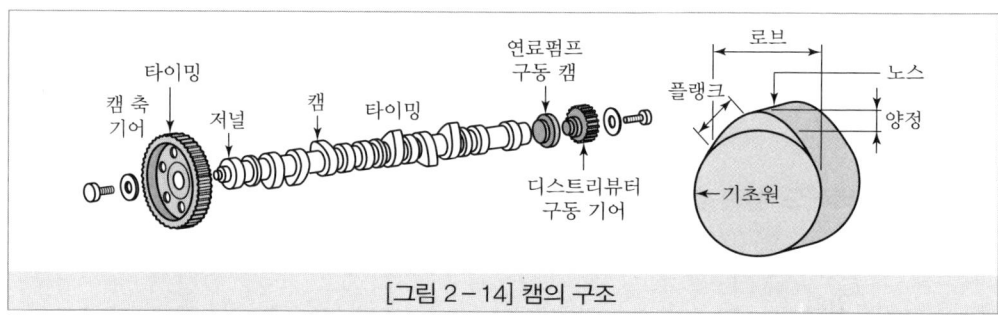

[그림 2-14] 캠의 구조

2) 캠축의 구동방식

① 기어구동 : 크랭크 축과 캠축 기어가 서로 맞물려 구동한다.
② 체인구동 : 소음이 적고, 캠축의 위치 변환이 용이하며 체인의 장력 조절용 텐셔너와 진동 흡수용 고무 댐퍼가 설치되어 있다(OHC 기관에서 사용).
③ 벨트구동 : 체인 대신 벨트로 캠축을 구동하여 소음이 없으며 윤활이 필요 없고, 장력 조절용 텐셔너와 아이들러가 설치되어 있다(OHC 기관에서 사용).

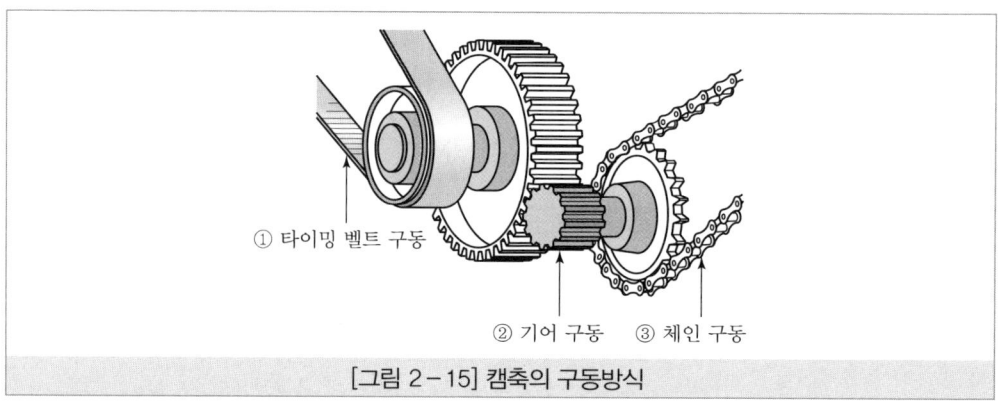

[그림 2-15] 캠축의 구동방식

※ 캠축 기어와 크랭크 축 기어의 잇수비는 2 : 1임

3) 밸브 리프터(Valve Lifter)(유압 태핏)

① 캠의 회전운동을 상하 직선운동으로 바꾸어 푸시로드 및 로커 암에 전달한다.

② 밸브 리프터 종류

　㉠ 기계식 밸브 리프터 : 원통형으로 형성되어 OHV 기관에서 사용
　㉡ 유압식 밸브 리프터 : 유압을 이용 밸브 간극을 작동 온도와 관계없이 항상 "0"으로 유지

4) 밸브(Valve)

① 역할

　㉠ 공기 및 혼합기를 실린더 내에 유입 또는 연소 가스를 배출
　㉡ 압축 및 폭발 행정에서 밸브 시트에 밀착되어 가스의 누출을 방지

② 밸브의 주요부

　㉠ 밸브 헤드 : 엔진 작동 중에 흡입밸브는 450~500℃, 배기밸브는 700~800℃의 열적 부하를 받음
　㉡ 마아진 : 기밀유지를 위해 보조 충격에 지탱력을 가진 두께로 재사용 여부를 결정. 두께는 보통 1.2mm 정도이며 0.8mm 이하일 때 교환
　㉢ 밸브 페이스(면)
　　• 밸브시트에 밀착되어 기밀유지 및 헤드의 열을 시트에 전달
　　• 밸브시트와 접촉 폭은 1.5~2.0mm
　　• 넓으면 열 전달 면적이 커져 냉각이 양호하고 압력이 분산되어 기밀유지가 불량
　　• 좁으면 냉각이 불량하나 기밀유지는 양호, 접촉각은 30°, 45°, 60°
　　• 밸브 간섭각 : 열팽창을 고려하여 1/4~1° 정도
　㉣ 스템 앤드 : 로커암이 접촉되는 부분으로 평면으로 되어있음

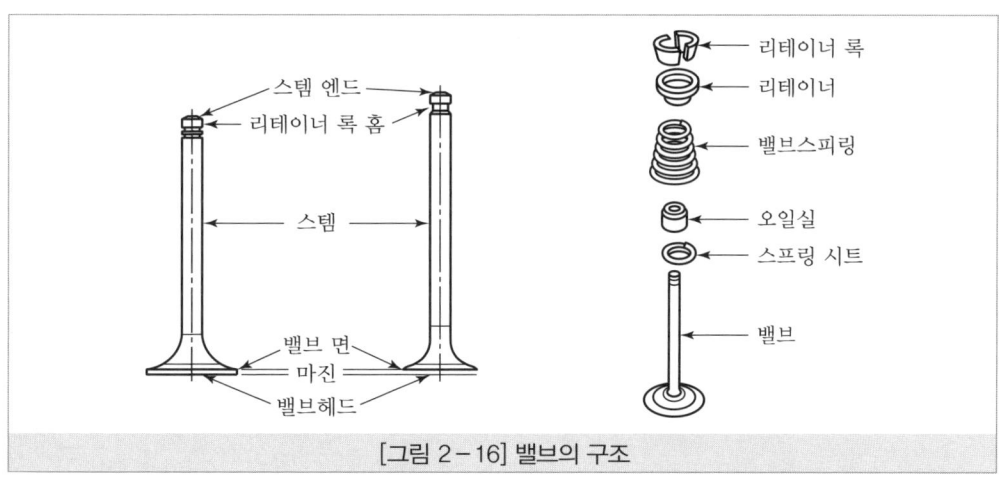

[그림 2-16] 밸브의 구조

③ 밸브 간극
- ㉠ 냉간시에 간극을 두어 정상운전 온도 시 알맞은 간극을 유지
- ㉡ 간극을 두지 않으면 온도 상승 시 팽창하여 밸브와 밸브시트의 밀착상태가 불량
- ㉢ 기관 정지 시에 밸브 간극을 조정
- ㉣ 밸브간극이 너무 크면 밸브 열림량이 작아 흡·배기 효율이 떨어짐

5) 밸브 스프링

① 밸브가 닫혀 있는 동안 밀착을 양호하게 하기 위한 기구이다.
② 규정값의 장력 15% 이상 시, 자유고 3% 이상 감소 시, 직각도 3% 이상 변형 시 교환한다.
③ 밸브 서징 현상
- ㉠ 밸브 스프링의 고유 진동수와 밸브 개폐 횟수가 같거나 정수배일 때 캠에 의한 강제 진동과 스프링 자체의 고유진동이 공진하여 캠의 작동과 상관없이 진동을 일으키는 현상
- ㉡ 방지책
  - 이중 스프링, 부등 피치형 스프링, 원추형 스프링 사용
  - 정해진 양정 내에서 충분한 스프링 정수를 얻도록 할 것
  - 밸브의 무게를 가볍게 할 것

> **Tip**
>
> **블로백(blow back)**
> 밸브 페이스와 밸브 시트의 접촉이 불량하여 혼합기나 배기가스가 새어나가는 현상

6) 밸브 회전기구

① 종류
- ㉠ 릴리스형식 : 자연 회전
- ㉡ 포지티브형식 : 강제 회전

② 목적
- ㉠ 밸브면과 시트 사이, 밸브 스템과 가이드 사이의 카본 제거
- ㉡ 밸브면과 시트, 스템과 가이드의 편마모 방지
- ㉢ 헤드부의 열을 균일하게 발산

7) 밸브 개폐 시기

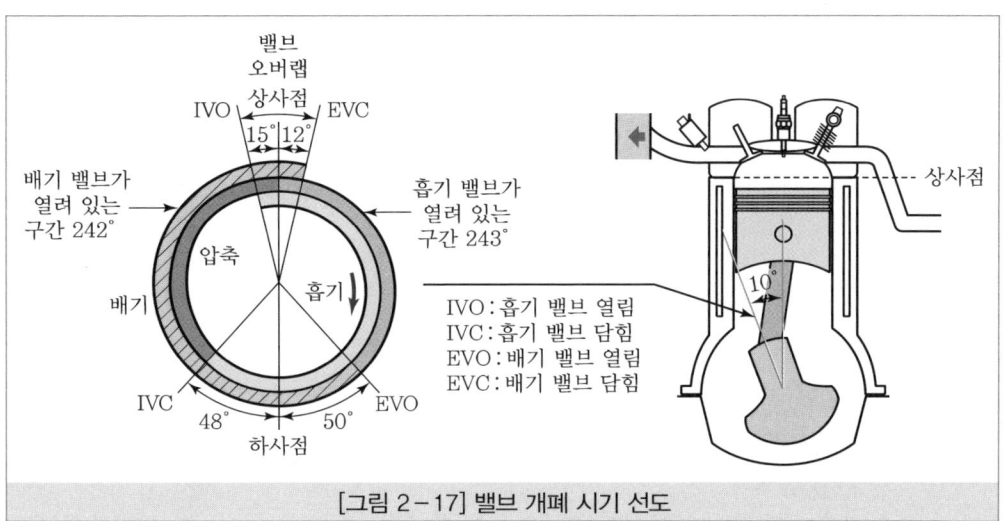

[그림 2-17] 밸브 개폐 시기 선도

① 혼합기나 공기의 흐름관성을 유효하게 이용하기 위해 상사점 전후 또는 하사점 전후에서 열리고 닫힌다.
② 밸브 오버랩은 상사점 부근에서 흡·배기밸브가 동시에 열려 있는 상태로 흡입 및 배기효율을 향상시킨다.

> **Tip**
>
> **압축압력시험**
> 엔진에 이상이 있을 때 또는 엔진의 성능이 현저하게 저하되었을 때 분해·수리 여부를 결정하기 위해 실시한다.
>
> - 압축압력 측정 준비작업
>   - 축전지 충전 상태를 점검한 다음 단자와 케이블과의 접속 상태를 점검한다.
>   - 엔진을 시동하여 웜 업(warm-up)을 한 후 정지한다.
>   - 모든 점화플러그 뺀다.
>   - 연료 공급 차단 및 점화 1차선을 분리한다.
>   - 공기 청정기 및 구동 벨트 모두 제거한다.
> - 압축압력 측정순서
>   - 스로틀 밸브를 완전히 연다.
>   - 점화플러그 구멍에 압축 압력계를 밀착시킨다.
>   - 엔진을 크랭킹(cranking)으로 4~6회 압축행정이 되도록 진행. 이때 엔진의 회전속도는 200~300rpm으로 설정한다.
>   - 처음 압축압력과 마지막 압축압력을 기록한다.
> - 압축압력 결과분석
>   - 정상 압축압력 : 정상 압축압력은 규정 값의 90% 이상이고, 각 실린더 사이의 차이가 10% 이내로 나와야 한다.
>   - 규정값 이상일 때 : 압축압력이 규정 값의 10% 이상이면 실린더 헤드를 분해한 후 연소실의 카본을 제거한다.
>   - 밸브 불량 : 압축압력이 규정값 보다 낮으며, 습식 시험을 하여도 압축압력이 상승하지 않는다.

- 실린더 벽 및 피스톤링이 마멸된 경우 : 이때는 계속되는 압축행정에서 조금씩 상승하며 습식 시험에서는 뚜렷하게 압축압력이 상승한다.
- 헤드 개스킷 불량 및 실린더 헤드가 변형된 경우 : 이때는 인접한 실린더의 압축압력이 비슷하게 낮으며 습식 시험을 하여도 압력이 상승하지 않는다.
  ※ 습식 압축압력 시험 : 밸브 불량, 실린더 벽 및 피스톤 링, 헤드개스킷 불량 등의 상태를 판단하기 위하여 진행. 점화플러그 구멍으로 엔진오일을 10cc 정도 넣고 1분 후에 다시 하는 시험

- 엔진해체 정비시기
  - 압축압력이 규정값의 70% 이하일 때 정비한다.
  - 연료 소비율이 규정값의 60% 이상일 때 정비한다.
  - 윤활유 소비율이 규정값의 50% 이상일 때 정비한다.

흡기 다기관 진공도 시험

- 진공도 측정의 정의
  작동 중인 엔진의 흡기 다기관 내의 진공도를 측정하여 지침의 움직이는 상태로 점화시기 틀림, 밸브 작동 불량, 배기 장치의 막힘, 실린더 압축압력의 누출 등 엔진에 이상이 있는지를 판단할 수 있도록 한다.

- 진공도 측정 준비작업 및 측정
  - 엔진을 가동하여 웜 업(warm-up)을 한다.
  - 엔진의 작동을 정지한 후 흡기 다기관의 플러그를 풀고 연결부에 진공계 호스를 연결한다.
  - 엔진을 공회전 상태로 운전하면서 진공계의 눈금을 판독한다.

- 흡기 다기관 진공도로 알아낼 수 있는 사항
  - 점화시기의 틀림
  - 밸브작동의 불량
  - 배기장치의 막힘
  - 실린더 압축압력의 누설

TOPIC 02 엔진본체 점검, 진단

1. 엔진 압축 압력 점검

① 엔진 압축압력을 이용한 압력 점검

출처 : 교육부(2015). 엔진본체정비(LM1506030201_14v2). 한국직업능력개발원. p.13

[그림 2-18] 압축압력 게이지 장착 위치

② 실린더 헤드 변형 점검 : 실린더 헤드를 분해하고 기록표의 요구사항을 측정 및 점검하고 본래 상태로 조립한다.

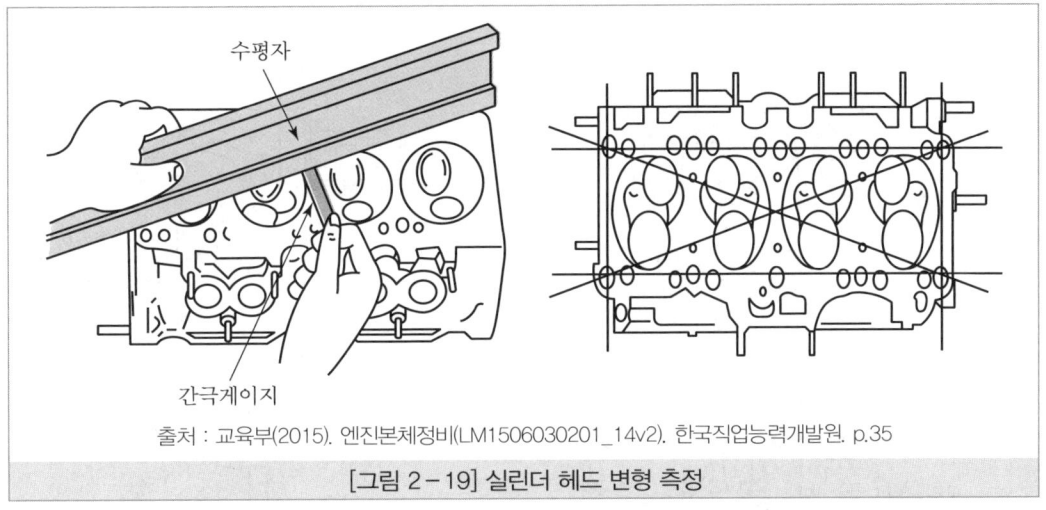

출처 : 교육부(2015). 엔진본체정비(LM1506030201_14v2). 한국직업능력개발원. p.35

[그림 2-19] 실린더 헤드 변형 측정

③ 실린더 내경, 피스톤 외경, 마모량 측정 : 실린더를 측정할 수 있도록 분해하고, 기록표의 요구사항을 측정 및 점검한 뒤 본래 상태로 조립한다.

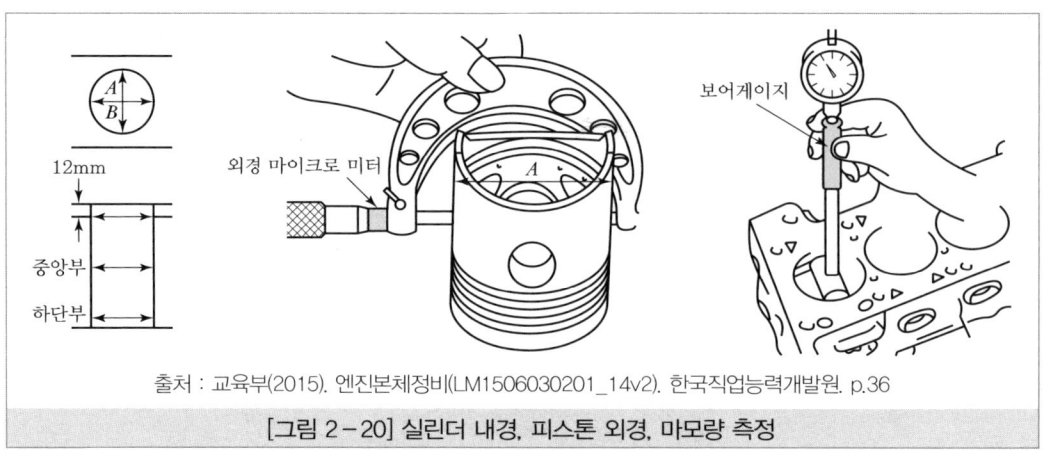

[그림 2-20] 실린더 내경, 피스톤 외경, 마모량 측정

TOPIC 03 엔진본체 관련 부품 조정, 수리, 부품 교환, 검사

1. 피스톤 링 분해, 검사

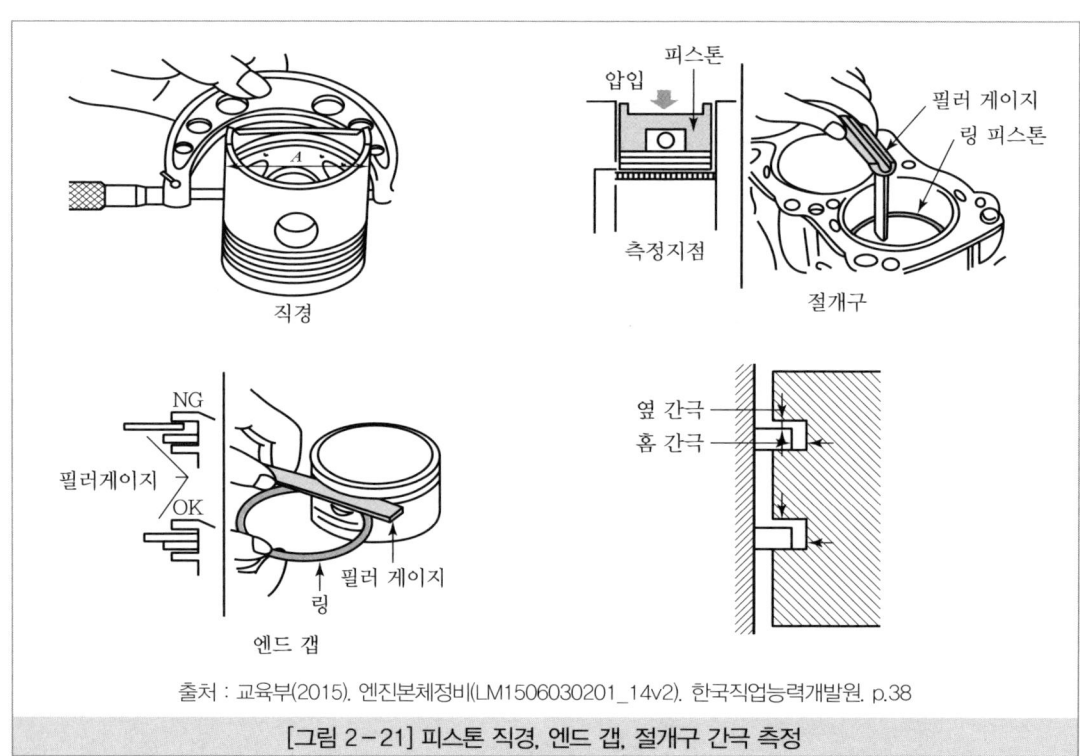

[그림 2-21] 피스톤 직경, 엔드 갭, 절개구 간극 측정

2. 크랭크 축 분해, 검사, 조립

출처 : 교육부(2019). 엔진본체정비(LM1506030201_18v4). 사단법인 한국자동차기술인협회, 한국직업능력개발원. p.50

[그림 2-22] 크랭크 축 휨 측정, 크랭크 축 메인 저널 직경 측정

출처 : 교육부(2019). 엔진본체정비(LM1506030201_18v4). 사단법인 한국자동차기술인협회, 한국직업능력개발원. p.50

[그림 2-23] 크랭크 축 엔드 플레이 측정(축방향 유격)

출처 : 교육부(2019). 엔진본체정비(LM1506030201_18v4). 사단법인 한국자동차기술인협회, 한국직업능력개발원. p.50

[그림 2-24] 크랭크 축 핀 저널 직경 측정

3. 플라이휠 분해, 검사, 조립

플라이휠을 기록표의 요구사항을 측정 및 점검하고 본래 상태로 조립한다.

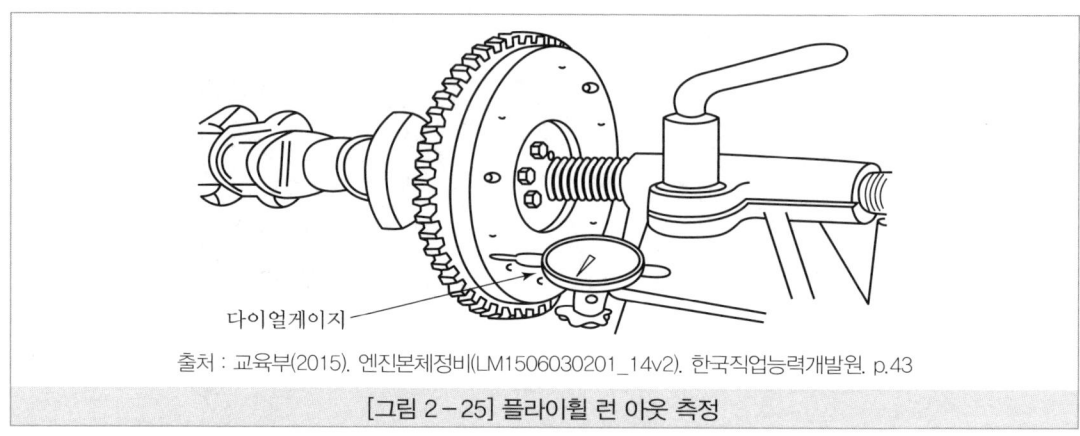

[그림 2-25] 플라이휠 런 아웃 측정

단원 마무리문제

CHAPTER 02 엔진본체 정비

01 기관을 해체, 정비하여야 할 경우로 맞는 것은?
① 압축압력이 규정압력의 70% 이하일 경우
② 폭발압력이 규정압력의 70% 이하일 경우
③ 연료 소비율이 표준 소비율의 60% 이하일 경우
④ 윤활유 소비율이 표준 소비율의 50% 이하일 경우

해설
엔진해체 정비시기
• 압축압력이 규정값의 70% 이하일 때
• 연료 소비율이 규정값의 60% 이상일 때
• 윤활유 소비율이 규정값의 50% 이상일 때

02 실린더 헤드의 균열 여부를 점검할 때 하는 시험으로 옳지 않은 것은?
① 육안검사   ② 자기 탐상법
③ 피로 시험법 ④ 형광 탐상법

해설
실린더 헤드 및 블록의 균열점검 방법으로 육안검사, 자기 탐상법, 형광 탐상법, 염색 탐상법 등이 있다.

03 다음은 OHV 기관의 연소실 종류이다. 와류가 좋고 고압축비를 얻을 수 있는 것은?
① 반구형   ② 쐐기형
③ 지붕형   ④ 욕조형

04 내경이 78mm인 실린더에서 최대 마멸량이 0.25mm일 때 이 실린더의 보링 치수는 얼마인가?
① 78.40mm ② 78.45mm
③ 78.50mm ④ 78.75mm

해설
• 보링 치수=내경+O/S(오버 사이즈)
• O/S(오버 사이즈)=0.00mm, 0.25m, 0.50mm, 0.75mm, 1.00mm
• 최대마모량+0.2mm(진원절삭량)=0.25mm+0.2mm=0.45mm이므로 78.45mm에서 가장 가까운 O/S(오버 사이즈) 값은 0.50mm이다.
따라서 보링 치수는 78.00mm+0.50mm=78.50mm이다.

05 실린더 마멸이 TDC에서 가장 많이 일어난다. 그 이유로 틀린 것은?
① TDC에서 열변형이 많기 때문이다.
② 피스톤 링의 호흡작용 때문이다.
③ 폭발 행정시 TDC에 연소압력이 더해지기 때문이다.
④ 피스톤이 TDC에서 일단 정지하여 유막이 파괴되기 때문이다.

06 실린더 마멸이 TDC에서 가장 많이 일어나는데, 그 상부의 마멸되지 않는 부분을 깎아내는 공구로 알맞은 것은?
① 리지 리머   ② 호닝 리머
③ 스핀들 리머 ④ 테이퍼 리머

해설
리지 리머는 실린더 상부의 마멸되지 않는 부분을 깎아내는 공구이다.

정답 01 ① 02 ③ 03 ② 04 ③ 05 ① 06 ①

07 실린더의 보링 작업에 대한 설명으로 틀린 것은?

① 호닝 작업을 한 후에 보링 작업을 실시한다.
② 오버 사이즈의 간격은 KS 규격으로 0.25mm 의 간격이다.
③ 피스톤과 실린더 간격은 정해진 범위 내에 있어야 한다.
④ 실린더 내경이 70mm 이상이면 오버 사이즈 한계값은 1.50mm이다.

해설
호닝 작업은 보링 작업 후의 바이트 자국을 제거하는 작업이다.

08 피스톤의 평균속도를 높이지도 않고 회전속도를 높일 수 있으며, 단위 체적당 출력이 크고, 기관의 높이를 낮게 할 수 있는 행정 기관은?

① 장행정 기관   ② 정방형 기관
③ 단행정 기관   ④ 스퀘어 기관

해설
단행정 기관(오버 스퀘어 기관)은 실린더 내경이 피스톤 행정보다 길어 기관의 높이를 낮출 수 있다.

09 실린더 지름이 220mm, 행정이 360mm, 기관 회전수가 400rpm인 기관의 피스톤 평균속도는 얼마인가?

① 3m/s   ② 4.2m/s
③ 4.8m/s   ④ 5.2m/s

해설
피스톤의 평균속도 $= \dfrac{2NL}{60} = \dfrac{2 \times 0.36 \times 400}{60} = 4.8\text{m/s}$

10 4기통 기관에서 실린더 당 3개의 피스톤 링이 있고, 1개 링의 마찰력이 0.3kgf인 경우 총 마찰력은 얼마인가?

① 0.9kgf   ② 1.2kgf
③ 1.8kgf   ④ 3.6kgf

해설
$P = Pr \times N \times Z = 0.3 \times 3 \times 4 = 3.6\text{kgf}$
P : 총 마찰력, Pr : 피스톤 링 1개당 마찰력(kgf)
N : 피스톤당 링 수, Z : 실린더 수

11 피스톤 링의 기능이 아닌 것은?

① 혼합기의 기밀 유지
② 오일제어 기능
③ 열전도 기능
④ 피스톤 마멸 감소 기능

해설
피스톤 링의 3대 기능은 기밀유지, 오일제어, 열전도이다.

12 피스톤 핀의 설치방법이 아닌 것은?

① 전부동식   ② 반부동식
③ 고정식   ④ 3/4 부동식

13 커넥팅 로드의 길이는 피스톤 행정의 몇 배인가?

① 약 0.5~1배   ② 약 1.5~2.3배
③ 약 2.3~2.8배 ④ 약 2.8~3.2배

14 어느 기관의 크랭크 축의 휨을 다이얼 게이지로 측정하였더니, 지침이 0.34mm였다. 이때 크랭크 축의 휨량은 얼마인가?

① 0.17mm   ② 0.34mm
③ 0.51mm   ④ 0.68mm

해설
축의 휨은 측정값의 1/2이다.

15 4행정 4실린더 기관의 폭발순서가 1-2-4-3일 때 1번 실린더가 폭발 행정 시 3번 실린더는 무슨 행정을 하는가?

① 흡입 행정   ② 압축 행정
③ 폭발 행정   ④ 배기 행정

정답 07 ① 08 ③ 09 ③ 10 ④ 11 ④ 12 ④ 13 ② 14 ① 15 ④

해설

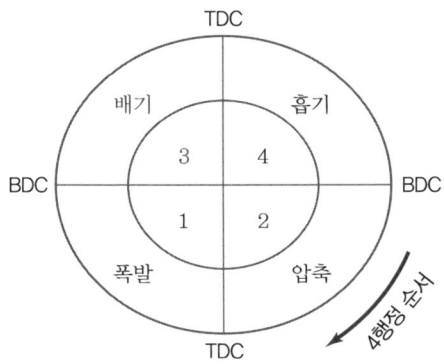

16 4행정 6실린더 엔진에서 3번 실린더가 폭발행정 말이라면 흡입행정 초인 실린더는 몇 번 실린더인가? (단, 점화순서는 1-5-3-6-2-4)

① 6번 ② 4번
③ 3번 ④ 1번

해설

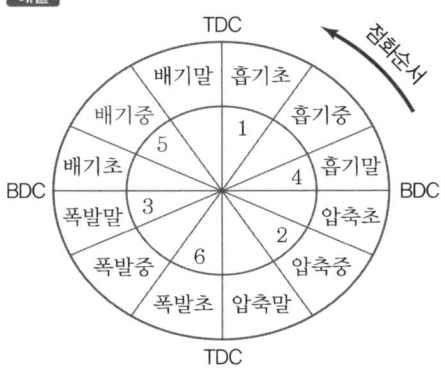

17 기관의 회전속도가 3600rpm이다. 연소지연시간이 $\frac{1}{600}$초라면 연소 지연동안에 크랭크 축의 회전각도는 몇 도인가?

① 9°   ② 18°
③ 36° ④ 72°

해설

회전각도 $= \frac{rpm}{60} \times$ 연소지연시간 $\times 360°$

$= \frac{3600}{60} \times \frac{1}{600} \times 360° = 36°$

18 커넥팅 로드 대단부의 배빗메탈의 주성분은 무엇인가?

① 주석(Sn)   ② 안티몬(Sb)
③ 구리(Cu)   ④ 납(Pb)

해설

배빗메탈은 주석(80~90%), 안티몬(3~12%), 구리(3~7%)로 구성된 기관 베어링이다.

19 어느 자동차 엔진의 밸브 개폐시기가 다음과 같다. 흡입 행정기간과 밸브 오버랩은 각각 몇 도인가? (흡기밸브 열림 : 상사점 전 15°, 흡기밸브 닫힘 : 하사점 후 43°, 배기밸브 닫힘 : 상사점 후 13°, 배기밸브 열림 : 하사점 전 45°)

① 150°, 31°   ② 195°, 31°
③ 218°, 28°   ④ 238°, 28°

해설

• 흡입 행정기간=흡기밸브 열림+180°+흡기밸브 닫힘
 $=15°+180°+43°=238°$
• 밸브 오버랩=흡기밸브 열림+배기밸브 닫힘
 $=15°+13°=28°$

20 다음 중 밸브 간섭각으로 알맞은 것은?

① 1/4~1°   ② 1~2°
③ 2~4°   ④ 7~10°

해설

열팽창을 고려하여 1/4~1° 정도의 밸브 간섭각을 둔다.

21 밸브 스프링 자유 높이의 감소는 표준 치수에 대하여 몇 % 이내이어야 하는가?

① 3% ② 8%
③ 10% ④ 12%

해설
밸브 스프링은 기준 값의 장력이 15% 이상 감소, 자유 높이 3% 이상 감소 시, 직각도 3% 이상 변형 시 교환한다.

22 〈그림〉과 같은 오버 헤드 밸브장치에서 캠의 리프터가 4.1mm, 밸브간극이 0.3mm일 때 밸브 리프터는 얼마인가?

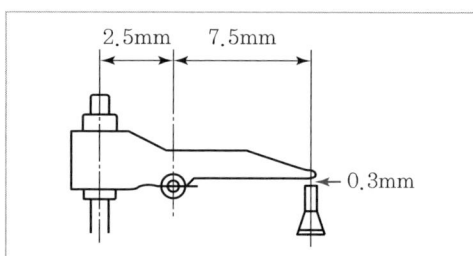

① 6mm ② 9mm
③ 12mm ④ 15mm

해설
길이비 $= \dfrac{7.5}{2.5} = 3$

캠의 리프터 × 길이비 − 밸브 간극
$= 4.1\text{mm} \times 3 - 0.3\text{mm} = 12\text{mm}$

23 실린더의 표준 지름이 76mm인 엔진의 내경을 측정하였더니, 실린더의 최대 지름이 76.33mm였다. 이 엔진을 보링하려고 하면 오버 사이즈는 얼마로 해야 하는가?

① 0.25mm ② 0.50mm
③ 0.75mm ④ 1.00mm

해설
76.33mm + 0.2mm = 76.53mm이므로 76.75mm로 수정한다.
따라서, 오버 사이즈는 76.75mm − 76.00mm = 0.75mm이다.

24 피스톤 행정이 80mm이고, 커넥팅 로드의 길이를 크랭크 축의 회전반지름의 3.8배로 한다면 커넥팅 로드의 길이는 얼마인가?

① 148mm ② 152mm
③ 156mm ④ 160mm

해설
피스톤 행정이 80mm이므로, 크랭크 축의 회전반지름은 $\dfrac{80}{2}$ mm이다.
따라서, 커넥팅 로드의 길이는 40 × 3.8 = 152mm이다.

25 어느 사용 중인 크랭크 축 메인저널의 외경을 측정하였더니, 54.87mm였다. 수정값은 얼마로 하여야 하는가? (단, 이 메인저널의 표준 외경은 55.00mm이다.)

① 54.00mm ② 54.25mm
③ 54.50mm ④ 54.75mm

해설
54.87mm − 0.2mm = 54.67mm 따라서 언더 사이즈 표준 값에는 54.67mm가 없으므로 이 값보다 작으면서 가까운 54.50mm로 수정한다.

26 캠축 기어와 크랭크 축 기어의 잇수비로 알맞은 것은?

① 1 : 1 ② 2 : 1
③ 1 : 2 ④ 3 : 1

27 밸브 스템을 중공으로 하여 그 속에 넣어 냉각 효과를 돕는 물질은 무엇인가?

① 나트륨 ② 칼륨
③ 라듐 ④ 알루미늄

해설
금속 나트륨은 열을 받아 액체가 되기 위해서는 약 100℃의 열이 필요하기 때문에 헤드의 온도를 약 100℃ 정도 저하시킬 수 있다.

정답 21 ① 22 ③ 23 ③ 24 ② 25 ③ 26 ② 27 ①

28 밸브의 개폐시기에 대한 설명으로 틀린 것은?

① 흡기밸브는 상사점 전에서 열리고 하사점 후에 닫힌다.
② 배기밸브는 하사점 전에서 열리고 상사점 후에 닫힌다.
③ 혼합기나 공기의 흐름 관성을 유효하게 하기 위해 상사점 전·후 또는 하사점 전·후에서 열리고 닫힌다.
④ 밸브 오버랩은 하사점 부근에서 흡·배기밸브가 동시에 열려 있는 상태로 흡입 및 배기 효율을 향상시킨다.

해설
밸브 오버랩은 상사점 부근에서 흡·배기밸브가 동시에 열려 있는 상태이다.

29 베어링 간극을 측정하는 게이지로 알맞은 것은?

① 필러 게이지
② 플라스틱 게이지
③ 시크니스 게이지
④ 하이트 게이지

정답 28 ④ 29 ②

CHAPTER 03 연료장치 정비

TOPIC 01 연료장치 이해

1. 연료와 연소

(1) 가솔린의 구성

① 개요 : 석유계 원유로 탄소(83~87%)와 수소(11~14%)의 유기화합물(CnHn)이다.
② 비중 : 0.74~0.76
③ 발열량 : 10500kcal/kg
④ 옥탄가 : 88~95
⑤ 구비조건
    ㉠ 휘발성이 알맞을 것   ㉡ 발열량이 클 것
    ㉢ 카본 퇴적이 적을 것   ㉣ 옥탄가가 높을 것

(2) 노킹(Knocking)

① 개요 : 불완전 연소에 의하여 그 충격으로 연소실 안에서 심한 압력 진동이 발생하여, 마치 해머로 연소실 벽을 두드리는 것과 같은 현상이다.

② 원인
    ㉠ 기관에 과부하가 걸릴 때   ㉡ 기관이 과열될 때
    ㉢ 점화시기가 틀릴 시(조기점화 시)   ㉣ 혼합비가 희박할 시
    ㉤ 저옥탄가의 가솔린 연료 사용 시

③ 방지책
    ㉠ 점화시기 지연   ㉡ 혼합비를 농후하게
    ㉢ 압축비, 혼합가스의 온도를 저하   ㉣ 고옥탄가의 가솔린 사용
    ㉤ 화염 전파거리 단축   ㉥ 연소실 내 카본 제거

④ 영향
  ㉠ 기관의 과열, 배기밸브 및 피스톤의 소손
  ㉡ 기관의 출력 저하
  ㉢ 피스톤과 실린더의 소결 발생
  ㉣ 기계 각부의 응력 증대
  ㉤ 배기가스 온도 저하

(3) 옥탄가

① 개요 : 연료의 내폭성을 나타내는 치수(가솔린)이다.

② 계산식 : 옥탄가 $= \dfrac{이소옥탄}{이소옥탄+노말헵탄(정헵탄)} \times 100(\%)$

③ C.F.R 기관 : 옥탄값을 결정하기 위해서 특별히 제작된 단(單)실린더의 시험기관이다.

④ 노킹 방지제 : 4에틸납[$Pb(C_2H_5)$], 벤젠, 알코올, 2염화 에틸렌, 2브롬 에틸렌 등이 있다.

2. 연료탱크

① 연료의 저장탱크로 용량은 보통 1일 주행 연료량(30~70L)을 기준으로 한다.
② 부식방지를 위하여 내부에는 아연 도금 처리한다.
③ 연료탱크의 작은 구멍 수리는 연료증기를 완전히 제거한 후 물을 반쯤 채우고 납땜을 실시한다.
④ 배기 통로 끝으로부터 30cm, 노출된 전기단자로부터 20cm 이상 떨어져서 설치한다.
⑤ 배플 : 연료의 유동방지 및 연료 탱크의 강성 증대의 역할을 한다.

3. 연료파이프

① 5~8mm 정도의 강재 파이프를 사용하며, 부식방지를 위하여 아연도금 처리한다.
② 파이프의 피팅은 오픈 앤드 렌치로 분해, 조립하여야 한다.

4. 연료여과기

연료 속에 포함되어 있는 먼지, 수분 등을 여과한다.

5. 연료펌프

① 연료를 흡입, 가압하여 기화기 또는 연료파이프에 압송시킨다.
② **연료 압송압력** : 0.2~0.3kgf/cm^2(전기식 1~5kgf/cm^2)
③ 기계식은 다이어프램 스프링의 장력에 의해 압력이 결정되고, 연료 송출량은 연료펌프의 패킹 두께에 의해 결정된다.

④ 전기식은 주로 연료탱크 내장식으로 전기 모터를 이용하며, 베이퍼 록이 일어나지 않고 설치가 자유롭다.

> **Tip**
>
> **베이퍼 록**
> 파이프 내에 연료가 비등하여 연료펌프의 기능을 저해하든가 운동을 방해하는 현상

TOPIC 02 전자제어 연료분사장치 이해

1. 전자제어 연료분사장치의 개요 및 특징

(1) 개요

전자제어 연료 분사 장치란 각종 센서(sensor)를 부착하고 이 센서에 보내준 정보를 기반으로 기관의 운전 상태에 따라 연료의 공급량을 기관 컴퓨터(ECU ; Electronic Control Unit)로 제어하여 인젝터(Injector)를 통하여 흡기 다기관에 분사하는 방식이다.

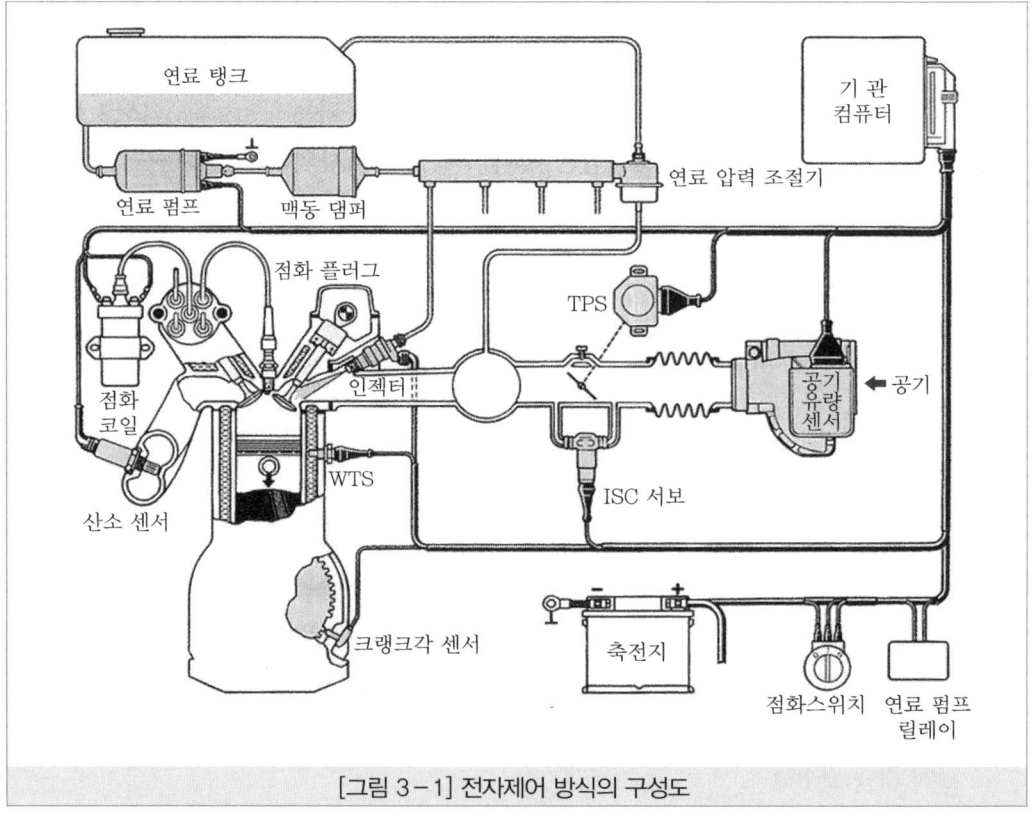

[그림 3-1] 전자제어 방식의 구성도

(2) 특징

① 연료 소비율이 향상된다.
② 유해배출 가스의 배출이 감소된다.
③ 기관의 응답성능이 향상된다.
④ 냉간 시동성능을 향상된다.
⑤ 기관의 출력성능이 향상된다.

(3) 장점

① 고출력 및 정확한 혼합비 제어로 배기가스를 저감시킨다.
② 연료 소비율이 향상된다.
③ 기관의 효율을 증대시킬 수 있다.
④ 부하 변동에 대해 신속한 응답이 가능하다.
⑤ 저온 기동성의 향상시킬 수 있다.

2. 전자제어 연료분사장치의 분류

(1) 제어방식에 의한 분류

① K-제트로닉 : 연료 분사량을 기계-유압식으로 제어하는 방식(MPC)으로 연속적인 분사장치이다.

※ MPC : Manifold Pressure Controlled fuel injection type

② L-제트로닉
  ㉠ 흡입되는 공기량을 체적 및 질량 유량으로 검출하는 직접 계량 방식(AFC)
  ㉡ 메저링 플레이트식, 카르만 와류식, 핫 와이어 방식

※ AFC : Air Flow Controlled injection type

③ D-제트로닉 : 흡기 다기관의 절대 압력 또는 스로틀밸브의 개도와 기관 회전속도로부터 공기량을 간접으로 계량하는 방식(MAP 센서)이다.

(2) 분사방식에 의한 분류

① 기계적으로 연속 분사하는 방식 : 기계-유압 방식으로 작동되는 연료분사 장치로서 기관이 작동되는 동안 계속하여 연속적으로 연료를 분사하는 방식이다. Bosch사의 K-Jetronic이 이에 해당된다.

② SPI(Single Point Injection) 방식 : SPI는 TBI(Throttle Body Injection)라고도 부르며 스로틀 밸브 위의 한 중심점에 위치한 인젝터(1~2 설치)를 통하여 간헐적으로 연료를 분사하므로 흡기 다기관을 통하여 실린더로 유입된다.

③ MPI(Multi Point Injection) 방식
  ㉠ MPI는 흡기 다기관에 인젝터를 각 실린더에 1개씩 설치하여 연료를 분사하는 것
  ㉡ 연료는 흡입밸브 바로 앞에서 분사되므로 흡기 다기관에서의 연료 응축(wall wetting)에 전혀 문제가 없으며, 기관의 작동온도에 관계없이 최적의 성능을 보장

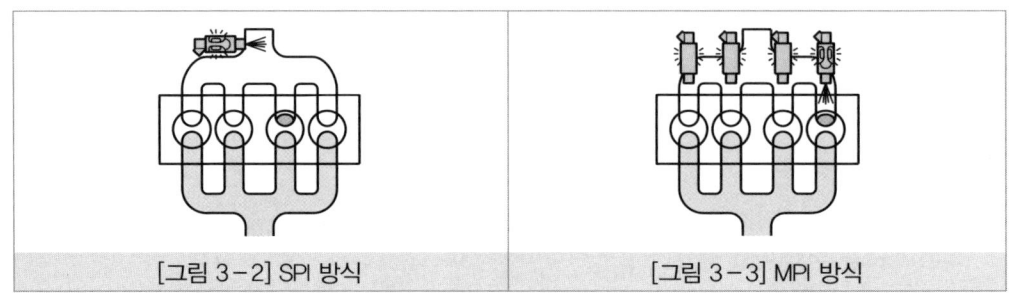

[그림 3-2] SPI 방식   [그림 3-3] MPI 방식

④ GDI(가솔린 직접분사 방식) : GDI는 실린더 내에 가솔린을 직접 분사하는 것으로 약 35~40 : 1의 초희박 공연비로도 연소가 가능하다.

3. 전자제어 연료 분사장치의 구조

(1) 연료계통

연료탱크 → 연료펌프 → 연료 여과기 → 분배 파이프 → 인젝터 → 흡기 다기관

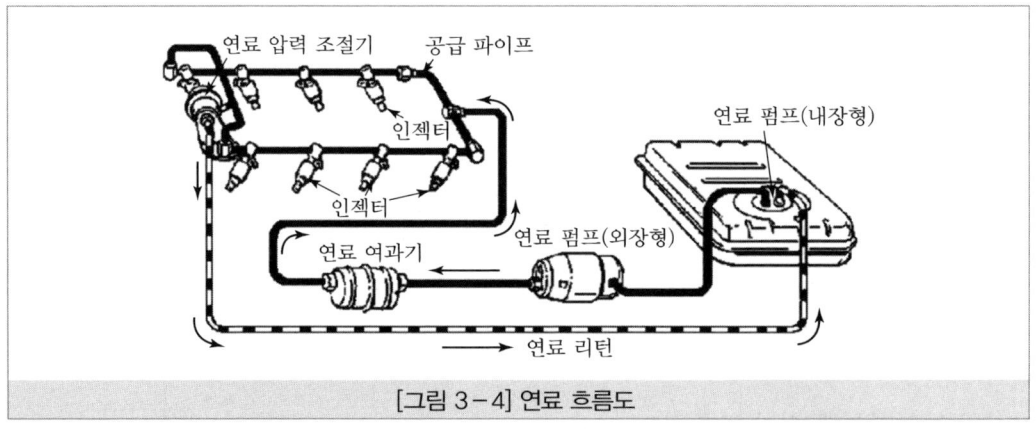

[그림 3-4] 연료 흐름도

1) 연료펌프

① 개요 : 연료탱크 내에 설치되어 축전지 전원으로 모터가 구동된다.

② 릴리프밸브 : 과잉압력으로 인한 연료의 누출 및 파손 방지한다.

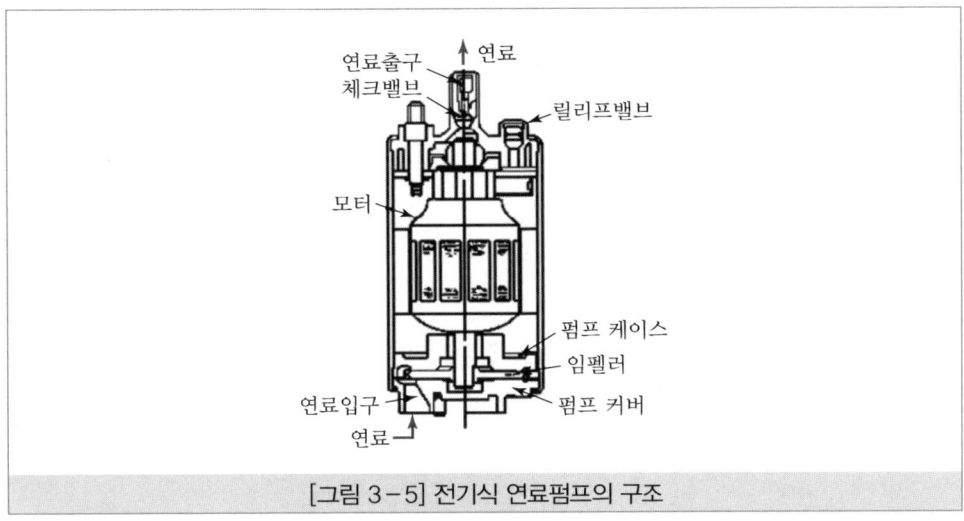

[그림 3-5] 전기식 연료펌프의 구조

③ 체크밸브

　㉠ 연료펌프의 소음 억제 및 베이퍼 록 현상 방지

　㉡ 연료의 압송 정지 시 연료의 역류방지

　㉢ 연료라인의 잔압을 유지시켜 시동성이 향상

> **Tip**
>
> **연료압력의 변화 주요 원인**
>
> | 연료압력이 너무 높은 원인 | 연료압력이 너무 낮은 원인 |
> | --- | --- |
> | • 연료의 리턴 파이프가 막혔을 때
• 연료펌프의 릴리프밸브가 고착되었을 때 | • 연료 필터가 막혔을 때
• 연료펌프의 릴리프밸브의 접촉이 불량할 때 |

2) 인젝터 : 분사밸브

① 개요

　㉠ 인젝터는 각 실린더의 흡입밸브 앞쪽에 1개씩 설치되어 각 실린더에 연료를 분사시켜 주는 솔레노이드 밸브 장치를 말함

　㉡ 인젝터는 기관 컴퓨터로부터의 전기적 신호에 의해 작동하며, 그 구조는 밸브 보디와 플런저(plunger)가 설치된 니들밸브로 되어있음

② 인젝터 점검사항 : 인젝터의 작동음, 작동시간, 분사량

③ 콜드 스타트 인젝터(cold start injector) : 기관의 냉간시동 시 기관의 온도에 따라 흡기 다기관 내에 연료를 일정시간 동안 추가적으로 분사시키는 역할로 서모스위치에 의해 제어한다.

3) 압력 조절기

흡입다기관 내의 부압 변화에 대응하여 연료 분사량을 일정하게 유지하기 위해 인젝터에 걸리는 연료의 압력을 $2.2 \sim 2.6 \text{kgf/cm}^2$으로 하여 흡입다기관 내의 압력보다 높도록 조절한다.

(2) 제어계통

1) 기관컴퓨터(ECU ; Electronic Control Unit)

① 기관 컴퓨터의 주요 기능
  ㉠ 이론공연비를 14.7 : 1로 정확히 유지시킴
  ㉡ 유해배출 가스의 배출을 제어
  ㉢ 주행성능을 향상시킴
  ㉣ 연료소비율 감소 및 기관의 출력을 향상시킴

② 기관 컴퓨터의 구조 및 작용
  ㉠ 기관 컴퓨터의 구조
   • 기관 컴퓨터는 디지털 제어(digital control)와 아날로그 제어(analog control)가 존재함
   • 중앙처리 장치(CPU), 기억장치(memory), 입·출력 장치(I/O) 등으로 구성함
   • 아날로그 제어는 A/D 컨버터(아날로그를 디지털로 변환함)가 1개 더 포함됨
  ㉡ 기관 컴퓨터의 작동
   • 기관 컴퓨터의 기본 작동 : 제어 신호들은 신호 및 중간값의 기능으로 연료소비율, 배기가스 수준, 기관 작동 등이 최적화되도록 결정함
   • 기관 컴퓨터의 페일 세이프(fail safe) 작동 : 페일 세이프 작동의 목적은 모든 조건 아래에서 안전하고 신뢰성 있는 자동차의 작동을 보장하기 위하여 결함이 발생하였을 때 기관 가동에 필요한 케이블을 연결하거나 정보 값을 바이패스 시켜 대체 값에 의한 기관 가동이 이루어지도록 하는 것

③ **공전속도 제어기능** : 공전속도 제어는 각종 센서의 신호를 기초로 기관 컴퓨터에서 ISC – 서보의 구동신호를 공급하여 ISC – 서보가 스로틀 밸브의 열림 정도를 제어한다.
  ㉠ 기관을 시동할 때 제어 : 스로틀 밸브의 열림은 냉각수 온도에 따라 기관을 시동하기에 가장 적합한 위치로 제어함
  ㉡ 패스트 아이들 제어(fast idle control) : 공전스위치가 ON으로 되면 기관 회전속도는 냉각수 온도에 따라 결정된 회전속도로 제어되며, 공전스위치가 OFF 되면 ISC – 서보가 작동하여 스로틀 밸브를 냉각수 온도에 따라 규정된 위치로 제어함

ⓒ 공전속도 제어 : 에어컨 스위치가 ON 되거나 자동변속기가 N 레인지에서 D 레인지로 변속될 때 등 부하에 따라 공전속도를 기관 컴퓨터의 신호에 의해 ISC – 서보를 확장 위치로 회전시켜 규정 회전속도까지 증가시킴. 동력조향장치의 오일압력 스위치가 ON이 되어도 마찬가지로 증속시킴

ⓔ 대시포트 제어(dash port control) : 기관을 감속할 때 연료공급을 일시차단 시킴과 동시에 충격을 방지하기 위하여 감속조건에 따라 대시포트를 제어함

ⓜ 에어컨 릴레이 제어 : 기관이 공전할 때 에어컨 스위치가 ON이 되면 ISC – 서보가 작동하여 기관의 회전속도를 증가시킴

④ **자기진단기능** : 기관 컴퓨터는 기관의 여러 부분에 입·출력신호를 보내게 되는데 비정상적인 신호가 처음 보내질 때부터 특정시간 이상이 지나면 기관 컴퓨터는 비정상이 발생한 것으로 판단하고 고장코드를 기억한 후 신호를 자기진단 출력단자와 계기판의 기관 점검 등으로 보낸다.

⑤ **노크센서(Knock sensor)와 노크제어장치의 기능**
  ㉠ 노크센서 : 표면에 일정방향의 물리적인 힘이 가해질 때 전압이 발생하는 원리를 이용한 일종의 가속도 센서
  ㉡ 노크제어장치의 작동
    • 노크제어장치의 효과 : 노크제어장치 기관에서는 노크 발생시점(점화시기와 기관회전력 [그림 3 – 6] A점)에 근접한 부근(점화시기와 기관회전력 [그림 3 – 6] B점)에서 점화시기를 제어 실시. 이때 노크가 발생하면 점화시기를 늦추고, 늦춘 후 노크 발생이 없으면 점화시기를 다시 빠르게 한다. 이러한 연속적인 제어를 통하여 기관 출력 증대 및 기관을 보호할 수 있음

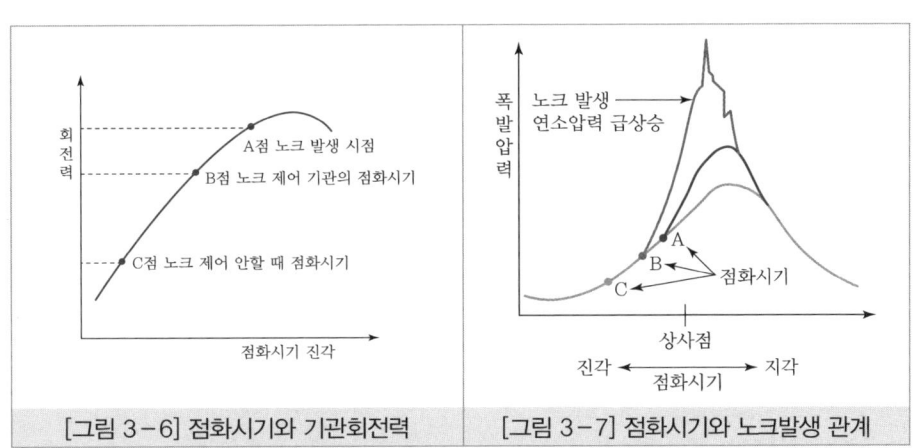

[그림 3 – 6] 점화시기와 기관회전력   [그림 3 – 7] 점화시기와 노크발생 관계

- 노크 제어장치의 작동 : 노크센서의 신호를 받아서 점화시기를 제어하는 방법에는 점화시기 제어방법에 나타낸 바와 같이 [그림 3-8]의 (a), (b), (c) 3가지로 분류

그림 (a)	노크 판정신호에 따라 천천히 계단 모양으로 점화시기를 늦춘 후 천천히 원래의 상태로 복귀하는 방법
그림 (b)	노크 판정신호가 발생하면 크게 점화시기를 늦춘 다음 천천히 원래 위치로 복귀시키는 방법
그림 (c)	노크 판정신호가 발생하면 점화시기를 크게 늦춤과 동시에 빨리 회복시키는 방법

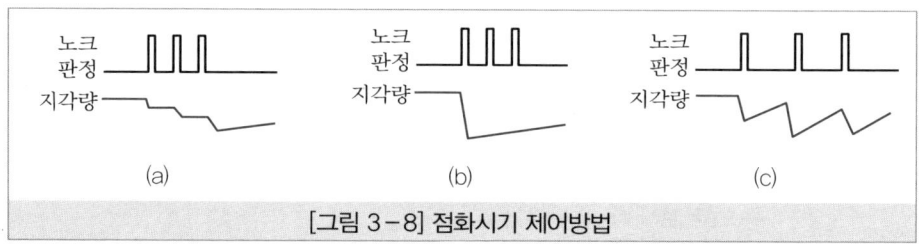

[그림 3-8] 점화시기 제어방법

TOPIC 03 린번, GDI, LPG 엔진

1. 린번엔진(Lean Burn Engine)

(1) 개요

린번엔진(Lean Burn Engine)은 희박연소 엔진으로 공연비는 20~22 : 1로 희박한 조건에서 작동된다.

(2) 특징

① 열효율 및 연비를 향상(10~20%)시킨다.
② 새로운 삼원촉매 CCC(closed-coupled catalyst converter) 사용으로 70% NOx 저감시킨다.
③ 희박연소에 의한 연소 온도 저하한다.
④ 토크 저하 및 변동의 방지한다.

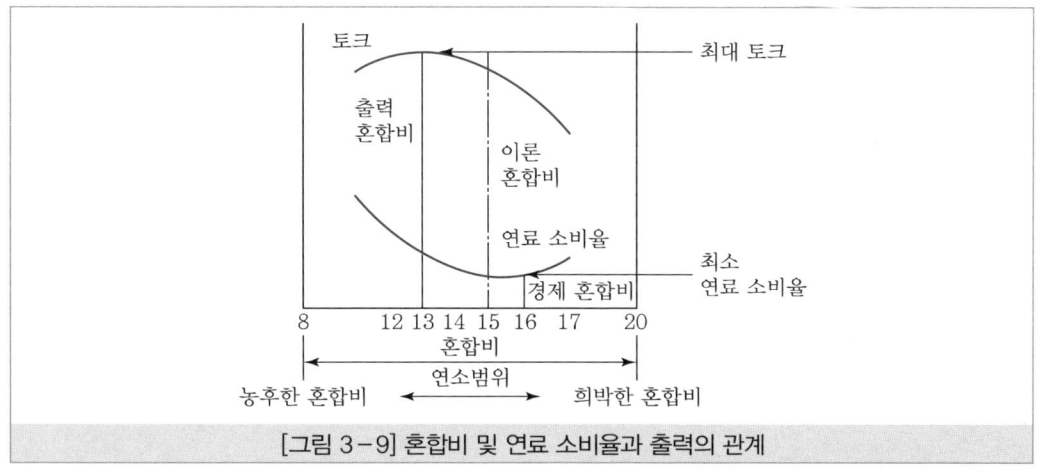

[그림 3-9] 혼합비 및 연료 소비율과 출력의 관계

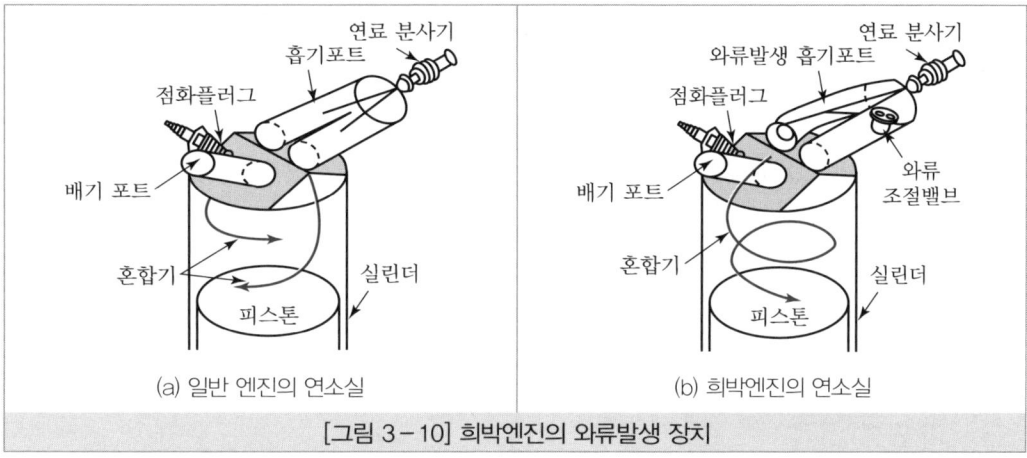

[그림 3-10] 희박엔진의 와류발생 장치

2. GDI(Gasoline Direct Injection) 엔진

(1) 개요

GDI 엔진은 고압축비로 압축된 연소실 안의 공기에 고압의 연료를 직접 분사함으로써 초희박 혼합기의 공급 및 연소가 가능한 엔진이다.

(2) 특징

① 초희박 연소에 의한 저연비를 실현(공연비 40 : 1)한다.
② 희박연소에서의 낮은 공회전 속도 설정과 연비 향상시킨다.
③ **배출가스의 정화** : 대량의 EGR과 NOx를 저감시킬 수 있다.
④ 체적 효율을 향상시킨다.
⑤ 노킹방지로 고압축, 고출력 실현이 가능하다.

3. LPG 엔진의 이해

(1) LPG의 특성

① 무색, 무취, 무미이다.
② 비중 : 액체 0.5, 기체 1.5~2
③ 옥탄가 : 90~120
④ 연료 구성 : 프로판(C_3H_8) + 부탄(C_4H_{10})으로 구성
⑤ 계절별 연료구성
  ㉠ 겨울 : 프로판(30) : 부탄(70)
  ㉡ 여름 : 프로판(10) : 부탄(90)
  ㉢ 봄·가을 : 프로판

(2) LPG 기관의 장·단점

1) 장점

① 가솔린보다 값이 싸 경제적이다.
② 혼합기가 가스상태로 CO(일산화탄소)의 배출량이 적다.
③ 옥탄가가 높고 연소속도가 가솔린보다 느려 노킹발생이 적다.
④ 블로바이에 의한 오일 희석이 적다.
⑤ 유황분의 함유량이 적어 윤활유의 오손이 적다.

2) 단점

① 연료탱크가 고압용기로 차량 중량이 증가한다.
② 한랭 시 또는 장시간 정차 시 증발 잠열 때문에 시동이 곤란하다.
③ 용적 효율이 저하되고 출력이 가솔린차보다 낮다.
④ 고압용기의 위험성을 지니고 있다.

(3) LPG 기관의 구성

1) 봄베(bombe)

① 주행에 필요한 연료를 저장하는 고압탱크이다.
② 안전장치
  ㉠ 안전밸브 : 용기 안 압력이 24kgf/cm² 이상 시 작동
  ㉡ 과류방지밸브 : 액체 압력 7~10kgf/cm²
③ 연료 충전은 봄베 용기의 85%까지만 충전한다(액체상태의 LPG는 외부온도에 따라 압력과 체적이 달라져 과충전 시 사고의 위험성이 있다).

2) 액기상 솔레노이드밸브(solenoid valve)

냉각수 온도 센서의 신호를 받아 ECU 명령에 따라 연료를 기체상태 또는 액체상태로 베이퍼라이저에 공급하는 역할을 한다.

3) 베이퍼라이저(vaporize ; 감압 기화장치)

① 가솔린 엔진의 기화기에 해당하며 LPG를 감압 기화시켜 일정한 압력으로 유지시키며, 엔진의 부하 증감에 따라 기화량을 조절한다.
② 감압, 기화, 압력조절의 3가지 작용을 한다.

4) 프리히터(pre-heater)

LPG를 가열하여 LPG 일부 또는 전부를 기화시켜 베이퍼라이저에 공급하기 위해 설치한다.

5) 믹서(mixer)

베이퍼라이저에서 기화된 LPG를 공기와 혼합하여 연소실에 공급하는 장치로 LPG와 공기의 혼합비는 15 : 3이다.

(4) LPI(액상 LPG 분사)의 특징 및 장치 구성

1) LPI 장치의 특징

① 겨울철 시동성능이 향상된다.
② 정밀한 LPG 공급량의 제어로 이미션(emission) 규제 대응에 유리하다.
③ 고압 액체상태 분사로 인해 타르 생성의 문제점을 개선할 수 있다.
④ 타르 배출이 필요 없다.
⑤ 가솔린 기관과 같은 수준의 동력성능을 발휘한다.

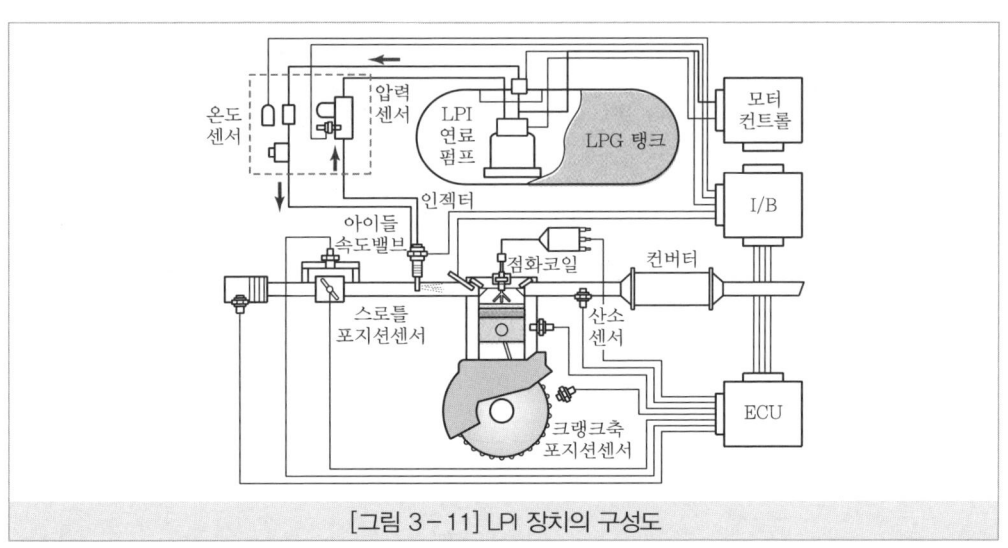

[그림 3-11] LPI 장치의 구성도

2) LPI 연료공급 장치

① **봄베(bombe)** : 봄베(연료탱크)는 LPG를 저장하는 용기이며, 연료펌프를 내장하고 있다. 봄베에는 연료펌프 드라이버(fuel pump driver), 멀티밸브(multi valve), 충전밸브, 유량계 등이 설치되어 있다.

② **연료펌프(fuel pump)의 작동원리 및 구조**
  ㉠ 연료펌프는 봄베 내에 들어있으며, 봄베 내의 액체상태의 LPG를 인젝터로 압송하는 작용을 한다.
  ㉡ 연료펌프는 여과기, 전동기 및 양정형 펌프로 구성된 연료펌프 유닛과 연료차단 솔레노이드 밸브, 수동밸브, 릴리프 밸브, 리턴밸브 및 과류방지 밸브로 구성된 멀티밸브 유닛으로 구성되어 있다.
  ㉢ 연료펌프는 전동기부분과 양정형 펌프부분으로 구성되어 있으며, 체크밸브, 릴리프 밸브 및 여과기가 설치되어 있다.

③ **연료차단 솔레노이드 밸브**
  ㉠ 연료차단 솔레노이드 밸브(cut-off solenoid valve)는 멀티밸브에 설치되어 있다.
  ㉡ 기관을 시동하거나 가동을 정지시킬 때 작동하는 ON/OFF 방식을 사용한다.
  ㉢ 기관의 가동을 정지시키면 봄베와 인젝터 사이의 LPG 공급라인을 차단하는 작용을 한다.

④ **과류방지 밸브** : 과류방지 밸브는 자동차 사고 등으로 인하여 LPG 공급라인이 파손되거나 봄베로부터 LPG 송출을 차단하여 LPG 방출로 인한 위험을 방지하는 작용을 한다.

⑤ **수동밸브(액체상태의 LPG 송출밸브)** : 수동밸브(manual valve)는 장기간 자동차를 운행하지 않을 경우 수동으로 LPG 공급라인을 차단할 수 있도록 한다.

⑥ **릴리프 밸브(relief valve)**
  ㉠ 릴리프 밸브는 LPG 공급라인의 압력을 액체상태로 유지시켜, 기관이 뜨거운 상태에서 재시동을 할 때 시동성능을 향상시키는 작용을 한다.
  ㉡ 입구에 연결되는 판(plate)과 스프링 장력에 의해 LPG 압력이 20±2bar에 도달하면 봄베로 LPG를 복귀시킨다.

⑦ **리턴밸브(return valve)** : 리턴밸브의 LPG가 봄베로 복귀할 때 열리는 압력은 0.1~0.5 kgf/cm²이며, 18.5kgf/cm² 이상의 압력을 5분 동안 인가하였을 때 누설이 없어야 하고, 30kgf/cm²의 유압을 가할 때 파손되지 않아야 한다.

⑧ 인젝터(Injector)
  ㉠ 개요 : 인젝터는 액체상태의 LPG를 분사하는 인젝터와 LPG 분사 후 기화잠열에 의한 수분 빙결을 방지하기 위한 아이싱 팁(icing tip)으로 구성되어 있다.

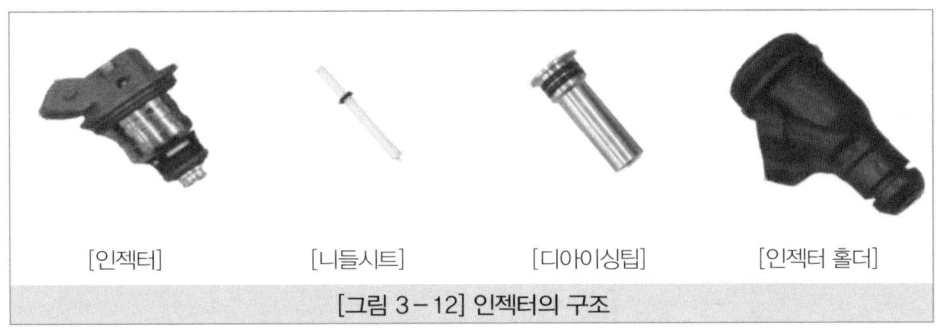

[그림 3-12] 인젝터의 구조

  ㉡ 인젝터의 작동
    • 인젝터 부분 : 인젝터의 니들밸브가 열리면 연료압력 조절기를 통하여 공급된 높은 압력의 LPG는 연료파이프의 압력에 의해 분사된다.
    • 아이싱 팁(icing tip) 부분 : LPG 분사 후 발생하는 기화잠열로 인하여 주위 수분이 빙결을 형성하는데 이로 인한 기관 성능저하를 방지하기 위해 사용한다.

TOPIC 04 디젤 엔진

1. 디젤 엔진의 정의
실린더 내로 공기를 흡입, 압축하고 고온상태에서 연료를 고압으로 분사하여 자연 착화시켜 동력을 발생하는 기관이다.

2. 디젤 엔진의 연료와 연소

  (1) 경유의 성상

    ① 비중 : 0.83~0.89
    ② 발열량 : 10700kcal/kg
    ③ 자연 발화온도 : 약 350~450℃

  (2) 경유의 구비조건

    ① 온도변화에 따라 점도변화가 적어야 한다.
    ② 유해성분 및 고형물질을 함유하지 말아야 한다.

③ 유황분 함량이 적어야 한다.
④ 착화성이 좋아야 한다.
⑤ 세탄가가 높고 발열량이 커야 한다.

3. 디젤 기관과 가솔린 기관의 특징 비교

[표 3-1] 디젤기관과 가솔린 기관의 특징

구분	디젤 기관	가솔린 기관
사용연료	경유(디젤)	가솔린(휘발유)
압축비	15~22 : 1	7~11 : 1
연료장치	분사펌프	기화기 또는 인젝터
열효율	32~38%	25~32%
압축온도	500~550℃	120~140℃
폭발압력	55~65kgf/cm²	35~45kgf/cm²
압축압력	35~45kgf/cm²	8~11kgf/cm²
점화방식	압축 자기착화	전기 불꽃점화

4. 디젤 기관과 가솔린 기관의 장·단점 비교

[표 3-2] 디젤 기관과 가솔린 기관의 장·단점

구분	디젤 기관	가솔린 기관
장점	• 연료비가 저렴하고, 열효율이 높으며, 운전경비가 적게 소요함 • 이상연소가 일어나지 않고 고장이 적음 • 토크 변동이 적고, 운전이 용이함 • 대기 오염 성분이 적음 • 인화점이 높아서 화재의 위험성이 적음	• 배기량당 출력의 차이가 없고, 제작이 용이함 • 가속성이 좋고, 운전이 정숙함 • 제작비가 저렴함
단점	• 마력당 중량이 큼 • 소음 및 진동이 큼 • 연료 분사 장치 등이 고급 재료이고, 정밀 가공이 필요함 • 배기 중의 SO_2, 유리 탄소가 포함됨 • 시동 전동기 출력이 커야 함 • 평균 유효압력이 낮고 기관 회전속도가 낮음	• 전기 점화장치의 고장이 많음 • 기화기 회로가 복잡하고 조정이 곤란함 • 연료 소비율이 높아서 연료비가 많이 듦 • 배기 중에 CO, HC, NOx 등 유해성분이 많이 포함되어 있음 • 연료의 인화점이 낮아서 화재의 위험성이 큼

5. 디젤 기관의 연소과정

① 착화 지연기간(A-B) : 연료가 안개 모양으로 분사되어 실린더 안의 압축 공기에 의해 가열되어 착화 온도에 가까워지는 기간이다.
② 폭발 연소기간(화염 전파기간 B-C) : 한 군데 또는 여러 군데에서 발화가 일어나 급속히 각 부분으로 전파됨과 동시에 연소하여 압력이 급격히 상승된다.

③ 제어 연소기간(직접 연소기간 C−D) : 이 기간에 분사된 연료는 분사 즉시 연소, 이 구간은 거의 압력이 완만 상태로 연소가 계속되면서 압력이 상승된다.
④ 후 연소기간(D−E) : D에서 분사가 끝나고 연소 가스가 팽창하나, 그때까지 완전히 연소되지 않은 것은 팽창 기간에 연소된다.

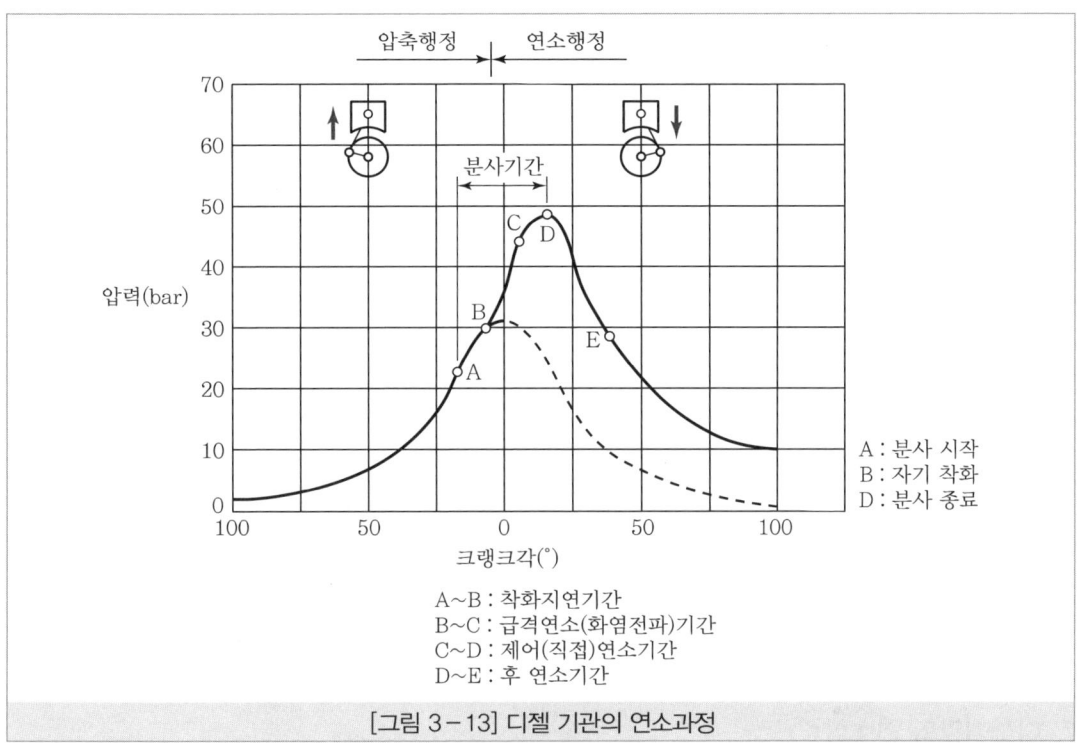

[그림 3−13] 디젤 기관의 연소과정

6. 디젤 노크

(1) 개요

착화 지연기간 중에 다량의 연료가 화염 전파기간 중에 일시적으로 연소되어 실린더 내의 압력이 급증하여 피스톤이 실린더 벽을 타격하여 소음을 발생하는 현상이다.

(2) 원인

① 기관 회전수가 너무 낮다.
② 기관의 온도가 너무 낮다.
③ 착화 지연시간이 너무 길다.
④ 세탄가가 낮다.

(3) 방지책

① 착화성이 좋은 연료(세탄가가 높은 연료)를 사용하여 착화 지연 기간을 단축시킨다.
② 압축비를 크게 하여 압축온도와 압력을 증가시킨다.
③ 분사 개시 시에 분사량을 적게 하여 급격한 압력상승을 억제시킨다.
④ 노크가 잘 일어나지 않는 구조의 연소실을 만든다.
⑤ 분사시기를 알맞게 조정한다.
⑥ 기관의 온도 및 회전수를 상승시킨다.

(4) 세탄가

① 디젤 연료의 착화성을 수량으로 표시하는 일종의 방법이다.
② 세탄가가 높을수록 저온에서의 착화성이 좋아지나 너무 높으면 조기점화가 발생한다.
③ 세탄가가 너무 낮으면 엔진 시동이 잘 안 되고 하얀 연기를 배출하거나 탄소 침전물의 찌꺼기가 발생한다.
④ 세탄가는 보통 40~60이 적당하다.

$$세탄가 = \frac{세탄}{세탄 + a - 메틸나프탈린} \times 100(\%)$$

⑤ 발화 촉진제 : 질산에틸, 초산아밀, 아초산에밀, 아초산에틸

7. 디젤기관의 연소실

(1) 단실식

① **직접 분사실식**(Direct Injection Type) : 피스톤과 실린더 헤드로 둘러싸인 연소실에 직접 연료를 분사하는 형식으로 연료의 분사 개시압력은 150~300kgf/cm²로 비교적 높다.

(2) 부연소실식

① 예연소실식(Precombution Chamber Type)
  ㉠ 주연소실 외에 실린더 헤드에 예연소실을 설치한 형식
  ㉡ 한랭 시 시동을 용이하게 하기 위해 예열플러그를 설치

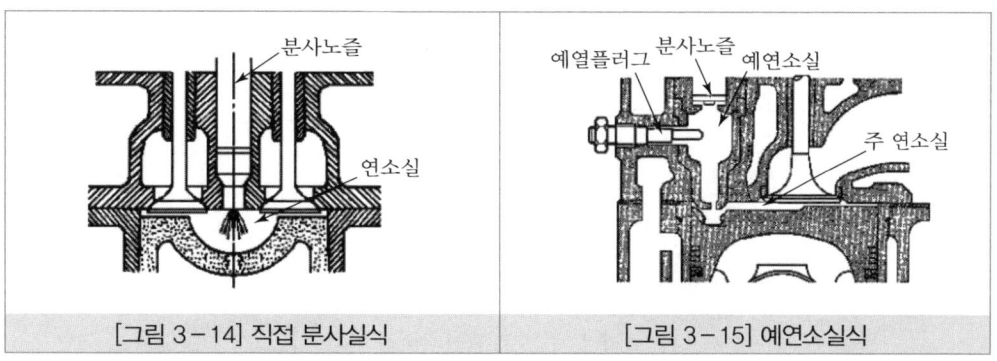

| [그림 3-14] 직접 분사실식 | [그림 3-15] 예연소실식 |

② 와류실식(Turbulence Chamber Type)
  ㉠ 주연소실 외에서 압축행정 중 공기 와류를 일으키도록 실린더 헤드에 와류실을 설치하는 방식
  ㉡ 와류실은 구형으로 되어있고, 피스톤 면적의 2~3% 정도의 통로로 주연소실과 연결

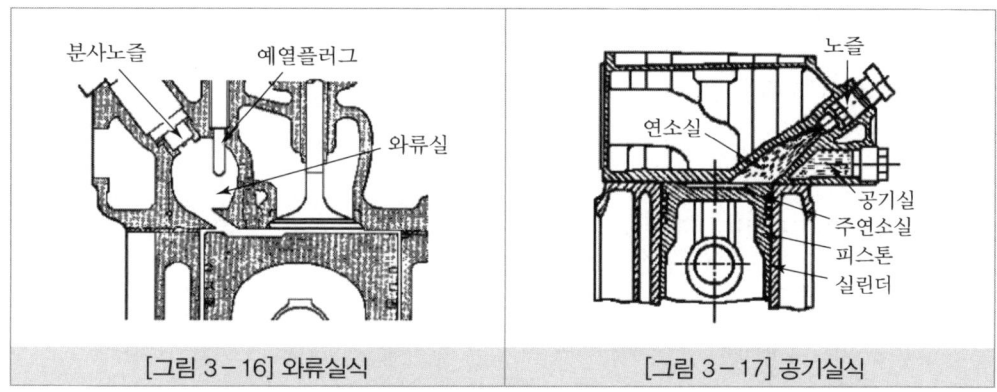

| [그림 3-16] 와류실식 | [그림 3-17] 공기실식 |

③ 공기실식(Air Chamber Type) : 압축 행정시에 강한 와류가 발생되도록 주연소실 체적의 6.5~20% 정도의 공기실을 둔 것이다.

(3) 연소실의 방식별 장단점 비교

[표 3-3] 연소실의 방식별 장·단점

연소실	장점	단점
직접 분사실식	• 실린더 헤드가 간단, 열효율이 높음 • 시동 용이하고, 예열플러그가 불필요함 • 연소실 용적에 대한 표면적의 비율이 작아서 냉각 손실이 적음	• 양질의 연료를 사용 • 연료의 분사압력이 높음 • 부실식에 비해 와류가 약해 고속회전이 곤란함 • 분사압력이 높아 분사펌프, 분사 노즐의 수명이 짧음
예연소실식	• 여러 가지 연료 사용이 가능함 • 연료 분사압력이 100~120kgf/cm² 로 낮게 할 수 있음 • 디젤 노크 발생이 적고, 진동, 소음이 적음	• 실린더 헤드에 예연소실이 있어 구조가 복잡 • 한랭 시 예열플러그가 필요함 • 열효율, 연료 소비율이 직접 분사실식보다 나쁨

연소실	장점	단점
와류실식	• 압축공기의 와류를 이용하므로 공기와 연료의 혼합이 양호함 • 비교적 고속회전에 적합함 • 연료 분사 압력이 낮음(100~140kgf/cm²)	• 와류실이 있어 실린더 헤드의 구조가 복잡함 • 열효율, 연료 소비율이 나쁨 • 시동 시 예열플러그가 필요함
공기실식	• 폭발 압력이 낮아 운전이 정숙됨 • 주연소실에 연료가 분사되어 시동성이 좋으며 예열플러그가 불필요함 • 연료 분사압력이 낮음(100~140kgf/cm²) • 연소가 완만하게 진행되므로 평균 유효압력이 높음	• 연료 소비량이 많음 • 기관의 작동이 연료의 분사시기에 의해서 영향을 끼침 • 후적연소가 발생되어 배기온도가 높음 • 기관 부하 및 기관 회전수에 대한 적응성이 나쁨

(4) 연소실의 구비조건

① 가능한 연료를 짧은 시간에 연소(완전연소)할 수 있어야 한다.
② 압력(유효압력)이 높아야 한다.
③ 연료 소비율이 낮아야 한다.
④ 고속회전에서 연소상태가 양호해야 한다.
⑤ 기동이 쉬우며 디젤 노크가 적어야 한다.

8. 디젤 기관 연료장치의 구성

(1) 연료분사조건

① **무화** : 노즐에서 분사되는 분무의 연료 입자를 미립화하는 것을 말한다.
② **관통력** : 연료 분무 입자가 압축된 공기를 관통하여 도달하는 능력이다.
③ **분포** : 분사된 연료의 입자가 연소실 내의 구석까지 균일하게 분포되어 알맞게 공기와 혼합하는 것을 말한다.

(2) 연료여과기

연료 속에 들어있는 이물질과 수분 등의 불순물을 여과하여 분리하는 역할을 한다.

오버플로밸브
• 여과기 내의 연료가 규정압력(보통 1.5kgf/cm²) 이상으로 높아지면 과잉의 연료를 탱크로 되돌아가게 한다.
• 연료 속에 혼입된 공기 배출, 여과기의 여과성을 향상 기능을 한다.

(3) 연료펌프(연료 공급 펌프)

① 연료 분사펌프에 연료를 공급하는 역할을 한다.
② 수동용 플라이밍펌프 : 기관 정지 중 연료장치 회로 내의 공기빼기 등에 사용한다.

연료공급 순서
연료탱크 → 연료 여과기 → 연료 공급 펌프 → 연료 여과기 → 연료 분사 펌프 → 연료분사 파이프 → 연료 분사 노즐 → 연소실

공기빼기 순서
연료 공급 펌프 → 연료 여과기 → 연료 분사 펌프 → 연료 분사 파이프 → 연료 분사 노즐

(4) 연료 분사 펌프

1) 개요

① 공급펌프에서 보낸 연료를 분사펌프의 캠축으로 구동되는 플런저가 분사 순서에 맞추어 고압으로 펌프 작용을 하여 분사노즐로 압송시켜 주는 장치이다.
② 연료 분사펌프는 연료를 압축하여 분사순서에 맞추어 노즐로 압송시키는 것으로 조속기(연료분사량 조정)와 타이머(분사시기를 조절하는 장치)가 설치되어 있다.

2) 펌프 하우징

① 펌프 하우징은 분사펌프의 주체부분이다.
② 위쪽에는 딜리버리 밸브와 그 홀더(holder)가 설치되어 있다.
③ 중앙부분에는 플런저배럴(plunger barrel), 플런저, 제어래크(control rack), 제어피니언(control pinion), 제어슬리브(control sleeve), 스프링, 태핏(tappet) 등이 설치되어 있다.
④ 아래쪽에는 캠축(cam shaft)이 설치되어 있다.

3) 분사펌프의 캠축과 태핏

① 캠축
  ㉠ 분사펌프 캠축은 크랭크 축 기어로 구동되며 4행정 사이클 기관은 크랭크 축의 1/2로 회전한다.
  ㉡ 캠축에는 태핏을 통해 플런저를 작용시키는 캠과 공급펌프 구동용 편심륜이 있고, 양쪽에는 펌프 하우징에 지지하기 위한 베어링이 끼워져 있다.

ⓒ 캠의 수는 실린더 수와 같고 구동부분에는 분사시기 조정용 타이머가, 다른 한쪽에는 연료분사량 조정용 조속기가 설치되어 있다.

② 태핏
㉠ 펌프하우징 태핏 구멍에 설치되어 캠에 의해 상하운동을 하여 플런저를 작동시킨다.
㉡ 구조는 캠과 접촉하는 부분은 롤러로 되어있고, 롤러는 태핏에 부싱과 핀으로 지지되고 헤드 부분에는 태핏 간극 조정용 나사가 있다.

4) 플런저 배럴과 플런저
① 개요 : 펌프하우징에 고정된 플런저 배럴 속을 플런저가 상하로 미끄럼 운동하여 고압의 연료를 형성하는 부분이다.

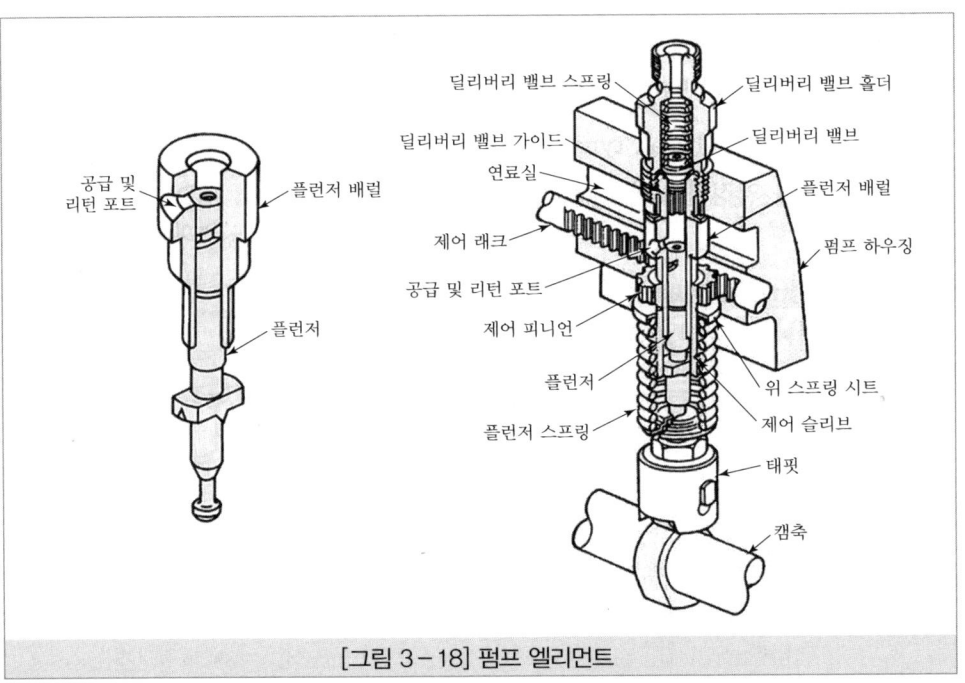

[그림 3-18] 펌프 엘리먼트

② 플런저의 구성 : 플런저에는 연료분사량 가감을 위한 리드(제어 홈)와 이것과 통하는 배출 구멍이 중심부분에 뚫어져 있고, 아래쪽에는 제어 슬리브(control sleeve)의 홈에 끼워지는 구동 플랜지(drive flange)와 플런저 아래 스프링 시트를 끼우기 위한 플랜지(flange)가 마련되어 있다.

③ 플런저의 작용 과정
㉠ 플런저의 하강하면서 플런저 헤드가 흡입구멍을 열면 연료가 플런저 배럴 속으로 들어옴
㉡ 플런저가 상승하면서 흡입 및 배출구멍을 막으면 플런저 배럴 속의 연료가 가압되기 시작하여 일정한 압력에 도달하면 딜리버리 밸브(delivery valve ; 송출밸브)가 열려 분사노즐로 압송되어 분사 시작

ⓒ 플런저가 계속 상승하여 리드가 플런저 배럴의 흡입 및 배출구멍과 통하게 되면 연료는 플런저 중앙에 있는 배출구멍을 지나서 흡입 및 배출구멍을 통하여 바이패스되어 펌프 하우징의 연료실(fuel chamber)로 되돌아감
　　ⓓ 이에 따라 연료의 압송이 중지되고 동시에 분사가 완료되고 이때 플런저는 스프링의 장력에 의해 하사점으로 복귀
④ 플런저 예 행정(plunger pre stroke) : 플런저 헤드가 하사점에서부터 상승하여 흡입구멍을 막을 때까지 플런저가 이동한 거리이다.
⑤ 플런저 유효행정(plunger available stroke)
　　ⓐ 플런저 헤드가 연료공급을 차단한 후부터 리드가 플런저 배럴의 흡입구멍에 도달할 때까지 플런저가 이동한 거리
　　ⓑ 연료 분사량(토출량 또는 송출량)은 플런저의 유효행정으로 결정
　　ⓒ 유효행정을 크게 하면 연료분사량 증가
　　ⓓ 플런저 유효행정을 적게 하면 감소함
⑥ 플런저의 리드 파는 방식과 분사시기와의 관계
　　ⓐ 정 리드형(normal lead type) : 분사개시 때의 분사시기가 일정하고, 분사 말기가 변화하는 리드
　　ⓑ 역 리드형(revers lead type) : 분사개시 때의 분사시기가 변화하고 분사 말기가 일정한 리드
　　ⓒ 양 리드형(combination lead type) : 분사개시와 말기의 분사시기가 모두 변화하는 리드

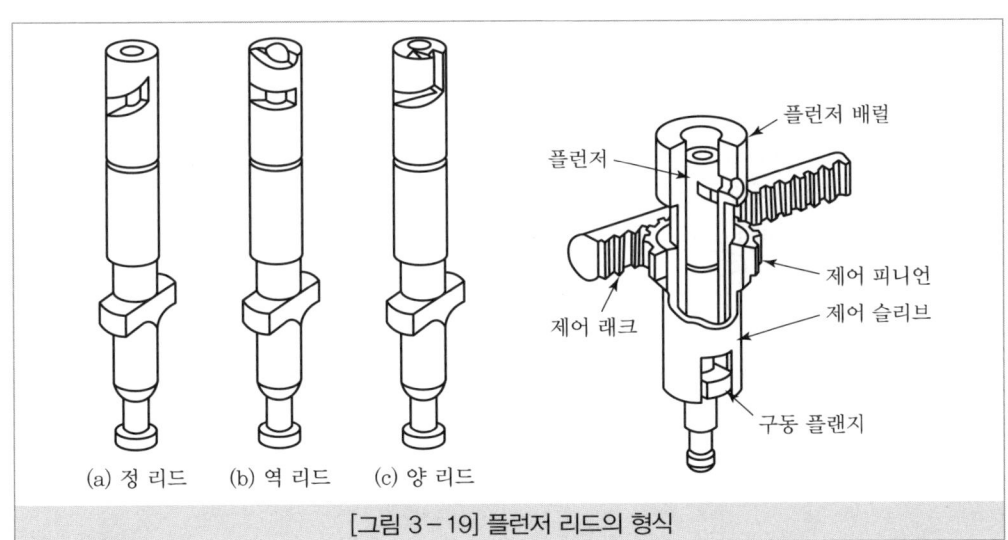

(a) 정 리드　(b) 역 리드　(c) 양 리드

[그림 3-19] 플런저 리드의 형식

5) 연료분사량 조절기구

① 연료분사량 조절기구는 가속페달이나 조속기의 움직임을 플런저로 전달하는 것이며, 제어래크, 제어피니언, 제어슬리브 등으로 구성되어 있다.

② 전달과정 : 가속페달을 밟으면 제어래크 → 제어피니언 → 제어슬리브 → 플런저 회전(연료분사량 변화)순서로 작동한다.

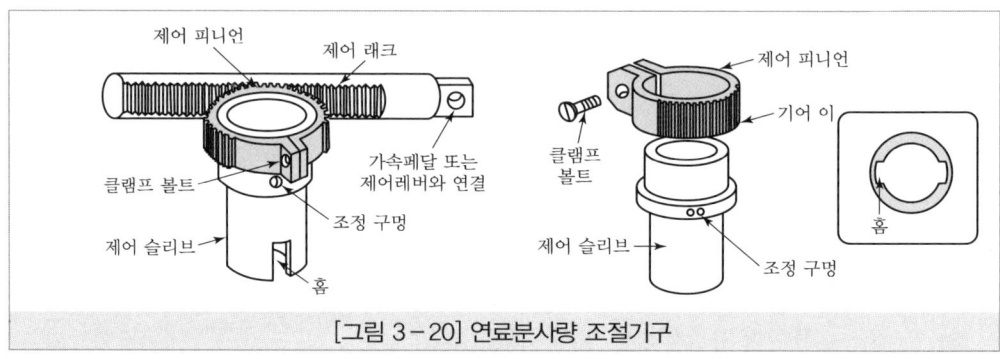

[그림 3-20] 연료분사량 조절기구

6) 딜리버리 밸브(delivery valve ; 송출밸브)

① 딜리버리 밸브는 플런저의 상승행정으로 배럴 내의 압력이 규정 값(약 $10kgf/cm^2$)에 도달하면 이 밸브가 열려 연료를 분사 파이프로 압송한다.

② 플런저의 유효행정이 완료되어 배럴 내의 연료압력이 급격히 낮아지면 스프링 장력에 의해 신속히 닫혀 연료의 역류(분사노즐에서 펌프로 흐름)를 방지한다.

③ 밸브 면이 시트에 밀착될 때까지 내려가므로 그 체적만큼 분사 파이프 내의 연료압력을 낮춰 분사노즐의 후적(after drop)을 방지한다. 또 분사파이프 내의 잔압을 유지 시킨다.

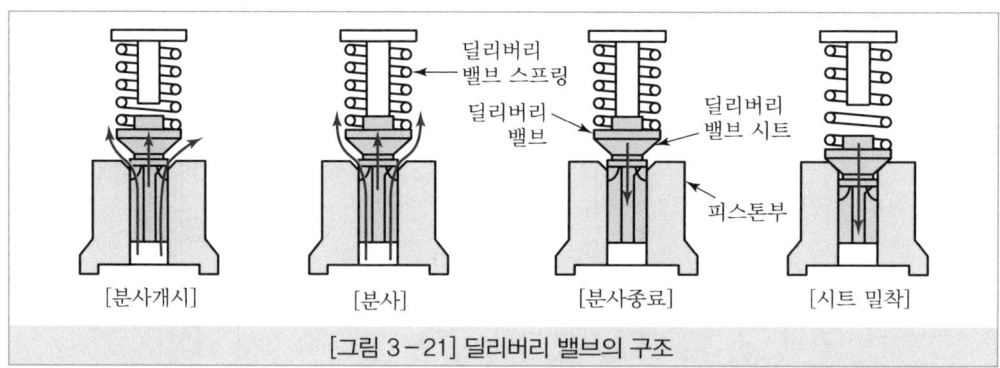

[그림 3-21] 딜리버리 밸브의 구조

(5) 조속기(Governor)

① 연료 분사량을 기관의 부하에 맞춰 가감하여 기관의 회전속도를 제어하는 역할을 한다.
② 기계식 조속기(Mechanical Governor) : 원심추가 받는 원심력과 조속기 스프링의 장력이 이루는 변위를 이용하여, 연료 분사 펌프의 제어래크를 움직여서 분사량을 조절한다.
③ 공기식 조속기 : 기관의 흡기 부압의 변화를 이용하여 연료 제어래크를 움직이는 방식이다.

> **Tip**
>
> **분사량 불균율**
> - 각 실린더마다 분사량의 차이가 있으면 연소압력의 차이가 발생하여 진동을 유발한다.
> - 불균율의 허용범위
>   - 전부하 운전 시 : ±3%
>   - 무부하 운전 시 : 10~15% 이내
>
> $$(+) \ 불균율 = \frac{최대\ 분사량 - 평균\ 분사량}{평균\ 분사량} \times 100(\%)$$
>
> $$(-) \ 불균율 = \frac{평균\ 분사량 - 최소\ 분사량}{평균\ 분사량} \times 100(\%)$$

(6) 분사시기 조정기(타이머)

기관의 회전속도 및 부하 변동에 따라서 연료의 분사시기를 자동적으로 조정하는 장치이다.

(7) 연료 분사밸브

분사펌프로부터 고압의 연료를 연소실 내로 분사하는 장치이다.

1) 분사노즐의 구비조건

① 연료를 미세한 안개 모양으로 만들어 착화가 잘되게 한다(무화).
② 분무를 연소실의 구석구석까지 미치게 한다(분포).
③ 연료분사 후 완전히 차단되어 후적이 없어야 한다.
④ 고온, 고압의 심한 조건에서 장시간의 사용에 견뎌야 한다.

2) 분사노즐의 종류

① 개방형 분사노즐
  ㉠ 분사구멍을 여닫아주는 니들 밸브가 없어 항상 분공이 열려 있음
  ㉡ 고장이 적고 구조가 간단하나 연료의 무화가 불량하고 후적이 발생함
  ㉢ 현재는 거의 사용되지 않음

② 밀폐형 분사노즐
  ㉠ 핀틀노즐 : 연료분사 구멍부에 끼워지는 노즐로 끝 모양이 가는 원통형 또는 원추형으로 되어있는 구조
  ㉡ 스로틀노즐 : 노즐 본체로부터 연료 분사 구멍이 1개이며, 니들밸브 끝이 바깥쪽으로 확산되는 구조
  ㉢ 구멍(홀)노즐
    • 노즐 본체에 1개의 구멍 또는 여러 개의 연료분사 구멍이 있는 노즐, 주로 직접 분사실식 기관에 사용

구분	구멍형	핀틀형	스로틀형
분사 압력	170~300kgf/cm²	100~140kgf/cm²	80~120kgf/cm²
분무공의 직경	0.2~0.3mm 정도	1~2mm 정도	1mm 정도
분사 각도	단공 4~5° 다공 90~120°	1~45°	45~65°

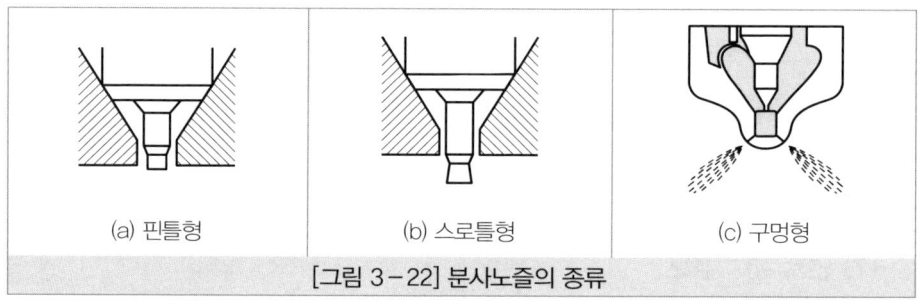

[그림 3-22] 분사노즐의 종류

  • 구멍형 노즐의 특징
    - 직접 분사실식에 사용하여 분사압력이 높고 무화가 좋음
    - 기관 기동 용이, 연료 소비량이 적음
    - 가공이 어렵고 구멍이 막힐 우려가 있음
    - 수명이 짧고, 각 연결부에서 연료가 새기 쉬움

3) 노즐 시험기

① 분사노즐의 세척

부품	세척 도구
노즐 보디	경유 혹은 석유
노즐홀더 보디	경유 혹은 석유
노즐홀더 캡	경유가 스며 있는 나무조각
노즐 너트	나일론 솔
노즐홀더 보디 외부	황동사 브러시

② 분사노즐의 과열 원인
　㉠ 연료 분사시기가 잘못되었을 때
　㉡ 연료 분사량이 과다할 때
　㉢ 과부하에서 연속적으로 운전할 때

③ 분사노즐 시험
　㉠ 시험도구 : 노즐시험기
　㉡ 시험 시 경유 온도 : 20℃
　㉢ 비중 : 0.82~0.84
　㉣ 시험 항목 : 분사개시 압력, 분무상태, 분사각도, 후적 유무 등

④ 분사노즐의 분사압력 조정방법
　㉠ 캡 너트를 풀어내고 이어 고정너트를 풀기
　㉡ 조정나사를 드라이버로 조정하기

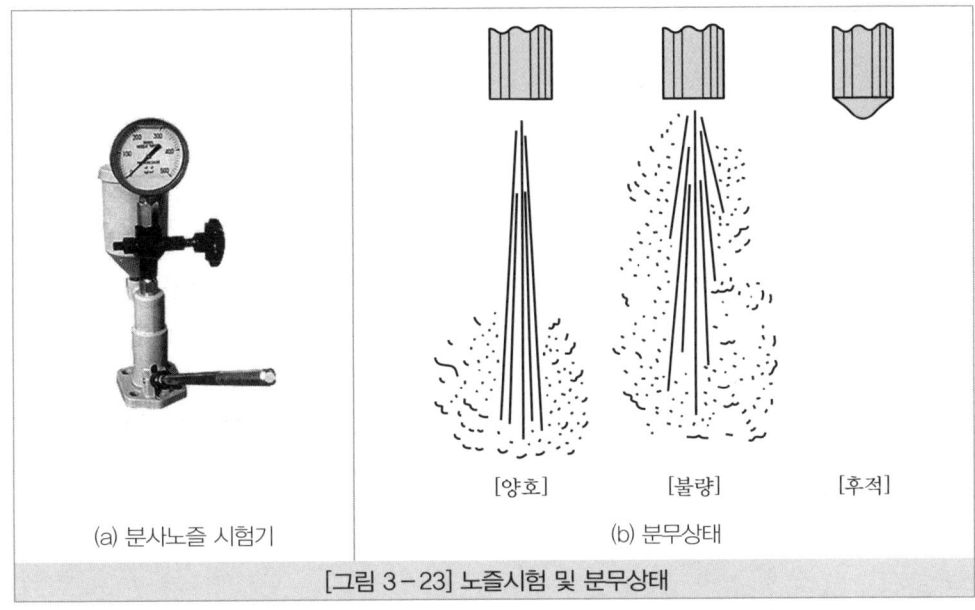

(a) 분사노즐 시험기　　(b) 분무상태

[그림 3-23] 노즐시험 및 분무상태

9. 예열장치

① 직접 분사실식 : 흡기 가열식
② 부연소실식(와류실식, 공기실식) : 예열플러그식

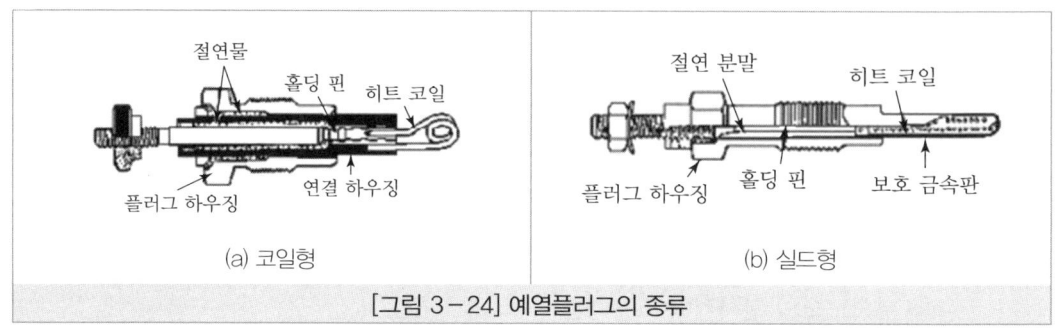

[그림 3-24] 예열플러그의 종류

10. 과급기(Charger)

(1) 과급기

① 개요 : 과급기에 의한 과급의 효과는 배기량이 동일한 기관에서 실제로 많은 양의 공기를 공급할 수 있기에 연료분사량을 증가시킬 수 있어 출력을 증가시킬 수 있다.

② 과급기 설치 시 장점
  ㉠ 기관의 출력이 향상되므로 회전력이 증대되고, 연료소비율이 향상됨
  ㉡ 기관의 출력이 35~45% 증가됨(단, 기관의 무게는 10~15% 증가)
  ㉢ 체적효율이 향상되기 때문에 평균 유효압력과 기관의 회전력이 증대됨
  ㉣ 높은 지대에서도 기관의 출력 감소가 적음
  ㉤ 압축온도의 상승으로 착화 지연 기간이 짧음
  ㉥ 연소상태가 양호하기에 세탄가(cetane number)가 낮은 연료의 사용 가능
  ㉦ 냉각손실이 적고, 연료소비율이 3~5% 정도 향상됨

(2) 터보차저의 구조

① 임펠러(impeller) : 임펠러는 흡입 쪽에 설치된 날개이며, 공기에 압력을 가하여 실린더로 보내는 역할을 한다.
② 터빈(turbine) : 터빈은 배기 쪽에 설치된 날개이며, 배기가스의 압력에 의하여 배기가스의 열에너지를 회전력으로 변환시키는 역할을 한다.
③ 플로팅 베어링(floating bearing ; 부동베어링) : 플로팅 베어링은 10000~15000rpm 정도로 회전하는 터빈 축을 지지하는 베어링으로 기관으로부터 공급되는 기관오일로 충분히 윤활되어 하우징과 축 사이에서 자유롭게 회전할 수 있다.

④ 웨이스트 게이트 밸브(waste gate valve) : 웨이스트 게이트 밸브는 과급압력(boost pressure)이 규정 값 이상으로 상승되는 것을 방지하는 역할을 한다.

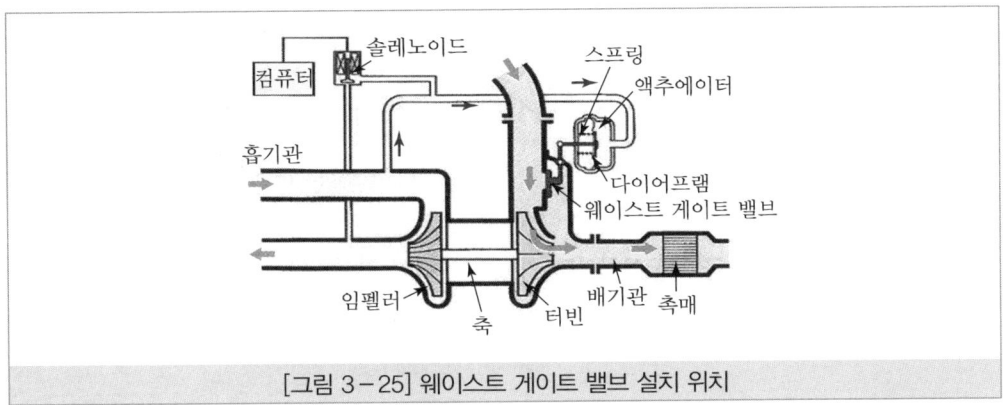

[그림 3-25] 웨이스트 게이트 밸브 설치 위치

⑤ 노크방지 장치 : 노크방지 장치는 실린더 블록에 노크센서(knock sensor)를 설치하고 노크에 의한 진동이 발생하면 분사시기를 지연시켜 방지한다.

(3) 가변용량 과급기(Variable Geometry Turbo charger)

1) 개요

가변용량 과급기(variable geometry turbo charger)는 배기가스를 이용하여 기관 실린더로 흡입되는 공기량을 증가시키는 장치이다.

2) 가변용량 과급기 작동원리(VGT)

① 저속 운전영역에서의 작동원리
  ㉠ 가변용량 과급기는 저속 운전영역에서 배기가스의 통로를 좁혀 흐름속도를 빠르게 하여 터빈을 힘차게 구동시켜 많은 공기를 흡입할 수 있도록 함
  ㉡ 저속 운전영역에서 배기가스 통로를 좁히는 방법은 벤투리(venturi)의 원리 이용

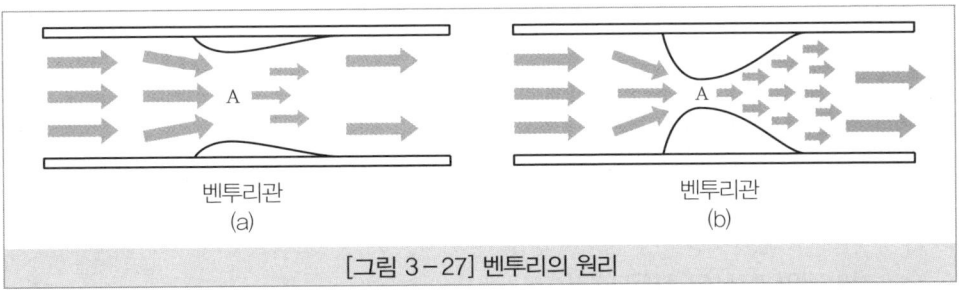

[그림 3-27] 벤투리의 원리

② 고속 운전영역에서의 작동원리 : 고속 운전영역에서는 일반적인 과급기와 같으며, 이때는 벤투리관의 면적을 원래의 상태로 넓혀주어 배출되는 많은 양의 배기가스가 터빈을 더욱더 커진 에너지로 구동시켜 흡입공기량을 증가시켜준다.

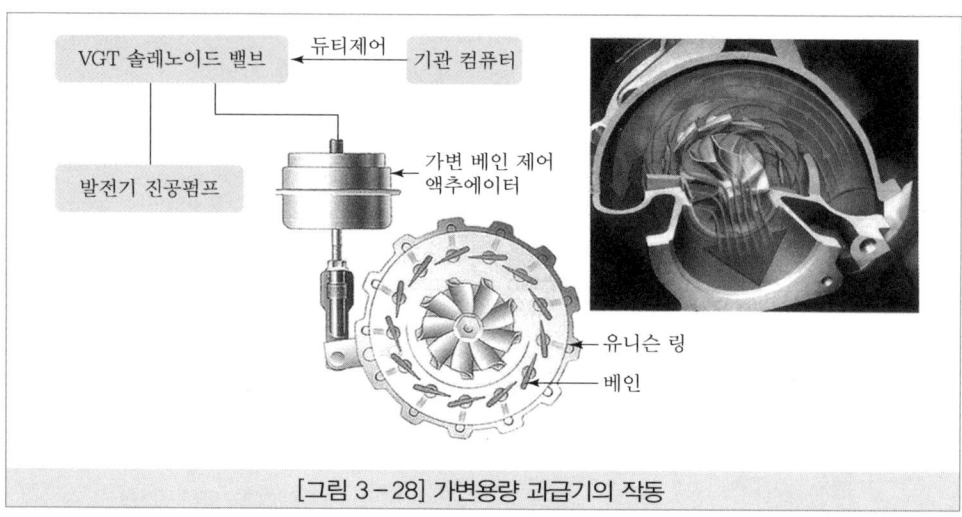

[그림 3-28] 가변용량 과급기의 작동

(4) 배기 터보식 과급기
배기가스를 이용하여 흡입공기량을 증가시킨다(일반적으로 4행정 디젤기관에서 사용).

(5) 기계식 슈퍼 과급기
압축기를 크랭크 축의 동력으로 회전하는 기기이다.

(6) 디퓨저
과급기에서 공기의 속도 에너지를 압력 에너지로 바꾸는 형상을 가진 부품이다.

> **Tip**
>
> **인터쿨러(inter cooler)**
> 임펠러에 의해 과급된 공기는 온도상승과 밀도증대 비율이 감소되어 노킹발생 및 충전효율이 저하되므로 임펠러와 흡기 다기관에 설치되어 과급된 공기를 냉각시킨다.

TOPIC 05 커먼레일 엔진

1. 커먼레일 방식의 개요

(1) 커먼레일 방식의 사용 배경
① 디젤기관의 소음감소와 함께 연료경제성 및 유독성 배기가스의 감소를 위해 정밀하고 정확하게 계측되는 연료분사량과 함께 높은 압력의 분사압력을 형성하는 장치가 필요하였고 이에 디젤기관의 전자제어 및 고압직접 분사장치가 개발되었다.

② 이 연료장치에는 커먼레일(common rail)이라 부르는 연료 어큐뮬레이터(accumulator, 축압기)와 고압연료펌프 및 인젝터(injecter)를 사용하며, 복잡한 장치들을 정밀하게 제어하기 위해 각종 센서와 출력요소 및 기관 컴퓨터(ECU)를 두고 있다.

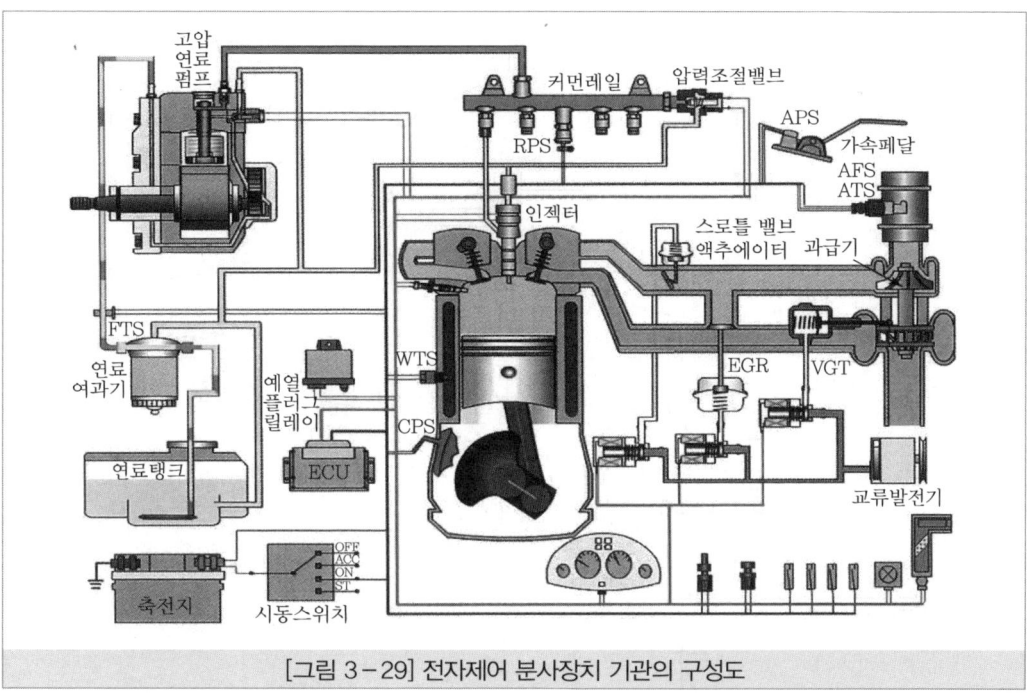

[그림 3-29] 전자제어 분사장치 기관의 구성도

(2) 커먼레일 방식의 장점

① 커먼레일에 높은 압력의 연료를 저장하였다가 연소실 내에 약 1350bar 압력으로 분사한다.
② 분사 순서와 관계없이 항상 일정한 압력을 유지한다. 이 압력은 연료장치에 일정하게 유지된다.
③ 유해배출 가스를 감소시킬 수 있다.
④ 연료소비율을 향상시킬 수 있다.
⑤ 기관의 성능을 향상시킬 수 있다.
⑥ 운전성능을 향상시킬 수 있다.
⑦ 밀집된(compact) 설계 및 경량화를 이룰 수 있다.
⑧ 모듈(module)화 장치가 가능하다.

2. 커먼레일 방식 디젤 기관의 연소과정

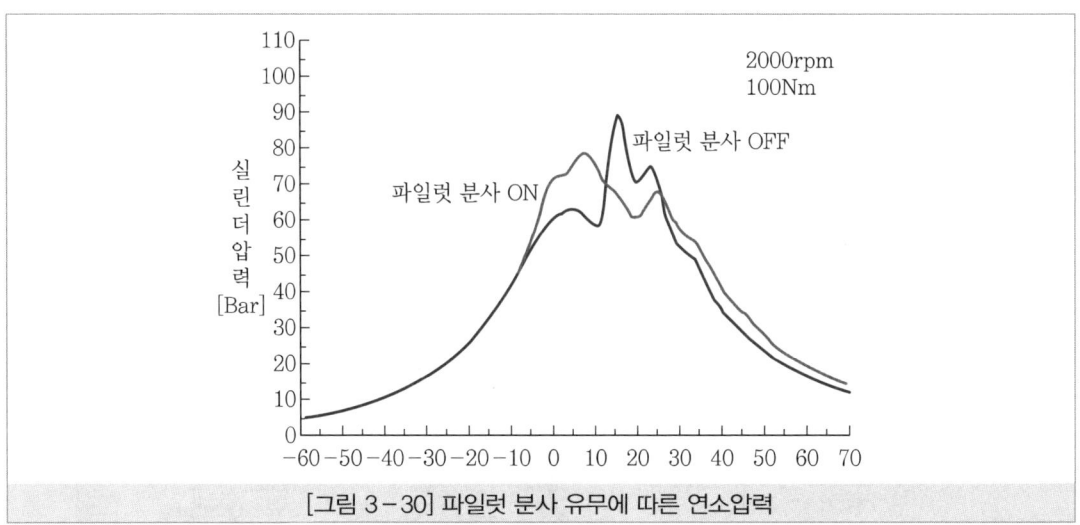

[그림 3-30] 파일럿 분사 유무에 따른 연소압력

① 파일럿 분사(Pilot Injection ; 착화분사) : 주 분사가 이루어지기 전에 연료를 분사하여 연소가 원활히 되도록 하기 위한 것이며, 파일럿 분사실시 여부에 따라 기관의 소음과 진동을 줄일 수 있다.

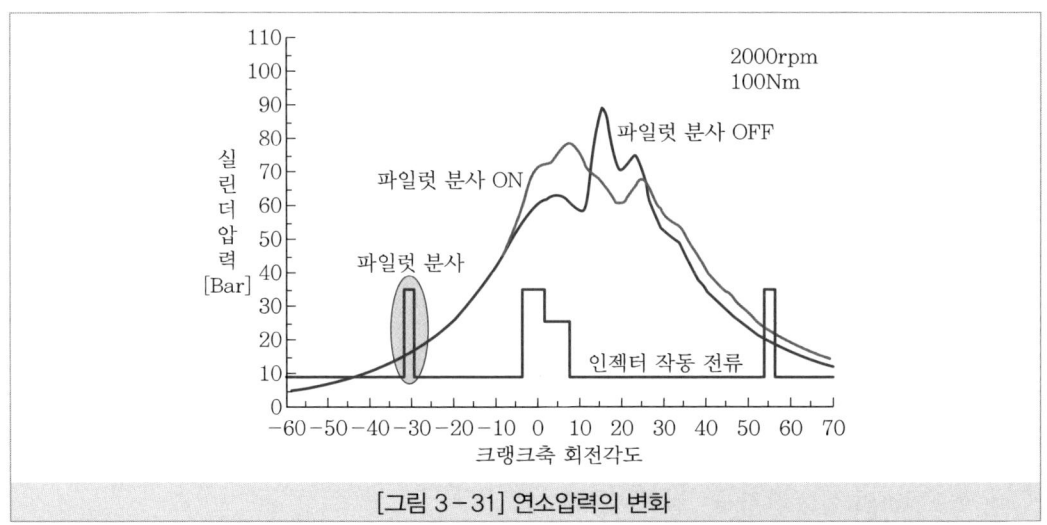

[그림 3-31] 연소압력의 변화

② 주 분사(Main Injection) : 기관의 출력에 대한 에너지는 주 분사로부터 나온다. 주 분사는 파일럿 분사가 실행되었는지 여부를 고려하여 연료분사량을 계산한다.

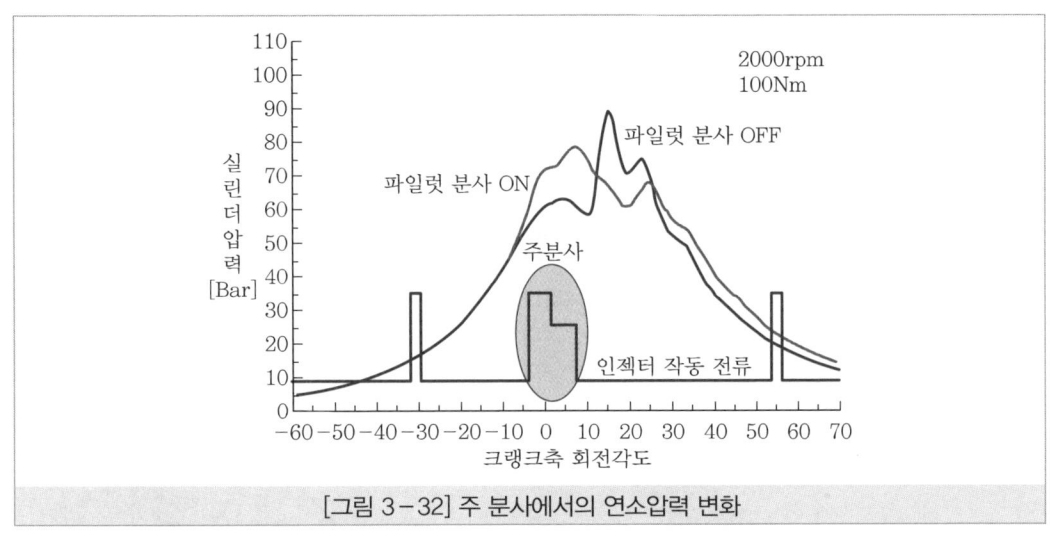

[그림 3-32] 주 분사에서의 연소압력 변화

③ 사후 분사(Post Injection) : 연소가 끝난 후 배기행정에서 연소실에 연료를 공급하여 배기가스를 통해 촉매변환기로 공급하여 DPF의 쌓인 PM을 연소시킨다.

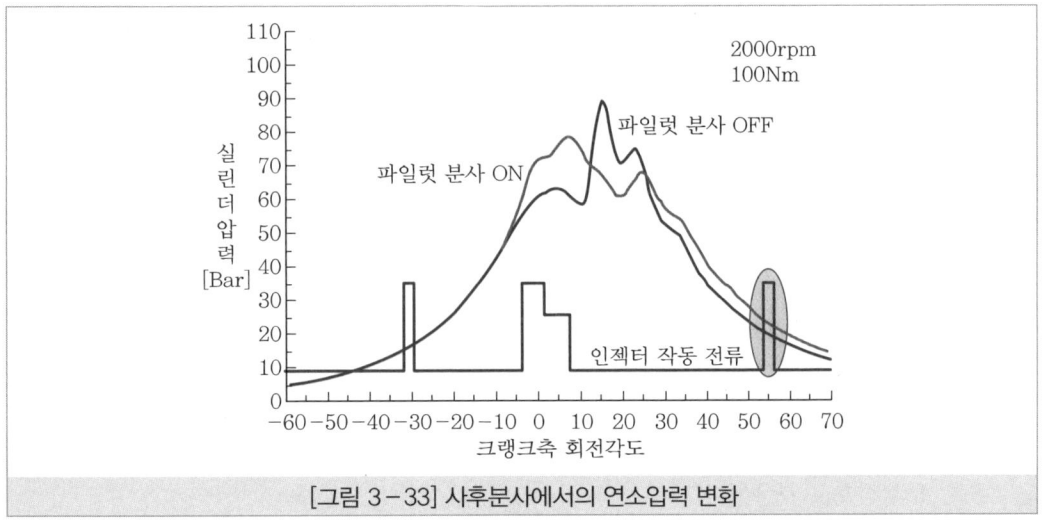

[그림 3-33] 사후분사에서의 연소압력 변화

3. 커먼레일 방식 디젤기관의 제어

(1) 기관 컴퓨터 입력요소

1) 연료압력 센서(RPS ; Rail Pressure Sensor)

연료압력 센서(RPS ; Rail Pressure Sensor)는 커먼레일(Common Rail) 내의 연료압력을 검출하여 기관 컴퓨터로 입력시킨다.

2) 공기유량 센서(AFS) & 흡기온도 센서(ATS)

① 열막(Hot Film) 방식을 이용한다.
② 흡기온도 센서(air temperature sensor)
   ㉠ 부특성 서미스터를 사용
   ㉡ 연료분사량, 분사시기, 시동할 때 연료분사량 제어 등의 보정신호로 사용

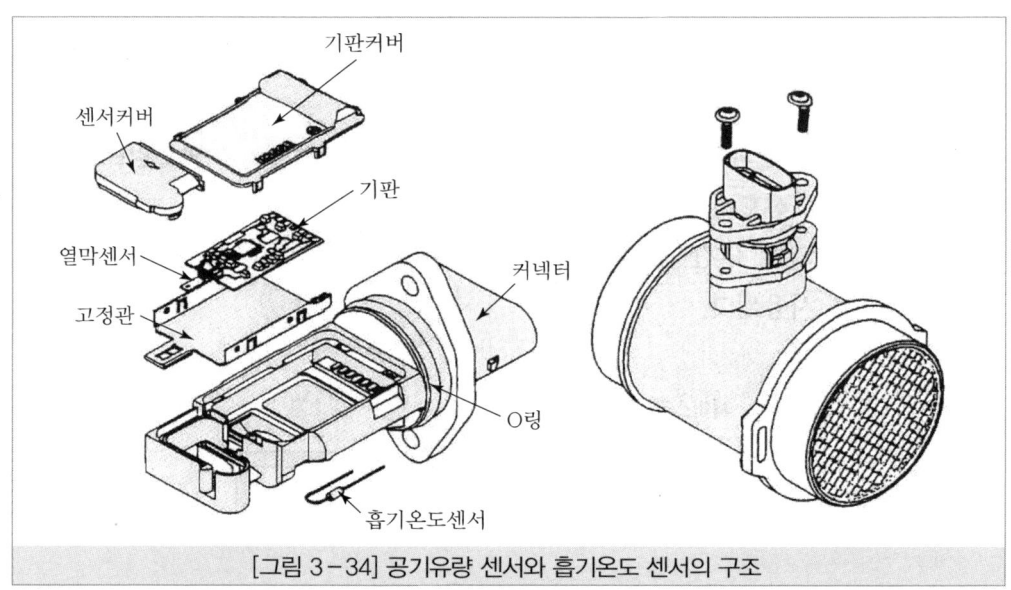

[그림 3-34] 공기유량 센서와 흡기온도 센서의 구조

3) 가속페달 위치센서(APS) 1 & 2

가속페달 위치센서(APS)는 스로틀 위치센서(throttle position sensor)와 같은 원리를 사용하며, 가속페달 위치센서 1(main sensor)에 의해 연료분사량과 분사시기가 결정된다.

4) 연료온도 센서(FTS)

연료온도 센서(FTS)는 수온센서와 같은 부특성 서미스터이며, 연료온도에 따른 연료분사량 보정신호로 사용된다.

5) 수온센서(WTS ; Water Temperature Sensor)

수온센서(WTS ; Water Temperature Sensor)는 기관의 냉각수 온도를 검출하여 냉각수 온도의 변화를 전압으로 변화시켜 기관 컴퓨터로 입력시키면 기관 컴퓨터는 이 신호에 따라 연료분사량을 증감하는 보정신호로 사용되며, 열간 상태에서는 냉각팬 제어에 필요한 신호로 사용된다.

6) 크랭크 축 위치센서(CPS, CKP)

크랭크 축 위치센서(CPS, CKP)는 전자감응 방식(magnetic inductive type)이며, 실린더 블록 또는 변속기 하우징에 설치되어 크랭크 축과 일체로 되어있는 센서 휠(sensor wheel)의 돌기를 검출하여 크랭크 축의 각도 및 피스톤의 위치, 기관 회전속도 등을 검출한다.

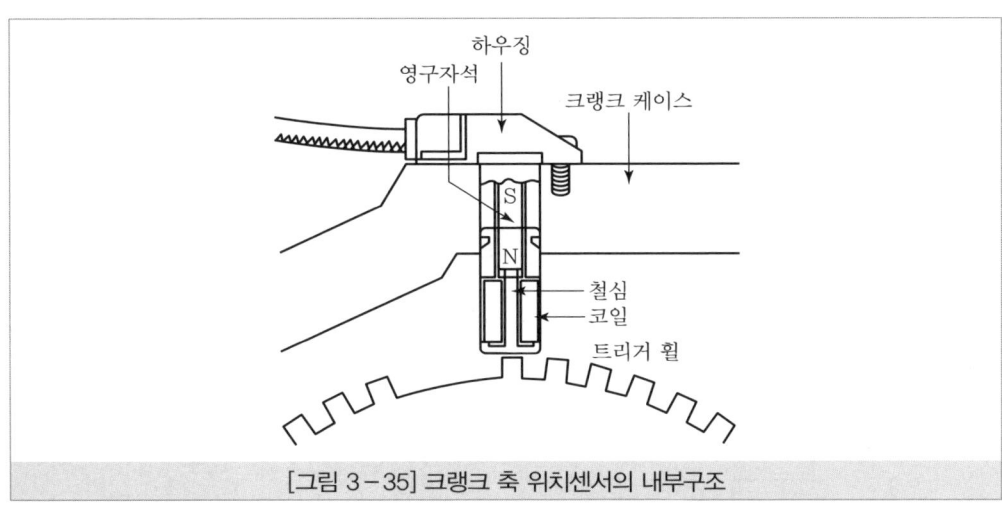

[그림 3-35] 크랭크 축 위치센서의 내부구조

7) 캠축 위치센서(CMP)

캠축 위치센서(CMP)는 상사점 센서라고도 부르며, 홀 센서방식(hall sensor type)을 사용한다. 캠축에 설치되어 캠축 1회전(크랭크 축 2회전)당 1개의 펄스신호를 발생시켜 기관 컴퓨터로 입력시킨다.

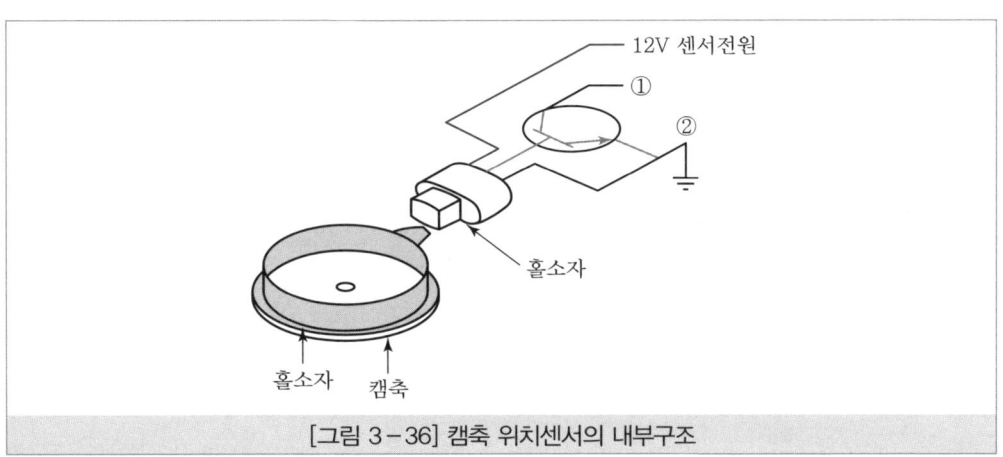

[그림 3-36] 캠축 위치센서의 내부구조

8) 부스터 압력센서

과급장치에서 흡입되는 공기의 압력을 측정, 가변용량 과급기(VGT)가 설치된 기관에서 사용하는 센서이다.

(2) 기관 컴퓨터의 출력요소

① **인젝터(Injector)** : 인젝터(Injector)는 고압연료 펌프로부터 송출된 연료가 커먼레일을 통하여 인젝터로 공급되면, 이 연료를 연소실에 직접 분사하는 부품이다.

② **연료압력 제어밸브(Fuel pressure control valve)** : 연료압력 제어밸브(Fuel pressure control valve)는 커먼레일 내의 연료압력을 조정하는 밸브이며 냉각수 온도, 축전지 전압 및 흡입공기 온도에 따라 보정을 한다.

③ **배기가스 재순환 장치(EGR)** : 배기가스 재순환 장치는 배기가스의 일부를 흡기 다기관을 유입시키는 장치이다.

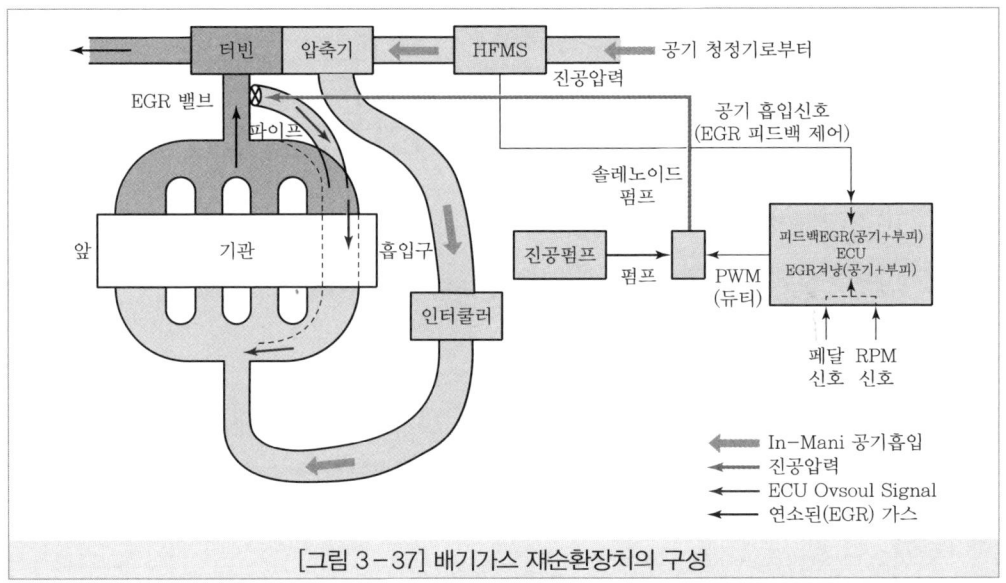

[그림 3-37] 배기가스 재순환장치의 구성

④ 보조 히터장치 종류
  ㉠ 가열 플러그방식 히터
  ㉡ 열선을 이용하는 정특성(PTC ; Positive Temperature Coefficient) 히터
  ㉢ 이외 직접 경유를 연소시켜 냉각수를 가열하는 연소방식 히터 등을 이용함

4. 커먼레일 연료공급장치

(1) 연료공급장치의 개요

① 커먼레일 방식의 기관 컴퓨터(ECU)는 각종 센서로부터의 입력신호를 기본으로 운전자의 요구(가속페달 설정)를 계산하고 기관과 자동차의 순간적인 작동성능을 총괄적으로 제어한다.
② 각종 센서로부터의 신호를 입력받아 이들 정보를 기초로 공기와 연료 혼합비율을 효율적으로 제어한다.

(2) 저압 연료계통의 구성요소

저압연료 펌프의 종류에는 기어펌프를 사용하는 방식과 전동기를 사용하는 방식이 있다.

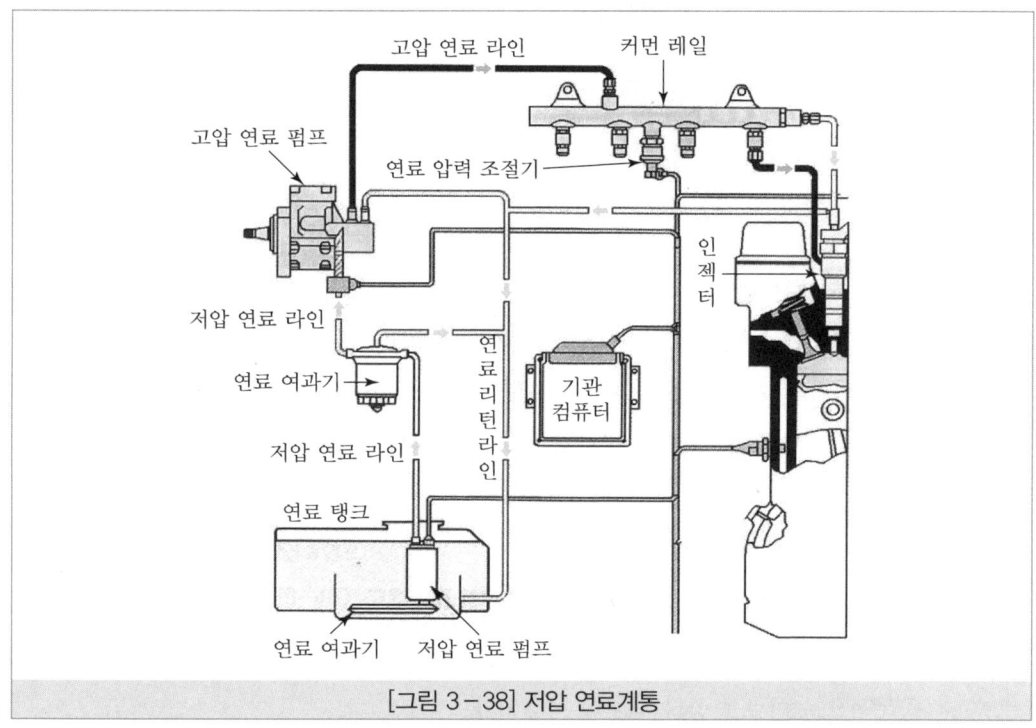

[그림 3-38] 저압 연료계통

(3) 고압 연료계통의 구성요소

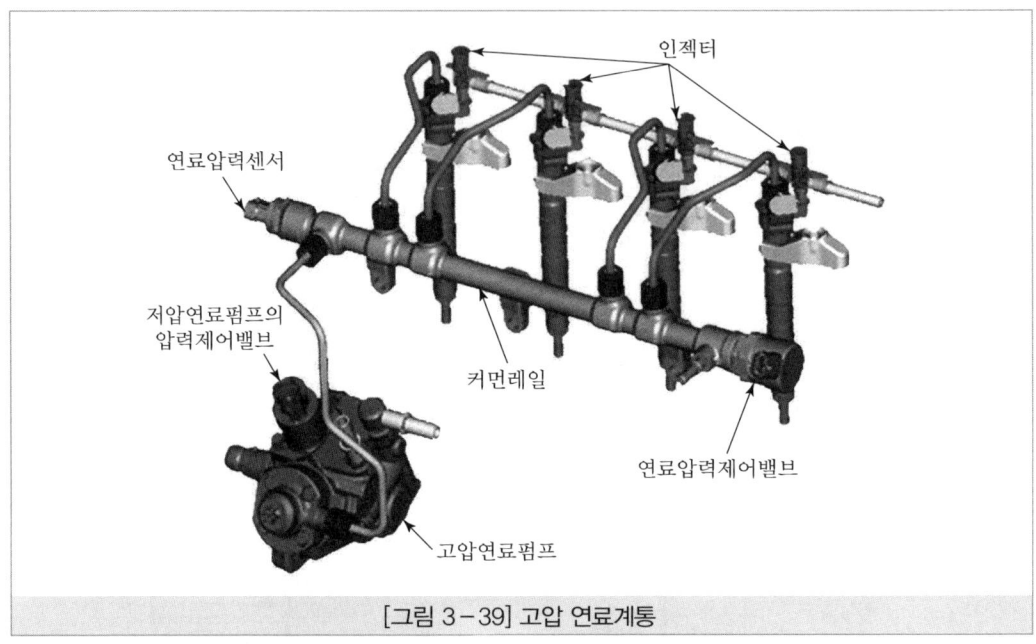

[그림 3-39] 고압 연료계통

1) 고압연료 펌프(High pressure fuel pump)

① 고압연료 펌프는 기관의 타이밍 체인(벨트)이나 캠축에 의해 구동되며, 저압연료 펌프에서 공급된 연료를 높은 압력으로 형성하여 커먼레일로 공급한다.
② 고압연료 펌프는 저압과 고압단계의 사이의 중간영역으로 볼 수 있으며, 공급된 연료압력을 연료압력 제어밸브에서 규정 값으로 유지시킨다.
③ 작동 최고압력은 1600bar 정도이고 기관 컴퓨터 제어 최고압력은 1350bar 정도이다.

2) 커먼레일(Common rail, 고압 어큐뮬레이터)

커먼레일은 고압연료펌프에서 공급된 높은 압력의 연료가 저장되는 부분으로 모든 실린더에 공통적으로 연료를 공급하는 데 사용된다.

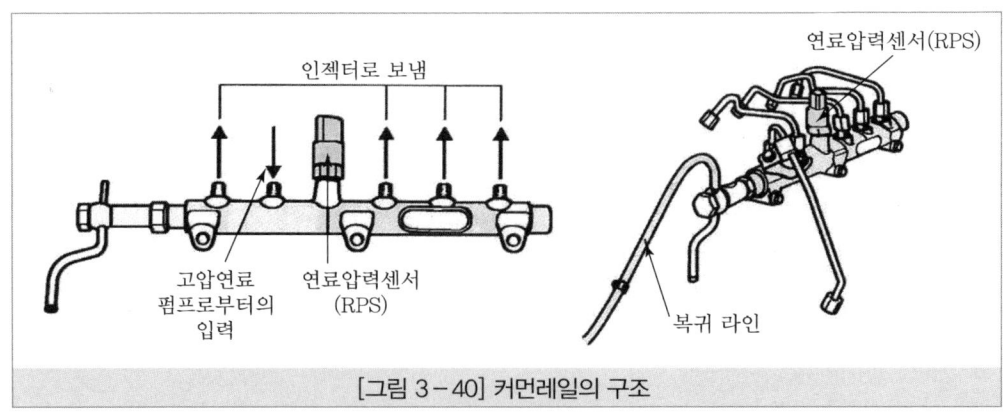

[그림 3-40] 커먼레일의 구조

3) 연료압력 제어밸브(Fuel pressure control valve)

① 입구제어방식
- ㉠ 기어펌프를 저압연료펌프로 사용하는 방식
- ㉡ 저압연료펌프와 고압연료펌프의 연료통로 사이에 연료압력 제어밸브가 설치
- ㉢ 고압연료펌프로 공급되는 연료량을 제어

② 출구제어방식
- ㉠ 전동기를 저압연료펌프로 사용하는 경우
- ㉡ 커먼레일에 연료압력 제어밸브가 설치됨
- ㉢ 고압연료펌프에서 높은 압력으로 된 연료를 복귀계통으로 배출하여 연료압력을 제어

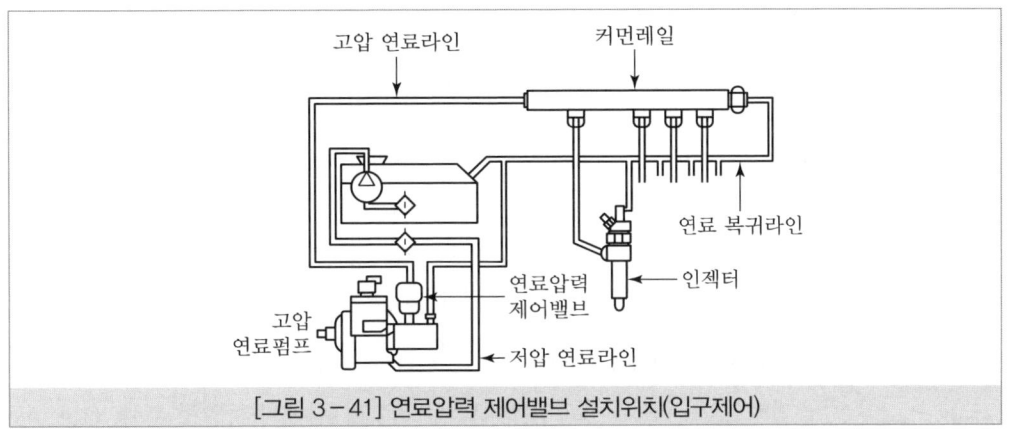

[그림 3-41] 연료압력 제어밸브 설치위치(입구제어)

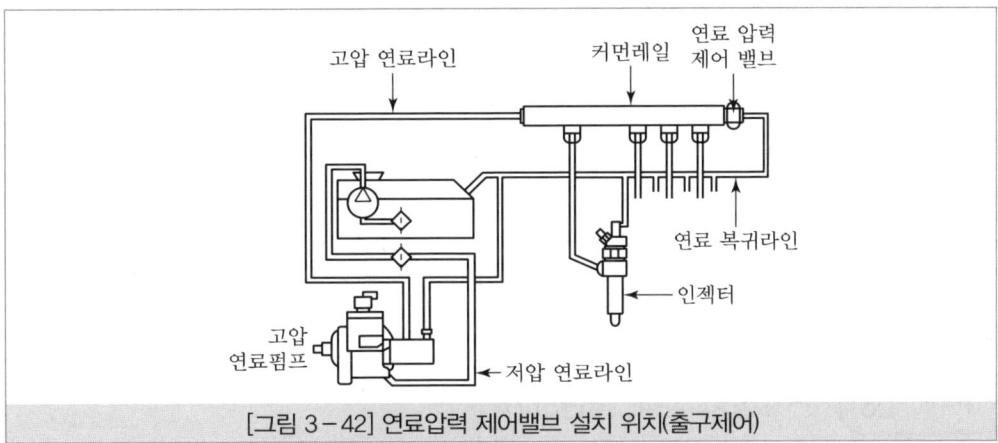

[그림 3-42] 연료압력 제어밸브 설치 위치(출구제어)

4) 압력제한 밸브(Fuel pressure limited valve)

입구 제어방식에서 커먼레일 내에 과도한 연료압력이 발생될 경우 비상통로를 개방하여 커먼레일 내의 연료압력을 제한한다.

5) 인젝터(Injector)

① 인젝터의 개요

㉠ 커먼레일 방식 기관의 인젝터는 실린더 헤드에 설치되며, 연소실 중앙에 위치

㉡ 전기신호에 의해 작동하는 구조로 되어있음

㉢ 연료분사 시작점과 연료분사량은 기관 컴퓨터에 의해 제어됨

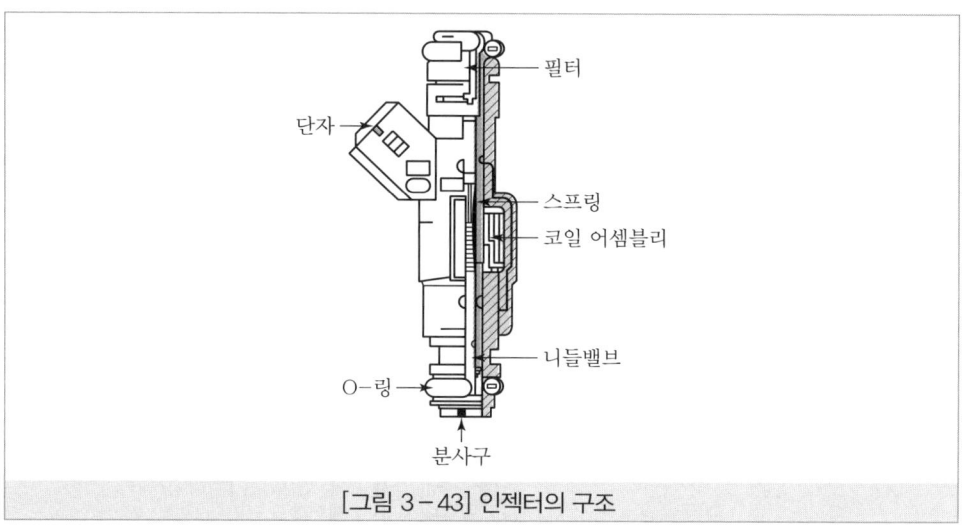

[그림 3-43] 인젝터의 구조

② 인젝터에서의 연료분사

㉠ 커먼레일 방식 기관에서 인젝터의 분사는 제1단계가 파일럿 분사(pilot injection), 제2단계가 주 분사(main injection), 제3단계가 사후분사(post injection)

㉡ 3단계의 연료분사는 연료압력과 온도에 따라 연료분사량과 분사시기를 보정함

- 제1단계가 파일럿 분사 : 기관의 폭발소음과 진동을 감소시키기 위해 실시
- 제2단계 주 분사 : 기관의 출력을 발생하기 위한 분사
- 제3단계인 사후분사 : 디젤기관의 특성으로 인해 많이 발생되는 매연을 줄이고, 배기가스 후처리 장치의 재생을 돕기 위해 실시

TOPIC 06 연료장치 점검, 진단하기

1. 연료압력 점검 방법

① 연료 탱크 쪽에서 연료펌프 하니스 커넥터를 분리한다.

② 시동을 걸고 연료 라인 내의 연료를 모두 소모하여 엔진이 멈출 때까지 기다린다. 시동이 꺼지면 점화 스위치를 OFF로 한다.

③ 축전지 (-)단자의 케이블을 분리한다.
④ 연료펌프 커넥터를 연결한다.
⑤ 연료 필터 또는 딜리버리 파이프에 연료압력 게이지를 설치한다. 이때 연료 계통 내에 있는 잔류 압력에 의한 연료 분출을 방지하기 위하여 헝겊으로 호스 접속 부분을 덮는다.
⑥ 축전지 (-)단자에 케이블을 연결한다.
⑦ 시동을 걸어 엔진 워밍업을 한 다음 공회전 상태를 유지한다. 이때 압력 게이지 또는 어댑터 연결 부분에서 연료가 누출되는지를 점검한다.
⑧ 진공 호스를 연료압력 조절기에 연결한 상태에서 압력을 측정한다.
⑨ 측정값이 규정값과 일치하지 않으면 예측 가능한 원인을 찾아내어 필요한 정비 작업을 하도록 한다.
⑩ 엔진의 작동을 정지시키고 연료압력 게이지의 지침 변화를 점검한다.

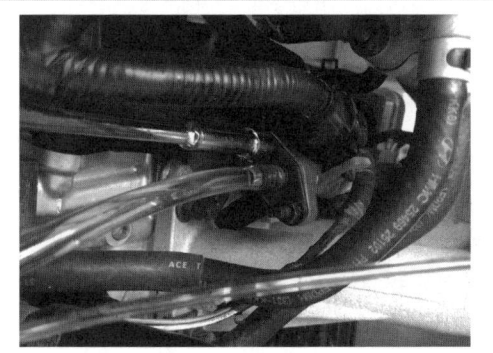

출처 : 교육부(2015), 연료장치정비 (LM1506030204_17v3), 한국직업능력개발원, p.23
출처 : 교육부(2019), 연료장치정비 (LM1506030204_17v3), 사단법인 한국자동차기술인협회, 한국직업능력개발원, p.22

[그림 3-44] 연료압력 게이지 설치(흡기 다기관)   [그림 3-45] 연료압력 게이지

2. 디젤 공회전 속도 및 점화시기를 점검 및 조정 방법

(1) 디젤 타이밍 라이트 연결

① 타이밍 라이트 배선을 연결한다.
② 타이밍 라이트의 전원 연결선을 적색 클립은 축전지 (+)터미널에 연결하고, 흑색 클립은 배터리 (-) 단자에 연결한다.
③ 전압 체크선(적색)을 축전지 (+)단자에 접속한다.
④ 피에조 센서를 1번 분사파이프에 설치하고 rpm 케이블을 피에조 센서에 연결시킨다.
⑤ 접지선을 분사 파이프에 접지시킨다.

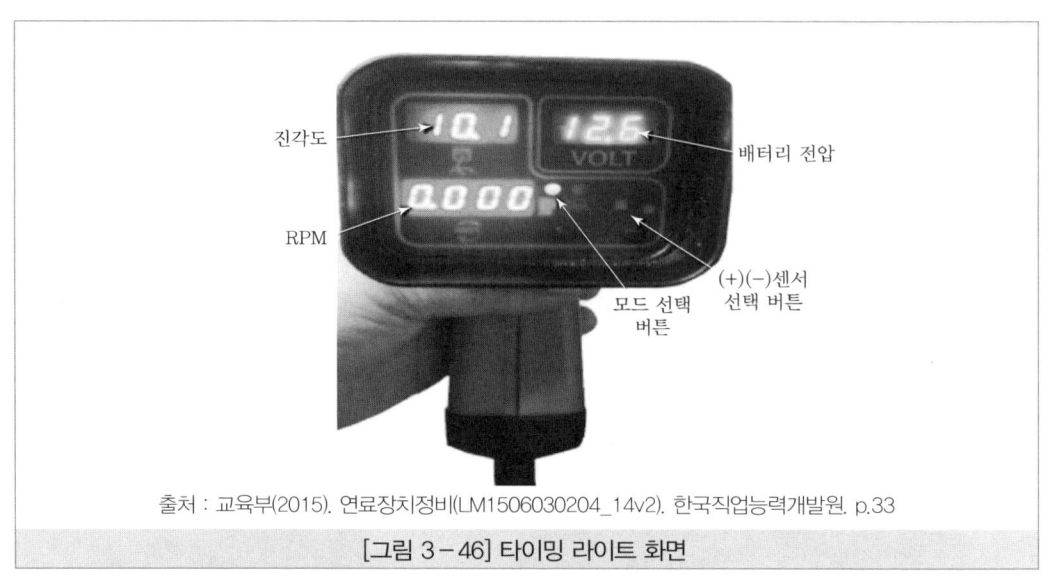

[그림 3-46] 타이밍 라이트 화면

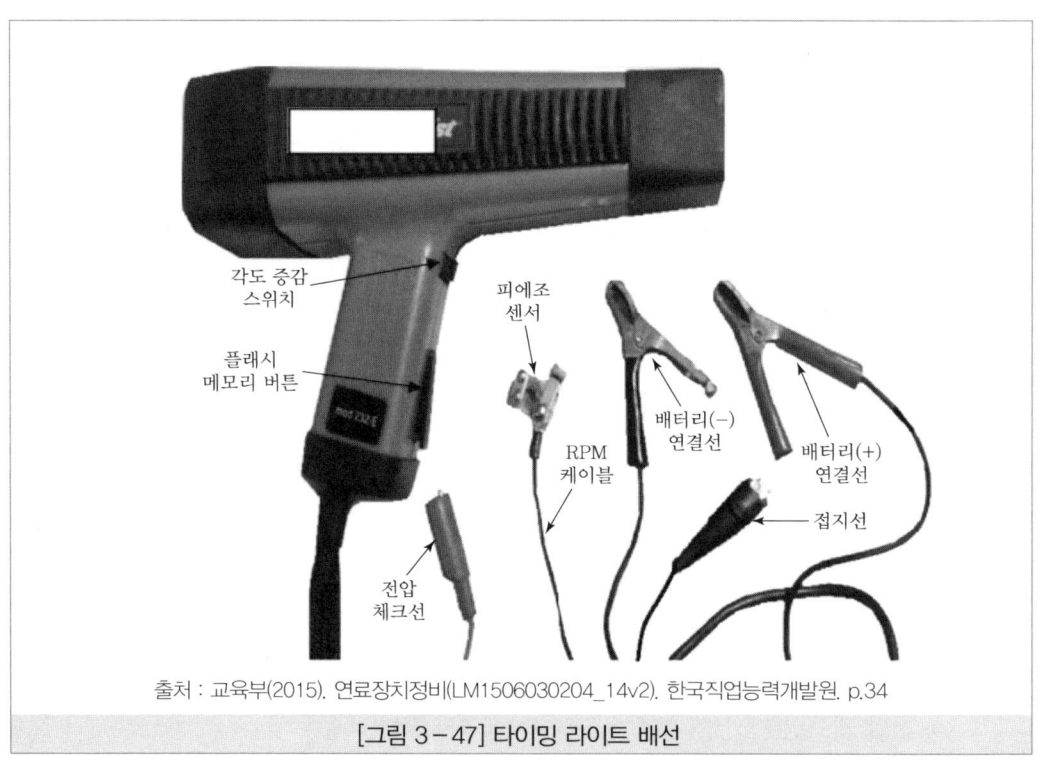

[그림 3-47] 타이밍 라이트 배선

(2) 공전 속도, 분사시기 점검 및 조정 방법

① 공전 속도 조정나사를 조이면 공전속도는 상승, 조정나사를 풀면 공전속도는 감소한다.
② 최고 속도 조정나사를 조이면 최고속도는 감소, 조정나사를 풀면 최고속도는 증가한다.

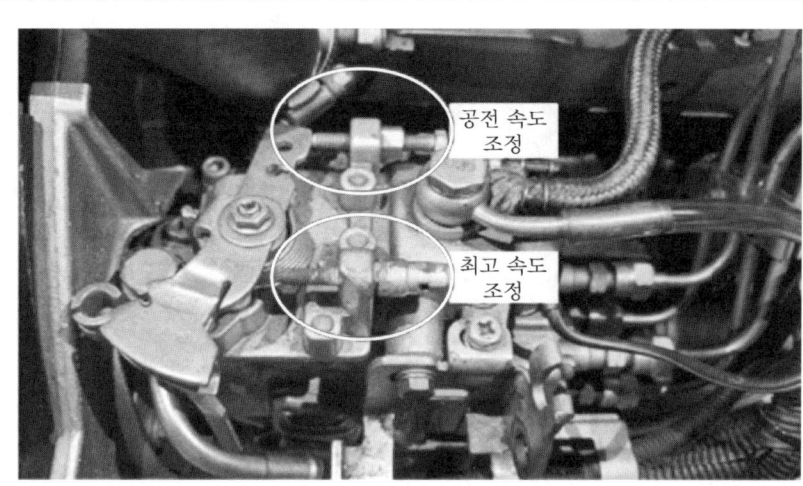

출처 : 교육부(2015), 연료장치정비(LM1506030204_14v2), 한국직업능력개발원, p.35

[그림 3-48] 디젤 분사 펌프

TOPIC 07 연료장치 수리, 교환, 검사

1. 인젝터 파형 분석(자기진단기 사용)을 이용한 검사 방법

① 인젝터 분사파형에서 A는 인젝터에 공급되는 전원 전압을 나타낸 것이다.
② B는 인젝터 구동 파워 트랜지스터가 ON 상태로 변하는 것으로, 인젝터의 플런저가 니들 밸브를 열어 연료 분사가 시작되는 것을 나타낸다.
③ C는 인젝터의 연료 분사 시간을 나타낸 것이다.
④ D는 인젝터에 공급되는 전류가 차단되어 역기전력이 발생하는 것이다.
⑤ E는 인젝터에서 구동되는 파워 트랜지스터가 OFF 상태로 되면서 연료의 분사가 중지되는 것을 나타내며, 이때의 전압은 배터리 전압이다.

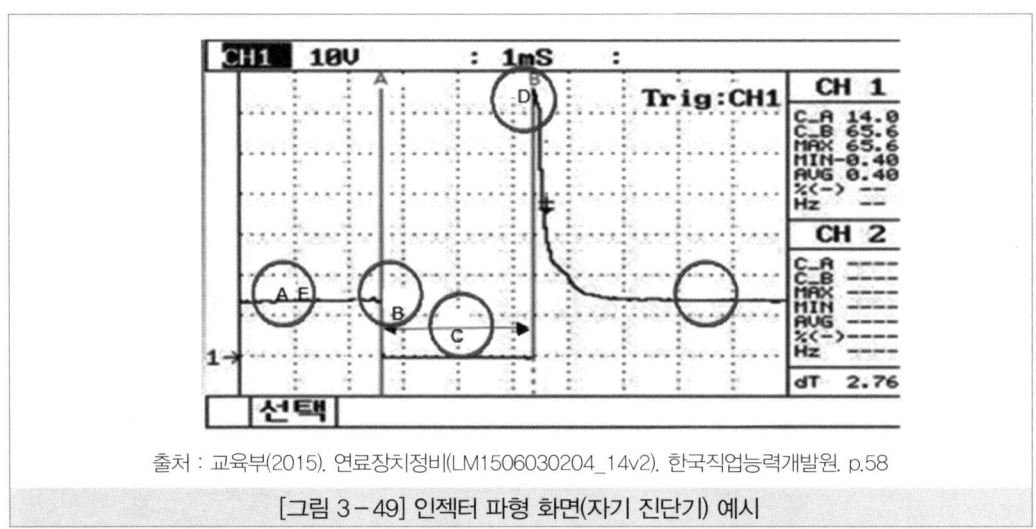

[그림 3-49] 인젝터 파형 화면(자기 진단기) 예시

단원 마무리문제

CHAPTER 03 연료장치 정비

01 가솔린 연료의 조성으로 맞는 것은?
① 산소, 수소 ② 산소, 탄소
③ 탄소, 수소 ④ 탄소, 질소

해설
가솔린은 석유계 원유로 탄소(83~87%)와 수소(11~14%)의 유기화합물(C_nH_n)이다.

02 가솔린 연료의 구비조건이 아닌 것은?
① 내폭성이 낮아야 한다.
② 발열량이 커야 한다.
③ 카본 퇴적이 적어야 한다.
④ 옥탄가가 높아야 한다.

해설
내폭성은 안티노크성으로 내폭성이 낮을 경우 노킹이 발생할 수 있다.

03 가솔린을 완전 연소시키면 발생되는 화합물은?
① CO_2, NOx ② CO_2, H_2O
③ CO, CO_2 ④ CO, H_2O

해설
가솔린은 수소와 탄소의 화합물로 완전 연소되면 이산화탄소와 물이 발생한다.

04 자동차에 노킹이 발생하였다면 그 발생원인으로 아닌 것은?
① 기관에 과부하가 걸렸다.
② 기관이 과열되었다.
③ 조기점화가 되었다.
④ 고옥탄가를 사용하였다.

05 가솔린 기관의 노킹 방지책이 아닌 것은?
① 점화시기를 지연시킨다.
② 혼합비를 농후하게 한다.
③ 압축비, 혼합가스의 온도를 저하시킨다.
④ 화염 전파거리를 길게 한다.

06 가솔린의 안티노킹성을 표시하는 것은?
① 세탄가 ② 헵탄가
③ 옥탄가 ④ 프로판가

07 〈보기〉의 공식 속 빈칸 안에 들어갈 말은?

〈보기〉

$$옥탄가 = \frac{이소옥탄}{이소옥탄 + (\quad)} \times 100(\%)$$

① 세탄 ② 에틸렌
③ 정헵탄(노말헵탄) ④ α-메틸나프탈린

08 어느 가솔린 연료의 이소옥탄이 80, 노말헵탄이 20일 때 이 연료의 옥탄가는 얼마인가?
① 60 ② 70
③ 80 ④ 90

해설
$$옥탄가 = \frac{이소옥탄}{이소옥탄 + 노말헵탄} \times 100(\%)$$
$$= \frac{80}{80+20} \times 100(\%) = 80(\%)$$

정답 01 ③ 02 ① 03 ② 04 ④ 05 ④ 06 ③ 07 ③ 08 ③

09 연료탱크는 배기통로의 끝으로부터 몇 cm 이상 떨어져서 설치하여야 하는가?

① 10cm　　② 20cm
③ 30cm　　④ 40cm

해설
연료탱크는 화재 발생 위험으로 배기통 끝에서 30cm 이상, 노출된 전기단자로부터 20cm 이상 간격을 두고 설치하여야 한다.

10 연료파이프 내에 연료가 비등하여 연료펌프의 기능을 저해하든가 운동을 방해하는 현상을 무엇이라 하는가?

① 페이드현상　　② 엔진록 현상
③ 노킹현상　　④ 베이퍼 록 현상

해설
베이퍼 록 현상은 파이프 내에 연료가 비등하여 연료펌프의 기능을 저해, 방해하는 현상이다.

11 이론에 따른 완전연소 혼합비(공기 : 연료)는 얼마인가?

① 1 : 1　　② 8~20 : 1
③ 14.7 : 1　　④ 15 : 3

12 가솔린 200cc를 연소시키기 위해서는 몇 kg의 공기가 필요한가? (단, 가솔린의 비중은 0.76, 혼합비는 15 : 1이다)

① 1.25kg　　② 2.06kg
③ 2.28kg　　④ 3.34kg

해설
공기의 양 = 비중 × 가솔린의 양 × 혼합비
　　　　 = 0.76 × 0.2 × 15 = 2.28kg

13 가솔린 40cc를 완전 연소시키는 데 450g의 공기가 필요하였다. 이 경우의 혼합비는 얼마인가? (단, 가솔린의 비중은 0.75이다)

① 14 : 1　　② 15 : 1
③ 16 : 1　　④ 17 : 1

14 전자제어 연료분사 장치의 기본 목적에 해당되지 않는 것은?

① 유해 배출가스 감소
② 연비증가
③ 촉매 컨버터 효율 향상
④ 엔진 토크 증대

15 다음 중 전자제어 연료 분사장치의 종류가 아닌 것은?

① K-제트로닉　　② L-제트로닉
③ D-제트로닉　　④ E-제트로닉

해설
전자제어 연료 분사장치의 종류로는 K, KE, L, D-제트로닉이 있다.

16 전자제어 연료분사장치의 연료 흐름 계통으로 맞는 것은?

① 연료탱크 → 연료 여과기 → 연료펌프 → 분배 파이프 → 인젝터
② 연료탱크 → 연료펌프 → 연료 여과기 → 분배 파이프 → 인젝터
③ 연료탱크 → 연료펌프 → 분배 파이프 → 연료 여과기 → 인젝터
④ 연료탱크 → 연료펌프 → 연료 여과기 → 인젝터 → 분배 파이프

17 전자제어 연료장치에서 연료펌프가 연속적으로 작동될 수 있는 조건이 아닌 것은?

① 크랭킹할 때
② 공회전 상태일 때
③ 급가속할 때
④ 키 스위치가 IG에 위치할 때

정답　09 ③　10 ④　11 ③　12 ③　13 ②　14 ③　15 ④　16 ②　17 ④

18 다음 중 인젝터의 분사량을 결정하는 것은?
① 솔레노이드 코일 통전시간
② 인젝터 분구의 면적
③ 연료 분사압력
④ 인젝터에 흐르는 전압

19 MPI(Multi Point Injection)에서 인젝터의 설치 위치는 어디인가?
① 에어 클리너 바로 뒤
② 스로틀 보디 바로 뒤
③ 각 실린더 흡기밸브 바로 앞
④ 각 실린더의 연소실 안

20 급가속할 때 순간적으로 혼합기가 희박해지는 것을 방지하기 위해 인젝터의 분사시간을 어떻게 하여야 하는가?
① 분사시간을 짧게 한다.
② 분사시간을 길게 한다.
③ 분사를 일시적으로 차단한다.
④ 분사시간 변화를 주지 않는다.

21 전자제어 차량의 인젝터 분사시간에 대한 설명으로 틀린 것은?
① 급가속 시에는 순간적으로 분사시간이 길어진다.
② 축전지 전압이 낮으면 무효 분사시간은 길어진다.
③ 급감속 시에는 경우에 따라 연료공급이 차단된다.
④ 산소 센서의 전압이 높으면 분사시간은 길어진다.

22 ISC 서보의 공전속도 제어기능이 아닌 것은?
① 공전 제어   ② 피드백 제어
③ 대시포트 제어   ④ 패스트 아이들 제어

해설
피드백 제어는 산소 센서가 기준 신호를 제공한다.

23 크랭크 각 센서의 역할로 가장 알맞은 것은?
① 실린더의 위치 검출
② 연료 분사 순서와 시기 결정
③ 공회전 여부의 감지
④ 연료 분사량 결정

24 흡입 매니폴드 압력변화를 피에조(Piezo) 저항에 의해 감지하는 센서는?
① 차량속도 센서   ② MAP 센서
③ 수온 센서   ④ 크랭크 포지션 센서

25 스로틀 보디에 설치된 대시포트(Dashpot)의 기능은 무엇인가?
① 감속 시 스로틀밸브가 급격히 닫히는 것을 방지한다.
② 가속 시 스로틀밸브가 급격히 열리는 것을 방지한다.
③ 고속 주행 시 스로틀밸브가 과도하게 열리는 것을 방지한다.
④ 엔진 아이들링 시 스로틀밸브가 완전히 닫히는 것을 방지한다.

26 공회전일 때의 TPS의 출력 전압으로 알맞은 것은?
① 100~300mV   ② 200~400mV
③ 400~600mV   ④ 800~1000mV

정답 18 ① 19 ③ 20 ② 21 ④ 22 ② 23 ② 24 ② 25 ① 26 ③

27 기관의 기본 연료 분사시간을 결정하는 센서는?

① AFS   ② ATS
③ BPS   ④ TPS

해설
AFS(공기유량센서)는 흡입 공기량을 측정하여 기본 연료 분사시간을 결정한다.

28 〈그림〉은 산소 센서 정상 작동조건에서 2000rpm 시 파형이다. 설명이 올바른 것은?

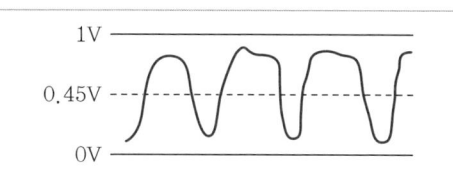

① 공연비가 농후한 상태이다.
② 공연비가 희박한 상태이다.
③ 공연비가 적정한 상태이다.
④ 공연비와는 관계없는 상태이다.

29 지르코니아 산소 센서에 대한 설명으로 잘못된 것은?

① 배출가스에 다량의 산소가 들어있으면 450 mV 이하의 전압이 출력된다.
② 센서는 300℃ 이하에서 정상적으로 작동한다.
③ 촉매 변환기의 상류 배기 다기관에 나사식으로 설치되어 있다.
④ 배기가스 중의 산소 함량을 외부 공기의 산소와 비교한다.

30 다음 중 인젝터의 분사방법이 다른 하나는?

① 동시 분사   ② 독립 분사
③ 동기 분사   ④ 순차 분사

해설
독립, 동기, 순차분사는 같은 의미로 각 실린더의 점화 순서에 따라 최적 시기에 분사하는 방법이다.

31 다음 중 컨트롤 릴레이가 전원을 공급하지 않는 것은?

① ECU   ② AFS
③ 연료펌프   ④ 압력 조절기

해설
컨트롤 릴레이는 ECU, AFS, 연료펌프, 인젝터 등에 전원을 공급한다.

32 전자제어 엔진에는 여러 종류의 센서가 사용되는데 다음 중 아날로그 신호의 센서가 아닌 것은?

① 차속 센서(VSS)
② 스로틀 포지션 센서(TPS)
③ 냉각 수온 센서(WTS)
④ 액셀러레이터 위치 센서(APS)

해설
아날로그 신호의 센서의 종류로는 AFS, ATS, TPS, APS, MAP, BPS, O_2센서, MPS, WTS, 노킹센서 등이 있다.

33 어떤 차량의 ECU가 피드백 제어를 하지 못할 때 어느 센서가 의심되는가?

① AFS   ② BPS
③ O_2센서   ④ WTS

34 초저공해 엔진의 실현을 위해 초희박 혼합기의 공급, 연소가 가능한 엔진은 무엇인가?

① CFR 엔진   ② LPG 엔진
③ 린번 엔진   ④ GDI 엔진

35 다음 중 GDI 엔진의 특징이 아닌 것은?

① 약 20 : 1의 희박 공연비를 갖는다.
② 대량의 EGR 연소와 NOx의 저감이 가능하다.
③ 공회전 속도를 낮게 설정하여 연비를 향상시킨다.
④ 체적 효율의 향상에 의한 고출력 실현과 노킹이 방지된다.

정답 27 ① 28 ① 29 ② 30 ① 31 ④ 32 ① 33 ③ 34 ④ 35 ①

36 LPG 연료의 특성으로 맞지 않는 것은?

① 무색, 무취, 무미이다.
② 기체일 때의 비중은 1.5~2이다.
③ 옥탄가는 90~120이다.
④ LPG 연료는 프로판 가스 100%로 구성되어 있다.

해설
LPG 연료 구성은 프로판(C_3H_8)과 부탄(C_4H_{10})으로 구성되어 있다.

37 다음 중 LPG 기관의 장점이 아닌 것은?

① 혼합기가 가스상태로 CO(일산화탄소)의 배출량이 적다.
② 블로바이에 의한 오일 희석이 적다.
③ 옥탄가가 높고 연소속도가 가솔린보다 느려 노킹발생이 적다.
④ 용적 효율이 증대되고 출력이 가솔린차보다 높다.

38 LPG의 옥탄가는 가솔린의 옥탄가와 비교하면 어떠한가?

① 가솔린보다 높다.
② 가솔린보다 낮다.
③ 가솔린과 같다.
④ 사용하는 조건에 따라 다르다.

39 다음 중 LPG 기관의 단점이 아닌 것은?

① 한랭 시 시동성이 나쁘다.
② 고압용기의 위험성이 있다.
③ 연료탱크가 고압용기로 차량 중량이 증가한다.
④ 계절과 관계없이 부탄 100%인 것을 사용해야 한다.

해설
LPG는 겨울철에는 시동성 향상을 위해 프로판 30%, 부탄 70%를, 여름철에는 부탄 100%인 것을 사용한다.

40 운전석에서 조작할 수 있는 것으로 연료를 차단할 수 있는 것은?

① 안전밸브
② 과류방지 밸브
③ 솔레노이드밸브
④ 가스 혼합밸브

41 LPG 가스용기의 안전밸브 작동 압력은 몇 kgf/cm^2 이상인가?

① $15kgf/cm^2$
② $18kgf/cm^2$
③ $21kgf/cm^2$
④ $24kgf/cm^2$

42 LPG 장치의 가스탱크 내의 압력은 얼마 정도가 가장 적당한가?

① $1~3kgf/cm^2$
② $3~5kgf/cm^2$
③ $5~8kgf/cm^2$
④ $7~10kgf/cm^2$

해설
저장 용기의 액체 압력은 $7~10kgf/cm^2$ 정도가 적당하다.

43 LPG를 연료로 사용하는 자동차의 고압부분의 도관은 가스용기 충전압력 몇 배의 압력에 견딜 수 있어야 하는가?

① 1
② 1.5
③ 1.8
④ 2

44 LPG 기관에서 액체를 기체로 변화시켜 주는 장치는?

① 솔레노이드 스위치
② 베이퍼라이저
③ 봄베
④ 프리히터

45 일반적으로 LPG 연료를 봄베에 충전할 때 봄베 용기의 얼마만큼 충전하여야 하는가?

① 65%
② 75%
③ 85%
④ 95%

정답 36 ④ 37 ④ 38 ① 39 ④ 40 ③ 41 ④ 42 ④ 43 ② 44 ② 45 ③

해설
LPG 연료는 외부온도에 따라 압력과 체적이 달라지므로 봄베 용기의 85%까지만 충전한다.

46 믹서(mixer)는 베이퍼라이저에서 기화된 LPG를 공기와 혼합하여 연소실에 공급하는 장치이다. LPG와 공기의 혼합비는 얼마인가?
① 1 : 1
② 8~20 : 1
③ 14.7 : 1
④ 15 : 3

해설
14.7 : 1은 가솔린 기관에서의 이론적 완전연소 혼합비이다.

47 LPG 기관에서 베이퍼라이저의 설명으로 틀린 것은?
① 가솔린 엔진의 기화기에 해당한다.
② LPG를 감압 기화시켜 일정한 압력으로 유지시킨다.
③ LPG를 가열하여 LPG 일부 또는 전부를 기화시킨다.
④ 엔진의 부하 증감에 따라 기화량을 조절한다.

해설
LPG를 가열하여 LPG 일부 또는 전부를 기화시키는 것은 프리히터의 기능이다.

48 LPG는 연료의 특성상 기화기의 성능을 저하시키는 타르가 발생되는데, 타르를 제거하는 방법으로 옳은 것은?
① 타르 제거 시에는 반드시 시동을 켜 놓아야 한다.
② 베이퍼라이저를 분해하여 제거한다.
③ 밸브를 열어놓은 상태에서 주행하면서 제거한다.
④ 워밍업 후 밸브를 열고 제거한 후 다시 밸브를 잠근다.

49 디젤 기관의 압축비로 맞는 것은?
① 7~11 : 1
② 10~15 : 1
③ 14.7 : 1
④ 15~22 : 1

50 가솔린 기관과 비교하여 디젤 기관의 장점이 아닌 것은?
① 대기 오염 성분이 적다.
② 인화점이 높아서 화재의 위험성이 적다.
③ 배기량당 출력의 차이가 없고, 제작이 용이하다.
④ 연료비가 저렴하고, 열효율이 높으며, 운전경비가 적게 든다.

51 디젤 기관의 노크방지에 대책에 대한 설명으로 옳지 않은 것은?
① 세탄가가 높은 연료를 사용한다.
② 기관의 회전속도를 빠르게 한다.
③ 흡입 공기의 온도를 낮게 유지한다.
④ 압축비를 높게 한다.

해설
노크를 방지하기 위해서 흡입 공기의 온도를 높여주어야 한다.

52 디젤 기관의 노크 발생 원인으로 맞는 것은?
① 착화지연 시간이 길다.
② 착화성이 좋은 연료를 사용한다.
③ 압축비가 크다.
④ 흡기 온도가 높다.

해설
디젤 노크의 발생 주요 원인
• 기관 회전수, 기관의 온도, 세탄가가 너무 낮을 때
• 착화지연 시간이 너무 길 때

정답 46 ④ 47 ③ 48 ④ 49 ④ 50 ③ 51 ③ 52 ①

53 디젤 기관의 발화 촉진제가 아닌 것은?

① 질산에틸 ② 아황산에틸
③ 초산아밀 ④ 아초산에밀

해설
디젤 기관의 발화 촉진제는 질산에틸, 초산아밀, 아초산에밀, 아초산에틸이다.

54 어느 디젤 연료의 세탄이 85, α-메틸 나프탈린이 15이라면 이 연료의 세탄가는 얼마인가?

① 75 ② 80
③ 85 ④ 90

해설
$$세탄가 = \frac{세탄}{세탄 + \alpha - 메틸나프탈린} \times 100$$
$$= \frac{85}{85+15} \times 100 = 85$$

55 디젤 기관의 연소실 종류 중 부연소실식이 아닌 것은?

① 직접 분사실식 ② 예 연소실식
③ 와류실식 ④ 공기실식

해설
직접 분사실식은 단실식 연소실이다.

56 디젤 기관의 연소실 종류 중 압축 압력이 가장 낮은 것은?

① 공기실식 ② 와류실식
③ 예 연소실식 ④ 직접 분사실식

57 디젤 기관 와류실식의 단점에 해당되지 않는 것은?

① 실린더 헤드의 구조가 복잡하다.
② 직접 분사식에 비해 연료 소비율이 높다.
③ 저속 시 디젤노크가 일어나기 쉽다.
④ 직접 분사식에 비해 연료의 착화성에 민감하다.

58 디젤 기관에서 감압장치를 설치하는 목적이 아닌 것은?

① 흡입 또는 배기밸브에 작용 감압한다.
② 흡입효율을 높여 압축압력을 크게 하는 데 작용한다.
③ 기관의 점검, 조정 및 고장 발견을 할 때 등에 작용한다.
④ 겨울철에 오일의 점도가 높을 때 시동을 용이하게 하기 위하여 설치한다.

59 딜리버리 밸브의 유압시험 시 밸브 내의 압력을 얼마 이상으로 올려야 하는가?

① $10 kgf/cm^2$ ② $50 kgf/cm^2$
③ $100 kgf/cm^2$ ④ $150 kgf/cm^2$

60 딜리버리 밸브의 역할이 아닌 것은?

① 연료의 역류를 방지한다.
② 노즐의 후적을 방지한다.
③ 가압된 연료를 분사 노즐로 압송한다.
④ 노즐의 분사압력을 조절한다.

해설
노즐의 분사압력은 조정나사로 조정한다.

61 분사 초기의 분사시기는 일정하게 하고 분사 말기의 분사시기를 변화시키는 플런저 리드형은 무엇인가?

① 정 리드형 ② 역 리드형
③ 양 리드형 ④ 고정 리드형

62 디젤기관의 전부하 운전 시 불균율의 허용범위는 얼마인가?

① ±1% ② ±3%
③ ±5% ④ ±7%

해설
디젤기관의 불균율의 허용범위는 전부하 시 ±3%, 무부하 시 10~15%이다.

정답 53 ② 54 ③ 55 ① 56 ③ 57 ④ 58 ② 59 ④ 60 ④ 61 ① 62 ②

63 어느 디젤기관의 분사량을 측정하였다. 평균 분사량이 68cc이고, 최소 분사량이 64cc, 최대 분사량이 78cc였다면 이 기관의 (+)불균율은 얼마인가?

① 약 5.90% ② 약 14.71%
③ 약 17.65% ④ 약 20.59%

해설

$$(+) 불균율 = \frac{최대\ 분사량 - 평균\ 분사량}{평균\ 분사량} \times 100(\%)$$
$$= \frac{78-68}{68} \times 100(\%) = 14.71(\%)$$

64 다음 분사 노즐 중에서 가장 연료 분사 개시 압력이 높은 것은?

① 구멍형 노즐 ② 핀틀형 노즐
③ 스로틀형 노즐 ④ 플런저형 노즐

65 디젤기관의 연료 분사밸브에 관한 설명 중 옳은 것은?

① 분사개시 압력이 낮으면 연소실 내에 카본 퇴적이 생기기 쉽다.
② 직접 분사실식의 분사개시 압력은 일반적으로 100~120kgf/cm²이다.
③ 연료 공급펌프의 흡입압력이 저하되면 연료 분사압력이 저하된다.
④ 분사개시 압력이 높으면 노즐의 후적이 생기기 쉽다.

66 디젤 기관의 과급 목적으로 맞지 않는 것은?

① 출력은 35~40% 증대된다.
② 체적 효율이 증대된다.
③ 회전력이 증가하고, 평균 유효 압력 향상된다.
④ 연료 소비율 3~5% 증대된다.

67 과급기 케이스 내부에 설치되어 공기의 속도 에너지를 압력 에너지로 바꾸게 하는 것은?

① 루트 과급기 ② 디퓨저
③ 터빈 ④ 송풍기

해설
디퓨저는 공기의 속도 에너지를 압력 에너지로 바꾼다.

68 디젤 기관의 장점에 대한 설명으로 틀린 것은?

① 연료 소비율이 적고, 열효율이 높다.
② 연료의 인화점이 낮아 화재의 위험성이 적다.
③ 전기 점화장치가 없어 고장율이 낮다.
④ 경부하 때의 효율은 그다지 나쁘지 않다.

해설
연료의 인화점이 높아 화재의 위험성이 적다.

69 각 실린더의 분사량을 측정하였더니 최대 분사량이 66cc, 최소 분사량이 58cc, 평균 분사량이 60cc였다면 분사량의 (+)불균율은?

① 10% ② 15%
③ 20% ④ 30%

해설

$$(+) 불균율 = \frac{최대\ 분사량 - 평균\ 분사량}{평균\ 분사량} \times 100(\%)$$
$$= \frac{66-60}{60} \times 100(\%) = 10(\%)$$

정답 63 ② 64 ① 65 ① 66 ④ 67 ② 68 ② 69 ①

CHAPTER 04 흡·배기장치 정비

TOPIC 01 흡·배기장치 이해

1. 흡기계통

(1) 흡기장치의 구성

흡입 관성에 따른 공기의 일시 저장 기능을 하는 레조네이터(공명, 소음기), 흡입하는 공기 속에 들어있는 먼지 등을 제거하는 공기 청정기, 각 실린더에 혼합기나 공기를 분배하는 흡기 다기관, 흐르는 공기를 차단하거나 흐르게 해주는 스로틀 밸브 등으로 구성되어 있다.

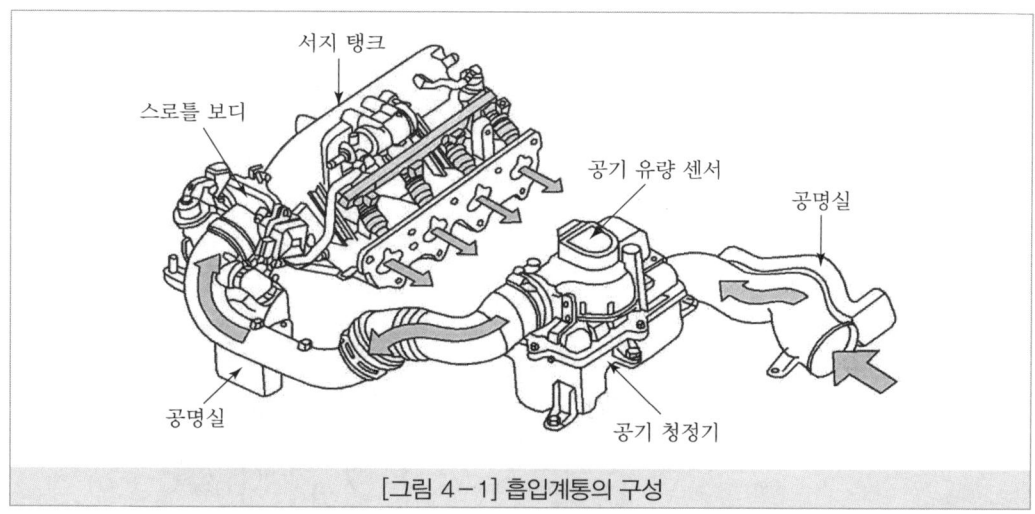

[그림 4-1] 흡입계통의 구성

1) 공기 청정기(Air cleaner)

① 공기 청정기는 흡입 공기의 먼지와 이물질 등을 여과하는 기능과 내연기관이 공기를 흡입하면서 생기는 맥동 소음을 감소시켜 주는 작용을 한다.
② 공기 청정기는 작동 방식에 따라 건식, 습식, 유조식으로 분류할 수 있다.

2) 흡기 다기관(Intake manifold)

흡기 다기관은 혼합기를 실린더 내로 유도하는 통로이며, 공전 상태에서 45~50cmHg의 부압을 유지하여 브레이크 배력 장치 및 크랭크실 환기와 점화 진각 장치 등을 작동시킨다.

3) 가변 흡기 다기관(VIS ; Variable Intake System)

VIS(Variable Intake System)란 가변식 흡입장치라는 뜻으로, 다양한 엔진의 요구에 대응하고 저속에서 고속까지 높은 출력을 발휘하도록 개발된 엔진 흡기계통의 부속장치이다.

저속	흡입관의 길이를 길게 하여 흡입관성 효율을 높임
고속	흡기관 길이를 짧게 하여 엔진으로 신속하게 공기가 들어가도록 함

4) 가변 스월 컨트롤 밸브(SCV ; Swirl Control Valve)

① 가변 스월 액추에이터는 DC모터와 모터의 위치를 검출하는 모터 위치 센서로 구성된다.
② 두 개 중 하나의 흡기 포트를 닫아 연소실에 유입되는 흡입 공기의 유속을 증가시키며 스월(소용돌이) 효과를 발생시킨다.

5) 스로틀 밸브 바디(Throttle Valve Body)

① 개요 : 공기 유량 센서와 서지탱크 사이에 설치되어 흡입 공기 통로의 일부를 형성한다. 스로틀 밸브와 스로틀 위치 센서가 있고, 스로틀 보디에는 형식에 따라 기관을 감속할 때 연료공급을 일시 차단하는 대시포트(dash-port) 기능 등이 설치되어 있는 것이 있으며, 또 ISC-servo를 둔 형식도 있다.
② 구성 : 스로틀밸브, 공전 속도조절기, TPS

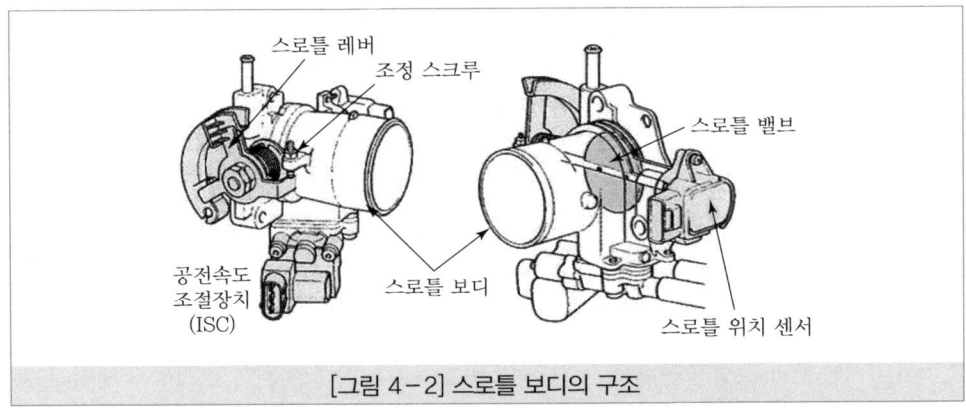

[그림 4-2] 스로틀 보디의 구조

③ ISC-servo
　㉠ 구성 : 모터, 웜기어, 웜휠, 플런저, 모터위치 센서(MPS), 공전 위치 스위치
　㉡ 스로틀밸브의 개도를 조정하여 공전 속도를 제어
　㉢ 공전 속도 제어기능
　　• 패스트 아이들 제어

- 공전 제어
- 대시포트 제어
- 부하 시 제어(에어컨 작동 시, 동력 조향 장치의 오일 압력 스위치 ON 시 등)

> **Tip**
>
> **대시포트**
> 급감속 시 연료를 일시적으로 차단함과 동시에 스로틀 밸브가 빠르게 닫히지 않도록 하여 기관의 회전 속도를 완만하게 변화시킨다.

(2) 스로틀 위치 센서

스로틀 위치 센서는 운전자가 가속페달을 밟은 정도에 따라 개폐되는 스로틀 밸브의 열림을 계측하여 기관 컴퓨터로 입력시키는 것이며, 접점방식과 선형방식이 있다.

(3) 공전 속도 조절기

1) 개요

공전 속도 조절기는 기관이 공전 상태일 때 부하에 따라 안정된 공전 속도를 유지하도록 하는 장치이며, 그 종류에는 ISC – 서보 방식, 스텝 모터 방식, 공전 액추에이터 방식 등이 있다.

2) ISC(Idle Speed Control) – 서보 방식

이 방식은 공전 속도 조절 모터, 웜기어(worm gear), 웜휠(worm wheel), 모터 포지션 센서(MPS), 공전 스위치 등으로 되어있다.

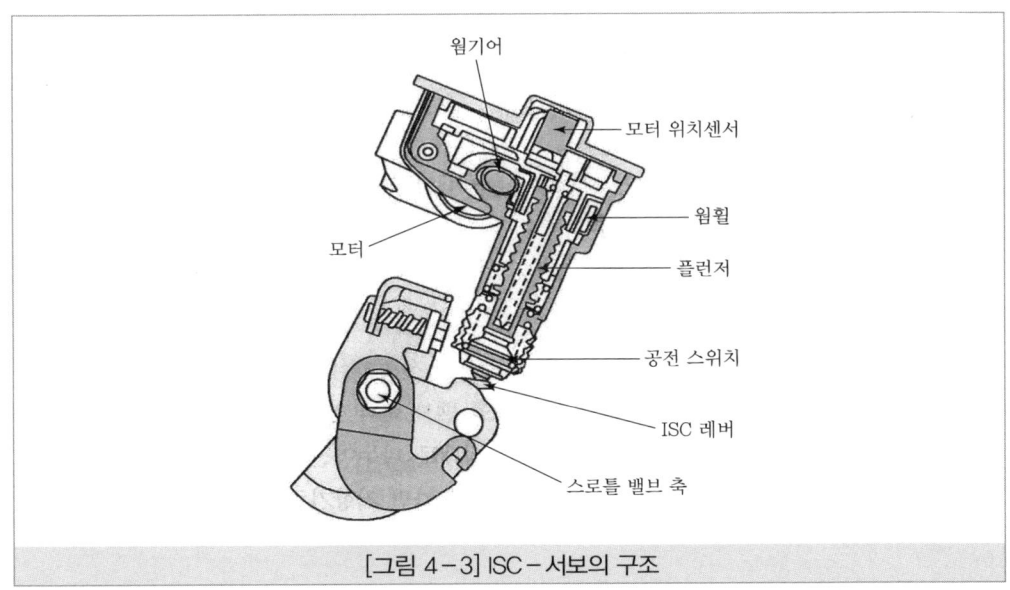

[그림 4-3] ISC – 서보의 구조

3) 스텝 모터 방식(Step motor type)

① 스로틀 밸브를 바이패스하는 통로에 설치하여 흡입 공기량을 조절함으로써 공전 속도를 제어한다. 즉, 기관의 부하에 따라 단계적으로 스텝 모터가 작동하여 기관을 최적의 상태로 유지한다.

② 스텝 모터는 모터 포지션 센서의 피드백(feed back)이 필요 없어 제어계통이 간단해진다.

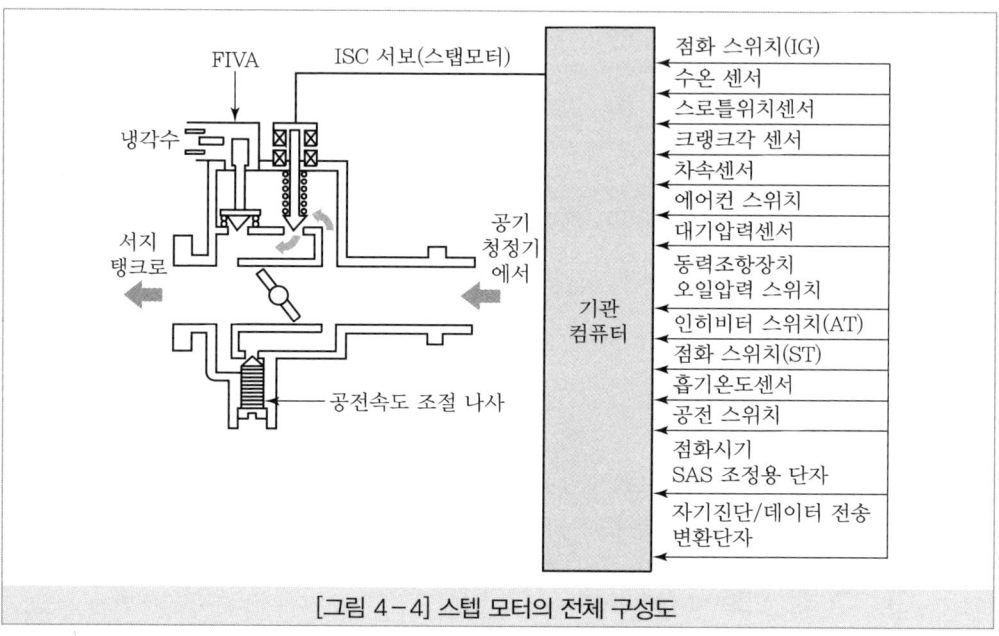

[그림 4-4] 스텝 모터의 전체 구성도

4) 공전 액추에이터(ISA ; Idle Speed Actuator) 방식

기관에 부하가 가해지면 기관 컴퓨터가 기관의 안정성을 확보하기 위해 공전 액추에이터의 솔레노이드 코일에 흐르는 전류를 듀티 제어하여, 솔레노이드 밸브에 발생하는 전자력과 스프링 장력이 서로 평형을 이루는 위치까지 밸브를 이동시킴으로써 공기 통로의 단면적을 제어하는 방식이다.

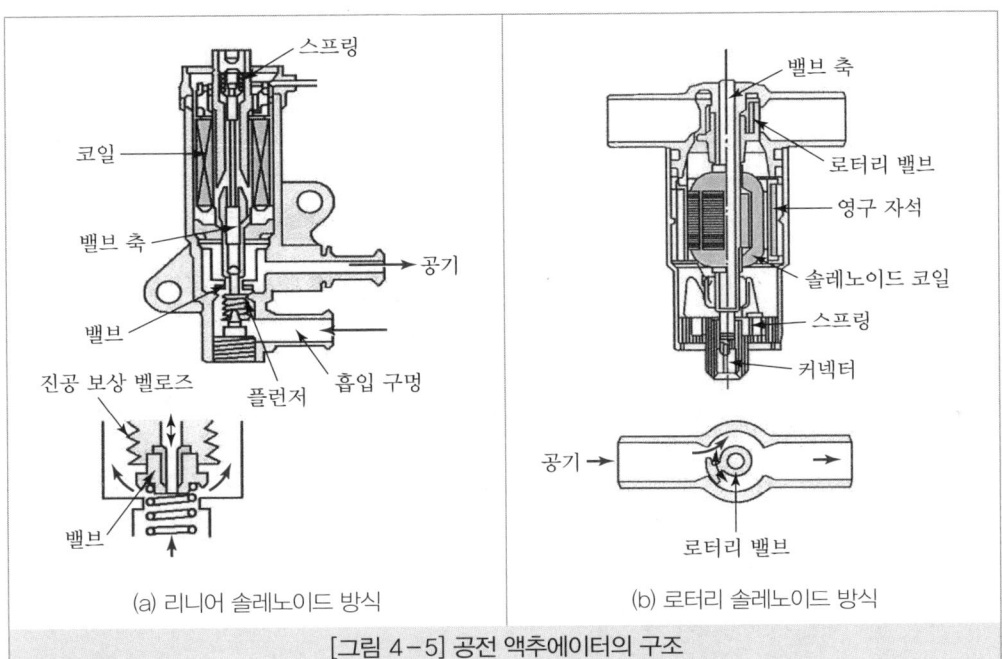

[그림 4-5] 공전 액추에이터의 구조

> **Tip**
>
> **피에조(Piezo)**
> 기체 또는 액체의 압력을 검출하는 센서로 반도체의 단결정이 압력을 받게 되면 결정 자체의 고유저항이 변화되는 성질을 이용하여 압력 변화를 전기적 저항 변화로 표현한다.

(4) 공기 유량 센서(Air flow sensor)

1) 개요

유량은 단위시간당 흐르는 유체의 양으로 정의되며, 흡입 공기의 유량은 기관의 성능, 운전성능, 연료소비율 등에 직접적인 영향을 미치는 요소이다.

2) 공기 유량 센서의 종류와 그 작용

① 베인 방식(vane or measuring plate type) - 에어플로 미터 방식 : L-제트로닉 방식에서 흡입 공기량을 계측하여 이것을 기관 컴퓨터로 보내는 방식이다.

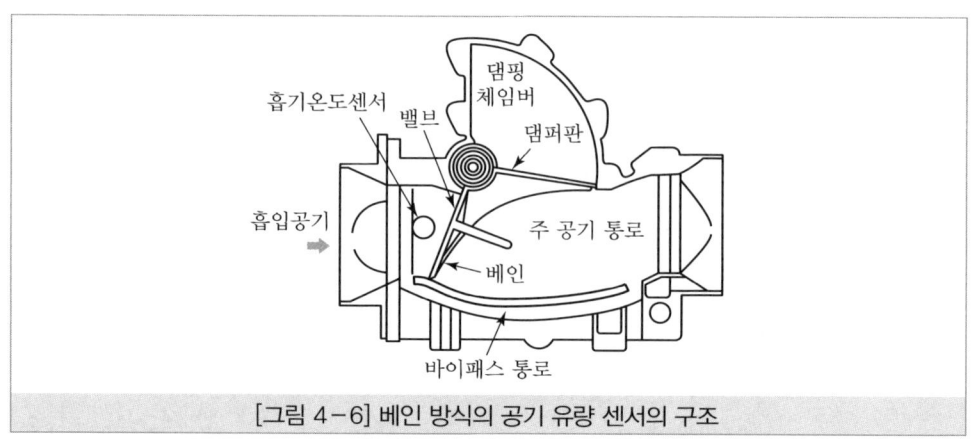

[그림 4-6] 베인 방식의 공기 유량 센서의 구조

② 칼만 와류 방식(karman vortex type) : 칼만 와류 방식 공기 유량 센서의 측정 원리는 균일하게 흐르는 유동 부분에 와류를 일으키는 물체를 설치하면 칼만 와류라고 부르는 와류열(vortex street)이 발생하는데 이 칼만 와류의 발생 주파수와 흐름 속도와의 관계로부터 유량을 계측하는 것이다.

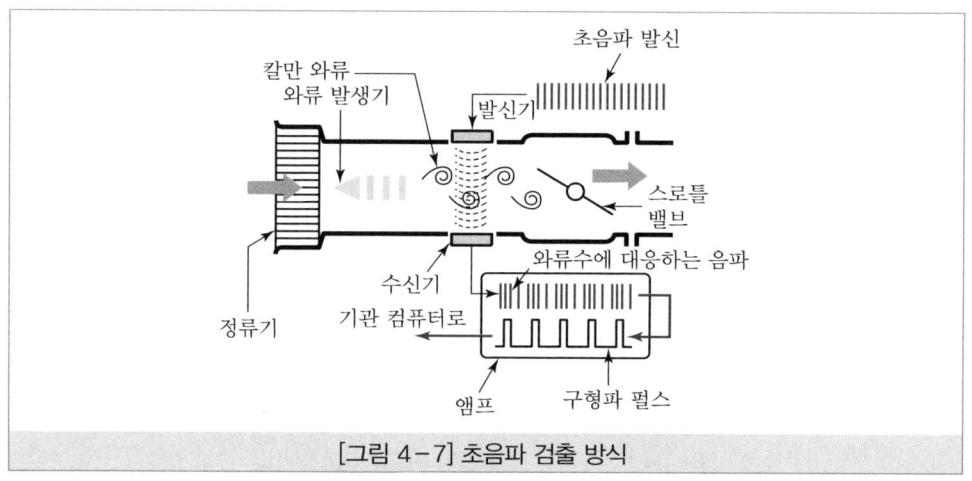

[그림 4-7] 초음파 검출 방식

③ 열선 및 열막 방식(hot wire or hot film type)
  ㉠ 열선은 지름 70µm의 가는 백금 전선이며, 원통형의 계측 튜브(measuring tube) 내에 설치
  ㉡ 계측 튜브 내에는 저항기구, 온도 센서 등도 설치
  ㉢ 계측 튜브 바깥쪽에는 하이브리드(hybrid) 회로, 출력 트랜지스터, 공전 전위차계(idle potentio meter) 등 설치
④ MAP 센서(Manifold Absolute Pressure Sensor ; 흡기 다기관 절대압력 센서)
  ㉠ 흡기 다기관의 특성과 MAP 센서 출력의 관계
    • 공회전 상태(스로틀 완전 닫힘) : 진공압력 최대, 절대압력 최소, 센서 출력 전압 최소(약 0.9~1.7V), 유량 최소

- 전부하 상태(스로틀 완전 열림) : 진공압력 최소, 절대압력 최대(대기압력 수준), 센서 출력 전압 최대(약 4.4~4.8V), 유량 최대
ⓒ MAP 센서의 작용
- D-Jetronic에서 사용
- 흡기 다기관의 절대압력 변화를 측정하여 전압 출력
- 기관이 공전할 때 전압(0.9~1.7V)을 출력
- 스로틀 밸브가 완전히 열린 상태에서는 높은 전압(4.4~4.8V) 출력

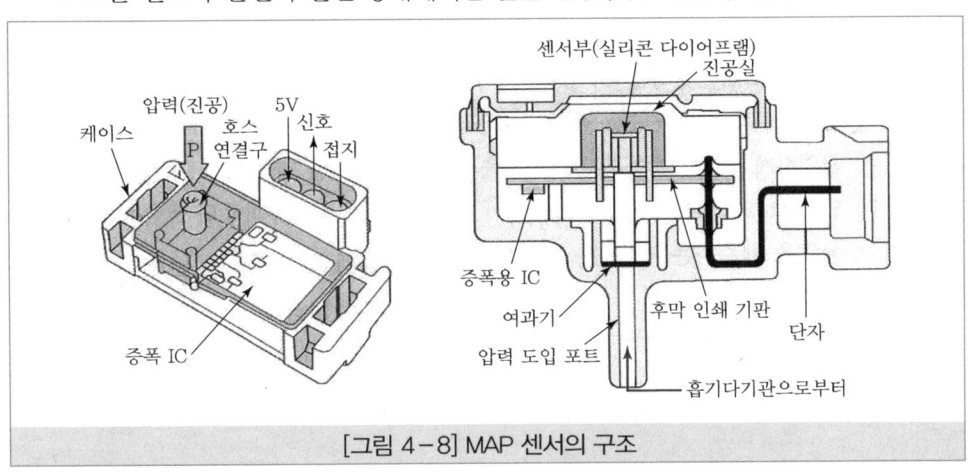

[그림 4-8] MAP 센서의 구조

2. 배기장치

(1) 배기 다기관(Exhaust manifold)

배기 다기관은 엔진에서 연소된 고온·고압의 가스가 엔진 외부로 안전하고 효율적으로 배출하는 장치로, 이를 위해서는 배기 유속과 배기 간섭파를 최소화하는 것이 중요하다.

(2) 소음기(Muffler)

배기가스는 고온(600~900℃)이고 흐름 속도가 거의 음속(340m/sec)에 달하며 배기 압력이 $3~5kgf/cm^2$ 정도이므로, 이것을 그대로 대기 중에 방출시키면 급격히 팽창하여 격렬한 폭음을 낸다. 이 폭음을 막아주는 장치가 소음기이며, 음압과 음파를 억제하는 구조로 되어있다.

> **Tip**
>
> **소음기(Muffler) 효과**
> 배기장치의 압력 감소, 온도 감소, 배압 상승으로 인한 엔진 출력이 감소한다.

(3) 촉매컨버터(catalytic converter)

연소실에서 발생된 배출가스 중 HC, CO, NOx가 촉매를 지나는 동안 촉매에 코팅되어 있는 백금(Pt), 파라듐(Pd), 로듐(Rd) 등에 의해 산화 및 환원 작용으로 CO_2, H_2O, N_2 등으로 정화되어 배출시키는 장치이다.

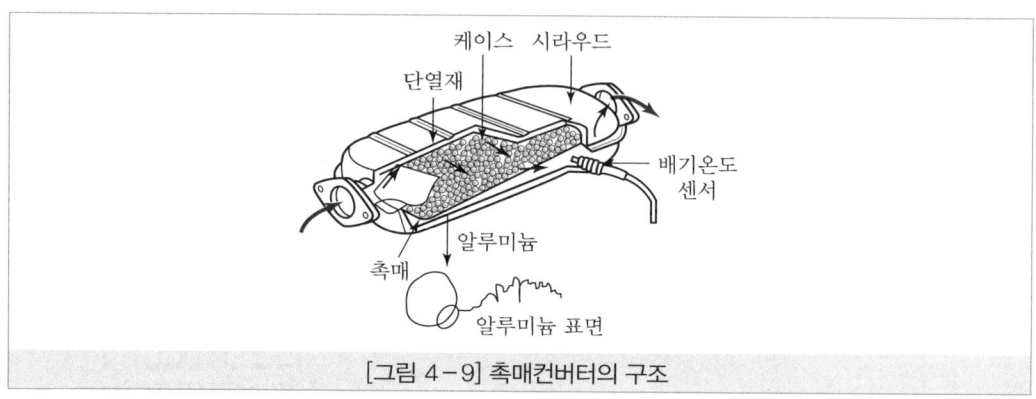

[그림 4-9] 촉매컨버터의 구조

1) 촉매컨버터의 종류

① MCC(Manifold Catalytic Convertor) 형식 : 배기 다기관에 직접 부착되고 직경이 굵다.
② CCC(Closed-coupled Catalytic Convertor) 형식은 산화와 환원 담체를 동일한 지지체에 결합한 방식이다.
③ WCC(Warm-up Catalytic Convertor) 형식 : 배기 다기관과 가까이 부착되어 웜-업이 빠른 특성이 있다.
④ UCC(Under-floor Catalytic Convertor) 형식 : 자동차의 밑바닥에 위치하는 방식이다.

2) 촉매컨버터의 정화 비율

① 촉매컨버터의 정화 비율은 공연비와 촉매컨버터 입구의 배기가스 온도에 관계되는데 이론 공연비(약 14.7 : 1) 부근에서 정화 비율이 가장 높다.
② 배기가스 온도가 320℃ 이상일 때에는 높은 정화 비율을 나타낸다.

3) 촉매컨버터가 부착된 자동차의 주의사항

① 반드시 무연 가솔린을 사용해야 한다.
② 기관의 파워 밸런스(power balance) 시험은 실린더당 10초 이내로 해야 한다.
③ 자동차를 밀거나 끌어 시동하여서는 안 된다.
④ 잔디·낙엽 및 카펫 등의 가연물질 위에 주차하면 안 된다.

> **Tip**
>
> **산화반응과 환원반응**
> - 산화반응 : 배기가스의 HC와 CO가 무해한 H_2O와 CO_2로 화학변화(산화)하는 것
> - 환원반응 : 배기가스의 NOx가 N_2+O_2로 화학변화(환원)하는 것

(4) 산소 센서(Oxygen sensor)

1) 지르코니아 산소 센서의 출력 특성

① 혼합기 농후 → 최대 전압(약 1V) → 인젝터 분사 시간 감소 → 연료량 감소

② 혼합기 희박 → 최소 전압(약 0.1V) → 인젝터 분사 시간 증가 → 연료량 증가

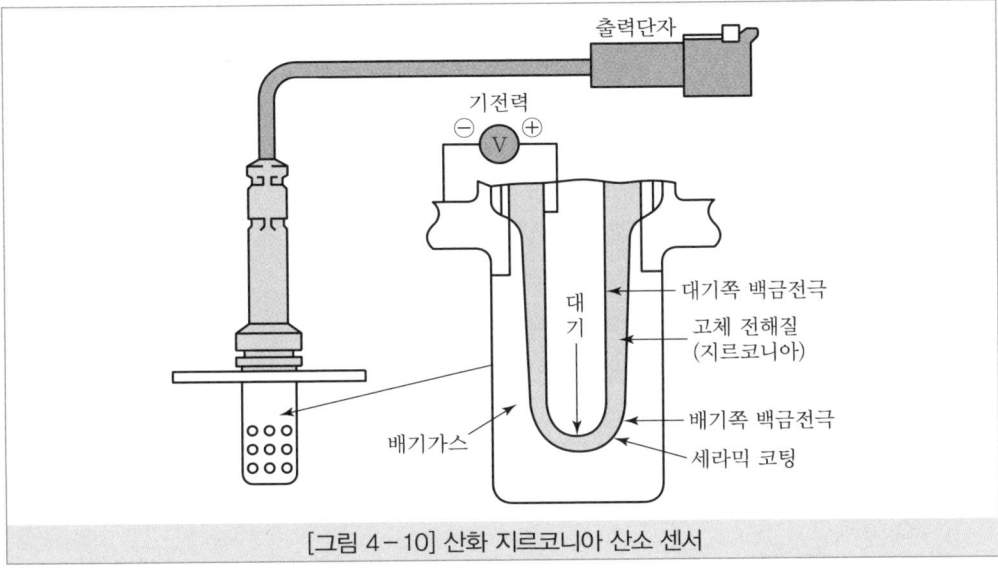

[그림 4-10] 산화 지르코니아 산소 센서

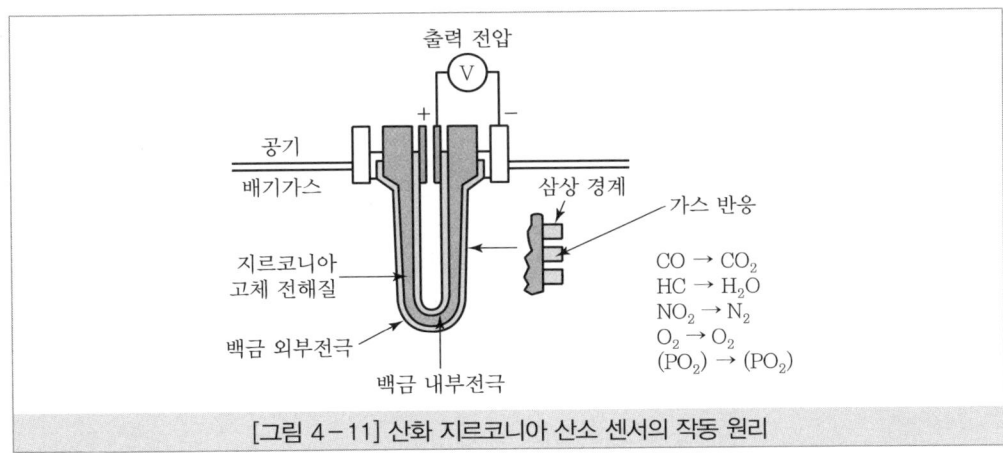

[그림 4-11] 산화 지르코니아 산소 센서의 작동 원리

2) 산소 센서 사용상 주의사항

① 산소 센서의 출력 전압을 측정할 때 디지털 멀티테스터를 사용한다(아날로그 멀티테스터를 사용하면 파손되기 쉬움).
② 산소 센서의 내부저항은 절대로 측정해서는 안 된다.
③ 무연(無鉛)가솔린(4에틸 납이 포함되지 않음)을 사용해야 한다.
④ 출력 전압을 단락시켜서는 안 된다.

3) 피드백 제어(Feed back control)

① 배기 다기관에 설치한 산소 센서로 배기가스 중의 산소농도를 검출하고 기관 컴퓨터로 피드백시켜 연료 분사량을 증감함으로써 항상 이론 공연비가 되도록 연료 분사량을 제어한다.
② 다음과 같은 경우에는 제어를 정지한다.
　㉠ 냉각수 온도가 낮을 때
　㉡ 기관을 시동할 때
　㉢ 기관 시동 후 연료 분사량을 증가시킬 때
　㉣ 기관의 출력을 증대시킬 때
　㉤ 연료 공급을 차단할 때(희박 또는 농후 신호가 길게 지속될 때)

(5) 디젤 산화 촉매(CPF ; Catalyzed Particulate Filter)

① 디젤 엔진에서 배출되는 배기가스 중에 포함된 입자성 물질(분진 : 탄소 알갱이, 황화합물, 겔 상태의 연소 잔여 물질)을 포집하여 배기가스 중의 흑연을 제거한다.
② CPF에 의해 걸러진 분진들은 CPF 내부에 퇴적되어 CPF 전단과 후단 사이의 압력 차이를 발생시킨다.
③ CPF 전단과 후단 사이의 압력 차이가 일정 정도 이상 발생하고, 차량 운행 조건을 만족시킬 때(배기가스의 온도가 분진을 연소시킬 수 있는 온도에 도달) 연소되어 제거(DPF 재생 과정)된다.

> **Tip**
>
> **차압 센서**
> 차압 센서는 CPF 재생 시기 판단을 위한 PM 포집량을 예측하기 위해 필터 전·후방 압력차를 검출한다. 차압이 20~30kPa(200~300mbar) 이상 발생할 경우 재생 모드에 진입한다.

TOPIC 02 배출가스 제어장치

1. 배기가스(배출가스의 약 60%)

① 무해성 가스 : 수증기(H_2O), 이산화탄소(CO_2), 질소(N_2)
② 유해성 가스 : 일산화탄소(CO), 탄화수소(HC), 질소산화물(NOx)

2. 블로바이가스(배출가스의 약 25%)

① 피스톤과 실린더 사이에서 크랭크 케이스로 누출되는 가스이다.
② 70~95%가 미연소 가스 상태로 주성분은 탄화수소(HC)이다.
③ 광화학 스모그의 원인이 된다.

3. 연료 증발 가스(배출가스의 약 15%)

연료탱크 및 기화기에서 증발되는 가스로 주성분은 탄화수소(HC)이다.

4. 유해가스의 배출 특성

① 이론 혼합비보다 농후할 때 : NOx 감소, CO, HC 증가
② 이론 혼합비보다 희박할 때 : NOx 증가, CO, HC 감소
③ 이론 혼합비보다 아주 희박할 때 : NOx CO 감소, HC 증가
④ 저온 시 농후한 혼합비일 때 : HC, CO 증가, NOx 감소

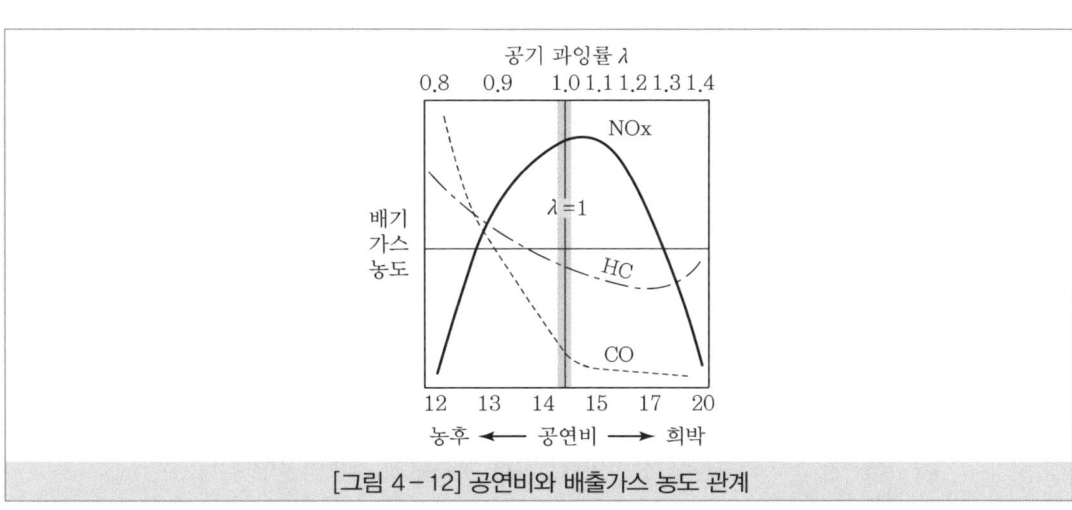

[그림 4-12] 공연비와 배출가스 농도 관계

⑤ 엔진 고온 시 : NOx 발생 증가
⑥ 엔진 가속 시 : NOx, CO, HC의 배출 증가
⑦ 엔진 감속 시 : NOx 감소, CO, HC 증가

5. 블로바이가스 제어 장치

① 경부하 및 중부하 영역에서 블로바이가스는 PCV(Positive Crank case Ventilation) 밸브의 열림 정도에 따라서 유량이 조절되어 서지탱크(흡기 다기관)로 들어간다.
② 급가속을 하거나 기관의 높은 부하 영역에서는 흡기 다기관 진공이 감소하여 PCV 밸브의 열림 정도가 작아지므로 블로바이가스는 블리드 호스(bleed hose)를 통하여 서지탱크(흡기 다기관)로 들어간다.

6. 연료 증발 가스 제어 장치

(1) 개요

연료장치에서 발생한 증발가스(주성분 : 탄화수소)를 캐니스터에 포집한 후 퍼지 컨트롤 솔레노이드 밸브의 조절에 의하여 흡기 다기관을 통하여 연소실로 보내어 연소시킨다.

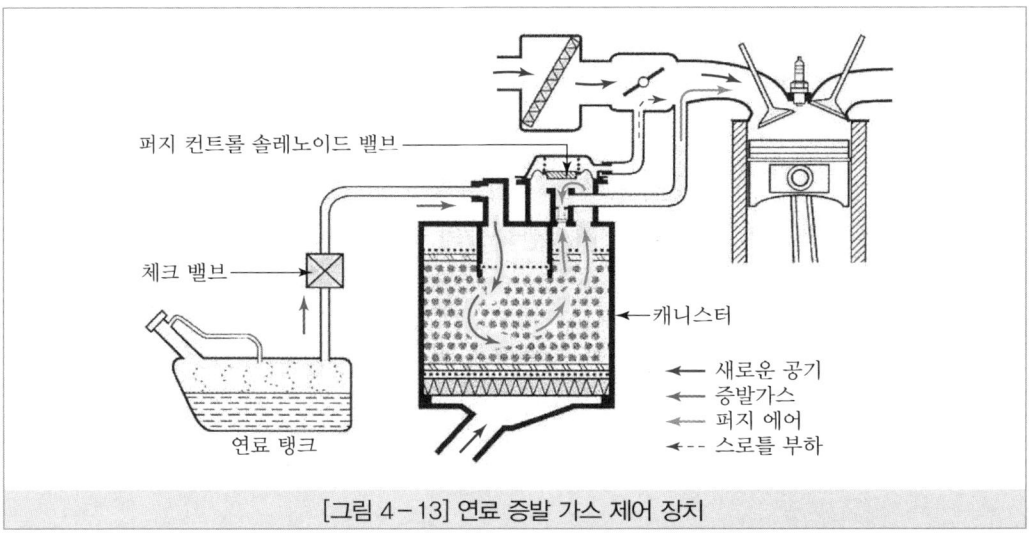

[그림 4-13] 연료 증발 가스 제어 장치

(2) 연료 증발 가스 제어 장치의 구성

① 캐니스터(Canister) : 기관이 작동하지 않을 때 연료 계통에서 발생한 연료 증발 가스를 캐니스터 내에 흡수 저장(포집)하였다가 기관이 작동되면 퍼지 컨트롤 솔레노이드 밸브를 통하여 서지탱크로 유입한다.
② 퍼지컨트롤 솔레노이드 밸브(PCSV ; Purge Control Solenoid Valve) : 캐니스터에 포집된 연료 증발 가스를 조절하는 장치이며, 기관 컴퓨터에 의하여 작동된다.

7. 배기가스 재순환 장치(EGR ; Exhaust Gas Recirculation)

(1) 배기가스 재순환 장치의 작동

배기가스 재순환 장치는 흡기 다기관의 진공에 의하여 열려 배기가스 중의 일부(혼합가스의 약 15%)를 배기 다기관에서 빼내어 흡기 다기관으로 순환시켜 연소실로 다시 유입시킨다.

$$\text{EGR율} = \frac{\text{EGR 가스량}}{\text{EGR 가스량} + \text{흡입 공기량}}$$

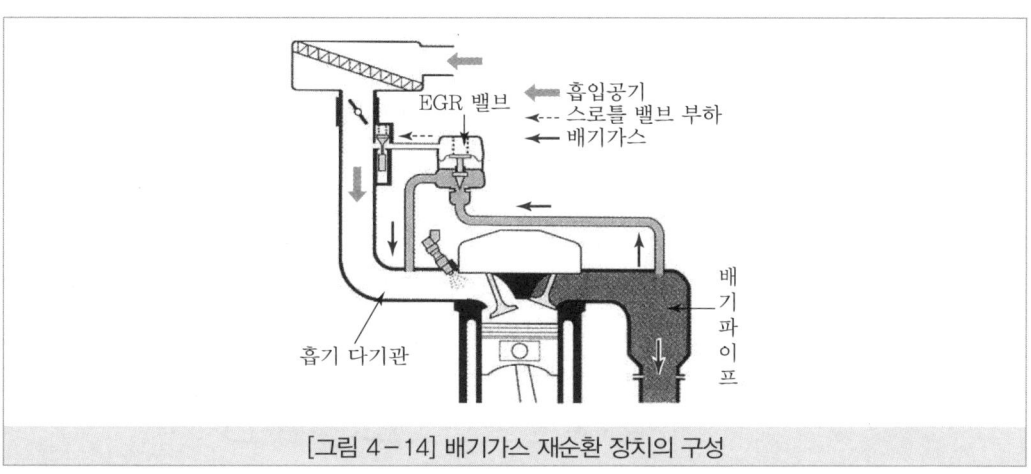

[그림 4-14] 배기가스 재순환 장치의 구성

(2) 배기가스 재순환 장치의 구성 부품

① 배기가스 재순환 밸브(EGR 밸브) : 배기가스 재순환 밸브는 스로틀 밸브의 열림 정도에 따른 흡기 다기관의 진공에 의하여 조절되며, 이 밸브에 신호를 주는 진공은 서모 밸브와 진공조절 밸브에 의해 조절된다.

② 서모 밸브(thermo valve) : 배기가스 재순환 밸브의 진공 회로 중에 있는 서모 밸브는 기관 냉각수 온도에 따라 작동하며 일정 온도(65℃ 이하)에서는 배기가스 재순환 밸브의 작동을 정지시킨다.

③ 진공 제어 밸브 : 진공 제어 밸브는 기관 작동상태에 따라 배기가스 재순환 밸브를 조절하여 배기가스가 재순환되는 양을 조절한다.

TOPIC 03   흡·배기장치 점검, 진단, 조정

1. 스로틀 바디 점검, 진단, 조정

(1) ISC 밸브값 파형 점검

① 스로틀 바디에 부착되어 있는 ISC 밸브의 오염도를 확인한다.
② 오슬로스코프 파형 측정 시 +, -측이 균일하게 출력이 되는지와 열림 닫힘 측 제어선의 출력이 엔진 rpm 변화에 잘 반응하고 있는지 정비지침서의 규정값과 듀티율을 확인한다.

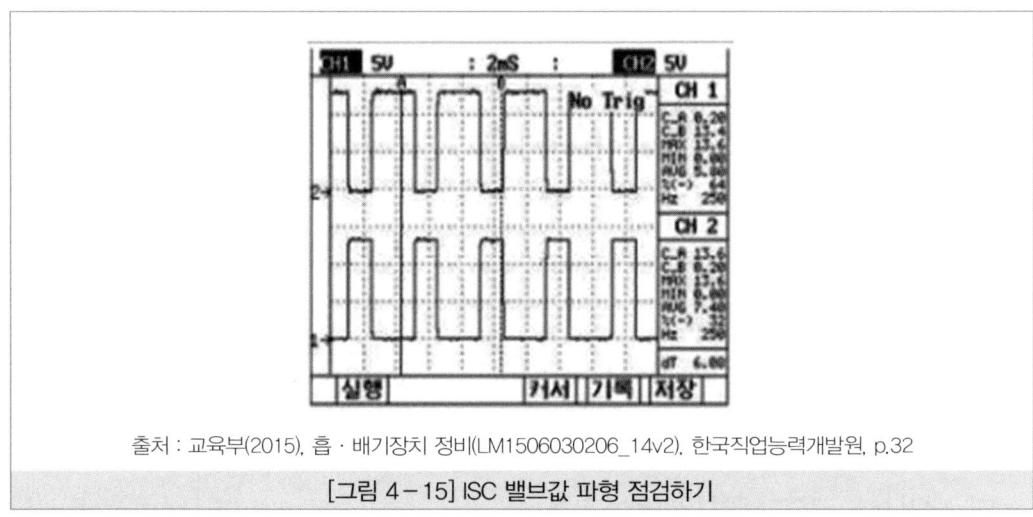

출처 : 교육부(2015), 흡·배기장치 정비(LM1506030206_14v2), 한국직업능력개발원, p.32

[그림 4-15] ISC 밸브값 파형 점검하기

(2) TPS 센서 파형 점검

TPS 센서 저항값을 확인하여 IG/ON 후 스로틀 개도량에 따라 전압의 변화가 아날로그 신호로 나타나는지 중간에 노이즈가 없는지 확인한다.

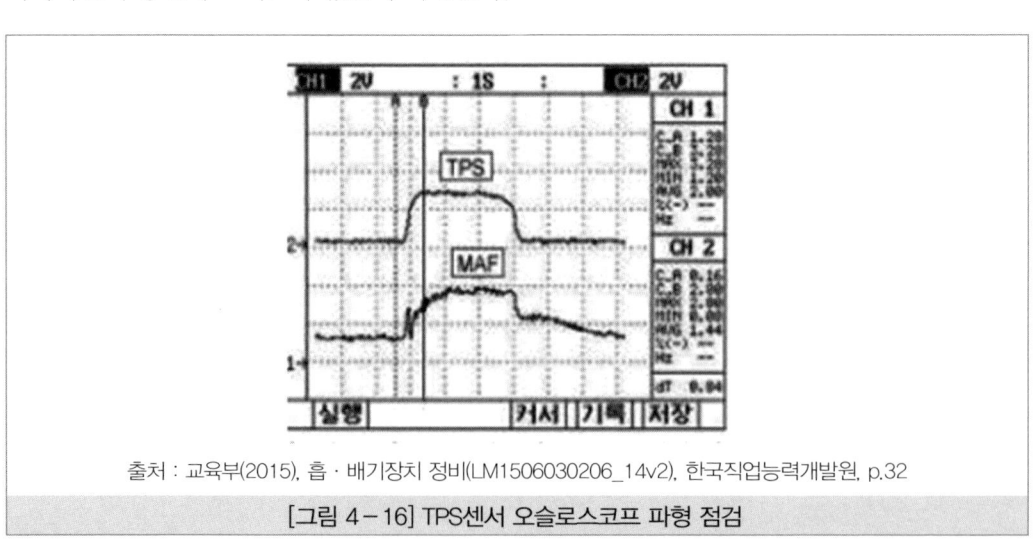

출처 : 교육부(2015), 흡·배기장치 정비(LM1506030206_14v2), 한국직업능력개발원, p.32

[그림 4-16] TPS센서 오슬로스코프 파형 점검

2. 산소 센서 점검, 진단

(1) 산소 센서 점검 및 진단 방법

① 산소 센서 탈거 시 산소 센서 장착 부위 나사산이 망가지므로 탈거 혹은 조립 시 정비지침서를 참고하면서 반드시 토크렌치를 이용하여 규정값으로 체결한다.
② 조립 후 아이들의 상태와 부하 시 엔진의 소음을 체크한다.
③ 산소 센서 스캐너 진단, 검사를 실시한다.
④ 산소 센서 스캐너 진단을 실시할 때 커넥터 접촉 상태 및 와이어링 및 산소 센서 손상 여부를 확인한다.
⑤ 엔진과 산소 센서 사이의 배기가스 누설 여부를 확인한다.

(2) 산소 센서 파형 점검

지르코니아 산소 센서의 경우 최대 1V에 가까울수록 농후한 연소이며, 0V에 가까울수록 희박한 연소임을 알 수 있다.

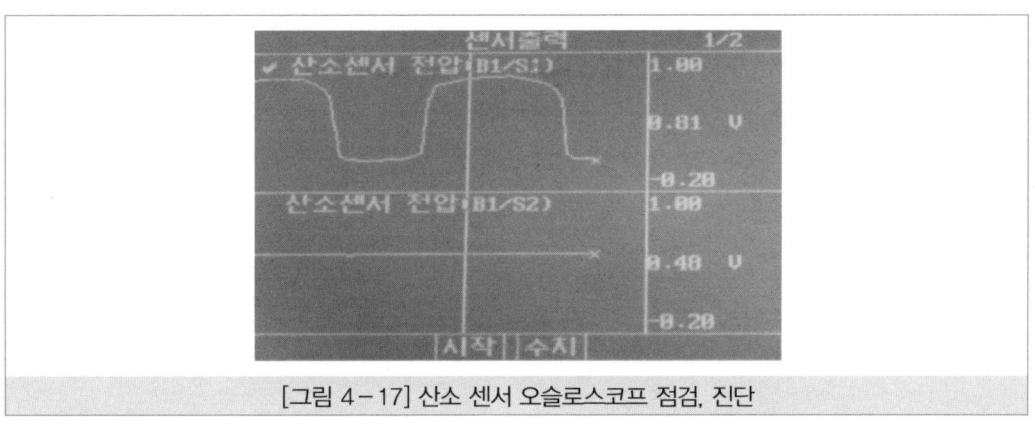

[그림 4-17] 산소 센서 오슬로스코프 점검, 진단

> **TOPIC 04** 흡·배기장치 수리, 교환, 검사

1. 에어 클리너 교환

① 로커 커버와 브리더 호스를 분리한다.
② 에어 플로어 센서와 연결된 호스를 이완시킨다.
③ 에어 클리너 상부 커버와 하부 커버의 고정 클램프를 탈거한다.
④ 조립 시 일회성 사용품은 모두 교체한다.
⑤ 조립은 분해의 역순으로 한다.

⑥ 각종 볼트와 너트는 정비지침서의 규정 토크를 준수한다.

※ 신품의 에어 클리너 교체 시 필터 면이 오염되지 않도록 한다.

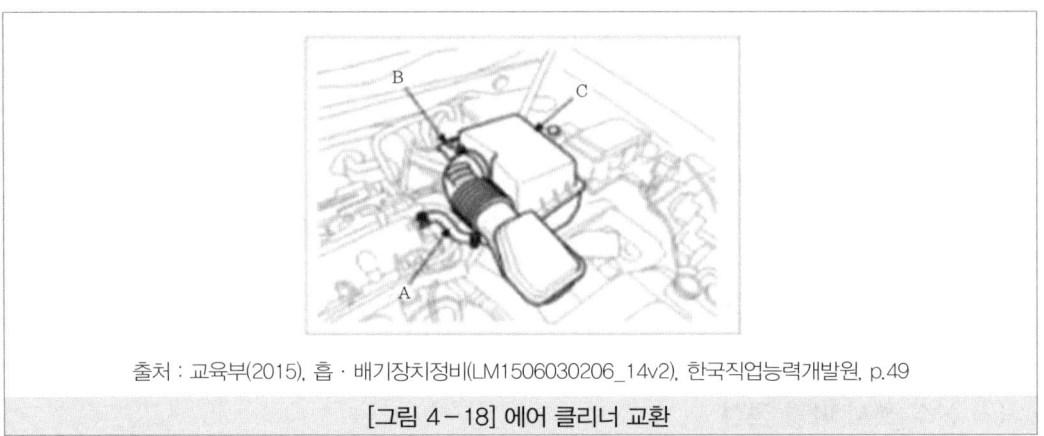

출처 : 교육부(2015), 흡·배기장치정비(LM1506030206_14v2), 한국직업능력개발원, p.49

[그림 4-18] 에어 클리너 교환

2. 에어 클리너 검사

① 에어 클리너 장착은 분해의 역순이며, 상부 커버와 하부 커버의 체결 상태 및 연결 호스의 체결 상태를 확인한다.

② 각종 체결 부위를 확인한 후 엔진의 작동상태와 이상음의 발생 유무를 확인한다.

③ 건식 엘리먼트에 이물질이 있을 경우 에어건을 이용하여 제거하고 오염이 심한 경우 교환한다.

단원 마무리문제

CHAPTER 04 흡·배기장치 정비

01 자동차의 배기가스 중 유해가스가 아닌 것은?
① 일산화탄소(CO) ② 이산화탄소(CO_2)
③ 탄화수소(HC) ④ 질소산화물(NOx)

02 피스톤과 실린더 사이에서 크랭크 케이스로 누출되는 가스를 블로바이가스라고 한다. 이 가스의 주성분은 무엇인가?
① 일산화탄소(CO) ② 이산화탄소(CO_2)
③ 탄화수소(HC) ④ 질소산화물(NOx)

해설
블로바이가스는 혼합기로 70~95%가 미연소 가스 상태이며, 주 성분은 탄화수소(HC)이다.

03 삼원 촉매 변환 장치의 정화율이 가장 높은 공연비는?
① 8 : 1 ② 10 : 1
③ 14.7 : 1 ④ 18 : 1

04 다음 중 실린더의 파워 밸런스를 시험할 때 손상에 주의해야 하는 부품은?
① 피스톤 ② 산소 센서
③ 삼원 촉매 ④ 점화플러그

해설
파워 밸런스 시험 시 미연소 가스가 촉매 내부에 부착되어 연소되면 촉매가 녹아 손상될 수 있다.

05 연소 후 배출되는 유해가스 중 삼원 촉매 장치에서 정화되는 것이 아닌 것은?
① CO ② NOx
③ HC ④ CO_2

해설
유해가스의 정화
- NOx → N_2 + O_2
- CO → CO_2
- HC → H_2O + CO_2

06 삼원 촉매 장치에 사용되는 촉매가 아닌 것은?
① Pt(백금) ② Rh(로듐)
③ Pd(파라듐) ④ Al_2O_2(알루미나)

해설
알루미나는 산화알미늄으로 스파크플러그의 절연체로 사용된다.

07 가솔린 기관의 조작 불량으로 불완전 연소를 했을 때의 배기가스 중 인체에 가장 해로운 것은?
① NOx가스 ② H_2가스
③ SO_2가스 ④ CO 가스

해설
일산화탄소(CO) 과량 흡입 시 일산화탄소 중독에 의해 사망할 수 있다.

08 자동차의 배출가스에서 광화학 스모그의 원인이 되는 가스는 무엇인가?
① CO ② HC
③ NOx ④ CO_2

정답 01 ② 02 ③ 03 ③ 04 ③ 05 ④ 06 ④ 07 ④ 08 ②

09 피스톤과 실린더 사이에서 크랭크 케이스로 누출되는 가스를 무엇이라 하는가?

① 배기가스 ② 블로바이가스
③ 블로다운가스 ④ 연료증발가스

해설
블로바이가스는 피스톤과 실린더 사이에서 크랭크 케이스로 누출되는 가스이다.

10 블로바이가스는 어떤 밸브를 통해 흡기 다기관으로 유입되는가?

① EGR 밸브 ② PCSV
③ 서모 밸브 ④ PCV 밸브

해설
- PCSV : 증발가스 제어(HC)
- PCV 밸브 : 블로바이가스 제어(HC)
- EGR 밸브 : 배기가스 재순환 장치(NOx)
- 서모 밸브 : EGR 가동을 위한 신호로 사용

11 이론 혼합비보다 농후할 때 배출되는 가스에 대한 설명으로 옳은 것은?

① NOx, CO, HC 모두 증가한다.
② NOx는 증가하고 CO, HC는 감소한다.
③ NOx, CO, HC 모두 감소한다.
④ NOx는 감소하고 CO, HC는 증가한다.

해설
이론 혼합비보다 농후하면 NOx는 감소하고 CO, HC는 증가한다.

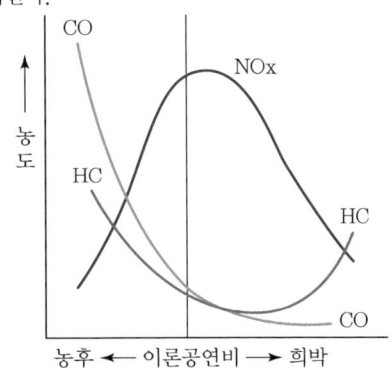

12 다음은 배기가스 재순환(EGR)의 설명으로 옳지 않는 것은?

① EGR 밸브가 작동 중에는 엔진의 출력이 증가한다.
② EGR 밸브의 작동은 진공에 의해 작동한다.
③ EGR 밸브가 작동되면 일부 배기가스는 흡기관으로 유입된다.
④ 공전 상태에서는 작동되지 않는다.

해설
EGR 밸브는 연소온도를 낮추는 작용을 하며, 작동 시 기관의 출력은 저하된다.

13 다음 중 EGR율을 구하는 공식은?

① $EGR율 = \dfrac{EGR \ 가스량}{배기가스량 + 흡입 \ 공기량} \times 100$

② $EGR율 = \dfrac{EGR \ 가스량}{EGR \ 가스량 + 흡입 \ 공기량} \times 100$

③ $EGR율 = \dfrac{EGR \ 가스량}{EGR \ 가스량 + 배기 \ 공기량} \times 100$

④ $EGR율 = \dfrac{EGR \ 가스량}{배기가스량 + 흡입 \ 공기량} \times 100$

해설
$EGR율 = \dfrac{EGR \ 가스량}{EGR \ 가스량 + 흡입 \ 공기량} \times 100$

14 고속 주행 시 블로바이가스는 어느 통로를 통해 흡입계통으로 되돌려 보내지는가?

① PCV 밸브 ② 에어 브리더 호스
③ PCSV ④ EGR 밸브

15 가솔린 기관의 연소실 조건이 고온, 고압일 때 가장 많이 배출되는 가스는?

① CO ② CO_2
③ NOx ④ HC

해설
고온, 고압일 때 NOx이 가장 많이 생성되어, 광화학 스모그의 원인이 된다.

정답 09 ② 10 ④ 11 ④ 12 ① 13 ② 14 ② 15 ③

16 공연비가 농후할 때 삼원 촉매 변환기의 정화율이 가장 좋은 것은?

① CO
② CO_2
③ NOx
④ HC

해설
공연비가 농후할 때 촉매 변환기의 정화율은 NOx이 가장 좋다.

정답 16 ③

CHAPTER 05 윤활장치 정비

TOPIC 01 윤활장치 이해

1. 윤활장치의 작용

① 감마작용 : 마찰 및 마멸을 방지하는 작용이다.
② 기밀작용 : 혼합기 및 가스의 누출을 방지하는 작용이다.
③ 냉각작용 : 마찰열을 흡수하여 방열하는 작용이다.
④ 세척작용 : 섭동부의 이물질을 제거하는 작용이다.
⑤ 방청작용 : 산화 부식을 방지하는 작용이다.
⑥ 응력분산작용 : 국부적인 압력을 분산시키는 작용이다.

2. 윤활장치 구성

① 오일펌프 : 크랭크 축 및 캠축상의 헬리컬 기어와 접촉 구동하여 오일팬의 오일을 흡입·가압하여 각 윤활부에 공급하는 역할을 한다.
   ㉠ 종류 : 기어펌프(내·외접기어), 로터리펌프, 베인펌프, 플런저펌프 등
   ㉡ 압송압력 : 2~3kgf/cm²

② 오일 스트레이너
   ㉠ 오일팬 내의 커다란 불순물을 여과
   ㉡ 불순물에 의해 막혔을 경우에는 바이패스 통로로 오일을 공급

③ 유압 조절밸브 : 윤활회로 내의 유압이 과도하게 상승하는 것을 방지하고 일정하게 유지시킨다 (2~3kgf/cm²).

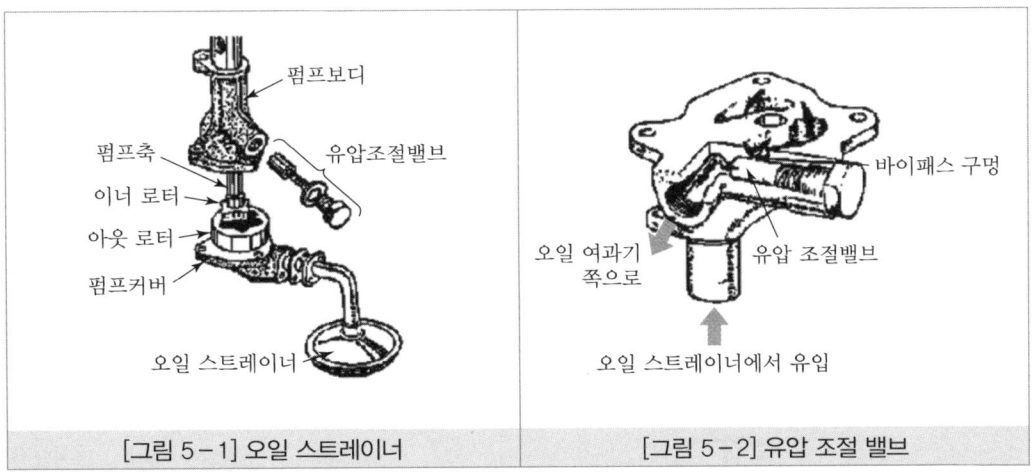

[그림 5-1] 오일 스트레이너   [그림 5-2] 유압 조절 밸브

④ 오일 여과기 : 오일 속의 불순물(수분, 연소 생성물, 금속 분말 등)을 여과시킨다.

⑤ 유량계
   ㉠ 오일의 양을 점검하는 막대로서 L(MIN)과 F(MAX)의 중심선 사이면 정상
   ㉡ 최근에는 게이지 대신 경고등이 부착되어 경고하는 방식을 채택

> **Tip**
>
> **유량 점검**
> - 유량 점검은 평평한 도로에서 엔진을 작동온도(85~95℃)로 한 다음 시동을 끄고 점검
> - 오일 색깔의 변화 요인
>   - 검정색 : 심한 오염 시
>   - 우유색 : 냉각수 혼입 시

⑥ 유압계 : 오일 공급 압력을 나타내는 계기이다.
   ㉠ 유압이 높아지는 원인
- 기관 오일의 점도가 높을 때
- 윤활회로 내의 어느 부분이 막혔을 때
- 유압 조절 밸브의 스프링 장력이 과대할 때

> **Tip**
>
> **점도**
> 액체를 유동시켰을 때 나타내는 액체의 내부저항 또는 마찰로 윤활유의 가장 중요한 성질이며, 일반적으로 끈적끈적한 정도를 말한다.

   ㉡ 유압이 낮아지는 원인
- 기관 오일의 점도가 낮을 때
- 기관 베어링의 마모가 심해 오일 간극이 커졌을 때
- 윤활 회로 내의 어느 부분이 파손되었을 때

- 유압 조절 밸브의 스프링 장력이 약할 때
- 윤활유가 심하게 희석되었을 때

3. 윤활 방식

① **비산식** : 커넥팅 로드 대단부에 주걱을 설치하여 윤활유를 뿌려서 윤활하는 방식으로 단기통이나 2기통의 소형 기관에서 사용한다.

② **압송식** : 오일펌프로 오일 팬 안에 있는 오일을 흡입, 가압하여 윤활하는 방식이다(유압 2~3kgf/cm^2).

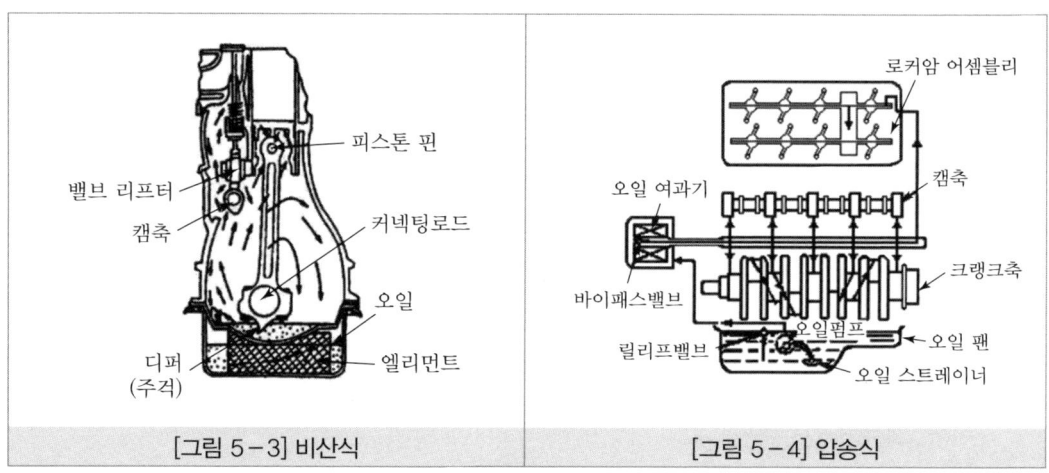

[그림 5-3] 비산식   [그림 5-4] 압송식

③ **비산 압송식** : 비산식과 압송식의 조합 방식으로 현재 가장 많이 사용한다.

4. 여과방식

① **분류식** : 펌프의 오일 중 일부는 윤활유로, 일부는 여과하여 오일팬으로 보내는 방식이다.

② **전류식** : 펌프의 오일을 전부 여과하여 윤활부로 공급하는 방식으로 여과기가 막혔을 때 바이패스 통로로 여과되지 않은 오일을 공급(가장 깨끗함)한다.

③ **복합식(샨트식)** : 펌프의 오일 중 여과한 것과 여과하지 않은 것을 혼합하여 윤활부로 공급하는 방식이다.

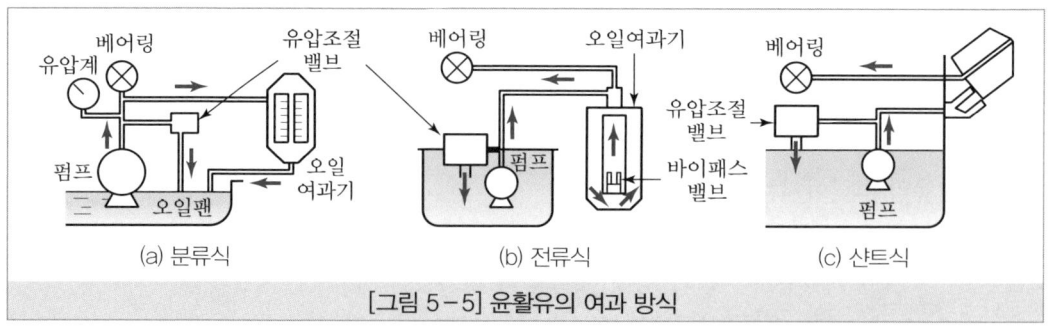

[그림 5-5] 윤활유의 여과 방식

5. 윤활유의 구비 조건

① 점도가 적당해야 한다.
② 청정력이 커야 한다.
③ 열과 산의 저항력이 커야 한다.
④ 비중이 적당해야 한다.
⑤ 인화점과 발화점이 높아야 한다.
⑥ 응고점이 낮아야 한다.
⑦ 기포 발생이 적어야 한다.
⑧ 카본 생성이 적어야 한다.
⑨ 점도지수가 커야 한다.
⑩ 유성이 좋아야 한다.

※ 유성 : 유막을 형성하는 성질

점도지수
온도 변화에 따른 오일 점도의 변화 정도를 표시한 것으로 점도지수가 높은 오일일수록 점도의 변화가 적다.

6. 윤활유의 종류

① SAE 분류 : 점도에 의한 분류로 수치가 높을수록 점도가 높다.
② 계절에 따른 사용 SAE 종류

계절	봄·가을용	여름용	겨울용
SAE 번호	30	40~50	10~20

다급용 오일
사계절용 오일로 가솔린 기관은 10W-30, 디젤 기관은 20W-40의 오일을 사용한다.

| TOPIC 02 | 윤활장치 점검, 진단 |

1. 오일펌프 사이드 간극 점검, 측정

① 실습기기 및 공구를 준비하고 분해 조립 시 소요되는 재료를 준비한다.
② 주어진 기관에서 오일펌프 사이드 간극을 점검하고 기록표의 요구사항을 측정 및 점검하고 본래 상태로 조립한다.

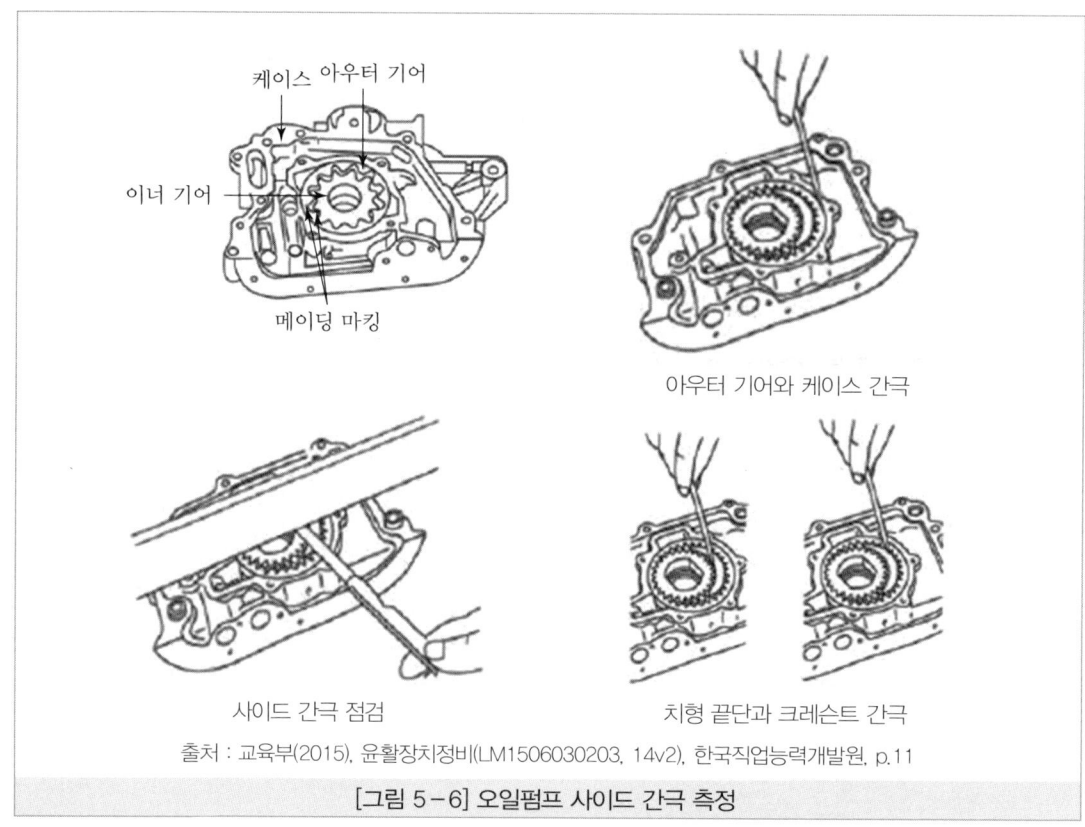

출처 : 교육부(2015), 윤활장치정비(LM1506030203, 14v2), 한국직업능력개발원, p.11

[그림 5-6] 오일펌프 사이드 간극 측정

2. 엔진오일 점검

① 엔진오일 상태를 점검한다.
② 엔진오일의 변색, 수분의 유입 여부, 점도 저하 등을 점검한다. 엔진오일의 질이 눈에 띄게 불량할 경우 오일을 교환한다.
③ 엔진오일의 양을 점검한다. 엔진을 워밍업한 후 엔진을 정지하고 약 5분이 지난 뒤 엔진오일의 양이 'F'와 'L' 사이에 위치하는지 확인한다.

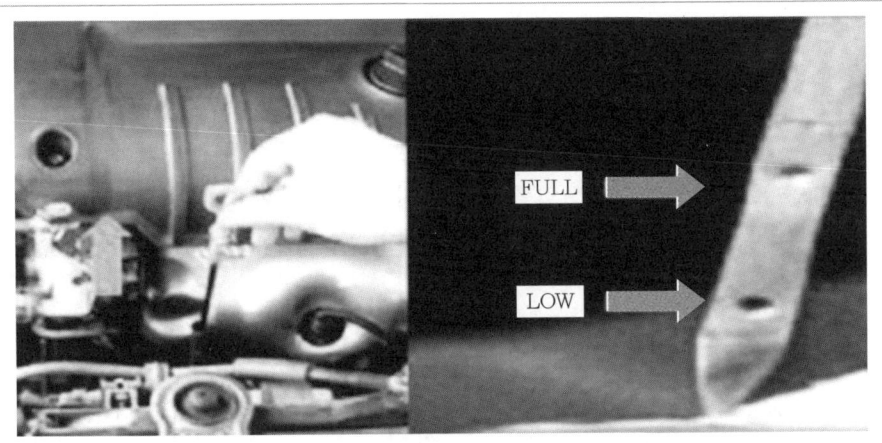

출처 : 교육부(2015), 윤활장치정비(LM1506030203, 14v2), 한국직업능력개발원, p.14

[그림 5-7] 오일의 양 점검

TOPIC 03 윤활장치 수리, 교환, 검사

1. 엔진오일 교환, 검사 개요

① 엔진오일은 엔진의 윤활장치를 관리하는 가장 기본이 되는 소모품으로 정기적으로 교환해야 한다.
② 엔진의 구동 시간을 확인하여 교환하거나 엔진오일의 점도와 색상 등을 확인하여 적절한 시기에 교환한다.

출처 : 교육부(2018), 윤활장치정비(LM1506030203_18v4), 사단법인 한국자동차기술인협회, 한국직업능력개발원, p.39

[그림 5-8] 오일 드레인 장비와 진공 흡입 장비

2. 엔진오일 교환, 검사 방식

(1) 진공 흡입 방식

1) 특징

① 진공 흡입 방식은 엔진오일을 진공 흡입 장비를 이용하여 교환하는 방식이다.
② 자동차를 리프트를 이용하여 들어 올리지 않고 교환할 수 있다.

2) 진행 방법

① 진공 흡입 장비를 준비하고, 엔진오일 레벨게이지를 제거한다.
② 엔진오일 레벨게이지 홀에 진공 흡입 장비의 흡입 호스를 밀어 넣어 오일팬의 바닥에 닿을 수 있도록 한다.
③ 진공 흡입 장비에 에어호스를 연결하고 밸브를 조작하여 엔진오일 팬의 엔진오일을 흡입시킨다.
④ 진공 흡입 장비의 흡입호스로 더 이상 엔진오일이 흡입되지 않으면 호스를 깊이 넣었다가 빼면서 잔여 엔진오일을 흡입시킨다.
⑤ 더 이상 흡입되지 않으면 진공 흡입 장치의 밸브를 닫은 후 흡입호스를 빼고 엔진오일 레벨게이지를 장착한다.
⑥ 엔진오일 필터를 탈착하고 탈착한 오일 필터 케이스에 진공 흡입 장비의 흡입 호스를 연결해 오일 필터 케이스 내부의 엔진오일을 흡입한다.
⑦ 카트리지형 엔진오일 필터를 교환한다. 단, 진공 흡입 장비를 이용하는 방식은 엔진오일 필터를 엔진룸에서 교환할 수 있는 차량인 경우에만 교환하도록 한다.
⑧ 정비지침서의 엔진오일용량을 확인하고 배출된 엔진오일의 양을 비교하면서 새 엔진오일을 주입하고 에어 클리너를 교환한 후 작업을 마무리한다.

출처 : 교육부(2018), 윤활장치정비(LM1506030203_18v4), 사단법인 한국자동차기술인협회, 한국직업능력개발원, p.40

[그림 5-9] 진공 흡입 장비로 엔진오일 흡입

(2) 드레인 방식

1) 특징

차량을 들어 올려 엔진오일을 교환하는 가장 전통적인 방식으로 대부분의 정비소에서 작업한다.

2) 진행 방법

① 차량 엔진오일 주입구 마개를 탈착한다.
② 차량을 들어 올린 뒤 엔진오일을 받을 드레인을 준비한다.
③ 엔진오일 팬의 드레인 플러그를 열어 엔진오일을 배출시킨다.
④ 엔진오일이 배출되는 동안 정비지침서를 이용하여 엔진오일 필터의 위치를 파악하고 엔진오일 필터를 탈착한다. 이때 오일필터에 잔류한 엔진오일이 바닥에 떨어지지 않도록 주의한다.
⑤ 새 엔진오일 필터의 개스킷 부위에 새 엔진오일을 도포하고 장착한다.
⑥ 엔진오일 팬에서 엔진오일이 거의 배출되지 않을 때 드레인 플러그를 장착한다.
⑦ 주변을 정리하고 차량을 내린다.
⑧ 정비지침서의 엔진오일용량을 확인하고 새 엔진오일을 주입한 뒤 에어 클리너를 교환한 후 작업을 마무리한다.

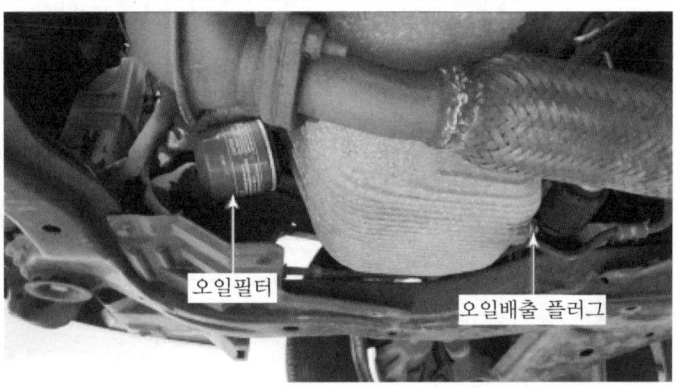

출처 : 교육부(2018), 윤활장치정비(LM1506030203_18v4), 사단법인 한국자동차기술인협회, 한국직업능력개발원, p.41

[그림 5-10] 엔진오일 드레인 플러그와 오일 필터

(3) 엔진오일 잔유 제거 방식

1) 특징

① 엔진오일의 잔유 제거는 최근 차량 소유주의 요구에 의하여 많이 사용하는 방식이다.
② 적용하는 방식은 신유를 주입하여 씻어 내는 방식과 진공 흡입 장비를 이용하여 잔유를 제거하고 차량을 리프팅한 뒤 차를 기울여 엔진에 잔류된 엔진오일을 배출시키는 방식이 있다.
③ 기존의 드레인 방식과 유사하나 교환작업 중간에 세심한 주의가 추가되어야 한다.

> 기존 드레인 방식은 잔유 제거가 없이 중력으로만 오일을 배출하였지만 잔유 제거 방식을 사용하면 흡인장치 사용이나 차량을 기울이는 작업 등이 추가되어 주의가 필요하다.

2) 진행 방법

① 엔진오일 배출 드레인 플러그의 방향에 따라 잭 리프트를 이용하여 차량을 들어 올리고, 오일 배출 플러그 위치를 확인한다.
② 엔진오일 팬의 배출구에 진공 흡입 장비의 흡입호스를 삽입하고 잔존한 엔진오일을 흡입한다.

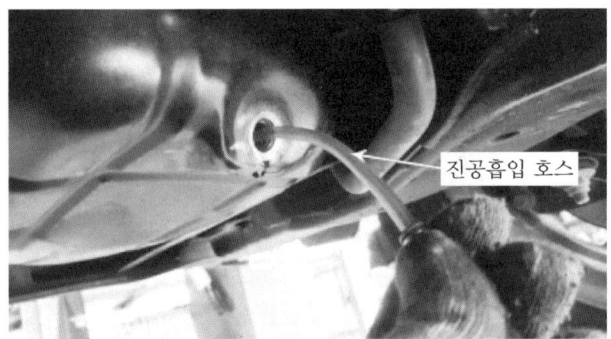

출처 : 교육부(2018), 윤활장치정비(LM1506030203_18v4), 사단법인 한국자동차기술인협회, 한국직업능력개발원, p.44

[그림 5-11] 엔진오일 잔류제거(진공 흡입 호스 사용)

오일 필터 교환 시 주의사항
새 엔진오일 필터에 엔진오일을 주입할 때는 오일 필터 내부의 필라멘트가 엔진오일을 머금을 수 있도록 엔진오일을 천천히 주입하도록 한다. 엔진오일 필터 개스킷 부위에 새 엔진오일을 도포하고 장착한다.

출처 : 교육부(2018), 윤활장치정비(LM1506030203_18v4), 사단법인 한국자동차기술인협회, 한국직업능력개발원, p.39

[그림 5-12] 엔진오일 필터 내 엔진오일 주입

단원 마무리문제

CHAPTER 05 윤활장치 정비

01 다음 중 윤활유의 사용 목적이 아닌 것은?
① 금속 표면의 방청작용
② 작동 부분의 응력 분산작용
③ 섭동부의 열 저장작용
④ 혼합기 및 가스 누출방지의 기밀작용

02 자동차의 윤활유가 갖추어야 할 구비조건이 아닌 것은?
① 점도지수가 높을 것
② 응고점이 낮을 것
③ 발화점이 낮을 것
④ 카본 생성에 대한 저항력이 클 것

[해설] 발화점이 낮을 경우 화재 발생 위험이 크다.

03 윤활유의 여과 방식 중에서 가장 깨끗한 오일을 여과하는 방식은?
① 분류식
② 전류식
③ 샨트식
④ 병용식

04 오일펌프의 종류가 아닌 것은?
① 기어 펌프
② 모터 펌프
③ 로터리 펌프
④ 베인 펌프

05 윤활회로 내의 유압이 과도하게 상승하는 것을 방지하고 유압을 일정하게 유지하는 것은?
① 오일펌프
② 오일 스트레이너
③ 유압 조절 밸브
④ 오일 여과기

[해설] 유압 조절 밸브는 회로 내 과도한 유압 상승을 방지하고, 유압을 일정하게 유지하는 역할을 한다.

06 오일펌프의 공급 압력으로 적당한 것은?
① 1~2kgf/cm²
② 2~3kgf/cm²
③ 3~4kgf/cm²
④ 5~6kgf/cm²

07 엔진오일을 점검하였더니, 오일의 색깔이 붉은 색을 띠었다. 이것으로 알 수 있는 사실은?
① 엔진오일이 심하게 오염되었다.
② 가스켓이 파손되어 냉각수가 오일에 섞였다.
③ 피스톤 간극이 커져서 가솔린이 오일에 섞였다.
④ 엔진오일에 4에틸납이 유입되었다.

08 윤활유의 가장 중요한 성질은 무엇인가?
① 점도
② 온도
③ 습도
④ 비중

[해설] 점도란 액체를 유동시켰을 때 나타내는 액체의 내부저항 또는 마찰로 윤활유의 가장 중요한 성질이며, 일반적으로 끈적끈적한 정도를 말한다.

09 크랭크 축 베어링의 오일 간극이 클 때 일어나는 현상으로 틀린 것은?
① 유압이 저하된다.
② 운전 중 이상음이 난다.
③ 오일의 유출량이 많다.
④ 베어링에 소결현상이 일어난다.

[해설] 소결현상은 오일 간극이 작을 때 일어난다.

정답 01 ③ 02 ③ 03 ② 04 ② 05 ③ 06 ② 07 ③ 08 ① 09 ④

10 다음 중 윤활유가 연소되는 원인이 아닌 것은?

① 피스톤 간극이 과대할 때
② 밸브 가이드 실이 파손되었을 때
③ 밸브 가이드가 심하게 마모되었을 때
④ 오일 팬 내에 규정보다 윤활유의 양이 적을 때

> [해설]
> 윤활유가 연소되는 원인은 피스톤 간극이 크거나, 밸브 가이드 실이 파손 및 가이드가 심하게 마모된 경우 등이다.

11 다음 중 기관의 유압이 낮아지는 원인이 아닌 것은?

① 기관 오일의 점도가 낮을 때
② 윤활유가 심하게 희석되었을 때
③ 유압 조절 밸브의 스프링 장력이 과대할 때
④ 윤활 회로 내의 어느 부분이 파손되었을 때

> [해설]
> 유압 조절 밸브의 스프링 장력이 과대하면 유압이 상승한다.

12 온도 변화에 따른 오일 점도의 변화 정도를 표시한 것은 무엇인가?

① 점도 유성   ② 점도 지수
③ 한계점도   ④ 점도 계수

> [해설]
> 온도 변화에 따른 오일 점도의 변화 정도를 표시한 것으로 점도지수가 높은 오일일수록 점도의 변화가 적다.

13 다음 중 가장 가혹한 조건에서 사용되는 오일만 묶은 것은?

① SA, ML, DG   ② SC, MS, DS
③ SB, MM, DM   ④ CA, MS, DG

> [해설]
> 가장 가혹한 조건에서는 SC, MS, DS 오일이 사용된다.

14 캐비테이션(공동) 현상으로 인한 영향이 아닌 것은?

① 송출량의 저하
② 진동, 소음 발생
③ 오일 공급의 불량
④ 유속의 증가

> [해설]
> 캐비테이션(공동) 현상이 발생하면 송출량의 저하, 진동, 소음 발생, 송출 압력의 불규칙한 변화 등으로 오일 공급이 불량해진다.

15 다음 중 점도지수에 대한 설명으로 틀린 것은?

① 온도 변화에 따른 오일의 점도 변화 정도를 표시한 것이다.
② 점도지수가 높은 오일은 점도의 변화가 많은 것이다.
③ 일반적으로 기관 오일의 점도지수는 120~140이다.
④ 점도지수가 큰 것일수록 좋은 오일이다.

> [해설]
> 점도지수가 높은 오일은 점도의 변화가 적은 것을 의미한다.

정답 10 ④ 11 ③ 12 ② 13 ② 14 ④ 15 ②

CHAPTER 06 냉각장치 정비

TOPIC 01 냉각장치 이해

1. 냉각장치의 목적

엔진 작동 중 연소온도(1500~2000℃), 마찰 열에 의해 엔진이 과열되는 것을 방지하여 일정 온도 (85~95℃)가 되도록 하는 장치이다.

2. 냉각 방식의 분류

(1) 공랭식

① 개요 : 공랭식이란 기관을 대기와 접촉시켜 냉각하는 방식을 말한다.
② 공랭식 냉각 방식의 종류
  ㉠ 자연 통풍식 : 오토바이와 같이 주행 중 받는 공기로 냉각하는 방식
  ㉡ 강제 통풍식 : 냉각 팬을 설치하여 강제로 냉각하는 방식

③ 장점
  ㉠ 냉각수의 동결 및 누수의 염려가 없음
  ㉡ 냉각수를 보충할 필요가 없어 기관의 보수 점검이 용이함
  ㉢ 워밍업 시간이 짧고, 기관 전체 무게가 가벼움

④ 단점
  ㉠ 기관 전체의 균일한 냉각이 곤란함
  ㉡ 실린더와 실린더 헤드의 열로 인한 변형이 쉬움
  ㉢ 냉각 팬 등에 의해 운전 중의 소음이 큼

(2) 수냉식

① 개요 : 기관 주위에 냉각수를 접촉시켜 냉각하는 방식을 말한다.
② 수냉식 냉각 방식의 종류
  ㉠ 자연 순환식 : 대류에 의하여 자연 순환되도록 한 방식

ⓛ 강제 순환식 : 물 펌프를 설치하여 강제로 냉각수를 순환시켜 냉각하는 방식
ⓒ 압력 순환식 : 냉각장치 회로를 밀폐시켜 냉각수가 가열, 팽창 시 발생되는 압력으로 냉각수를 가압하여 비등되지 않도록 하는 방식

3. 수냉식 냉각장치 구성

(1) 물 재킷(Water Jacket)

실린더 블록 및 헤드에 설치된 냉각수 통로를 말한다.

(2) 라디에이터(Radiator)

① 개요 : 기관에서 가열된 냉각수를 냉각하는 장치이다.
② 구비조건
    ㉠ 단위 면적당 방열량이 클 것   ㉡ 공기의 저항이 적을 것
    ㉢ 소형, 경량이고 견고할 것   ㉣ 냉각수의 저항이 적을 것

(3) 라디에이터 코어

① 개요 : 가열된 냉각수가 위쪽 탱크로부터 아래 탱크로 흐르는 튜브와 공기가 통하는 핀 부분으로 구성된다.
② 플레이트 핀형 : 튜브를 수직으로 배열한 다음, 평면판으로 된 핀을 일정한 간격으로 부착하여 납땜한 것이다.
③ 코루게이트 핀형 : 핀을 물결 모양으로 성형하여 플레이트 핀형보다 방열량이 크고 가벼워 일반적으로 많이 사용한다.

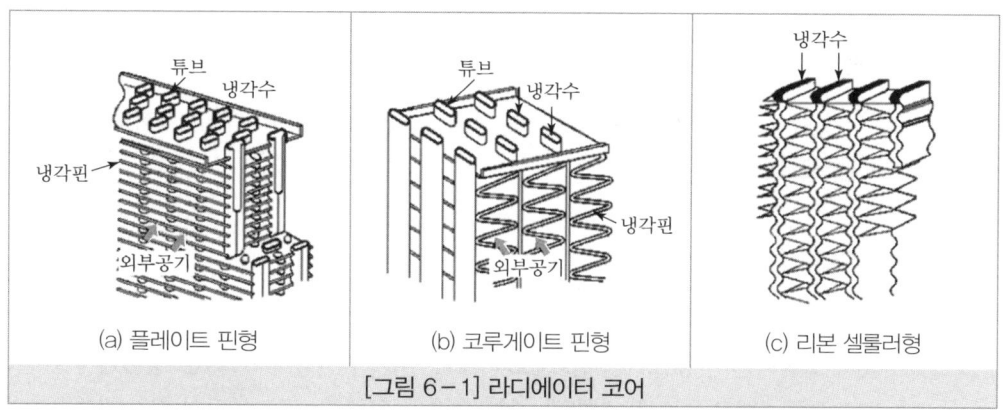

[그림 6-1] 라디에이터 코어

④ 리본 셀룰러형(해리슨형) : 편편한 상자 모양의 수관을 파형으로 만든 것이다.

⑤ 코어 막힘율

㉠ 코어 막힘률 = $\dfrac{\text{신품 용량} - \text{구품 용량}}{\text{신품 용량}} \times 100(\%)$

㉡ 코어 막힘률이 20% 이상일 때 교환

(4) 라디에이터 캡(압력식 캡)

① 냉각장치 내의 압력을 0.3~0.5kgf/cm² 상승시킨다.
② 비점을 110℃ 정도로 높여 냉각성능을 향상시킨다.
③ 냉각수의 증발을 막는 역할을 한다.

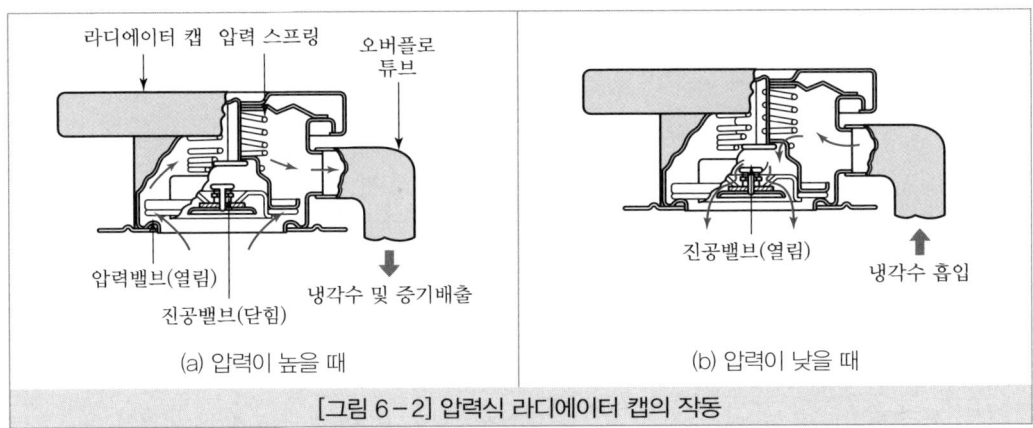

[그림 6-2] 압력식 라디에이터 캡의 작동

(5) 물펌프(Water Pump)

원심력에 의해 냉각수를 강제 순환시키는 펌프로서 크랭크 축 회전수의 1.2~1.6배로 회전한다.

(6) 냉각팬(Cooling Fan)

물펌프와 함께 회전하거나, 전동모터를 사용하여 방열기의 냉각수를 식혀주는 동시에 배기 다기관의 과열을 방지시킨다.

(7) 수온조절기(Thermostat)

① 개요 : 엔진 내부의 냉각수의 온도 변화에 따라 자동적으로 통로를 개폐하여 냉각수 온도를 알맞게 조절하는 기능을 수행한다(65℃에서 열리기 시작하여 85℃ 정도에서 완전히 열린다).
② 벨로스형 : 벨로스 속에 에테르나 알코올을 봉입하고 이들 물질의 팽창과 수축작용을 이용하여 밸브가 개폐한다.

③ 왁스 펠릿형 : 금속 케이스에 봉입한 왁스가 수온의 상승으로 인하여 용해될 때에 생기는 체적 변화(팽창)를 이용하여 밸브를 개폐한다.
④ 바이메탈형 : 열팽창 계수가 다른 2개의 금속을 사용하여 밸브를 개폐한다.

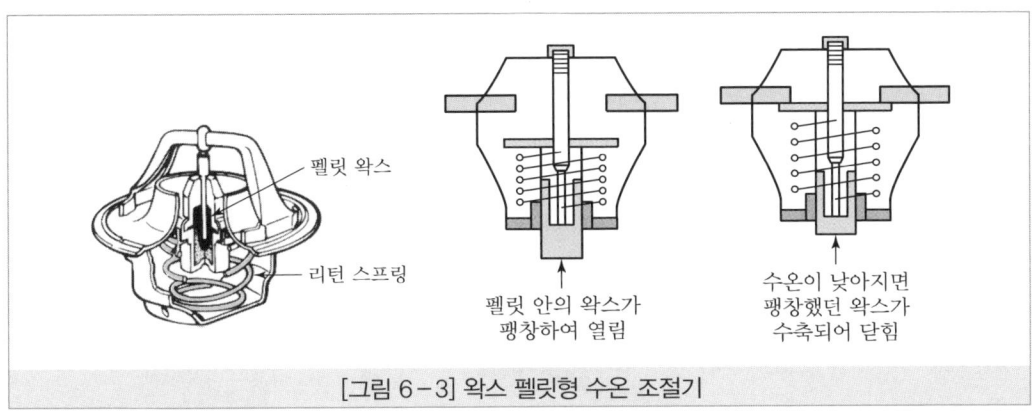

[그림 6-3] 왁스 펠릿형 수온 조절기

(8) 시라우드(Shroud)

라디에이터와 팬을 감싸고 있는 판으로 공기의 흐름을 도와 냉각 효과를 증대시키고, 배기 다기관의 과열을 방지시킨다.

4. 냉각수와 부동액

(1) 냉각수

① 경수 : 산이나 염분이 포함되어 금속을 부식시킨다.
② 연수 : 증류수, 수돗물, 빗물을 사용한다.

(2) 부동액

① 목적 : 냉각수의 응고점을 낮추어 엔진의 동파를 방지하기 위해 사용한다.
② 종류 : 알코올, 메탄올, 글리세린, 에틸렌글리콜 등이 있다.
③ 현재는 영구부동액인 에틸렌글리콜(비점 197.2℃, 응고점 -50℃)을 사용한다.

[표 6-1] 냉각수와 부동액의 혼합

(단위 : %)

온도 혼합비율	-4℃	-7℃	-11℃	-15℃	-20℃	-25℃	-31℃
부동액	20	25	30	35	40	45	50
냉각수	80	75	70	65	60	55	50

TOPIC 02) 냉각장치 점검, 진단

1. 라디에이터 누수 상태 점검
① 라디에이터 캡을 탈거한 후 라디에이터에 시험기를 장착한다.
② 펌프질하여 압력을 일정하게 올린 상태에서 누수를 점검한다.

[캡 누수 점검]   [라디에이터 누수 점검]

출처 : 교육부(2015), 냉각장치정비(LM1506030202, 14v2), 한국직업능력개발원, p.21

[그림 6-4] 라디에이터 캡 및 라디에이터 시험

2. 서모스탯 점검
서모스탯 점검은 서모스탯에 열을 가해 밸브가 열리는지 점검하는 것이다.

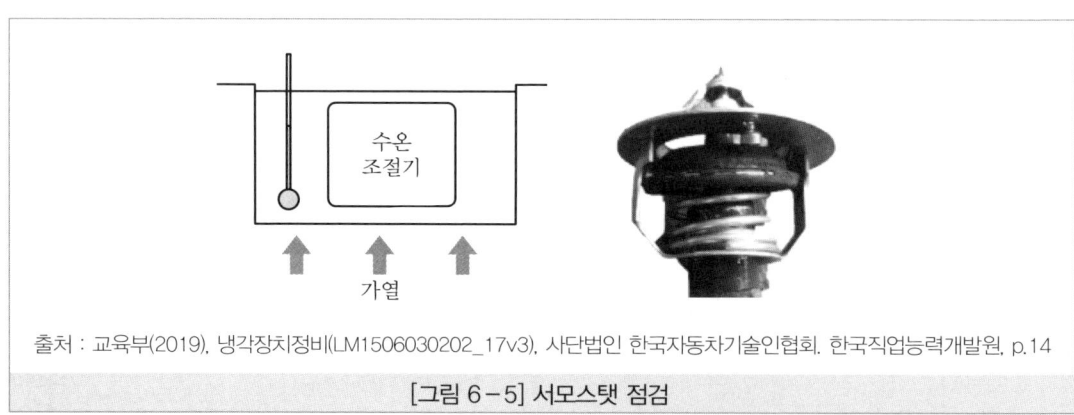

출처 : 교육부(2019), 냉각장치정비(LM1506030202_17v3), 사단법인 한국자동차기술인협회, 한국직업능력개발원, p.14

[그림 6-5] 서모스탯 점검

3. 부동액 점검, 진단

부동액은 색상을 확인하여 색상의 변화와 산도를 측정하고 부동액의 비중을 점검한다.

출처 : 교육부(2019), 냉각장치정비(LM1506030202_17v3), 사단법인 한국자동차기술인협회, 한국직업능력개발원, p.14

[그림 6-6] 부동액 점검

TOPIC 03) 냉각장치 수리, 교환, 검사

1. 라디에이터 교환

① 라디에이터 배출 플러그의 위치를 확인하고, 드레인을 받을 도구를 위치시킨 후 배출 플러그를 풀어 냉각수를 배출한다.

※ 엔진과 라디에이터의 온도를 확인하여 배출작업 시 화상을 입지 않도록 주의

② 라디에이터 부수장치 및 라디에이터를 탈거한다.
③ 라디에이터를 조립한다. 조립은 분해의 역순으로 실시한다.
④ 부동액과 냉각수를 혼합하여 냉각라인에 주입시킨다.
⑤ 엔진의 시동을 걸어 엔진을 워밍업한 후 냉각팬이 작동하면 냉각수를 보충하여 에어빼기를 실시하고 작업을 마무리한다.

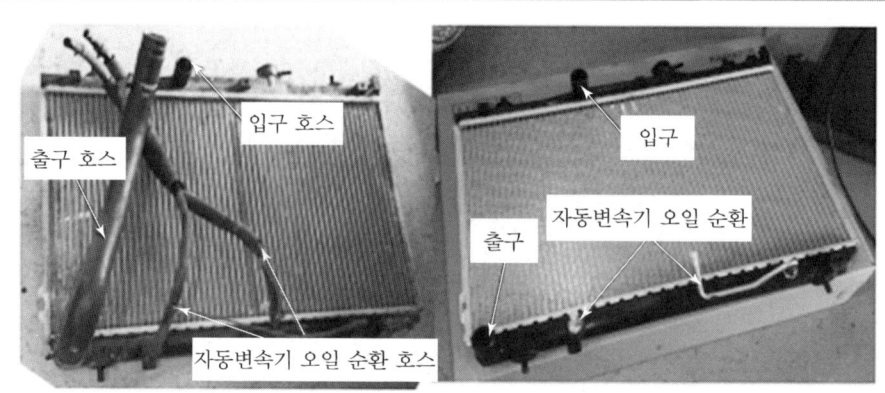

출처 : 교육부(2019), 냉각장치정비(LM1506030202_17v3), 사단법인 한국자동차기술인협회, 한국직업능력개발원, p.24

[그림 6-7] 라디에이터 교환

2. 워터펌프 교환

(1) 교환 시기

워터펌프의 임펠러에 손상이 발생하여 펌핑 능력이 부족하거나 누수로 인한 고장 발생을 확인하면 워터펌프를 교환해야 한다.

(2) 교환 방법

① 라디에이터의 배출 플러그의 위치를 확인하고, 드레인을 받을 도구를 위치시킨 후 배출 플러그를 풀어 냉각수를 배출한다.

※ 엔진과 라디에이터의 온도를 확인하여 배출작업 시 화상을 입지 않도록 주의

② 워터펌프 부수 장치 및 워터펌프를 탈거한다.

출처 : 교육부(2019), 냉각장치정비(LM1506030202_17v3), 사단법인 한국자동차기술인협회, 한국직업능력개발원, p.27

[그림 6-8] 워터펌프 탈거

③ 워터펌프를 교환 후 조립한다. 조립은 분해의 역순으로 실시한다.

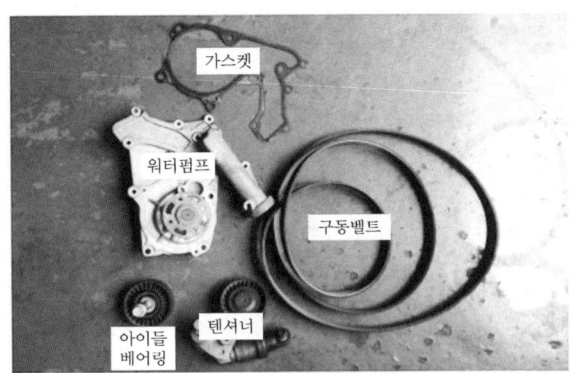

[그림 6-9] 워터펌프 교환

④ 드레인플러그를 잠그고 부동액과 냉각수를 혼합하여 냉각라인에 주입한다.
⑤ 엔진의 시동을 걸어 엔진을 워밍업한 후 냉각팬이 작동하면 냉각수를 보충하여 에어빼기를 실시하고 작업을 마무리한다.

3. 서모스탯 교환

① 라디에이터의 배출 플러그의 위치를 확인하고, 드레인 받을 도구를 위치시킨 후 배출 플러그를 풀어 냉각수를 배출한다.
   ※ 엔진과 라디에이터의 온도를 확인하여 배출작업 시 화상을 입지 않도록 주의

② 서모스탯을 교환하기 위해 부수적인 부품을 함께 탈거하고 서모스탯 하우징을 탈거한 후 서모스탯을 탈거한다.

[그림 6-10] 서모스탯 교환

③ 서모스탯을 조립한다. 조립은 분해의 역순으로 실시한다.
④ 드레인 플러그를 잠그고 부동액과 냉각수를 혼합하여 냉각라인에 주입한다.
⑤ 엔진의 시동을 걸어 엔진을 워밍업한 후 냉각팬이 작동하면 냉각수를 보충하여 에어빼기를 실시하고 작업을 마무리한다.

4. 부동액 교환

① 라디에이터의 배출 플러그의 위치를 확인하고, 드레인 받을 도구를 위치시킨 후 배출 플러그를 풀어 냉각수를 배출한다.
  ※ 엔진과 라디에이터의 온도를 확인하여 배출작업 시 화상을 입지 않도록 주의
② 냉각수 라인을 세척한다.
③ 드레인 플러그를 잠그고 부동액과 냉각수를 혼합하여 냉각라인에 주입시킨다.
④ 엔진의 시동을 걸어 엔진을 워밍업한 후 냉각팬이 작동하면 냉각수를 보충하여 에어빼기를 실시하고 작업을 마무리한다.

5. 냉각팬 교환

(1) 적정교환 시기

냉각팬에 고장이 발생하게 되면 엔진의 과열이 발생하게 된다. 엔진의 냉각장치가 정상적이지 않은 경우 냉각팬의 작동을 확인하고 교환한다.

(2) 교환방법

① 냉각팬이 작동되지 않도록 배터리 (−)터미널을 탈거한다.
② 냉각팬의 고정볼트를 풀고 라디에이터에서 냉각팬을 탈거한다.

출처 : 교육부(2019), 냉각장치정비(LM1506030202_17v3), 사단법인 한국자동차기술인협회, 한국직업능력개발원, p.31

[그림 6-11] 냉각팬 교환

③ 냉각팬을 조립한다. 조립은 분해의 역순으로 한다.
④ 엔진의 시동을 걸어 냉각팬의 작동 상태를 확인한다.
　※ 냉각팬 교환 시에는 냉각수 배출 과정이 없음에 주의

단원 마무리문제

CHAPTER 06 냉각장치 정비

01 냉각장치에 대한 설명으로 맞는 것은?
① 냉각장치는 차에 불필요한 손실을 만듦으로 설치가 필요 없다.
② 연소 온도에 의한 기관이 과열되는 것을 방지하기 위해 설치한다.
③ 냉각수는 기관의 열을 식혀주면 되므로 순수한 증류수만을 사용한다.
④ 냉각장치는 과열방지가 목적이므로 기관이 과랭되어도 기관 성능에 아무런 영향이 없다.

02 냉각장치에서 흡수되는 열은 연료의 전 발열량의 몇 %인가?
① 30~35   ② 40~50
③ 55~65   ④ 70~80

해설
전열량(100%) : 배기 손실(37%), 실 출력(25%), 냉각 손실(32%), 기계 손실(6%)

03 라디에이터의 구비조건으로 틀린 것은?
① 단위 면적당 방열량이 작을 것
② 공기의 저항이 적을 것
③ 소형, 경량이고 견고할 것
④ 냉각수의 저항이 적을 것

해설
라디에이터는 단위 면적당 방열량이 커야 한다.

04 라디에이터는 코어 막힘률이 몇 % 이상이면 교환해야 하는가?
① 15%   ② 20%
③ 25%   ④ 30%

해설
라디에이터 코어 막힘률은 20% 이상이면 교환한다.

05 신품 방열기의 용량이 4.0ℓ이고, 사용 중인 방열기의 용량을 측정하였더니, 3.2ℓ였다면 코어 막힘률은 몇 %인가?
① 55%   ② 30%
③ 25%   ④ 20%

해설
코어 막힘률 $= \dfrac{\text{신품 수주량} - \text{구품 수주량}}{\text{신품 수주량}} \times 100\%$
$= \dfrac{4.0 - 3.2}{4.0} \times 100\% = 20\%$

06 신품 방열기의 용량이 5ℓ이고, 코어 막힘률이 25%였다면 실제로 방열기에 주입된 물의 양은 얼마인가?
① 3.0ℓ   ② 3.25ℓ
③ 3.50ℓ   ④ 3.75ℓ

해설
실제 물 주입량 = 신품 방열기 용량 − (신품 방열기 용량 × 코어 막힘률)
$= 5 - (5 \times 0.25) = 3.75(ℓ)$

07 압력식 라디에이터에서 캡의 규정 압력은 대략 게이지 압력으로 얼마나 되는가?
① $1 \sim 2\,\mathrm{kgf/cm^2}$
② $2 \sim 9\,\mathrm{kgf/cm^2}$
③ $0.01 \sim 0.02\,\mathrm{kgf/cm^2}$
④ $0.2 \sim 0.9\,\mathrm{kgf/cm^2}$

정답 01 ② 02 ① 03 ① 04 ② 05 ④ 06 ④ 07 ④

08 수온 조절기 종류에는 벨로스형과 왁스 펠릿형이 있는데, 각각의 종류에 들어있는 물질은 무엇인가?

① 알코올과 벤젠 ② 벤젠과 왁스
③ 에테르와 왁스 ④ 에테르와 알코올

해설
벨로스형과 왁스 펠릿형에는 각각 에테르와 왁스가 들어있다.

09 공랭식 냉각장치의 장점으로 틀린 것은?

① 냉각수의 동결 및 누수염려가 없다.
② 냉각팬 등에 의한 운전 중의 소음이 적다.
③ 웜업 시간이 짧고, 기관 전체 무게가 가볍다.
④ 냉각수를 보충할 필요가 없어 기관의 보수 점검이 용이하다.

해설
공랭식의 경우 풍절음에 의한 소음이 발생한다.

10 부동액으로 사용하지 않는 것은?

① 메탄올 ② 글리세린
③ 톨루엔 ④ 에틸렌글리콜

해설
톨루엔은 도료 희석제 등으로 사용된다.

11 다음 중 기관이 과열되는 원인이 아닌 것은?

① 온도조절기가 닫혔을 때
② 방열기의 용량이 클 때
③ 방열기 코어가 막혔을 때
④ 벨트형식에서 팬벨트 장력이 느슨할 때

해설
방열기의 용량이 크면 기관은 과랭된다.

12 승용차 팬벨트의 장력은 벨트 중심을 10kgf의 힘을 가했을 때 몇 mm 정도 눌리도록 조정해야 하는가?

① 1~5mm ② 5~12mm
③ 13~20mm ④ 20~30mm

해설
팬벨트의 장력은 10kgf의 힘을 가했을 때 13~20mm 정도 눌리도록 조정하면 된다.

13 자동차 냉각수의 비등점을 높이기 위해 사용되는 장치는?

① 라디에이터 ② 코어
③ 압력식 캡 ④ 슈라우드

해설
압력식 캡은 라디에이터 내의 압력을 $0.2~0.9kgf/cm^2$ 높여 냉각수의 비등점을 112℃로 높인다.

14 냉각수의 온도에 따라 냉각수 통로를 개폐하여 냉각수의 온도를 알맞게 조절하는 것은?

① 라디에이터 ② 압력식 캡
③ 서모스탯 ④ 물펌프

해설
서모스탯(수온조절기)은 엔진의 온도를 일정하게 유지하기 위한 것이다.

정답 08 ③ 09 ② 10 ③ 11 ② 12 ③ 13 ③ 14 ③

CHAPTER 07 엔진점화장치 정비

TOPIC 01 엔진점화장치 이해

1. 엔진점화장치

(1) 개요

점화장치는 연소실에 설치된 점화플러그를 통하여 전기 불꽃을 발생시켜서 혼합기를 적정 시기에 연소시키는 장치이다.

(2) 점화장치의 구비조건

① 발생 전압이 높고 여유 전압이 커야 한다.
② 점화 시기 제어가 정확해야 한다.
③ 불꽃 에너지가 높아야 한다.
④ 잡음 및 전파 방해가 적어야 한다.
⑤ 절연성이 우수해야 한다.

(3) 고압의 발생 원리

자기유도작용(Self Induction)과 상호유도작용(Mutual Induction)에 의해 고압이 발생한다.

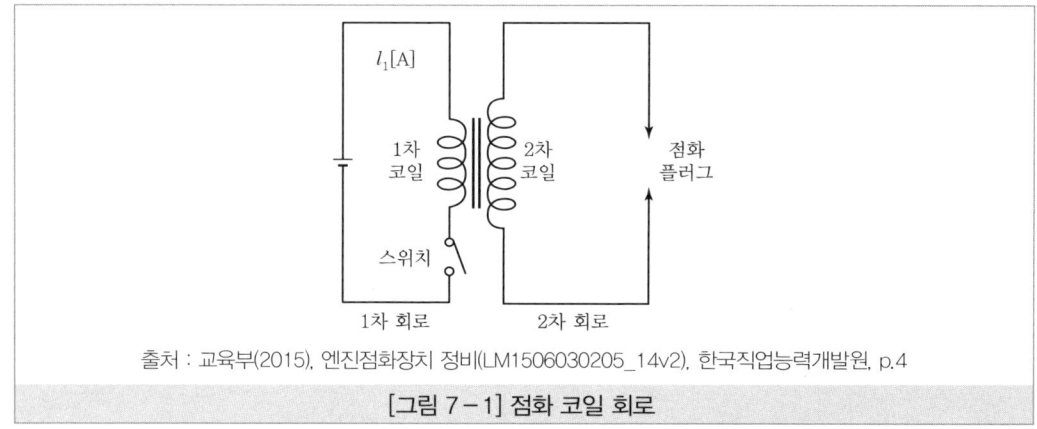

출처 : 교육부(2015), 엔진점화장치 정비(LM1506030205_14v2), 한국직업능력개발원, p.4

[그림 7-1] 점화 코일 회로

2. 엔진점화장치의 구성요소

(1) 점화 스위치(Ignition Switch)

① 개요 : 배터리에서 공급하는 전기를 운전 조건에 따라 운전석에서 개폐하기 위한 장치이다.
② LOCK 단자 : 자동차의 도난 방지와 안전을 위하여 조향 핸들을 잠그는 단자이다.
③ ACC 단자 : 시계, 라디오, 시거라이터 등으로 축전지 전원을 공급하는 단자이다.
④ IG1 단자 : 점화 코일, 계기판, 컴퓨터, 방향 지시등 릴레이, 컨트롤 릴레이 등으로 실제 자동차가 주행할 때 필요한 전원을 공급한다.
⑤ IG2 단자 : 신형 엔진의 점화 스위치에서 와이퍼 전동기, 방향 지시등, 파워 윈도, 에어컨 압축기 등으로 전원을 공급하는 단자이다.
⑥ ST 단자 : 엔진을 크랭킹할 때 배터리 전원을 기동 전동기 솔레노이드 스위치로 공급해주는 단자이며, 엔진 시동 후에는 전원이 차단된다.

(2) 폐자로형 점화 코일(Ignition Coil)

① 1차 코일에서의 자기유도 작용과 2차 코일에서의 상호유도 작용을 이용한다.
② 고에너지 점화장치(High Energy Ignition)에서 사용하는 점화 코일은 폐자로형(몰드형) 철심을 사용하며, 자기유도 작용에 의해 생성되는 자속이 외부로 방출되는 것을 방지하기 위해 철심을 통하여 자속이 흐르도록 한다.

(3) 고압 케이블(High Tension Cable)

고압 케이블은 점화 코일의 중심 단자와 배전기 캡 중심 단자, 배전기 중심 단자와 점화플러그를 연결하는 절연 배선이다.

(4) 점화플러그(Spark Plug)

① 개요 : 점화플러그(Spark Plug)는 실린더헤드에 부착되어 실린더 내에서 압축된 혼합기에 고압 전기로 불꽃을 일으키는 역할을 한다.

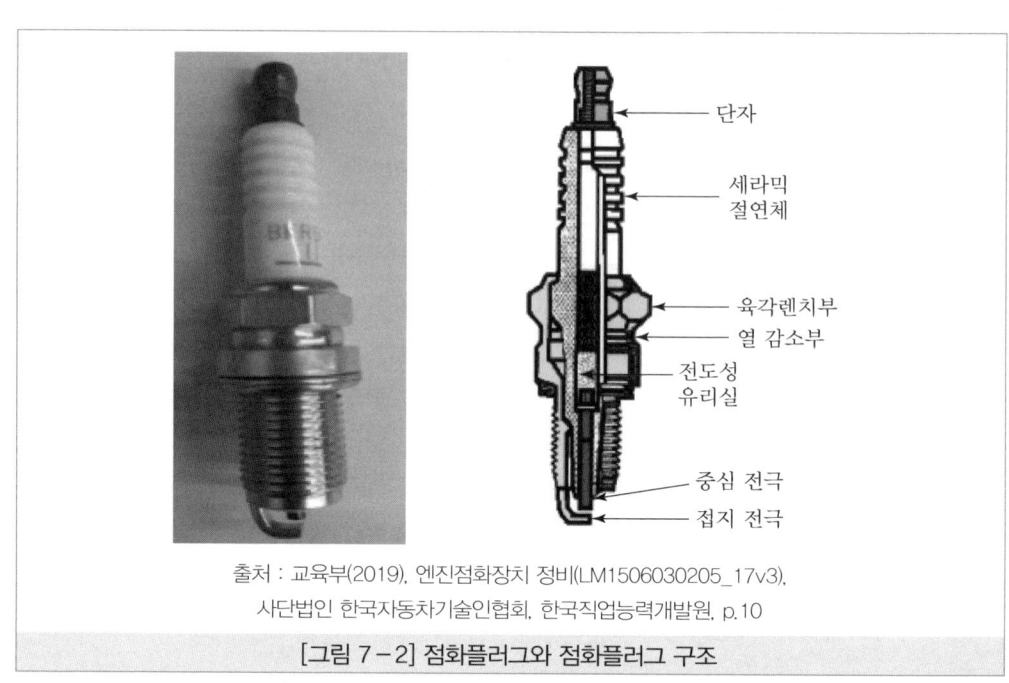

[그림 7-2] 점화플러그와 점화플러그 구조

[표 7-1] 점화플러그 형식

B	P	5	E	S	11
나사지름	구조/특징	열가	나사길이	구조/특징	플러그간극
A(18mm)	P(절연체)	2 (열형)	E(19.0mm)	S	9
B(14mm)	R(저항)	4	H(12.7mm)	YV	10
C(12mm)	U(방전)	5		VV	11
D(10mm)		6		VX	13
E(18mm)		7 ↑		K	
BD(14mm)		8 ↓		M	
		9		Q	
		10		B	
		11		J	
		12		C	
		13 (냉형)			

② **점화플러그의 열가** : 점화플러그 형식에서 3번째 숫자를 말하며, 열가가 높을수록 냉형으로 열방출이 잘되는 성질을 가진다.

③ **자기 청정 온도** : 점화플러그의 자기 청정 온도는 보통 450℃~600℃로 카본에 의한 전극의 오손을 청소하는 온도이다.
  ㉠ 자기 청정 온도보다 낮을 경우 : 실화 발생
  ㉡ 자기 청정 온도보다 높을 경우 : 조기 점화로 노킹 발생

(5) 파워 트랜지스터(Power TR)

① 개요 : 파워 트랜지스터는 흡기 다기관에 부착되어 컴퓨터(ECU)의 신호를 받아 점화 코일에 흐르는 1차 전류를 ON, OFF로 하는 NPN형 트랜지스터이다.
② ECU의 제어 신호에 의해서 점화 코일의 1차 전류를 단속하는 역할을 한다.
③ 베이스(IB) : ECU에 접속되어 컬렉터 전류를 단속한다.
④ 컬렉터(OC) : 점화 코일 (−)단자에 접속되어 있다.
⑤ 이미터(G) : 차체에 접지되어 있다.
⑥ 트랜지스터(NPN형)에서 점화 코일 1차 전류는 컬렉터에서 이미터로 흐른다.
⑦ 점화 코일에서 고전압이 발생되도록 하는 스위칭 작용을 한다.
⑧ 파워 트랜지스터가 불량하면 크랭킹은 되나 기관 시동 성능이 불량하고, 공회전 상태에서 기관 부조 현상이 발생한다. 그리고 심하면 시동이 안 걸리는 현상이 발생한다.

(6) 배전기 방식 점화

① 옵티컬 형식(Optical type) 배전기(Distributor)
  ㉠ 발광 다이오드와 포토다이오드가 2개씩 들어있어 펄스 신호(디지털 파형)로 컴퓨터에 입력시킴
  ㉡ 디스크 바깥 부분에 90° 간격으로 4개의 빛 통과용 크랭크각 센서용 슬릿이 있음
  ㉢ 디스크 안쪽 부분에 1개의 제1번 실린더 상사점 센서용 슬릿이 있음

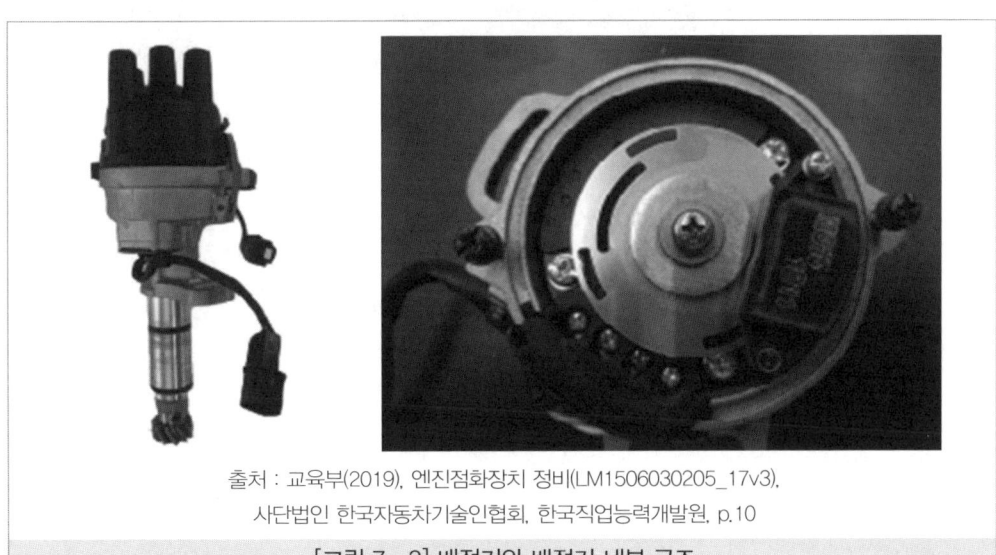

출처 : 교육부(2019), 엔진점화장치 정비(LM1506030205_17v3), 사단법인 한국자동차기술인협회, 한국직업능력개발원, p.10

[그림 7−3] 배전기와 배전기 내부 구조

② 인덕션 방식(Induction type)
  ㉠ 인덕션 방식은 톤 휠(ton wheel)과 영구자석을 이용하는 방식으로 분류
  ㉡ 크랭크샤프트 포지션(크랭크각) 센서의 기능
    - 크랭크 축의 회전수를 검출하여 ECU에 입력
    - ECU는 연료 분사 시기와 점화시기를 결정하기 위한 기준신호로 이용
    - 크랭크각 센서의 신호로 점화시기를 조절
    - 크랭크각 센서가 고장 나면 연료가 분사되지 않아 시동이 되지 않음
    - 크랭크각 센서는 크랭크 축 풀리(인덕션 방식) 또는 배전기(옵티컬 방식)에 설치되어 있음

(7) 무배전식 점화장치와 독립 점화장치

① 무배전식 점화장치(DLI ; Distributor Less Ignition) : 2개의 실린더에 1개의 점화 코일로 압축 상사점과 배기 상사점에 있는 각각의 점화플러그를 동시에 점화시키는 장치

출처 : 교육부(2015), 엔진점화장치 정비(LM1506030205_14v2), 한국직업능력개발원, p.18.

[그림 7-4] 무배전 점화장치의 점화 코일과 고압 케이블

② 독립 점화장치(DIS ; Direct Ignition System)
  ㉠ 각 실린더별로 1개의 점화 코일과 1개의 점화플러그에 의해 직접 점화하는 장치
  ㉡ 점화 방식은 동시 점화와 동일하나 다음의 사항이 추가됨
    - 고압 케이블인 센터 코드와 각 점화플러그로 고압의 전기를 공급하는 고압케이블이 없기 때문에 에너지의 손실이 거의 없음
    - 각 실린더별로 점화 시기의 제어가 가능하기 때문에 완전 연소 제어가 용이함

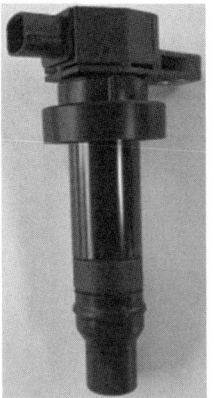

출처 : 교육부(2019), 엔진점화장치 정비(LM1506030205_17v3), 사단법인 한국자동차기술인협회, 한국직업능력개발원, p.18

[그림 7-5] 무배전 점화장치의 점화 코일과 고압 케이블

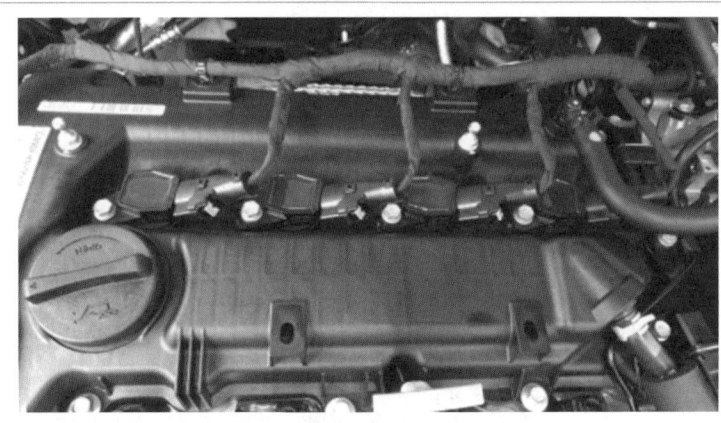

출처 : 교육부(2015), 엔진점화장치 정비(LM1506030205_14v2), 한국직업능력개발원, p.18.

[그림 7-6] 독립 점화장치의 점화 코일

TOPIC 02   엔진점화장치 점검, 진단

1. 점화 코일 점검

(1) 점화 코일 1차 저항 점검(폐자로 타입)

① 멀티테스터의 저항을 200Ω으로 설정한다.
② 점화 코일 내부저항 점검에서 1차 코일의 저항 측정은 멀티테스터의 적색 테스터 리드선을 점화 코일의 (+)단자 선에, 흑색 테스터 리드선을 점화 코일의 (−)단자 선에 접촉하여 측정한다.

③ 규정 값보다 낮은 경우 내부 회로가 단락된 것이며, 무한대로 표시되는 경우 관련 배선의 단선으로 판단한다.

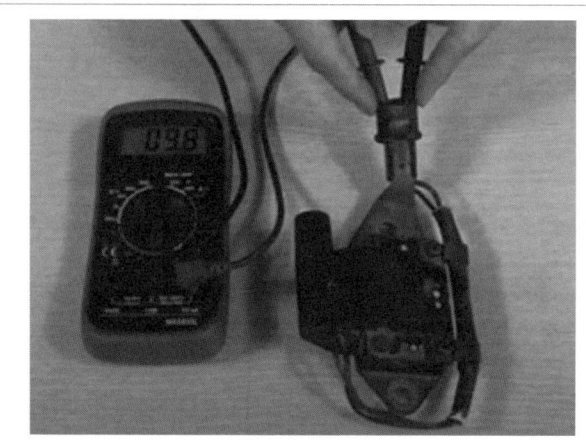

[그림 7-7] 점화 코일 1차 저항 점검

(2) 점화 코일 2차 저항 점검(폐자로 타입)

① 멀티테스터 저항을 20kΩ으로 설정한다.
② 점화 코일 내부 저항 점검에서 2차 코일의 저항 측정은 적색 테스터 리드선을 점화 코일의 중심 단자에, 흑색 테스터 리드선을 점화 코일의 (−)단자 선에 접촉시켜 측정한다.
③ 규정 값보다 낮은 경우 내부 회로가 단락된 것이며, 무한대로 표시된 경우 관련 배선의 단선으로 판단한다.

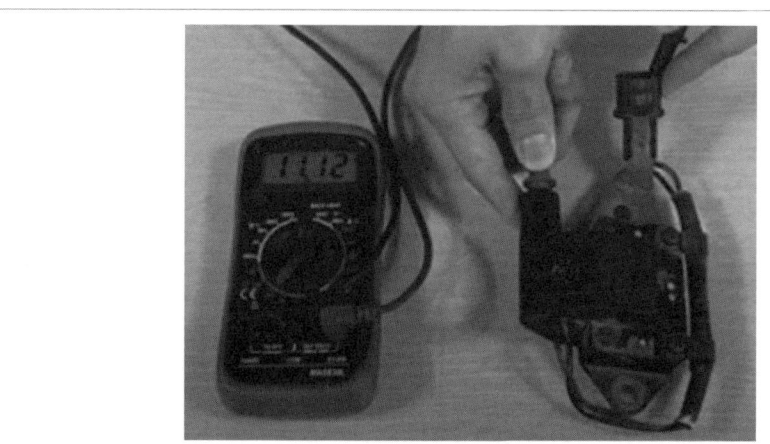

[그림 7-8] 점화 코일 2차 저항 점검

2. 점화플러그 점검

① 세라믹 인슐레이터의 파손 및 손상 여부를 점검한다.
② 전극의 마모 여부를 점검한다.
③ 카본의 퇴적이 있는지를 점검한다.
④ 개스킷의 파손 및 손상 여부를 점검한다.
⑤ 점화플러그 간극을 점검한다.

※ 플러그 간극 게이지로 플러그 간극을 점검하여 규정치 내에 있지 않으면 접지 전극을 구부려 조정한다.

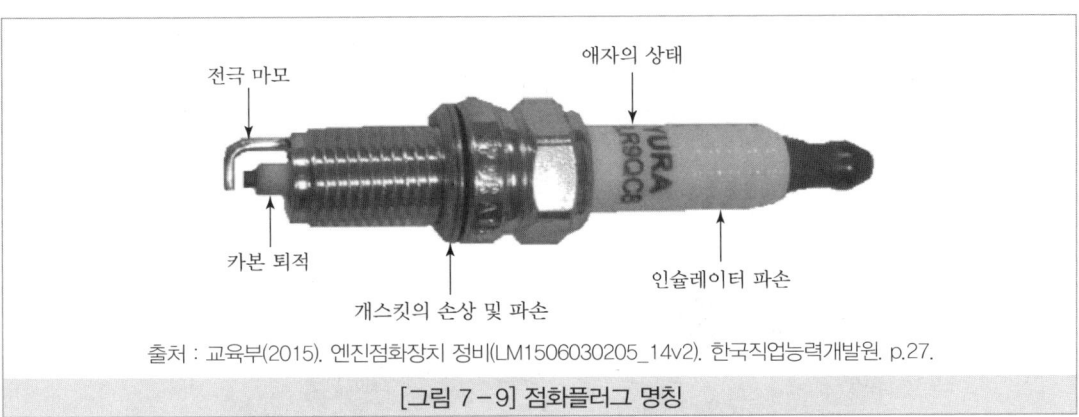

출처 : 교육부(2015). 엔진점화장치 정비(LM1506030205_14v2). 한국직업능력개발원. p.27.

[그림 7-9] 점화플러그 명칭

3. 파워 트랜지스터(power TR) 점검

① 파워 트랜지스터 점검은 점화 스위치를 OFF로 한 상태에서 점검한다.
② 점화플러그 케이블을 분리한다.
③ 파워 트랜지스터 커넥터를 분리한 후 파워 트랜지스터 2번 단자에 3.0V의 (+)전원을, 3번 단자에 (-)전원을 연결한다.
④ 디지털 회로 시험기의 레인지를 저항 위치에 놓은 상태에서 (+)측정 단자는 파워 트랜지스터 2번 단자에, (-)측정 단자는 1번 단자에 연결하여 통전 상태를 확인한다. 이때 전원 공급 시 통전되어야 하고, 미공급 시 통전되지 않아야 한다.

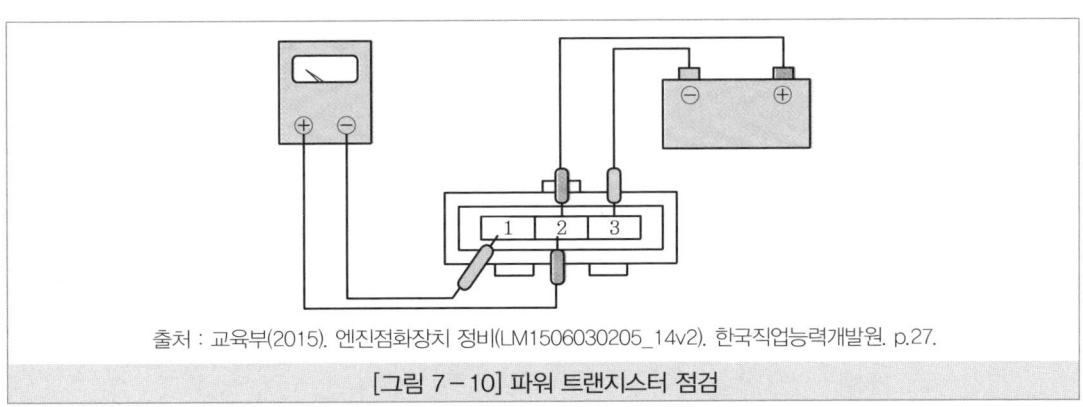

출처 : 교육부(2015). 엔진점화장치 정비(LM1506030205_14v2). 한국직업능력개발원. p.27.

[그림 7-10] 파워 트랜지스터 점검

TOPIC 03 엔진점화장치 수리, 교환, 검사

1. 불꽃(스파크) 시험(DLI)

① 고압 케이블을 탈거한다.
② 점화플러그를 탈거한 후 점화플러그 고압 케이블에 연결한다.
③ 점화플러그 외측 전극을 접지시키고 엔진을 크랭킹한다.
④ 대기 중에는 방전 간극이 작기 때문에 작은 불꽃만이 생성된다. 점화플러그가 양호하면 스파크는 방출 간극(전극 사이)에서 발생한다.
⑤ 점화플러그가 불량하면 절연이 파괴되기 때문에 스파크가 발생하지 않는다.
⑥ 각각의 점화플러그를 모두 점검한다.
⑦ 점화플러그 소켓을 사용하여 점화플러그를 부착한다.
⑧ 고압 케이블을 부착한다.

출처 : 교육부(2015). 엔진점화장치 정비(LM1506030205_14v2). 한국직업능력개발원. p.51

[그림 7-11] 불꽃 시험 검사

2. 점화 1차 파형 검사, 분석

(1) 개요

점화 코일 1차 전압은 점화 1차 코일 내부의 전압 변화를 스코프로 표시하는 것으로 1차 전압은 1차 전류의 전압 변화가 일어나는 점화 코일의 (-)배선에서 측정한다.

(2) 검사 방법

① 파형(가) 드웰 시간이 공회전 시 2~6ms가 되는지 점검한다.
② 파형(나) 1차 피크 전압을 측정하여 200~300V가 되는지 점검한다.
③ 파형(다) 점화 전압이 공회전 시 25~35V가 되는지 점검한다.
④ 파형(다) 점화 시간이 공회전 시 1~1.7ms가 되는지 점검한다.

⑤ 엔진의 회전수에 따라 점화 1차 파형의 드웰 시간과 점화 전압, 피크 전압이 어떻게 변화하는지 점검한다. 1차 점화 전압의 불규칙한 변화 시에는 연소실, 점화플러그, 점화 코일의 상태를 점검할 수 있다.

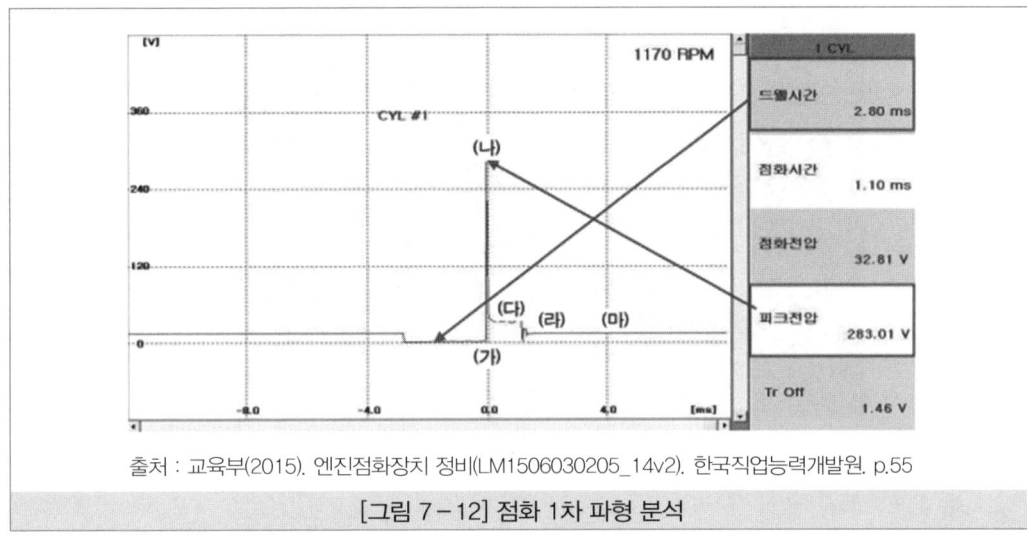

출처 : 교육부(2015). 엔진점화장치 정비(LM1506030205_14v2). 한국직업능력개발원. p.55

[그림 7-12] 점화 1차 파형 분석

3. 점화 2차 파형 검사, 분석

(1) 개요

점화 코일 2차 전압은 점화 2차 코일 내부의 전압 변화를 스코프로 표시하는 것으로, 2차 전압을 측정하기 위해서는 고압 케이블에 측정 배선을 연결한다.

(2) 검사방법

① a~c구간(드웰 시간) : 공회전 시 2~6ms 되는지 점검한다.
② g점(2차 피크 전압) : 측정하여 10~15kV가 되는지 점검한다.
③ f점(점화 전압) : 공회전 시 1~5kV가 되는지 점검한다.
④ f~e구간(점화 시간) : 공회전 시 1~1.7ms가 되는지 점검한다.
⑤ 엔진의 회전수에 따라 점화 2차 파형의 드웰 시간과 점화 전압, 피크 전압이 어떻게 변화하는지 점검한다.
⑥ 2차 점화 전압의 불규칙한 변화 시에는 연소실, 점화플러그, 점화 코일의 상태를 점검할 수 있다.

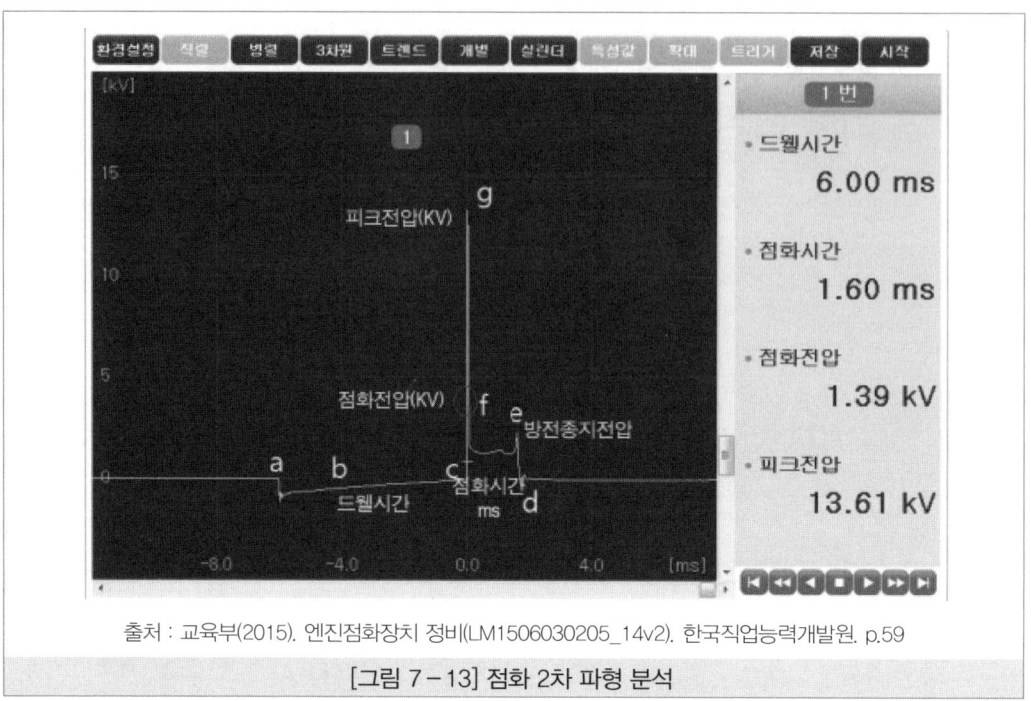

[그림 7-13] 점화 2차 파형 분석

4. 파워 트랜지스터(Power TR) 파형 검사, 분석

(1) 개요

① 파워 트랜지스터 파형 검사는 전압과 통전 시간을 점검하여 점화 회로의 이상 유무를 검사하기 위해서 하는 검사이다.
② 파워 트랜지스터가 불량하면 엔진의 시동 성능이 불량해져서 시동이 꺼지며, 공회전 시 엔진 부조 현상이 발생하여 공회전 시 또는 주행 시 시동이 꺼진다. 또한 주행 시 가속 성능이 떨어지며 연료 소모량이 많아진다.
③ ECU에 의해 파워 트랜지스터가 전류 단속을 하는 과정에서 점화 1차 전압이 발생하면서 고장 시에는 과다한 전류가 점화 코일로 유입되어 점화 코일이 손상될 수 있으므로 점검 시 주의해야 한다.

(2) 검사 방법

① 파형 (1)에서 전압이 0V로 나오는지 점검한다.
② 파형 (2)까지의 전압이 2~3V가 되는지 점검한다.
③ 파형 (2)에서 (4)까지의 파워 TR ON 구간에서 파형의 형상이 비스듬하게 상승하는지 점검한다.
④ 파형 (4)의 전압이 3~4V가 되는지 점검한다.

⑤ 급격하게 4V로 수직 상승하는지 점검한다.
⑥ 파형에 잡음이 없고, 접지와 단속이 확실한지 점검한다.

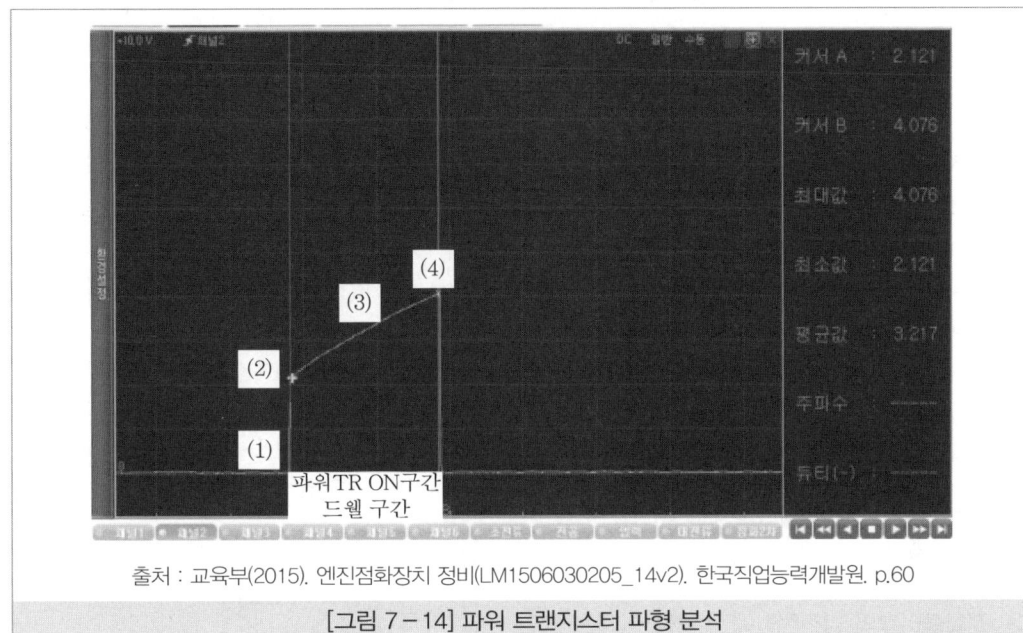

[그림 7-14] 파워 트랜지스터 파형 분석

단원 마무리문제

CHAPTER 07 엔진점화장치 정비

01 점화장치에서 파워 트랜지스터에 대한 설명으로 틀린 것은?

① 베이스 신호는 ECU에서 받는다.
② 점화 코일 1차 전류는 단속한다.
③ 이미터 단자는 접지되어 있다.
④ 컬렉터 단자는 점화 2차 코일과 연결되어 있다.

해설
파워 트랜지스터에서 베이스 신호는 ECU에서 받으며, 점화 코일 1차 전류는 단속되고, 이미터 단자는 접지되어 있다. 컬렉터 단자는 1차 코일의 (−)단자와 연결된다.

02 점화플러그의 방전전압에 영향을 미치는 요인이 아닌 것은?

① 전극의 틈새모양, 극성
② 혼합가스의 온도, 압력
③ 흡입 공기의 습도와 온도
④ 파워 트랜지스터의 위치

해설
파워 트랜지스터의 위치는 점화플러그 방전 전압에 영향을 미치는 요인이 아니다.

03 점화 2차 파형에서 감쇠 진동 구간이 없을 경우 고장 원인으로 옳은 것은?

① 점화 코일 불량
② 점화 코일의 극성 불량
③ 점화 케이블의 절연 상태 불량
④ 스파크플러그의 에어 갭 불량

04 전자제어 점화장치의 작동 순서로 옳은 것은?

① 각종 센서 → ECU → 파워 트랜지스터 → 점화 코일
② ECU → 각종 센서 → 파워 트랜지스터 → 점화 코일
③ 파워 트랜지스터 → 각종 센서 → ECU → 점화 코일
④ 각종 센서 → 파워 트랜지스터 → ECU → 점화 코일

해설
ECU는 크랭크각 센서 등의 신호를 받아 파워 트랜지스터의 베이스 단자의 전원을 단속하여 점화 코일에 고전압을 유도한다.

05 전자제어 기관의 점화장치에서 1차 전류를 단속하는 부품은?

① 다이오드
② 점화스위치
③ 파워 트랜지스터
④ 컨트롤 릴레이

해설
전자제어 기관의 점화장치에서 1차 전류를 단속하는 부품은 파워 트랜지스터로, ECU로부터 제어 신호를 받아 점화 코일에 흐르는 1차 전류를 단속한다.

06 점화장치에서 파워 TR(트랜지스터)의 B(베이스) 전류가 단속될 때 점화 코일에서는 어떤 현상이 발생하는가?

① 1차 코일에 전류가 단속된다.
② 2차 코일에 전류가 단속된다.
③ 2차 코일에 역기전력이 형성된다.
④ 1차 코일에 상호유도작용이 발생한다.

정답 01 ④ 02 ④ 03 ① 04 ① 05 ③ 06 ①

07 점화플러그에 대한 설명으로 틀린 것은?

① 열형 플러그는 열 방산이 나쁘며 온도가 상승하기 쉽다.
② 열가는 점화플러그의 열방산 정도를 수치로 나타내는 것이다.
③ 고부하 및 고속회전의 엔진은 열형 플러그를 사용하는 것이 좋다.
④ 전극 부분의 작동온도가 자기 청정 온도보다 낮을 때 실화가 발생할 수 있다.

해설
고부하 및 고속회전의 엔진은 냉형플러그를 사용하는 것이 좋다.

08 점화장치에 DLI(Distributor Less Ignition) 시스템의 장점으로 틀린 것은?

① 점화 진각 폭의 제한이 크다.
② 고전압 에너지 손실이 적다.
③ 점화에너지를 크게 할 수 있다.
④ 내구성이 크고 전파 방해가 적다

해설
기존 배전기는 점화 진각의 폭의 제한이 컸으나, DLI 시스템의 경우 점화 진각의 폭이 크다는 장점이 있다.

09 점화플러그에 불꽃이 튀지 않는 이유로 옳지 않은 것은?

① 파워 TR 불량   ② 점화 코일 불량
③ TPS 불량   ④ ECU 불량

해설
점화플러그와 TPS(스로틀 포지션 센서)는 관계가 없다. TPS는 스로틀의 개도를 측정하는 센서로 가·감속의 판단에 사용된다.

10 1개의 코일로 2개 실린더를 점화하는 시스템의 특징에 대한 설명으로 틀린 것은?

① 동시 점화 방식이라 한다.
② 배전기 캡 내로부터 발생하는 전파 잡음이 없다.
③ 배전기로 고전압을 배전하지 않기 때문에 누전이 발생하지 않는다.
④ 배전기 캡이 없어 로터와 세그먼트(고압단자) 사이의 전압에너지 손실이 크다.

해설
동시 점화 방식은 DLI라고도 하며 전자배전 점화장치라고도 한다. 이 방식은 배전기가 없기에 손실이 적다.

11 전자배전 점화장치(DLI)의 내용으로 틀린 것은?

① 코일 분배 방식과 다이오드 분배 방식이 있다.
② 독립 점화 방식과 동시 점화 방식이 있다.
③ 배전기 내부 전극의 에어 갭 조정이 불량하면 에너지 손실이 생긴다.
④ 기통 판별 센서가 필요하다.

해설
전자배전 점화장치는 기존 차량에서 배전기를 제거했기에 배전기 내부 전극과는 관련이 없다.

12 전자제어 점화장치에서 전자제어 모듈(ECM)에 입력되는 정보로 거리가 먼 것은?

① 엔진 회전수 신호
② 흡기 매니폴드 압력 센서
③ 엔진오일 압력 센서
④ 수온 센서

해설
전자제어 점화장치에는 엔진 회전수 신호, 흡기 매니폴드 압력, 수온 센서 등의 정보가 입력된다.

정답 07 ③ 08 ① 09 ③ 10 ④ 11 ③ 12 ③

13 점화장치 고장 시 발생할 수 있는 현상으로 틀린 것은?

① 노킹 현상이 발생할 수 있다.
② 공회전 속도가 상승할 수 있다.
③ 배기가스가 과다 발생할 수 있다.
④ 출력 및 연비에 영향을 미칠 수 있다.

해설
점화장치 고장 시 공회전 속도가 저하되며, 노킹현상이 발생할 수 있다. 또한 배기가스가 과하게 발생할 수 있고, 출력 저하, 연비 저하 등의 문제가 생길 수 있다.

14 점화 파형에서 파워 TR(트랜지스터)의 통전시간을 의미하는 것은?

① 전원 전압
② 피크(peak) 전압
③ 드웰(dwell) 시간
④ 점화시간

15 인젝터 회로의 정상적인 파형이 〈그림〉과 같을 때, 본선의 접촉 불량 시 나올 수 있는 파형으로 옳은 것은?

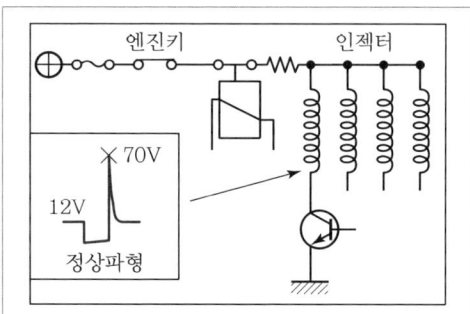

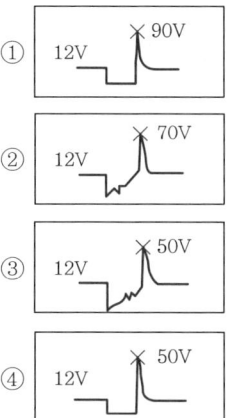

해설
인젝터 회로에서 본선이 접촉 불량일 경우 최고 전압이 낮게 나온다. ③의 경우 접지 부분의 접촉 불량 파형이다.

16 모터나 릴레이 작동 시 라디오에 유기되는 일반적인 고주파 잡음을 억제하는 부품으로 맞는 것은?

① 트랜지스터
② 볼륨
③ 콘덴서
④ 동소기

해설
콘덴서는 안정된 직류 전압을 공급하기 위해 고주파 노이즈를 제거하는 기능이 있다. 이외에도 직류 전압 제거 기능, 전압을 유지시켜 주는 기능 등이 있다.

17 점화 1차 파형에 대한 설명으로 옳은 것은?

① 최고 점화 전압은 15~20kV의 전압이 발생한다.
② 드웰 구간은 점화 1차 전류가 통전되는 구간이다.
③ 드웰 구간이 짧을수록 1차 점화 전압이 높게 발생한다.
④ 스파크 소멸 후 감쇄 진동구간이 나타나면 점화 1차코일의 단선이다.

해설
드웰 구간이란 파워 TR이 On되어 있는 구간이며, 엔진 회전수에 따라 ECU가 제어한다. 즉 1차 전류가 통전되는 구간이며, 드웰 구간이 길수록 점화 전압이 높게 발생한다. 최고 전압은 보통 300~400V이며 감쇄 진동 구간이 없으면 점화 코일이 불량이다.

18 전자제어 엔진 점화장치의 파워 TR에서 ECU에 의해 제어되는 단자는?

① 이미터 단자
② 베이스 단자
③ 콜렉터 단자
④ 접지 단자

정답 13 ② 14 ③ 15 ④ 16 ③ 17 ② 18 ②

19 엔진 점화장치의 파워 TR 불량 시 나타나는 현상이 아닌 것은?

① 주행 시 가속력이 저하된다.
② 연료 소모가 많다.
③ 크랭킹이 불가능하다.
④ 시동이 불량하다.

> [해설]
> 크랭킹(크랭크축 강제구동)의 경우 기동전동기(시동모터)의 역할로 점화장치의 파워 TR의 불량과는 무관하다.

20 점화 1차 전압 파형으로 확인할 수 없는 사항은?

① 드웰 시간
② 방전 전류
③ 점화 코일 공급 전압
④ 점화플러그 방전 시간

> [해설]
> 점화 1차 전압 파형을 통해 드웰 시간, 점화 코일에 공급되는 전압, 점화플러그 방전 시간, 피크전압, 감쇄 진동부 상태 등을 알 수 있다.

정답 19 ③ 20 ②

PART 03

자동차 전기·전자장치 정비

CHAPTER 01 | 전기일반
CHAPTER 02 | 충전장치 정비
CHAPTER 03 | 시동장치 정비
CHAPTER 04 | 등화장치 정비
CHAPTER 05 | 편의장치 정비

PART 03
CHAPTER 01 전기일반

TOPIC 01 기초 전기

1. 전기

무형으로 존재하는 에너지의 형태이다.

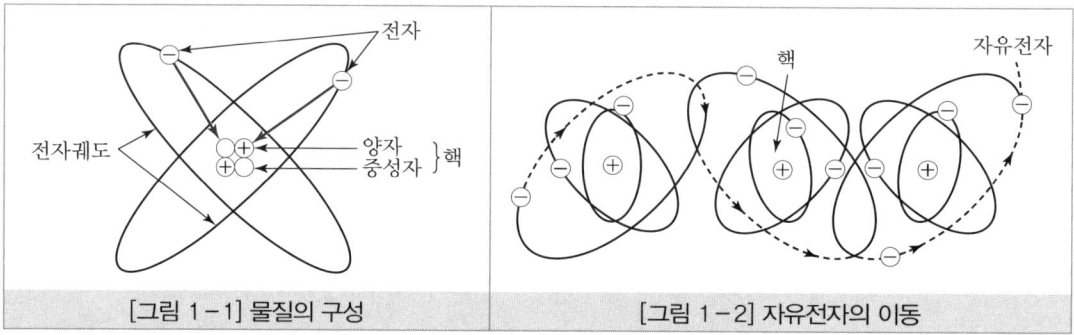

[그림 1-1] 물질의 구성 　　　[그림 1-2] 자유전자의 이동

2. 정전기

① 전하가 물질에 정지하고 있는 전기의 형태이다.
② **축전기** : 정전 유도작용을 이용하여 많은 전하량을 저장하는 것이다.

$$C = \frac{Q}{V}(F)$$

C : 정전용량, Q : 전하량, V : 전압

㉠ 정전용량은 금속판 사이의 절연체의 절연도에 비례함
㉡ 충전되는 전하량은 가해지는 전압에 비례함
㉢ 정전용량은 상대하는 금속판의 면적에 비례함
㉣ 정전용량은 금속판 사이의 거리에 반비례함

3. 동전기

① **정의** : 전하가 물질 속을 이동하는 전기의 형태이다.
② **직류 전기** : 시간의 경과에 대해 전압 및 전류가 일정 값을 유지하고 흐름 방향도 일정한 전기이다.
③ **교류 전기** : 시간의 경과에 대해 전압 및 전류가 계속 변화하고 흐름 방향이 정방향과 역방향으로 차례로 반복되는 전기이다.

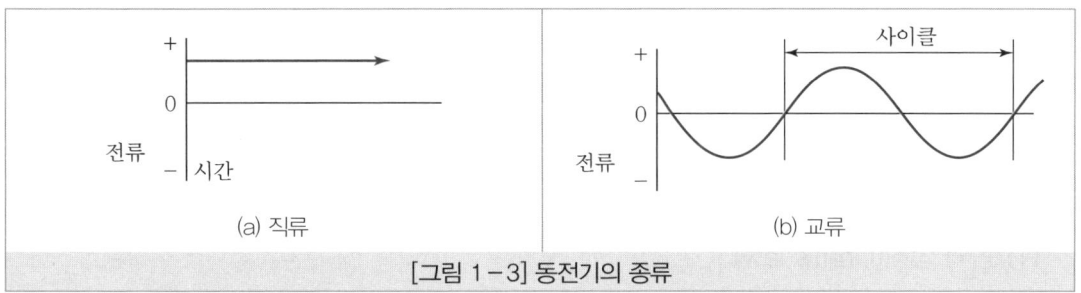

[그림 1-3] 동전기의 종류

4. 전류

(1) 개요

① 임의의 한 점을 통과하는 전하의 양으로, 단위는 A(암페어 : amper)를 사용한다.
② 1A : 도체의 단면에서 임의의 한 점을 매초 1쿨롱의 전하가 이동할 때의 양을 의미한다.

(2) 전류의 3대 작용

① **발열작용** : 도체 저항에 의해 흐르는 전류의 자승과 저항의 곱에 비례하는 열이 발생(전구, 예열 플러그 등)하는 것이다.
② **화학작용** : 묽은 황산에 전류가 흐를 때 발생(축전지, 전기 도금 등)한다.
③ **자기작용** : 전선이나 코일에 전류가 흐르면 그 주위에 자기 현상이 발생(발전기, 전동기 등)한다.

5. 전압

① 전위의 차이 또는 도체에 전류를 흐르게 하는 전기적인 압력으로 단위는 V(볼트 : volt)를 사용한다.
② 1V : 1Ω의 도체에 1A의 전류를 흐르게 할 수 있는 전기의 압력이다.

6. 저항

① 전류가 물질 속을 흐를 때 전류의 흐름을 방해하는 힘으로 단위는 Ω(옴 : ohm)을 사용한다.
② 1Ω : 도체에 1A의 전류를 흐르게 할 때 1V의 전압이 필요한 저항이다.

7. 도체 형상에 의한 저항

① 도체의 저항은 그 길이에 비례하고 단면적에 반비례한다.
② 전압과 도선의 길이가 일정할 때 도선의 지름을 1/2로 하면 저항은 4배로 증가하고 전류는 1/4로 감소한다.

$$R = \rho \times \frac{\ell}{A}$$

R : 물체의 저항(Ω), ρ : 물체의 고유저항(Ωcm), ℓ : 길이(cm), A : 단면적(cm^2)

8. 저항 연결법

(1) 옴의 법칙(Ohm's law)

도체에 흐르는 전류는 도체에 가해진 전압에 정비례하고 그 도체의 저항에는 반비례한다는 법칙을 말한다.

$$I = \frac{E}{R}, \quad R = \frac{E}{I}, \quad E = IR$$

I : 도체에 흐르는 전류(A), E : 도체에 가해진 전압(V), R : 도체의 저항(Ω)

(2) 직렬접속의 특징

① 합성저항은 각 저항의 합과 동일하다.
② 각 저항에 흐르는 전류는 일정하다.
③ 각 저항에 가해지는 전압의 합은 전원의 합과 동일하다.
④ 동일 전압을 연결하면 전압은 개수의 배가되고 용량은 1개일 때와 동일하다.

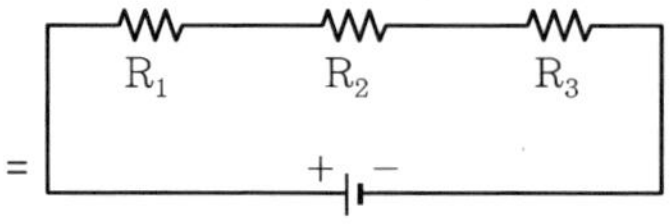

$$R = R_1 + R_2 + R_3$$

[그림 1-4] 직렬저항의 접속

⑤ 다른 전압을 연결하면 전압은 각 전압의 합과 같고 용량은 평균값이 된다.
⑥ 큰 저항과 아주 작은 저항을 연결하면 아주 작은 저항은 무시된다.

(3) 병렬접속의 특징

① 합성저항은 각 저항의 역수의 합의 역수와 같다.
② 각 회로에 흐르는 전류는 상승한다.
③ 각 회로의 전압은 일정하다.
④ 동일 전압을 연결하면 전압은 1개일 때와 동일하고 용량은 개수의 배가 된다.
⑤ 아주 큰 저항과 적은 저항을 연결하면 아주 큰 저항은 무시된다.

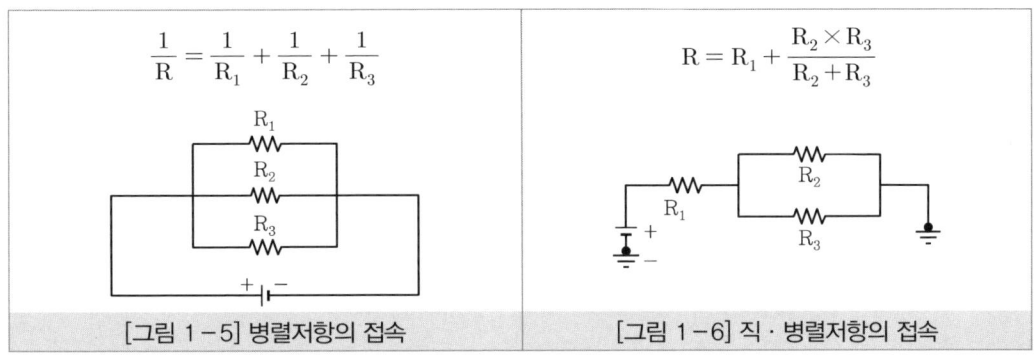

[그림 1-5] 병렬저항의 접속   [그림 1-6] 직·병렬저항의 접속

(4) 직·병렬접속의 특징

① 합성저항은 직렬 합성저항과 병렬 합성저항을 더한 값이다.
② 전압과 전류 모두 상승한다.

9. 전압 강하

전류가 도체에 흐를 때 도체의 저항에 의해서 소비되는 전압으로 직렬 접속 시 많이 일어난다.

10. 키르히호프의 법칙(Kirchhoff's law)

① 제1법칙(전하의 보존법칙) : 회로 내의 한 점으로 유입된 전류의 총합은 유출된 전류의 총합과 동일하다.

$$I_1 + I_2 + I_3 = I_4 + I_5 + I_6 + I_7$$
$$\Sigma I = 0$$

② 제2법칙(에너지 보존법칙) : 임의의 한 폐회로에서 소비된 전압 강하의 총합은 기전력의 총합과 같다.

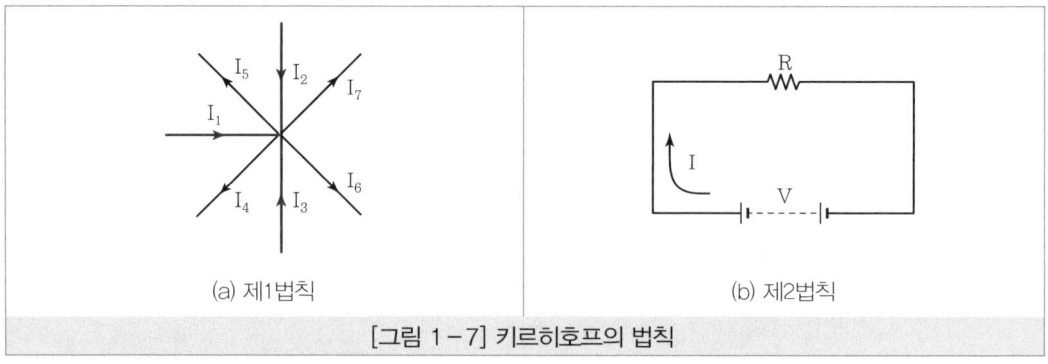

[그림 1-7] 키르히호프의 법칙

11. 전력

전기가 하는 일의 크기(Watt, W)를 의미한다.

$$P = E \times I = I^2 \times R = \frac{E^2}{R}$$

$$(\because E = I \times R, \; I = \frac{E}{R} \text{이므로})$$

12. 전력량

① 전력이 어떤 시간 동안에 한 일의 총량을 의미한다.

$$W = P \times t = I^2 \times R \times t$$

② **주울의 법칙(Joule's law)** : 도체 내에 흐르는 정상 전류에 의하여 일정한 시간 내에 발생하는 열량은 전류의 자승과 저항의 곱에 비례한다는 법칙이다.

③ **주울 열** : 전류가 저항 속을 흘러 발생하는 열이다.

$$H(cal) = 0.24 \times I^2 \times R \times t$$

13. 전선의 허용전류와 퓨즈

① **전선의 허용전류** : 전선에 안전한 상태로 사용할 수 있는 전류 값이 정해져 있는데 이것을 허용전류라 한다.

② **퓨즈(Fuse)** : 퓨즈는 단락 및 누전에 의해 과대 전류가 흐르면 차단되어 전류의 흐름을 방지하는 부품으로 전기회로에 직렬로 설치된다. 재질은 납과 주석의 합금이다.

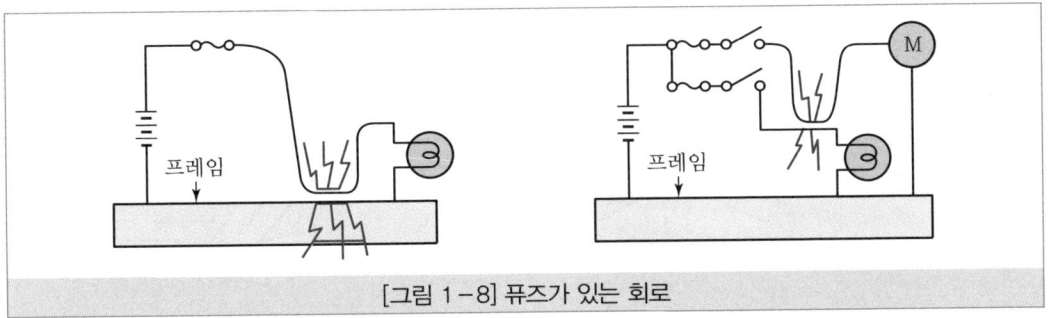

[그림 1-8] 퓨즈가 있는 회로

> **Tip**
>
> **퓨즈의 단선 원인**
> - 회로의 합선에 의해 과도한 전류가 흘렀을 때
> - 퓨즈가 부식되었을 때
> - 퓨즈가 접촉이 불량할 때
> - 스위치의 잦은 ON/OFF 반복으로 피로가 누적되었을 때
> - 퓨즈 홀더의 접촉저항 발생에 의한 발열 때

14. 전자력

(1) 플레밍의 왼손 법칙(Fleming's left hand rule)

① 자계 내의 도체에 전류를 흐르게 하였을 때 도체에 작용하는 힘의 방향을 가리키는 법칙이다.
② 기동 전동기, 전류계, 전압계 등에 이용된다.

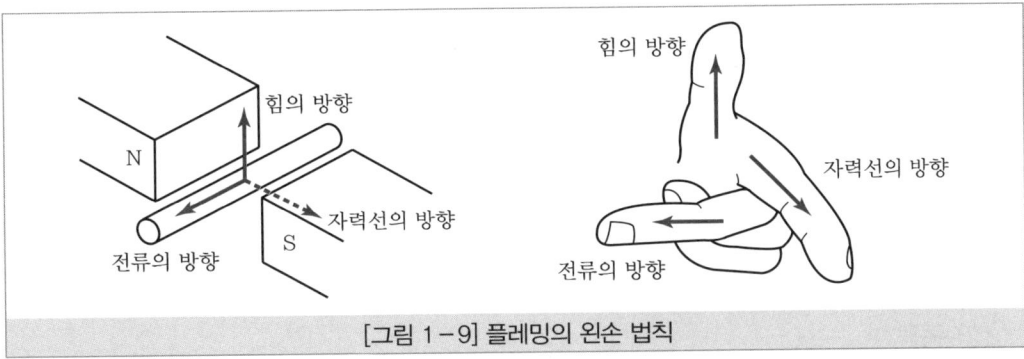

[그림 1-9] 플레밍의 왼손 법칙

15. 전자 유도작용

① 자계 내에서 도체를 자력선과 직각 방향으로 움직이거나 도체를 고정시키고 자계를 직각 방향으로 움직이는 경우 도체에 기전력이 발생하는 현상을 말한다.
② 교류발전기, 점화 코일, ABS의 휠 속도 센서 등에 이용된다.
③ 플레밍의 오른손 법칙, 렌츠의 법칙 등이 있다.

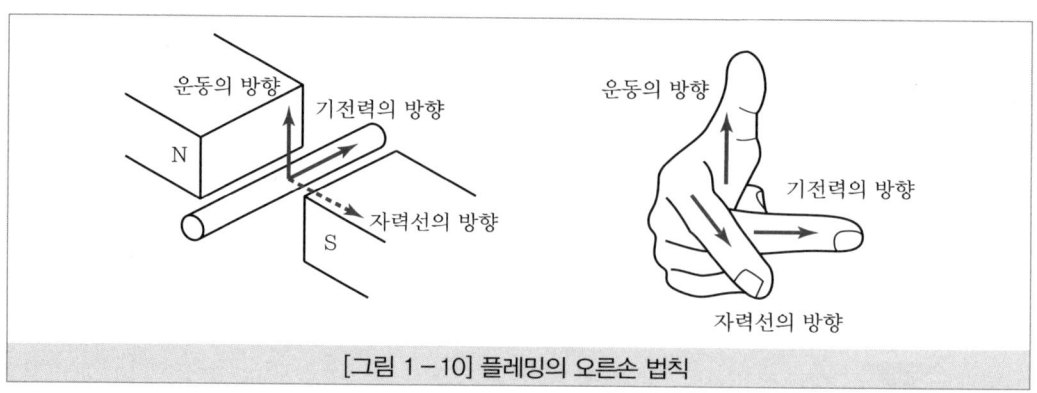

[그림 1-10] 플레밍의 오른손 법칙

16. 자기 유도작용

하나의 코일에 흐르는 전류를 변화시키면 코일과 교차하는 자력선도 변화되기 때문에 코일에는 그 변화를 방해하는 방향으로 기전력이 발생하는 현상이다.

17. 상호 유도작용

직류 전기회로에 자력선의 변화가 생겼을 때 그 변화를 방해하기 위해 다른 전기 회로에 기전력이 발생하는 현상이다.

TOPIC 02 기초 전자

1. 반도체

(1) 정의

도체와 절연체의 중간 성질을 띠는 물질이다.

(2) 종류

1) N형 반도체

① 실리콘이나 게르마늄에 5가인 비소(As)나 인(P)을 혼합하여 실리콘의 4가 안에 5가의 원자가 공유결합할 때 1개의 자유전자(－)가 발생한다.
② 이 자유전자가 자유롭게 결정 속을 움직이면서 전기를 나르는 반도체를 N형 반도체라 한다.

2) P형 반도체

① 실리콘이나 게르마늄에 3가인 인듐(In)을 혼합하여 실리콘의 4가 안에 3가의 원자가 공유결합할 때 정공(hole)(+)이 발생한다.
② 정공이 전기를 운반하는 불순물 반도체이다.
③ 정공(hole)은 (−)쪽으로 이동하고 전자는 (+)쪽으로 이동하여 전기를 운반하는 반도체이다.

3) PN 반도체 접합의 종류

[표 1−1] 반도체 접합의 종류

접합의 내용	접합도	적용
무접합	P / N	서미스터, 광전도 셀(CdS)
단접합	P N	다이오드, 제너다이오드, 단일 접합 또는 단일 접점 트랜지스터
이중 접합	P N P / N P N	PNP 트랜지스터, NPN 트랜지스터, 가변 용량 다이오드, 발광다이오드, 전계효과 트랜지스터
다중 접합	P N P N	사이리스터, 포토트랜지스터

2. 다이오드

(1) 정의

P형 반도체와 N형 반도체를 결합하여 양 끝에 단자를 부착한 것이다.

(2) 실리콘 다이오드

① 순방향 접속에서는 전류가 흐르고, 역방향 접속에서는 전류가 흐르지 않는 특성(역류방지)이 있다.
② 이때 교류전기를 직류전기로 변환시키는 정류작용을 한다.
③ 정류회로의 종류에는 단상 반파정류, 단상 전파정류, 3상 전파정류 등이 있다.

(3) 제너 다이오드

① 전압이 어떤 값에 도달하면 역방향으로 전류가 흐르는 다이오드이다.
② 브레이크다운 전압 : 역방향으로 전류가 흐를 때의 전압이다.
③ 전압 조정기의 전압 검출, 정전압 회로, 트랜지스터식 점화장치 등에서 트랜지스터 보호용으로 사용된다.

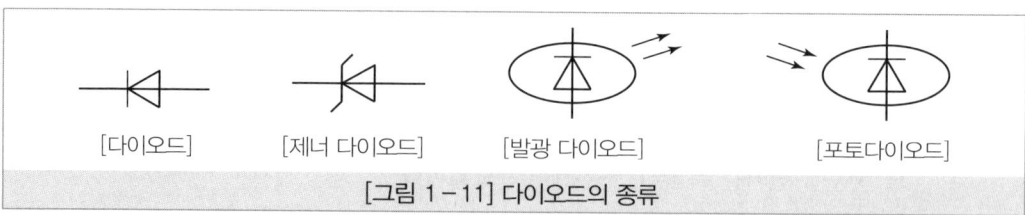

[그림 1-11] 다이오드의 종류

(4) 발광 다이오드(LED)

① 순방향으로 전류를 흐르게 하여 전류를 가시광선으로 변화시켜 빛을 발생하는 다이오드이다.
② 전자회로의 파일럿램프, 크랭크각 센서, 1번 실린더 TDC 센서, 차고 센서 등으로 이용된다.

(5) 포토 다이오드

① 빛에 의해 역방향으로 전류가 흐르는 다이오드이다.
② 크랭크각 센서, 1번 실린더 TDC 센서, 에어컨 일사 센서 등에 이용된다.

3. 서미스터

① 온도 변화에 대해 저항값이 크게 변화하는 반도체의 성질을 이용하는 소자를 말한다.
② 일반적으로 온도가 상승하면 저항값이 감소되어 부의 특성으로 되는 NTC 서미스터를 사용한다.
③ 정전압 회로, 온도 보상장치, 수온 센서, 연료 잔량 센서 등에 사용된다.

4. 트랜지스터

(1) 특징

① 이미터, 베이스, 컬렉터의 3개 단자로 구성되어 있다.
② **스위칭작용** : 베이스의 전류를 단속하여 이미터와 컬렉터 사이의 전류를 단속한다.
③ **증폭작용** : 작은 베이스 전류에 의해 큰 컬렉터 전류가 제어되는 것이다.

(2) 종류

① PNP형 트랜지스터 : N형 반도체를 중심으로 양쪽에 P형 반도체를 결합한 것이다.

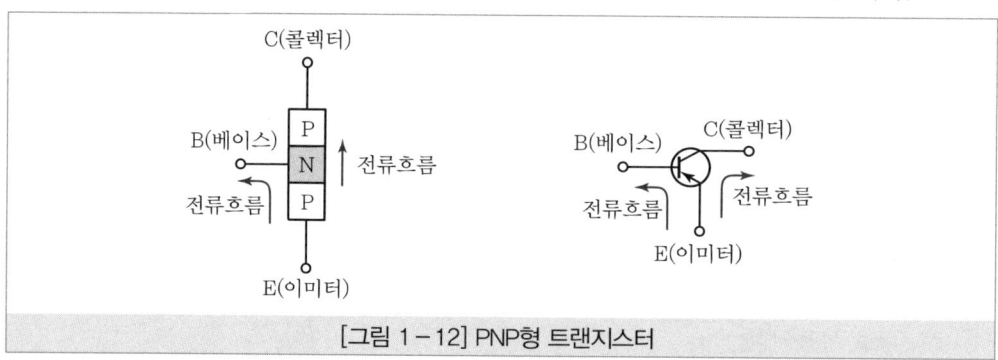

[그림 1-12] PNP형 트랜지스터

② NPN형 트랜지스터 : P형 반도체를 중심으로 양쪽에 N형 반도체를 결합한 것이다.

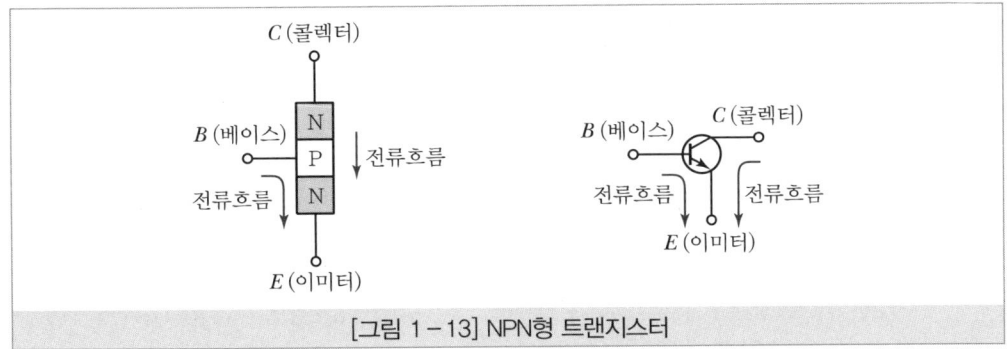

[그림 1-13] NPN형 트랜지스터

(3) 트랜지스터의 장점

① 소형, 경량이다.
② 내부에서의 전력 손실과 전압 강하가 적다.
③ 기계적으로 강하고, 수명이 길다.
④ 예열 없이 작동된다.

(4) 트랜지스터의 단점

① 과대 전류 및 전압에 파손되기 쉽다.
② 온도가 상승하면 파손되므로 온도 특성이 나쁘다.

5. 포토 트랜지스터

① 빛이 베이스 전류로 작용하므로 베이스의 단자가 없다.
② 소형이고 취급이 용이하며 광출력 전류가 크고 내구성 및 신호성이 풍부한 것이 특징이다.
③ 광량 측정, 광 스위치 소자로 사용되며, 조향휠 각속도 센서, 차고 센서 등에 이용한다.

6. 사이리스터(SCR)

① PNPN형 또는 NPNP형의 4층 구조로 된 실리콘 정류 스위치 소자의 제어 정류기이다.
② (+)쪽을 애노드, (−)쪽을 캐소드, 제어 단자를 게이트라 한다.
③ 게이트 단자에 (+)극의 전압을 가했다가 없애도 사이리스터는 계속 전류가 흐른다.
④ 발전기의 여자장치, 조광장치, 통신용 전원 등의 각종 정류장치에 사용한다.

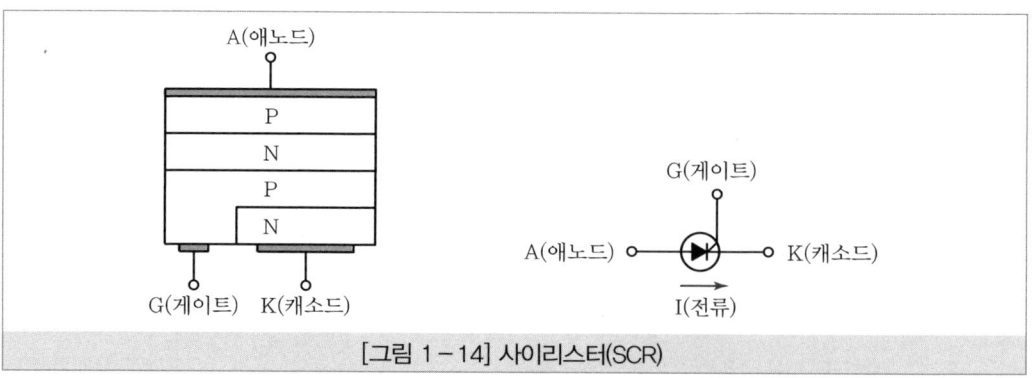

[그림 1-14] 사이리스터(SCR)

7. 다링톤 트랜지스터

① 트랜지스터 내부에 2개의 트랜지스터로 구성된다.
② 1개로 2개분의 트랜지스터 증폭 효과를 지닌다.

8. 집적회로(IC ; Inter grated Circuit)

(1) 정의

IC란 많은 회로소자(저항, 축전기, 다이오드, 트랜지스터 등)가 1개의 실리콘 기판 또는 기관 내에 분리할 수 없는 상태로 결합된 것이며, 초소형화되어 있는 것을 말한다.

(2) IC의 기능

① **디지털 형식(Digital type)** : 디지털 형식은 Hi와 Low의 2가지 신호를 취급하며 이 사이를 스위칭하는 기능을 가지고 있어 "전압이 발생한다." 또는 "발생하지 않는다."의 신호를 이용한다.
② **아날로그 형식(Analog type)**
   ㉠ 아날로그 신호의 입력 파형을 증폭시켜 출력으로 내보내는 기능을 지니고 있어 선형(linear) IC라 부름
   ㉡ 아날로그 신호 : 저항의 온도에 따른 전류의 변화와 같이 연속적으로 변화하는 신호

[표 1-2] 디지털 파형과 아날로그 파형의 차이

구분	신호	특성	성질
아날로그	(사인파 형태의 연속적 신호)	출력전압이 압력전압에 비례하여 선형 증가	시간에 의해 연속적으로 변화하는 신호
디지털	t_2, t_1, t_3 구간의 펄스 파형	출력전압이 압력전압에 따라 계단형으로 변화	시간에 대해 간헐적으로 변화하는 신호

(3) IC의 특징

1) IC의 장점

① 소형·경량이다.
② 대량 생산이 가능하므로 가격이 저렴하다.
③ 특성을 골고루 지닌 트랜지스터가 된다.
④ 1개의 칩(chip) 위에 직접화한 모든 트랜지스터가 같은 공정에서 생산된다.
⑤ 납땜 부위가 적어 고장이 적다.
⑥ 진동에 강하고 소비전력이 매우 적다.

2) IC의 단점

① 내열성이 30~80℃이므로 큰 전력을 사용하는 경우에는 IC에 방열기를 부착하거나 장치 전체에 송풍장치가 필요하다.
② 대용량의 축전기(condenser)는 IC화가 어렵다.
③ 코일의 경우에는 모노리틱 형식(monolothic type)의 IC가 어렵다.

9. 마이크로컴퓨터(micro computer)

(1) 마이크로컴퓨터의 개요

마이크로컴퓨터는 중앙처리장치(CPU), 기억장치, 입력포트, 출력포트 등 4가지로 구성되며 산술연산, 논리연산을 하는 데이터 처리장치로 정의된다.

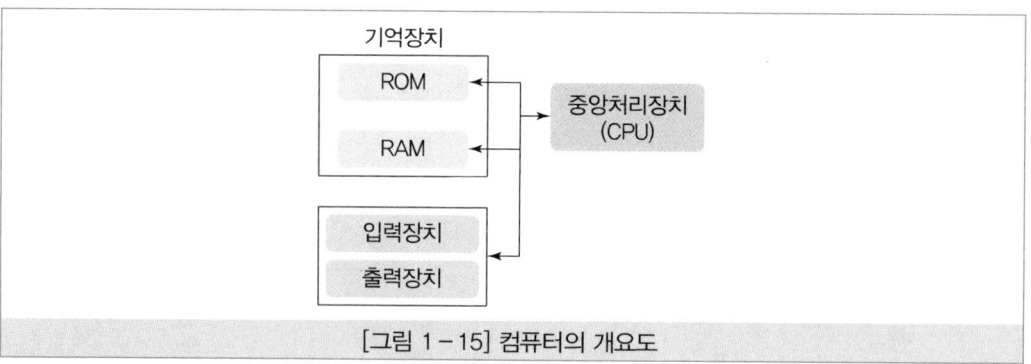

[그림 1-15] 컴퓨터의 개요도

(2) 마이크로컴퓨터의 구조

① **중앙처리장치(CPU ; Central Processing unit)** : 컴퓨터의 두뇌에 해당되는 부분으로, 미리 기억되어 있는 프로그램(작업순서를 일정한 순서에 따라서 컴퓨터 언어로 기입된 것)의 내용을 실행하는 것이다.

② **입·출력장치(I/O ; In put/Out put)** : 중앙처리 장치의 명령에 의해서 입력장치(센서)로부터 데이터를 받아들이거나 출력장치(액추에이터)에 데이터를 출력하는 인터페이스 역할을 한다.

③ **기억장치(Memory)**
  ㉠ ROM(Read Only Memory) : 한번 기억하면 그대로 기억을 유지하므로 전원을 차단하더라도 데이터는 지워지지 않음
  ㉡ RAM(Random Access Memory) : 데이터의 변경을 자유롭게 할 수 있으나 전원을 차단하면 데이터가 지워짐

④ **클록발생기(Colck Generator) - 기준신호 발생기구** : 중앙처리장치, RAM 및 ROM을 집결시켜 놓은 1개의 패키지(package)이며, 수정 발진기가 접속되어 중앙처리 장치의 가장 기본이 되는 클록 펄스가 만들어진다.

⑤ **A/D(Analog/Digital) 변환기구(A/D 컨버터)** : 아날로그 양을 중앙처리장치에 의해 디지털 양으로 변화하는 장치이다.

⑥ **연산부분** : 중앙처리장치(CPU) 내에 연산이 중심이 되는 가장 중요한 부분이며, 컴퓨터의 연산은 출력은 하지 않고 오히려 그 출력이 되는 것을 다른 것과 비교하여 결론을 내리는 방식으로 스위치의 ON, OFF를 1 또는 0으로 나타내는 2진법과 0~9까지의 10진법으로 나타내어 계산한다.

(3) 마이크로컴퓨터의 논리회로

1) 논리회로의 기본

① **논리적 회로(AND circuit)** : 2개의 A, B 스위치를 직렬로 접속한 회로이며 램프(lamp)를 점등시키려면 입력 쪽의 스위치 A와 B를 동시에 ON시켜야 한다.

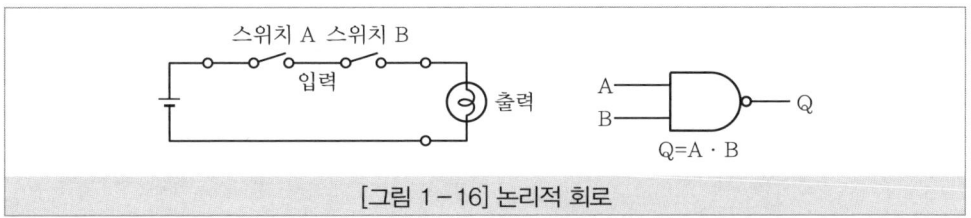

[그림 1-16] 논리적 회로

[표 1-3] 논리적 회로의 진리값

A	B	Q
0	0	0
0	1	0
1	0	0
1	1	1

② 논리화 회로(OR circuit) : A, B 스위치를 병렬로 접속한 회로이며, 램프를 점등시키기 위해서는 입력 쪽의 A 스위치나 B 스위치 중 1개만 ON시키면 된다.

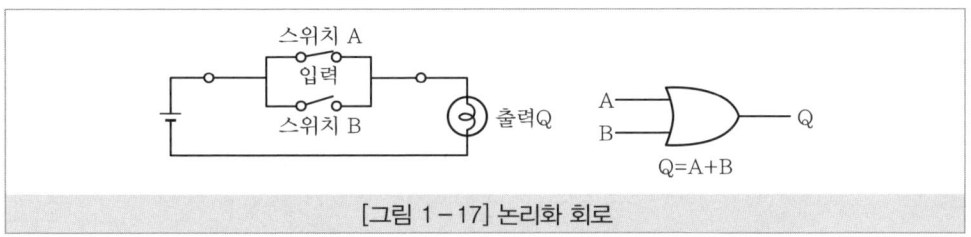

[그림 1-17] 논리화 회로

[표 1-4] 논리화 회로의 진리값

A	B	Q
0	0	0
0	1	1
1	0	1
1	1	1

③ 부정회로(NOT circuit) : 회로 중의 스위치를 ON 시키면 출력이 없고, 스위치를 OFF 시키면 출력이 되는 것으로서 스위치 작용과 출력이 반대로 되는 회로를 말한다.

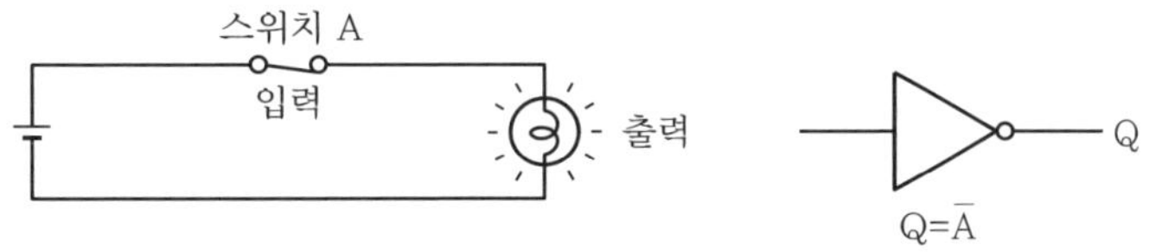

[그림 1-18] 부정회로의 기호와 회로

[표 1-5] 부정회로의 진리값

A	Q
0	1
1	0

2) 논리복합 회로

① **부정 논리적 회로(NAND circuit)** : A, B 스위치를 직렬로 연결한 후 회로에 병렬로 접속한 것이며, 스위치 A 또는 B 둘 중의 1개만 OFF되면 램프가 점등되고, 스위치 A, B 모두 ON이 되면 램프가 소등된다.

② **부정 논리화 회로(NOR circuit)** : A, B 스위치를 병렬로 연결한 후 회로에 병렬로 접속한 회로이며, 스위치 A, B 모두 OFF되어야 램프가 점등되며 스위치 A 또는 B 둘 중의 1개만 ON이 되면 램프는 소등된다.

단원 마무리문제

CHAPTER 01 전기일반

01 전류의 3대 작용이 아닌 것은?
① 발열작용   ② 물리작용
③ 자기작용   ④ 화학작용

해설
전류의 3대 작용은 발열작용, 화학작용, 자기작용이다.

02 다음 〈그림〉이 나타내는 회로에서 저항(R)은 몇 Ω인가?

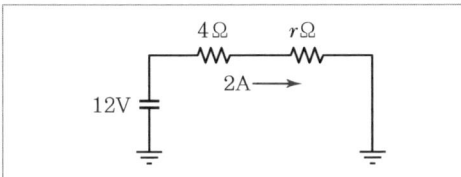

① 1Ω   ② 2Ω
③ 3Ω   ④ 6Ω

해설
$E = I \times R$, 따라서 $R = \dfrac{E}{I} = \dfrac{12V}{2A} = 6(\Omega)$이며, 직렬 저항이므로 $r = 6 - 4 = 2(\Omega)$이다.

03 〈그림〉과 같은 병렬 회로에서 $R_1 = 1\Omega$, $R_2 = 3\Omega$, $R_3 = 5\Omega$일 때 합성저항은 얼마인가?

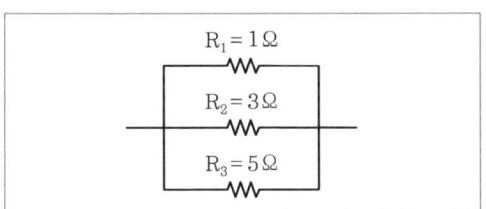

① $1\dfrac{8}{15}\Omega$ ② $\dfrac{15}{23}\Omega$
③ $\dfrac{9}{8}\Omega$ ④ $\dfrac{9}{15}\Omega$

해설
$\dfrac{1}{R} = \dfrac{1}{1} + \dfrac{1}{3} + \dfrac{1}{5} = \dfrac{15+5+3}{15} = \dfrac{23}{15}$
$R = \dfrac{15}{23}\Omega$

04 〈그림〉과 같은 12V의 배터리 2개에 저항치 3Ω의 히터 플러그(글로브 플러그) 4개와 암페어메터를 접촉시킨 경우 몇 암페어가 흐르는가?

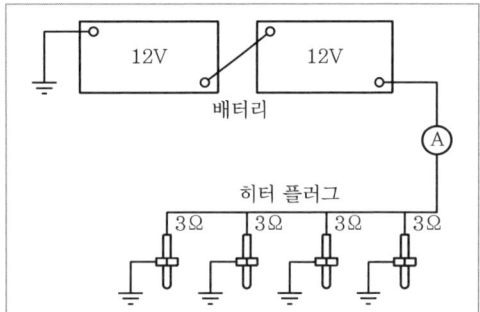

① 약 16A   ② 약 20A
③ 약 32A   ④ 약 40A

해설
$\dfrac{1}{R} = \dfrac{4}{3}$
$I = \dfrac{E}{R} = 24 \times \dfrac{4}{3} = 32$

정답 01 ② 02 ② 03 ② 04 ③

05 다음 〈그림〉에서 ①번 스위치를 ON하였을 때 전류계 Ⓐ에 흐르는 전류는 얼마인가?

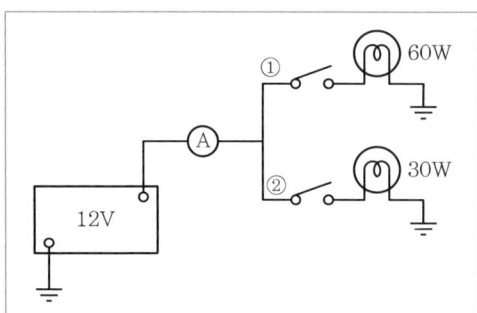

① 3A ② 5A
③ 7A ④ 9A

해설
P=EI
$I = \dfrac{P}{E} = \dfrac{60W}{12V} = 5A$

06 다음 중 전기저항이 가장 큰 것은?

① 12V용 12W ② 12V용 24W
③ 24V용 12W ④ 24V용 24W

해설
$P = E \times I = \dfrac{E^2}{R}$ 이므로 $R = \dfrac{E^2}{P}$ 이다. 따라서 24V용 12W가 저항이 가장 크다.

07 다음 중 전력 P를 표시한 것 중 틀린 것은? (단, E = 전압, I = 전류, R = 저항)

① $P = R^2/E$ ② $P = E^2/R$
③ $P = I^2R$ ④ $P = IE$

해설
$P = E \times I = I^2 \times R = \dfrac{E^2}{R}$

08 한 개의 코일에 흐르는 전류를 단속할 때 코일에 유도전압이 발생하는 작용은?

① 자력선의 변화작용
② 상호유도작용
③ 자기유도작용
④ 배력유도작용

해설
자기유도작용이란 하나의 코일에 흐르는 전류를 변화시키면 코일과 교차하는 자력선도 변화되기 때문에 코일에는 그 변화를 방해하는 방향으로 기전력이 발생하는 작용이다.

09 직류 전기 회로에 자력선의 변화가 생겼을 때 그 변화를 방해하기 위해 다른 전기 회로에 기전력이 발생하는 현상을 무엇이라 하는가?

① 상호유도작용 ② 전자유도작용
③ 자기유도작용 ④ 자력유도작용

10 다음 〈그림〉에서 $I_1 = 3A$, $I_2 = 1.5A$, $I_3 = 1A$, $I_4 = 4A$일 때 I_5에 흐르는 전류의 값은?

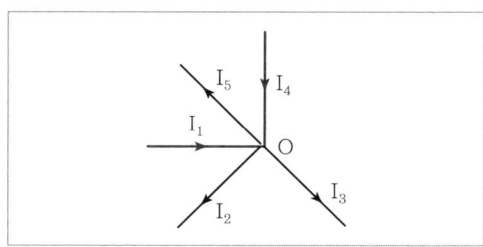

① 4A ② 4.5A
③ 5A ④ 5.5A

해설
키르히호프의 제1법칙은 '한 점에 유입된 전류의 총합은 유출된 전류의 총합과 동일하다'이다. 따라서 $I_1 + I_4 = I_2 + I_3 + I_5$이다. 그러므로, $I_5 = I_1 + I_4 - (I_2 + I_3) = 3 + 4 - (1.5 + 1) = 4.5(A)$이다.

11 순방향으로만 전류가 흐르고, 역방향으로는 전류가 흐르지 않는 반도체 소자는?

① 다이오드 ② 서미스터
③ 트랜지스터 ④ 사이리스터

12 전압이 어떤 값에 도달하면 역방향으로도 전류가 흐를 수 있는 다이오드는?

① 실리콘 다이오드 ② 제너 다이오드
③ 발광 다이오드 ④ 포토 다이오드

해설
제너 다이오드는 전압이 어떤 값에 도달하면 역방향으로 전류가 흐르는 다이오드이다.

13 다음 〈그림〉에 나타낸 회로도의 명칭으로 알맞은 것은?

① 포토 다이오드 ② 발광 다이오드
③ 제너 다이오드 ④ 실리콘 다이오드

14 빛에 의해 콜렉터 전류가 제어되며, 광량 측정, 광스위치 소자로 사용되는 반도체는?

① 포토 트랜지스터 ② 포토 다이오드
③ 포토 서미스터 ④ 포토 소자

해설
포토 트랜지스터는 빛에 의해 콜렉터 전류가 제어되며, 광량 측정, 광스위치 소자로 사용된다.

15 온도가 상승함에 따라 저항값이 감소되는 반도체는?

① 부특성서미스터 ② 트랜지스터
③ 사이리스터 ④ 제너 다이오드

16 트랜지스터의 대표적 기능으로 릴레이와 같은 작용을 하는 것을 무엇이라 하는가?

① 스위칭작용 ② 채터링작용
③ 정류작용 ④ 상호유도작용

해설
스위칭작용은 베이스의 전류를 단속하여 이미터와 컬렉터 사이의 전류를 단속하는 것으로 릴레이와 같은 역할을 한다.

17 트랜지스터의 기본 회로에 속하지 않는 것은?

① 발광 회로 ② 발진 회로
③ 증폭 회로 ④ 스위칭 회로

해설
트랜지스터의 기본 회로는 발진, 증폭, 스위칭 회로이다.

18 사이리스터 단자에 해당되지 않는 것은?

① 애노드 ② 베이스
③ 캐소드 ④ 게이트

해설
사이리스터는 애노드(A), 캐소드(K), 게이트(G)로 이루어진다.

19 "유도 기전력은 코일 내의 자속의 변화를 방해하는 방향으로 발생된다"는 법칙은 무엇인가?

① 렌츠의 법칙 ② 플레밍의 왼손법칙
③ 자기유도작용 ④ 상호유도작용

20 12V 축전지를 사용하는 자동차에서 30W의 전조등 2개를 병렬로 연결하였을 때 흐르는 전류는 얼마인가?

① 5A ② 10A
③ 15A ④ 20A

해설
$\dfrac{30W \times 2}{12V} = 5A$

정답 11 ① 12 ② 13 ② 14 ① 15 ① 16 ① 17 ① 18 ② 19 ① 20 ①

CHAPTER 02 충전장치 정비

TOPIC 01 충전장치 이해

1. 축전지의 역할
① 기동 전동기의 전원을 공급한다.
② 발전기 고장 시 대체 전원으로 작동한다.
③ 발전기 출력과 부하의 언밸런스(불균형)를 조정한다.

2. 축전지의 종류
① 납산 축전지
② MF 축전지
  ㉠ 전해액의 보충 및 정비가 필요 없음
  ㉡ 자기 방전율이 매우 작음
  ㉢ 장시간 보관이 가능함
③ AGM 축전지(Absorbent Glass Mat)
  ㉠ ISG(Idle Stop & Go) 적용 차량에 장착
  ㉡ 고밀도 흡습성 글라스매트 적용
    - 양·음극판 밀폐
    - 전해액의 누액 방지
    - 가스 발생 최소
  ㉢ 수명이 기존 MF 축전지보다 4배 이상
  ㉣ 충전 성능 우수
④ 알칼리 축전지
⑤ 니켈 카드뮴 축전지 : 메모리 효과에 의한 반복적인 충방전 효율이 낮음
⑥ 리튬이온, 리튬 폴리머 축전지

3. 납산 축전지의 구조

(1) 극판

① 양극판 : PbO_2(과산화납)

② 음극판 : Pb(해면상납)

③ 음극판이 1장 더 많은 이유 : 양극판이 음극판보다 더 활성적이기 때문에 화학적 평형을 유지하기 위함이다.

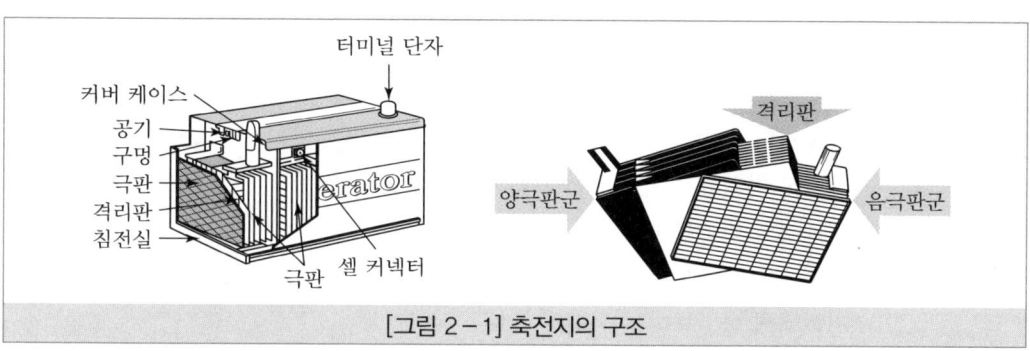

[그림 2-1] 축전지의 구조

(2) 격리판

① 역할 : 양극판과 음극판 사이에 설치되어 극판 단락을 방지한다.

② 구비조건

    ㉠ 비전도성일 것

    ㉡ 전해액의 확산이 잘될 것

    ㉢ 다공성일 것

    ㉣ 전해액에 부식되지 않을 것

    ㉤ 기계적 강도가 있을 것

    ㉥ 극판에 좋지 않은 물질을 내뿜지 않을 것

(3) 전해액

① 특징 : H_2SO_4(묽은 황산)를 사용한다.

② 전해액의 비중 : 표준비중은 1.260~1.280(20℃)이다.

③ 전해액 비중과 온도와의 관계 : 온도가 높아지면 비중은 작아지고, 온도가 낮아지면 비중은 커진다.

$$S_{20} = St + 0.0007(t-20)$$

S_{20} : 표준 온도(20℃)로 환산한 비중, St : t℃에서의 전해액 비중

t : 전해액의 온도(℃), 0.0007 : 1℃ 변화에 대한 계수

④ 전해액 비중과 충전량
  ㉠ 전해액의 비중이 1.260 이상일 경우 완전 충전된 상태이며, 비중이 1.200일 경우는 즉시 보충전을 실시해야 함
  ㉡ 완전 방전이 되면 극판이 영구 황산납(설페이션 : sulfation)으로 변함

> **Tip**
> **설페이션(sulfation)**
> 축전지의 방전상태가 오랫동안 진행되어 극판이 결정화되는 현상

  ㉢ 설페이션의 원인
   • 과방전되었을 때
   • 극판 단락되었을 때
   • 전해액의 비중이 너무 높거나 낮을 때
   • 전해액의 부족으로 극판이 노출되었을 때
   • 전해액에 불순물이 혼입되었을 때
   • 불충분한 충전을 반복하였을 때

[표 2-1] 전해액의 비중과 충전량

전해액의 비중	충전량
1.260	100%
1.210	75%
1.150	50%
1.100	25%
1.050	0

(4) 단자기둥

① 납합금으로 제작한다.
② 양극 단자기둥은 부식되기 쉽다(양극판이 과산화납이므로).
③ 음극 단자기둥보다 양극 단자기둥의 직경이 크다.

4. 축전지의 화학작용

양극판		전해액		음극판	**충전**	양극판		전해액		음극판
$PbSO_4$	+	$2H_2O$	+	$PbSO_4$	⇌	PbO_2	+	$2H_2SO_4$	+	Pb
황산납		물		황산납	**방전**	과산화납		묽은황산		해면상납

5. 축전지의 특징

(1) 개요
① 축전지 셀당 기전력은 약 2.1V이다.
② 방전종지전압은 약 1.75V이다.

(2) 축전지 용량
① **정의** : 일정 전류로 연속 방전할 때 방전 종지 전압에 이를 때까지의 용량을 말한다.

$$Ah(축전지 용량) = A(방전 전류) \times h(연속 방전 시간)$$

② 축전지 용량을 결정하는 요소
  ㉠ 극판의 크기(면적)
  ㉡ 극판의 수
  ㉢ 전해액의 양
  ㉣ 전해액의 온도
  ㉤ 전해액의 비중

③ 방전율(축전지 용량 표시법)
  ㉠ 20시간율 : 일정 전류로 방전종지전압이 될 때까지 20시간 사용할 수 있는 용량
  ㉡ 25A율 : 80°F에서 25A의 전류로 방전하여 셀당 전압이 방전종지전압에 이를 때까지 방전할 수 있는 총 전류
  ㉢ 냉간율 : 0°F에서 300A의 전류로 방전하여 셀당 전압이 1V가 될 때까지의 소요된 시간
  ㉣ 5시간율 : 방전종지전압에 도달할 때까지 5시간이 소요되는 방전 전류의 크기

(3) 자기방전
① **정의** : 전기적인 부하 없이 시간의 경과와 함께 자연 방전이 일어나는 현상이다.
② 자기방전 원인
  ㉠ 구조상 부득이한 경우
  ㉡ 단락에 의한 경우
  ㉢ 불순물 혼입에 의한 경우
  ㉣ 누전에 의한 경우

③ 온도와 자기 방전량과의 관계

[표 2-2] 온도와 자기 방전량과의 관계

전해액의 온도	비중 저하량	방전율(1일)
30℃	0.002	1.0%
20℃	0.001	0.5%
5℃	0.0005	0.25%

(4) 축전지 용량(부하) 시험 시 안전 및 유의사항

① 축전지 용액이 옷에 묻지 않도록 한다.
② 부하시험은 15초 이내로 한다.
③ 부하전류는 용량의 3배 이내로 한다.
④ 기름 묻은 손으로 시험기를 조작하지 않는다.

(5) 축전지 충전 종류

① 급속충전
  ㉠ 급속 충전기를 이용하여 축전지 용량의 50% 충전 전류로 충전
  ㉡ 충전 시 주의사항
    • 차에 설치한 상태로 충전할 때는 터미널단자를 떼어내고 충전할 것
    • 환기가 잘되는 곳에서 충전할 것
    • 전해액의 온도가 45℃를 넘지 않도록 할 것
    • 충전 시 축전지 근처에서 불꽃 등을 일으키지 말 것
    • 충전 시간은 되도록 짧게 할 것

② **단별전류 충전** : 최초 큰 전류에서 점차 단계적으로 전류를 감소시켜 충전한다.
③ **정전류 충전** : 일정한 전류로 충전한다.

최소	축전지 용량의 5%
표준	축전지 용량의 10%
최대	축전지 용량의 20%

④ **정전압 충전** : 일정한 전압으로 충전한다.

6. 발전기

(1) 개요

발전기를 중심으로 차량에 필요한 전력을 공급하는 장치이다.

(2) 원리 및 구조

1) 직류발전기(DC 발전기 – 자려자 발전기)

① 구성 : 계자 코일, 계자 철심, 전기자 코일, 정류자, 브러시 등으로 구성된다.

>
> **자려자 발전기**
> 계자 철심에 남아 있는 잔류자기에 의하여 전류를 발생하는 발전기

② 직류발전기의 조정기

㉠ 컷아웃 릴레이 : 축전지에서 발전기로 역류하는 것을 방지

>
> **컷인 전압**
> 발전기로부터 축전지로 충전이 시작되는 전압(약 13.8V)

㉡ 전압 조정기 : 발전기의 발생 전압을 일정하게 유지하기 위한 장치
㉢ 전류 조정기 : 발전기의 발생 전류를 제어하여 발전기의 소손을 방지

2) 교류발전기(AC 발전기 – 타려자 발전기)

① 특징
㉠ 저속에서도 충전이 가능
㉡ 고속회전에 잘 견딤
㉢ 회전부에 정류자가 없어 허용 회전속도 한계가 높음
㉣ 반도체(실리콘 다이오드)로 정류하므로 전기적 용량이 높음
㉤ 소형, 경량이며, 브러시의 수명이 긺
㉥ 전압 조정기만 필요함

>
> **타려자 발전기**
> 따로 설치한 계자 코일에 축전지 전원을 공급하여 여자하도록 하여 전류를 발생하는 발전기

② 구성
㉠ 로터 : 자속을 형성하는 곳으로 직류발전기의 계자 코일과 계자 철심에 해당
㉡ 스테이터
• 유도 기전력이 유기되는 곳으로 직류발전기의 전기자에 해당

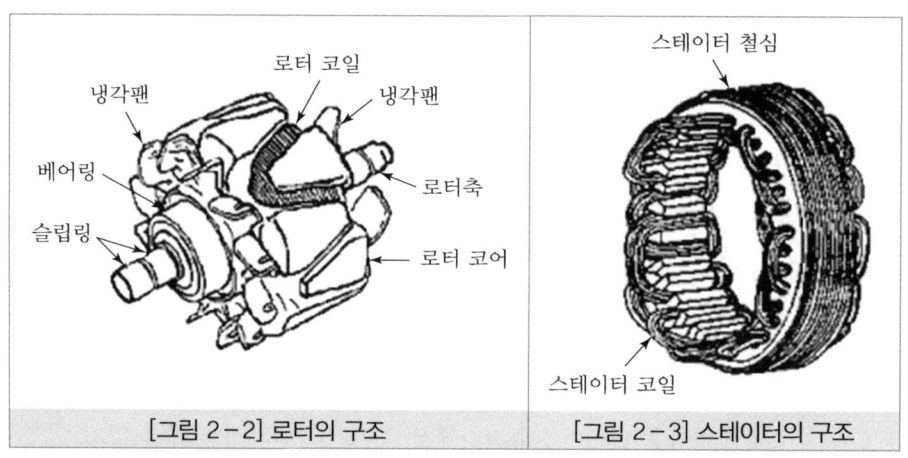

[그림 2-2] 로터의 구조 　[그림 2-3] 스테이터의 구조

- 스테이터 결선법

Y결선(스타 결선)	• 각 코일의 한 끝을 공통점 O(중성점)에 접속하고 다른 한 끝 셋을 끌어낸 것 • 선간전압이 각 상전압의 $\sqrt{3}$ 배
⊿결선(델타결선)	• 각 코일의 끝을 차례로 접속하여 둥글게 하고 각 코일의 접속점에서 하나씩 끌어낸 것 • 선간전류가 각 상전류의 $\sqrt{3}$ 배

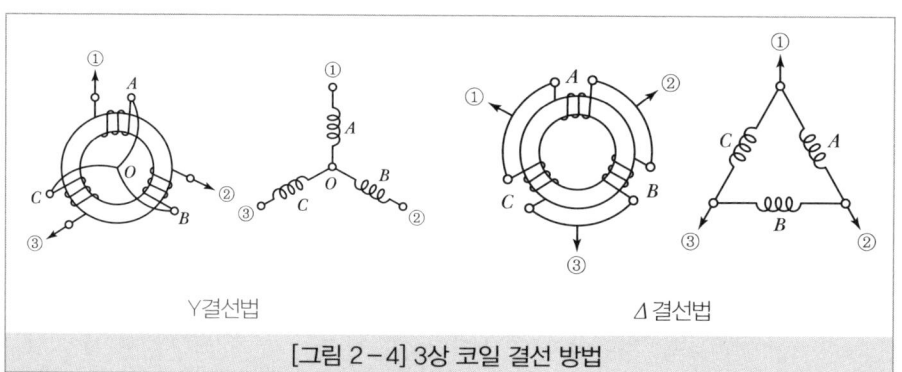

[그림 2-4] 3상 코일 결선 방법

　　ⓒ 브러시 : 전원을 받아 로터의 슬립링에 전원 공급
　　ⓓ 정류기(다이오드)
　　　• 실리콘 다이오드 사용
　　　• 스테이터 코일에서 발생된 교류를 직류로 정류
　　　• 역류 방지
　　　• (+), (−) 다이오드 각각 3개

3) 전압 조정기

　① 발전기의 회전 속도와 관계없이 항상 일정한 전압으로 유지하는 역할을 한다.
　② 일반적으로 IC 전압 조정기를 사용한다.

TOPIC 02 충전장치 점검, 진단

1. 축전지(배터리) 점검, 진단하기

(1) 축전지(배터리) 레이블 판독

축전지의 레이블을 보고 (+)단자의 방향과 용량, CCA, 제조일자 등을 판독한다. 아래 그림은 축전지의 레이블이다. 레이블에서 표시하는 내용을 살펴보면 다음과 같다.

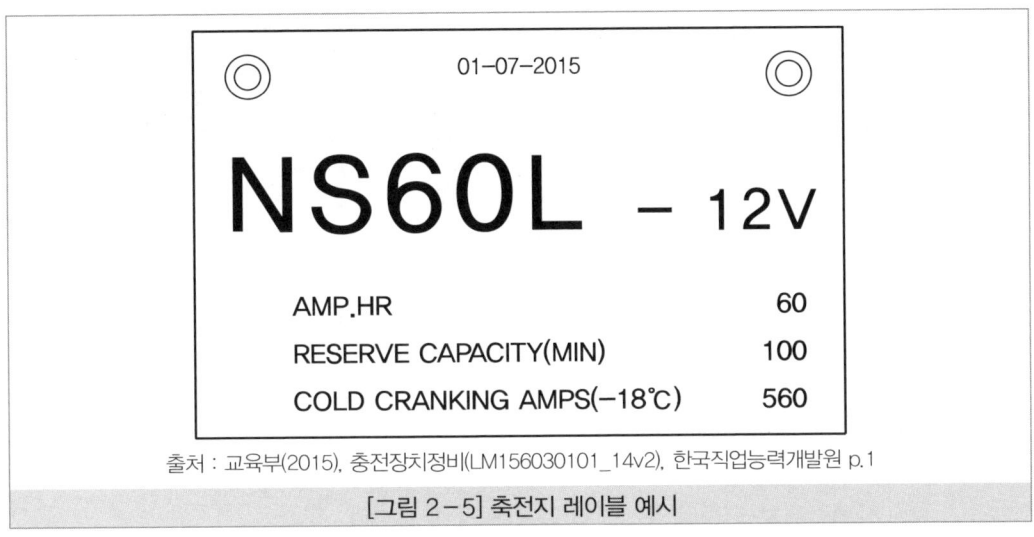

[그림 2-5] 축전지 레이블 예시

60L-12V

① '60'은 축전지의 용량이 '60AH'임을 나타낸다.
② 'L'은 (+) 단자의 위치가 '좌측'임을 나타낸다(단자가 오른쪽인 경우는 'R'이다).
③ '12V'는 축전지의 전압을 나타내는데, 이 경우 공칭전압은 '12V'이다.
④ 보유 용량은 '100분'이다.
⑤ 저온 시동 전류는 '560A'이다.
⑥ 제조일자는 '2015년 7월 1일'이다.

(2) 축전지(배터리) 충 · 방전 상태 점검

① 멀티테스터를 활용한 전압을 측정한다.
   ㉠ 자동차의 축전지 단자가 올바르게 연결이 되어 있는지를 확인함
   ㉡ 점화스위치를 ON에 위치하고, 모든 전기장치를 60초 동안 작동시킴
   ㉢ 점화스위치를 OFF하고, 모든 전기장치를 OFF함
   ㉣ 퓨즈의 모드를 DC V에 설정함

ⓜ 적색 리드선을 (+) 단자에, 흑색 리드선을 (-) 단자에 연결하여 전압값을 측정함
ⓗ 축전지의 규정 전압은 20℃ 기준으로 12.5~12.9V이며, 측정값이 규정 전압 미만인 경우 충전 및 교환함

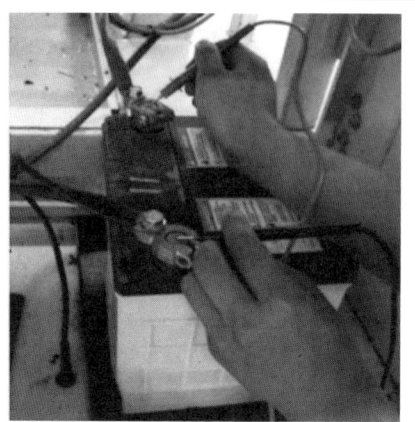

출처 : 교육부(2015), 충전장치정비(LM156030101_14v2), 한국직업능력개발원 p.11

[그림 2-6] 축전지 전압 측정

② **용량 시험기를 활용한 축전지 용량 점검** : 축전지 용량시험기는 고정된 부하를 일정 시간 주었을 때 전압 강하량으로 성능을 판정한다.
  ㉠ 리드선을 축전지의 (+), (-) 터미널에 연결함
  ㉡ 선택스위치를 돌려 축전지의 용량에 맞게 설정함
  ㉢ 시험스위치를 5초 정도 눌러 축전지에 부하를 줌

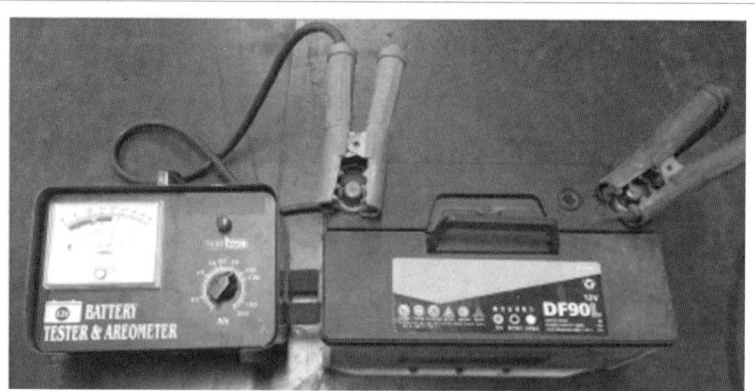

출처 : 교육부(2015), 충전장치정비(LM156030101_14v2), 한국직업능력개발원 p.12

[그림 2-7] 축전지 연결 및 용량 설정

(3) 전해액 비중 점검 – 광학식 비중계를 활용한 비중 측정

① MF 축전지가 아닌 전해액 보충의 축전지의 경우는 광학식 비중계를 활용하여 비중을 측정한다.
② 축전지의 비중을 측정할 때는 다음의 상황을 확인하고 작업을 실시해야 한다.
  ㉠ 환기가 잘 되는 곳에서 측정을 실시하고, 사용 전 광학식 비중계의 청결 유무를 점검
  ㉡ 비중계의 앞쪽 끝이 밝은 곳을 향하게 하고 접안렌즈를 들여다보면서 초점 조절장치를 돌려 선명하게 보이도록 조정함
  ㉢ 점검창의 커버를 들어 올려 스포이드로 증류수를 한 방울을 표면에 떨어뜨린 후, 점검창의 커버를 닫고 가볍게 누른 다음 눈금 조절 나사를 돌려 영점을 조정함
  ㉣ 점검창의 증류수를 깨끗한 천으로 닦아낸 다음 스포이드로 점검창에 전해액을 한 방울 떨어뜨림
  ㉤ 접안렌즈에 눈을 가까이한 후, 빛이 많이 들어오는 방향에서 명암의 경계선을 측정값으로 읽음
  ㉥ 사용 후 점검창을 깨끗하게 닦고 건조시킴

2. 발전기 점검, 진단하기

(1) 발전기 충전 전압, 전류 점검

① 축전지가 정상 상태인지 확인한다.
② 전압계(멀티미터)의 모드를 DC V로 설정하고 적색 리드선을 발전기의 B단자에, 흑색 리드선을 차량의 접지에 설치한다.

(2) 발전기 충전 전압 시험

① 자동차의 시동을 켠 후, 워밍업시킨다.
② 엔진의 회전 속도를 2500rpm으로 증가시킨다.
③ 전압계의 최대 출력값을 확인한다.
④ 자동차의 시동을 끈다.
⑤ 발전기의 충전 전압 규정값은 2500rpm 기준으로 13.8~14.9V이며, 측정값이 규정 전압 미만인 경우 발전기를 점검해야 한다.

(3) 발전기 충전 전류 시험

1) 측정 전 준비

① 축전지가 정상 상태인지 확인한다.
② 전류계(디지털 후크메타)의 모드를 DC A로 설정하고 발전기의 B단자에 설치한다.

2) 충전 전류 시험

① 자동차의 시동을 켠다.
② 전조등은 상향, 에어컨 On, 블로워 스위치 최대, 열선 on, 와이퍼 작동 등 모든 전기 부하를 가동한다.
③ 엔진의 회전속도를 2500rpm으로 증가시킨다.
④ 전류계의 최대 출력값을 확인한다.
⑤ 모든 전기 부하를 해제하고, 자동차의 시동을 끈다.
⑥ 발전기의 충전 전류의 한계값은 정격 전류의 60% 이상으로, 측정값이 한계값 미만을 나타내면 발전기를 탈거하여 점검해야 한다.

(4) 구동벨트 점검

① 구동벨트의 처짐 양을 이용한 장력 점검 : 발전기 풀리와 아이들러 사이의 벨트를 10kgf의 힘으로 눌렀을 때 10mm 정도의 처짐이 발생하면 정상으로 판정한다.
② 기계식 장력계를 이용한 점검은 다음과 같다.
　㉠ 장력계의 손잡이를 누른 상태에서 발전기 풀리와 아이들러 사이의 벨트를 장력계 하단의 스핀들과 후크 사이에 위치시킴
　㉡ 장력계의 손잡이를 놓은 후 지시계의 눈금을 읽음

TOPIC 03 충전장치 수리, 교환, 검사

1. 축전지 교환 방법

① 축전지 단자 분리 : 축전지의 (−) 단자를 분리한 후에 (+) 단자를 분리한다.
② 에어 덕트 및 에어 클리너 어셈블리 탈거 : 축전지를 탈거하기 위하여 에어 덕트 및 브리더 호스, 에어 클리너 어셈블리를 탈거한다.
③ 축전지 마운팅 브라켓 탈거 후 축전지 교환 : 축전지를 고정하고 있는 마운팅 브라켓을 탈거한 후 축전지를 신품으로 교환한다.

2. 발전기 수리, 교환 방법

(1) 발전기 분해, 조립 방법

1) A타입의 발전기 분해

① 발전기의 리어 커버를 분리한다.

② 브러시 홀더 어셈블리 고정 볼트를 푼다.
③ 브러시 홀더 어셈블리의 슬립링 가이드를 위로 잡아당겨 탈거한다.
④ 브러시 홀더 어셈블리를 탈거한다.
⑤ 고정볼트를 풀고 발전기의 리어 커버를 탈거한다.
⑥ OAD캡을 탈거한 후 특수 공구를 사용하여 분리한다.
⑦ 관통볼트 4개를 풀어 리어 브라켓을 분리한다.
⑧ 프론트 브라켓과 리어 브라켓으로부터 로터를 분리한다.
⑨ 조립은 분해의 역순으로 한다.

2) B타입의 발전기 분해

① 발전기 분해 작업 시 주변을 깨끗하게 정리 정돈하고 필요한 공구(100W 이상의 전기인두와 플라스틱 해머, 고착된 볼트를 풀기 위한 임팩트 드라이버, 소켓세트 및 드라이버 등)를 준비한다.
② 드라이버를 이용하여 리어 커버를 탈거한다. B단자는 스패너를 이용하여 너트를 푼다.
③ 리어 커버를 탈거하면 정류기 어셈블리를 볼 수 있다.
④ 전기인두를 예열시키고 계자 코일과 정류기 어셈블리의 납땜을 분리한다.
⑤ 드라이버를 이용하여 정류기 어셈블리의 고정 스크류를 풀고 정류기를 탈거한다.
⑥ 드라이버로 관통 볼트 4개를 푼다. 볼트가 단단히 고착된 경우에는 임팩트 드라이버로 고정된 힘을 제거한 후 드라이버로 볼트를 푼다.
⑦ 관통 볼트 4개를 모두 탈거한다.
⑧ 관통 볼트를 탈거한 후에는 (−)드라이버를 리어 브라켓 틈새에 넣어서 분리한다.
⑨ 리어 브라켓의 틈새에 드라이버를 이용하여 단단히 고정된 부품에 틈새를 벌린 후 손으로 리어 브라켓을 분리한다.
⑩ 계자 코일을 분리하기 위해 (−)드라이버를 틈새에 넣어 단단히 고정된 부품을 헐겁게 한다.
⑪ 부품이 헐거워진 후에는 손으로 계자 코일을 분리한다.
⑫ 바이스를 이용하여 풀리의 고정 너트를 푼다.
⑬ 고정된 너트를 풀어 풀리를 탈거한다.
⑭ (+)드라이버를 이용하여 프론트 케이스의 베어링 리테이너 고정 볼트 4개를 푼다.
⑮ 베어링 리테이너를 분리한다.
⑯ 베어링을 분리하기 위해 적당한 보조 기구를 이용하여 플라스틱 망치로 두드린다.
⑰ 프론트 케이스 하우징에서 베어링을 탈거한다.
⑱ 탈거한 모든 부품을 검사한 후 고장 난 부품은 교환한다. 조립은 분해의 역순으로 한다.

(2) 로터, 스테이터 코일 점검

1) 로터 점검

① 멀티테스터로 슬립링과 슬립링 사이의 통전 여부를 점검한다. 통전이 되는 경우 정상이며 통전이 되지 않는 경우에는 단선에 의한 불량으로 판단한다.

② 멀티테스터로 슬립링과 로터, 슬립링과 로터 축 사이의 통전 여부를 점검한다. 통전이 되지 않는 경우가 정상이며 통전이 되는 경우에는 불량이므로 로터를 교환해야 한다.

2) 스테이터 점검

① 멀티테스터로 스테이터 코일 단자 사이의 통전 여부를 점검한다. 통전이 되는 것이 정상이며 통전이 되지 않는 경우에는 스테이터 코일 내부 단선으로 판단한다.

② 멀티테스터로 스테이터 코일과 스테이터 코어 사이의 통전 여부를 점검한다. 통전이 되지 않는 것이 정상이며, 통전이 되는 경우에는 스테이터를 교환해야 한다.

(3) 발전기 교환 방법 및 장력 조절 방법

1) 축전지 (−) 단자 분리

탈·부착 시 발생할 수 있는 쇼트 등을 방지하기 위해 축전지의 (−) 단자를 분리한다.

2) 발전기 구동벨트 탈거

① 발전기의 상부 고정 나사 A와 하부 고정 나사 B(관통 나사)를 이완시킨다.
② 발전기 구동벨트 장력 조정 나사를 풀어 장력을 해제한다.
③ 발전기 상부 고정 나사를 풀고 장력 조정 나사와 함께 탈거한다.
④ 발전기를 자동차 실내 방향으로 밀고 구동벨트를 탈거한다.
⑤ 발전기에 부착된 커넥터 및 B단자를 탈거한다.
⑥ 발전기에 하부 고정 나사를 탈거한다.
⑦ 발전기를 탈거한다.
⑧ 발전기 장착은 탈거의 역순으로 실시한다.

3. 충전 장치 검사하기

(1) 오실로스코프 출력 파형 검사

1) 발전기 출력 전류 파형 분석

① 발전기 충전 전압 평균 측정값이 기준 전압인 13.5~14.9V이면 정상으로 판정하며, 기준 전압 이하인 경우에는 발전기 불량이므로 수리 및 교환해야 한다.

② 발전기의 충전 전류 평균 측정값이 발전기 정격용량의 80% 이상일 경우에는 정상으로 판정(예를 들어 발전기 정격 용량이 90A인 경우, 90×0.8=72이므로 72A 이상이 측정되어야 정상)하며, 그 이하일 경우에는 수리 및 교환해야 한다.
③ 발전기 출력 전압 및 전류 파형 측정 시 평균값을 확인하여야 하며, 일정 시간 이상 지속되는지 점검한다.

2) 발전기 출력 전압 점검

① 오실로스코프 신호계측 프로브의 (+)리드선을 발전기 B단자에, (−)리드선을 축전지 (−)에 연결한다.
② 자동차의 시동을 걸고 파형을 측정한다.

3) 발전기 출력 전압 파형 분석

① 발전기의 출력 전압의 파형은 3상 교류를 전파 정류한 직류이므로 끝은 맥동이 발생하며 아래 그림과 같이 정상 파형을 확인한다.

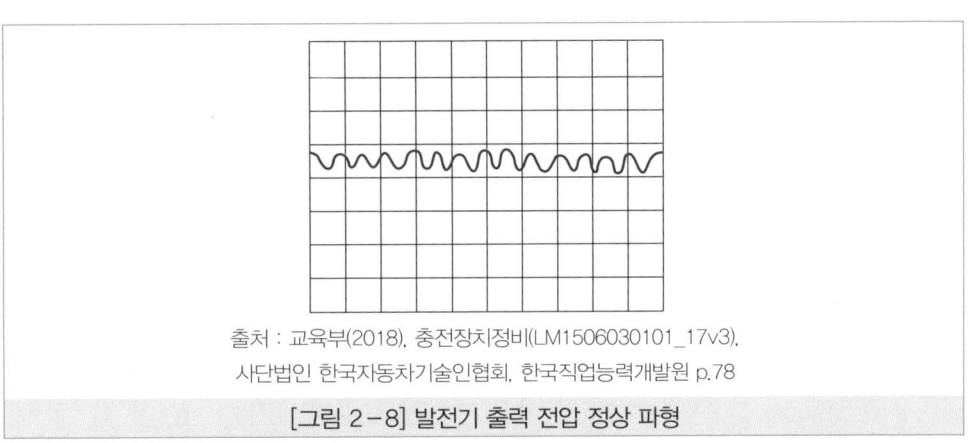

출처 : 교육부(2018), 충전장치정비(LM1506030101_17v3), 사단법인 한국자동차기술인협회, 한국직업능력개발원 p.78

[그림 2−8] 발전기 출력 전압 정상 파형

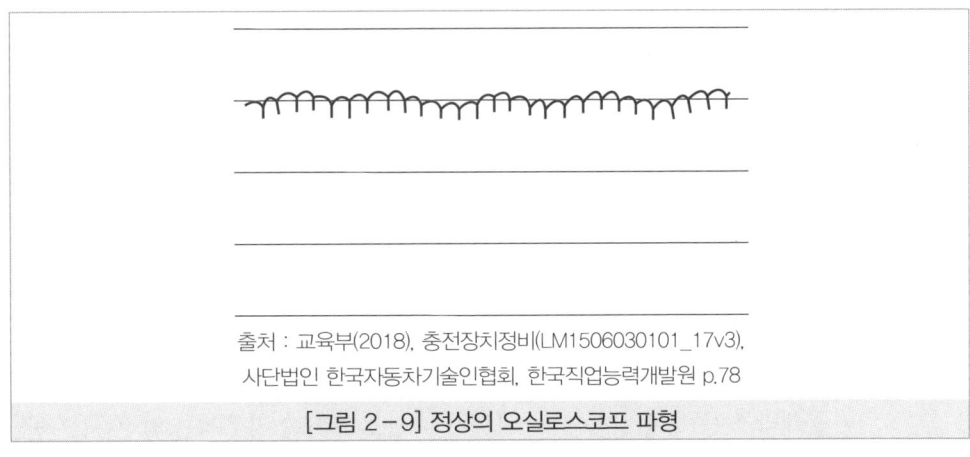

출처 : 교육부(2018), 충전장치정비(LM1506030101_17v3), 사단법인 한국자동차기술인협회, 한국직업능력개발원 p.78

[그림 2−9] 정상의 오실로스코프 파형

② 발전기 내의 다이오드가 단선이 되는 경우에는 아래와 같은 파형이 나타나게 되므로 이를 확인한다.

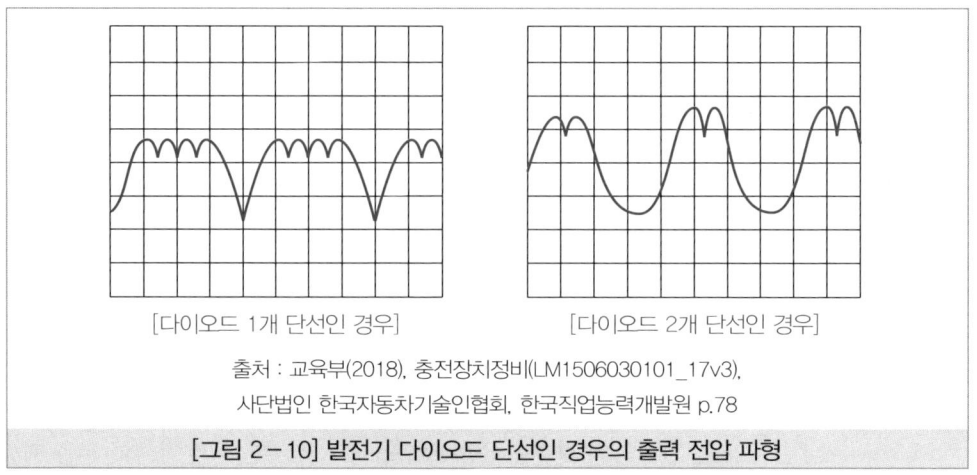

[그림 2-10] 발전기 다이오드 단선인 경우의 출력 전압 파형

③ 아래 그림과 같이 규칙적인 노이즈 발생의 원인은 발전기 내부 슬립링의 오염을 의심하여야 한다.

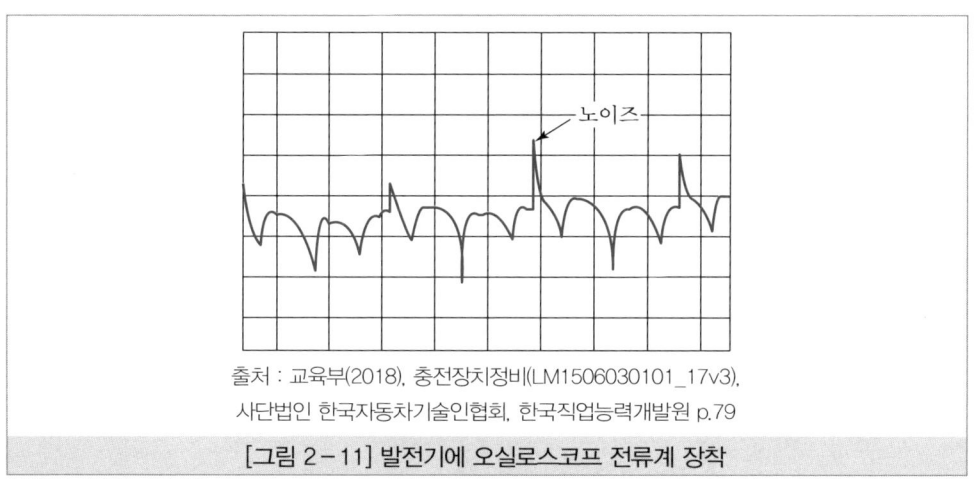

[그림 2-11] 발전기에 오실로스코프 전류계 장착

(2) 암전류 검사

1) 개요

① 발전기에서 생성된 전기가 큰 저항 없이 배터리까지 전달이 되는지 여부를 확인하기 위하여 암전류를 검사한다.
② 특별한 이유 없이 축전지가 계속 방전되거나, 자동차에 부가적인 전기장치(오디오시스템, 블랙박스 등)를 장착하거나, 자동차 배선을 교환한 경우에는 암전류를 측정하여야 한다.
③ 암전류를 측정할 때는 점화스위치를 탈거하고 모든 도어 및 트렁크, 후드는 반드시 닫은 후 일체의 전기부하를 끈 다음에 실시한다.

2) 암전류 측정 방법(멀티테스터 활용)

① 멀티테스터의 모드를 10A로 설정한다.
② 멀티테스터의 적색 리드선의 위치도 10A로 변경한다.
③ 축전지의 (−) 단자와 (−) 터미널을 분리한다.
④ 분리한 (−) 터미널에 멀티테스터의 적색 리드선을 연결한다.
⑤ 축전지의 (−) 단자에 멀티테스터의 흑색 리드선을 연결한다.
⑥ 자동차 점화스위치에서 키를 탈거한다.
⑦ 자동차의 모든 도어를 닫는다.
⑧ 후드스위치가 닫혀 있는지 확인한다.
⑨ 10~20분 경과 후 멀티테스터의 값을 측정한다.
⑩ 측정값이 50mA 이하일 경우에는 정상으로 판정한다.

단원 마무리문제

CHAPTER 02 충전장치 정비

01 축전지의 충·방전작용은 전기의 어떤 작용을 이용한 것인가?
① 발열작용 ② 자기작용
③ 화학작용 ④ 유도작용

해설
납산 축전지를 충전할 때의 화학반응
- 양극판 : 황산납($PbSO_4$) → 과산화납(PbO_2)
- 음극판 : 황산납($PbSO_4$) → 해면상납(Pb)

02 축전지의 역할이 아닌 것은?
① 기동 전동기의 전원을 공급한다.
② 발전기 고장 시 대체 전원으로 작동한다.
③ 주행 중 자동차의 모든 전원을 공급한다.
④ 발전기 출력과 부하의 언밸런스를 조정한다.

해설
주행 중 자동차의 전원 공급은 발전기가 공급한다.

03 납산 축전지의 양극판과 음극판의 수는?
① 모두 같다.
② 양극판이 1장 더 많다.
③ 음극판이 1장 더 많다.
④ 양극판이 2장 더 많다.

해설
양극판이 음극판보다 더 활성적이기 때문에 화학적 평형을 유지하기 위해서 음극판이 1장 더 많다.

04 다음 중 축전지용 전해액으로 가장 적합한 것은?
① $2H_2O$ ② H_2O_2
③ $PbSO_4$ ④ $2H_2SO_4$

해설
축전지용 전해액으로 가장 적합한 것은 묽은황산($2H_2SO_4$)이다.

05 다음은 축전지의 충·방전 화학식을 나타낸 것이다. ( )안에 들어갈 말로 가장 적절한 것은?

양극판 전해액 음극판 충전 양극판 전해액 음극판
$PbSO_4 + 2H_2O + PbSO_4 \rightleftarrows PbO_2 + (\ \ ) + Pb$

① PbO ② H_2O_2
③ PbH_2 ④ $2H_2SO_4$

해설
양극판 전해액 음극판 충전 양극판 전해액 음극판
$PbSO_4 + 2H_2O + PbSO_4 \rightleftarrows PbO_2 + 2H_2SO_4 + Pb$
황산납 물 황산납 방전 과산화납 묽은황산 해면상납

06 0℃의 기온에서 축전지 전해액을 측정하였더니, 비중계의 눈금이 1.268이었다. 표준상태(20℃)에서의 비중은 얼마인가?
① 1.254 ② 1.256
③ 1.258 ④ 1.260

해설
$S_{20} = St + 0.0007(t-20) = 1.268 + 0.0007(0-20)$
$= 1.254$

07 전해액의 온도가 20℃일 때, 1일 자기 방전량은 축전지 용량의 몇 %가 되는가?
① 0.25% ② 0.50%
③ 0.75% ④ 1.00%

해설
전해액의 온도가 20℃일 때, 1일 자기 방전량은 축전지 용량의 0.50%이다.

정답 01 ③ 02 ③ 03 ③ 04 ④ 05 ④ 06 ① 07 ②

08 축전지 셀당 기전력은 얼마인가?
① 1.50V   ② 1.75V
③ 2.10V   ④ 2.30V

해설
축전지 셀당 기전력은 2.10V이다.

09 축전지의 방전종지전압은 얼마인가?
① 1.50V   ② 1.75V
③ 2.10V   ④ 2.30V

해설
축전지의 방전종지전압은 약 1.75V이다.

10 표준 온도(20℃)에서 양호한 상태인 200AH의 축전지는 20A의 전기를 얼마 동안 발생시킬 수 있는가?
① 5시간   ② 10시간
③ 15시간 ④ 20시간

해설
$\dfrac{200AH}{20A} = 10H$

11 일정한 전류로 방전종지전압이 될 때까지 20시간 사용할 수 있는 축전지 용량을 무엇이라 하는가?
① 20시간율   ② 25A율
③ 냉간율   ④ 50시간율

12 축전지의 자기 방전 원인으로 적절하지 않은 것은?
① 구조상 부득이한 경우
② 단락에 의한 경우
③ 불순물 혼입에 의한 경우
④ 불충분한 충전을 반복한 경우

해설
불충분한 충전을 반복하는 경우 메모리 현상이 일어날 수 있다.

13 축전지 충전 시 전해액의 온도가 몇 ℃ 이상으로 올라가지 않도록 해야 하는가?
① 25℃   ② 35℃
③ 45℃   ④ 55℃

해설
축전지 충전 시에는 전해액의 온도가 45℃ 이상으로 올라가지 않도록 주의해야 한다.

14 80AH의 축전지를 정전류 충전법으로 충전하고자 한다. 표준 충전 전류는 얼마로 하여야 하는가?
① 4A   ② 8A
③ 12A   ④ 16A

해설
표준 충전 전류는 축전지 용량의 10%이므로 8A이다.

15 축전지의 기전력에 가장 영향을 미치는 것은?
① 극판의 수   ② 극판의 크기
③ 전해액의 온도   ④ 전해액의 양

해설
축전지의 기전력은 전해액의 온도 저하에 따라 낮아진다.

16 직류발전기의 구성이 아닌 것은?
① 로터   ② 계자 코일
③ 계자 철심 ④ 전기자 코일

해설
직류발전기는 계자 코일, 계자 철심, 전기자 코일, 정류자, 브러시 등으로 구성된다.

17 다음 중 축전지에서 발전기로 역류하는 것을 방지하는 것은?
① 컷인 릴레이   ② 컷아웃 릴레이
③ 전압 조정기   ④ 전류 조정기

해설
직류발전기에 해당한다. 교류발전기는 실리콘 다이오드로 역류를 방지한다.

정답 08 ③　09 ②　10 ②　11 ①　12 ④　13 ③　14 ②　15 ③　16 ①　17 ②

18 교류발전기의 설명으로 틀린 것은?

① 저속에서도 충전이 가능하다.
② 전압, 전류 조정기 모두 필요하다.
③ 반도체(실리콘 다이오드)로 정류한다.
④ 소형, 경량이며, 브러시의 수명이 길다.

해설
교류발전기는 전압 조정기만 필요하다.

19 교류발전기의 스테이터 결선법이 아닌 것은?

① Y결선　　② ⊿결선
③ Z결선　　④ 스타결선

해설
- Y결선 : 스타결선
- ⊿결선 : 델타결선

20 자동차 AC 발전기에 사용되는 다이오드 수는?

① 2개　　② 3개
③ 4개　　④ 6개

해설
(+)다이오드 3개, (-)다이오드 3개가 사용된다.

21 교류발전기에서 직류발전기의 컷 아웃 릴레이와 같은 일을 하는 것은?

① 로터　　② 전압 조정기
③ 전류 조정기　　④ 실리콘 다이오드

22 〈그림〉에서 ㉠은 정상적인 발전기 충전 파형이다. ㉡와 같은 파형이 나올 경우 원인으로 옳은 것은?

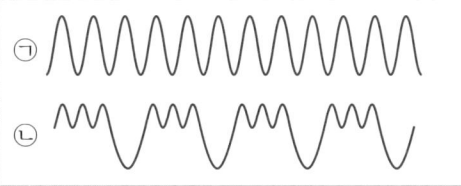

① 브러시 불량　　② 다이오드 불량
③ 레귤레이터 불량　　④ L(램프)선 단선

해설
1선의 다이오드 불량의 경우 1선 역류에 의해 ㉡과 같은 파형이 발생한다.

23 자동차에서 사용되는 교류발전기가 처음 회전할 때에는 무엇에 의해 작동되는가?

① 계자 전류　　② 축전지 전류
③ 잔류 자기　　④ 전기자 전류

해설
교류발전기는 타려자 방식이다.

24 발전기의 출력 전류는 정격 전류의 몇 %이면 정상인가?

① 0~10%　　② 20~40%
③ 60~80%　　④ 90~100%

해설
규정 전류는 정격 정류의 60~80% 혹은, 축전지가 완충된 상태는 예외로 한다.

CHAPTER 03 시동장치 정비

TOPIC 01 시동장치 이해

1. 시동장치의 개요

① 정의 : 기관을 시동하기 위해 크랭크 축을 회전시키는 데 사용되는 장치이다.

② 구비조건
  ㉠ 기계적인 충격에 강할 것
  ㉡ 전원 소요 용량이 적을 것
  ㉢ 소형 경량이고 출력이 클 것
  ㉣ 기동회전력이 클 것
  ㉤ 진동에 잘 견딜 것

③ 시동전동기의 시동 소요 회전력
  ㉠ 기관을 시동하려고 할 때 회전 저항을 이겨내고 기동전동기로 크랭크 축을 회전시키는 데 필요한 회전력
  ㉡ 다음의 공식으로 표시

$$T_S = \frac{R_E \times P_Z}{F_Z}$$

T_S : 기동전동기의 필요 회전력, R_E : 기관의 회전저항
P_Z : 기동전동기 피니언의 잇수, F_Z : 기관 플라이휠 링 기어 잇수

④ 최소 기관 시동 회전속도
  ㉠ 기관 시동은 크랭크 축을 회전시킬 수만 있으면 되는 것이 아니라 어느 정도 이상의 회전속도가 필요
  ㉡ 회전속도가 낮을 경우
    • 실린더와 피스톤 링 사이에서 압축가스가 누출되어 시동에 필요한 압축압력을 얻지 못함
    • 가솔린 기관의 경우 점화 코일 공급전압의 저하가 점화불량의 원인이 됨

- 디젤기관의 경우 충분한 단열압축이 이루어지지 않으면 연료의 착화에 필요한 온도를 얻지 못하여 시동이 되지 않음
ⓒ 최소 시동 회전속도
- 기관 시동에 필요한 최저한계의 회전속도
- 가솔린 기관보다 디젤 기관 쪽의 최소 시동 회전속도가 높음
- 기온이 높을수록 회전속도가 높으며, 실린더 수, 사이클 수, 연소실 향상, 점화방식 등에 따라 달라짐
- −15℃ 기준, 2행정 사이클 기관에서는 150~200rpm, 4행정 사이클 기관의 경우 가솔린 기관은 100rpm 이상, 디젤 기관은 180rpm 이상

⑤ 기관의 시동성능
ⓐ 기동전동기의 출력은 전원인 축전지의 용량이나 온도 차이에 따라 영향을 받아 크게 변화함
ⓑ 축전지의 용량이 작으면 기관을 시동할 때 단자전압의 저하가 심하고 회전속도도 낮아지기 때문에 출력이 감소함
ⓒ 온도가 저하되면 윤활유 점도가 상승하기 때문에 기관의 회전저항이 증가하는 반면 축전지의 용량 저하에 의해 기동전동기의 구동 회전력이 감소함

2. 시동장치의 종류

(1) 직권식 전동기

① 전기자 코일과 계자 코일이 직렬로 접속한다.
② **장점** : 기동 회전력이 크고, 부하를 크게 하면 회전 속도가 낮아지고, 흐르는 전류가 커진다.
③ **단점** : 회전속도 변화가 크다.
④ 현재 자동차의 기동전동기로 사용된다.

(2) 분권식 전동기

① 전기자 코일과 계자 코일이 병렬로 접속한다.
② 회전속도가 일정한 장점이 있으나, 회전력이 작은 단점이 있다.

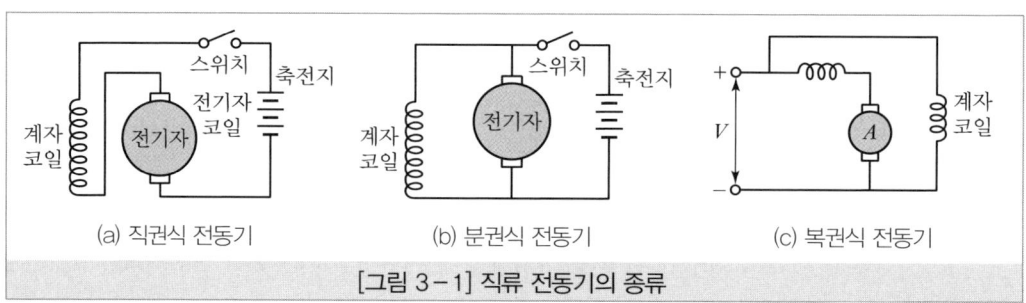

[그림 3-1] 직류 전동기의 종류

(3) 복권식 전동기

① 전기자 코일과 계자 코일을 직·병렬로 접속한다.
② 장점 : 기동식 회전력이 크고, 기동 후 회전속도가 일정하다.
③ 단점 : 구조가 복잡하다.
④ 윈드 실드 와이퍼모터에 사용된다.

3. 시동장치의 구성 및 구조

(1) 회전력을 발생하는 부분(전동기)

1) 전기자(armature)

① 전기자 축 : 특수강으로 되어 큰 회전력을 받는다.
② 전기자 철심 : 자력선을 잘 통과시키고 맴돌이 전류를 감소시키며, 바깥 둘레의 홈은 전기자 코일을 지지하거나 냉각작용을 한다.
③ 전기자 코일 : 전기자를 회전시키는 역할을 한다.
④ 정류자 : 브러시에서 공급되는 전류를 일정한 방향으로 흐르도록 한다.

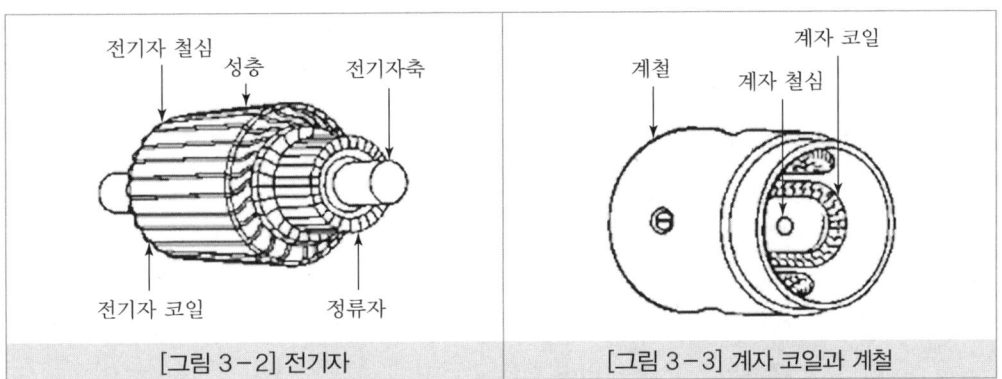

[그림 3-2] 전기자   [그림 3-3] 계자 코일과 계철

2) 계철과 계자 철심

① 계철(요크) : 원통형의 전동기 틀로 자력선의 통로 역할이다.
② 계자 철심 : 계자 코일을 지지함과 동시에 자계를 형성한다.

3) 계자 코일

계자 철심에 전류가 흐르면 계자 철심을 자화시키는 역할을 한다.

4) 브러시와 브러시 홀더

① **브러시** : 정류자와 접촉되어 전기자 코일에 전류를 유·출입시킨다.
② **브러시 홀더** : 브러시를 지지하며 브러시 스프링은 정류자에 브러시를 압착시킨다.
③ **브러시 길이** : 표준 길이의 1/3 이상 마모 시 교환한다.

(2) 동력전달기구

1) 구분

① **벤딕스식** : 원심력에 의해 피니언 기어를 링 기어에 접촉한다.
② **피니언 섭동식** : 전자석 스위치를 이용하여 피니언 기어를 링 기어에 접촉한다.
③ **전기자 섭동식** : 전기자를 옵셋하여 접촉한다.

2) 오버러닝 클러치

① **개요**
  ㉠ 기관 시동 후 피니언과 플라이휠 링 기어가 물리면서 반대로 기관에 의해 기동전동기가 고속으로 구동, 전동기가 손상됨
  ㉡ 이를 방지하기 위해 기관이 시동된 후 피니언이 공전하여 기동전동기가 구동되지 않도록 하는 장치가 오버러닝 클러치임

② **종류** : 롤러형, 스프래그형, 다판 클러치형 등
  ㉠ 롤러형 오버러닝 클러치(roller type)
    • 전기자 축의 스플라인에 설치된 슬리브(스플라인 튜브)가 아우터 슬리브(outer sleeve)와 일체로 되어 있음
    • 아우터 슬리브 : 쐐기형의 홈이 파여 있는데 이 안에 롤러 및 스프링이 들어 있으며, 롤러는 스프링 장력에 의하여 항상 홈의 좁은 쪽으로 밀려 있음
    • 이너 슬리브(inner sleeve) : 아우터 슬리브 안쪽에 있으며, 피니언과 일체로 되어 있음
    • 아우터 슬리브에 만들어진 쐐기형의 홈에는 롤러 및 스프링이 들어 있음

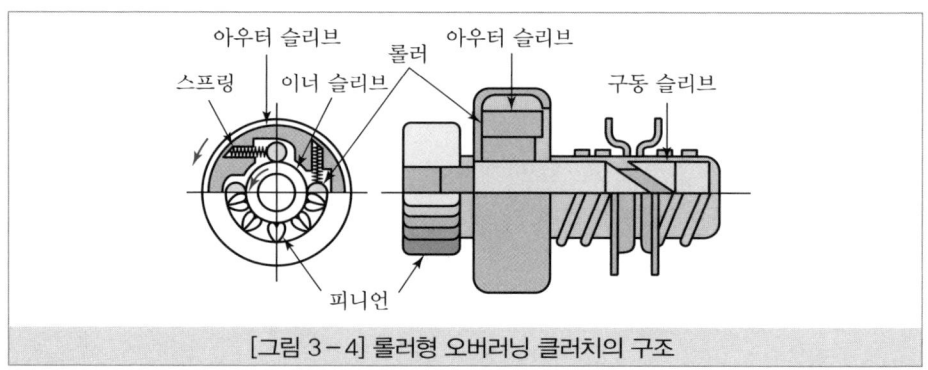

[그림 3-4] 롤러형 오버러닝 클러치의 구조

- ⓒ 다판 클러치형 오버러닝 클러치(multi-plate type) : 전기자 섭동방식 기동전동기에서 사용
- ⓒ 스프래그형 오버러닝 클러치(sprag type)
  - 중량급 기관에서 주로 사용
  - 플라이휠이 피니언을 구동하게 되면 이너 레이스가 아우터 레이스보다 빨리 회전하게 되어 아우터 레이스와 이너 레이스의 고정이 풀려 플라이휠이 기동전동기를 구동하지 못하게 됨

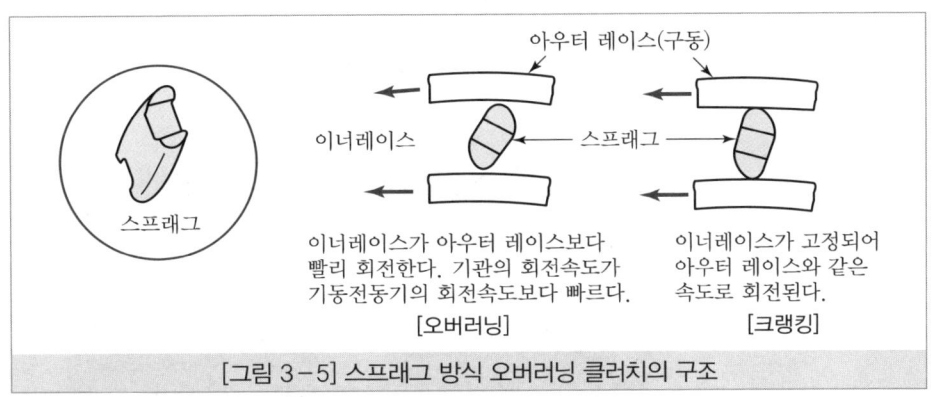

[그림 3-5] 스프래그 방식 오버러닝 클러치의 구조

(3) 피니언을 섭동시켜 플라이휠 링 기어에 물리게 하는 부분

1) 솔레노이드 스위치

① 솔레노이드 스위치의 구조
- ⓐ 솔레노이드 스위치는 마그넷 스위치(magnet switch)라고도 하며, 전자력으로 작동하는 기동전동기용 스위치임
- ⓑ 구조는 가운데가 비어 있는 철심, 철심 위에 감겨 있는 풀인 코일과 홀드인 코일, 플런저, 접촉판, 2개의 접점(B단자와 M단자)으로 되어 있음
- ⓒ 풀인 코일은 솔레노이드 스위치 ST단자(시동 단자)에서 감기 시작하여 M단자(전동기 단자)에 접속됨
- ⓓ 홀드인 코인은 ST단자에서 감기 시작하여 솔레노이드 스위치 몸체에 접지됨
- ⓔ 풀인 코일은 축전지와 직렬로 접속되며, 홀드 인 코일은 병렬로 연결됨

4. 시동 전동기의 시험

① 그로울러 테스터 : 단선, 단락, 접지시험을 점검한다.
② 기동 전동기의 계측시험
- ⓐ 무부하시험 : 무부하 상태에서 시동 전동기의 전류, 전압 회전 속도를 측정
- ⓑ 회전력시험 : 정지 상태에서 시동 전동기의 전류와 회전력을 측정
- ⓒ 부하시험 : 부하 상태에서 전류, 전압 강하를 측정

TOPIC 02) 시동장치 점검, 진단

1. 시동 점검 – 클러치 스위치, 인히비터 스위치

① 시동을 걸 때 변속기의 기어가 치합이 된 상태로 작동할 시 위험한 일이 발생할 수 있다.
② 시동 시 안전을 위해 인히비터 스위치(자동변속기 차량), 클러치 스위치(수동변속기 차량)을 이용한다.
③ 자동변속기 차량에서는 P나 N레인지가 아닐 때, 수동변속기 차량에서는 클러치를 밟지 않을 때 시동이 걸리지 않도록 되어 있으므로 점화 스위치를 START로 돌려도 전혀 반응이 없으면 이 부분의 고장 여부도 점검해야 한다.

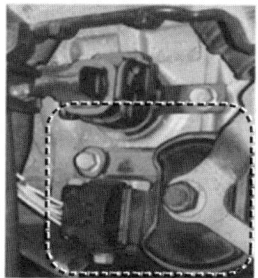
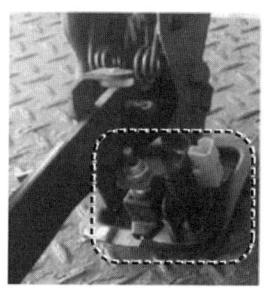

[자동변속기 인히비터 스위치]   [수동변속기 클러치 스위치]

출처 : 교육부(2015), 시동장치정비(LM156030102_14v2), 한국직업능력개발원 p.12

[그림 3-6] 인히비터 스위치와 클러치 스위치

2. 축전지 점검 – 배터리 용량 테스터

(1) 개요

① 시동 스위치를 START하여도 시동모터가 전혀 작동하지 않거나 '딸깍' 소리만 나고 엔진이 회전하지 않는다면 축전지의 상태를 확인해야 한다.
② 축전지의 단자 연결, 부식 여부, 충전 상태를 확인한다.
③ 축전지의 성능을 확인하기 위하여 축전지 용량 시험기를 이용하여 축전지의 전압 강하를 점검한다.

(2) 축전지 부하 시험

① 축전지 부하 시험기의 적색 리드선을 축전지 (+) 단자에, 흑색 리드선을 (−) 단자에 설치한다.
② 축전지의 전압과 용량을 확인하여 부하 시험기의 표시창에 입력한다.
③ 'LOAD' 버튼을 누른 후 대기한다.
④ 축전지 부하 시험의 결과를 보고 충전 및 교환 여부를 결정한다.

3. 시동전동기 점검 – 부하시험(크랭킹 점검)

(1) 시동전동기 솔레노이드 스위치 점검

① 시동전동기 솔레노이드 스위치의 S단자 커넥터를 탈거한 후 점프 와이어로 B자와 S단자를 0.5초~1초 정도 연결하여 크랭킹을 확인한다.
② 연결하였을 때 크랭킹이 된다면 시동모터의 S단자까지 전원 공급 여부를 점검하고 시동회로를 확인한다.
③ 만약 크랭킹이 안 된다면 시동전동기를 탈거하여 고장 여부를 점검한다.

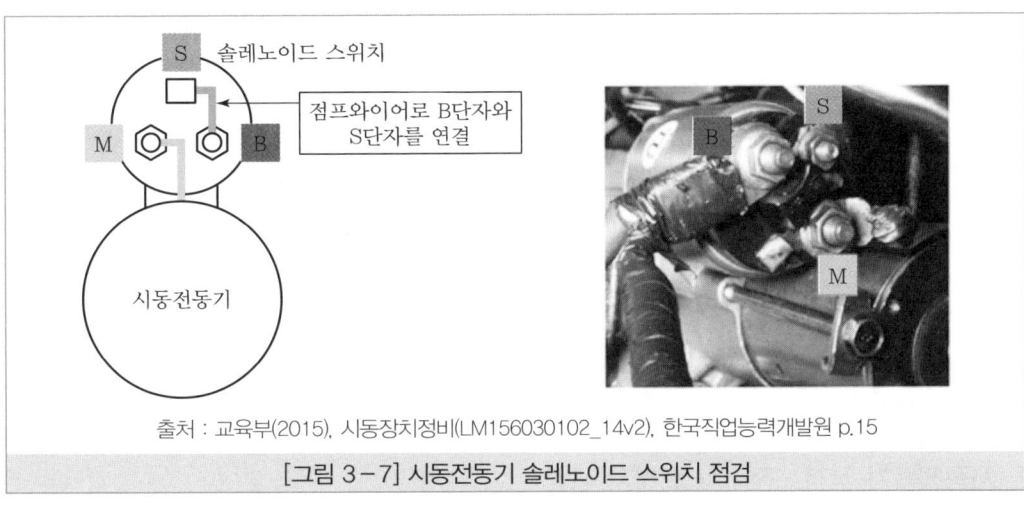

출처 : 교육부(2015), 시동장치정비(LM156030102_14v2), 한국직업능력개발원 p.15

[그림 3-7] 시동전동기 솔레노이드 스위치 점검

(2) 시동전동기 부하 시험

① 엔진 시동이 되지 않도록 연료 및 점화장치 관련 커넥터를 탈거한다.
② 전압계의 적색 리드선은 시동전동기 B단자에, 흑색 리드선은 축전지 (-)단자에 연결한다.
③ 클램프 방식의 전류계를 시동전동기 B단자와 축전지 (+)단자 사이의 배선에 설치한다.
④ 점화스위치를 START로 돌려 15초 이내로 크랭킹한다.
⑤ 크랭킹 시 전압강하 측정 전압은 축전지 전압의 80% 이상이어야 한다.
  예 12V인 경우 12×0.8=9.6이므로 9.6V 이상이면 양호한 것으로 판정한다.
⑥ 크랭킹 시 소모 전류는 축전지 용량의 3배 이하가 되는지 확인한다.
  예 60AH인 경우 60×3=180이므로 180A 이하면 양호한 것으로 판정한다.

※ 디젤 차량의 경우 엔진 배기량에 따라 전류값이 조금 높게 나오는 경우가 있다.

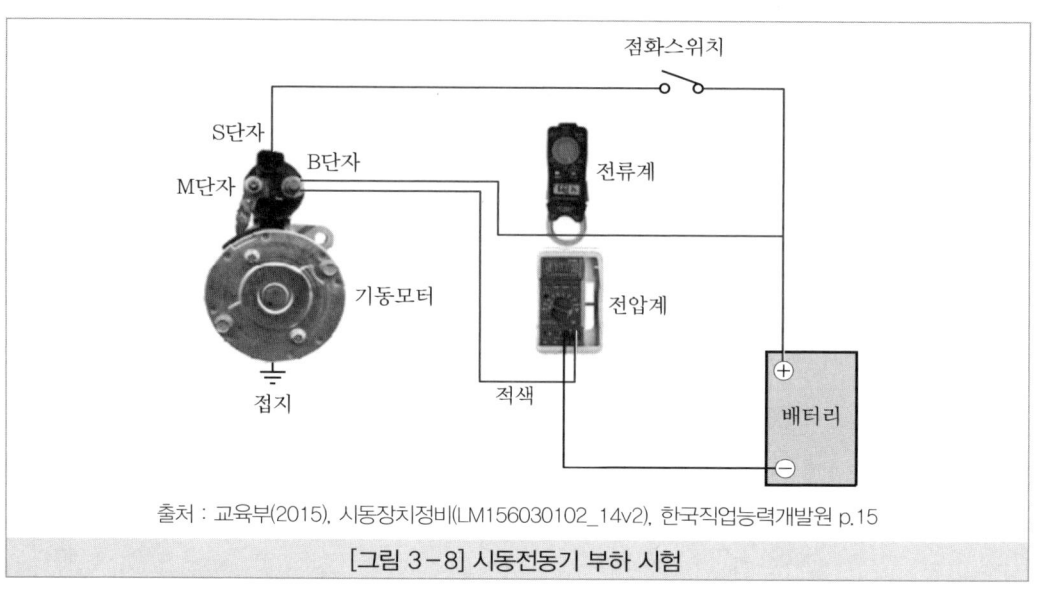

[그림 3-8] 시동전동기 부하 시험

TOPIC 03 시동전동기 수리, 교환, 검사

1. 시동전동기 점검 – 전기자 브러시 점검

① 전기자의 정류자 표면을 점검하여 오염이 되었으면 사포를 이용하여 한계값 내에서 연마하고, 정류자의 외경을 측정한다. 측정값이 한계값 미만인 경우 전기자를 교환한다.

② 정류자를 V블록 위에 설치하고 다이얼게이지를 이용하여 런아웃을 측정한다. 한계값은 보통 0.05mm이다.

> **Tip**
> **정류자 런아웃 측정 후**
> - 한계값 이상인 경우 전기자를 교환한다.
> - 한계값 미만인 경우에는 정류자 편 사이의 퇴적물이 있는지 점검한다.

③ 멀티테스터로 모든 정류자 편 사이를 통전 시험한다. 만약 어느 하나라도 정상적으로 통전이 되지 않는다면 전기자를 교환해야 한다.

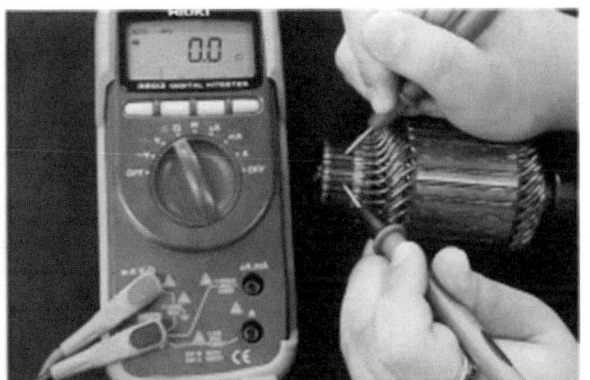

출처 : 교육부(2015), 시동장치정비(LM156030102_14v2), 한국직업능력개발원 p.34

[그림 3-9] 시동전동기 정류자 편 통전시험

④ 멀티테스터를 사용하여 정류자 편과 전기자 코일 코어, 정류자 편과 전기자 축 사이의 통전 상태를 점검한다. 통전이 되지 않는 경우가 정상이며, 만약 어느 한쪽이라도 통전이 되는 경우 전기자를 교환해야 한다.

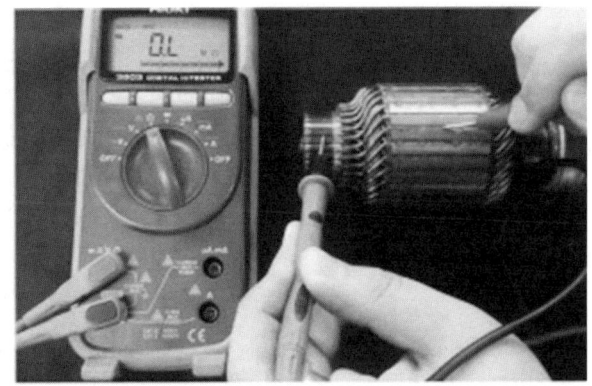

출처 : 교육부(2015), 시동장치정비(LM156030102_14v2), 한국직업능력개발원 p.34

[그림 3-10] 시동전동기 정류자와 전기자 축, 전기자 코일 코어 통전 시험

⑤ 멀티테스터를 사용하여 (+)브러시 홀더와 (-)플레이트 사이의 통전 상태를 점검한다. 통전이 되지 않아야 정상이며, 통전이 되는 경우 브러시 홀더 어셈블리를 교환해야 한다.
⑥ 버니어 캘리퍼스를 사용하여 브러시의 길이를 측정한다. 일반적으로 표준 길이의 1/3 이상 마모된 경우, 마모 한계선 이상 마모된 경우, 오일에 젖은 경우에 브러시를 교환한다.

출처 : 교육부(2015), 시동장치정비(LM156030102_14v2), 한국직업능력개발원 p.35

[그림 3-11] 브러시 마모 한계선

2. 솔레노이드 스위치 점검 – 풀인, 홀드인

(1) 솔레노이드 스위치 풀인 코일 시험

① 솔레노이드 스위치의 M단자에서 배선을 탈거한다.

② 솔레노이드 스위치의 S단자에 축전지(+) 전원을 연결하고 M단자에 (-) 전원을 연결한다.

③ 스위치를 ON하여 점검을 시작한다. 이때 점검 시간은 10초 이내로 한다.

④ 스위치가 ON인 경우 플런저가 흡입되어 피니언 기어가 앞으로 튀어나오면 풀인 코일은 정상이고, 그렇지 않으면 불량이므로 솔레노이드 스위치를 교환해야 한다.

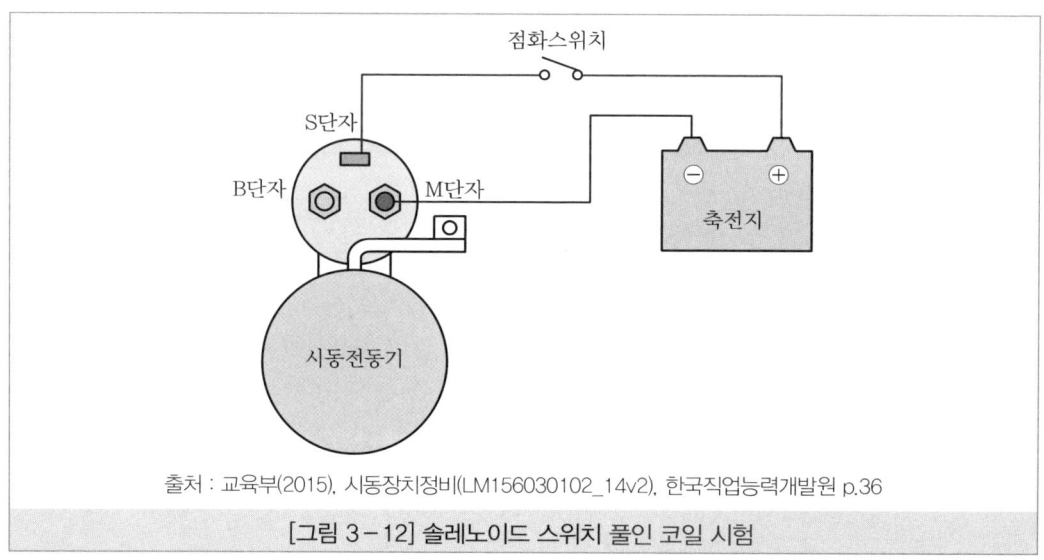

출처 : 교육부(2015), 시동장치정비(LM156030102_14v2), 한국직업능력개발원 p.36

[그림 3-12] 솔레노이드 스위치 풀인 코일 시험

(2) 솔레노이드 스위치 홀딩 코일 시험

① 솔레노이드 스위치의 M단자에서 배선을 탈거한다.
② 솔레노이드 스위치의 S단자에 축전지(+) 전원을 연결하고 솔레노이드 스위치 몸체에 (-) 전원을 연결한다.
③ 스위치를 ON하여 점검을 시작한다. 이때 점검 시간은 10초 이내로 한다.
④ 스위치가 ON인 경우 플런저와 튀어나와 있던 피니언 기어가 움직이지 않으면 정상이고, 그렇지 않으면 불량이므로 솔레노이드 스위치를 교환해야 한다.

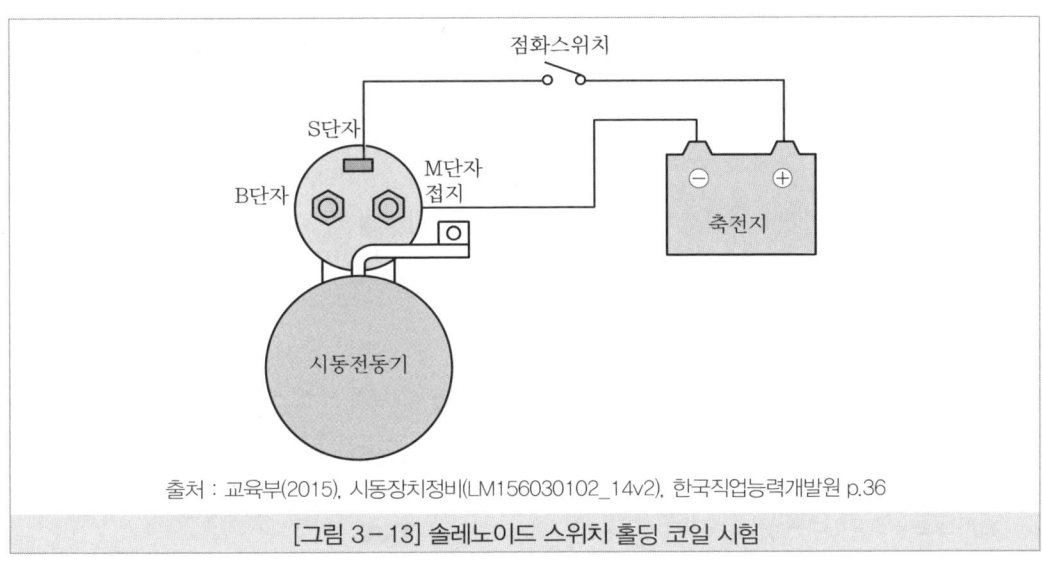

출처 : 교육부(2015), 시동장치정비(LM156030102_14v2), 한국직업능력개발원 p.36

[그림 3-13] 솔레노이드 스위치 홀딩 코일 시험

단원 마무리문제

CHAPTER 03 시동장치 정비

01 기동장치가 갖추어야 할 구비조건으로 틀린 것은?
① 기계적인 충격에 강할 것
② 회전력은 되도록 작을 것
③ 전원 소요 용량이 적을 것
④ 소형 경량이고 출력이 클 것

해설
크랭크 축을 강제로 회전시키기 위해 회전력이 큰 것이 좋다.

02 기동 전동기의 구조에 해당되지 않는 것은?
① 계철 ② 로터
③ 정류자 ④ 전기자

해설
로터는 교류발전기의 구성품에 해당한다.

03 기동 전동기에서 정류자가 하는 역할은?
① 교류를 직류로 정류한다.
② 전류를 양방향으로 흐르도록 한다.
③ 전류를 역방향으로 흐르도록 한다.
④ 전류를 일정한 방향으로 흐르도록 한다.

04 기동 전동기의 브러시는 얼마 이상 마모되었을 때 교환하는가?
① 1/2 ② 1/3
③ 1/4 ④ 3/4

해설
브러시는 1/3 이상 마모되거나 마모한계선을 넘어 마모된 경우 교환한다.

05 기동 전동기의 솔레노이드 스위치에 대한 설명으로 틀린 것은?
① 전자석을 이용하여 전동기에 전원을 공급한다.
② 풀인 코일은 플런저를 잡아당긴다.
③ 홀드인 코일은 당겨진 플런저를 유지한다.
④ 풀인 코일은 병렬로, 홀드인 코일은 직렬로 연결된다.

해설
솔레노이드의 풀인 코일은 직렬로, 홀드인 코일은 병렬로 연결된다.

06 그로울러 테스터로 시험할 수 없는 것은?
① 전기자의 단선 ② 전기자의 단락
③ 전기자의 저항 ④ 전기자의 접지

해설
그로울러 테스터로 전기자의 단선, 단락, 접지를 시험할 수 있다.

07 기동 전동기를 자동차에서 떼어내거나 조립이 끝나면 기동 전동기의 성능을 알아보기 위한 시험들을 진행한다. 이에 속하지 않는 것은?
① 전압시험 ② 저항시험
③ 무부하시험 ④ 토크시험

해설
기동 전동기의 성능시험은 무부하시험, 부하시험, 회전력(토크)시험, 저항시험이 있다.

정답 01 ② 02 ② 03 ④ 04 ② 05 ④ 06 ③ 07 ①

08 다음 중 기동 전동기에 과다한 전류가 흐르는 원인은?

① 내부 접지　　② 높은 저항
③ 계자 코일의 단선　④ 전기자 코일의 단선

> 해설
> 접지된 경우 저항이 0Ω에 수렴하여 과도한 전류가 흐른다.

09 12V용 자동차 축전지의 경우, 크랭킹 시 전압은 얼마인가?

① 0~1V　　② 9~11V
③ 5~7V　　④ 22~24V

> 해설
> 12V 크랭킹 시 전압은 기준전압의 80% 이상으로 한다.
> • 기준전압 12V×0.8=9.6V 이상
> • 기준전압이 12V이므로 22~24V는 발생할 수 없다.

10 전기자 코일과 계자 코일을 병렬로 접속한 전동기 형식은?

① 직권 전동기　② 차동 전동기
③ 분권 전동기　④ 복권 전동기

> 해설
> • 직권 전동기 : 코일과 계자가 직렬로 접속
> • 분권 전동기 : 전기자 코일과 계자가 병렬로 접속
> • 복권 전동기 : 전기자 코일과 계자가 직병렬로 접속

정답　08 ①　09 ②　10 ③

CHAPTER 04 등화장치 정비

TOPIC 01 등화장치 이해

1. 전선

(1) 개요

① 자동차 전기회로에서 사용하는 전선은 피복선과 비피복선으로 구분됨
② 비피복선은 접지용으로 일부 사용함
③ 대부분은 무명(cotton), 명주(silk), 비닐 등의 절연물로 피복된 피복선을 사용함
④ 특히 점화장치에서 사용하는 고압 케이블은 내절연성이 매우 큰 물질로 피복됨

(2) 전선의 피복 색깔 표시

전선을 구분하기 위해 피복의 바탕색, 줄무늬 색깔 순서로 표시한다.

예 1.25RG의 경우

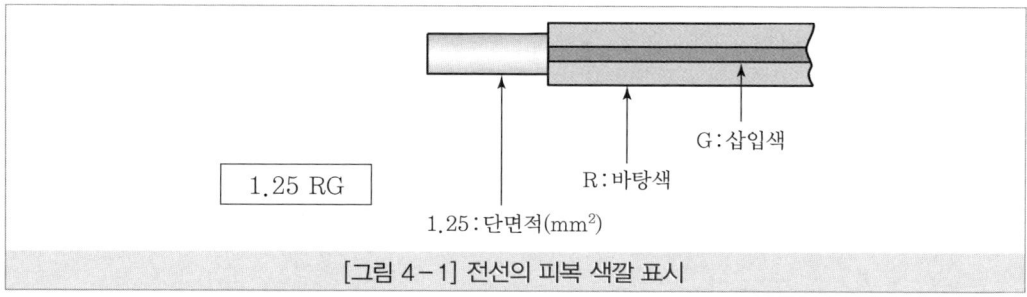

[그림 4-1] 전선의 피복 색깔 표시

[표 4-1] 전선 피복색깔에 대한 기호

약어	색상	약어	색상	약어	색상	약어	색상
B	흑색	L	청색	Br	갈색	Lg	연두색
W	백색	Y	황색(노랑)	S	은색	T	황갈색
R	적색	O	주황색	V	자주색	Be	베이지색
G	녹색	P	분홍	Gr	회색	Pp	자주색

(3) 하니스의 구분

① 전선 묶음을 전선 하니스(Wiring Harness) 또는 하니스라 한다.
② 하니스로 배선을 하면 전선이 간단해지고 작업이 쉬워진다.

(4) 전선의 배선방식

전선을 구분하기 위해 피복의 바탕색, 줄무늬 색깔 순서로 표시한다.

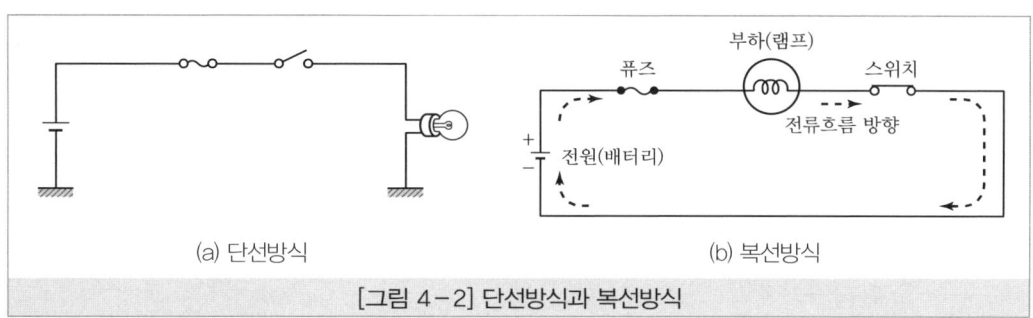

[그림 4-2] 단선방식과 복선방식

2. 조명의 용어

(1) 광속(光速)

① 광원(光源)에서 나오는 빛의 다발이다.
② 단위는 루멘(lumen), 기호는 lm이다.

(2) 광도(光度)

① 빛의 세기이며 단위는 칸델라(기호는 cd)이다.
② 1칸델라 : 광원에서 1m 떨어진 $1m^2$의 면에 1m의 광속이 통과하였을 때의 빛의 세기를 말한다.

(3) 조도(照度)

① 빛을 받는 면의 밝기이며, 단위는 룩스(lux), 기호는 Lx이다.
② 광원으로부터 r[m] 떨어진 빛의 방향에 수직한 빛을 받는 면의 조도를 E[Lx], 그 방향의 광원의 광도를 I[cd]라고 하며 다음과 같이 표시한다.

$$E = \frac{I}{r^2} (Lux)$$

3. 전조등(head light)의 형식과 그 회로

(1) 전조등의 형식

1) 개요

① 전조등은 크게 실드빔 방식과 세미 실드빔 방식으로 구분된다.
② 전구(lamp) 안에는 2개의 필라멘트가 존재하며, 역할은 다음과 같다.
    ㉠ 1개는 먼 곳을 비추는 상향 빔(high beam)의 역할
    ㉡ 다른 하나는 시내 주행 혹은 교행(郊行) 시 맞은편에서 오는 자동차나 사람이 현혹되지 않도록 광도를 약하게 하고, 동시에 빔을 낮추는 하향 빔(low beam)의 역할

2) 실드빔 방식(sealed beam type)

① 반사경에 필라멘트를 붙이고 여기에 렌즈를 녹여 붙인 후 내부에 불활성 가스를 넣어 그 자체가 1개의 전구가 되도록 한 것이다.
② 특징
    ㉠ 대기조건에 따라 반사경이 흐려지지 않음
    ㉡ 사용에 따르는 광도의 변화가 적음
    ㉢ 필라멘트가 끊어지면 렌즈나 반사경에 이상이 없어도 전조등 전체를 교환하여야 함

3) 세미 실드빔 방식(semi sealed beam type)

① 렌즈와 반사경은 녹여 붙였으나 전구는 별개로 설치한 것이다.
② 필라멘트가 끊어지면 전구만 교환이 가능하다.
③ 전구 설치 부분으로 공기 유통이 있어 반사경이 흐려지기 쉽다.

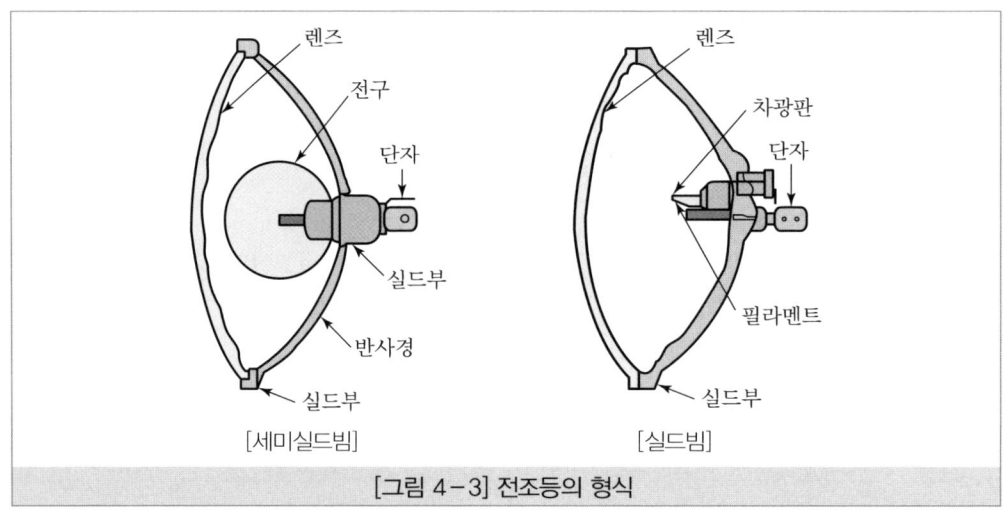

[그림 4-3] 전조등의 형식

4) 할로겐 전조등

① 정의 : 할로겐 전구를 사용한 세미 실드빔을 일컫는다.

② 할로겐 전구의 동작 원리
  ㉠ 전구에 봉입하는 불활성 가스와 함께 작은 양의 할로겐족(族) 원소를 혼합한 것
  ㉡ 필라멘트에서 증발한 텅스텐 원자와 휘발성의 할로겐화 텅스텐을 형성
  ㉢ 할로겐화 텅스텐은 전구 벽(유리)이 일정 온도 이상일 경우 전구 벽에 부착하지 않고, 전구 안을 이동
  ㉣ 할로겐화 텅스텐이 필라멘트 부근의 고온 영역 내에 들어오면 다시 텅스텐 원자와 할로겐 원자로 해리(解離)함
  ㉤ 해리된 텅스텐 원자는 필라멘트 또는 그 부근에 부착하고, 할로겐 유리로 된 전구 벽을 향하여 확산하는 반응을 반복

③ 백열전구 대비 할로겐 전구의 강점
  ㉠ 할로겐 사이클로 흑화현상(필라멘트로 사용되고 있는 텅스텐이 증발하여 전구 내부에 부착하는 것)이 없어 수명을 다할 때까지 밝기가 변하지 않음
  ㉡ 색 온도가 높아 밝은 백색 빛을 얻을 수 있음
  ㉢ 교행용의 필라멘트 아래에 차광판이 위치하고 자동차 방향으로 반사하는 빛을 없애는 구조로 되어 있어 눈부심이 적음
  ㉣ 전구의 효율이 높아 밝기가 큼

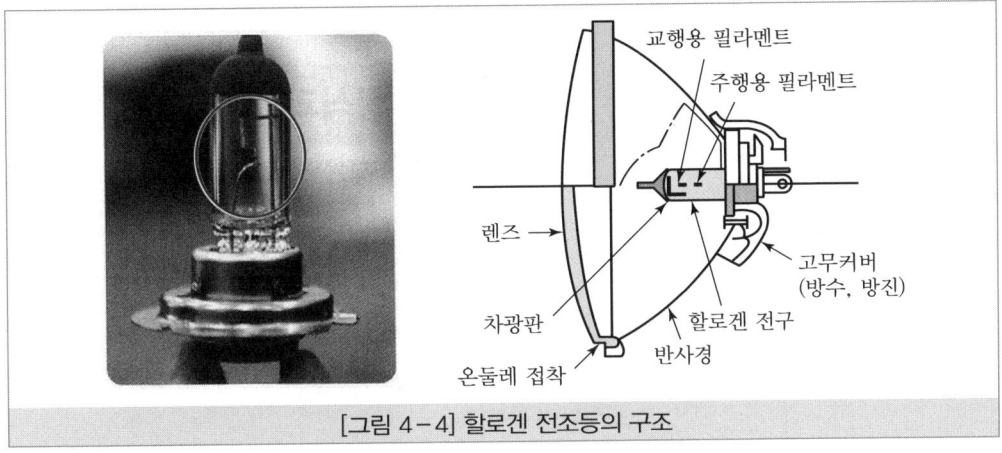

[그림 4-4] 할로겐 전조등의 구조

5) 고휘도방전전구(HID)

① 가스 방전등의 구조 및 작동원리
  ㉠ 구조 : 소형 구체(球體)의 전구의 양단에 전극을 설치하고, 전구 내부(가스방전실)에는 제논가스와 금속-할로겐-화합물을 봉입
  ㉡ 작동원리 : 전극의 양단에 고전압 펄스(약 24kV까지, 주파수 : 10kHz)를 가하면 전구 내부 즉, 가스방전실에서 아크가 발생

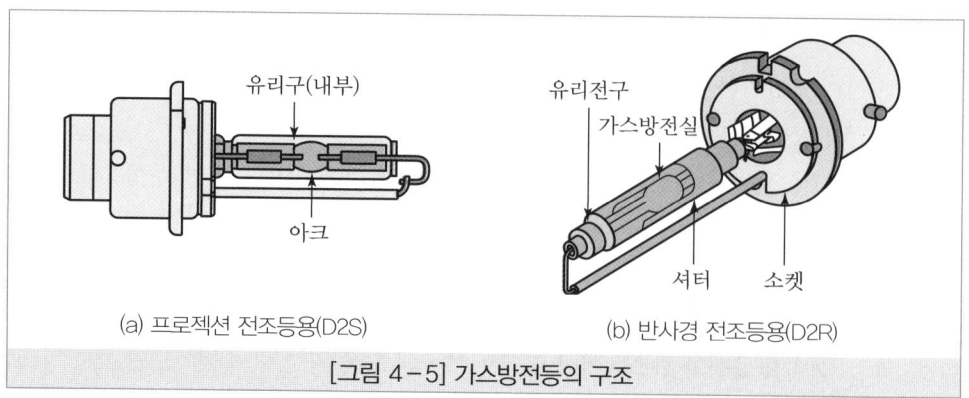

[그림 4-5] 가스방전등의 구조

② 가스방전등의 특성
  ㉠ 전구에 그림자 효과가 발생하지 않음
  ㉡ 최고 광도에 도달하는 시간이 약 5초 정도로 긺
     ※ 할로겐 전구는 최고 광도에 도달하는 시간이 약 0.2초 정도. 원하는 작동 상태에 가능한 빨리 도달하기 위해 가스방전등 제어유닛은 웜업(warm-up) 단계에서의 공급전류를 크게 증가시킴
  ㉢ 가스등의 발광 색깔은 햇빛과 거의 비슷하며, 특히 녹색과 청색이 많음
  ㉣ 수명은 1500시간 정도
  ㉤ 필라멘트와 달리 광도가 점진적으로 저하되는 상태를 보고 수명을 판별하므로 미리 교환할 수 있음
     ※ 필라멘트 전구에서는 순간적으로 필라멘트가 단선되는 경우가 대부분이다.
  ㉥ 조명광은 노면에서 멀리, 그리고 넓게 분포됨

③ 전자식 제논-점화제어 유닛
  ㉠ 24kV까지의 고전압 펄스가 가스방전등의 전극 사이를 건너뛰게 하여 스파크를 일으켜 가스 방전등을 점등시킴
  ㉡ 점등 후 스파크 전압 약 85V(300Hz 교류전압)에서 램프출력을 약 35W로 일정하게 함
  ㉢ 점등 및 작동전압이 높아 안전수칙을 준수해야 함(일반 전조등으로 교환 불가)

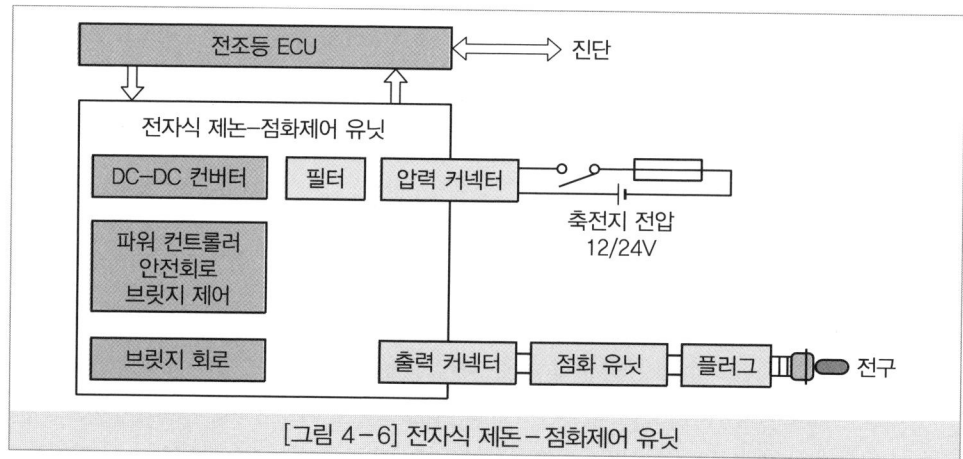

[그림 4-6] 전자식 제논-점화제어 유닛

6) 발광 다이오드(LED ; Light Emitting Diodes)

① 발광다이오드의 작동원리 : PN접합 내에서 전자가 에너지 수준이 높은 외측 궤도로부터 에너지 수준이 낮은 내측 궤도로 이동할 때 궤도 간의 에너지 차이에 해당하는 잉여에너지가 빛으로 발산되는 원리를 이용한다.

② 장점
  ㉠ 작동전압 범위가 낮음(1~15V)
  ㉡ 지연이 없음
  ㉢ 진동이나 충격에 강하고 고장률이 낮음
  ㉣ 수명이 긺(10000Hr)
  ㉤ 빛의 강도가 높으며 밝기의 조정이 가능
  ㉥ 전류 충격이 없음

③ 단점
  ㉠ 1개당 소비전류가 비교적 큼(약 5~15mA)
  ㉡ 허용 온도 범위가 좁음(-25~+80℃)
  ㉢ 기관 주위에 설치 시 오손될 가능성이 있다.

(2) 전조등 회로

① 전조등 회로는 퓨즈, 라이트스위치, 디머스위치(dimmer switch) 등으로 구성된다.
② 양쪽의 전조등은 상향 빔(high beam)과 하향 빔(low beam)이 병렬로 접속한다.
③ 라이트 스위치 : 2단으로 작동하며 스위치를 움직이면 내부의 접점이 미끄럼 운동하여 전원과 접속한다.
④ 디머 스위치 : 전조등의 빔을 상향 빔과 하향 빔으로 바꾸는 스위치이다.

4. 퓨즈

(1) 퓨즈

① 전기회로에 과도한 전류가 흐르는 것을 방지하는 안전장치이다.
② 용량 : 전기회로 내 전류의 약 1.5~1.7배의 것을 사용한다.

(2) 퓨저블링크

① 자동차의 전압 배선 일부에 그 회로의 전선보다 가는 단면적의 직선을 직렬로 연결한 것이다.
② 과부하 혹은 사고로 인한 회로 쇼트 등의 발생 시 와이어링 하니스에서 화재 발생을 방지하는 것이다.

5. 계기장치

   (1) 계기의 개요

   ① 계기 : 자동차를 쾌적·안전하게 운전하고, 운전 중 자동차의 상황을 쉽게 알 수 있도록 하기 위해 운전석 계기판(instrumental panel)에 부착하는 각종 장치이다.

   ② 주요 계기 : 속도계, 충전경고등, 유압경고등, 연료계, 온도계, 그 밖에 자동차 종류에 따라서는 기관 회전 속도계, 운행기록계 등이 있다.

   ③ **자동차용 계기의 구비조건**

   ㉠ 구조가 간단하고 내구성·내진성이 있을 것

   ㉡ 소형·경량일 것

   ㉢ 지시가 안정되어 있고, 확실할 것

   ㉣ 읽기가 쉬울 것

   ㉤ 정식적인 면도 고려되어 있을 것

   ㉥ 가격이 쌀 것

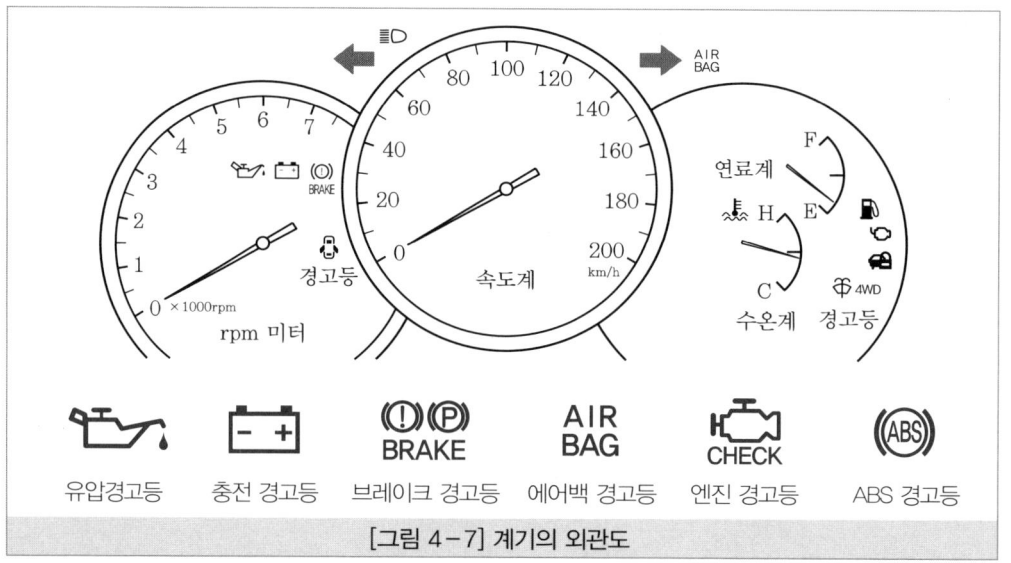

[그림 4-7] 계기의 외관도

(2) 유압 경고등

   ① 개요 : 기관 작동 도중 유압이 규정 값 이하로 떨어지면 점등되는 경고등을 말한다.

   ② 작동 원리

   ㉠ 유압이 규정 값에 도달하였을 경우 : 유압이 다이아어프램을 밀어 올려 접점을 열어서 소등

   ㉡ 유압이 규정 값 이하일 경우 : 스프링의 장력으로 접점이 닫혀 경고등이 점등

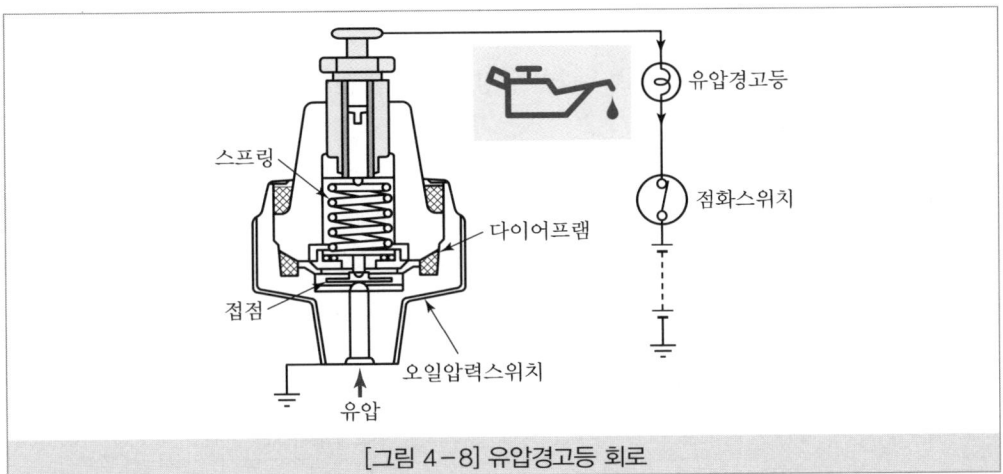

[그림 4-8] 유압경고등 회로

(3) 연료계(Fuel gauge)

1) 개요

① 연료계는 계기방식인 평형코일 방식, 서모스탯 바이메탈 방식, 바이메탈 저항방식, 연료 표시기 방식으로 구분된다.
② 현재는 평형코일 방식과 연료면 표시기 방식을 사용한다.

2) 평형코일 방식(balancing coil type)

① 구성
  ㉠ 계기 부분과 탱크 유닛(tank unit) 부분으로 구성
  ㉡ 탱크 유닛 부분에는 뜨개(float)의 상하에 따라 이동하는 이동 암에 의해 저항이 변화하는 가변저항이 들어 있음

② 작동
  ㉠ 연료 보유량이 적을 경우 저항값이 커서 코일 L_2의 흡입력보다도 코일 L_1의 흡입력이 크기 때문에 바늘이 E(empty) 쪽을 향함
  ㉡ 연료 보유량이 많을 경우 저항값이 작아지며 이에 따라 L_2의 흡입력이 증가, 바늘이 F(full) 쪽으로 이동

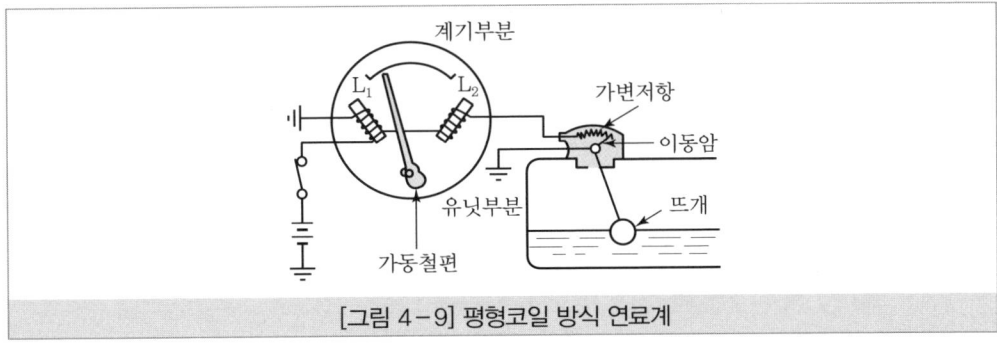

[그림 4-9] 평형코일 방식 연료계

3) 연료면 표시기 방식(표시등 방식)

① 연료 탱크 내의 연료 보유량이 일정 이하가 되면 램프(lamp)를 점등하여 운전자에게 경고하는 방식이다.

② 작동원리

  ㉠ 연료가 조금 남아 접점 P_2가 닫히면 바이메탈 릴레이의 열선(heat coil)에 전류가 흐르고, 이로 인해 바이메탈이 구부러져 10~30초 사이에 접점 P_1을 닫아 램프를 점등

  ㉡ 바이메탈 열선에 1~30초 동안 전류가 흐르지 않으면 접점 P_1이 닫히지 않아 자동차의 진동으로 순간적으로 접점이 닫혀도 램프가 점등되지 않음

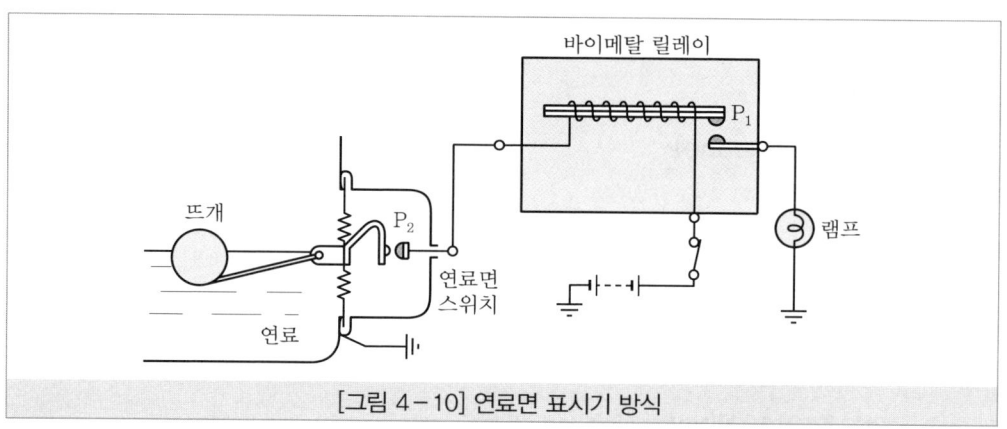

[그림 4-10] 연료면 표시기 방식

(4) 온도계(수온계)

① **개요** : 실린더 헤드 물재킷 내의 냉각수 온도를 표시한다.

② **종류** : 부든튜브 방식, 평형코일 방식, 서모스탯 바이메탈 방식, 바이메탈 저항방식 등이 있다. 현재는 평형코일 방식만을 사용한다.

③ **평형코일 방식(balancing coil type)**

  ㉠ 계기 부분과 기관 유닛 부분으로 구성

  ㉡ 기관 유닛 부분에는 서미스터를 두고 있음

  ㉢ 작동 원리

  • 기관 냉각수 온도가 낮을 때에는 코일 L_2의 흡입력이 약하여 온도계의 지침이 C(Cool)를 향함

  • 냉각수의 온도가 상승하면 코일 L_2의 흡입력이 커지면서 지침이 H(High)를 향함

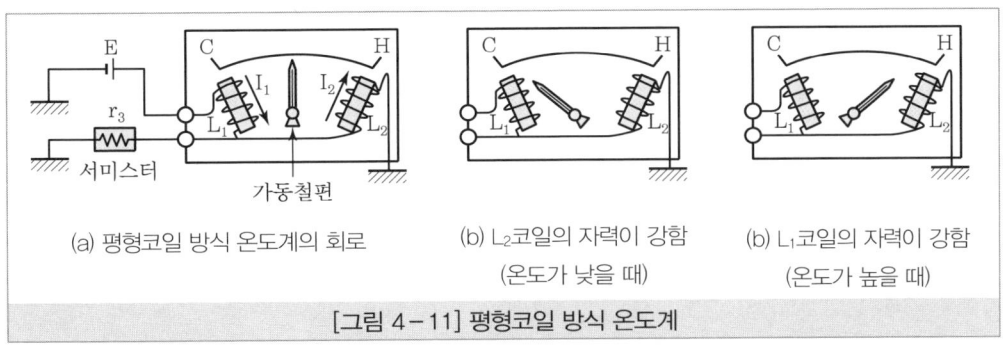

(a) 평형코일 방식 온도계의 회로 (b) L₂코일의 자력이 강함 (온도가 낮을 때) (b) L₁코일의 자력이 강함 (온도가 높을 때)

[그림 4-11] 평형코일 방식 온도계

(5) 속도계(Speed meter)

① 구성
  ㉠ 속도 지시계 : 자동차의 주행속도를 1시간당의 주행거리(km/h)로 나타냄
  ㉡ 적산계 : 전체 주행거리를 표시
    ※ 다시 수시로 0으로 되돌릴 수 있는 구간거리계를 설치한 것도 있음

② 구동 원리 : 변속기 출력축에서 속도계 구동 케이블을 통하여 구동한다.

③ 종류 : 원심력 방식과 자기(磁氣) 방식으로 구분된다.

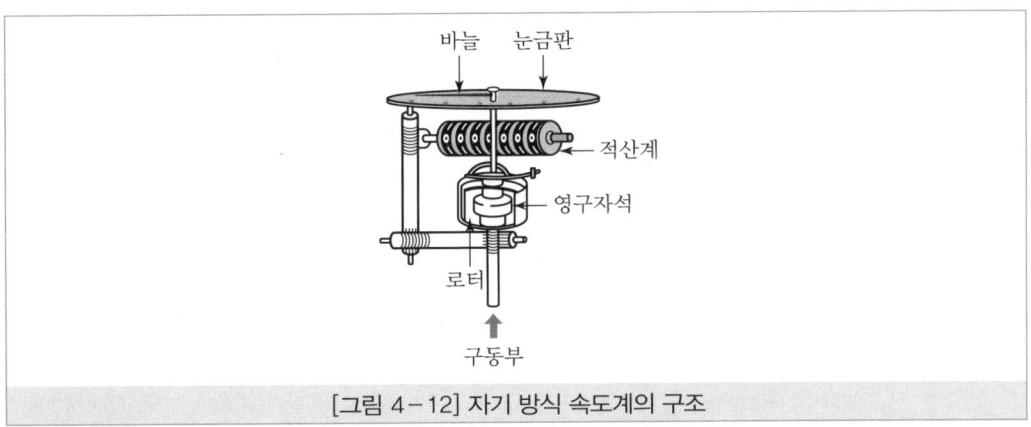

[그림 4-12] 자기 방식 속도계의 구조

> **Tip**
>
> **적산계(total counter)**
> 속도계의 회전축은 자석(자기 방식의 경우)을 구동하면서 웜(worm) 기구를 사이에 두고 있는 적산계를 함께 구동함

(6) 구간거리계(trip counter)

구간거리계는 자릿수가 2자리 적은 것 이외에는 적산계와 같은 구조이며, 구동 방법도 적산계와 마찬가지로 속도계의 회전축으로부터 웜(worm) 기구를 사이에 두고 구동된다.

(7) 기관 회전 속도계(engine tachometer)

기관 크랭크 축의 회전속도를 측정하는 계기로, 자석 방식, 발전기 방식, 펄스 방식 등이 있다.

TOPIC 02 등화장치 점검, 진단

1. 미등 퓨즈 점검

① 미등 퓨즈 위치를 정비지침서를 보고 확인하여 테스트 램프 또는 멀티미터를 이용하여 미등 퓨즈를 점검한다. 미등과 관련된 퓨즈는 엔진룸 정선박스에 1개, 실내 정선박스에 2개가 있다.

② 퓨즈 상단에 노출된 2개의 철심 부분에 테스트 램프를 접촉하여 퓨즈를 점검한다. 테스트 램프 접촉 시 양쪽 모두 불이 들어오면 퓨즈는 정상이다. 테스트 램프를 한쪽 철심 부분에 접촉 시 점등되고 다른 철심 부분에 접촉 시 점등되지 않으면 퓨즈가 끊어진 것이다.

③ 멀티미터를 이용할 경우에는 저항계에 맞추고 퓨즈 상단의 노출된 2개의 쇠 부분의 저항을 측정한다. 이때 어떤 값이 표시되면 정상이다. 퓨즈가 끊어지면 저항은 무한대 또는 Error로 표시된다.

출처 : 교육부(2018). 등화장치정비(LM150603106_17v3). 사단법인 한국자동차기술인협회. 한국직업능력개발원. p14.

[그림 4-13] 미등 퓨즈 점검

2. 전조등 릴레이 점검

① 엔진룸 릴레이 박스에서 전조등 릴레이를 분리한다.

② 파워 릴레이 단자 86번과 85번 사이에 전원을 인가했을 때 단자 87번과 30번이 통전이 되는지 점검한다.

③ 파워 릴레이 단자 86번과 85번 사이에 전원을 해지했을 때 단자 87번과 30번이 통전이 되지 않는지 점검한다.

TOPIC 03 등화장치 수리, 교환, 검사

1. 전기장치 교환

① 전장계통의 정비 시에는 배터리의 (−)단자를 먼저 분리시킨다. 이때 (−)단자를 분리 혹은 연결하기 전에 먼저 점화 스위치 및 기타 램프류의 스위치를 OFF시켜야 한다(만일 스위치를 OFF시키지 않으면 반도체 부품이 손상될 우려가 있음).
② 전선이 날카로운 부위나 모서리에 간섭되면 그 부위를 테이프 등으로 감싸서 전선이 손상되지 않도록 한다.
③ 퓨즈 혹은 릴레이가 소손되었을 때는 정격용량의 퓨즈로 교환한다. 만일 규정용량보다 높은 것을 사용하면 부품이 손상되거나 화재가 일어날 수 있다.
④ 느슨한 커넥터의 접속은 고장의 원인이 되므로 커넥터 연결을 확실히 확인한다.
⑤ 하니스를 분리시킬 때 커넥터를 잡고 당겨야 하며, 하니스를 잡아당겨서는 안 된다.
⑥ 잠금장치(A)가 있는 커넥터를 분리할 때는 아래 그림의 화살표 방향으로 누르면서 분리한다.

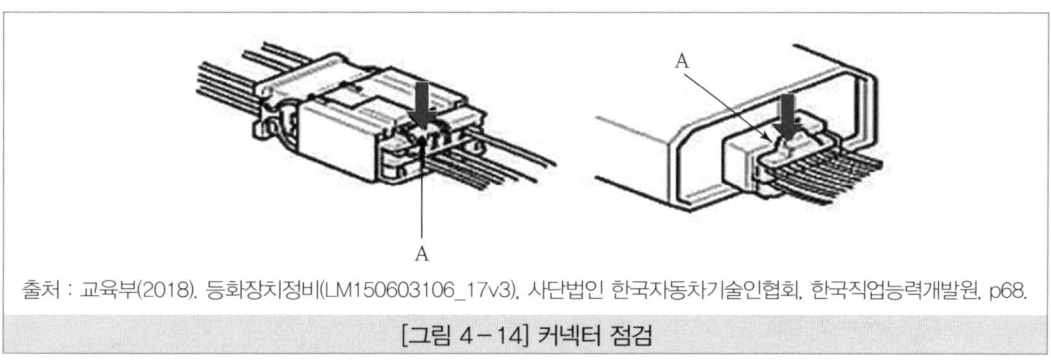

출처 : 교육부(2018). 등화장치정비(LM150603106_17v3), 사단법인 한국자동차기술인협회, 한국직업능력개발원, p68.

[그림 4-14] 커넥터 점검

⑦ 커넥터를 연결할 때는 '딱' 소리가 날 때까지 삽입한다.
⑧ 부품 교환 시에는 차종별 제품 규격을 정비지침서에서 확인하고 교환한다.

2. 전조등 검사

(1) 전조등 광도와 광축 측정

1) 측정 전 준비 사항

① 수준기를 통하여 전조등 시험기가 수평인지 확인한다.
② 자동차가 시험기와 직각이 되도록 진입시키고 전조등 면까지의 거리가 스크린형은 3m, 집광형은 1m의 거리가 되도록 세운다.
③ 타이어 공기압을 규정값으로 맞추고 운전자 1인이 탑승한다.
④ 정대용 파인더(점검창)로 자동차가 바로 세워져 있는지 확인한다.

⑤ 좌우, 상하 각도 조정 다이얼을 0점에 맞춘다.
⑥ 측정하고자 하는 전조등 외에 다른 전조등은 가려서 빛이 나오지 않도록 한다.

2) 측정 방법

① 전조등을 점등한다(하이빔으로 조정).
② 시험기의 본체를 좌우로 밀고, 상하 이동 핸들을 회전시켜 스크린을 보아 전조등이 일치하도록 조정한다.
③ 기둥의 눈금을 읽는다(시험기의 지시부 상부에 보이는 눈금).
④ 시험기의 본체를 좌우로 밀고 상하 이동 핸들을 회전시켜 좌우, 상하 광축계의 지침이 0점에 일치하도록 본체를 이동시켜 정지시킨다.
⑤ 스크린을 보아 전조등의 중심점을 스크린상의 +(십자)의 중심점에 일치하도록 좌우, 상하 각도 조정 다이얼로 맞춘다.
⑥ 좌우 각도 조정 다이얼의 값과 상하 각도 조정 다이얼의 값을 읽는다(각도 또는 cm의 값).
⑦ 가속 페달을 밟아 엔진의 회전수를 2000rpm 정도로 하고 광도계의 눈금을 읽는다.

3) 좌우 진폭의 기준

① 좌측 전조등 : 좌진폭≦15cm, 우진폭≦30cm
② 우측 전조등 : 좌진폭≦30cm, 우진폭≦30cm

4) 상하 진폭의 기준

① 좌측 전조등 : 상향 진폭 10cm 이하, 하향 진폭≦3/10×전조등 높이
② 우측 전조등 : 상향 진폭 10cm 이하, 하향 진폭≦3/10×전조등 높이

(2) 전조등 초점 정렬

① 자동차의 측정 광도가 기준값에서 벗어나면 램프를 교환한다.
② 자동차의 광축이 맞지 않으면 초점 정렬을 실시한다.

(3) 변환빔의 점검(하향등)

① 변환빔의 광도 규정은 3000cd 이상이다.
② 광축 규정
- 변환빔의 설치 높이 100cm 초과 차량 : −1.0%~−3.0%
- 변환빔의 설치 높이 100cm 이하 차량 : −0.5%~−2.5%

단원 마무리문제

CHAPTER 04 등화장치 정비

01 자동차의 전기장치를 점검 및 정비하기 위해서 가장 먼저 하는 작업은?
① 메인퓨즈를 제거한다.
② 점화스위치를 OFF시킨다.
③ 시동을 먼저 걸어야 한다.
④ 배터리 (−) 케이블을 제거한다.

02 배선 회로도에서 표시된 0.85RW의 W는 무엇을 나타내는가?
① 단면적 ② 바탕색
③ 줄무늬 색 ④ 커넥터 수

해설
- 0.85 : 전선 단면적
- R : 바탕색(빨간색)
- W : 줄무늬 색(흰색)

03 다음 〈그림〉은 자동차 헤드라이트 배선의 일부이다. 이때 퓨즈는 몇 암페어(A)용의 것을 사용하는 것이 가장 좋은가?

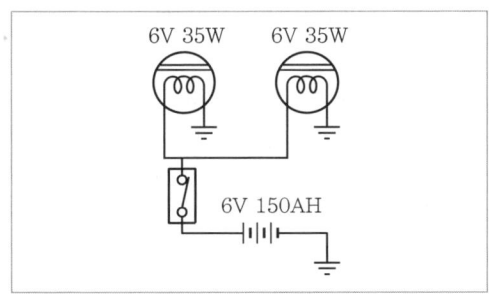

① 6 ② 10
③ 15 ④ 150

해설
$P = EI$, $I = \dfrac{P(W)}{E(V)} = \dfrac{70}{6} = 11.67A$

04 자동차 전기회로에 사용하는 퓨즈의 용량은 회로 내 전류의 어느 정도가 적당한가?
① 1배 ② 1.5~1.7배
③ 2.0~2.5배 ④ 3배 이상

05 전조등의 광도가 광원에서 25000cd의 밝기일 경우 전방 50m 지점에서의 조도는 얼마인가?
① 25Lx ② 12.5Lx
③ 10Lx ④ 2.5Lx

해설
$\dfrac{25000cd}{50^2 m^2} = 10Lx$

06 할로겐 전조등은 무슨 가스에 할로겐을 미량 혼합시킨 전조등인가?
① 산소 ② 질소
③ 붕소 ④ 나트륨

07 2개의 코일이 병렬로 접속되어 가변 저항값에 따라 작동되며 유압계, 수온계, 연료계에서 사용되는 계기류는?
① 밸런싱 코일식 ② 바이메탈식
③ 타코미터식 ④ 영구 자석식

08 집광식 전조등 시험기로 전조등을 시험할 때 집광 렌즈와 전조등 사이의 거리로 알맞은 것은?
① 1m ② 2m
③ 3m ④ 4m

정답 01 ② 02 ③ 03 ③ 04 ② 05 ③ 06 ② 07 ① 08 ①

해설
- 집광식 측정 거리 = 1m
- 투영식 측정 거리 = 3m

09 반도체 소자 중 광센서가 아닌 것은?
① 발광 다이오드 ② 포토 트랜지스터
③ CdS – 광전소자 ④ 노크 센서

해설
노크 센서는 일종의 압전 소자이며 실린더 내의 노크를 감지할 수 있는 위치에 설치된다.

10 오토라이트(Auto light) 제어회로의 구성부품으로 가장 거리가 먼 것은?
① 압력센서
② 조도감지 센서
③ 오토 라이트 스위치
④ 램프 제어용 퓨즈 및 릴레이

11 퓨즈에 관한 설명으로 맞는 것은?
① 퓨즈는 정격전류가 흐르면 회로를 차단하는 역할을 한다.
② 퓨즈는 과대전류가 흐르면 회로를 차단하는 역할을 한다.
③ 퓨즈는 용량이 클수록 전류가 정격전류가 낮아진다.
④ 용량이 적은 퓨즈는 용량을 조정하여 사용한다.

해설
퓨즈는 정해진 용량보다 큰 전류가 흐르면 회로를 차단하는 역할을 한다.

12 전조등 회로의 구성부품이 아닌 것은?
① 라이트 스위치 ② 전조등 릴레이
③ 스테이터 ④ 딤머 스위치

해설
스테이터는 발전기에 있는 부품이다.

13 배선에 있어서 기호와 색의 연결이 틀린 것은?
① Gr : 보라 ② G : 녹색
③ B : 흑색 ④ Y : 노랑

해설
Gr은 회색이다.

14 〈그림〉과 같은 회로에서 스위치가 OFF되어 있는 상태로 커넥터가 단선되었다. 이 회로를 테스트 램프로 점검하였을 때 테스트 램프의 점등 상태로 옳은 것은?

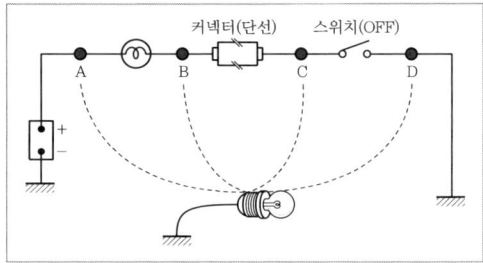

① A : OFF, B : ON, C : OFF, D : OFF
② A : ON, B : OFF, C : OFF, D : OFF
③ A : ON, B : ON, C : OFF, D : OFF
④ A : ON, B : ON, C : ON, D : OFF

해설
〈그림〉에서 커넥터가 단선되었으므로, 테스트 램프는 C와 D에서 점등되지 않는다.

15 방향지시등의 점멸 속도가 빠르다. 그 원인에 대한 설명으로 틀린 것은?
① 플래셔 유닛이 불량이다.
② 비상등 스위치가 단선되었다.
③ 전방 우측 방향지시등이 단선되었다.
④ 후방 우측 방향지시등이 단선되었다.

해설
비상등 스위치가 단선된 경우와 점멸 속도는 무관하다. 차량에 따라 비상등 스위치가 단선되면 방향지시등이 작동되지 않을 수 있다.

정답 09 ④ 10 ① 11 ② 12 ③ 13 ① 14 ③ 15 ②

CHAPTER 05 편의장치 정비

TOPIC 01 편의장치 이해

1. 통합 바디 제어 유닛(IBU ; Integrated Body Control Unit)의 개요

통합 바디 제어 유닛은 바디 컨트롤 모듈(Body Control Module), 스마트키 유닛(SMK), 타이어 공기압 경보 시스템(TPMS) 및 이모빌라이저 기능을 통합한 유닛이다.

2. 바디 제어 모듈(BCM ; Body Control Mudule)의 기능

[표 5-1] 바디 제어 모듈(BCM)의 기능

제어 기능		동작
버글 알람	트렁크 버글 알람	트렁크 동작에 의한 알람 출력 기능
	패닉 알람	패닉(Panic) 신호에 따른 경음기 및 플래셔(Horn & Flasher) 출력 기능
	보안 표시등 제어	차량 경계 상태에서의 보안 표시등 제어
커튼	리어 커튼 제어	차량의 리어 커튼 스위치, 변속기 레버(Shift Lever) 연동에 의한 리어 커튼의 상향/하향 제어 기능
외장 램프	미등	미등 On/Off 및 미등 On 상태에서 운전자가 스위치 OFF를 잊었을 경우 자동으로 Off 상태를 제어하는 기능
	오토 라이트	전조등 스위치를 Auto 상태에 두면 주/야간에 따라 미등과 전조등을 제어하는 기능
	웰컴 라이트	차량 잠금(Lock) 상태에서 잠금 해제(Unlock) 신호 감지에 의하여 전조등과 미등을 15초간 On하는 웰컴 조명 기능
	에스코트 기능	• 전조등 On 상태에서 전원 Off 시 에스코트 조명 제어 • 전조등 On 상태에서 IGN Off 시 20분간 전조등 출력을 유지 • 20분 On 중에 운전석 도어를 열고 닫으면 30초 동안만 On을 유지 • 전조등 On 유지 중 무선 리모컨 잠금 버튼을 2회 누르면 전조등을 Off
	헤드램프 (하향등/상향등)	전조등 스위치(다기능 스위치) 조작에 따라 하향등/상향을을 제어하는 기능
	주간 주행라이트 제어	시동 시 저감에 따라 주간 주행 라이트 램프를 제어하는 기능
텔레메틱스	MTS 알람 제어	MTS 유닛이 발신하는 신호에 대하여 잠금/잠금해제/원격시동/패닉(Lock/Unlock/Remote start/Panic) 기능의 출력을 제어

제어 기능		동작
전후방 주차 보조	PAS 디스플레이	주차 보조 센서의 신호를 LIN 통신으로 수신하여 계기판으로 표출
	PAS 경보	기어 입력(R 또는 D) 시 주차 보조 센서(PAS 센서)를 통해 전후방 장애물을 감지하는 기능
경고	시트벨트 리마인더 & 표시등	시트 안전벨트 착용 유무에 따른 경고 및 미착용 상태에서 주행 시에 패턴 진입 제어
	키 리마인더 경보	ACC On 상태에서 운전석 도어 열림에 따른 경보를 출력하는 기능
	주차 브레이크 경보	IGN On 상태이고 주차 브레이크 On 상태에서 차량 속도가 5km/h 초과 시 경고음을 출력하는 기능
	선루프 열림 경보	선루프가 열린 상태에서 키를 탈거하여 소지하고 하차하는 경우 경고를 출력하는 기능
와이퍼 & 와셔	와이퍼(로우/하이/미스트/Auto)	와이퍼 스위치 신호를 IBU가 직접 와이어로 받아 해당 신호를 B-CAN으로 ICU로 송신하여 ICU가 와이퍼를 제어

3. 스마트키 유닛(SMK) 기능

[표 5-2] 스마트키 유닛(SMK) 기능

제어 기능		동작
SMK	도어 잠금 & 잠금 해제	도어 언락 신호 및 운전석/동승석 도어 아웃사이드 핸들의 푸시 버튼을 통한 도어의 잠금 및 잠금 해제
	SMK 웰컴 라이트	스마트키를 소지한 운전자가 차량에 접근 시 스마트키 인증을 통해 차량의 도어 미러와 퍼들 램프(Puddle Lamp)를 제어하는 기능
	스마트 트렁크	유효한 스마트키를 소지한 사용자가 리어 범퍼(LF 안테나 영역 내)에 3초 이상 머무를 경우 트렁크 열림 기능을 수행
SMK 경보	키 리마인더 1	문을 열림에서 잠금으로 설정할 때 스마트키의 유무를 확인하여 도어 잠김 해제 기능
	키 리마인더 2	차량 문이 닫힌 후 0.5초 동안 잠금 상태를 확인하여 잠겨 있으면 도어 잠금을 해제하고 외부 버저를 통해 경보를 울리는 기능
	도어 잠김 경고 1	ACC On이나 IGN On을 해 둔 상태에서 문을 잠그고 떠나려 할 때 외부 버저를 통한 경보 기능
	도어 잠김 경고 2	하나 이상의 문이 열린 상태에서 외부 버저를 통한 경보 기능(트렁크 포함)
	도어 잠김 경고 3	도어 잠금을 시도할 때 우선 실내에 스마트키가 있는지를 검색하고 스마트키가 있으면 도어 잠금을 하지 않고 경고를 하는 기능
	키 아웃 램프 경보	ACC On 또는 IGN On 상태에서 차량이 3km/h 이하로 움직이고 문이 열려 있는 상태에서는 3초에 한 번씩 실내를 찾고 스마트키가 없으면 경고등을 점멸
SMK RKE (원격 무선 도어 제어)	도어 잠금 및 도어 잠금 해제	도어 언락 신호 및 운전석/동승석 도어 아웃사이드 핸들의 푸시 버튼을 통한 도어의 잠금 및 잠금 해제
	패닉	패닉 버튼을 이용한 차량 패닉 및 패닉 스탑 기능
시동		시동 정지 버튼(SSB), 이모빌라이저, 스타트 릴레이 전원 관리, SSB 조명 제어

4. 타이어 공기압 경보 장치(TPMS) 기능

타이어 공기압 경보 장치는 차량의 운행 조건에 영향을 줄 수 있는 타이어 내부 압력 변화를 경고하기 위해 타이어 내부의 압력 및 온도를 지속적으로 감시한다.

TOPIC 02 윈드실드 와이퍼

1. 와이퍼 제어 시스템

다기능 스위치로부터 'Auto' 신호가 입력되면 와이퍼 모터 구동제어를 앞창 유리의 상단 내면부에 설치된 레인센서 & 유닛(A)에서 강우량을 감지하여 운전자가 스위치를 조작하지 않고도 와이퍼 작동시간 및 Low 속도 / High 속도로 자동으로 와이퍼를 제어하는 시스템이다.

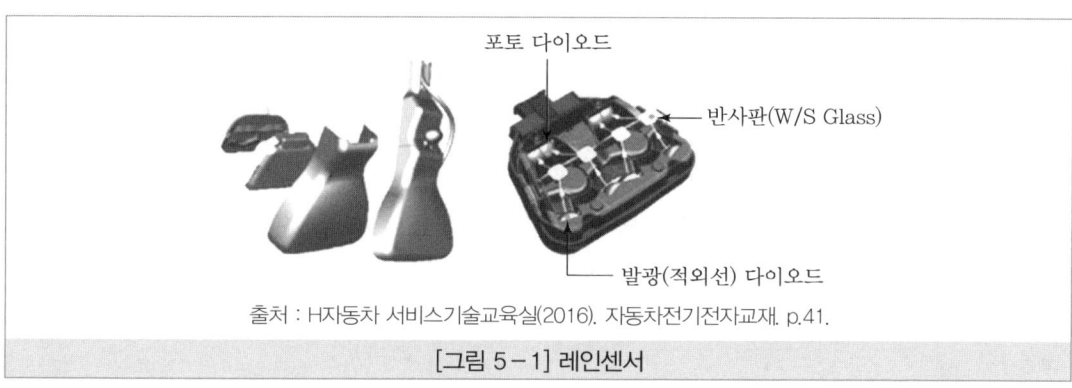

출처 : H자동차 서비스기술교육실(2016). 자동차전기전자교재. p.41.

[그림 5-1] 레인센서

2. 통합형 레인센서의 기능

① 강우량 감지
② 빛 감지
③ 일조량 감지

TOPIC 03 파워윈도우 세이프티 기능

1. 세이프티 기능 수행조건

윈도우가 올라가는 중 최대 100N의 힘이 윈도우에 가해지기 전에 끼임 발생을 판단하여 반전 정지한다.

2. 세이프티 기능이 작동하지 않는 구간

창틀 끝에서 4mm 이하의 위치에서는 윈도우 오반전 방지를 위해 물체의 끼임을 검출하지 않는다.

TOPIC 04 오토 라이트 시스템

1. 오토 라이트 시스템 구성 및 작동

① 조도 센서를 이용하여 주위 조도 변화에 따라 운전자가 점등 스위치를 조작하지 않아도 Auto 모드에서 자동으로 미등 및 전조등을 On 시켜 주는 장치이다.
② 주행 중 터널 진출입 시, 비, 눈, 안개 등에 의해 주위 조도 변경 시 작동한다.

2. 오토 라이트 구성 부품

오토 라이트 센서, 전조등, 점등 스위치, BCM(Body Control Module) 등으로 구성되어 있다.

3. 조도 센서의 특성

① 오토 라이트 내부에 있는 조도 센서는 광전도소자(CdS)를 사용하여 빛의 밝기를 감지한다.
② 광전도소자는 빛이 밝으면 저항이 감소하고 어두워지면 저항이 증가하는 특성을 갖고 있다.

TOPIC 05 에어백 시스템(SRS)

1. 개요

① 운전자 및 승객을 보호하기 위한 안전장치로 운전자와 조향핸들 사이 또는 승객과 계기판 사이에 설치된 에어백을 순간적으로 부풀게 하여 운전자 및 승객의 부상을 최소화하는 장치이다.
② 에어백의 구성
  ㉠ 조향핸들 중앙에 설치한 운전석 에어백 모듈(DAB ; Driver Air Bag module)
  ㉡ 동승석 에어백 모듈(PAB ; Passenger Air Bag module)
  ㉢ 안전벨트 프리 텐셔너(BPT ; Belt Pre Tensioner)
  ㉣ 에어백 컴퓨터
  ㉤ 클럭 스프링(clock spring)
  ㉥ 사이드 충격검출 센서(side impact sensor)

ⓐ 인터페이스 모듈(interface module)

ⓞ 에어백 경고등(air bag warning lamp)

ⓩ 배선(wiring)

③ 에어백 컴퓨터에 내장된 충격 센서에 의해 충격 신호를 받았을 때 작동한다.

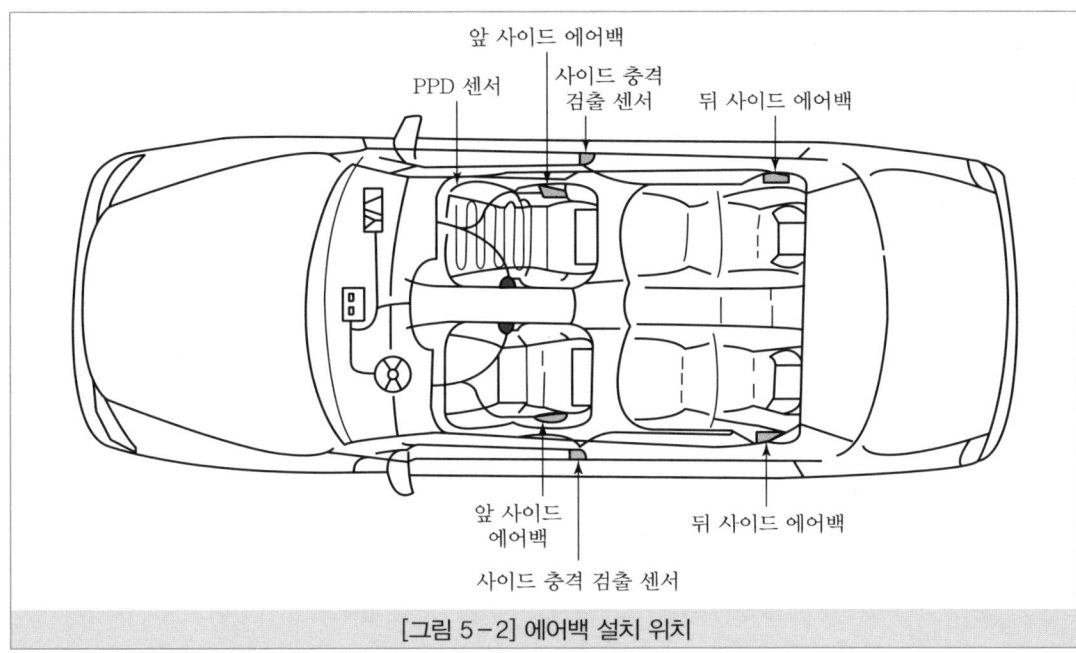

[그림 5-2] 에어백 설치 위치

2. 에어백 구성 요소

(1) 에어백 모듈(Air Bag Module)

1) 개요

① 구성 : 에어백을 비롯하여 패트 커버(pat cover), 인플레이터(inflater)와 에어백 모듈 고정용 부품으로 구성한다.

② 설치 위치

㉠ 운전석 에어백 : 조향핸들 중앙

㉡ 동승석 에어백 : 글러브 박스(glove box) 위쪽

③ 에어백 모듈은 분해하는 부품이 아니므로 분해 및 저항 측정을 해서는 안 된다.

※ 에어백 모듈의 저항을 측정할 경우 뜻하지 않은 에어백의 전개(全開)로 위험을 초래할 수 있음

④ 구분 : 운전석 에어백 모듈, 동승석 에어백 모듈, 사이드 에어백 모듈 등

2) 에어백

① 내부를 고무로 코팅한 나일론 제의 면으로 구성한다.
② 인플레이터와 함께 설치한다.
③ 점화회로에서 발생한 질소가스에 의하여 팽창하고, 팽창 후 짧은 시간 후 백(bag) 배출구멍으로 질소가스를 배출하여 충돌 후 운전자가 에어백에 눌리는 것을 방지한다.

3) 인플레이터(inflater) – 화약점화 방식

① 화약, 점화재료, 가스 발생기, 디퓨저 스크린(diffuser scree) 등을 알루미늄 용기에 넣는 방식이다.
② 에어백 모듈 하우징에 설치된다.

(2) 클럭 스프링(Clock Spring)

① 에어백 컴퓨터와 에어백 모듈을 접속하는 부품이다.
② 조향핸들과 조향칼럼 사이에 설치한다.
③ 좌우로 조향핸들을 돌릴 때 배선이 꼬여 단선되는 것을 방지하기 위하여 종이 모양의 배선으로 설치된다.
④ 조향핸들과 함께 회전하기 때문에 반드시 중심위치를 맞추어야 한다.
⑤ 중심위치가 맞지 않으면 클럭 스프링 내부의 종이모양의 배선이 단선되거나 저항값이 증가하여 경고등이 점등된다.

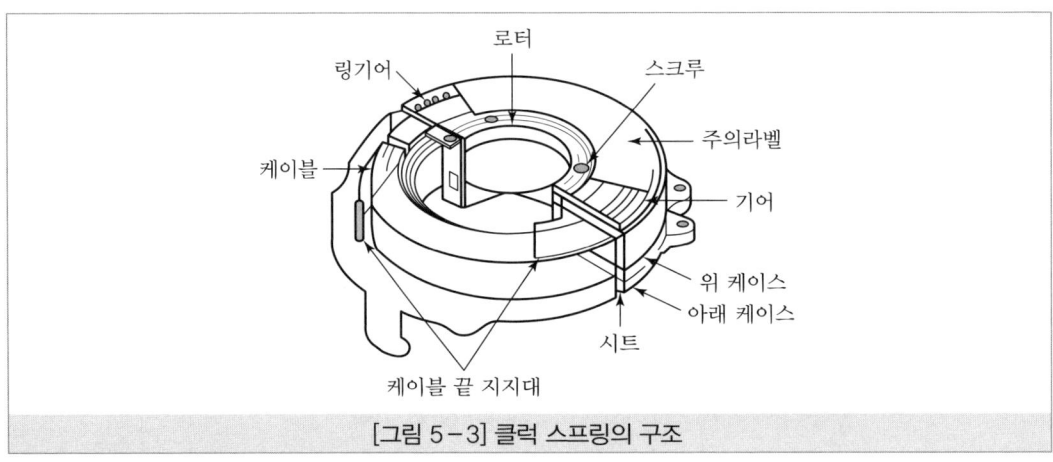

[그림 5-3] 클럭 스프링의 구조

(3) 안전벨트 프리 텐셔너(Belt Pre Tensioner)

1) 안전벨트 프리 텐셔너의 역할

① 차량 전방, 측방충돌 시 에어백 작동 전에 안전벨트의 느슨한 부분을 되감음으로써 다음의 역할을 한다.

㉠ 충돌로 인하여 움직임이 심해질 승객을 확실하게 시트에 고정
㉡ 승객이 크러시 패드(crush pad)나 앞 창유리에 부딪히는 것을 방지
㉢ 에어백이 펼쳐질 때 승객이 올바른 자세를 가질 수 있도록 함

② 충격이 크지 않은 경우에는 에어백은 펼쳐지지 않고 안전벨트 프리 텐셔너만 작동하기도 한다.

2) 안전벨트 프리 텐셔너의 작동

① 안전벨트 프리 텐셔너 내부에는 화약에 의한 점화회로와 안전벨트를 되감는 피스톤이 설치된다.
② 컴퓨터에서 점화시키면 화약의 폭발력으로 피스톤을 밀어 벨트를 되감는다.
③ 작동된 프리 텐셔너는 반드시 교환하여야 하지만 에어백 컴퓨터는 6번까지 프리 텐셔너를 작동시킬 수 있으므로 재사용이 가능하다.

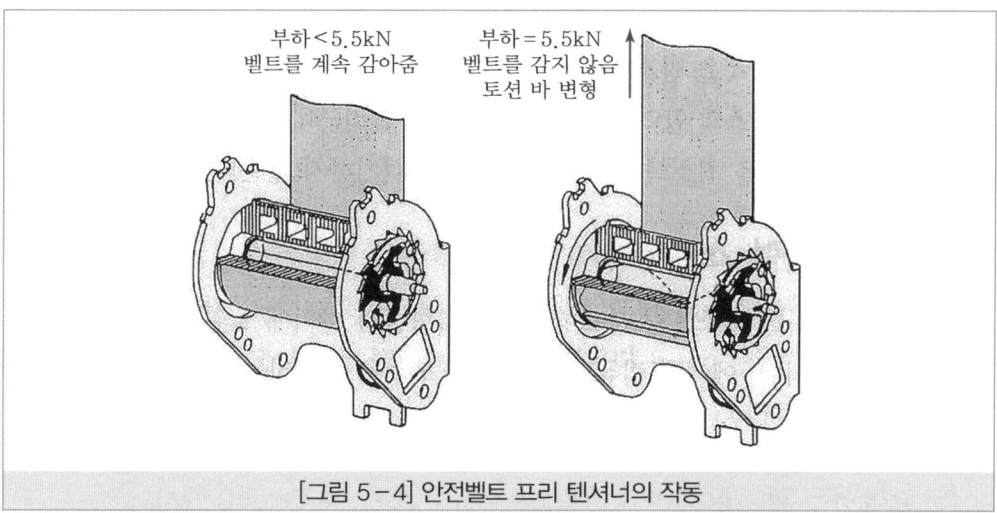

[그림 5-4] 안전벨트 프리 텐셔너의 작동

(4) 에어백 컴퓨터 회로의 안전장치

1) 역할

에어백 장치를 중앙에서 제어하며, 고장 시 경고등을 점등시켜 운전자에게 고장 여부를 알린다.

2) 단락 바(short bar)

① 에어백 컴퓨터를 떼어낼 때 경고등과 접지를 연결시켜 에어백 경고등을 점등한다.
② 에어백 점화라인 중 고압(High) 배선과 저압(Low) 배선을 서로 단락시켜 에어백 점화회로가 구성되지 않도록 한다.

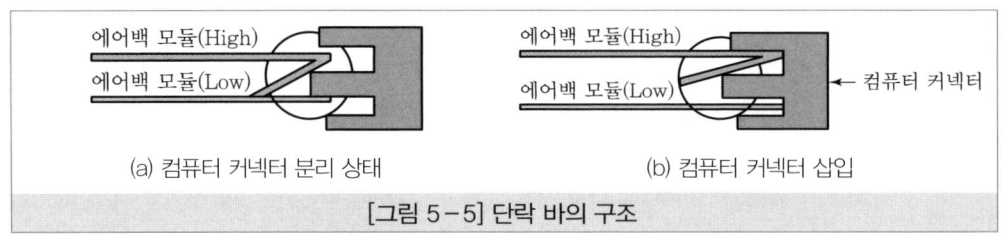

[그림 5-5] 단락 바의 구조

3) 2차 잠금장치(second lock system)

① 에어백에서 사용하는 각종 배선들은 어떤 악조건에서도 커넥터 이탈을 방지하기 위하여 커넥터를 끼울 때 1차로 잠금이 된다.
② 커넥터 위쪽의 레버를 누르거나 당기면 2차로 잠금이 되어 접촉 불량 및 커넥터의 이탈을 방지하고 있다.

[그림 5-6] 2차 잠금 장치의 구조

4) 에너지 저장 기능

뜻하지 않은 전원차단으로 인하여 에어백에 점화가 불가능할 때 원활한 에어백 점화를 위하여 에어백 컴퓨터는 전원이 차단되더라도 일정 시간(약 150ms) 동안 에너지를 컴퓨터 내부의 축전기(condenser)에 저장한다.

(5) 승객 유무 검출 장치(PPD ; Passenger Presence Detect) 센서

조수석에 탑승한 승객 유무를 검출하여 승객이 탑승하였으면 정상적으로 에어백을 전개시키고, 승객이 없으면 조수석 및 사이드 에어백을 전개시키지 않는다.

TOPIC 06 도난방지장치

1. 도난방지장치의 개요 및 구성

(1) 도난방지장치의 구성

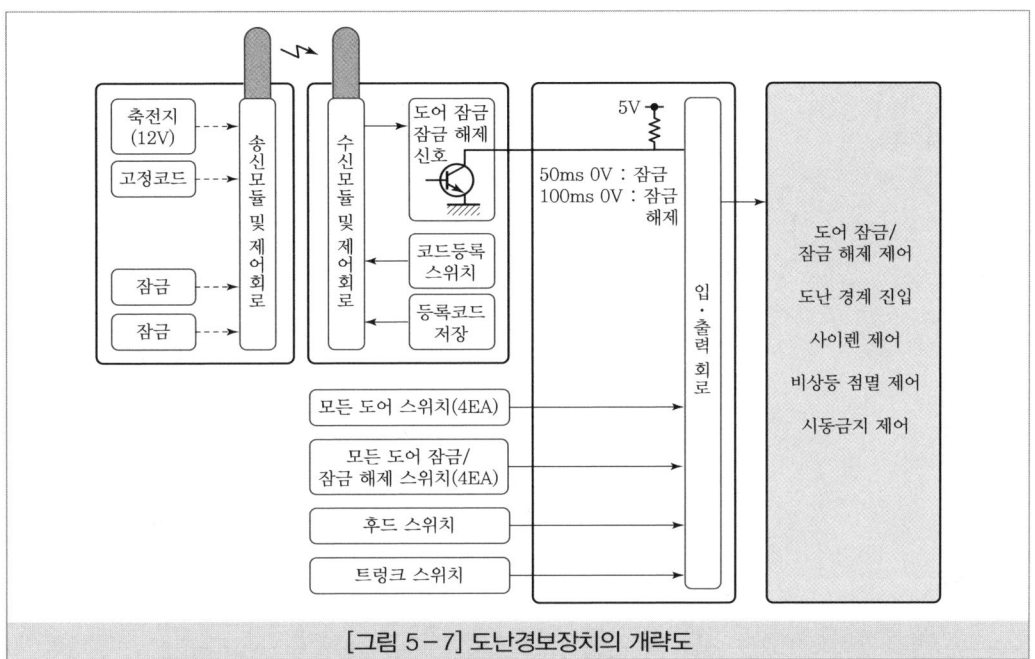

[그림 5-7] 도난경보장치의 개략도

① **리모컨** : 도어의 잠금(lock)/풀림(unlock) 스위치 정보를 무선으로 수신기로 송출한다.
② **수신기** : 리모컨으로부터 입력받은 신호가 사전에 등록된 코드와 일치하는지를 비교하여 일치하면 잠금에서는 5ms 동안 트랜지스터를 ON으로 하고, 풀림에서는 100ms 동안 ON으로 한다.
③ **기관컴퓨터** : 수신기 트랜지스터의 ON/OFF에 따른 전압 및 시간의 변화 및 각종 입력정보를 종합적으로 판단하여 도어의 잠금 및 도난경계 진입 또는 잠김 풀림 및 도난경계 모드 해제를 실행한다.
④ **출력** : 도난경계 상태로 진입, 경보, 해제할 때 작동되는 요소들이다.

(2) 도난방지장치의 주요 제어

① 도난경계 모드 진입 : 다음의 조건이 하나라도 만족되지 않으면 도난경계 상태로 진입하지 않는다.
　㉠ 후드스위치(hood switch)가 닫혀 있을 것
　㉡ 트렁크 스위치가 닫혀 있을 것
　㉢ 각 도어스위치가 모두 닫혀 있을 것
　㉣ 각 도어 잠금 스위치가 잠겨 있을 것

② 도난경계 모드 해제 : 도난경계 모드 상태에서 리모컨에 의한 도어의 잠금 해제 신호가 입력되면 경계 상태를 해제한다.

2. 이모빌라이저

(1) 개요

이모빌라이저 장치는 무선통신으로 점화스위치의 기계적인 일치뿐만 아니라 점화스위치와 자동차가 무선으로 통신하여 암호코드가 일치하는 경우에만 기관이 시동되도록 하는 도난방지장치이다.

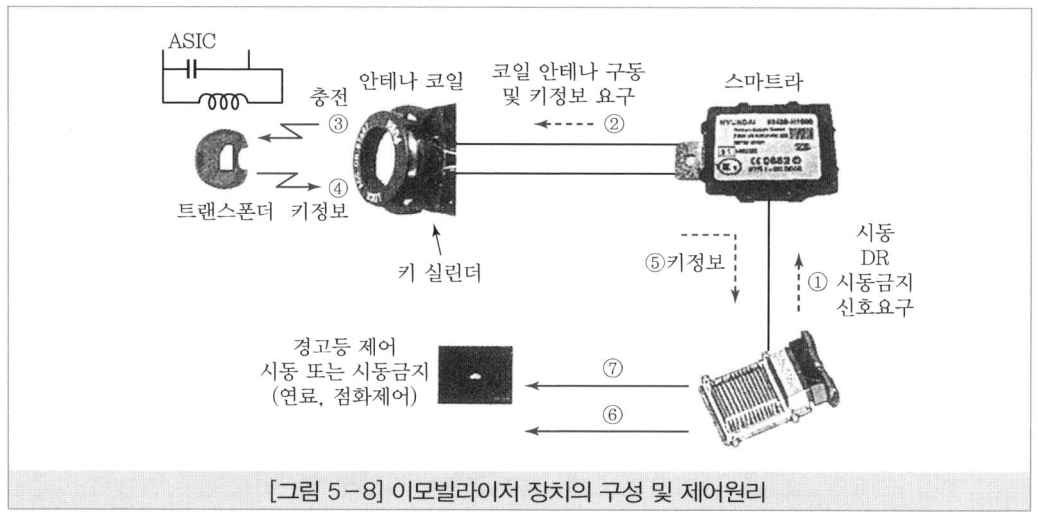

[그림 5-8] 이모빌라이저 장치의 구성 및 제어원리

(2) 이모빌라이저 구성부품의 기능

① **기관 컴퓨터** : 점화스위치를 ON으로 하였을 때 스마트라를 통하여 점화스위치 정보를 수신받고, 수신된 점화스위치 정보를 이미 등록된 점화스위치 정보와 비교 분석하여 기관의 시동 여부를 판단한다.
② **스마트라** : 기관 컴퓨터와 트랜스폰더가 통신을 할 때 중간에서 통신매체 역할을 하며, 이때 어떠한 정보도 저장되지 않는다.
③ **트랜스폰더**
  ㉠ 스마트라로부터 무선으로 점화스위치 정보 요구 신호를 받으면 자신이 가지고 있는 신호를 무선으로 보내주는 역할
  ㉡ 이모빌라이저 장치에서 사용되는 점화스위치는 일반적으로 사용되는 것과는 다름

TOPIC 07 편의장치 점검 · 진단

1. 편의장치 부품 점검, 진단

   (1) 윈드 실드 와이퍼, 워셔 스위치 점검 · 진단

   ① 윈드 실드 와이퍼, 워셔 스위치를 스캔툴을 이용하여 점검 · 진단한다.
   ② 윈드 실드 와이퍼, 워셔 스위치가 고장이라고 판단되면 교환한다.

   (2) 프론트 와이퍼 모터 점검

   ① 프론트 와이퍼 모터가 정상적으로 작동되는지 점검한다.
   ② 프론트 와이퍼 모터가 정위치에서 자동정지가 되는지 점검한다.
   ③ 고장으로 판단되면 프론트 와이퍼를 교환한다.

   (3) 프론트 워셔 모터 점검

   ① 프론트 워셔 모터를 점검한다.
   ② 고장으로 판단되면 프론트 워셔 모터를 교환한다.

   (4) 레인센서 점검

   ① 와이퍼 스위치를 Auto에 놓고 빗물의 양에 따라 레인센서가 정상적으로 작동되는지 스캔툴을 이용하여 점검한다.
   ② 레인센서의 감도를 변경하며 빗물의 양에 따라 레인센서가 정상적으로 작동되는지 스캔툴을 이용하여 점검한다.
   ③ 고장으로 판단되면 레인센서를 교환한다.

   (5) 윈드 실드 와이퍼, 워셔 구성 부품의 정상 여부 점검

   ① 와이퍼 블레이드를 점검사항은 다음과 같다.
      ㉠ 와이퍼 블레이드의 마모 상태 점검
      ㉡ 과도하게 마모되어 감지 부위를 깨끗하게 닦아주지 않을 경우 정확한 비의 양 감지 불가

   ② 커플러를 점검사항은 다음과 같다.
      ㉠ 윈드 실드 글라스에 붙어있는 커플러의 표면에 과다한 기포가 생기지 않았는지 점검
      ㉡ 감지 범위 내에 기포가 있을 경우 정확한 감지 불가
      ㉢ 커플러가 정위치에 접착되어 있는지, 특히 커플러의 감지 부위가 글라스의 세라믹 코팅 부위 Opening area 내에 있는지를 확인

㉡ 세라믹 코팅 부위에 감지 부위가 가려지게 되면 센서의 적외선이 통과할 수 없어 정확한 감지 불가

③ 윈드 실드 글라스를 점검사항은 다음과 같다.
㉠ 감지 범위 바깥 부분의 윈드 실드 글라스 표면이 과도하게 마모되어 있거나 흠집 또는 손상이 있지 않은지 점검
㉡ 어느 정도까지는 센서가 마모 정도를 보상해 주나 일정 값 이상이 되면 더 이상 정확한 감지가 불가함

TOPIC 08 편의장치 조정, 수리, 교환, 검사

1. 바디 컨트롤 모듈(BCM ; Body Control Module) 검사

바디 컨트롤 모듈의 구성은 다음과 같다.
① 차속 감응형 간헐 와이퍼, 와셔 연동 와이퍼
② 리어 열선 타이머
③ 시트 벨트 경고등
④ 감광식 룸 램프
⑤ 오토 라이트 컨트롤, 미등 자동 소등
⑥ 센트럴 도어 록/언록, 오토 도어 록, 도어 열림 경고, 크래쉬 도어 언록, 무선 도어 잠금 및 도난 경보기능
⑦ 키 리마인더, 점화키 홀 조명
⑧ 윈드 실드 글라스 열선 타이머
⑨ 파워 윈도우 타이머
⑩ 파킹 스타트 경고

[표 5-3] BCM 검사

구분	BCM 표기	의미	단위
전원	KEY IN 신호	키가 삽입되어 있는 상태	ON/OFF
	ACC 전원	ACC 전원 인가 상태	ON/OFF
	IG1 신호	IGN1 전원 인가 상태	ON/OFF
	배터리 전압	배터리 전압 모니터링(0~20.4Volts)	Volts
방향 지시등	비상등	비상등 스위치가 눌려 있는 상태	ON/OFF
	좌측 방향지시등 스위치	좌측 방향지시등 스위치가 ON 되어 있는 상태	ON/OFF
	우측 방향지시등 스위치	우측 방향지시등 스위치가 ON 되어 있는 상태	ON/OFF
	좌측 방향지시등	좌측 방향지시등 출력 중	ON/OFF
	우측 방향지시등	우측 방향지시등 출력 중	ON/OFF
램프류	미등 스위치	미등 스위치가 눌려 ON 되어 있는 상태	ON/OFF
	전조등 로우 스위치	전조등 로우 스위치가 ON 되어 있는 상태	ON/OFF
	전조등 하이 스위치	전조등 하이 스위치가 ON 되어 있는 상태	ON/OFF
	미등 릴레이	미등 릴레이 구동 중	ON/OFF
	전조등 로우 릴레이	전조등 로우 릴레이 구동 중	ON/OFF
	전조등 하이 릴레이	전조등 하이 릴레이 구동 중	ON/OFF
	전조등 하이 지시등	전조등 하이 인디케이터 구동 중	ON/OFF
버글러 알람	도어 열림 상태	4개의 도어 중 어느 하나라도 열려 있는 상태	ON/OFF
	후드 열림 상태	후드가 열려 있는 상태	ON/OFF
	트렁크 열림 스위치	트렁크 리드에 있는 트렁크 오픈 스위치가 ON 된 상태	ON/OFF
	트렁크 열림 상태	트렁크가 열린 상태	ON/OFF
와이퍼	와셔 스위치	와셔 스위치가 ON 되어 있는 상태	ON/OFF
	간헐 와이퍼 스위치	간헐 와이퍼 스위치가 ON 되어 있는 상태	ON/OFF
	와이퍼 로우 스위치	와이퍼 로우 스위치가 ON 되어 있는 상태	ON/OFF
	와이퍼 하이 스위치	와이퍼 하이 스위치가 ON 되어 있는 상태	ON/OFF

출처 : 교육부(2015), 편의장치정비(LM1506030105_14v2), 한국직업능력개발원, p79~80.

단원 마무리문제

CHAPTER 05 편의장치 정비

01 에어백 시스템을 구성하는 센서가 아닌 것은?
① 센터 G센서 ② 세이핑 센서
③ 사이드 G센서 ④ MAP 센서

해설
MAP 센서는 엔진 제어에 관여한다.

02 에어백 시스템에서 사용하는 가스는?
① 산소가스 ② 수소가스
③ 질소가스 ④ 탄소가스

03 에어백 시스템이 작동되지 않는 조건은?
① 뒤에 오는 자동차와 충돌하였을 때
② 시속 40km 이상의 속도로 정면충돌하였을 때
③ 정면으로부터 약 30도 이내의 측면으로부터 충격을 받았을 때
④ 속도 차이가 50km 이상으로 앞서 달리는 자동차의 뒷부분과 충돌하였을 때

해설
에어백 시스템은 정면 혹은 측면 충돌 시 승객을 보호하기 위한 시스템이다.

04 에어백 시스템을 설명한 것으로 틀린 것은?
① 차량 충돌 시 정면 또는 측면부와의 충돌로부터 승객을 보호하는 장치이다.
② 에어백 시스템이 작동되면 에어백에는 질소가스가 가득 찬다.
③ 에어백 시스템에 결함이 발생하면 분해, 수리하여 장착할 수 있다.
④ G센서는 충돌 시 롤러의 회전으로 점화신호를 입력, 에어백이 작동된다.

해설
에어백 시스템에 결함이 발생하거나 에어백이 작동된 후에는 에어백 전체를 교환해야 한다.

05 바디 컨트롤 모듈(BCM)에서 타이머 제어를 하지 않는 것은?
① 파워 윈도우 ② 후진등
③ 감광 룸램프 ④ 뒤 유리 열선

06 전기 장치의 배선 연결부 점검 작업으로 적합한 것을 모두 고른 것은?

a. 연결부의 풀림이나 부식을 점검한다
b. 배선 피복의 절연, 균열 상태를 점검한다.
c. 배선이 고열부위로 지나가는지 점검한다.
d. 배선이 날카로운 부위로 지나가는지 점검한다.

① a, b ② a, b, d
③ a, b, c ④ a, b, c, d

07 괄호 안에 알맞은 소자는?

SRS(Supplemental Restraint System) 점검 시 반드시 배터리의 (−) 터미널을 탈거한 후 5분 정도 대기한 뒤에 점검한다. 이는 ECU 내부에 있는 데이터를 유지하기 위한 내부 (   )에 충전되어 있는 전하량을 방전시키기 위함이다.

① 서미스터 ② G센서
③ 사이리스터 ④ 콘덴서

정답 01 ④ 02 ③ 03 ① 04 ③ 05 ② 06 ④ 07 ④

08 주파수를 설명한 것 중 틀린 것은?

① 1초에 60회 파형이 반복되는 것을 60Hz라고 한다.
② 교류의 파형이 반복되는 비율은 주파수라고 한다.
③ $\dfrac{1}{주기}$ 은 주파수와 같다.
④ 주파수는 직류의 파형이 반복되는 비율이다.

해설
주파수는 교류의 파형이 반복되는 비율이다.

09 전기장치의 배선 커넥터 분리 및 연결 시 잘못된 작업은?

① 배선을 분리할 때는 잠금장치를 누른 상태에서 커넥터를 분리한다.
② 배선 커넥터 접속은 커넥터 부위를 잡고 커넥터를 끼운다.
③ 배선 커넥터는 딸깍 소리가 날 때까지 확실히 접속시킨다.
④ 배선을 분리할 때는 배선을 이용하여 흔들면서 잡아당긴다.

해설
배선을 분리할 때 배선을 잡아당기는 경우 배선이 끊어지거나 커넥터의 연결부가 파손될 수 있다.

10 자동차의 오토라이트 장치에 사용되는 광전도 셀에 대한 설명 중 틀린 것은?

① 빛이 약할 경우 저항값이 증가한다.
② 빛이 강할 경우 저항값이 감소한다.
③ 황화카드뮴을 주성분으로 한 소자이다.
④ 광전소자의 저항값은 빛의 조사량에 비례한다.

해설
저항값은 빛의 조사량에 반비례한다.

11 자동차의 IMS(Integrated Memory System)에 대한 설명으로 옳은 것은?

① 도난을 예방하기 위한 시스템이다.
② 편의장치로서 장거리 운행 시 자동 운행 시스템이다.
③ 배터리 교환 주기를 알려주는 시스템이다.
④ 스위치 조작으로 설정해 둔 시트 위치로 재생시킨다.

12 자동차의 종합 경보장치에 포함되지 않는 제어 기능은?

① 도어록 제어 기능
② 감광식 룸램프 제어 기능
③ 엔진 고장 지시 제어 기능
④ 도어 열림 경고 제어 기능

해설
자동차 종합 경보장치에 포함되는 제어 기능은 도어록 제어 기능, 감광식 룸램프 제어 기능, 도어 열림 경고 제어 기능 등이 있다. 엔진 고장 지시 제어 기능은 해당하지 않는다.

13 일반적인 오실로스코프에 대한 설명으로 옳은 것은?

① X축은 전압을 표시한다.
② Y축은 시간을 표시한다.
③ 멀티미터의 데이터보다 값이 정밀하다.
④ 전압, 온도, 습도 등을 기본으로 표시한다.

해설
오실로스코프는 기본적으로 x축은 시간, y축은 전압을 표시하며, 멀티미터보다 값이 정밀하다.

정답 08 ④ 09 ④ 10 ④ 11 ④ 12 ③ 13 ③

14 자동차에서 와이퍼 장치 정비 시 안전 및 유의사항으로 틀린 것은?

① 전기회로 정비 후 단자결선은 사전에 회로시험기로 측정 후 결선한다.
② 와이퍼 전동기의 기어나 캠 부위에 세정액을 적당히 유입시켜야 한다.
③ 블레이드가 유리면에 닿지 않도록 하여 작동시험을 할 수 있다.
④ 겨울철에는 동절기용 세정액을 사용한다.

> 해설
> 세정액을 유입시키면 섭동부의 그리스가 녹아 손상될 수 있다.

15 자동차의 경음기에서 음질 불량의 원인으로 가장 거리가 먼 것은?

① 다이어프램의 균열이 발생하였다.
② 전류 및 스위치 접촉이 불량하다.
③ 가동판 및 코어의 헐거움 현상이 있다.
④ 경음기 스위치 쪽 배선이 접지되었다.

> 해설
> 스위치 쪽 배선이 접지되면, 경음기가 계속 작동한다.

16 자동차 문이 닫히자마자 실내가 어두워지는 것을 방지해 주는 램프는?

① 도어 램프   ② 테일 램프
③ 패널 램프   ④ 감광식 룸램프

> 해설
> 감광식 룸램프란 도어 스위치 신호를 받아 도어가 닫히면 서서히 빛의 세기가 줄어드는 램프이다.

17 종합경보장치(Total Warning System)의 제어에 필요한 입력 요소가 아닌 것은?

① 열선스위치   ② 도어 스위치
③ 시트벨트 경고등 ④ 차속센서

> 해설
> 경고등은 출력 요소이다.

정답 14 ② 15 ④ 16 ④ 17 ③

PART 04

자동차섀시 정비

CHAPTER 01 | 클러치 · 수동변속기 정비
CHAPTER 02 | 드라이브라인 정비
CHAPTER 03 | 유압식 현가장치 정비
CHAPTER 04 | 조향장치 정비
CHAPTER 05 | 유압식 제동장치 정비
CHAPTER 06 | 휠 · 타이어 · 얼라인먼트 정비

CHAPTER 01 클러치·수동변속기 정비

TOPIC 01 클러치·수동변속기 이해

1. 클러치의 역할
플라이휠과 변속기의 사이에 설치되어 변속기에 전달되는 기관의 동력을 필요에 따라 단속한다.

2. 클러치의 필요성
① 기관 시동 시 무부하 상태를 유지한다.
② 기어 변속 시 기관동력을 일시 차단한다.
③ 관성운전을 위해 필요하다.

3. 클러치의 구비조건
① 작용이 원활하고, 단속이 확실하며 쉬워야 한다.
② 발진 시 방열성이 좋고 과열을 방지해야 한다.
③ 회전 관성이 적고, 회전부분의 평형이 좋아야 한다.
④ 구조가 간단하고 다루기 쉬우며, 고장이 적어야 한다.

4. 클러치의 종류
마찰 클러치, 유체 클러치, 전자 클러치 등이 있다.

5. 클러치의 구조

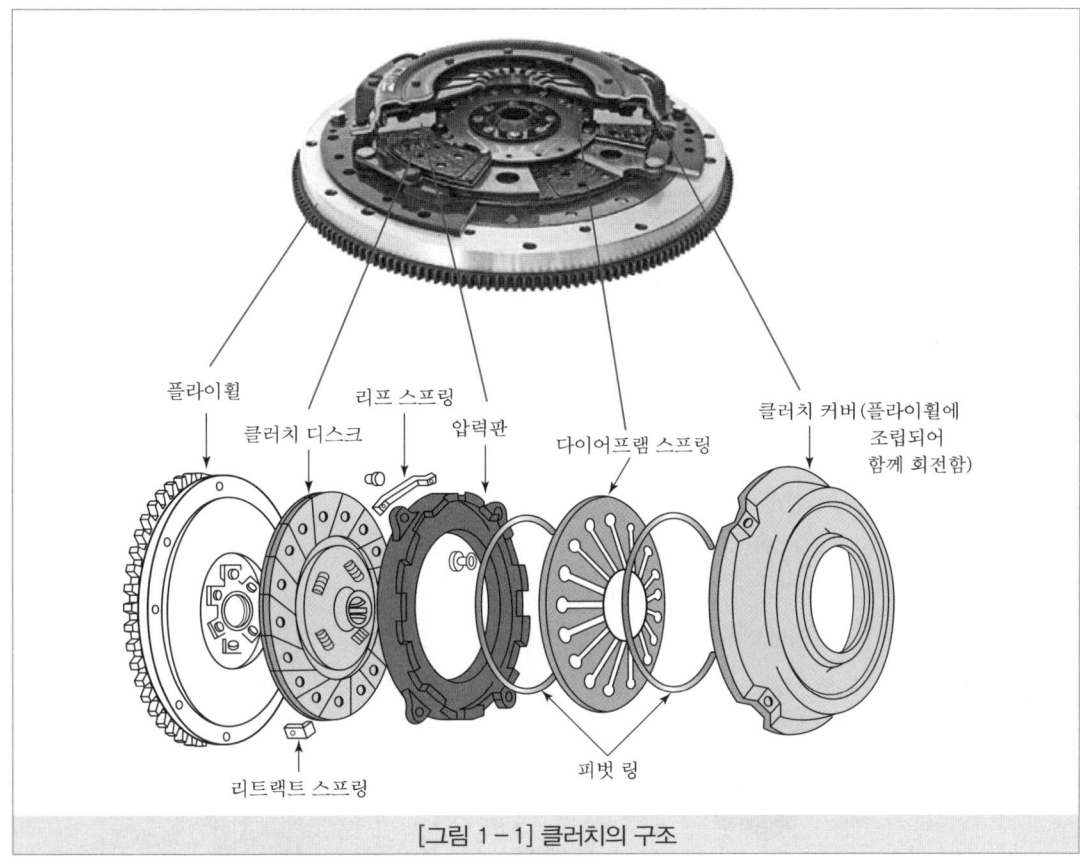

[그림 1-1] 클러치의 구조

(1) 클러치 판

① 플라이휠과 압력판 사이에 끼워져서 마찰력에 의해 동력을 클러치 축에 전달하는 판이다.
② **점검항목** : 리벳깊이, 클러치 런아웃, 토션 스프링 장력, 마찰면의 경화 및 마모 정도가 있다.

>
> **런아웃**
> 클러치판의 비틀림 현상. 한계값 0.5mm

(2) 압력판

클러치 스프링의 장력으로 클러치판을 플라이휠에 압착시키는 역할이다.

(3) 클러치 스프링

① 클러치 커버와 압력판 사이에 설치되어, 압력판에 압력을 발생시키는 역할이다.

② 종류
　　㉠ 댐퍼 스프링(토션 스프링, 비틀림 코일 스프링) : 동력 전달 시 회전충격 흡수
　　㉡ 쿠션 스프링 : 동력의 전달을 원활하게 하고 클러치판의 변형, 편마모, 파손 등을 방지, 접속충격 흡수

(4) 릴리스 레버

클러치 스프링 장력을 이기고 클러치판을 누르고 있던 압력판을 분리시키는 역할이다.

(5) 릴리스 베어링

① 릴리스 포크에 의해 변속기 입력축의 길이 방향으로 이동하여, 회전중인 릴리스 레버를 눌러 엔진의 동력을 차단하는 역할이다.
② 종류 : 앵귤러 접촉형, 볼 베어링형, 카본형이 있다.
③ 릴리스 베어링 분해 시 솔벤트로 닦아서는 안 된다(그리스 영구주입식).

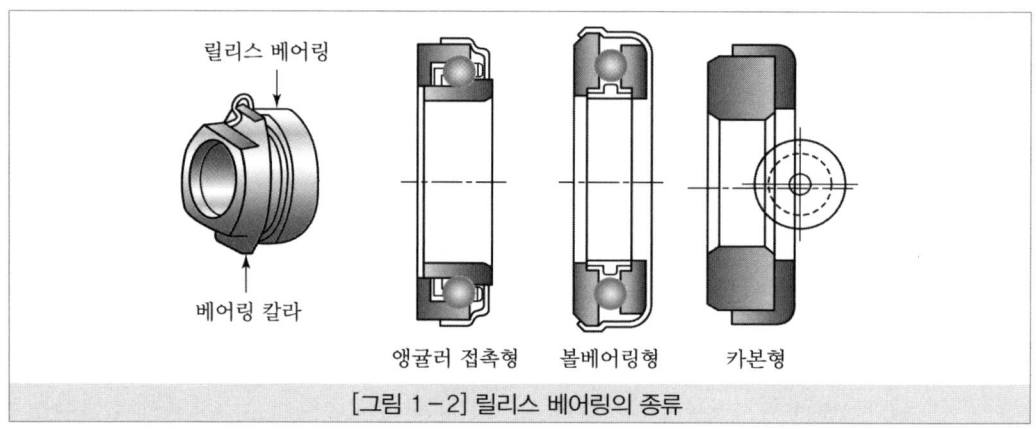

[그림 1-2] 릴리스 베어링의 종류

(6) 클러치 축(변속기 입력축)

클러치 판이 받은 동력을 변속기에 전달하는 역할이다.

(7) 릴리스 포크

릴리스 베어링에 페달의 조작력을 전달하는 역할로, 끝부분에 리턴 스프링을 두어 페달을 놓았을 때 신속하게 원위치로 복귀한다.

6. 클러치 조작기구

(1) 종류
① 기계식
② 유압식

(2) 유압식 조작기구의 장·단점
① 각부의 기계적 마찰이 작아 페달을 밟는 힘도 적다.
② 오일의 압력 전달이 신속하므로 클러치 조작도 신속하다.
③ 엔진과 클러치 페달의 설치 위치를 자유롭게 정할 수 있다.
④ 구조가 복잡하거나 오일의 누설 및 공기 혼입 시 조작이 불가능하다.

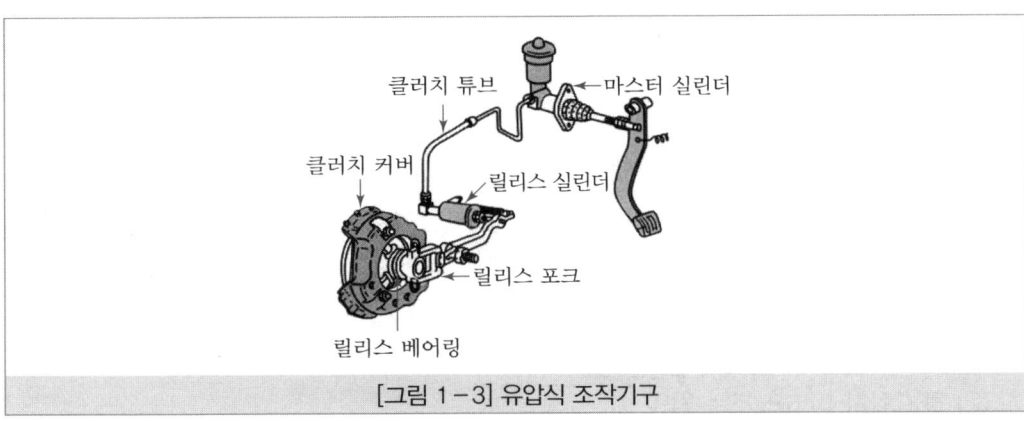

[그림 1-3] 유압식 조작기구

(3) 마스터 실린더(Master Cylinder)
① **구성** : 오일탱크, 피스톤, 피스톤 컵, 리턴 스프링이 있다.
② **작동** : 클러치 페달을 밟으면 푸시로드에 의해 피스톤과 피스톤 1차 컵이 밀려서 유압이 발생되며, 이 유압은 릴리스 실린더로 전달된다.

(4) 릴리스 실린더(Release Cylinder)
① **구성** : 피스톤 및 피스톤 컵, 푸시로드 등이 있다.
② **작동** : 마스터 실린더로부터 유압을 받아 릴리스 포크를 작동시켜 클러치를 차단한다.

7. 클러치 용량

① 클러치 용량은 클러치가 전달할 수 있는 회전력의 크기를 말하며, 기관의 최고 회전력보다 커야 한다.

$$T = \mu Pr$$
T : 클러치의 전달 토크, μ : 마찰계수
P : 전압력, r : 클러치 판의 유효 반지름(m)

② 미끄러지지 않을 조건

$$Tfr \geq C$$
T : 스프링 장력(kgf), f : 마찰계수
C : 엔진토크(m−kgf), r : 클러치 판의 유효 반지름(m)

8. 클러치 고장 및 정비

(1) 클러치를 밟았을 때 소음 발생 원인

① 릴리스 베어링 및 파일럿 베어링의 마모 때문이다.
② 클러치 입력축 허브 스플라인의 마모 때문이다.
③ 클러치 페달 부싱의 마모 때문이다.

(2) 클러치가 미끄러지는 원인

① 클러치 스프링의 자유고가 감소한다.
② 클러치 페달의 자유 유격이 작다.
③ 클러치판에 오일이 묻어 있다.
④ 클러치 면 또는 압력판이 마모되었다.
⑤ 릴리스 레버 조정이 불량하다.

TOPIC 02 변속기

1. 변속기

기관에서 발생한 회전동력을 자동차의 주행상태에 알맞게 바꾸어 구동바퀴에 전달하는 장치이다.

2. 변속기의 필요성

① 회전력의 증대를 위함이다.
② 기동 시 일단 무부하 상태로 두기 위함이다.
③ 자동차의 후진을 위함이다.

3. 변속기가 갖추어야 할 조건

① 소형, 경량이고, 고장이 없으며, 다루기 쉬워야 한다.
② 조작이 용이하고, 신속, 확실, 정숙하게 이루어져야 한다.
③ 단계가 없이 연속적으로 변속되어야 한다.
④ 전달 효율이 커야 한다.

4. 변속비(변속기의 감속비)

$$변속비(기어비) = \frac{기관의 \ 회전수}{추진축의 \ 회전수}$$

또는

$$변속비 = \frac{(입력축)부축기어의 \ 잇수}{(입력축)주축기어의 \ 잇수} \times \frac{(출력축)주축기어의 \ 잇수}{(출력축)부축기어의 \ 잇수}$$

5. 변속기의 종류

① 점진 기어식 변속기 : 반드시 단계를 거쳐 변속한다.
② 선택 기어식 변속기
　㉠ 선택 섭동식 변속기
　㉡ 상시 물림식 변속기(도그클러치 적용)
　㉢ 동기 물림식 변속기(싱크로매시 기구 적용)

6. 변속 오조작 방지장치

① 록킹 볼 : 기어 빠짐을 방지한다.
② 인터 록 : 기어의 이중 물림 방지한다.

7. 수동변속기 이상음 발생 원인

① 기어 및 베어링이 마멸되었다.
② 주축 스플라인이 마모되었다.

③ 각 기어의 축방향 유격이 크다.
④ 윤활유가 부족하다.

> **Tip**
> 기어 변속 시 충돌음은 싱크로나이저 링 고장 시 발생한다.

8. 싱크로메시기구

① **역할** : 변속 시에 주축과 각 기어가 물릴 때 동기작용을 한다.
② **구성** : 싱크로나이저 슬리브, 싱크로나이저 허브, 싱크로나이저 키, 싱크로나이저 링, 싱크로나이저 스프링이 있다.

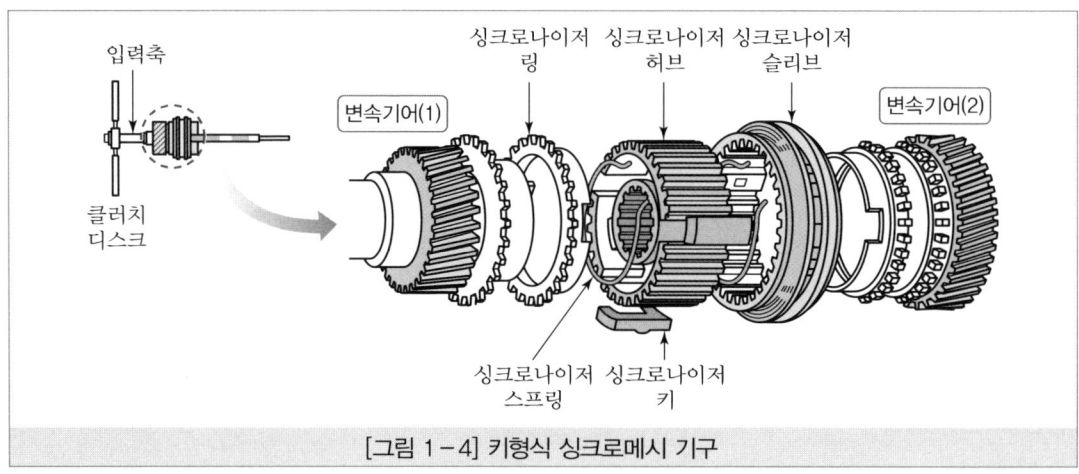

[그림 1-4] 키형식 싱크로메시 기구

TOPIC 03 | 클러치 · 수동변속기 점검 · 진단

1. 클러치 점검

수동변속기 자동차에 적용된 유압식 클러치의 각 구성요소를 측정 및 점검하여 이상 유무를 확인한다.

2. 수동변속기 싱크로나이저 링과 기어 간극 점검

① 수동변속기의 싱크로나이저 링은 기어변속기 해당 기어의 콘 부분과 상시 접촉하고 있고, 재질은 구리합금으로 되어 있기 때문에 일정 기간이 지나면서 마모가 일어나 싱크로나이저 링과 기어와의 간극이 규정값보다 작아지게 되므로 교환을 해야 한다.

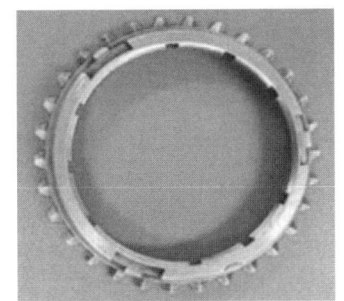 

출처 : 교육부(2018), 클러치·수동변속기 정비(LM1506030322_17v3), 한국자동차기술인협회, 한국직업능력개발원, p.40

[그림 1-5] 싱크로나이저 링

② 링을 누르고 있는 상태에서 시크니스(간극) 게이지를 사용하여 기어와 싱크로나이저 링 사이의 간극을 측정한다.

출처 : 교육부(2018), 클러치·수동변속기 정비(LM1506030322_17v3), 한국자동차기술인협회, 한국직업능력개발원, p.41

[그림 1-6] 싱크로 나이저 링-기어 간극 측정

③ 싱크로나이저 링과 기어 사이의 간극이 불량하면 기어 변속 시 소음이 발생하고 고속에서는 변속이 잘되지 않는다.

TOPIC 04   클러치 · 수동변속기 조정, 수리, 교환, 검사

1. 클러치 페달 높이 및 유격 점검 · 조정

① 클러치 페달 높이 및 유격 점검

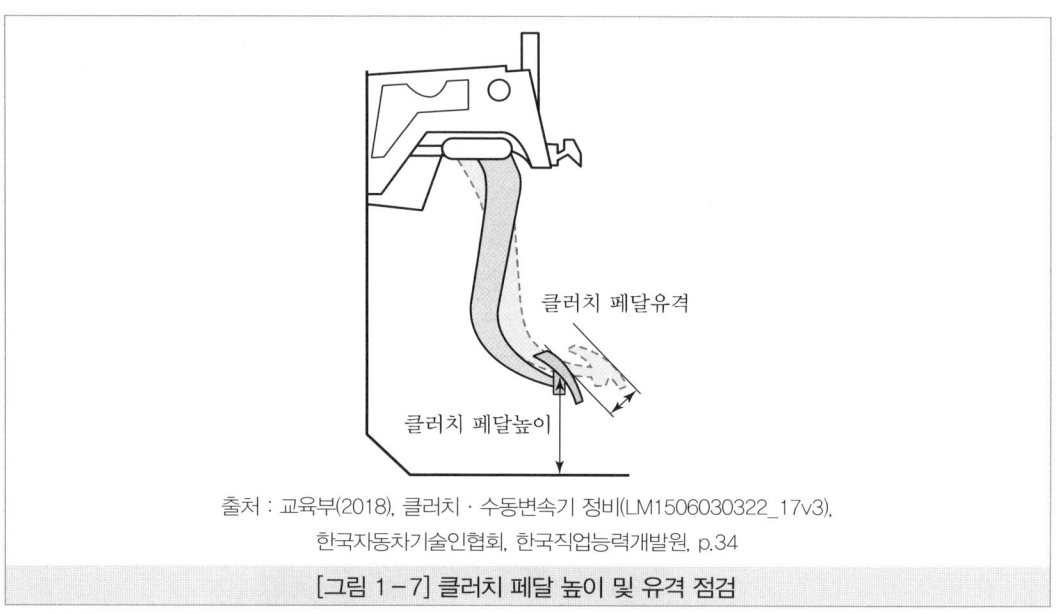

[그림 1-7] 클러치 페달 높이 및 유격 점검

② 클러치 페달 높이 및 유격 조정

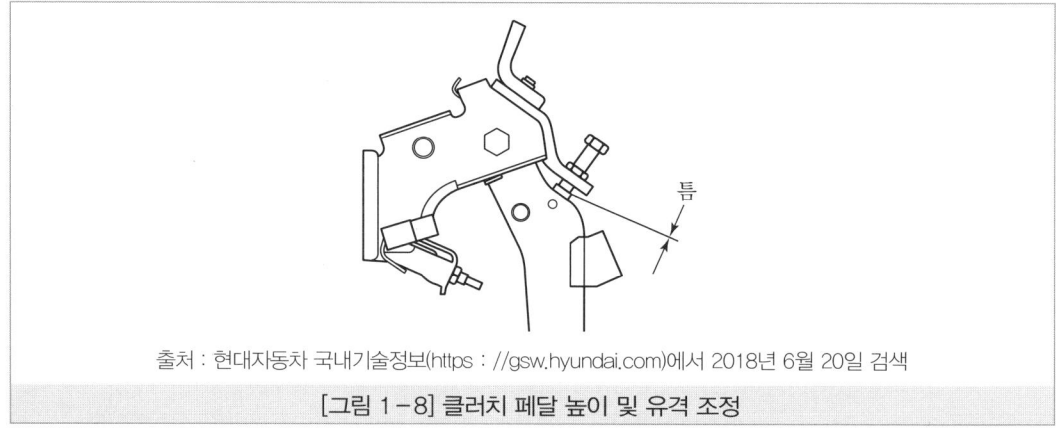

[그림 1-8] 클러치 페달 높이 및 유격 조정

2. 클러치 판 검사

① 클러치 판 취급 시에는 페이싱 부분은 직접 만지지 말고 작업해야 하며, 페이싱 부분에 그리스나 오일 등의 이물질이 있는 경우 교환을 해야 한다.
② 수동변속기의 입력축과 결합을 하는 스플라인 부분에 마모가 있는지 검사한다.
③ 클러치 판의 스프링에 파손된 것은 없는지, 모든 리벳이 온전히 결합되어 있는지 검사한다.

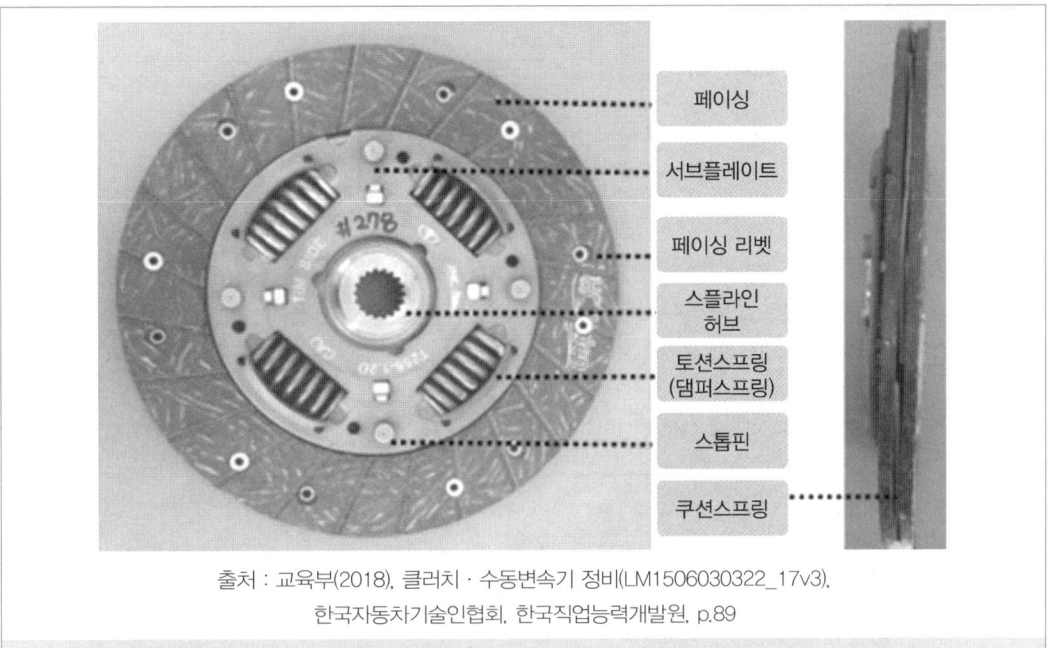

[그림 1-9] 클러치 판의 구성요소

④ 버니어 캘리퍼스로 클러치 판의 리벳 부분에 수직으로 깊이를 측정한다.
⑤ 리벳과 플레이트 사이의 깊이가 0.3mm 미만일 경우 페이싱을 교환한다.

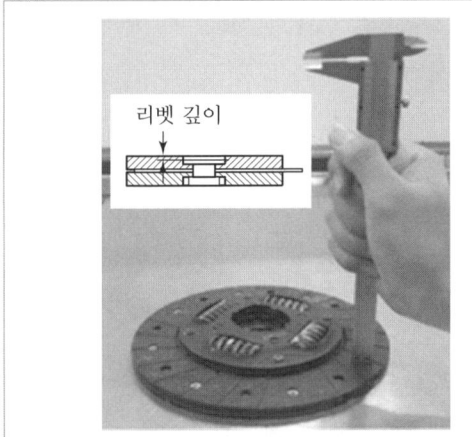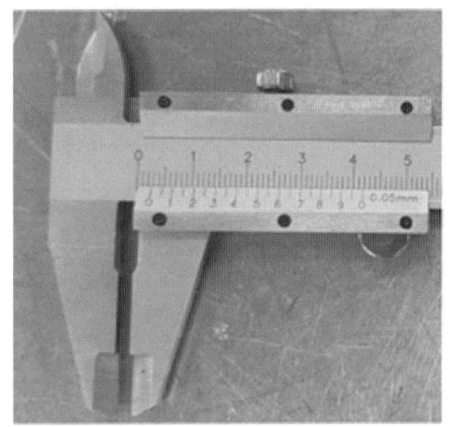

[그림 1-10] 클러치 디스크 페이싱 마모량 검사

3. 수동변속기 엔드플레이 검사

① 수동변속기 엔드플레이(end play)는 규정된 토크로 고정되어 있는 입력축이나 출력축이 축 방향으로 움직이는 간극을 의미한다.
② 수동변속기 정비지침서에는 입력축이나 출력축의 엔드플레이에 대한 규정값이 제시되어 있다.

엔드플레이 규정값 예시
- 입력축 리어 베어링 엔드플레이 : 0.01~0.09mm
- 입력축 프런트 베어링 엔드플레이 : 0.01~0.12mm
- 출력축 리어 베어링 엔드플레이 : 0.05~0.10mm

③ 측정값이 정비기준을 초과하거나 미흡한 경우, 수동변속기 입력축이나 출력축의 스페이서를 얇거나 두꺼운 것으로 교체하여 엔드플레이가 정비기준에 들어올 수 있도록 조정한다.

④ 엔드플레이가 불량일 경우 수동변속기에서 떨림이나 소음이 발생할 수 있다.

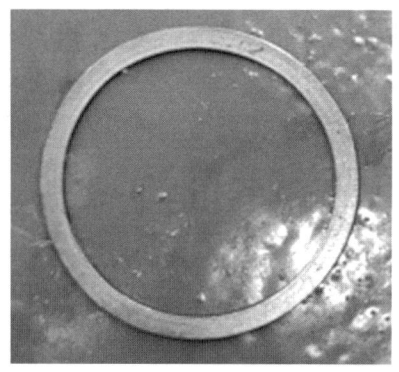 

[스페이서]   [베어링 레이스]

출처 : 교육부(2018), 클러치·수동변속기 정비(LM1506030322_17v3), 한국자동차기술인협회, 한국직업능력개발원, p.92

[그림 1-11] 스페이서와 베어링 레이스

단원 마무리문제

CHAPTER 01 클러치·수동변속기 정비

01 클러치의 필요성에 대해 잘못 설명한 것은?
① 관성 운전을 위해서이다.
② 기관 동력을 역회전으로 하기 위해서이다.
③ 기관 시동 시 무부하 상태를 유지하기 위해서이다.
④ 기어 변속 시 기관 동력을 일시 차단하기 위해서이다.

> **해설**
> 기관 동력의 역회전을 위해 필요한 장치는 변속기이다.

02 변속기에서 제3속의 감속비가 1.5 : 1, 구동피니언의 잇수가 6, 링 기어의 잇수가 42인 경우 최종 감속비는?
① 14 : 1
② 10.5 : 1
③ 9 : 1
④ 12 : 1

> **해설**
> 최종 감속비 = $\dfrac{\text{링 기어의 잇수}}{\text{구동피니언의 잇수}} \times \text{감속비}$
> $= \dfrac{42}{6} \times 1.5 = 10.5$

03 수동변속기에서 싱크로메시(synchro mesh) 기구의 기능이 작용하는 시기는?
① 변속기어가 물려있을 때
② 클러치 페달을 놓을 때
③ 변속기어가 물릴 때
④ 클러치 페달을 밟을 때

04 클러치판은 어느 축의 스플라인에 조립되는가?
① 추진축
② 변속기 입력축
③ 변속기 출력축
④ 차동 기어축

05 클러치 판의 비틀림 코일 스프링의 역할로 가장 알맞은 것은?
① 클러치 판의 변형 방지
② 클러치 접속 시 회전충격 흡수
③ 클러치 판의 편마멸 방지
④ 클러치 판의 밀착 강화

> **해설**
> 비틀림 코일 스프링(댐퍼 스프링)의 역할은 회전충격 흡수이다.

06 클러치판에서 압력판을 분리시키는 역할을 하는 것은?
① 릴리스 레버
② 릴리스 베어링
③ 릴리스 포크
④ 클러치 스프링

> **해설**
> 릴리스 레버는 지렛대의 원리를 이용해 릴리스 베어링의 압력으로 클러치 스프링의 장력을 이겨 압력판을 분리시킨다.

07 클러치 마찰면의 전압력이 250kgf, 마찰계수가 0.4, 클러치판의 유효반지름이 70cm일 때 클러치의 용량은 얼마인가?
① 40m−kgf
② 55m−kgf
③ 70m−kgf
④ 85m−kgf

> **해설**
> $250\text{kgf} \times 0.4 \times 0.7\text{m} = 70\text{m} - \text{kgf}$

정답 01 ② 02 ② 03 ③ 04 ② 05 ② 06 ① 07 ③

08 클러치 마찰면의 전압력을 P, 마찰계수를 μ, 클러치판의 유효반지름이 r, 엔진의 회전력을 F라고 할 때, 클러치가 미끄러지지 않을 조건은?

① $F \leq \mu Pr$
② $F \geq \mu Pr$
③ $F \leq \dfrac{P\mu}{r}$
④ $F \geq \dfrac{P\mu}{r}$

해설
클러치의 용량(μPr)이 엔진의 회전력(F)보다 크거나 같아야 동력전달이 확실하다.

09 다음 중 클러치가 미끄러지는 원인으로 옳지 않은 것은?

① 마찰면의 경화, 오일 부착
② 페달 자유간극 과대
③ 클러치 압력스프링 쇠약, 절손
④ 압력판 및 플라이휠 손상

해설
페달 자유간극이 작은 경우 클러치가 미끄러진다.

10 클러치 페달의 자유간극이 적을 때 발생되는 현상이 아닌 것은?

① 압력판이 마멸된다.
② 클러치가 미끄러진다.
③ 클러치 용량이 증가한다.
④ 릴리스 베어링이 마멸된다.

해설
클러치 용량이 너무 큰 경우 클러치가 엔진 플라이휠에 접속(동력전달)되어 엔진이 정지될 수 있다.

11 수동 변속기에서 기어의 이중 물림을 방지하는 장치는?

① 록킹 볼
② 인터 록
③ 시프트 포크
④ 시프트 핀

해설
인터 록은 기어의 이중 물림 방지를 위해 설치하는 장치이다.
① 로킹 볼 : 기어의 빠짐 방지
③ 시프트 포크 : 싱크로나이저 슬리브를 작동하는 부품
④ 시프트 핀 : 시프트 포크를 시프트 레일에 고정하기 위한 부품

12 변속기 부축의 축방향 유격은 무엇으로 조정하는가?

① 시임
② 스러스트 와셔
③ 플레이트
④ 키이

해설
스러스트 와셔 혹은 스페이서로 변속기 부축의 축방향 유격을 조정한다.

13 오버 드라이브 장치의 장점이 아닌 것은?

① 연료가 약 20% 저감된다.
② 기관 작동이 정숙하다.
③ 자동차의 속도가 30% 정도 빨라진다.
④ 기관의 수명은 단축된다.

해설
오버 드라이브 장치는 엔진의 여유동력을 사용하므로 수명이 연장된다.

14 클러치 스프링에서 동력의 전달을 원활하게 하고 클러치판의 변형, 편마모, 파손 등을 방지하는 스프링은?

① 다이어프램 스프링
② 토션 스프링
③ 댐퍼 스프링
④ 쿠션 스프링

해설
클러치 스프링의 종류와 역할
- 토션(댐퍼, 비틀림) 스프링 : 회전(비틀림) 충격 흡수
- 쿠션 스프링 : 접촉 충격을 흡수하여 동력의 전달을 원활하게 하고 클러치 판의 변형, 편마모, 파손 등을 방지

15 변속기의 싱크로메시 기구가 하는 역할은?

① 주축의 회전수를 증가시킨다.
② 주축과 각 기어를 동기화시킨다.
③ 주축이 역회전하도록 한다.
④ 주축의 회전수와 각 기어의 회전수가 차이가 나도록 한다.

해설
싱크로메시 기구는 주축 허브와 기어의 속도를 동기화하여 기어를 물리게 한다.

정답 15 ②

PART 04
CHAPTER 02 드라이브라인 정비

TOPIC 01 드라이브라인 이해

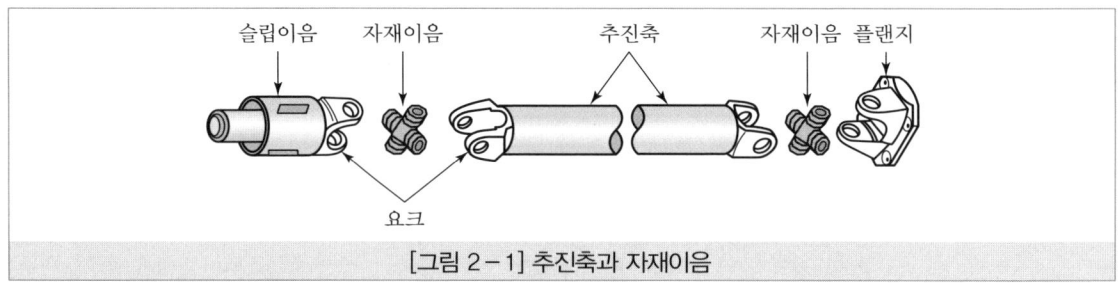

[그림 2-1] 추진축과 자재이음

1. **추진축(Propeller Shaft)**
   ① 강한 비틀림을 받으면서 고속으로 회전하므로 이에 견디도록 속이 빈 강관으로 제작한다.
   ② 회전 시 평형을 유지하기 위해 평형추를 설치한다.
   ③ 길이 변화에 대응하기 위해 슬립 이음을 설치한다.
   ④ 각도의 변화에 대응하기 위해 추진축 양끝에 유니버설 조인트(십자형 자재이음)를 설치한다.
   ⑤ 추진축이 진동하는 원인
      ㉠ 추진축이 휘었을 때
      ㉡ 십자축 베어링이 마모되었을 때
      ㉢ 요크의 방향이 틀릴 때
      ㉣ 밸런스 웨이트가 떨어졌을 때

2. **슬립이음**
   추진축의 길이 변화가 가능하다.

3. 자재이음(추진축의 구동각의 변화 가능)

(1) 플렉시블이음

① 3갈래로 된 2개의 요크 사이에 휨이나 원심력에 충분히 견딜 수 있는 경질 고무의 커플링을 설치하여 볼트로 고정한다.
② 장점 : 마찰부분이 없고 급유할 필요가 없으며, 회전 시 조용하다.
③ 단점 : 두 축의 경사각이 7~10° 이상이면 진동이 발생되어 동력 전달효율이 낮아진다.

(2) 트러니언(볼 앤드)이음

자재이음과 슬립이음을 겸한 것이다.

(3) 십자형(훅)이음

십자축을 사용하여 양쪽 요크를 직각으로 결합한 것으로, 구동축의 요크는 십자축을 통해 회전을 전달(전달각도 12~18°)하며 후륜 구동 자동차에 가장 많이 사용한다.

(4) 등속(CV)이음

① 전달각도와 관계없이 구동축과 피동축이 일정한 속도로 회전(설치각도 29~45°)하며, 전륜 구동 자동차에 많이 사용한다.
② 등속이음 방식

트렉터식	• 2개의 요크 사이에 슬라이딩 작용을 하는 2개의 이너 요크로 구성 • 구조는 비교적 간단한 편이나 등속의 상태가 불완전함 • 각도가 큰 곳에서는 작동의 제한이 있음
2중 훅 이음식	• 십자형 자재이음 2개를 동일한 각도로 설치하고 중심요크로 중심을 지지한 방식 • 중심요크에는 중심 지지용 볼이 설치되어 있음 • 등속은 2개의 십자이음에 의한 각속도의 변화가 서로 상쇄되어 등속이 얻어짐 • 이 형식은 구조가 복잡하고 설치공간이 많이 필요함
벤딕스식	• 4개의 스틸 볼을 이용해 동력을 전달하며 4개의 볼의 중심에는 중심 유지용의 작은 볼을 설치한 구조로 되어 있음 • 동력 전달용의 볼은 안내홈을 따라 움직여 등속이 이루어짐 • 이 형식은 다른 방식보다 동력 전달용량이 작음
제퍼식	• 동력 전달용 볼의 위치를 바른 곳에 유지시켜주는 볼 리테이너가 있음 • 볼 리테이너는 한쪽 축의 중공부에 고정된 파일럿 핀에 의해 연결각에 따라 자동으로 위치가 움직임
버필드식 (파르빌형)	• 제퍼식을 개량하여 파일럿 핀을 없앤 방식 • 구조가 간단함 • 중심 유지용 베어링을 두지 않아도 됨 • 각이 큰 경우에도 큰 동력의 전달이 가능하여 앞바퀴 구동축으로 많이 사용하고 있음

4. 뒤차축 어셈블리

(1) 종감속 기어(Final Reduction Gear)

1) 역할

① 추진축에서 받은 동력을 직각이나 또는 직각에 가까운 각도로 바꾸어 뒤차축에 전달한다.
② 기관의 출력, 구동 바퀴의 지름 등에 따라 적합한 감속비로 토크를 증대시키는 역할이다.

2) 종류

① 웜과 웜 기어
  ㉠ 추진축에 웜을 설치하고 차동 기어 케이스에 설치된 웜 기어와 맞물려 있는 형식
  ㉡ 장점 : 큰 감속비를 얻을 수 있으며, 차고를 낮출 수 있음
  ㉢ 단점 : 동력 전달의 효율이 낮고 열이 발생

② 스파이럴 베벨기어(Spiral Bevel Gear)
  ㉠ 원뿔에 기어 이빨의 곡선을 나선형으로 하여 구동 피니언 기어와 링 기어가 중심에서 맞물려 있는 형식
  ㉡ 장점 : 스퍼 베벨 기어에 비해 물리는 비율이 크고, 회전이 원활하며, 전달효율이 좋음
  ㉢ 단점 : 기어 회전 시 축방향으로 미끄러지려는 힘이 생기므로 테이퍼 롤러 베어링을 사용해야 함

③ 하이포이드 기어(Hypoid Gear)
  ㉠ 스파이럴 베벨 기어의 구동 피니언을 편심시킨 것
  ㉡ 장점
    • 추진축을 낮게 할 수 있어 차고가 낮아지고 거주성과 안전성이 증가
    • 스파이럴 베벨 기어와 비교하여 감속비가 같고, 링 기어의 크기가 같은 경우에 구동 피니언을 크게 할 수 있어서 기어 이의 강도가 증가
    • 기어의 물리는 율이 크고, 조용하게 회전
    • 웜 기어에 비해 전동효율이 좋고, 현재 가장 많이 사용
  ㉢ 단점 : 기어 이의 너비 방향으로도 미끄럼 접촉을 하므로 특별한 윤활유가 필요함

옵셋 량
옵셋 량은 링 기어 중심과 피니언 중심이 어긋난 것으로 링 기어 지름의 10~20% 정도이다.

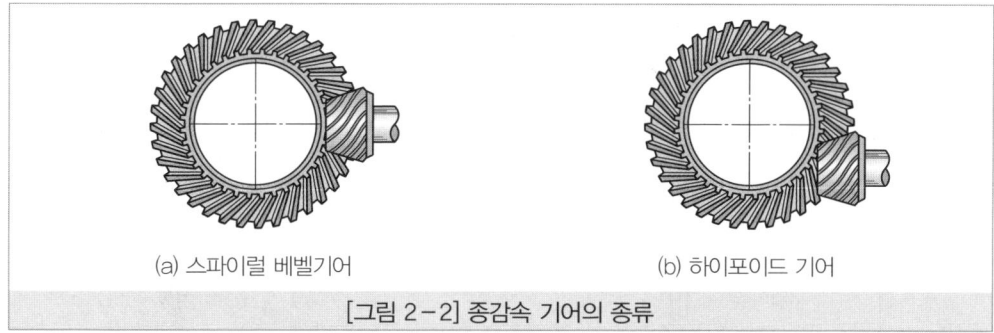

(a) 스파이럴 베벨기어   (b) 하이포이드 기어

[그림 2-2] 종감속 기어의 종류

3) 종감속 기어의 동력 전달

구동 피니언 축 → 구동 피니언 → 링 기어 → 차동기어 케이스 → 차동 피니언 기어 → 차동 사이드 기어 → 뒤 액슬축

> **Tip**
> 링 기어와 차동 기어 케이스는 항상 같은 속도로 회전한다.

4) 종감속비

$$종감속비 = \frac{링\ 기어의\ 잇수}{구동\ 피니언의\ 잇수} = \frac{추진축\ 회전수}{액슬축\ 회전수}$$

① 종감속비는 차량의 중량, 등판성능, 기관의 출력, 가속성능 등에 따라 결정한다.
② 종감속비가 크면 가속성능이나 등판능력은 향상되나, 고속성능은 저하된다.
③ 종감속비가 나누어지지 않는 이유는 특정 이가 언제나 물리는 것을 방지하기 위함이다.

5) 총 감속비 관련 계산식

① 총 감속비 = 변속비 × 종감속비

② 액슬축 회전수(링 기어 회전수) = $\frac{엔진회전수}{총감속비} = \frac{추진축\ 회전수}{종감속비}$

③ 양바퀴의 회전수 = 링 기어 회전수 × 2

(2) 차동 기어장치

① **원리** : 래크와 피니언의 원리를 응용한다.
② 양쪽 구동 바퀴에 저항에 따라 회전 속도의 차이를 만드는 장치이다.

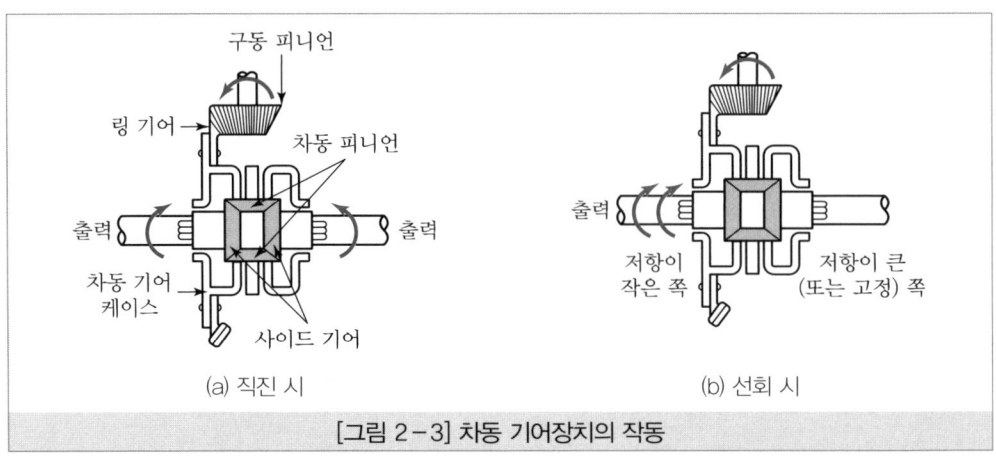

[그림 2-3] 차동 기어장치의 작동

(3) 자동 차동 제한장치(LSD ; Limited Slip Differential)

① 한쪽 바퀴가 슬립하면 자동적으로 공전을 방지하여 반대쪽 바퀴에 적당한 구동토크를 전달하는 장치이다.

② 특성
　㉠ 미끄러운 노면에서 원활한 주행이 가능
　㉡ 요철 노면에서 자동차 후부의 흔들림 방지
　㉢ 가속 및 커브 주행 시에 바퀴의 공전을 제한

(4) 액슬축 지지방식

① 전부동식
　㉠ 차량 중량 전부를 액슬 하우징이 받고 액슬축은 동력만 전달하는 방식
　㉡ 바퀴를 빼지 않고 액슬축 분리 가능

② **반부동식** : 액슬축이 동력을 전달함과 동시에 차량 중량을 1/2 정도 지지하는 방식이다.
③ **3/4 부동식** : 액슬축은 동력을 전달함과 동시에 차량 중량 1/4을 지지하는 방식이다.

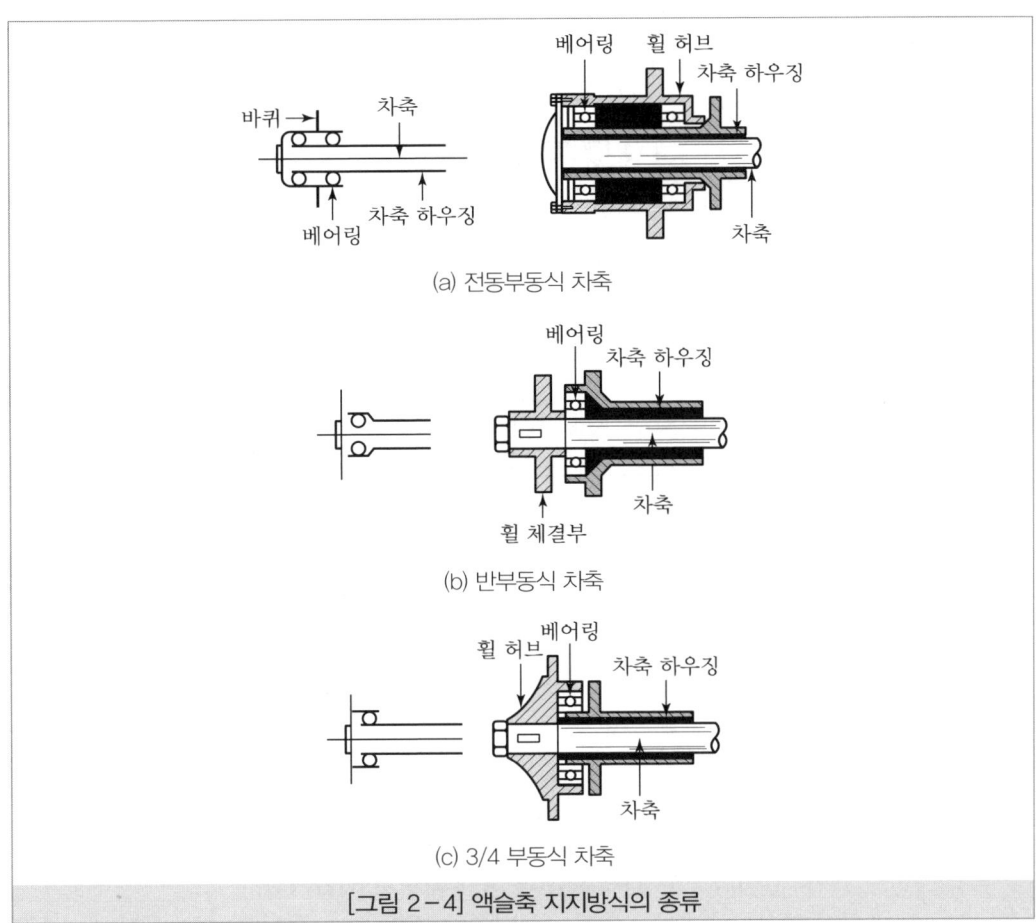

[그림 2-4] 액슬축 지지방식의 종류

(5) 4WD(4 Wheel Drive system)

① 개요
  ㉠ 4WD(4 Wheel Drive system)는 앞·뒤 4바퀴로 기관의 동력을 모두 전달하는 방식
  ㉡ 2WD에 비해 험한 도로, 경사가 가파른 도로 및 미끄러운 도로면을 주행할 때 효과적

② 특징
  ㉠ 등판능력 및 견인력이 향상됨
  ㉡ 조향성능과 안전성이 향상됨
  ㉢ 제동력이 향상됨
  ㉣ 연료 소비율이 큼

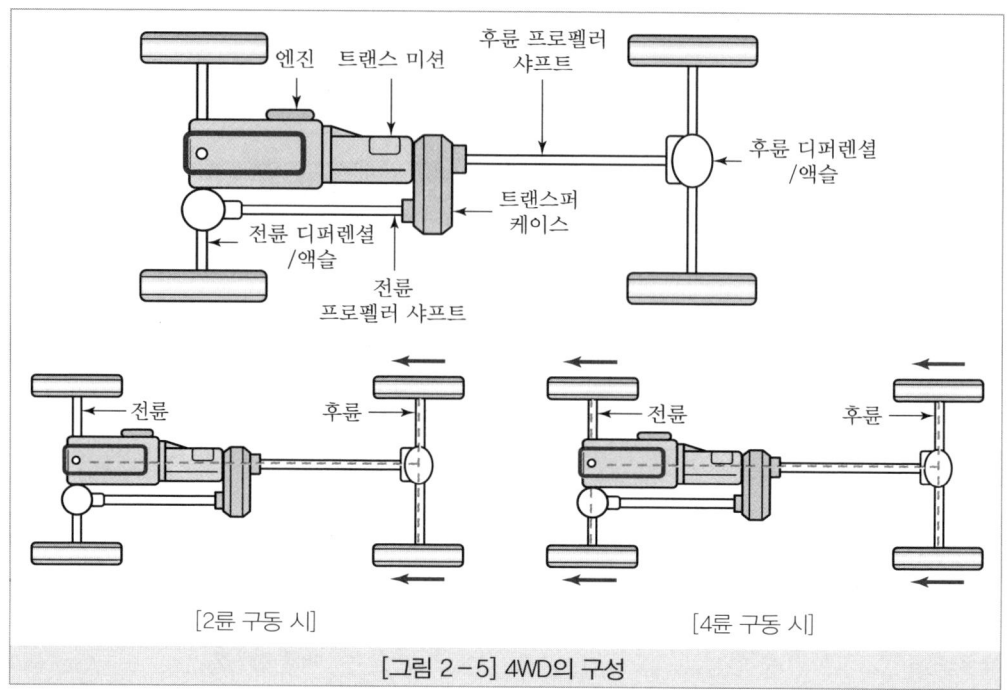

[그림 2-5] 4WD의 구성

③ 방식
  ㉠ 파트타임 방식(Part Time Type) : 파트타임 방식은 4WD를 운전자 조작에 의해 작동하는 방식. 즉, 이 방식은 필요에 따라 수동으로 앞·뒷바퀴를 기계적으로 직결하는 트랜스퍼 케이스(trans fer case)를 도로 상태에 따라 변환시킴
  ㉡ 풀타임 방식(Full Time type) : 기관의 동력을 항상 4바퀴로 전달하는 방식으로 기구가 복잡하여 가격이 비싸고, 연료 소비율이 큰 단점이 있으나 험한 도로 및 가혹한 사용조건뿐만 아니라 포장도로에서도 안정성이 입증되어 많이 실용화되고 있음

5. 주행속도 및 주행저항

(1) 자동차 주행속도

$$V = \frac{\pi \times D \times N \times 60}{변속비 \times 종감속비 \times 1000}$$

V : 주행속도(km/h), D : 바퀴의 직경(m), N : 엔진 회전수(rpm)

(2) 주행저항

① 공기저항 : 자동차가 주행할 때 받는 저항

$$R = \mu \times A \times V^2$$
μ : 공기 저항계수, A : 차체 앞면 투영면적(m^2), V : 차속(m/s)

② 구름저항
　㉠ 바퀴가 노면 위를 굴러갈 때 받는 저항
　㉡ 원인 : 도로와 타이어와의 변형, 도로 위 요철과의 충격, 타이어의 미끄럼 등

$$R = \mu \times W$$
μ : 구름 저항계수, W : 차량 총중량(kg)

③ 구배저항 : 자동차가 언덕 위를 올라갈 때 받는 저항

$$R = W \times \sin\theta$$
W : 차량 총중량(kg), θ : 노면 경사각도(구배각)

(3) 전체주행저항(Rt)

① 평탄한 도로 정속주행에서의 전체 주행저항＝구름저항＋공기저항
② 경사로 정속주행에서의 전체 주행저항＝구름저항＋공기저항＋등판저항

TOPIC 02 드라이브라인 점검 · 진단

1. 타이트 코너 브레이킹 현상(Tight corner braking development)

4륜 구동으로 주행하는 경우 앞 · 뒤 바퀴의 회전수가 변하지 않기 때문에 건조한 포장로의 급커브 등의 주행에서는 앞 · 뒤 바퀴의 선회 반경 차이가 타이어 회전수 차이 및 구동축 회전 차이가 되어, 앞바퀴는 브레이크에 걸리는 느낌이 들며 뒷바퀴는 공전하는 느낌이 드는데 이것을 타이트 코너 브레이킹 현상이라고 한다.

2. 프로펠러 샤프트 휨 점검

① 차량을 들어 올려 안전 스탠드로 지지하고 손으로 리어 휠을 돌려 프로펠러 샤프트의 휨을 점검해야 한다.
② 프런트, 센터, 리어 3곳을 측정하며, 휨 한도는 해당차량의 정비지침서를 반드시 확인해야 한다.

출처 : 교육부(2018), 드라이브라인 정비(LM1506030323_17v3), 한국자동차기술인협회, 한국직업능력개발원, p.20

[그림 2-6] 프로펠러 샤프트 휨 점검

3. 링 기어와 드라이브 피니언 기어의 백래시 점검

① 부드러운 동판을 바이스에 접촉시키고 차동 기어 어셈블리를 고정한다.
② 로크 너트 렌치를 이용하여 사이드 기어에 설치한다.
③ 오일 주입구 플러그 홀에 백래시 점검 홀을 정렬시킨다.
④ 다이얼 게이지를 설치하여 캐리어 3~4곳의 동일한 면에서 백래시를 측정한다.
⑤ 백래시 점검은 드라이브 피니언을 고정하고 링 기어를 움직여서 점검한다.

출처 : 교육부(2018), 드라이브라인 정비(LM1506030323_17v3), 한국자동차기술인협회, 한국직업능력개발원, p.25

[그림 2-7] 백래시 점검

4. 드라이브 피니언과 링 기어의 접촉 상태 점검

① 드라이브 피니언 기어와 링 기어를 깨끗이 청소하고, 링 기어 양쪽에 광명단 또는 인주를 살짝 바른다.
② 차동 기어 케이스에 차동 기어 캐리어를 장착한 후, 차동 기어 케이스 커버를 조립한다.
③ 손으로 링 기어를 전·후로 움직여 드라이브 피니언을 수회 회전시킨다.
④ 차동 기어 케이스 커버 및 캐리어를 탈거하여 드라이브 피니언 기어에 접촉된 상태를 점검한다.

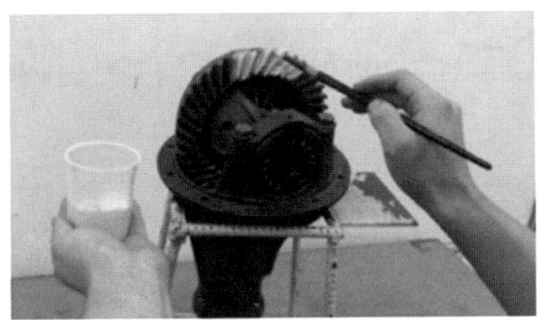

출처 : 교육부(2018), 드라이브라인 정비(LM1506030323_17v3), 한국자동차기술인협회, 한국직업능력개발원, p.26
[그림 2-8] 광명단 묻히기

5. 링 기어 런 아웃(흔들림) 점검

① 다이얼 게이지를 링 기어 뒷면에 설치한다. 이때, 스핀들이 직각이 되도록 해야 한다.
② 손으로 링 기어를 서서히 1회전 돌려 지침의 움직임 중 최댓값을 읽는다. 이때 런 아웃 값은 게이지 지침의 움직임 값과 같아야 한다.

출처 : 교육부(2018), 드라이브라인 정비(LM1506030323_17v3), 한국자동차기술인협회, 한국직업능력개발원, p.26
[그림 2-9] 링 기어 런 아웃 점검

TOPIC 03 드라이브라인 조정, 수리, 교환, 검사

1. 차동 기어 백래시 조정
① 백래시 점검·진단 결과 불량으로 판정될 경우 해당 차량의 정비지침서에 표기된 규정값 이내로 조정한다.
② 백래시 측정값이 정비 한계값 이상이면 차동 기어 캐리어를 교환한다.

2. 링 기어와 드라이브 피니언 기어의 백래시 조정
① 백래시 점검·진단 결과 불량으로 판정될 경우 해당 차량의 정비지침서에 표기된 규정값 이내로 조정한다.
② 백래시 측정값이 규정값보다 크거나 작으면 사이드 베어링을 탈거하고 한쪽 심의 두께를 감소시키고 반대쪽 심의 두께를 증가시켜 조정한다(조정나사 방식은 조정나사를 조이고 풀어서 조정).

3. 드라이브 피니언 조정
① 드라이브 피니언 프리로드 조정 : 프리로드를 점검한 결과, 해당 정비지침서의 표준 값에서 벗어날 경우에는 다음과 같이 조정한다.
  ㉠ 표준값 이상인 경우 드라이브 피니언 스페이서를 교환
  ㉡ 표준값 이하인 경우 로크 너트를 조금씩 조이면서 조정
② 드라이브 피니언과 링 기어의 접촉 상태 조정
  ㉠ 접촉 상태에 대한 점검 결과에 따라 조정

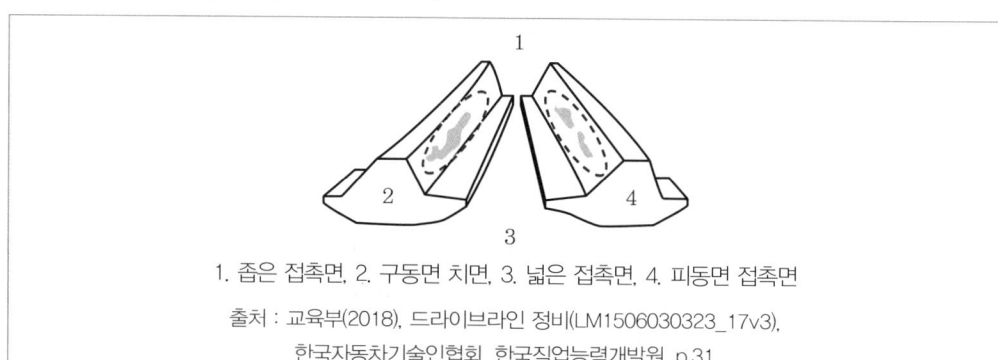

1. 좁은 접촉면, 2. 구동면 치면, 3. 넓은 접촉면, 4. 피동면 접촉면
출처 : 교육부(2018), 드라이브라인 정비(LM1506030323_17v3), 한국자동차기술인협회, 한국직업능력개발원, p.31

[그림 2-10] 정상적인 치합 형태

ⓒ 토 및 플랭크 접촉의 경우 스페이서를 얇은 것으로 교환하여 드라이브 피니언을 밖으로 움직임

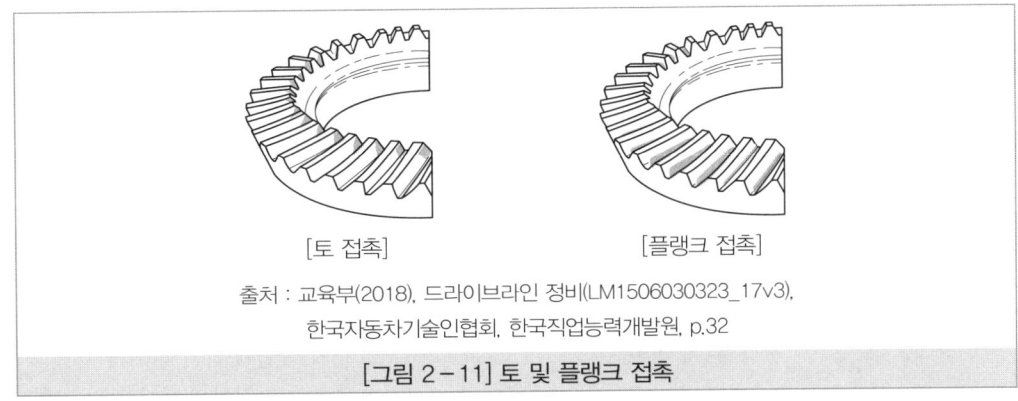

[그림 2-11] 토 및 플랭크 접촉

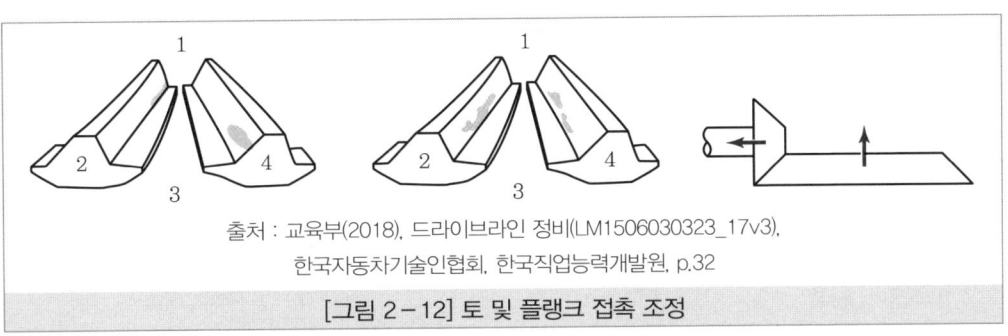

[그림 2-12] 토 및 플랭크 접촉 조정

ⓒ 힐 및 페이스 접촉의 경우 스페이서를 두꺼운 것으로 교환하여 드라이브 피니언을 가깝게 함

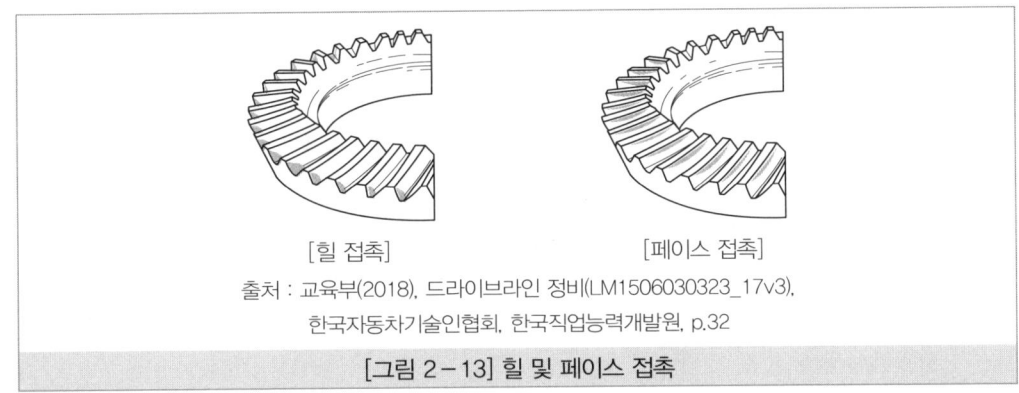

[그림 2-13] 힐 및 페이스 접촉

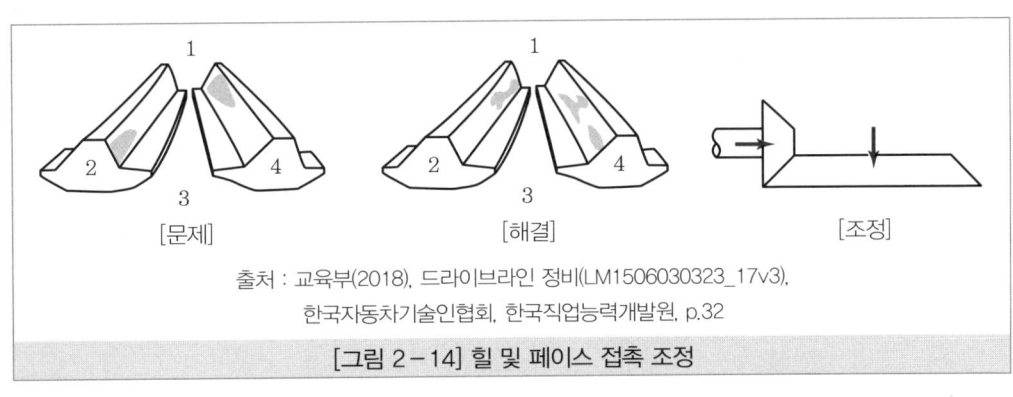

[그림 2-14] 힐 및 페이스 접촉 조정

단원 마무리문제

CHAPTER 02 드라이브라인 정비

01 동력전달장치에서 동력전달 각의 변화를 가능하게 하는 이음은?
① 슬립이음 ② 스플라인이음
③ 플랜지이음 ④ 자재이음

해설
자재이음은 2개의 축이 각도를 이루어 교차할 때 각도 변화를 자유롭게 하여 동력을 전달하기 위한 장치이다.

02 자동차의 중량을 액슬 하우징에 지지하여 바퀴를 빼지 않고 액슬축을 빼낼 수 있는 형식은?
① 반부동식 ② 전부동식
③ 분리식 차축 ④ 3/4 부동식

해설
전부동식은 자동차의 중량을 액슬 하우징에 지지하여 바퀴를 빼지 않고 액슬축을 빼낼 수 있는 방식이다.

03 십자형 자재이음에 대한 설명 중 틀린 것은?
① 주로 후륜구동식 자동차의 추진축에 사용된다.
② 십자 축과 두 개의 요크로 구성되어 있다.
③ 롤러 베어링을 사이에 두고 축과 요크가 설치되어 있다.
④ 자재이음과 슬립이음 역할을 동시에 하는 형식이다.

해설
십자형 자재이음은 자재이음의 역할을 하여 각도의 변화를 가능하게 한다. 슬립이음은 길이의 변화를 가능하게 하는 것으로 자재이음과는 거리가 멀다.

04 자동차의 동력전달장치에서 슬립조인트가 있는 이유는?
① 회전력을 직각으로 전달하기 위해서
② 출발을 쉽게 하기 위해서
③ 추진축의 길이 변화를 주기 위해서
④ 추진축의 각도 변화를 주기 위해서

해설
추진축의 길이 변화를 주기 위해서 슬립조인트가 존재한다.

05 추진축의 회전 시 발생되는 휠링(whirling)에 대한 설명으로 옳은 것은?
① 기하학적 중심과 질량적 중심이 일치하지 않을 때 일어나는 현상이다.
② 일정한 조향각으로 선회하며 속도를 높일 때 선회반경이 작아지는 현상이다.
③ 물체가 원운동을 하고 있을 때 그 원의 중심에서 멀어지려고 하는 현상이다.
④ 선회하거나 횡풍을 받을 때 중심을 통과하는 차체의 전후 방향축 둘레의 회전운동 현상이다.

해설
휠링이란 기하학적인 중심이 질량적 중심과 일치하지 않아 일어나는 굽힘 진동을 말한다.

06 추진축의 스플라인 부의 마모가 심할 때의 현상으로 가장 적절한 것은?
① 차동기의 드라이브 피니언과 링 기어의 치합이 불량하게 된다.
② 차동기의 드라이브 피니언 베어링의 조임이 헐겁게 된다.
③ 동력을 전달할 때 충격 흡수가 잘 된다.
④ 주행 중 소음을 내고 추진축이 진동한다.

정답 01 ④ 02 ② 03 ④ 04 ③ 05 ① 06 ④

> **해설**
> 추진축의 스플라인 부의 마모가 심할 경우 주행 중 소음을 내고 추진축이 진동한다.

07 동력전달장치에 사용되는 종감속장치의 기능이 아닌 것은?

① 회전 속도를 감소시킨다.
② 축 방향 길이를 변화시킨다.
③ 동력 전달 방향을 변환시킨다.
④ 구동 토크를 증가시켜 전달한다.

> **해설**
> 종감속장치는 구동 중 가장 마지막으로 감속이 이루어지는 기계장치이다. 회전 속도를 감소시키고, 동력 전달 방향을 변환시키고, 구동 토크를 증가시켜 전달한다.

08 FF차량의 구동축을 정비할 때 유의사항으로 옳지 않은 것은?

① 구동축의 고무부트 부위의 그리스 누유상태를 확인한다.
② 구동축 탈거 후 변속기 케이스의 구동축 장착 구멍을 막는다.
③ 구동축을 탈거할 때마다 오일씰을 교환한다.
④ 탈거공구를 최대한 깊이 끼워서 사용한다.

> **해설**
> 탈거공구를 깊이 끼울 경우 스플라인부가 손상될 수 있어 주의해야 한다.

09 엔진의 회전수가 5500rpm이고 엔진 출력 70PS이며, 총 감속비가 5.5일 때 뒤 액슬축의 회전수(rpm)는?

① 1400rpm
② 1200rpm
③ 1000rpm
④ 800rpm

> **해설**
> $\dfrac{\text{엔진의 회전수}}{\text{총 감속비}} = \dfrac{5500}{5.5} = 1000 \text{rpm}$

10 차동장치 링 기어의 흔들림(런 아웃)을 측정하는 데 사용되는 것은?

① 다이얼 게이지
② 실린더 게이지
③ 마이크로미터
④ 간극 게이지

11 차동장치에서 차동 피니언과 사이드 기어의 백래시 조정 방법으로 옳은 것은?

① 축받이 차축의 왼쪽 조정 심을 가감하여 조정한다.
② 축받이 차축의 오른쪽 조정 심을 가감하여 조정한다.
③ 차동장치의 링 기어 조정장치를 조정한다.
④ 스러스트(thrust) 와셔의 두께를 가감하여 조정한다.

12 액슬축의 지지 방식이 아닌 것은?

① 반부동식
② 3/4 부동식
③ 고정식
④ 전부동식

> **해설**
> 액슬축의 지지 방식에는 반 부동식, 3/4 부동식, 전부동식이 있다.

정답 07 ② 08 ④ 09 ③ 10 ① 11 ④ 12 ③

CHAPTER 03 유압식 현가장치 정비

TOPIC 01 유압식 현가장치 이해

1. 현가장치의 구성

① 스프링 : 노면으로부터의 충격을 완화한다.
② 쇽업소버 : 스프링의 진동을 흡수한다.
③ 스태빌라이저 : 롤링 현상 감소 및 차의 평형을 유지한다.
④ 판 스프링

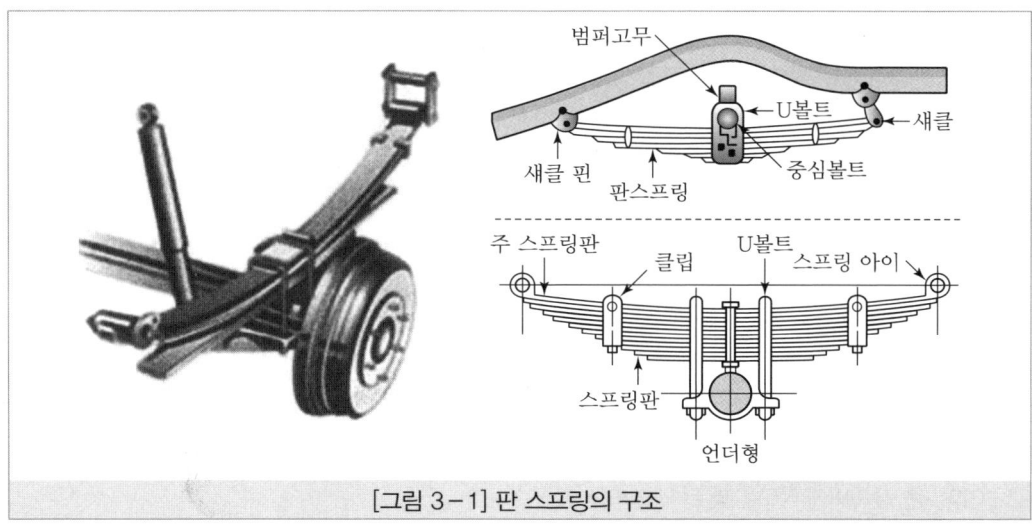

[그림 3-1] 판 스프링의 구조

2. 현가장치의 종류

(1) 일체 차축 현가장치

① 일체로 된 차축에 좌·우 바퀴가 설치되어 있으며, 차축은 스프링을 거쳐 차체(또는 프레임)에 설치된 형식이다.

② 장점
  ㉠ 부품수가 적어 구조가 간단함
  ㉡ 선회 시 차체 기울기가 적음

③ 단점
- ㉠ 스프링 밑 질량이 커 승차감이 불량함
- ㉡ 앞바퀴에 시미(shimmy)의 발생이 쉬움
- ㉢ 스프링 정수가 너무 적은 것을 사용하기가 곤란함

> **Tip**
> 시미(shimmy)
> 주행 중 일어나는 바퀴의 좌우 진동 현상을 말한다.

(2) 독립 현가장치

① 차축을 분할하여 양쪽 바퀴가 서로 관계없이 움직이도록 한 것으로 승차감과 안전성이 향상되게 한다.

② 장점
- ㉠ 스프링 밑 질량이 작아 승차감이 좋음
- ㉡ 바퀴가 시미를 잘 일으키지 않고 로드 홀딩(road holding)이 우수함
- ㉢ 스프링 정수가 작은 것을 사용할 수 있음
- ㉣ 차고를 낮출 수 있어 안정성이 향상됨

> **Tip**
> 로드 홀딩(road holding)
> 자동차의 바퀴 모두가 노면에 밀착되는 현상

③ 단점
- ㉠ 구조가 복잡, 고가, 취급 및 정비면에서 불리함
- ㉡ 볼 이음부가 많아 그 마멸에 의한 앞바퀴 정렬이 틀어지기 쉬움
- ㉢ 바퀴의 상하운동에 따라 윤거나 앞바퀴 정렬이 틀어지기 쉬워 타이어 마멸이 큼

④ 위시본 형식(Wishbone Type)
- ㉠ 구성 : 위아래 컨트롤 암, 조향 너클, 코일 스프링, 볼 조인트 등
- ㉡ 작용 : 바퀴가 받는 구동력이나 옆 방향 저항력 등은 컨트롤 암이 지지하고, 스프링은 상하 방향의 하중만을 지지
- ㉢ 평행사변 형식
  - 위, 아래 컨트롤 암을 연결하는 4점이 평행사변형
  - 바퀴가 상하운동 시 윤거가 변화하며 타이어 마모가 촉진됨
  - 캠버의 변화는 없어 커브 주행 시 안전성이 증대됨

ㄹ SLA(Short Long Arm Type) 형식
- 아래 컨트롤 암이 위 컨트롤 암보다 긴 형식. 캠버가 변화하는 결점
- 코일 스프링 설치위치 : 아래 컨트롤 암과 프레임

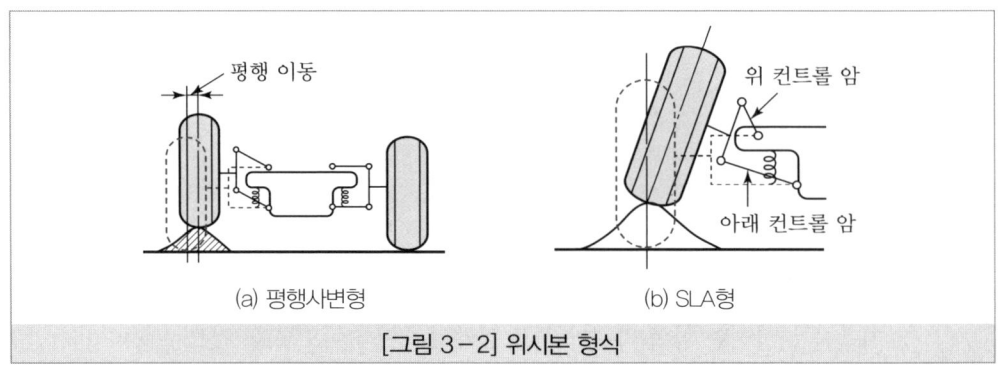

[그림 3-2] 위시본 형식

⑤ 스트럿 형식(Strut Type, 맥퍼슨형)
  ㉠ 현가장치와 조향 너클이 일체
  ㉡ 쇽업소버가 내장된 스트럿(strut), 볼 조인트, 컨트롤 암, 스프링 등으로 구성

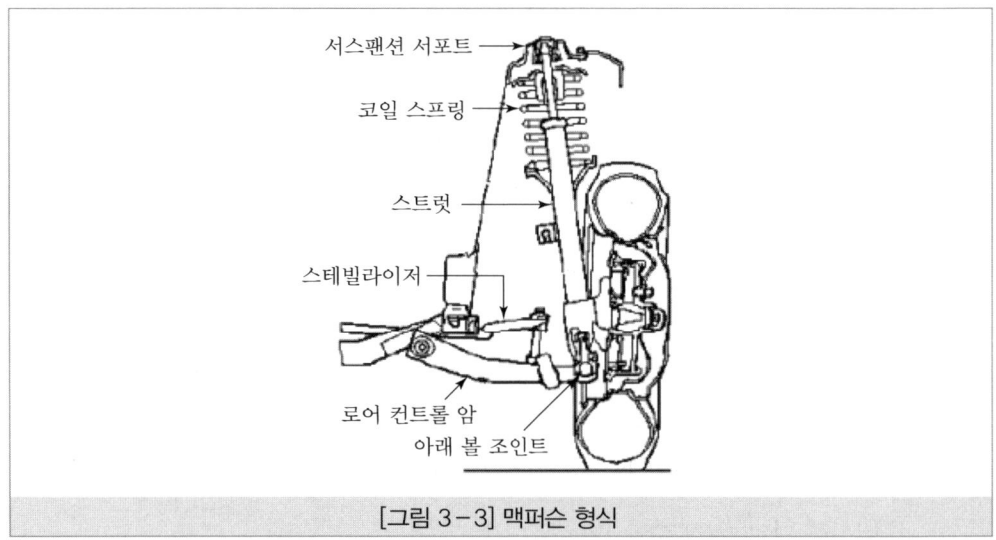

[그림 3-3] 맥퍼슨 형식

⑥ 트레일링 암 형식 : 자동차의 뒤쪽으로 향한 1개 또는 2개의 암에 의해 바퀴를 지지하는 방식
  ※ 앞 구동 차량에서 주로 사용되며, 뒤 현가장치로 많이 활용됨

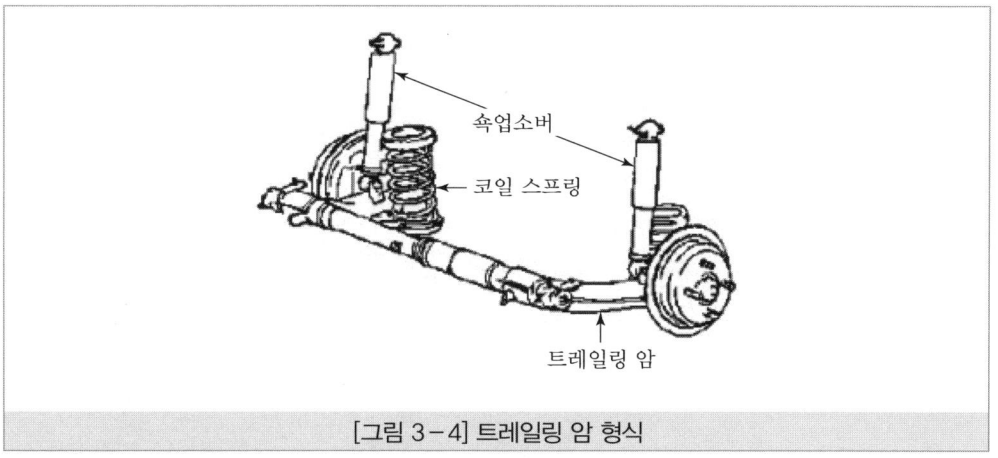

[그림 3-4] 트레일링 암 형식

(3) 드가르봉식 쇽업소버

① 유압식 쇽업소버의 일종으로 프리 피스톤을 설치하며 위쪽에는 오일이 들어 있고 그 아래쪽에 고압 질소가스가 들어 있으며, 내부 압력이 걸려 실린더가 단 한 개라는 점과 질소가스가 봉해져 있다는 것으로 구분된다.
　㉠ 밸브를 통과하는 오일의 저항으로 인해 피스톤이 내려가면 프리 피스톤에도 압력이 가해지게 됨
　㉡ 쇽업소버가 정지하면 프리피스톤 아래의 가스가 팽창해 프리피스톤을 밀어올리고 첫 번째 오일실에 압력이 가해짐
　㉢ 쇽업소버가 늘어날 때는 피스톤 밸브가 바깥둘레에서부터 두 번째 오일실에서 첫 번째 오일실로 이동하지만, 첫 번째 오일실 압력이 낮아지므로 프리피스톤이 상승하게 됨
　㉣ 늘어남이 중지되면 프리 피스톤이 제자리로 돌아가게 됨

② 특징
　㉠ 구조가 간단함
　㉡ 기포 발생이 적음
　㉢ 장시간 작동해도 감쇠효과 감소가 적음
　㉣ 방열성이 큼
　㉤ 내부에 고압으로 가스가 봉인되어 있으므로 분해하는 것이 매우 위험하여 취급에 주의하여야 함

(4) 스태빌라이저

한쪽으로 치우친 충격을 분산시켜주는 형태의 현가장치로 보통 활대와 비슷한 형태로 링크와 연결하여 차대의 롤링 진동을 막아준다.

3. 자동차의 진동

(1) 스프링 위 질량의 진동

① 바운싱(bouncing) : 차체가 Z축으로 평행하게 상하운동을 하는 고유진동
② 피칭(pitching) : 차체가 Y축을 중심으로 앞뒤방향으로 회전운동을 하는 고유진동
③ 롤링(rolling) : 차체가 X축을 중심으로 좌우방향으로 회전운동을 하는 고유진동
④ 요잉(yawing) : 차체가 Z축을 중심으로 회전운동을 하는 고유진동

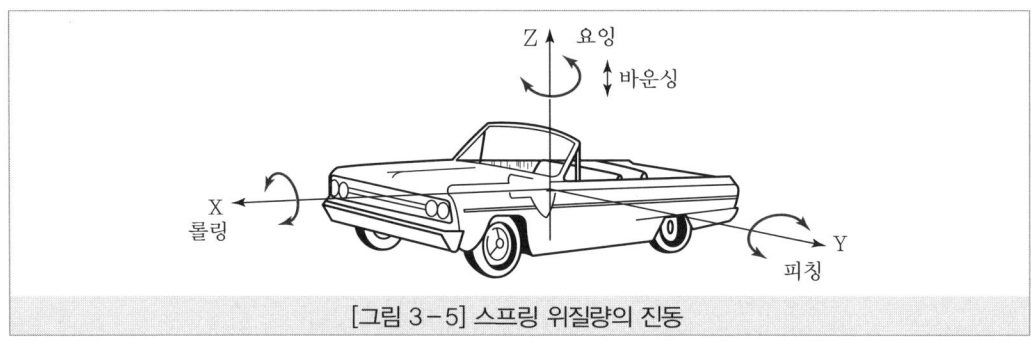

[그림 3-5] 스프링 위질량의 진동

(2) 스프링 아래질량의 진동

① 휠 호프(wheel hop) : 액슬 하우징이 Z축으로 평행하게 상하운동을 하는 고유진동
② 휠 트램프(wheel tramp) : 액슬 하우징이 X축을 중심으로 회전운동을 하는 고유진동

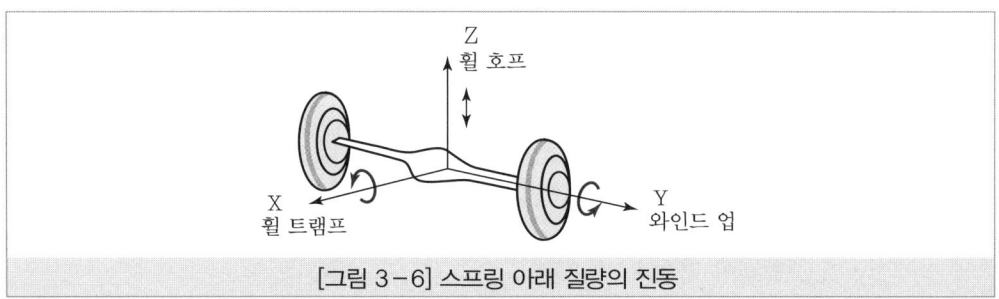

[그림 3-6] 스프링 아래 질량의 진동

③ 와인드 업(wind up) : 액슬 하우징이 Y축을 중심으로 회전운동을 하는 고유진동

> **Tip**
>
> **진동수와 승차감**
> - 양호한 승차감 : 60~120사이클/min
> - 딱딱한 승차감 : 120사이클/min 이상
> - 멀미가 날 정도의 승차감 : 45사이클/min 이하

4. 주행 중 진동의 발생 요건

① 롤(Roll) : 롤 현상은 주행 중의 선회에 발생하는 진동으로, 통상 차량이 드리프트 되는 현상이다.
② 스쿼트(Squart) : 정차 중 출발과 주행 중 가속, 스톨 등 차량이 급격하게 가속되는 현상에서 발생되며, 앞쪽이 들어 올려지는 듯한 느낌으로 관성에 의해 뒤로 쏠리는 느낌을 강하게 받는다.
③ 다이브(Dive) : 주행 중에 정차 시 차량이 앞쪽으로 기울면서 생기는 진동을 의미하며 이때 화물과 탑승자는 관성에 의해 앞으로 밀리게 된다.
④ 쉬프트 스쿼트(Shift Squart) : 변속레버의 위치가 변하면서 생기는 관성에 의한 쏠림 발생을 의미한다.
⑤ 피칭 바운싱(Pitching-Bouncing) : 작은 수준의 요철을 주행할 때 덜컹거리는 진동으로, 통상 노면의 상태 이상에 의하여 발생하는 진동이다.
⑥ 스카이 훅(Sky-Hook) : 급격하게 공중에 떴다가 다시 곤두박질치는 느낌의 큰 상하 진동으로, 커다란 요철이나 노면 상의 장애물 등을 넘을 때 생긴다.
⑦ 기타 : 급격한 충격이나 급선회, 비상상황 등 예기치 못하는 차량의 주행 상태 변화에 대한 진동 역시 현가장치에서 제어되게 된다.

5. 전자제어 현가장치

① G센서 : 가속도 센서를 기본으로 하며, 차체의 롤을 감지하게 된다.
② TPS : 액셀의 위치를 감지해 현재 상태의 가속정도를 측정한다. 사용자의 오조작은 물론 급가속 등으로 인한 스쿼트(squart) 현상을 측정하며 또한 이로 인한 차대의 쏠림 현상을 제어해 Anti Suqart 제어를 수행하게 된다.
③ 차고 센서 : 평시와 진동 시의 차고 높이 차를 측정하여 이상을 감지하고, 이로 인한 차대 제어를 수행한다. 종전의 VDC(차대 제어 장치)에서 가장 핵심적 기능을 수행하던 장치이다.
④ 차속 센서 : 차량의 속도에 관여하는 센서로, 지속적 감속이나 가속이 아닌 급제동 및 급가속 등을 측정하여 피드백하기 위하여 사용한다.
⑤ 정지등 소프트웨어 : 운전자의 제동 조작 여부를 확인하여 다이브(dive)를 방지한다.
⑥ R 기어 신호 : 현재 차량이 후진 중인지 확인하는 센서로, 차량의 주행 방향을 판독하여 급격한 기어 변속 시 완충작용을 수행하게 된다.

| TOPIC 02 | 유압식 현가장치 정비 점검 · 진단 |

1. 이상요소 점검, 진단

   (1) 주행 중에 규칙적이면서 구르는 듯한 공기소리가 들리는 경우

   ① 스태빌라이저가 불량한지 점검한다.
   ② 고무 부싱류의 틀어짐이나 이상을 점검한다.
   ③ 소음 원인지가 하체가 아닌 경우 엔진 구동 계통을 점검한다.

   (2) 차체가 요철을 통과할 때 쏠리는 경우

   ① 스프링 등의 노화로 차체의 복원력이 현저하게 저하되었는지 확인한다.
   ② 조립 상태가 불량하여 한쪽 현가장치 능력이 떨어지는 상태인지 확인한다.
   ③ 좌우 현가장치의 조립 부품들 상태가 균일하게 작동하는지 확인한다.
   ④ 스태빌라이저 링크가 정상 작동하는지 확인한다.

   (3) 핸들 조향 중 소음이 발생하는 경우

   ① 조향장치를 먼저 점검해 이상 여부를 확인한다.
   ② 조향장치의 이상이 없는 상태에서 조향 중 소음이 발생할 때, 등속 조인트 계통을 점검한다.
   ③ 등속 조인트의 외부적 파손이나 문제점을 확인하고, 문제가 있을 시 수리공정을 수행한다.

   (4) 차체가 주저앉은 느낌이 들며 정상적 차고 유지가 불가능한 경우

   ① 개별 현가장치와 축방식 현가장치가 정상 작동하는지 점검한다.
   ② 차량을 수회 눌러보고 복원력이 충분한지 확인한다.
   ③ 스프링의 유격이나 파손이 있는지 확인한다.
   ④ 쇽업쇼버가 정상 범위로 팽창하는지 확인한다.

| TOPIC 03 | 유압식 현가장치 정비 교환, 검사 |

1. 유압식 현가장치 정비 증상 1

   ① 증상 : 비포장도로 및 요철이 있을 경우 차체에 진동과 충격이 강하게 전달되어 승차감이 저하되고 딱딱한 느낌이다.

② 의심되는 상태
　㉠ 현가장치가 손상되어 차체 중량지지 및 상하 진동의 감쇠가 제대로 이루어지지 않는 상황
　㉡ 타이어 공기압이 과다
　㉢ 코일 스프링이 손상
　㉣ 쇽업소버의 감쇠력이 과다

③ 관련 점검
　㉠ 코일 스프링을 점검하여 이상이 있는지 확인
　㉡ 쇽업소버의 감쇠력을 확인하고 점검

④ 수리방법
　㉠ 코일 스프링을 교환
　㉡ 쇽업소버를 교환

2. 유압식 현가장치 정비 증상 2

① **증상** : 주행 중 차량이 쏠리는 느낌이 들고 무게중심이 맞지 않아 떨리는 느낌이다.

② 의심되는 상태
　㉠ 타이어 공기압이 불균일함
　㉡ 휠 얼라이먼트가 제대로 정렬되지 않음

③ 수리방법
　㉠ 타이어 공기압을 고르게 맞추고 증상이 재현되는지 확인
　㉡ 얼라이먼트 정렬 후 다시 상태를 확인

단원 마무리문제

CHAPTER 03 유압식 현가장치 정비

01 다음 〈그림〉은 자동차의 뒤차축이다. 스프링 아래 질량의 진동 중에서 X축을 중심으로 회전하는 진동은?

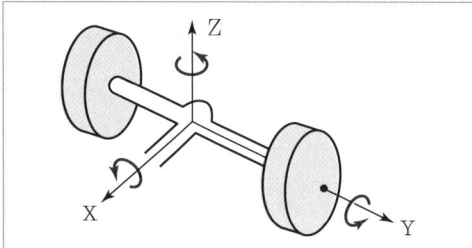

① 휠 트램프 ② 휠 홉
③ 와인드 업 ④ 롤링

해설
휠 트램프는 차축에 대하여 앞뒤 방향(X축)을 중심으로 회전 운동을 하는 진동을 말한다.
② 휠 홉 : 차축에 대하여 수직인 축(Z축) 둘레에 상하 평행 운동을 하는 진동을 말한다.
③ 와인드 업 : 좌우 방향으로 뻗은 축(Y축)을 중심으로 하여 회전 운동하는 진동을 말한다.
④ 롤링 : X축을 중심으로 하여 회전운동을 하는 고유 진동으로 주행 중 자동차가 선회할 때 중심을 통과하는 차체의 앞뒤 방향 축 둘레의 회전 운동이다.

02 현가장치에서 스프링이 압축되었다가 원위치로 되돌아올 때 작은 구멍(오리피스)을 통과하는 오일의 저항으로 진동을 감소시키는 것은?

① 스태빌라이저 ② 공기 스프링
③ 토션 바 스프링 ④ 쇽업 쇼버

해설
쇽업 쇼버는 스프링이 받는 진동을 흡수 완화하여 승차 감을 좋게 하기 위해 설치된다. 스프링이 압축되었다가 원위치로 되돌아올 때 작은 구멍을 통과하는 오일의 저항으로 진동을 감쇠시키는 단동식과, 압축시킬 때에도 감쇠 작용을 하도록 한 복동식이 있다.

03 독립 현가장치의 종류가 아닌 것은?

① 위시본 형식
② 스트럿 형식
③ 트레일링 암 형식
④ 옆 방향 판 스프링 형식

해설
독립 현가장치에는 위시본 형식, 스트럿 형식, 트레일링 암 형식이 있다. 옆 방향 판 스프링 형식은 일체 차축 형식이다.

04 다음 중 현가장치에 사용되는 판 스프링에서 스팬의 길이 변화를 가능하게 하는 것은?

① 섀클 ② 스팬
③ 스프링 아이 ④ U볼트

해설
판스프링의 구조
- 섀클 : 스팬의 길이 변화를 가능하게 하는 역할이며 주로 스프링 한쪽에만 설치
- 스팬 : 스프링 아이의 중심 간 수평거리
- 스프링 아이 : 스프링 판 양 끝에 프레임에 설치하기 위한 원형으로 구부러진 중심부
- U볼트 : 차축과 판 스프링을 고정하기 위한 부품

05 차량자세제어장치(VDC) 입력신호가 아닌 것은?

① 휠 스피드센서
② 차고센서
③ 조향 휠 각속도센서
④ 차속센서

해설
차량자세제어장치(VDC) 입력신호에는 차고센서, 차속센서, 조향 휠 각속도센서가 있다.

정답 01 ① 02 ④ 03 ④ 04 ① 05 ①

06 주행 중 차량에 노면으로부터 전달되는 충격이나 진동을 완화하여 바퀴와 노면과의 밀착을 양호하게 하고 승차감을 향상시키는 완충기구로 짝지어진 것은?

① 코일스프링, 토션바, 타이로드
② 코일스프링, 겹판 스프링, 토션바
③ 코일스프링, 겹판 스프링, 프레임
④ 코일스프링, 너클 스핀들, 스테이빌라이저

해설
완충기구에는 코일스프링, 쇽업 쇼버, 겹판 스프링, 토션바 등이 있다.

07 자동차가 선회할 때 자체의 좌·우 진동을 억제하고 롤링을 감소시키는 것은?

① 스태빌라이저   ② 겹판 스프링
③ 타이로드   ④ 킹핀

해설
자동차가 선회 시 발생하는 좌우 진동과 롤링을 감소시키는 것은 스태빌라이저로, 안티롤바라고도 하며 자동차의 롤 강성을 높여 롤을 줄여 주는 역할을 한다.

08 VDC에서 안티 롤 자세 제어 시 입력신호로 사용되는 것은?

① 브레이크 스위치 신호
② 스로틀 포지션 신호
③ 휠 스피드 센서 신호
④ 조향 휠 각 센서 신호

해설
VDC의 입력신호
- 브레이크 스위치 : 안티 다이브 제어
- 스로틀 포지션 센서 : 안티 스쿼트 제어
- 휠 스피드 센서 : 요 모멘트 제어
- 조향 휠 각 센서 : 안티 롤 제어

09 현가장치에서 스프링 강으로 만든 가늘고 긴 막대 모양으로 비틀림 탄성을 이용하여 완충작용을 하는 부품은?

① 공기스프링   ② 토션 바 스프링
③ 판 스프링   ④ 코일 스프링

10 독립 현가장치의 장점에 대한 설명으로 틀린 것은?

① 선회 시 차체 기울기가 작다.
② 스프링 밑 질량이 작아 승차감이 좋다.
③ 스프링 정수가 작은 것을 사용할 수 있다.
④ 바퀴가 시미를 잘 일으키지 않고 로드 홀딩(road holding)이 우수하다.

해설
구동축이 일체형이 아니므로 선회 시 차체 기울기가 크다.

11 위시본형 현가장치의 SLA형식에서 위 컨트롤 암의 길이는?

① 아래 컨트롤 암과 같다.
② 아래 컨트롤 암보다 길다.
③ 아래 컨트롤 암보다 짧다.
④ 차종에 따라서 다르다.

12 다음 중 맥퍼슨 형식의 현가장치를 설명한 것으로 틀린 것은?

① 엔진 룸의 유효 체적이 넓다.
② 위시본 형식에 비해 구조가 간단하다.
③ 스프링 밑 질량이 커서 로드 홀딩은 불량하다.
④ 진동의 흡수율이 커서 승차감이 양호하다.

해설
맥퍼슨 형식은 스프링 아래 질량이 작아 로드 홀딩이 우수하다.

정답 06 ② 07 ① 08 ④ 09 ② 10 ① 11 ③ 12 ③

13 다음 중 가장 편안한 승차감을 얻을 수 있는 진동수는?

① 45cycle/min 이하
② 45~60cycle/min
③ 60~120cycle/min
④ 120cycle/min 이상

해설
일반적으로 편안한 승차감은 90±30cycle/min이다.

정답 13 ③

CHAPTER 04 조향장치 정비

TOPIC 01 조향장치 이해

1. 조향장치의 원리

① 애커먼 장토식 : 자동차가 선회 시에 양쪽 바퀴가 옆 방향으로 미끄러지거나 조향 휠을 돌릴 때에 큰 저항을 방지하기 위해 각각의 바퀴가 동심원을 그리면서 선회하는 구조이다.

② 최소 회전반경

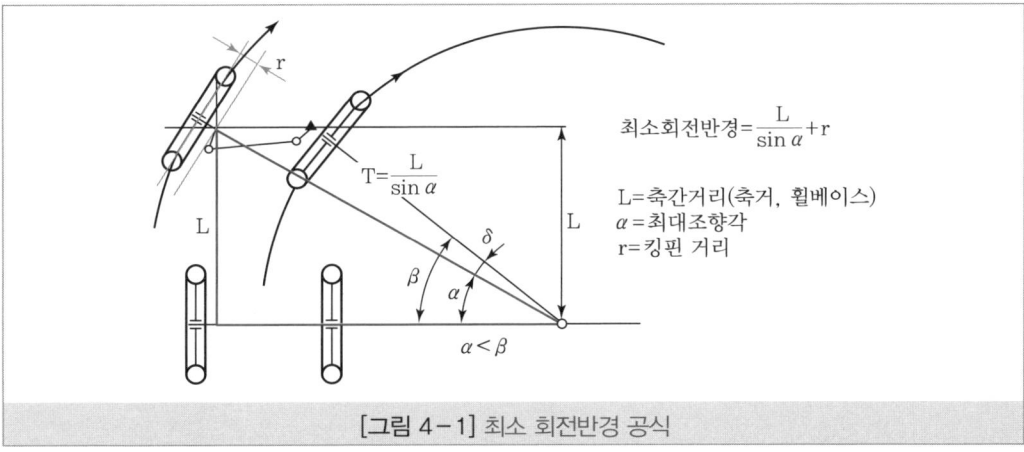

[그림 4-1] 최소 회전반경 공식

2. 조향장치의 구조

(1) 조향 휠

조향 조작을 하는 것으로서 림, 스포크, 허브로 구성된다.

(2) 조향 휠 축

핸들의 조작력을 조향 기어에 전달하는 축이다.

(3) 조향 기어장치의 종류

① 웜과 섹터형
   ㉠ 조향 기어의 가장 기본적인 형식
   ㉡ 구조와 취급이 간단하나, 조작력이 커 현재는 거의 사용하지 않음

② 웜과 섹터 롤러형(Worm and Sector Roller Type) : 볼 베어링으로 된 롤러를 섹터축에 결합하여 이(齒) 사이의 미끄럼 접촉을 구름 접촉으로 바꾸어서 마찰을 적게 한 것이다.

③ 웜과 볼 너트형(Worm and Ball Nut Type)
   ㉠ 핸들의 조작이 가볍고 큰 하중에 견디며, 마모도 적음
   ㉡ 나사와 너트 사이에 여러 개의 볼을 넣어 웜의 회전을 볼의 구름 접촉으로 너트에 전달시키는 구조

④ 래크와 피니언형(Rack and Pinion Type)
   ㉠ 조향 휠의 회전운동을 래크를 통해 좌·우로 직선운동을 하여 그 양끝의 타이로드를 거쳐 좌·우의 조향 암을 이동시켜 조향
   ㉡ 마찰이 적고, 소형·경량화가 가능

⑤ 그 외 웜과 너트형, 캠과 레버형, 웜과 웜 기어형 등이 있다.

(4) 조향 기어장치의 방식

① 가역식
   ㉠ 앞바퀴로도 조향 핸들을 움직일 수 있는 방식
   ㉡ 장점 : 앞바퀴 복원성을 이용, 조향장치 마모가 적음
   ㉢ 단점 : 주행 중의 충격으로 조향 핸들을 놓칠 우려가 있음

② 비가역식
   ㉠ 조향핸들로 앞바퀴를 움직일 수 있으나, 그 반대로는 조작이 불가능한 방식
   ㉡ 장점 : 노면 충격으로 인한 조향핸들을 놓칠 우려가 없음
   ㉢ 단점 : 앞바퀴의 복원성을 이용할 수 없고, 조향 링키지의 마모가 쉬움

③ 반가역식 : 가역식의 장점과 비가역식의 장점을 합한 것을 말한다.

(5) 링크기구(Steering Linkage System)

① 조향 휠의 회전을 조향 휠 축과 조향 기어 및 각 로드를 거쳐 너클 암까지 전달하는 장치이다.
② 피트먼 암, 아이들 암, 타이로드, 릴레이 로드, 타이로드 엔드, 너클 암으로 구성된다.

(6) 조향 기어비

$$조향 기어비(조향비) = \frac{조향핸들이\ 회전한\ 각도}{피트먼\ 암이\ 움직인\ 각도}$$

① 조향핸들의 유격이 크게 되는 원인
- ㉠ 볼 이음부분이 마멸됨
- ㉡ 조향 너클이 헐거움
- ㉢ 앞바퀴 베어링이 마멸됨
- ㉣ 조향 기어의 백래시가 큼
- ㉤ 조향 링키지의 접속부가 헐거움
- ㉥ 조향의 너클의 베어링이 마모됨

② 주행 중 조향핸들이 한쪽 방향으로 쏠리는 원인
- ㉠ 브레이크 라이닝 간극 조정 불량
- ㉡ 휠의 불평형
- ㉢ 쇽업소버의 작동 불량
- ㉣ 타이어 공기압력 불균일
- ㉤ 휠 얼라인먼트의 불량
- ㉥ 한쪽 휠 실린더의 작동 불량
- ㉦ 뒤 차축이 차량의 중심선에 대하여 직각이 되지 않음

③ 주행 중 조향핸들이 떨리는 원인
- ㉠ 휠 얼라인먼트 불량
- ㉡ 바퀴의 허브너트 풀림
- ㉢ 쇽업쇼버의 작동 불량
- ㉣ 조향기어의 백래시가 큼
- ㉤ 브레이크 패드 또는 라이닝 간격 과다
- ㉥ 앞바퀴의 휠 베어링이 마멸됨

④ 주행 중 조향핸들이 무거워지는 이유
- ㉠ 앞 타이어의 공기가 빠짐
- ㉡ 조향기어 박스의 오일 부족
- ㉢ 볼 조인트가 과도하게 마모됨
- ㉣ 조향기어의 백래시가 작음
- ㉤ 휠 얼라인먼트 불량
- ㉥ 타이어의 마모 과다

(7) 일체차축 방식 조향기구의 앞차축과 조향너클

① 일체차축 방식(ridge axle) : 앞차축은 강철을 단조한 I 단면의 빔이며, 그 양쪽 끝에는 스프링시크가 용접되어 있고, 킹핀 설치부분에 킹핀을 통해 조향너클이 설치된다.

② 엘리옷형(elliot type) : 앞차축 양끝 부분이 요크(yoke)로 되어 있으며, 이 요크에 조향너클이 설치되고 킹핀은 조향 너클에 고정된다.

③ 역 엘리옷형(revers elliot type) : 조향 너클에 요크가 설치된 것이며, 킹핀은 앞차축에 고정되고 조향너클과는 부싱을 사이에 두고 설치된다.

④ 마몬형(marmon type) : 앞차축 윗부분에 조향너클이 설치되며, 킹핀이 아래쪽으로 돌출되어 있다.

⑤ 르모앙형(lemonie type) : 앞차축 아랫부분에 조향너클이 설치되며, 킹핀이 위쪽으로 돌출되어 있다.

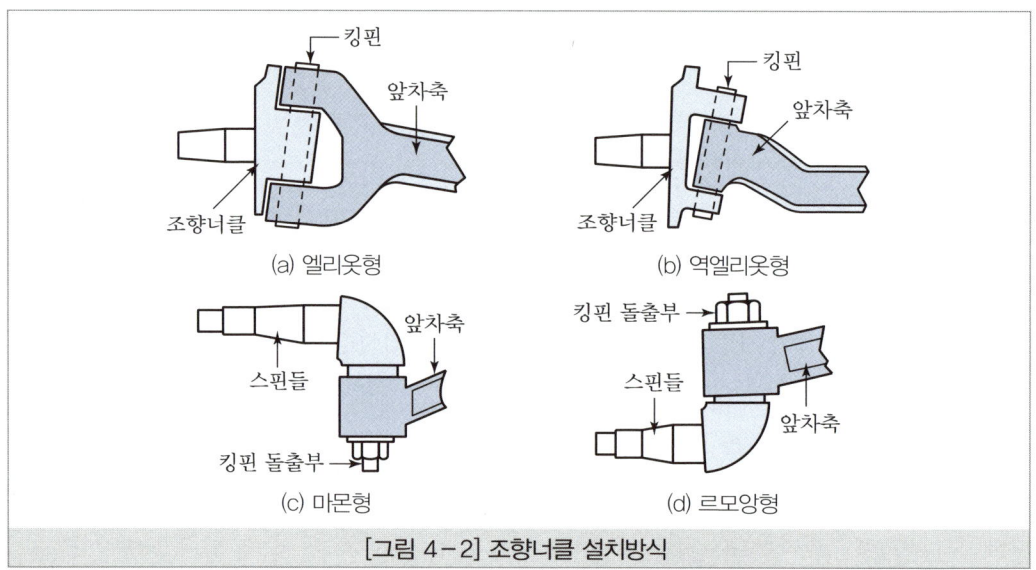

[그림 4-2] 조향너클 설치방식

(8) 킹핀(king pin)

킹핀은 일체차축 방식 조향기구에서 앞차축에 대해 규정의 각도(킹핀 경사각도)를 두고 설치되어 앞차축과 조향너클을 연결하며, 고정 볼트에 의해 앞차축에 고정되어 있다.

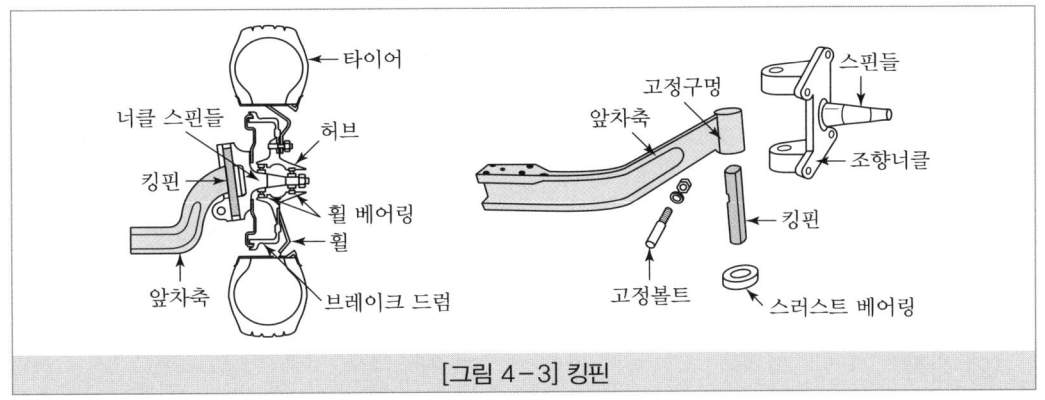

[그림 4-3] 킹핀

3. 동력 조향장치

① 가볍고 원활한 조향 조작을 위하여 유압을 이용한다.

② 장점
  ㉠ 조향 조작력이 작아 경쾌하고 신속함
  ㉡ 노면으로부터의 충격 및 진동을 흡수함
  ㉢ 앞바퀴의 시미(shimmy) 현상을 감쇠
  ㉣ 고속 주행 시 조향을 무겁게 하여 안정성을 도모
  ㉤ 조향 조작력에 관계없이 조향 기어비 선정 가능

③ 단점
  ㉠ 구조 복잡하고, 고가임
  ㉡ 고장 시 정비 곤란
  ㉢ 오일펌프 구동에 엔진의 출력이 일부 소모

④ **동력 조향장치의 구조**

작동부	유체의 압력을 기계적 에너지로 바꾸어 앞바퀴의 조향력을 발생시키는 부분
제어부	• 오일회로를 개폐하는 밸브, 제어밸브가 오일회로를 바꾸어 동력 실린더의 작동 방향과 작동상태를 제어 • 체크밸브 : 유압계통에 고장 발생 시 조향 휠의 수동 조작을 용이
동력부	동력원이 되는 유압을 발생시키는 부분으로 오일펌프, 유압조절밸브, 유량조절밸브로 구성

⑤ **동력 조향장치의 종류**

일체형	• 동력 실린더를 조향 기어 박스 내부에 설치한 형식 • 인라인형 : 조향 기어 하우징과 볼 너트를 직접 동력 기구로 사용하는 형식 • 오프셋형 : 동력 실린더를 별도로 설치하여 사용하는 형식
링키지형	• 작동장치인 동력 실린더를 조향 링키지 중간에 설치한 형식 • 조합형 : 동력 실린더와 제어밸브가 일체로 된 형식으로 설치 장소가 비교적 넓은 대형차에 사용 • 분리형 : 동력 실린더와 제어밸브가 분리되어 있는 형식으로 설치 장소가 제한된 승용차에 많이 사용

4. 4륜 조향장치(4WS)

(1) 개요

① 4WS는 4바퀴를 모두 조향하여 조향성능을 향상시키는 장치이다.
② 뒷차축에서도 코너링포스가 발생하도록 뒷바퀴 조향각도를 제어한다.
③ 차체 무게 중심에서의 측면 미끄럼 각도(side slip angle)를 감소시켜 안정되게 하는 조향장치이다.

(2) 장점

① 고속에서 직진 성능이 향상된다.
② 차로변경이 용이하다.
③ 경쾌한 고속선회가 가능하다.
④ 저속회전에서 최소회전 반지름이 감소한다.
⑤ 주차할 때 일렬 주차가 편리하다.
⑥ 미끄러운 도로를 주행할 때 안정성이 향상된다.

5. 전자제어 동력조향장치

(1) 개요

① 자동차에서 가장 바람직한 조향조작력은 주행조건이 따라 최적의 조향조작력을 확보하여 주차를 하거나 저속으로 주행할 때에는 가볍고 부드러운 조향특성을, 중속 및 고속운전 영역에서는 안정성을 얻을 수 있도록 적당히 무거운 조향조작력이 필요하다.
② 상반되는 저·고속영역 두 조건의 요구특성을 만족시키기 위해 전자제어 동력조향장치(ECPS ; Electronic Control Power Steering)가 개발되었다.

(2) 구비조건

① 소형·경량이고 간단한 구조이어야 한다.
② 작동이 원활하고, 고속주행 안정성이 있어야 한다.
③ 내구성과 신뢰성이 커야 한다.
④ 정숙성이 있어야 한다.
⑤ 광범위한 사용조건에 대한 안정성이 있어야 한다.

(3) 효과

① 저속에서 편리하고 안정적인 핸들링이 가능하다.
② 고속으로 주행할 때 최적화 된 안전한 조향이 가능하다.

③ 정밀한 밸브제어에 의한 정교하고 민감한 핸들링이 가능하다.
④ 필요에 따라서 고속주행 상태에서 안전한 유압의 지원이 가능하다.
⑤ 마이크로 프로세스의 프로그래밍에 의한 자동차 특성과의 최적화가 가능하다.

(4) 기능

주행속도 감응 기능	주행속도에 따른 최적의 조향조작력을 제공
조향각도 및 각속도 검출 기능	조향 각속도를 검출하여 중속 이상에서 급 조향할 때 발생되는 순간적 조향핸들 걸림 현상(catch up)을 방지하여 조향 불안감을 해소
주차 및 저속영역에서 조향조작력 감소 기능	주차 또는 저속 주행에서 조향조작력을 가볍게 하여 조향을 용이하게 함
직진 안정 기능	고속으로 주행할 때 중립으로의 조향복원력을 증가시켜 직진 안정성으로 부여
롤링 억제 기능	주행속도에 따라 조향조작력을 증가 하여 빠른 조향에 따른 롤링의 영향을 방지
페일 세이프(fail safe) 기능	축전지 전압변동, 주행속도 및 조향핸들 각속도센서의 고장과 솔레노이드 밸브 고장을 검출

(5) 종류

① **유압방식 전자제어 동력조향장치** : 유압방식 전자제어 동력조향장치는 기관에 의해 구동되는 유압펌프의 유압을 동력원으로 사용
② **전동방식 전자제어 동력조향장치** : 전동방식 전자제어 동력조향장치는 유압펌프 대신 전동기를 사용한 방식

TOPIC 02 조향장치 점검 · 진단

1. 조향장치 기능 점검

(1) 조향핸들 유격 점검 및 조정

① 핸들을 정렬해 차륜을 정면으로 정렬한다.
② 직진 상태를 핸들에 표시하고, 자를 준비해 반경을 잴 수 있도록 위치시킨다.
③ 조향핸들을 움직여 바퀴가 움직이지 않는 최대 반경을 측정하고 규정값의 한계는 정비지침서를 참고한다.
④ 규정 이상으로 유격이 심한 경우, 플러그를 사용해 조정하고 유격을 감소시키기 위해서는 요크 플러그를 시계방향으로 돌려준다.

(2) 조향핸들 프리로드 점검

① 조향바퀴가 땅에 닿지 않게 차량을 들어올리고, 안전상태를 확인한다.
② 핸들을 끝까지 돌린 후 직진방향으로 정렬한다.
③ 스프링 저울을 핸들에 묶는다.
④ 회전반경 구심력 방향으로 저울을 잡아당겨 회전하기 바로 전까지의 저울값을 확인한다.
⑤ 정비지침서를 기준으로 규정값을 확인하고, 이상이 있는 경우 현가장치와 조향장치를 전반적으로 점검한다.

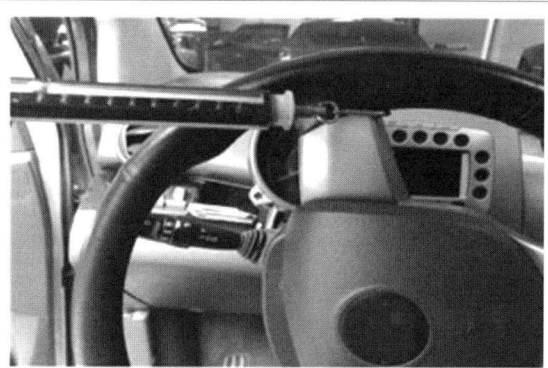

출처 : 교육부(2018), 조향장치·전자제어 조향장치정비(LM1506030310_17v3, LM1506030311_17v3), 사단법인한국자동차기술인협회, 한국직업능력개발원, p.13

[그림 4-4] 조향핸들 프리로드 점검

2. 조향장치 고장진단

[표 4-1] 조향장치 부품 증상별 고장 현상

현상	가능한 원인	정비
스티어링 휠의 유격이 과다	요크 플러그가 풀림	재조임
	스티어링 기어 장착볼트의 풀림	재조임
	타이로드 엔드의 볼 스터드 마모, 출림	재조임 혹은 필요시 교환
스티어링 휠의 작동이 무거움	V-벨트가 미끄러짐	점검
	V-벨트의 손상	교환
	오일 수준이 낮음	오일을 채움
	오일 내에 공기가 유입됨	공기빼기 작업
	호스가 뒤틀리거나 손상됨	배관수리 혹은 교환
	오일펌프의 압력 부족	수리 혹은 오일펌프 교환
	컨트롤 밸브의 고착	교환
	오일펌프에서 오일이 누설됨	손상품 교환
	기어박스의 랙 및 피니언에서 오일이 과도하게 누설됨	손상품 교환
	기어박스 혹은 밸브가 휘거나 손상됨	교환

현상	가능한 원인	정비
스타이어링 휠이 적절히 복원되지 않음	타이로드 볼 조인트의 회전저항이 과도함	교환
	요크 플러그의 과도한 조임	조정
	내측 타이로드 및 볼 조인트 불량	교환
	기어박스와 크로스 멤버의 체결이 풀림	조임
	스티어링 샤프트 및 보디 그로메트의 마모	수리 혹은 교환
	랙이 휨	교환
	피니언 베어링이 손상됨	교환
	호스가 비틀거리거나 손상됨	재배선 혹은 교환
	오일 압력 조절밸브가 손상됨	교환
	오일펌프 압력 샤프트 베어링의 손상	교환
스타어링 기어에서 "쉿"하는 소음 발생	모든 파워 스티어링 계통에는 몇 가지 소음이 있다. 그중 가장 일반적인 소음은 차량이 정지한 상태에서 스티어링 휠을 회전시킬 때 나는 "쉿"하는 소음이다. 이 소음은 브레이크를 밟은 상태로 회전시킬 때 가장 크게 난다. 그러나 이 소음과 스티어링 성능과는 어떤 상관관계가 없으므로 소리가 아주 심하지 않을 때는 교환하지 않는다. 밸브를 교환해도 약간의 소음이 나지만 그것이 그 상태를 정비해야 함을 의미하지는 않는다.	
랙과 피니언에서 덜거덕거리거나 삐거덕거리는 소음 발생	차체보디와 호스가 간섭됨	재배선
	기어박스 브래킷이 풀림	재조임
	타이로드 엔드 볼 조인트의 풀림	재조임
	타이로드 엔드 볼 조인트의 마모	교환
오일펌프에서 비정상적인 소음 발생	오일이 부족함	오일 보충
	오일 내 공기가 유입됨	공기빼기 작업
	펌프 장착볼트가 풀림	재조임

출처 : 교육부(2018), 조향장치 · 전자제어 조향장치정비(LM1506030310_17v3, LM1506030311_17v3), 사단법인한국자동차기술인협회, 한국직업능력개발원, p.33~34

3. 스티어링 휠 복원 점검

(1) 조작점검

① 스티어링 조작을 움직인 뒤 손을 놓는다.
② 복원력이 스티어링 휠 회전속도에 따라, 좌우측에 따라 변화하는지 확인한다.

(2) 주행점검

① 차량을 35km/h의 속도로 운행하면서 스티어링 휠을 90° 정도 회전시킨다.
② 핸들을 놓았을 때 70° 가량 복원되는지 점검한다.

| TOPIC 03 | 조향장치 정비 조정, 수리, 교환, 검사 |

1. 공기빼기 작업

① 리저브 탱크 최대 표시선까지 오일을 주입한다.
② 작업 간 오일의 양이 최저점 밑으로 떨어지지 않도록 지속적으로 보충한다.
③ 공기 분해로 인한 오일 흡수를 막기 위해 크랭킹을 실시한다.
④ 앞바퀴를 들어 올리고 고정한다.
⑤ 점화 케이블을 분리한 후 스타터 모터를 주기적으로 작동시키면서 스티어링 휠을 좌우측으로 끝까지 여러 차례 회전한다.

출처 : 교육부(2018), 조향장치 · 전자제어 조향장치정비(LM1506030310_17v3, LM1506030311_17v3), 사단법인한국자동차기술인협회, 한국직업능력개발원, p.57

[그림 4-5] 핸들 조작

⑥ 점화 케이블을 연결하여 엔진을 시동한 후 공회전시킨다.
⑦ 오일 리저버에서 공기 방울이 없어질 때까지 스티어링 휠을 좌우측으로 돌린다.
⑧ 오일이 뿌옇게 변하지 않고, 최대점에서 양의 변동이 없다면 오일 주입을 완료한다.
⑨ 오일 수준이 5mm 이상 차이가 나면 공기 빼기 작업을 실시한다.
⑩ 스티어링 휠을 회전시켰을 때 오일 레벨 상하 변동이 있거나 정지시켰을 때 오일이 넘치면 공기빼기가 충분치 않은 것으로 펌프 내에 캐비테이션 현상이 발생되어 몬 노이즈 발생 및 조기 손상 우려가 있으므로 공기빼기 작업을 다시 실시한다.

2. 벨트 장력 조정

① 벨트의 중간 지점에서 규정값의 힘을 가해 벨트를 누르고 휨의 상태가 규정치 이내인지 확인한다.
② 조정볼트를 반시계 방향으로 풀면서 벨트를 끼우고, 다시 시계방향으로 회전시켜 장력을 가해 힌지볼트와 플런저 너트를 규정토크로 체결한다.
③ 벨트 장력 조절 시 텐션 풀리가 편심되지 않도록 힌지 볼트와 플런저 너트를 가체결한 후 장력을 조정한다.
④ 오토 텐셔너로 장력이 조절되는 것을 확인한다.

단원 마무리문제

CHAPTER 04 조향장치 정비

01 애커먼 장토식의 원리를 이용한 장치는?
① 조향장치　② 제동장치
③ 현가장치　④ 충전장치

02 어떤 자동차의 축거가 2.8m인 차를 왼쪽으로 완전히 꺾을 때 오른쪽 바퀴의 각도가 30°이고, 왼쪽 바퀴의 각도는 45°이다. 바퀴의 접지면 중심과 킹핀과의 거리가 20cm일 때 최소회전반경은?
① 5.6m　② 5.8m
③ 6m　④ 6.2m

[해설]
$\dfrac{2.8m}{\sin 30°}+0.2m=5.8m$

03 조향 핸들이 1바퀴 회전되었을 때 피트먼 암이 60° 움직였다면 조향 기어비는 얼마인가?
① 6 : 1　② 7 : 1
③ 8 : 1　④ 9 : 1

[해설]
1바퀴=360°이므로 360 : 60=6 : 1

04 조향핸들 유격이 커지는 원인이 아닌 것은?
① 조향 기어의 조정이 불량하다.
② 앞바퀴 베어링이 마모되었다.
③ 피트먼 암이 헐겁다.
④ 타이어의 공기압이 너무 높다.

[해설]
조향핸들의 유격과 타이어의 공기압은 관련이 없다.

05 동력 조향장치의 구조에서 오일 회로를 개폐하는 밸브는?
① 작동부　② 제어부
③ 동력부　④ 유압 발생부

06 평탄한 도로를 주행할 때 차의 직진성이 떨어진다면 어떻게 조치하여야 하는가?
① 0의 캐스터로 조정한다.
② 부(-)의 캐스터로 조정한다.
③ 정(+)의 캐스터로 조정한다.
④ 0의 캠버로 조정한다.

[해설]
정(+)의 캐스터의 작용은 핸들의 직진복원성이다.

07 어느 자동차의 사이드 슬립량을 측정하였더니, 테스터기의 지시값이 6이었다. 이 자동차가 1km 주행하면 얼마만큼 사이드슬립이 일어나는가?
① 6mm　② 6cm
③ 60cm　④ 6m

[해설]
사이드 슬립은 1km 주행 시 몇 m 만큼 좌 또는 우측으로 기울어지는지를 점검하는 것이다. 테스터기의 지시값이 6이라면 1km 주행 시 6m가 측정된 것이다.

08 파워 스티어링 오일 압력 스위치는 무엇을 조절하기 위하여 존재하는가?
① 공연비 조절　② 점화 시기 조절
③ 공회전 속도 조절　④ 연료 펌프 구동 조절

[해설]
파워 스티어링의 동력원은 엔진이므로 오일 압력이 높아질 경우 엔진의 공회전 속도를 상승시킨다.

정답 01 ① 02 ② 03 ① 04 ④ 05 ② 06 ③ 07 ④ 08 ③

09 유압식 동력 조향장치의 구성요소가 아닌 것은?
① 브레이크 스위치 ② 오일펌프
③ 스티어링 기어박스 ④ 압력 스위치

10 조향장치가 갖추어야 할 조건이 아닌 것은?
① 적당한 회전감각이 있을 것
② 고속 주행에서도 조향 핸들이 안정될 것
③ 조향 휠의 회전과 구동 휠의 선회차가 클 것
④ 선회 후 복원성이 좋을 것

> **해설**
> 조향휠의 회전과 구동 휠의 선회차가 작아야 한다.

11 센터 디퍼렌셜 기어 장치가 없는 4WD 차량에서 4륜 구동상태로 선회 시 브레이크가 걸리는 듯한 현상은?
① 타이트 코너 브레이킹
② 코너링 언더 스티어
③ 코너링 요 모멘트
④ 코너링 포스

> **해설**
> 타이트 코너 브레이킹은 반지름이 작은 커브를 선회할 때 앞바퀴와 뒷바퀴의 회전 반지름이 달라서 브레이크가 걸린 듯이 뻑뻑해지는 현상이다.
> ② 코너링 언더 스티어 : 선회 시 조향 각도를 일정히 유지하여도 선회 반경이 커지는 현상

12 선회할 때 조향각도를 일정하게 유지하여도 선회 반경이 작아지는 현상은?
① 오버 스티어링 ② 언더 스티어링
③ 다운 스티어링 ④ 어퍼 스티어링

> **해설**
> 오버 스티어링은 선회 시 조향 각도를 일정히 유지하여도 선회 반경이 작아지는 현상이다.
> ② 언더 스티어링 : 선회 시 조향 각도를 일정히 유지하여도 선회 반경이 커지는 현상

13 자동차가 커브를 돌 때 원심력이 발생하는데 이 원심력을 이겨내는 힘은?
① 코너링 포스 ② 컴플라이언 포스
③ 구동 토크 ④ 회전 토크

14 유압식 전자제어 파워스티어링 ECU의 입력요소가 아닌 것은?
① 차속센서
② 스로틀 포지션 센서
③ 크랭크 축 포지션 센서
④ 조향 각 센서

> **해설**
> 크랭크 축 포지션 센서는 차량의 점화 제어에 사용된다.

정답 09 ① 10 ③ 11 ① 12 ① 13 ① 14 ③

CHAPTER 05 유압식 제동장치 정비

TOPIC 01 유압식 제동장치 이해

1. 제동장치

(1) 정의

주행 중의 자동차를 감속 또는 정지시킴과 동시에 주차상태를 유지하기 위하여 사용되는 중요한 장치이다.

(2) 제동장치의 구비조건

① 최고 속도와 차량 중량에 대하여 충분한 제동작용을 한다.
② 제동작용이 확실하고, 점검·조정이 용이해야 한다.
③ 신뢰성이 높고, 내구력이 커야 한다.
④ 조작이 간단하고 운전자에게 피로감을 주지 않아야 한다.
⑤ 브레이크를 작동시키지 않을 때에는 각 바퀴의 회전이 전혀 방해되지 않아야 한다.

2. 유압식 브레이크

(1) 개요

① 파스칼의 원리를 응용한다.
② 장점 : 제동력이 모든 바퀴에 균일하게 전달되며, 마찰 손실이 적고, 조작력이 작아도 된다.
③ 단점 : 오일 파이프 등이 파손되어 오일이 누출되는 경우 브레이크 기능을 상실한다.

(2) 유압식 브레이크의 구조 및 작용

① 마스터 실린더(Master Cylinder) : 브레이크 페달을 밟아 유압을 발생시키는 부분이다.

잔압(Residual Pressure)
- 피스톤 리턴 스프링이 항상 체크밸브를 밀고 있으므로 회로 내에는 어느 정도 압력이 남게 되는 것으로 보통 0.6~0.8kgf/cm² 정도이다.
- 잔압을 두는 이유
  - 브레이크 작동 지연 방지
  - 회로 내에 공기 유입 방지
  - 휠 실린더 내에서의 오일 누출 방지
  - 베이퍼 록 방지

탠덤 마스터 실린더
오일 누출 시 브레이크가 작동되지 않는 것을 방지하기 위해 앞, 뒷바퀴가 별개로 작동하도록 만든 것을 말한다.

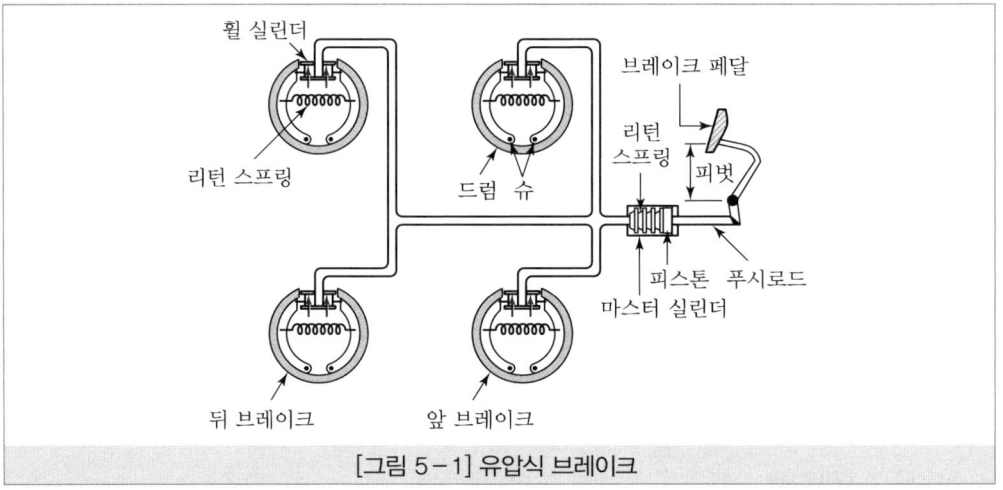

[그림 5-1] 유압식 브레이크

② 휠 실린더(Wheel Cylinder) : 마스터 실린더에서 온 유압으로 브레이크 슈를 드럼에 압착시키는 기구이다.

③ 브레이크 라인
   ㉠ 녹과 부식을 방지하기 위해 방청처리를 한 강 파이프 사용
   ㉡ 차축이나 바퀴 등에 연결하는 것으로 플렉시블 호스를 사용

3. 드럼식 브레이크

(1) 구조

저장탱크, 마스터 실린더 몸체(피스톤, 피스톤 컵, 피스톤 컵 스페이서, 피스톤 스프링, 체크밸브 등)로 구성된다.

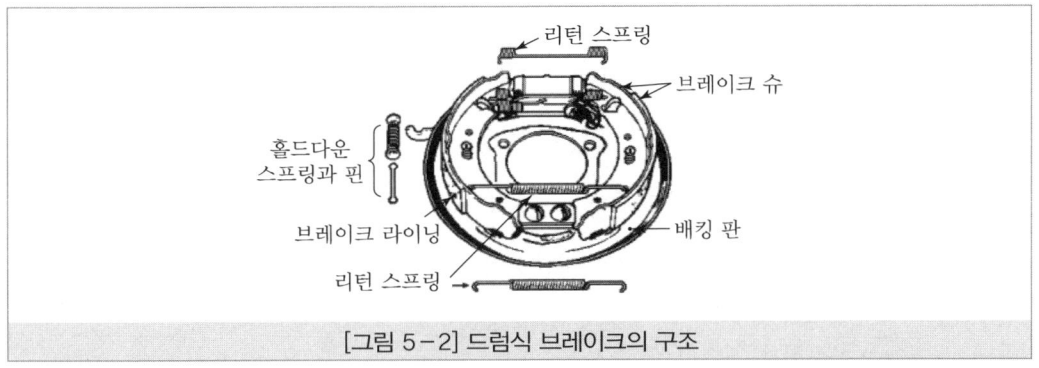

[그림 5-2] 드럼식 브레이크의 구조

(2) 브레이크 드럼(Brake Drum)

원통형 마찰부를 가지고 휠과 같이 회전, 라이닝과 마찰에 의하여 제동력을 발생, 정적, 동적 평형이 되고, 라이닝이 압착되어도 변형되지 않아야 하며, 내마멸성과 방열성이 좋아야 한다.

(3) 브레이크 슈와 브레이크 라이닝

1) 개요

① 휠 실린더의 피스톤에 의해 드럼과 접촉하여 제동력이 발생한다.
② 슈의 재질 : 주철이나 가단주철을 사용한다.
③ 리턴 스프링 : 마스터 실린더의 유압이 해제되었을 때 슈가 원위치로 복귀한다.
④ 홀드 다운 스프링 : 슈가 알맞은 위치에 유지되도록 한다.

2) 라이닝의 구비조건

① 내열성이 크고, 페이드(fade) 현상이 없어야 한다.
② 기계적 강도 및 내마모성이 커야 한다.
③ 온도의 변화, 물 등에 의한 마찰계수 변화가 적어야 한다.

3) 페이드(fade) 현상

① 브레이크 조작을 반복적으로 계속하면 드럼과 슈의 마찰열이 축적되어 제동력이 감소되는 현상이다.
② 원인 : 드럼과 슈의 열팽창과 라이닝의 마찰계수 저하 때문이다.
③ 페이드 현상 방지책
  ㉠ 드럼은 방열성을 크게 하고, 열팽창율이 적은 형상으로 제작
  ㉡ 드럼은 열팽창율이 적은 재질을 사용
  ㉢ 온도 상승에 따른 마찰계수 변화가 적은 라이닝을 사용

4) 베이퍼 록(Vapor Lock) 현상

① 브레이크 회로 내에 브레이크 오일이 비등, 기화하여 증발되어 오일의 압력 전달작용이 불가능하게 되는 현상이다.
② 원인
　㉠ 긴 내리막길에서 과도한 브레이크 사용 시
　㉡ 드럼과 라이닝의 끌림에 의한 가열
　㉢ 마스터 실린더, 브레이크 슈 리턴 스프링 쇠손에 의한 잔압의 저하
　㉣ 불량한 브레이크 오일 사용
　㉤ 브레이크 오일의 변질에 의한 비점의 저하

(4) 드럼식 브레이크의 작동

① 리딩 트레일링 슈식(Leading Trailing Shoe Type)
　㉠ 가장 기본적인 형식
　㉡ 종류 : 앵커 핀식, 앵커 고정식, 플로팅식
　㉢ 자기작동하는 슈를 리딩 슈, 자기작동 하지 않는 슈를 트레일링 슈라 함
　㉣ 앵커핀 형식은 전진 시는 앞쪽의 슈만이, 후진 시는 뒤쪽의 슈만이 자기작동 작용을 함

> **Tip**
> **자기작동**
> 브레이크 작동 시 슈가 드럼을 강하게 압박하여 제동력을 증가시키는 작용

② **자기 서보형(Self Servo Type)** : 휠 실린더의 힘보다 더 큰 힘으로 드럼을 압착하는 것으로, 배력 작용을 응용한 것이다.

유니 서보형	• 전진 제동 시 2개의 슈가 모두 리딩슈로 제동력이 커짐 • 후진 제동 시는 2개의 슈 모두가 트레일링 슈가 되어 제동력이 작아짐
듀어 서보형	전·후진 모두 자기작동 작용이 되도록 하여 강력한 제동력을 얻도록 하는 형식

③ **2리딩형(Two Leading Type)** : 2개의 휠 실린더를 사용하여 2개의 슈가 모두 리딩 슈가 되도록 한다.

단동 2리딩 슈형	전진 시에 두 개 슈 모두 리딩 슈로서 작용하나, 후진 시에는 모두 트레일링 슈가 되어 제동력이 전진 시에 비해 1/3로 감소
복동 2리딩 슈형	드럼의 회전방향에 따라 고정측이 바뀌어 전·후진 모두 리딩 슈로서 작동하게 됨

(5) 자동 조정장치(어저스터)

① 브레이크 라이닝이 마멸되면 슈와 드럼 사이의 틈새가 커지는데 이 틈새를 자동으로 조정하는 장치이다.
② 2리딩 슈 형식 : 풋 브레이크를 작동시키면 조정한다.
③ 듀오 서보 형식 : 후진 시 제동에 의해 조정한다.
④ 리딩 트레일링 슈 형식 : 풋 브레이크를 작동시키면 조정된다.

4. 디스크 브레이크

(1) 개요

드럼 대신에 바퀴와 함께 회전하는 디스크에, 유압에 의해 작동하는 패드(Pad)를 양쪽에서 압착하여 마찰력으로 제동하는 것이다.

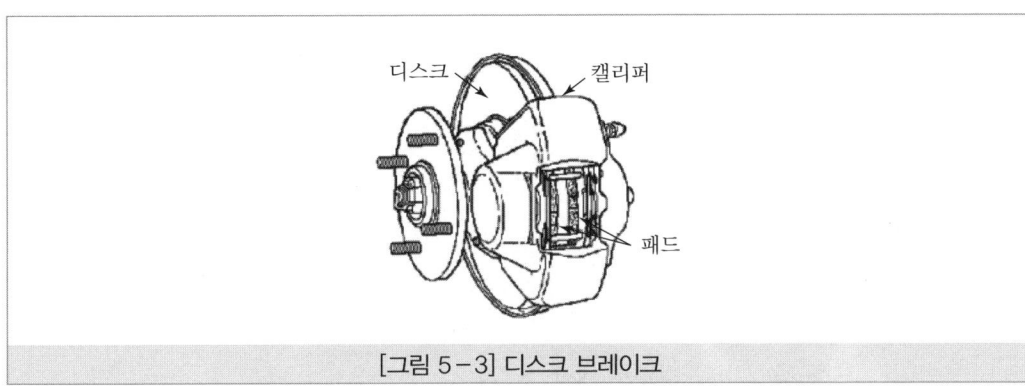

[그림 5-3] 디스크 브레이크

(2) 종류

① 고정 캘리퍼형
 ㉠ 캘리퍼에 실린더를 2개 설치하여 디스크 양쪽에 패드를 압착시켜 제동력을 발생시킴
 ㉡ 단점 : 방열이 좋지 않아 베이퍼 록을 일으킬 수 있음

② 유동 캘리퍼형
 ㉠ 캘리퍼 한쪽에만 실린더를 설치하여 제동 시 유압이 작동되면 피스톤이 패드를 압착하고, 그 반력으로 캘리퍼 전체가 좌우로 움직여 반대쪽의 패드도 디스크에 압착되어 제동력을 발생시킴
 ㉡ 구조 간단, 경량으로 소형 차량에 많이 사용

(3) 구조

① **디스크(disk)** : 바퀴와 함께 회전하여 양면에 작용하는 패드에 의해 제동되는 부분으로, 특수 주철로 제조한다.
② **캘리퍼(Caliper)** : 지지 브래킷에 의해 너클 스핀들에 고정되어 있고, 양쪽에 실린더가 설치이다.
③ 브레이크 실린더와 피스톤으로 구성된다.
④ **패드(Pad)** : 석면과 레진을 혼합하여 소결한다.

(4) 디스크 브레이크의 장·단점

① 장점
  ㉠ 디스크가 대기 중에 노출되어 방열성이 양호
  ㉡ 페이드현상이 방지되어 제동성능이 안정
  ㉢ 자기작동 작용이 없으므로 좌우 바퀴의 제동력이 안정되어 제동 시 한쪽만 제동되는 일이 적음
  ㉣ 물이나 진흙 등이 묻어도 디스크로부터 이탈이 용이
  ㉤ 디스크가 열에 의해 거의 변형되지 않으므로 브레이크 페달을 밟는 거리의 변화가 적음
  ㉥ 점검 및 조정이 용이하고 간단

② 단점
  ㉠ 마찰 면적이 작으므로 패드를 미는 힘이 커야 함
  ㉡ 패드를 강도가 큰 재료로 제작
  ㉢ 브레이크 페달을 밟는 힘이 커야 함
  ㉣ 구조상 고가임

5. 진공 배력식 브레이크

① 유압 브레이크의 제동력을 더욱 강하게 보조하는 기구이다.
② **진공식 배력장치** : 진공과 대기압과의 차압을 이용하는 형식이다.
③ **압축공기식 배력장치** : 압축공기 압력을 이용하는 형식, 공기압축기를 이용한다.

6. 전자제어 제동장치(ABS ; Anti-lock Brake System)

(1) 개요

바퀴가 고착되는 상황에서는 조향핸들을 조작하여도 운전자의 의지대로 조향되지 않아 장애물을 피하거나 안정된 제동을 할 수 없는 위험한 상태가 되는데 이러한 현상을 방지하기 위하여 사용하는 장치가 전자제어 자동장치(ABS ; Anti-skid Brake System 또는 Anti-lock Brake System)이다.

(2) 사용 목적

① 전자제어 제동장치는 바퀴의 회전속도를 검출하여 그 변화에 따라 제동력을 제어하는 방식으로 어떠한 주행조건, 어느 자동차의 바퀴도 고착(lock)되지 않도록 유압을 제어할 수 있다.
② 전자제어 제동장치를 장착한 자동차는 제동 시 각 바퀴의 제동력이 독립적으로 제어되므로 직진 상태로 제동되는 것은 물론 제동거리 또한 단축할 수 있다.
③ 전자제어 제동장치를 장착한 자동차는 바퀴의 고착이 방지되어 선회곡선을 따라 운전자의 의지대로 주행할 수 있다.

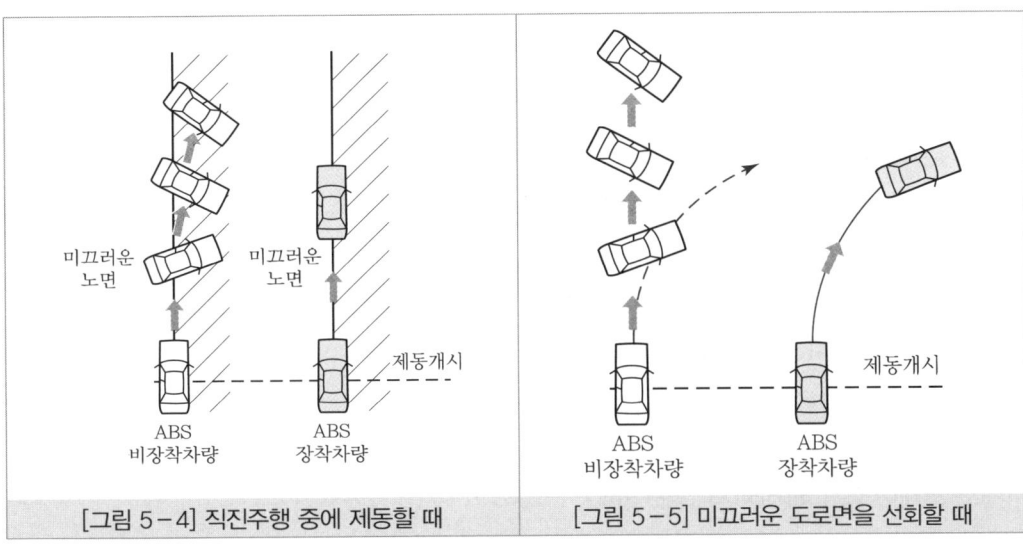

[그림 5-4] 직진주행 중에 제동할 때   [그림 5-5] 미끄러운 도로면을 선회할 때

(3) 전자제어 제동장치 기능

① 조향 안정성 유지 : 자동차 주행 중 급제동을 할 때 바퀴와 도로면과의 적절한 마찰력이 요구되는데 이를 위해 바퀴가 고착되지 않도록 제어하여 원하는 마찰력을 얻는다. 이때는 운전자가 요구하는 대로 조향 성능을 유지할 수 있다.
② 제동 및 조향 안정성 유지 : 전자제어 제동장치용 컴퓨터는 각 바퀴의 회전속도를 검출하여 각 바퀴의 회전속도가 일치하도록 정확히 제어하므로 안정된 제동과 안정된 조향성능을 확보할 수 있다.
③ 제동거리 최소화 : 단순하게 제동 후 거리만을 측정한다면 일반도로에서는 전자제어 제동장치를 설치하지 않은 자동차가 더 짧을 수 있는데, 이때 자동차의 안정된 자세는 기대하기 어렵다. 그러나 미끄러운 도로면이나 빗길의 경우에는 확실하게 전자제어 제동장치를 설치한 자동차가 우수하다.

7. 브레이크 고장 및 정비

(1) 브레이크가 작동하지 않는 원인

① 브레이크 오일 부족 및 오일이 누출된다.
② 브레이크 계통 내 공기가 혼입된다.
③ 브레이크 배력장치 작동이 불량하다.
④ 패드 및 라이닝 접촉이 불량하다.
⑤ 패드 및 라이닝에 오일이 묻어 있다.
⑥ 페이드 현상이 발생한다.
⑦ 브레이크 라인이 막혔다.

(2) 브레이크가 한쪽만 듣는 경우

① 타이어 공기압의 불평형하다.
② 브레이크 드럼 간극 조정이 불량하다.
③ 한쪽 라이닝에 오일이 묻었다.
④ 앞바퀴 정렬이 불량하다.
⑤ 패드나 라이닝의 접촉이 불량하다.

(3) 브레이크가 해제되지 않는 원인

① 마스터 실린더의 리턴 구멍 막힘 및 리턴 스프링이 불량하다.
② 마스터 실린더의 푸시로드 길이가 길다.
③ 페달의 자유간극이 적다.
④ 드럼과 라이닝이 소결된다.

8. 제동이론

① **공주거리** : 운전자가 장애물을 인지하여 브레이크 페달을 밟아 브레이크의 작용이 시작할 때까지 걸리는 시간이다.

$$공주거리(m) = \frac{V}{3.6} \times t$$

V : 제동초속도(km/h), t : 공주시간(sec, 보통 0.7~1.0sec)

② **제동거리** : 제동조작을 개시하여 제동력이 작용하기 시작한 다음에 정지할 때까지 자동차가 주행하는 거리이다.

$$제동거리(m) = \frac{V^2}{2\mu g}$$

V : 제동초속도(m/s), g : 중력가속도 $9.8 m/s^2$
μ : 타이어와 노면의 마찰계수

③ **정지거리** : 장애물을 발견한 후 자동차가 정지할 때까지의 거리(공주거리+제동거리)이다.

$$정지거리 = 공주거리 + 제동거리$$

TOPIC 02 유압식 제동장치 점검 · 진단

1. 디스크 두께 점검

① 브레이크 디스크의 손상을 점검한다.
② 마이크로미터와 다이얼 게이지를 사용하여 브레이크 디스크의 두께와 런 아웃을 점검한다.
③ 동일 원주상의 8부분 이상에서 디스크 두께를 측정한다.
④ 한계값 이상으로 마모되었으면 좌우의 디스크 및 패드 어셈블리를 교환한다.

출처 : 교육부(2018), 유압식 제동장치 정비(LM1506030313_17v3),
사단법입 한국자동차기술인협회, 한국직업능력개발원, p.14, p.15

[그림 5-6] 디스크 두께 | [그림 5-7] 디스크 런 아웃

2. 브레이크 페달 유격 측정

① 엔진을 정지시킨 상태에서 2~3회 페달을 밟았다 놓았다를 한 후 실시한다.
② 곧은자(직각자)를 바닥과 브레이크 페달 측면에 대고 페달이 올라온 부분에 펜을 이용하여 페달의 높이를 측정하고 페달을 누르지 않은 상태에서 측정한다.
③ 손가락으로 브레이크 페달을 눌러 저항이 느껴지는 지점에 펜으로 선을 긋는다.
④ 브레이크 페달 높이에서 손가락으로 눌러서 측정한 높이를 빼면 페달 유격이 나온다.
⑤ 브레이크 페달 높이가 규정값 범위에 있는지를 확인하고, 규정값을 벗어나면 조정한다.
⑥ 브레이크 페달의 상단에 위치한 고정너트를 풀어 낸 다음 푸시로드를 돌려서 유격을 조정한다.

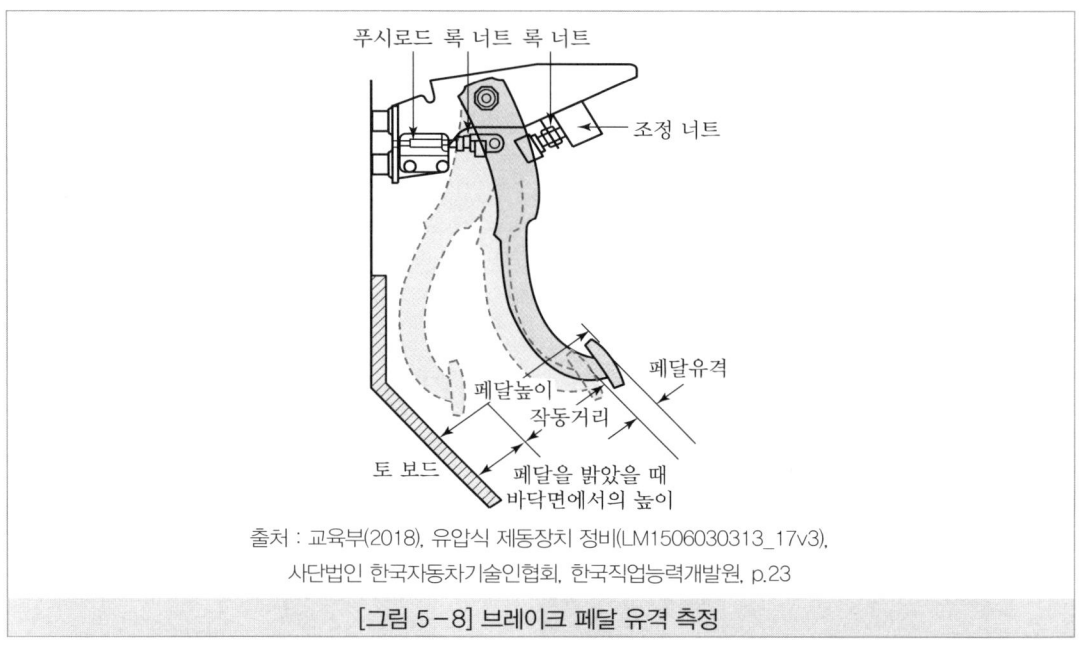

출처 : 교육부(2018), 유압식 제동장치 정비(LM1506030313_17v3), 사단법인 한국자동차기술인협회, 한국직업능력개발원, p.23

[그림 5-8] 브레이크 페달 유격 측정

TOPIC 03 유압식 제동장치 정비 조정, 수리, 교환, 검사

1. 제동력 검사

(1) 제동장치 검사 전 관련 설비의 점검 수행

① 시험기 본체에 삽입된 오일 댐퍼의 유량을 확인하여 부족할 경우 스핀들유를 보충한다.
② 롤러의 기름이나 흙 등 이물질이 묻어 있는지 확인한다.

출처 : 교육부(2018), 유압식 제동장치 정비(LM1506030313_17v3), 사단법인 한국자동차기술인협회, 한국직업능력개발원, p.70

[그림 5-9] 제동력 차축 위치(후축, 좌측바퀴), (전축, 좌측바퀴)

(2) 검사 판정 기준

① 제동력의 총합이 50% 이상이어야 하는데 이는 모든 바퀴의 제동력의 합을 차량 중량으로 나눈 값이다.

$$제동력의\ 총합 = \frac{전,\ 후,\ 좌,\ 우\ 제동력의\ 총합}{차량중량} \times 100\% = 50\%\ 이상일\ 때\ 합격$$

② 앞 차축 제동력의 합이 50% 이상이어야 하는데 이는 차축의 좌우 제동력의 합을 해당 축중으로 나눈 값이다.

$$앞바퀴\ 제동력의\ 합 = \frac{좌제동력 + 우제동력}{전축중} \times 100\% = 50\%\ 이상일\ 때\ 합격$$

③ 뒤 차축 제동력의 합이 20% 이상이어야 하는데 이는 차축의 좌우 제동력의 합을 해당 축중으로 나눈 값이다.

$$뒷바퀴\ 제동력의\ 합 = \frac{좌제동력 + 우제동력}{후축중} \times 100\% = 20\%\ 이상일\ 때\ 합격$$

④ 좌·우 제동력의 편차가 8% 이내여야 하는데 이는 좌우 제동력의 차를 해당 축 중량으로 나눈 값이다.

$$앞,\ 뒤\ 바퀴\ 제동력의\ 편차 = \frac{좌제동력 - 우제동력}{해당축중} \times 100\% = 8\%\ 이내일\ 때\ 합격$$

⑤ 주차 브레이크의 제동력이 20% 이상이어야 하는데 이는 뒤 주차 브레이크의 좌우 제동력 합계를 차량 중량으로 나눈 값이다.

$$주차\ 브레이크\ 제동력 = \frac{뒤,\ 좌,\ 우\ 제동력의\ 총합}{차량중량} \times 100\% = 20\%\ 이상일\ 때\ 합격$$

단원 마무리문제

CHAPTER 05 유압식 제동장치 정비

01 제동장치가 갖추어야 할 구비 조건이 아닌 것은?
① 신뢰성이 높고, 내구력이 클 것
② 최고 속도에 대하여 충분한 제동작용을 할 것
③ 제동 작용이 확실하고, 점검·조정이 용이할 것
④ 차량 총중량 이상에 대하여 충분한 제동작용을 할 것

해설
차량 총중량에 대하여 충분한 제동작용을 해야 한다.

02 유압식 브레이크는 무슨 원리를 이용한 것인가?
① 베르누이 원리
② 파스칼의 원리
③ 애커먼 장토식의 원리
④ 렌쯔의 원리

03 〈그림〉에서 A부분에 2.5kgf의 힘이 가해지면 반대편 B부분에 발생되는 힘은 얼마인가?

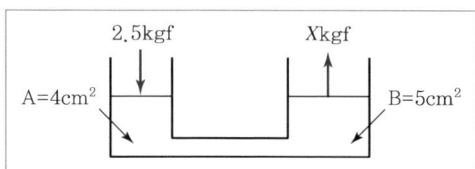

① 2.125kgf
② 3.125kgf
③ 2.625kgf
④ 3.625kgf

해설
B부분에 발생되는 힘을 x kgf라고 하면
$\dfrac{2.5\text{kgf}}{4\text{cm}^2} = \dfrac{x\text{kgf}}{5\text{cm}^2}$, $x = \dfrac{2.5 \times 5}{4}$
즉 B부분에 발생되는 힘은 3.125kgf이다.

04 유압식 브레이크 장치에서 잔압을 두는 이유가 아닌 것은?
① 브레이크의 작동을 신속하게 한다.
② 베이퍼 록을 방지한다.
③ 휠 실린더의 오일 누설을 방지한다.
④ 브레이크 페달의 유격을 작게 한다.

해설
브레이크 페달의 유격은 푸시로드와 페달 사이의 간극이다.

05 마스터 실린더의 내경이 2cm, 푸시로드에 100kgf의 힘이 작용할 때 브레이크 파이프에 작용하는 압력은 약 얼마인가?
① $32\text{kgf}/\text{cm}^2$
② $25\text{kgf}/\text{cm}^2$
③ $10\text{kgf}/\text{cm}^2$
④ $2\text{kgf}/\text{cm}^2$

해설
단면적 $= \dfrac{\pi(2\text{cm})^2}{4} = 3.14\text{cm}^2$
압력 $= \dfrac{F(\text{힘})}{A(\text{단면적})} = \dfrac{100\text{kgf}}{3.14\text{cm}^2} = 31.84\text{kgf}/\text{cm}^2$

06 브레이크 페달의 지렛대비가 28 : 7이다. 페달을 40kgf의 힘으로 밟았을 때 푸시로드에 작용되는 힘은 얼마인가?
① 150kgf
② 160kgf
③ 170kgf
④ 180kgf

해설
지렛대비 4 : 1이므로 40kgf×4 = 160kgf

정답 01 ④ 02 ② 03 ② 04 ④ 05 ① 06 ②

07 탠덤 마스터 실린더를 사용하는 이유는?
① 제동력을 증가시키기 위해 사용한다.
② 제동거리를 가능한 짧게 하기 위해 사용한다.
③ 앞, 뒷바퀴의 제동력을 동시에 전달하기 위해 사용한다.
④ 앞, 뒤 브레이크를 분리하여 안전성을 확보하기 위해 사용한다.

해설
탠덤 마스터 실린더란 실린더 내에 피스톤을 2개 설치하여 앞, 뒤 브레이크를 분리하여 유압라인의 문제 발생 시 안전성을 확보한다.

08 브레이크 조작을 반복적으로 계속하면 드럼과 슈의 마찰열이 축적되어 제동력이 감소되는 현상을 무엇이라 하는가?
① 페이드 현상   ② 스펀지 현상
③ 슬라이딩 현상   ④ 베이퍼 록 현상

해설
페이드 현상은 마찰면에서 발생하는 제동 불가 현상을 말한다.
④ 베이퍼 록 현상 : 유압라인에 발생하는 제동 불가 현상

09 페이드 현상이 일어났을 때 응급처리 방법은?
① 주차 브레이크를 대신 사용한다.
② 자동차의 속도를 조금 높여준다.
③ 자동차를 세우고 열을 식혀준다.
④ 브레이크를 자주 밟아 열을 발생시킨다.

해설
페이드 현상은 마찰면에 열에 의해 발생하므로 바로 열을 식혀주는 것이 좋다.

10 자동차의 브레이크장치 유압회로 내에서 생기는 베이퍼 록의 원인이 아닌 것은?
① 드럼과 라이닝의 물림에 의한 가열
② 긴 내리막길에서 과도한 브레이크 사용
③ 비점이 높은 브레이크 오일을 사용했을 때
④ 브레이크 슈 리턴 스프링의 쇠손에 의한 잔압의 저하

해설
비점이 높은 경우 베이퍼 록을 방지할 수 있다.

11 디스크 브레이크의 장점이 아닌 것은?
① 디스크가 대기 중에 노출되어 방열성이 양호하다.
② 페이드 현상이 방지되어 제동성능이 안정된다.
③ 자기작동 작용으로 좌우 바퀴의 제동력이 안정된다.
④ 물이나 진흙 등이 묻어도 디스크로부터 이탈이 용이하다.

해설
자기작동 작용은 드럼브레이크의 효과이다.

12 다음 중 긴 내리막길을 내려갈 때 사용하는 브레이크가 아닌 것은?
① 핸드 브레이크
② 배기 브레이크
③ 와전류 브레이크
④ 하이드롤릭 리타더

해설
핸드 브레이크는 기계식 주차용 브레이크이다.

13 ABS 장착 차량에서 스피드 센서의 설명으로 가장 알맞은 것은?
① 바퀴의 회전속도를 톤 휠과 센서의 자력선 변화를 감지하여 ECU에 입력한다.
② 차속 센서와 같은 원리이다.
③ 앞바퀴에만 설치한다.
④ 뒷바퀴에만 설치한다.

정답 07 ④ 08 ① 09 ③ 10 ③ 11 ③ 12 ① 13 ①

해설
휠스피드 센서는 바퀴의 잠김을 감지하여 ECU에 신호를 보낸다.

14 브레이크가 한쪽만 듣는 이유가 아닌 것은?
① 타이어 공기압의 불평형
② 브레이크 드럼 간극 조정 불량
③ 한쪽 라이닝에 오일이 묻었을 때
④ 페달의 자유간극이 적을 때

해설
페달의 자유간극이 적은 경우 브레이크가 잘 풀리지 않는다.

15 어떤 자동차가 급제동 시 제동 초속도가 90km/h 이고, 공주시간이 0.8초라면 공주 거리는 얼마인가?
① 18m
② 20m
③ 22m
④ 24m

해설
$90\text{km/h} = \dfrac{90 \times 1000}{3600}\text{m/s} = 25\text{m/s}$

0.8초 이동거리 $= 25\text{m/s} \times 0.8\text{s} = 20\text{m}$

정답 14 ④ 15 ②

CHAPTER 06 휠·타이어·얼라인먼트 정비

TOPIC 01 휠 · 타이어 · 얼라인먼트 이해

1. 타이어의 구조

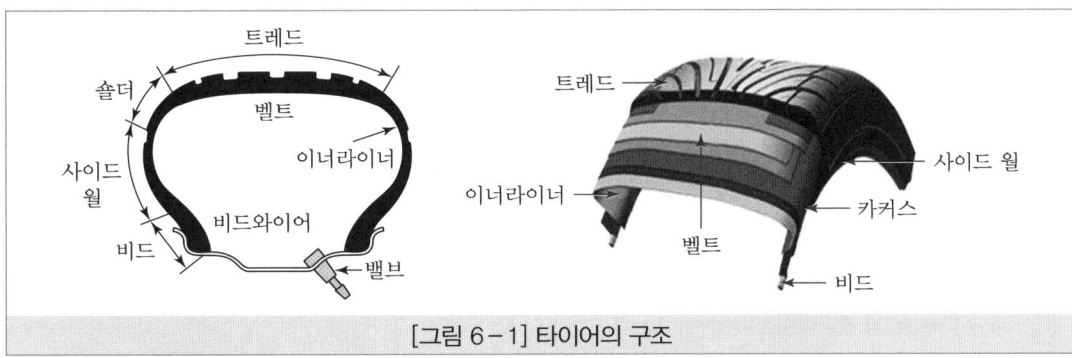

[그림 6-1] 타이어의 구조

(1) 트레드

① 노면과 직접 접착되는 부분으로 내마멸성이 두꺼운 고무로 제작한다.

② 트레드 패턴의 필요성

　㉠ 주행 중 옆 방향 및 전진 방향의 슬립 방지

　㉡ 타이어 내부에서 발생한 열을 발산

　㉢ 트레드부에 생긴 절상 등의 확산을 방지

　㉣ 구동력이나 선회성능을 향상

③ 트레드 패턴의 종류

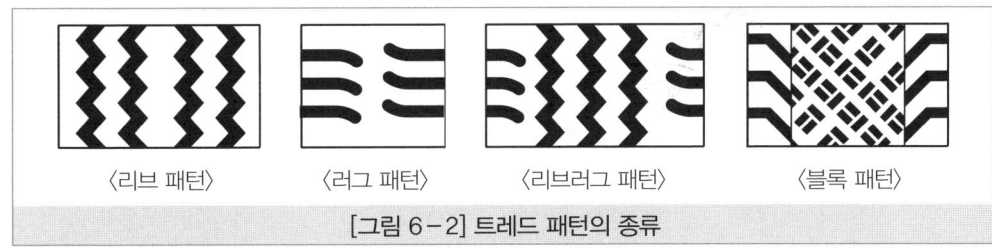

[그림 6-2] 트레드 패턴의 종류

㉠ 리브 패턴 : 옆방향 슬립에 대한 저항이 크고 조향성, 승차감이 우수하고 주행 소음이 적어 승용차에 많이 사용
㉡ 러그 패턴 : 험한 도로 및 비포장도로에서 견인력을 발휘, 슬립 및 편마모가 발생되지 않아 덤프 트럭, 버스 등에 사용
㉢ 리브 러그 패턴 : 조향성을 향상시키고 슬립을 방지함과 동시에 견인력이 향상되어 포장도로나 비포장도로를 겸용할 수 있으므로 고속버스, 소형 트럭에 사용
㉣ 블록 패턴 : 모래나 눈길 등과 같이 연한 노면을 다지면서 주행하므로 앞뒤, 옆방향 슬립을 방지

(2) 브레이커
① 설치 : 카커스와 트레드 사이에 설치한다.
② 기능
  ㉠ 트레드와 카커스 분리 방지
  ㉡ 완충작용
  ㉢ 카커스 손상 방지

(3) 카커스
① 타이어의 뼈대이다.
② 타이어의 일정한 체적 유지 및 완충작용을 한다.

(4) 비드부
① 타이어가 림에 접촉되는 부분으로 타이어가 림에서 빠지는 것을 방지한다.
② 비드부가 늘어나는 것을 방지하기 위해 피아노 선을 첨가한다.
③ 타이어 내부의 공기누설을 방지한다.

2. 타이어 호칭

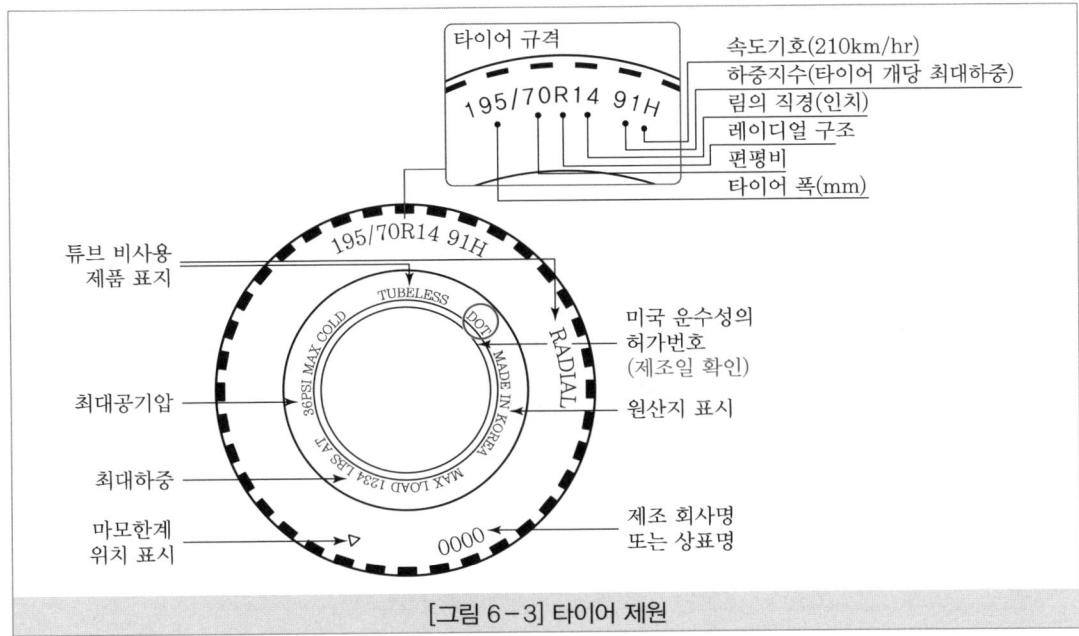

[그림 6-3] 타이어 제원

(1) 편평비

$$편평비 = \frac{타이어의 높이}{타이어의 폭} \times 100\%$$

(2) 호칭 치수

① **저압 타이어** : 타이어의 폭(inch) - 타이어의 내경(inch) - 플라이 수
② **고압 타이어** : 타이어의 외경(inch) × 타이어의 폭(inch) - 플라이 수
③ **레이디얼 타이어** : 225 SR 15인 타이어는 폭이 225mm, 안지름이 15inch이며, 허용최고 속도가 180km/h 이내에서 사용되는 타이어란 뜻이다. 여기서 S 또는 H는 허용 최고 속도 표시 기호이며, R은 레이디얼의 약자이다.

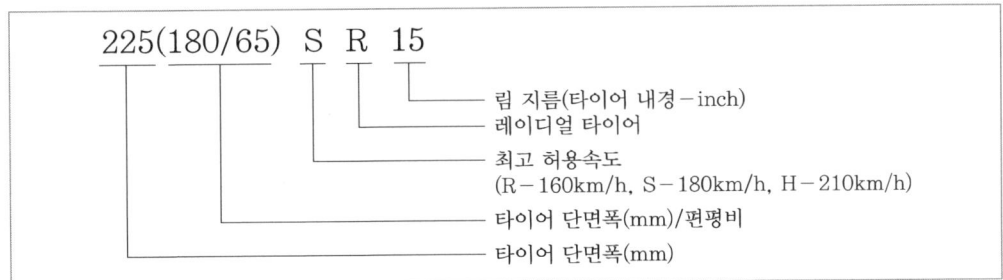

> **Tip**
>
> **플라이 수**
> 카커스를 구성하는 코드층의 수

3. 타이어 종류

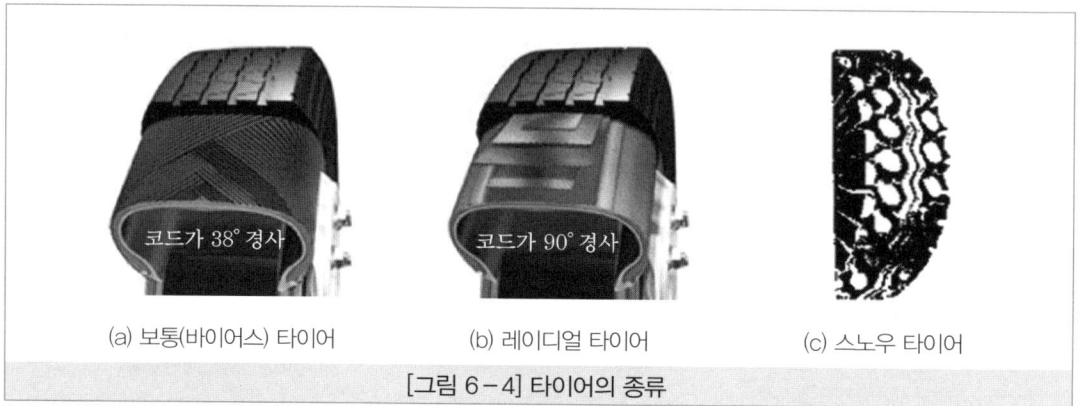

(a) 보통(바이어스) 타이어   (b) 레이디얼 타이어   (c) 스노우 타이어

[그림 6-4] 타이어의 종류

(1) 튜브리스 타이어

① 타이어 내부에 튜브가 없는 타이어이다.

② 장점
    ㉠ 구조가 간단하고 가벼움
    ㉡ 고속 주행 시 발열이 적음
    ㉢ 못 등에 찔려도 공기가 급격히 새지 않음

③ 단점
    ㉠ 림 변형 시 공기가 새기 쉬움
    ㉡ 유리 조각 등에 의해 타이어가 찢어지면 수리가 곤란함

(2) 바이어스 타이어

일반적으로 보통 타이어라 불리며 카커스의 방향은 사선 방향으로 되어 있다.

(3) 레이디얼 타이어

① 장점
    ㉠ 편평비를 크게 할 수 있어 접지 면적이 큼
    ㉡ 하중에 의한 트레드 변형이 적음
    ㉢ 로드 홀딩이 향상되며, 스탠딩 웨이브가 잘 일어나지 않음
    ㉣ 선회 시 코너링 포스가 우수

ⓤ 연료 소비율이 10% 정도 감소
ⓥ 타이어 수명이 65% 정도 증가
② 단점 : 브레이커가 단단하여 충격 흡수가 나쁨

(4) 스노우 타이어

① 눈길에서 체인 없이 사용하는 타이어이다.
② 접지 면적을 크게 하기 위해 트레드부의 폭이 넓고, 홈은 깊게 되어 있다.
③ 50% 이상 마모 시 체인을 설치하여 사용한다.

4. 타이어 평형

(1) 정적 평형

① 휠의 중심점(허브)을 중심으로 하여 방사선형으로 무게의 균형을 이루는 것을 말한다.
② 불평형 시 트램핑(tramping) 현상이 발생할 수 있다.

> **Tip**
> **트램핑(tramping) 현상**
> 바퀴가 상하로 진동을 하는 현상

(2) 동적 평형

① 회전하고 있는 타이어의 밸런스를 말하며, 내측과 외측의 무게의 균형을 이루는 것을 말한다.
② 불평형 시 시미(shimmy) 현상이 발생할 수 있다.

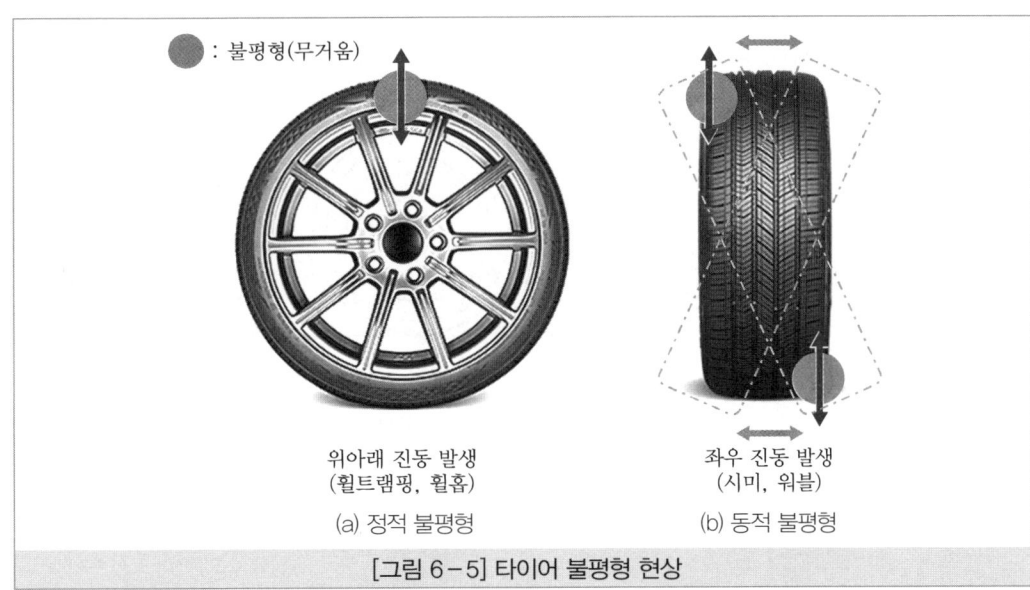

[그림 6-5] 타이어 불평형 현상

5. 스탠딩 웨이브(standing wave)

① **개요** : 고속에서 트레드가 받는 원심력이 타이어 접지 면에서의 찌그러짐으로 발생되는 현상으로 타이어 내부의 높은 열로 인해 분리되며 파손될 수 있다.

② **방지방법**
  ㉠ 타이어 공기 압력을 표준보다 15~20% 높임
  ㉡ 강성이 큰 타이어를 사용

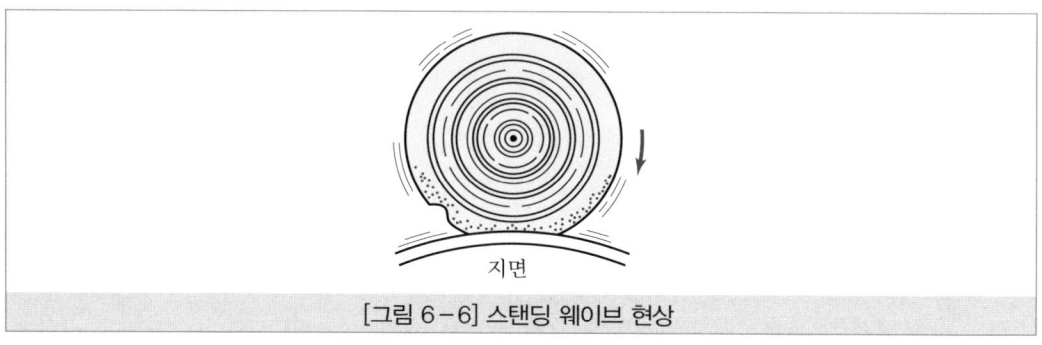

[그림 6-6] 스탠딩 웨이브 현상

6. 하이드로 플래닝(hydroplaning)

① 물이 고인 도로를 고속으로 주행할 때 일정 속도 이상이 되면 타이어의 트레드가 도로면의 물을 완전히 밀어내지 못하고, 타이어는 얇은 수막(水膜)에 의해 도로면으로부터 떨어져 제동력 및 조향조작력을 상실하는 현상이다.

② **하이드로 플래닝 방지 방법**
  ㉠ 트레드 마멸이 적은 타이어를 사용
  ㉡ 타이어 공기압력을 높이고, 주행속도를 낮춤
  ㉢ 리브 패턴의 타이어를 사용(러그 패턴의 경우 하이드로 플래닝을 일으키기 쉬움)
  ㉣ 트레드 패턴을 카프(calf)형으로 세이빙(shaving) 가공한 것을 사용

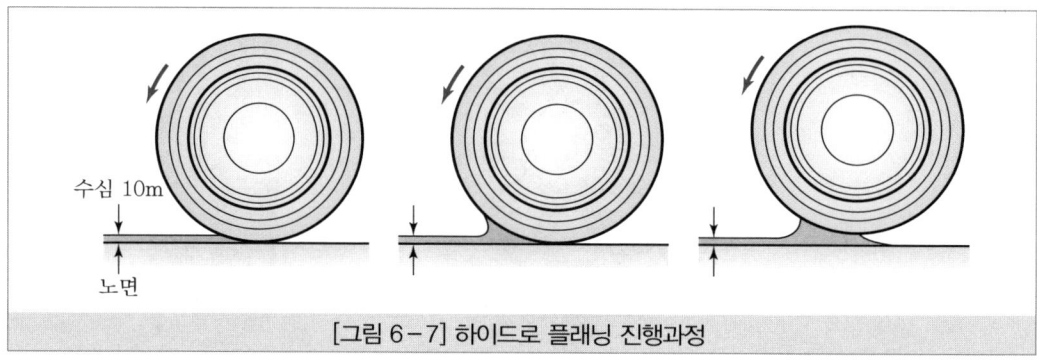

[그림 6-7] 하이드로 플래닝 진행과정

7. 앞바퀴 정렬(휠 얼라이먼트)

(1) 개요

차바퀴의 진동이나 조향 장치의 조작을 쉽게 하고, 타이어의 마멸을 감소시켜 효과적인 주행을 위해서 앞바퀴에 기하학적인 작동 관계를 두는 것을 말한다.

(2) 캠버(Camber)

① 차를 앞에서 볼 때 그 앞바퀴가 수선에 대해서 어떤 각도를 두고 설치되어 있는 것을 말한다.
② 캠버각 : 보통 +0.5~+1.5°
③ 정(+)의 캠버 : 바퀴의 윗부분이 바깥쪽으로 벌어진 상태이다.
④ 부(-)의 캠버 : 바퀴의 윗부분이 안쪽으로 기울어진 상태이다.
⑤ 0의 캠버 : 바퀴의 중심선이 수직일 때를 말한다.
⑥ 캠버의 필요성
　㉠ 수직방향의 하중에 의한 앞차축의 휨 방지
　㉡ 조향 조작을 확실하고 안전하게 작용
　㉢ 하중을 받을 시 앞바퀴가 아래쪽으로 벌어지는 것을 방지

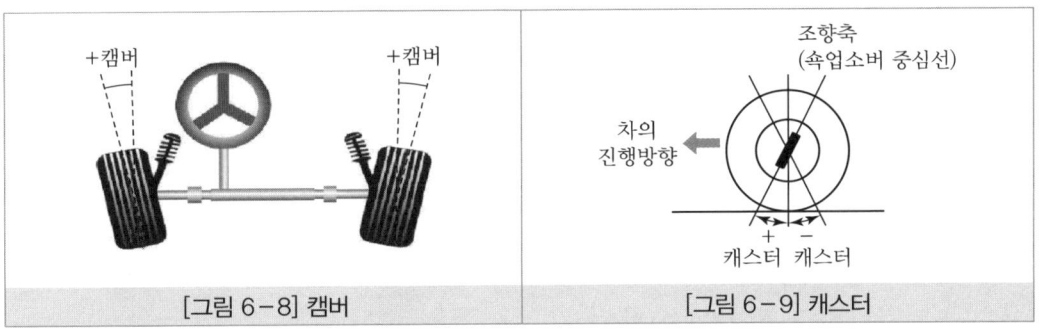

[그림 6-8] 캠버　　　　[그림 6-9] 캐스터

(3) 캐스터(Caster)

① 차의 앞바퀴를 옆에서 보면 조향 너클과 앞 차축을 고정하는 킹핀, 독립 차축식에서는 위, 아래 볼 이음을 연결하는 조향축이 수선과 어떤 각도를 두고 설치되어 있는 것을 말한다.
② 캐스터각 : 보통 +1~3°
③ 정(+)의 캐스터 : 킹핀의 윗부분(또는 위 볼 이음)이 자동차의 뒤쪽으로 기울어진 상태이다.
④ 부(-)의 캐스터 : 킹핀의 윗부분이 앞쪽으로 기울어진 상태이다.
⑤ 0의 캐스터 : 킹핀의 중심선(조향축)이 수선과 일치될 때를 말한다.
⑥ 캐스터의 작용
　㉠ 주행 중 조향바퀴(앞바퀴)에 방향성을 부여
　㉡ 조향하였을 때 직진방향으로 되돌아오는 복원력이 발생

(4) 킹핀 경사각(또는 조향축 경사각)

① 차를 앞에서 보면 킹핀(독립식 현가장치의 경우는 위·아래 볼 이음)의 중심선이 수직에 대하여 어떤 각을 두고 설치되어 있는 것을 말한다. 킹핀 경사각은 보통 7~9° 정도로 둔다.

② **작용**

　㉠ 캠버와 함께 조향 휠의 조작력을 가볍게 함

　㉡ 앞바퀴가 시미운동을 일으키지 않게 함

　㉢ 앞바퀴에 복원성을 주어 직진위치로 쉽게 되돌아가게 함

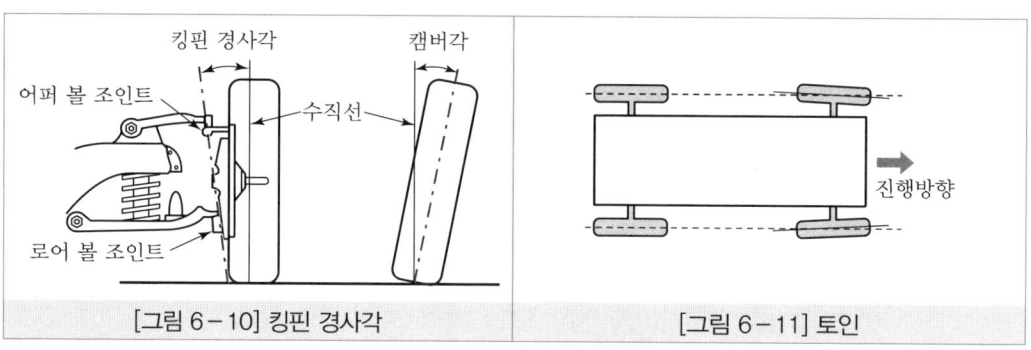

[그림 6-10] 킹핀 경사각　　　　[그림 6-11] 토인

(5) 토인, 토아웃

1) 토인

① 자동차의 앞바퀴를 위에서 내려다보면 양쪽 바퀴의 중심선 사이의 거리가 앞쪽이 뒤쪽보다 작은 것을 말한다.

② **토인 값** : 보통 2~8mm

③ **토인의 필요성**

　㉠ 앞바퀴를 평행하게 회전시킴

　㉡ 앞바퀴의 사이드슬립과 타이어 마모를 방지

　㉢ 조향 링키지의 마모에 따라 토 아웃이 되는 것을 방지

　㉣ 토인 조정은 타이로드 길이로 조정

2) 선회 시 토아웃

선회 시 애커먼 장토식의 원리에 따라 모든 바퀴가 동심원을 그리려면 안쪽 바퀴의 조향각이 바깥쪽 바퀴의 조향각보다 커야 한다.

(6) 앞바퀴 정렬을 해야 하는 경우

① 앞바퀴의 현가장치를 분해하였을 경우
② 핸들이 흔들리거나 빼앗겨 적절한 조향 조작이 곤란할 경우
③ 타이어가 한쪽만 미끄러지는 경우
④ 사고로 인하여 정렬이 불량하다고 예상될 경우

8. 4륜 휠 얼라이먼트

① 협각 : 킹핀 경사각＋캠버각
② 셋백 : 앞, 뒤 차축의 평행도
③ 스러스트각 : 차량 중심선과 뒤 바퀴의 진행선이 이루는 각

TOPIC 02 휠 · 타이어 · 얼라인먼트 점검 · 진단

1. 타이어 공기압 판단

타이어 TPMS 센서가 점등하는지 확인한다.

[그림 6-12] 계기판 타이어 TPMS 센서

2. 휠 얼라인먼트 불량 증상과 원인

[표 6-1] 휠 얼라인먼트 불량 증상과 원인

증상	원인 추정
비정상적 타이어 마모	토 불량, 캠버 불량, 타이어 공기압 부적절, 바퀴 유격, 휠 밸런스 불량, 선회 시 토 아웃 불량 등
주행 중 핸들 쏠림	좌우 공기압 편차, 좌우 캠버 편차, 좌우 캐스터 편차, 한쪽 브레이크 제동상태, 차륜 링키지 불량 등
핸들 복원력 불량	토 불량, 캐스터 부족, 조향 너클 손상, 조향기어 휨, 핸들 샤프트 휨 또는 조인트 고착 상태 등
핸들 센터 불량	조향, 현가장치 마모 및 유격 발생, 조향기어 이완 등
핸들이 가볍다	공기압 과다, 캠버 과다, 캐스터 과소, 핸들 유격 과다 등
핸들이 무겁다	공기압 부족, 타이어 마모 심함, 마이너스 휠 상태, 캐스터 과대, 파워 오일 부족 및 벨트 불량 등
핸들 떨림	휠밸런스 불량, 휠 및 타이어 런 아웃 과다, 드라이브 샤프트 상하 유격 과다, 조향장치 유격 과다, 공기압 부족, 브레이크 불량

출처 : 교육부(2018), 휠·타이어·얼라인먼트정비(LM1506030324_17v3), 사단법인한국자동차기술인협회, 한국직업능력개발원, p.20

3. 얼라인먼트 이상에 따른 교환작업 진단

(1) 구동장치 이상

구동장치의 손상이 발생한 경우 차량은 구동 성능 자체도 저하되지만 일부 구동상태에 따라서는 얼라인먼트로 의심되는 증상이 발생하는 경우 수리 및 교환한다.

[표 6-2] 구동장치 고장진단에 따른 수리 요소

증상	원인	정비 방법
후륜구동 추진축 회전 시 진동·소음	슬립이음 요크 스플라인 마모	부품 수리
	플랜지 부 요크 마모, 손상	부품 수리
	센터 저널 베어링 손상	부품 수리
종감속 및 차동 장치부 소음	차동 사이드 및 피니언 베어링 마모 또는 파손	부품 수리
	구동 기어 스러스트 서페이스 마모 또는 파손	부품 수리
휠 및 타이어의 심한 진동(시미)	전륜 디스크 허브 베어링 파손 또는 고착상태	부품 수리

출처 : 교육부(2018), 휠·타이어·얼라인먼트정비(LM1506030324_17v3), 사단법인한국자동차기술인협회, 한국직업능력개발원, p.49

(2) 현가장치 이상

얼라인먼트 교정요소는 모두 현가장치에 위치하고 있으며, 현가장치의 불량과 고장, 파손은 얼라인먼트 정렬에 직접적으로 영향을 끼치므로 얼라인먼트로 교정이 불가능하거나 수치 이탈이 큰 경우에는 현가장치를 수리 및 교환한다.

[표 6-3] 현가장치 고장진단에 따른 수리 요소

증상	원인	정비 방법
조향성 불량	파워 스티어링 기어 어셈블리 작동 불량	수리 또는 교환
	파워 스티어링 펌프 불량	수리
승차감 불량	쇽업소버 불량	수리 또는 교환
조향 불안정	로어 암 및 조향 링키지 휨 등	수리 또는 교환
	파워 스티어링 기어 불량	수리

출처 : 교육부(2018), 휠·타이어·얼라인먼트정비(LM1506030324_17v3), 사단법인한국자동차기술인협회, 한국직업능력개발원, p.50

(3) 기타 섀시 이상증세

조향장치의 이상이 생긴 경우, 운전자는 조향 상태를 인지하지 못하고 얼라인먼트를 의심할 수 있으며, 직선주행 중에서도 얼라인먼트 교정을 위해 조향장치를 점검·수리한다.

[표 6-4] 기타 장치 고장진단에 따른 수리 요소

증상	원인	정비 방법
스티어링 휠이 무거움	파워스티어링 펌프 압력 불량	수리 또는 교환
	조향기어 내 컨트롤밸브 불량	수리 또는 교환
	파워 실린더 오일 씰 리테이너 불량	수리 또는 교환

출처 : 교육부(2018), 휠·타이어·얼라인먼트정비(LM1506030324_17v3), 사단법인한국자동차기술인협회, 한국직업능력개발원, p.50

TOPIC 03 휠·타이어·얼라인먼트 조정, 수리, 교환, 검사

1. 타이어 펑크 수리

(1) 손상에 따른 타이어 수리방법 결정

① 타이어에 갈라지거나 베인 상처가 있을 경우 수리방법은 다음과 같다.
  ㉠ 얇은 자 또는 손으로 짚어 상처의 깊이를 확인
  ㉡ 상처가 깊거나 범위가 넓을 경우 교환 판정

② 타이어에 찍히거나 눌린 자국이 있는 경우 혹은 눌림 또는 상처가 깊어 복원되지 않는 경우에는 교환한다.

③ 타이어에 구멍이 나거나 박힌 물체가 있는 경우 직경을 기준하여 수리가 가능하다면 수리작업을 수행한다.

(2) 플러그를 이용한 타이어 수리

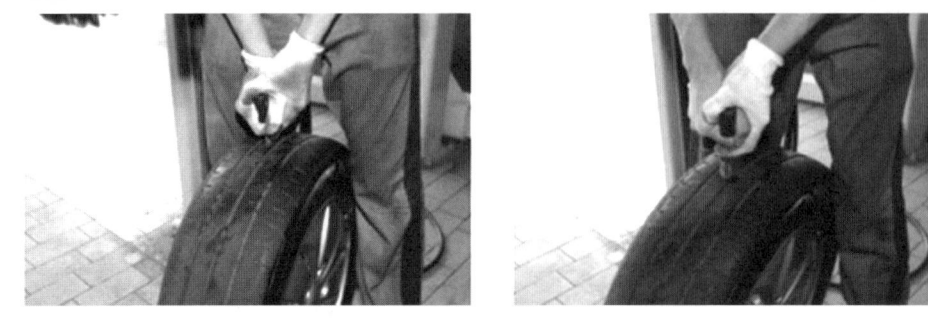

출처 : 교육부(2015) 휠·타이어 정비(LM1506030324_14v2), p.55, 한국직업능력개발원

[그림 6-13] 플러그 삽입

① 트레드 끝보다 약간 더 여유를 두어 플러그를 절단한다. 여유분이 너무 짧아지면 플러그가 빨려 들어갈 수 있고 너무 길면 노면으로 뽑혀 나올 수 있으니 주의한다.
② 플러그 재질은 질기고 끈적임이 많아 절단 작업이 커터칼 등을 이용해도 쉽지 않으므로 가능한 한 삽입 시 길이를 정확하게 판단하여 절단할 필요가 없도록 작업한다.

(3) 패치를 이용한 타이어 수리

① 패치 선택 : 패치와 손상면의 크기를 대조해 가로, 세로 각각 여유가 충분한지 확인한다.
② 타이어 내부 확인
  ㉠ 패치로 수리 가능한 영역을 명확히 구분하고, 지나치게 넓은 면적을 수리하지 않음
  ㉡ 작업 전 내부를 충분히 닦아 냄

출처 : 교육부(2018) 휠·타이어 정비(LM1506030324_17v3), 사단법인 한국자동차기술인협회, 한국직업능력개발원, p.48

[그림 6-14] 패치 작업면 정돈

  ㉢ 내부 파손이 있는 경우 타이어 교환을 수행

③ 패치 부착
  ㉠ 충분히 정돈된 손상면에 패치를 부착
  ㉡ 충분히 밀착될 수 있도록 고무망치 등으로 두드려 부착하고, 경과를 관측

> **Tip**
> **플러그, 패치를 이용한 수리**
> - 플러그를 이용한 수리 : 휠 타이어의 분해 없이 수리 가능
> - 패치를 이용한 수리 : 휠 타이어 분해 없이 수리 불가능

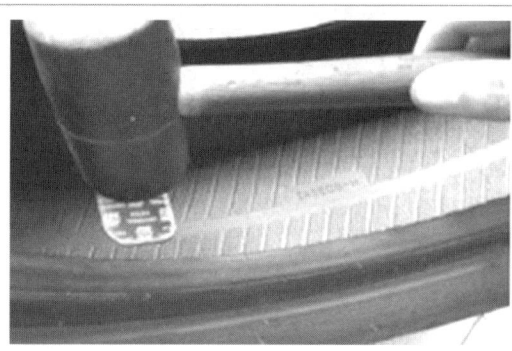

출처 : 교육부(2018) 휠 · 타이어 정비(LM1506030324_17v3), 사단법인 한국자동차기술인협회, 한국직업능력개발원, p.48

[그림 6-15] 패치 부착

④ 재결합 후 공기압을 보충한다.

2. 휠 얼라인먼트 조정

[표 6-5] 제동장치와 관련된 증상과 원인

증상	진단
제동 시 떨림	좌우 제동력 편차, 디스크 및 드럼 마모 심함, 디스크와 패드 밀착 불량, 뒤 라이닝 및 드럼 오일 흡착, 한쪽 캘리퍼 작동 불량, 크로스 멤버 불량 등
브레이크 페달 깊음	심한 디스크 마모, 디스크 및 패드 밀착 불량, 드럼과 라이닝 밀착 불량, 브레이크 라인 공기 혼입, 마스터 실린더 불량, 브레이크 액 누유 등
브레이크 페달 딱딱함	배력장치 진공호스 공기 누설, 하이드로 백 불량, 브레이크 유격 불량 등
주행 시 브레이크 잡힘	캘리퍼 고착, 하이드로 백 파손, 프로포셔닝 밸브 불량, 주차케이블 불량, 뒤 라이닝 조정 불량 등

출처 : 교육부(2018), 휠 · 타이어 · 얼라인먼트정비(LM1506030324_17v3), 사단법인한국자동차기술인협회, 한국직업능력개발원, p.21

3. 현가장치 조정

① 후륜을 먼저 조정하고, 전륜을 조정한다.

② 필요시 토(toe)를 조정(타이로드 길이를 조정)한다.

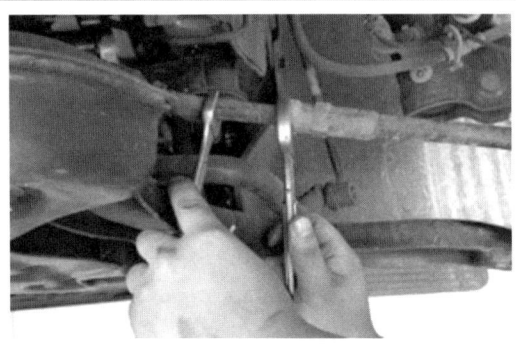

출처 : 교육부(2018), 휠·타이어·얼라인먼트정비(LM1506030324_17v3),
사단법인한국자동차기술인협회, 한국직업능력개발원, p.33

[그림 6-16] 후륜 토 조정

③ 캐스터가 불량한 경우 대부분 조정이 불가능하지만, 제조사에서 별도로 기능을 설계하여 특수공구를 제공하는 경우에는 조절할 수 있다.

출처 : 교육부(2018), 휠·타이어·얼라인먼트정비(LM1506030324_17v3),
사단법인한국자동차기술인협회, 한국직업능력개발원, p.35

[그림 6-17] 캐스터 조정

④ 바깥쪽 킹핀과 셋백, 스러스트 등의 차대 얼라인먼트는 판금으로 조정한다.

4. 휠 얼라인먼트 부품의 수리 판정

(1) 현가장치 이상에 따른 수리 요소

현가장치는 차량이 평형을 이룬 상태로 주행하도록 보조하는 역할을 하며, 현가장치의 이상 시 조향성이 저하되고 승차감이 현저하게 저하되어 주행 안정성이 떨어지게 된다. 이러한 이상이 교정된 상태에서 얼라인먼트의 측정을 실시해야만 올바른 평형상태를 조정할 수 있다.

[표 6-6] 현가장치 고장진단에 따른 수리 요소

증상	원인	정비 방법
조향성 불량	파워 스티어링 기어 어셈블리 작동 불량	수리 또는 교환
	파워 스티어링 펌프 불량	수리
승차감 불량	쇽업소버 불량	수리 또는 교환
조향핸들 불안정	로어 암 및 조향 링키지 휨 등	수리 또는 교환
	파워 스티어링 기어 불량	수리

출처 : 교육부(2018), 휠·타이어·얼라인먼트정비(LM1506030324_17v3), 사단법인한국자동차기술인협회, 한국직업능력개발원, p.38

(2) 조향계통 이상에 따른 수리 요소

조향장치에 이상이 발생한 경우, 차량의 주행상태를 정확하게 제어할 수 없게 되므로 차량의 편마모와 직선주행 안정성을 향상시키기 위해 얼라인먼트 이전에 조향장치의 이상을 점검한다.

[표 6-7] 기타장치 고장진단에 따른 수리 요소

증상	원인	정비 방법
스티어링 휠이 무거움	파워스티어링 펌프 압력 불량	수리 또는 교환
	조향기어 내 컨트롤밸브 불량	수리 또는 교환
	파워 실린더 오일 씰 리테이너 불량	수리 또는 교환

출처 : 교육부(2018), 휠·타이어·얼라인먼트정비(LM1506030324_17v3), 사단법인한국자동차기술인협회, 한국직업능력개발원, p.39

(3) 차체 및 차대 이상에 따른 수리요소

차체와 차대가 휜 상태의 차량은 정확한 얼라인먼트 계측이 불가능하다. 이를 보조하기 위하여 최근에는 3D 바디 얼라인먼트 장치가 도입되고 있다.

[표 6-8] 보디 장치 고장진단에 따른 수리 요소

증상	원인	정비 방법
휠 얼라인먼트 불량	차체 변형(찌그러짐, 휨 등)	판금 수리
	차대 변형(프레임 손상 등)	판금 수리

출처 : 교육부(2018), 휠·타이어·얼라인먼트정비(LM1506030324_17v3), 사단법인한국자동차기술인협회, 한국직업능력개발원, p.39

단원 마무리문제

CHAPTER 06 휠·타이어·얼라인먼트 정비

01 타이어 트레드 패턴의 필요성이 아닌 것은?
① 카커스 손상을 방지한다.
② 타이어 내부에서 발생한 열을 발산한다.
③ 주행 중 옆 방향 슬립 방지한다.
④ 구동력이나 선회성능을 향상시킨다.

> **해설**
> 카커스는 타이어의 뼈대로 트레드 패턴과는 거리가 멀다.

02 조향성, 승차감이 우수하고 고속 주행에 적합하여 승용차에 많이 사용하는 트레드 패턴은 무엇인가?
① 리브 패턴   ② 러그 패턴
③ 리브 러그 패턴 ④ 블록 패턴

03 타이어의 뼈대가 되는 것은?
① 트레드   ② 브레이커
③ 카커스   ④ 비드부

04 타이어의 높이가 180mm, 너비가 220mm인 타이어의 편평비는?
① 1.22   ② 0.82
③ 0.75   ④ 0.62

> **해설**
> $\dfrac{180mm}{220mm} \fallingdotseq 0.82$

05 카커스를 구성하는 코드층의 수를 무엇이라 하는가?
① 카커스 수   ② 코드 수
③ 플라이 수   ④ 비드 수

06 레이디얼 타이어의 장점이 아닌 것은?
① 로드 홀딩이 향상된다.
② 타이어 수명이 다소 감소된다.
③ 하중에 의한 트레드 변형이 적다.
④ 편평비를 크게 할 수 있어 접지 면적이 크다.

> **해설**
> 타이어의 수명을 연장한다.

07 바퀴가 상하로 진동을 하는 현상을 무엇이라 하는가?
① 시미 현상   ② 트램핑 현상
③ 로드홀딩 현상   ④ 스탠딩 웨이브 현상

08 고속 주행 시 타이어가 발열로 인하여 주름이 잡히는 현상을 무엇이라 하는가?
① 트램핑 현상
② 로드홀딩 현상
③ 스탠딩 웨이브 현상
④ 하이드로 플래닝

> **해설**
> ① 트램핑 : 타이어 정적 불평형에 의한 상하진동
> ② 로드홀딩 : 접지력
> ④ 하이드로 플래닝 : 타이어와 지면사이에 물기에 의한 수막 현상

정답 01 ① 02 ① 03 ③ 04 ② 05 ③ 06 ② 07 ② 08 ③

09 레이디얼 타이어의 호칭이 185/70 H R 14일 때 이에 대한 설명으로 틀린 것은?

① 185는 타이어의 폭(mm)을 말한다.
② 70은 편평비(%)를 말한다.
③ R은 레이디얼을 말한다.
④ 14는 타이어의 외경(inch)을 말한다.

해설
타이어의 내경을(inch) 말한다.

10 휠 밸런스가 잘못 조정되었을 때 나타나는 현상이 아닌 것은?

① 타이어를 지지하는 림이 변형된다.
② 주행 핸들 조정이 불안정하다.
③ 트램핑이나 시미현상으로 인해 핸들이 떨린다.
④ 타이어의 이상 마모가 나타난다.

해설
림의 변형과는 거리가 멀다.

11 토-인(to-in) 측정에 대한 설명으로 옳지 않은 것은?

① 토-인 측정은 차를 수평한 장소에 직진상태에 놓고 행한다.
② 토-인의 조정은 타이로드로 행한다.
③ 토-인의 측정은 타이어의 중심선에서 행한다.
④ 토-인의 측정은 잭(jack)으로 차의 전륜을 들어올린 상태에서 행한다.

해설
토-인의 측정은 타이어를 지면에 내려놓은 상태에서 실시한다.

정답 09 ④ 10 ① 11 ④

PART 05

CBT 기출복원문제

2019년 CBT 기출복원문제
2020년 CBT 기출복원문제
2021년 CBT 기출복원문제
2022년 CBT 기출복원문제
2023년 CBT 기출복원문제
2024년 CBT 기출복원문제
2025년 CBT 기출복원문제

CBT 기출복원문제 2019년

01 윤활유의 주요 기능으로 옳지 않은 것은?
① 윤활작용, 냉각작용
② 기밀유지작용, 부식방지작용
③ 소음감소작용, 부식방지작용
④ 마찰작용, 방수작용

02 엔진의 냉각장치에 사용되는 서모스탯에 대한 설명으로 거리가 먼 것은?
① 과열을 방지한다.
② 엔진의 온도를 일정하게 유지한다.
③ 과냉을 통해 차내 난방효과를 낮춘다.
④ 냉각수 통로를 개폐하여 온도를 조절한다.

03 전자제어 엔진에서 냉각 시 점화시기 제어 및 연료 분사량 제어를 하는 센서는?
① 흡기온 센서   ② 대기압 센서
③ 수온 센서   ④ 공기량 센서

04 최적의 공연비를 바르게 나타낸 것은?
① 희박한 공연비
② 농후한 공연비
③ 이론적으로 완전연소가 가능한 공연비
④ 공전 시 연소 가능 범위의 연비

05 실린더 헤드의 변형 점검 시 사용되는 측정도구는?
① 보어 게이지   ② 마이크로미터
③ 간극 게이지   ④ 텔레스코핑 게이지

06 기관이 1500rpm에서 20kgf·m의 회전력을 낼 때 기관의 출력은 41.87PS이다. 기관의 출력을 일정하게 하고 회전수를 2500rpm으로 하였을 때 약 얼마의 회전력을 내는가?
① 45kgf·m   ② 35kgf·m
③ 25kgf·m   ④ 12kgf·m

07 자동차 기관에서 과급을 하는 주된 목적은?
① 기관의 출력을 증대시킨다.
② 기관의 회전수를 빠르게 한다.
③ 기관의 윤활유 소비를 줄인다.
④ 기관의 회전수를 일정하게 한다.

08 어떤 기관의 크랭크 축 회전수가 2400rpm, 회전반경이 40mm일 때 피스톤 평균속도는?
① 1.6m/s   ② 3.3m/s
③ 6.4m/s   ④ 9.6m/s

09 피스톤의 평균속도를 올리지 않고 회전수를 높일 수 있으며 단위 체적 당 출력을 크게 할 수 있는 기관은?
① 장행정 기관   ② 정방형 기관
③ 단행정 기관   ④ 고속형 기관

10 가솔린의 안티 노크성을 표시하는 것은?
① 세탄가   ② 헵탄가
③ 옥탄가   ④ 프로판가

11 배기량이 785cc, 연소실 체적이 157cc인 자동차 기관의 압축비는?
① 3:1   ② 4:1
③ 5:1   ④ 6:1

12 전자제어 연료분사장치에서 차량의 가·감속판단에 사용되는 센서는?
① 스로틀 포지션 센서   ② 수온 센서
③ 노크 센서   ④ 산소 센서

13 4행정 사이클 6실린더 기관이 지름이 100mm, 행정이 100mm이고, 기관 회전수 2500rpm, 지시평균 유효압력이 8kgf/cm²이라면 지시마력은 약 몇 PS인가?
① 80PS   ② 93PS
③ 105PS   ④ 150PS

14 압축상사점에서 연소실체적(Vc)은 0.1ℓ이고 압력(Pc)은 30bar이다. 체적이 1.1ℓ로 증가하면 압력은 약 몇 bar가 되는가? (단, 동작유체는 이상기체이며 등온과정이다.)
① 2.73bar   ② 3.3bar
③ 27.3bar   ④ 33bar

15 컴퓨터 제어계통 중 입력계통과 가장 거리가 먼 것은?
① 대기압 센서   ② 공전 속도 제어
③ 산소 센서   ④ 차속 센서

16 실린더의 라이너에 대한 설명으로 틀린 것은?
① 도금하기가 쉽다.
② 건식과 습식이 있다.
③ 라이너가 마모되면 보링 작업을 해야 한다.
④ 특수주철을 사용하여 원심 주조할 수 있다.

17 커넥팅 로드의 비틀림이 엔진에 미치는 영향에 대한 설명이다. 옳지 않은 것은?
① 압축압력의 저하
② 회전에 무리를 초래
③ 저널 베어링의 마멸
④ 타이밍 기어의 백래시 촉진

18 밸브 스프링 자유높이의 감소는 표준치수에 대하여 몇 % 이내이어야 하는가?
① 3%   ② 8%
③ 10%   ④ 12%

19 전자제어 엔진에서 연료 분사 피드백에 사용되는 센서는?
① 수온 센서   ② 스로틀 포지션 센서
③ 산소 센서   ④ 에어 플로어 센서

20 ISC(Idle Speed Control) 서보기구에서 컴퓨터 신호에 따른 기능으로 가장 타당한 것은?
① 공전연료량 증가   ② 공전속도를 제어
③ 가속속도를 제어   ④ 가속공기량을 제어

21 흡기 관로에 설치되어 칼만 와류현상을 이용하여 흡입공기량을 측정하는 것은?
① 흡기온도 센서   ② 대기압 센서
③ 스로틀포지션 센서   ④ 공기유량 센서

22 압력식 라디에이터 캡을 사용함으로써 얻어지는 장점과 거리가 먼 것은?
① 비등점을 올려 냉각효율을 높일 수 있다.
② 라디에이터를 소형화할 수 있다.
③ 라디에이터 무게를 크게 할 수 있다.
④ 냉각장치의 압력을 0.3~0.7kgf/cm² 정도 올릴 수 있다.

23 수동변속기의 클러치에서 디스크의 마모가 너무 빠르게 발생하는 경우로 틀린 것은?

① 지나친 반클러치의 사용
② 디스크 페이싱의 재질 불량
③ 다이어프램 스프링의 장력이 과도할 때
④ 디스크 교환 시 페이싱 단면적이 규정보다 작은 제품을 사용하였을 경우

24 〈그림〉과 같은 마스터 실린더의 푸시로드에는 몇 kgf의 힘이 작용하는가?

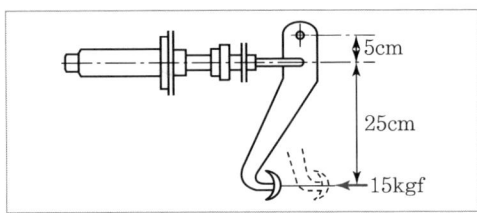

① 75kgf ② 90kgf
③ 120kgf ④ 140kgf

25 인젝터 회로의 정상적인 파형이 그림과 같을 때 본선의 접촉 불량 시 나올 수 있는 파형 중 맞는 것은?

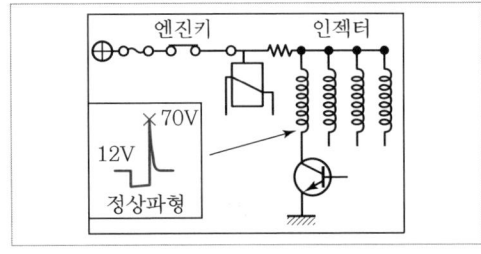

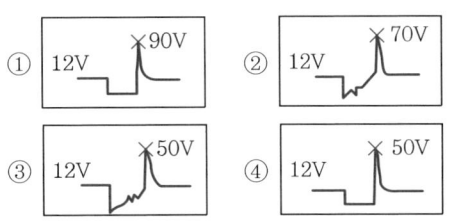

26 타이어의 뼈대가 되는 부분으로서 공기압력을 견디어 일정한 체적을 유지하고 또 하중이나 충격에 따라 변형하여 완충작용을 하는 것은?

① 브레이커 ② 카커스
③ 트레드 ④ 비드부

27 전자제어 제동장치(ABS)의 구성요소로 틀린 것은?

① 휠 스피드 센서(wheel speed sensor)
② 컨트롤 유닛(control unit)
③ 하이드로릭 유닛(hydraulic unit)
④ 크랭크 앵글 센서(crank angle sensor)

28 킹핀 경사각과 함께 직진 안전성과 관련이 가장 깊은 것은?

① 캠버 ② 캐스터
③ 토 ④ 셋백

29 변속기의 변속비가 1.5, 링 기어의 잇수 36, 구동피니언의 잇수 6인 자동차를 오른쪽 바퀴만을 들어서 회전하도록 하였을 때 오른쪽 바퀴의 회전수는? (단, 추진축의 회전수는 2100rpm)

① 350rpm ② 450rpm
③ 600rpm ④ 700rpm

30 조향 핸들을 2바퀴 돌렸을 때 피트먼 암이 90° 움직였다면 조향 기어비는?

① 1:6 ② 1:7
③ 8:1 ④ 9:1

31 다음 중 브레이크 드럼이 갖추어야 할 조건으로 옳지 않은 것은?

① 무거워야 한다.
② 방열이 잘되어야 한다.
③ 강성과 내마모성이 있어야 한다.
④ 동적·정적 평형이 되어야 한다.

32 조향장치가 갖추어야 할 조건 중 옳지 않은 것은?
① 적당한 회전감각이 있을 것
② 고속주행에서 조향핸들이 안정될 것
③ 조향 휠의 회전과 구동 휠의 선회차가 클 것
④ 정비가 용이해야 할 것

33 요철이 있는 노면을 주행할 경우 스티어링 휠에 전달되는 충격을 무엇이라 하는가?
① 시미 현상
② 웨이브 현상
③ 스카이 훅 현상
④ 킥백 현상

34 유압식 동력 조향장치와 비교하여 전동식 동력 조향장치 특징으로 옳지 않은 것은?
① 유압 제어 방식 전자 제어 동력 조향장치보다 부품 수가 적다.
② 유압 제어를 하지 않으므로 오일이 필요 없다.
③ 유압 제어 방식에 비해 연비를 향상시킬 수 없다.
④ 유압 제어를 하지 않으므로 오일 펌프가 필요 없다.

35 추진축의 자재이음은 어떤 변화를 가능하게 하는가?
① 축의 길이
② 회전 속도
③ 회전축의 각도
④ 회전 토크

36 수동변속기에서 싱크로메시(synchromesh) 기구의 기능이 작용하는 시기는?
① 변속기어가 물려있을 때
② 클러치 페달을 놓을 때
③ 변속기어가 물릴 때
④ 클러치 페달을 밟을 때

37 브레이크액의 장점이 아닌 것은?
① 높은 비등점
② 낮은 응고점
③ 강한 흡습성
④ 큰 점도지수

38 스프링의 진동 중 스프링 위 진동과 관계없는 것은?
① 바운싱(bouncing)
② 피칭(pitching)
③ 휠 트램프(wheel tramp)
④ 롤링(rolling)

39 클러치가 미끄러지는 원인 중 옳지 않은 것은?
① 마찰면의 경화, 오일 부착
② 페달 자유간극 과대
③ 클러치 압력 스프링 쇠약, 절손
④ 압력판 및 플라이휠 손상

40 브레이크 내의 잔압을 두는 이유로 옳지 않은 것은?
① 제동의 늦음을 방지하기 위해
② 베이퍼 록 현상을 방지하기 위해
③ 브레이크 오일의 오염을 방지하기 위해
④ 휠 실린더 내의 오일 누설을 방지하기 위해

41 축전지 전해액의 비중을 측정하였더니 1.180이었다. 이 축전지의 방전률은? (단 비중 값이 완전 충전 시 1.280이고, 완전 방전시의 비중 값은 1.080이다.)
① 20%
② 30%
③ 50%
④ 70%

42 반도체의 장점으로 틀린 것은?
① 극히 소형이고 경량이다.
② 내부 전력 손실이 매우 적다.
③ 고온에서도 안정적으로 동작한다.
④ 예열을 요구하지 않고 곧바로 작동할 수 있다.

43 자동차의 IMS(Integrated Memory System)에 대한 설명으로 옳은 것은?
① 도난을 예방하기 위한 시스템이다.
② 편의장치로서 장거리 운행 시 자동 운행 시스템이다.
③ 배터리 교환주기를 알려주는 시스템이다.
④ 스위치 조작으로 설정해둔 시트 위치로 재생시킨다.

44 P형 반도체와 N형 반도체를 마주대고 결합한 것은?
① 캐리어
② 홀
③ 다이오드
④ 스위칭

45 〈그림〉과 같이 테스트램프를 사용하여 릴레이 회로의 각 단자(B, L, S1, S2)를 점검하였을 때 테스트램프의 작동으로 옳지 않은 것은? (단, 테스트램프 전구는 LED 전구이며, 테스트램프의 접지는 차체 접지)

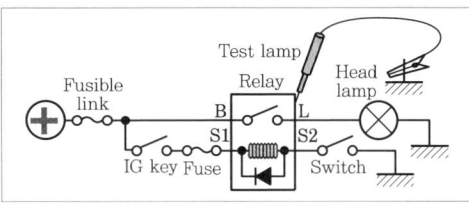

① B 단자는 점등된다.
② L 단자는 점등되지 않는다.
③ S1 단자는 점등된다.
④ S2 단자는 점등되지 않는다.

46 기동 전동기에서 회전하는 부분이 아닌 것은?
① 오버러닝 클러치
② 정류자
③ 계자 코일
④ 전기자 철심

47 편의장치 중 중앙집중식 제어장치(ETACS 또는 ISU)의 입·출력 요소의 역할에 대한 설명으로 틀린 것은?
① 모든 도어 스위치 : 각 도어의 잠김 여부 감지
② INT 스위치 : 와셔 작동 여부 감지
③ 핸들 록 스위치 : 키 삽입 여부 감지
④ 열선 스위치 : 열선 작동 여부 감지

48 축전지 극판의 작용물질이 동일한 조건에서 비중이 감소되면 용량은 어떻게 변화하는가?
① 증가한다.
② 변화 없다.
③ 비례하여 증가한다.
④ 비례하여 감소한다.

49 자동차용 AC 발전기에서 자속을 만드는 부분은?
① 로터(rotor)
② 스테이터(stator)
③ 브러시(brush)
④ 다이오드(diode)

50 〈보기〉를 이용하여 점화 코일에서 고전압을 얻도록 유도하는 공식으로 옳은 것은?

〈보기〉
E_1 : 1차 코일에 유도된 전압
E_2 : 2차 코일에 유도된 전압
N_1 : 1차 코일의 유효 권수
N_2 : 2차 코일의 유효 권수

① $E_2 = \dfrac{N_2}{N_1} E_1$
② $E_2 = \dfrac{N_1}{N_2} E_1$
③ $E_2 = N_1 \times N_2 \times E_1$
④ $E_2 = N_2 + (N_1 \times E_1)$

51 〈그림〉과 같은 회로에서 스위치가 OFF되어 있는 상태로 커넥터가 단선되었다. 테스트램프를 사용하여 점검하였을 경우 테스트램프 점등상태로 옳은 것은?

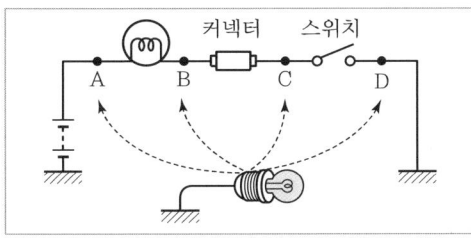

① A : OFF, B : OFF, C : OFF, D : OFF
② A : ON, B : OFF, C : OFF, D : OFF
③ A : ON, B : ON, C : OFF, D : OFF
④ A : ON, B : ON, C : ON, D : OFF

52 다이얼 게이지 사용 시 유의사항으로 옳지 않은 것은?

① 스핀들에 주유하거나 그리스를 발라서 보관한다.
② 분해 청소나 조정은 함부로 하지 않다.
③ 게이지에 어떤 충격도 가해서는 안 된다.
④ 게이지를 설치할 때에는 지지대의 암을 될 수 있는 대로 짧게 하고 확실하게 고정해야 한다.

53 자동차의 오토라이트 장치에 사용되는 광전도셀에 대한 설명 중 옳지 않은 것은?

① 빛이 약한 경우 저항값이 증가한다.
② 빛이 강한 경우 저항값이 감소한다.
③ 황화카드뮴을 주성분으로 한 소자이다.
④ 광전소자의 저항값은 빛의 조사량에 비례한다.

54 자동차 기동 전동기 종류에서 전기자 코일과 계자 코일의 접속방법으로 옳지 않은 것은?

① 직권 전동기   ② 복권 전동기
③ 분권 전동기   ④ 파권 전동기

55 산업안전·보건표지의 종류와 형태에서 아래 그림이 나타내는 표시는?

① 접촉 금지   ② 출입 금지
③ 탑승 금지   ④ 보행 금지

56 기동 전동기의 분해 조립을 할 때 주의할 사항이 아닌 것은?

① 관통볼트 조립 시 브러시 선과의 접촉에 주의할 것
② 레버의 방향과 스프링, 홀더의 순서를 혼동하지 말 것
③ 브러시 배선과 하우징 간의 배선을 확실히 연결할 것
④ 마그네틱 스위치의 B단자와 M(또는 F)단자의 구분에 주의할 것

57 기본 점화시기에 영향을 미치는 요소는?

① 산소 센서   ② 모터 포지션 센서
③ 공기 유량 센서   ④ 오일 온도 센서

58 제동력 시험기 사용 시 주의사항으로 옳지 않은 것은?

① 타이어 트레드 표면에 습기를 제거한다.
② 롤러 표면은 항상 그리스로 충분히 윤활시킨다.
③ 브레이크 페달을 확실히 밟은 상태에서 측정한다.
④ 시험 중 타이어와 가이드 롤러를 접촉하지 않게 한다.

59 윤활장치에서 유압이 높아지는 이유로 옳은 것은?

① 릴리프 밸브 스프링의 장력이 클 때
② 엔진 오일과 가솔린의 희석
③ 베어링의 마멸
④ 오일 펌프의 마멸

60 기관을 운전하는 상태에서 점검하는 부분이 아닌 것은?

① 배기가스의 색을 관찰하는 일
② 오일 압력 경고등을 관찰하는 일
③ 엔진의 이상음을 관찰하는 일
④ 오일 팬의 오일량을 측정하는 일

정답 및 해설

2019년 CBT 기출복원문제

01	02	03	04	05	06	07	08	09	10
④	③	③	③	③	④	①	③	③	③
11	12	13	14	15	16	17	18	19	20
④	①	③	①	②	③	④	①	③	②
21	22	23	24	25	26	27	28	29	30
④	③	③	②	④	②	④	②	④	③
31	32	33	34	35	36	37	38	39	40
①	③	④	③	③	③	③	③	②	③
41	42	43	44	45	46	47	48	49	50
③	②	④	③	③	③	②	④	①	①
51	52	53	54	55	56	57	58	59	60
③	①	④	④	④	③	③	②	①	④

01 정답 | ④
해설 | 윤활유의 주요 기능은 윤활작용, 냉각작용, 밀봉작용(기밀유지작용), 소음완화(감소)작용, 청정작용, 부식방지작용(방청작용) 등이 있다.

02 정답 | ③
해설 | 서모스탯(수온조절기)은 냉각수의 온도를 조절하는 장치이다. 냉각수 순환 회로를 차단하여 정상 작동온도에 빨리 도달하게 하고, 정상 작동온도에 도달한 다음에는 기준온도에 대한 편차가 아주 작게 유지되도록 하는 역할을 한다.

03 정답 | ③
해설 | 냉각수온 센서(수온 센서)는 엔진의 온도를 검출하는 센서로 엔진의 예열상태를 검출하여 점화시기 및 연료 분사량 보정제어의 신호로 사용한다.

04 정답 | ③
해설 | 최적의 공연비란 이론적으로 완전연소가 가능한 공기와 연료의 질량비율을 말한다(14.7 : 1).

05 정답 | ③
해설 | 간극 게이지는 실린더 헤드의 변형 점검 시 직각자(수평자)와 같이 사용된다.

06 정답 | ④
해설 | • 출력 = $\dfrac{\text{토크} \times \text{회전수}}{716}$

• 토크 = 출력 $\times \dfrac{716}{\text{회전수}}$ = $41.87 \times \dfrac{716}{2500} \fallingdotseq 12\text{kgf} \cdot \text{m}$

07 정답 | ①
해설 | 자동차 기관에서 과급을 하는 주된 목적은 흡입효율을 향상하여 출력을 증대시켜 더 높은 출력을 얻기 위함이다.

08 정답 | ③
해설 | 1회전당 회전반경의 2배를 2번 움직이므로, 4배를 해준다. 따라서 피스톤 평균속도는

$\dfrac{\text{크랭크 축 회전수} \times \text{회전반경} \times 4}{60\text{초}}$

$= \dfrac{2400 \times 0.04 \times 4}{60} = 6.4\text{m/s}$이다.

09 정답 | ③
단행정 기관
• 행정이 내경보다 작은 엔진이다.
• 피스톤의 평균속도를 높이지 않고 회전속도를 빠르게 할 수 있다.
• 흡배기 밸브 지름을 크게 할 수 있어 흡배기 효율이 증대되고, 단위 체적당 출력을 크게 할 수 있다.

10 정답 | ③
해설 | 가솔린의 안티 노크성을 표시하는 것은 옥탄가로, 노킹에 대한 저항성을 말하며, 이소옥탄과 노멀헵탄의 비율로 계산한다.

11 정답 | ④
해설 | $\dfrac{\text{배기량} + \text{연소실 체적}}{\text{연소실 체적}} = \dfrac{785 + 157}{157} = 6$

따라서 6 : 1이다.

12 정답 | ①
해설 | 스로틀 포지션 센서는 스로틀 밸브의 위치, 즉 스로틀 밸브의 열림량를 측정하여 열림량에 따라서 연료량을 조절하는 역할을 한다.

13 정답 | ③
해설 | 지시마력
$= \dfrac{\text{유효압력} \times \text{단면적} \times \text{행정} \times \text{회전수} \times \text{실린더수}}{75 \times 60}$

$= \dfrac{8 \times 5^2 \times \pi \times 10 \times 2500 \times 6}{75 \times 60 \times 2 \times 100} ≒ 105\text{PS}$

여기서
2 = 4행정 1사이클 기관은 2회전에 1회 폭발하므로 회전수/2
100 = 행정(cm → m)의 단위변환을 위함

14 정답 | ①
해설 | 등온과정의 지압공식
$P_1V_1 = P_2V_2$
$0.1 \times 30 = 1.1 \times x$ (압력)
$x = \dfrac{0.1 \times 30}{1.1} ≒ 2.73\text{bar}$

15 정답 | ②
해설 | 공전 속도 제어의 경우 입력계통이 아닌 출력계통이다.

16 정답 | ③
해설 | 실린더 라이너에는 건식, 습식이 있으며, 특수 주철을 사용해 원심 주조를 한다. 또한 라이너가 마모될 경우 교환을 통해 수리한다.

17 정답 | ④
해설 | 커넥팅 로드가 비틀리게 되면, 압축압력의 저하나, 회전에 무리를 초래하며, 엔진이 크랭킹이 되지 않을 수 있다.

18 정답 | ①
해설 | 밸브 스프링의 점검
- 자유높이 점검 : 기준값의 3% 이내
- 직각도 점검 : 기준값의 3% 이내
- 장력 점검 : 기준값의 15% 이내

19 정답 | ③
해설 | 산소 센서는 배기가스 중에 산소농도와 대기 중의 산소농도 차이를 측정하여 피드백 제어에 입력요소로 작용한다.

20 정답 | ②
해설 | ISC 서보기구(공회전속도 조절장치)에서는 컴퓨터(ECU) 신호에 따라 공전속도를 제어한다.

21 정답 | ④
해설 | 공기유량 센서의 종류
- 핫 필름, 핫 와이어방식 : 백금 열선(열막)에 일정온도를 유지하기 위한 전류로 공기유량을 측정
- 칼만 와류방식 : 초음파 발신기와 수신기 사이에 와류를 발생시켜 전압변화로 공기유량을 측정
- 베인방식 : 플레이트를 이용한 가변저항 방식으로 공기유량을 측정
- MAP 센서 : 압전소자로 흡기 다기관 혹은 서지탱크의 압력을 측정하여 공기유량을 측정

22 정답 | ③
해설 | 압력식 캡을 사용하면 냉각효율이 증가하므로 라디에이터 무게를 경량화시킬 수 있다.

23 정답 | ③
해설 | 다이어프램 스프링의 장력이 과할 경우 클러치 페달의 답력이 세지고, 클러치의 단속에 어려움이 있을 뿐 마모가 빠르게 발생하지는 않는다.

24 정답 | ②
해설 | 6:1의 비율이므로, $6 \times 15 = 90$

25 정답 | ④
해설 | 인젝터 회로에서 본선이 접촉불량일 경우 최고 전압이 낮게 나온다.

26 정답 | ②
해설 | 카커스란 타이어의 뼈대가 되는 부분으로 타이어가 받는 하중, 충격을 견디고 공기압을 유지시켜 주는 역할을 한다.

27 정답 | ④
해설 | 크랭크 앵글 센서는 크랭크의 회전수를 검출하는 센서이므로 전자제어 제동장치와는 상관이 없다.

28 정답 | ②
해설 | 캐스터란 차를 옆면에서 봤을 때 조향축이 휠 중앙을 기준으로 얼마나 기울어져 있는가를 나타내는 각도로, 직진 안정성과 직접적인 관련이 있다.

29 정답 | ④
해설 | 기어와 구동피니언의 잇수비가 6이므로, 차축의 회전수는 350rpm이다. 그러나 한 차축당 350rpm으로 총 700rpm인데, 오른쪽 바퀴만 회전하게 했으므로, 700rpm이 정답이다.

30 정답 | ③
해설 | 조향 기어비 $= \dfrac{\text{조향핸들 각도}}{\text{프트먼암 각도}} = \dfrac{720°}{90°} = 8$
따라서 8:1이다.

31 정답 | ①
해설 | 브레이크 드럼이 무거운 경우 관성력의 증대로 제동밀림 등이 발생할 수 있다. 따라서 브레이크 드럼은 강성이 크고 가벼운 것이 좋다.

32 정답 | ③
해설 | 조향장치의 조건
- 조작이 주행 중 충격에 영향을 받지 않아야 한다.
- 조작이 쉬우며 방향 전환 조작이 잘되어야 한다.
- 최소 회전 반지름이 작아 좁은 곳에서도 방향 전환이 잘되어야 한다.
- 진행 방향을 바꾸는 경우 섀시나 보디 등에 무리한 힘이 작용하지 않아야 한다.

- 고속 주행 시에도 핸들이 떨리거나 혼자서 회전하지 않아야 한다.
- 조향핸들 회전과 바퀴의 선회가 일치해야 한다.
- 수명이 길면서도 다루기 쉽고, 정비가 용이해야 한다.
- 조향핸들 조향력의 좌·우 차이가 없어야 한다.
- 선회 시 반동을 이겨내고 조향이 가능한 힘을 가져야 한다.
- 회전각과 선회 반경과의 관계를 운전자가 알 수 있도록 직관적이어야 한다.

33 정답 | ④
해설 | 타이어가 요철에 튕기면서 조향 휠(스티어링 휠)이 충격으로 뒤틀리는 것을 킥백(kick back)이라 한다.
- 시미 현상 : 타이어의 동적불평형에 의한 좌, 우 진동
- 웨이브 현상(스탠딩 웨이브) : 타이어 공기압이 낮은 상태로 고속 주행하게 되면 타이어의 접지면의 일부에 주름이 생기고 심하면 파손되는 현상

34 정답 | ③
해설 | 전동식 동력조향 장치의 특징으로는 유압 제어를 하지 않으므로(전동모터 제어) 오일펌프가 필요 없기 때문에 연비를 향상시킬 수 있다.

35 정답 | ③
해설 |
- 자재이음 : 각도의 변화 대응
- 슬립이음 : 길이의 변화 대응

36 정답 | ③
해설 | 싱크로메시 기구는 변속기어가 물릴 때 물리는 기어와 변속되는 기어의 물림을 원활하게 해주는 역할을 한다.

37 정답 | ③
해설 | 브레이크액의 강한 흡습성으로 인해 대기 중의 수분을 흡수하여 비등점이 낮아질 수 있어 주의해야 하므로 장점이 아닌 단점이다.

38 정답 | ③
해설 | 휠 트램프는 스프링 아래 진동(바퀴의 진동)과 관련이 있다.
스프링 위 진동
- 바운싱 : 상하 진동
- 피칭 : 앞뒤 진동(Y축)
- 롤링 : 좌우 진동(X축)
- 요잉 : 회전 진동(Z축)

39 정답 | ②
해설 | **클러치 작동 시 미끄러지는 원인**
- 클러치 페달의 자유유격이 작은 경우
- 클러치 디스크의 페이싱 마모가 심한 경우
- 클러치 디스크의 페이싱에 오일이 묻은 경우
- 압력판 및 플라이휠이 손상된 경우
- 유압장치가 불량한 경우

40 정답 | ③
해설 | **브레이크 라인 잔압 유지의 이유**
- 제동의 늦음 방지
- 휠 실린더에서 라인으로 누출을 방지
- 고압을 유지하여 비등점을 높여 베이퍼 록 현상 방지

41 정답 | ③
해설 | 방전률 = $\dfrac{\text{측정 비중}}{\text{완전충전 시 비중} + \text{완전방전 시 비중}}$
$\times 100(\%) = \dfrac{1.180}{1.280 + 1.080} \times 100(\%)$
$= 50\%$

42 정답 | ③
해설 | **반도체의 특징**
- 소형 경량이다.
- 저항이 낮아 내부 전력 손실이 적다.
- 사용 온도 범위가 좁고 고온에서 효율이 떨어진다.
- 예열이 필요 없다.
- 역전압에 의해 파손될 수 있다.

43 정답 | ④
해설 | IMS란 자신의 체형에 맞는 최적의 핸들의 위치, 시트의 높낮이와 앞뒤 위치, 룸미러와 사이드미러 위치 등을 조정하여 입력시킨 후 운전자의 위치나 자세가 바뀌더라도 스위치만 조작하면 원상태로 자동 복귀되는 편의시스템을 말한다.

44 정답 | ③
해설 | P형(+)반도체와 N형(−)반도체를 공핍층을 두고 결합한 것을 다이오드라 한다.

45 정답 | ③
해설 | 테스트램프는 전압의 유무를 판단하는 것으로 전압이 존재하는 B 위치의 전구가 점등되고 선이 끊어진 S1, S2, L위치는 전구가 점등되지 않는다.

46 정답 | ③
해설 | 계자 코일은 계철에 고정되어 자기장을 형성한다.

47 정답 | ②
해설 | INT 스위치는 와이퍼 회로에서 간헐작동을 하기 위한 신호로 사용된다.

48 정답 | ④
해설 | 축전지 극판의 작용물질이 동일한 조건에서 비중이 감소되면 용량은 비례하여 감소한다.

49 정답 | ①
해설 | 자속이란 자기력선속의 줄임말로 자기력선의 다발을 의미한다. 교류(AC)발전기에서 로터코일은 자기력선을 형성한다.
② 스테이터 : 유도기전력이 유기됨
③ 브러시 : 로터코일에 전류를 공급함
④ 다이오드 : 교류로 발생된 전류를 직류로 정류함

50 정답 | ①
해설 | **상호유도작용**
- $E_2 = \dfrac{N_2}{N_1} E_1$
- 한 코일의 전류변화에 의해 마주한 다른 코일에 유도 기전력이 발생되는 현상으로 코일에 감긴수에 비례하여 전압이 상승한다.

51 정답 | ③
해설 | 테스트램프는 전압의 유무를 판단하는 것으로 전압이 존재하는 A, B 위치는 전구가 점등되고 배선이 끊어진 C, D 위치는 전구가 점등되지 않는다.

52 정답 | ①
해설 | 다이얼 게이지 스핀들에는 어떠한 조치도 취하지 않는다. 작동이 불량한 경우 조정이나 수리하지 않고 신품으로 교환한다.

53 정답 | ④
해설 | 광전도셀의 광전소자의 저항값은 빛의 조사량에 반비례하는 특징이 있다.

54 정답 | ④
해설 | **자동차의 기동전동기의 종류**
- 직권 전동기 : 전기자코일과 계자 코일이 직렬로 접속
- 분권 전동기 : 전기자코일과 계자 코일이 병렬로 접속
- 복권 전동기 : 전기자코일과 계자 코일이 직병렬로 접속

55 정답 | ④
해설 | 「산업안전보건법 시행규칙」 [별표 6]에 의거하면 (「산업안전보건법 시행규칙」 제38조 1항 관련) 해당 그림은 보행 금지 표시이다.

56 정답 | ③
해설 | 기동 전동기 분해 조립 시 브러시 배선과 솔레노이드와의 배선을 확실히 연결해야 한다.

57 정답 | ③
해설 | **기본 점화시기에 영향을 미치는 요소**
- 크랭크 포지션 센서
- 공기 유량 센서

58 정답 | ②
해설 | 제동력 시험기 롤러 표면에 그리스 혹은 오일이 묻은 경우 마찰력 저하로 제동력 측정값이 낮게 나온다.

59 정답 | ①
해설 | 릴리프 밸브 스프링의 장력이 높을 경우 밸브가 잘 열리지 않아 유압이 높아진다.

60 정답 | ④
해설 | 오일 팬의 오일량 점검은 기관의 정지상태에서 실시한다.

CBT 기출복원문제 2020년

01 단위 환산 시 옳은 것은?
① 1mile=2km
② 1lb=1.55kg
③ 1kgf · m=1.42ft · lbt
④ 9.81N · m=9.81J

02 각 실린더의 분사량을 측정하였더니 최대 분사량이 66cc, 최소 분사량이 58cc, 평균 분사량이 60cc였다면 분사량의 (+) 불균형률은 얼마인가?
① 5%
② 10%
③ 15%
④ 20%

03 전자제어 연료분사장치에서 차량의 가 · 감속판단에 사용되는 센서는?
① 스로틀 포지션 센서
② 수온 센서
③ 노크 센서
④ 산소 센서

04 전자제어 연료장치에서 기관이 정지 후 연료압력이 급격히 저하되는 원인 중 가장 알맞은 것은?
① 연료필터가 막혔을 때
② 연료펌프의 체크밸브가 불량할 때
③ 연료의 리턴 파이프가 막혔을 때
④ 연료펌프의 릴리프 밸브가 불량할 때

05 피에조(PEIZO) 저항을 이용한 센서는?
① 차속 센서
② 매니폴드압력 센서
③ 수온 센서
④ 크랭크 각 센서

06 전자제어 엔진에서 연료 분사 피드백에 사용되는 센서는?
① 수온 센서
② 스로틀 포지션 센서
③ 산소 센서
④ 에어플로어 센서

07 활성탄 캐니스터(charcoal canister)는 무엇을 제어하기 위해 설치하는가?
① CO_2 증발가스
② HC 증발가스
③ NO_x 증발가스
④ CO 증발가스

08 기계식 연료분사장치에 비해 전자식 연료 분사장치의 특징 중 거리가 먼 것은?
① 관성질량이 커서 응답성이 향상된다.
② 연료소비율이 감소한다.
③ 배기가스 유해 물질 배출이 감소된다.
④ 구조가 복잡하고, 값이 비싸다.

09 4행정 6실린더 기관의 제 3번 실린더 흡기 및 배기밸브가 모두 열려 있을 경우 크랭크 축을 회전 방향으로 120° 회전시켰다면 압축 상사점에 가장 가까운 상태에 있는 실린더는? (단, 점화순서는 1-5-3-6-2-4)
① 1번 실린더
② 2번 실린더
③ 4번 실린더
④ 6번 실린더

10 차량총중량이 3.5톤 이상인 화물자동차 등의 후부안전판 설치기준에 대한 설명으로 틀린 것은?
① 너비는 자동차너비의 100% 미만일 것
② 가장 아랫부분과 지상과의 간격을 550mm 이내일 것
③ 차량 수직방향의 단면 최소높이는 100mm 이하일 것
④ 모서리부의 곡률반경은 2.5mm 이상일 것

11 연소실 체적이 40cc이고 압축비가 9:1인 기관의 행정 체적은?
① 280cc   ② 300cc
③ 320cc   ④ 360cc

12 오토사이클의 압축비가 8.5일 경우 이론 열효율은 약 몇 % 인가? (단, 공기의 비열비는 1.40이다.)
① 49.6%   ② 52.4%
③ 54.6%   ④ 57.5%

13 지르코니아 산소 센서에 대한 설명으로 맞는 것은?
① 공연비를 피드백 제어하기 위해 사용한다.
② 공연비가 농후하면 출력전압은 0.45V 이하이다.
③ 공연비가 희박하면 출력전압은 0.45V 이상이다.
④ 300℃ 이하에서도 작동한다.

14 윤활유 특성에서 요구되는 사항으로 틀린 것은?
① 점도지수가 적당할 것
② 산화 안정성이 좋을 것
③ 발화점이 낮을 것
④ 기포 발생이 적을 것

15 옥탄가에 대한 설명으로 옳은 것은?
① 탄화수소의 종류에 따라 옥탄가가 변화한다.
② 옥탄가 90 이하의 가솔린은 4 에틸납을 혼합한다.
③ 옥탄가의 수치가 높은 연료일수록 노크를 일으키기 쉽다.
④ 노크를 일으키지 않는 기준연료를 이소옥탄으로 하고 그 옥탄가를 0으로 한다.

16 실린더 형식에 따른 기관의 분류에 속하지 않는 것은?
① 수평형 엔진   ② 직렬형 엔진
③ V형 엔진   ④ T형 엔진

17 크랭크 축이 회전 중 받는 힘의 종류가 아닌 것은?
① 휨(bending)   ② 비틀림(torsion)
③ 관통(penetration)   ④ 전단(shearing)

18 CO, HC, NO_x 가스를 CO_2, H_2, O_2, N_2 등으로 화학적 반응을 일으키는 장치는?
① 캐니스터
② 삼원 촉매장치
③ EGR장치
④ PCV(Positive Crank case Ventilation)

19 10m/s의 속도는 몇 km/h인가?
① 3.6km/h   ② 36km/h
③ 13.6km/h   ④ 136km/h

20 자동차용 기관의 연료가 갖추어야 할 특성이 아닌 것은?
① 단위중량 또는 단위체적당의 발열량이 클 것
② 상온에서 기화가 용이할 것
③ 점도가 클 것
④ 저장 및 취급이 용이할 것

21. DOHC 엔진의 특징이 아닌 것은?
   ① 구조가 간단하다.
   ② 연소효율이 좋다.
   ③ 최고회전속도를 높일 수 있다.
   ④ 흡입 효율의 향상으로 응답성이 좋다.

22. 내연기관 밸브장치에서 밸브스프링의 점검과 관계가 없는 것은?
   ① 스프링 장력   ② 자유높이
   ③ 직각도   ④ 코일의 수

23. 전동식 냉각 팬의 장점 중 거리가 가장 먼 것은?
   ① 서행 또는 정차 시 냉각성능 향상
   ② 정상온도 도달 시간 단축
   ③ 기관 최고출력 향상
   ④ 작동온도가 항상 균일하게 유지

24. 스프링 위 무게 진동과 관련된 사항 중 거리가 먼 것은?
   ① 바운싱(bouncing)
   ② 피칭(pitching)
   ③ 휠 트램프(wheel tramp)
   ④ 롤링(rolling)

25. 앞바퀴 정렬의 종류가 아닌 것은?
   ① 토인   ② 캠버
   ③ 섹터 암 ④ 캐스터

26. 차량총중량 5000kgf의 자동차가 20%의 구배길을 올라갈 때 구배저항(Rg)은?
   ① 2500kgf   ② 2000kgf
   ③ 1710kgf   ④ 1000kgf

27. 제동 배력장치에서 진공식은 무엇을 이용하는가?
   ① 대기압만을 이용
   ② 배기가스 압력만을 이용
   ③ 대기압과 흡기 다기관의 부압 차이를 이용
   ④ 배기가스와 대기압과의 차이를 이용

28. 자동차가 주행하면서 선회할 때 조향각도를 일정하게 유지하여도 선회 반지름이 커지는 현상은?
   ① 오버 스티어링
   ② 언더 스티어링
   ③ 리버스 스티어링
   ④ 토크 스티어링

29. 자동차 앞바퀴 정렬 중 캐스터에 관한 설명으로 옳은 것은?
   ① 자동차의 전륜을 위에서 보았을 때 바퀴의 앞부분이 뒷부분보다 좁은 상태를 말한다.
   ② 자동차의 전륜을 앞에서 보았을 때 바퀴중심선의 윗부분이 약간 벌어져 있는 상태를 말한다.
   ③ 자동차의 전륜을 옆에서 보았을 때 킹핀의 중심선이 수직선에 대하여 어느 한쪽으로 기울어져 있는 상태를 말한다.
   ④ 자동차의 전륜을 앞에서 보았을 때 킹핀의 중심선이 수직선에 대하여 약간 안쪽으로 설치된 상태를 말한다.

30. 동력전달장치에서 추진축의 스플라인부가 마멸되었을 때 생기는 현상은?
   ① 완충작용이 불량하게 된다.
   ② 주행 중에 소음이 발생한다.
   ③ 동력전달 성능이 발생한다.
   ④ 종 감속장치의 결합이 불량하게 된다.

31 타이어의 구조에 해당되지 않는 것은?
① 트레드   ② 브레이커
③ 카커스   ④ 압력판

32 동력조향장치(power steering system)의 장점으로 옳지 않은 것은?
① 조향조작력을 작게 할 수 있다.
② 앞바퀴의 시미현상을 방지할 수 있다.
③ 조향조작이 경쾌하고 신속하다.
④ 고속에서 조향력이 가볍다.

33 유압식 제동장치에서 적용되는 유압의 원리는?
① 뉴톤의 원리   ② 파스칼의 원리
③ 벤투리관의 원리   ④ 베르누이의 원리

34 유압식과 비교한 전동식 동력조향장치(MDPS)의 장점으로 틀린 것은?
① 부품 수가 적다.
② 오일이 필요 없다.
③ 기관에 연비와는 관련이 없다.
④ 고속에서 조향 휠 조작력이 증가한다.

35 다음 중 현가장치에 사용되는 판스프링에서 스팬의 길이 변화를 가능하게 하는 것은?
① 섀클   ② 스팬
③ 행거   ④ U볼트

36 수동변속기의 클러치의 역할 중 거리가 가장 먼 것은?
① 엔진과의 연결을 차단하는 일을 한다.
② 변속기로 전달되는 엔진의 토크를 필요에 따라 단속한다.
③ 관성운전 시 엔진과 변속기를 연결하여 연비 향상을 도모한다.
④ 출발 시 엔진의 동력을 서서히 연결하는 일을 한다.

37 엔진의 회전수가 4500rpm이고 2단의 변속비가 1.5일 경우 변속기 출력축의 회전수(rpm)는 얼마인가?
① 1500rpm   ② 2000rpm
③ 2500rpm   ④ 3000rpm

38 주행 중 브레이크 작동 시 조향핸들이 한쪽으로 쏠리는 원인으로 거리가 가장 먼 것은?
① 휠 얼라인먼트의 조정이 불량하다.
② 좌우 타이어의 공기압이 다르다.
③ 브레이크 라이닝의 좌·우 간극이 불량하다.
④ 마스터 실린더의 체크밸브 작동이 불량하다.

39 주행 중 제동 시 좌우 편제동의 원인으로 거리가 가장 먼 것은?
① 드럼의 편 마모
② 휠 실린더의 오일 누설
③ 라이닝 접촉 불량, 기름부착
④ 마스터 실린더의 리턴구멍 막힘

40 동력전달장치에 사용되는 종감속장치의 기능으로 옳지 않은 것은?
① 회전속도를 감소시킨다.
② 축 방향 길이를 변화시킨다.
③ 동력전달 방향을 변환시킨다.
④ 구동 토크를 증가시켜 전달한다.

41 모터나 릴레이 작동 시 라디오에 유기되는 일반적인 고주파 잡음을 억제하는 부품으로 옳은 것은?
① 트랜지스터   ② 볼륨
③ 콘덴서   ④ 동소기

42. 에어백 시스템에서 모듈 탈거 시 각종 에어백 점화 회로가 외부 전원과 단락되어 에어백이 전개될 수 있다. 이러한 사고를 방지하는 안전장치는?
   ① 단락 바
   ② 프리 텐셔너
   ③ 클럭 스프링
   ④ 인플레이터

43. 엔진정지 상태에서 기동스위치를 ON 시켰을 때 축전지에서 발전기로 전류가 흘렀다면 그 원인은?
   ① [+] 다이오드가 단락되었다.
   ② [+] 다이오드가 절연되었다.
   ③ [-] 다이오드가 단락되었다.
   ④ [-] 다이오드가 절연되었다.

44. 전자제어 점화장치에서 점화시기를 제어하는 순서는?
   ① 각종센서 → ECU → 파워 트랜지스터 → 점화 코일
   ② 각종센서 → ECU → 점화 코일 → 파워 트랜지스터
   ③ 파워 트랜지스터 → 점화 코일 → ECU → 각종 센서
   ④ 파워 트랜지스터 → ECU → 각종센서 → 점화 코일

45. 비중이 1.280(20℃)의 묽은 황산 1ℓ 속에 35%(중량)의 황산이 포함되어 있다면 물은 몇 g이 포함되어 있는가?
   ① 932g
   ② 832g
   ③ 719g
   ④ 819g

46. 기동 전동기 무부하 시험을 할 때 필요 없는 것은?
   ① 전류계
   ② 저항시험기
   ③ 전압계
   ④ 회전계

47. 윈드 실드 와이퍼 장치의 관리요령에 대한 설명으로 틀린 것은?
   ① 와이퍼 블레이드는 수시 점검 및 교환해 주어야 한다.
   ② 워셔액이 부족한 경우 워셔액 경고등이 점등된다.
   ③ 전면유리는 왁스로 깨끗이 닦아 주어야 한다.
   ④ 전면유리는 기름수건 등으로 닦지 말아야 한다.

48. 부특성(NTC) 가변저항을 이용한 센서는?
   ① 산소 센서
   ② 수온 센서
   ③ 조향각 센서
   ④ TDC 센서

49. 자동차용 배터리에 과충전을 반복하면 배터리에 미치는 영향은?
   ① 극판이 황산화된다.
   ② 용량이 크게 된다.
   ③ 양극판 격자가 산화된다.
   ④ 단자가 산화된다.

50. "회로 내의 어떤 한 점에 유입한 전류의 총합과 유출한 전류의 총합은 같다."는 법칙은?
   ① 렌츠의 법칙
   ② 앙페르의 법칙
   ③ 뉴턴의 제1법칙
   ④ 키르히호프의 제1법칙

51. 점화 1차 파형에 대한 설명으로 옳은 것은?
   ① 최고 점화전압은 15~20kV의 전압이 발생한다.
   ② 드웰 구간은 점화 1차 전류가 통전되는 구간이다.
   ③ 드웰 구간이 짧을수록 1차 점화 전압이 높게 발생한다.
   ④ 스파크 소멸 후 감쇄 진동구간이 나타나면 점화 1차 코일의 단선이다.

52 다음 중 배터리 용량 시험 시 주의사항으로 옳지 않은 것은?

① 기름 묻은 손으로 테스터 조작은 피한다.
② 시험은 약 10~15초 이내에 하도록 한다.
③ 전해액이 옷이나 피부에 묻지 않도록 한다.
④ 부하 전류는 축전지 용량의 5배 이상으로 조정한다.

53 점화 2차 파형의 점화전압에 대한 설명으로 옳지 않은 것은?

① 혼합기가 희박할수록 점화전압이 높아진다.
② 실린더 간 점화전압의 차이는 약 10kV 이내이어야 한다.
③ 점화플러그 간극이 넓으면 점화전압이 높아진다.
④ 점화전압의 크기는 점화 2차회로의 저항과 비례한다.

54 리모콘으로 록(Lock) 버튼을 눌렀을 때 문은 잠기지만, 경계상태로 진입하지 못하는 현상이 발생하는 원인과 가장 거리가 먼 것은?

① 후드 스위치 불량
② 트렁크 스위치 불량
③ 파워 윈도우 스위치 불량
④ 운전석 도어 스위치 불량

55 발전기 구조에서 기전력 발생 요소에 대한 설명으로 옳지 않은 것은?

① 자극의 수가 많은 경우 자력은 크다.
② 코일의 권수가 적을수록 자력은 커진다.
③ 로터코일의 회전이 빠를수록 기전력은 많이 발생한다.
④ 로터코일에 흐르는 전류가 클수록 기전력이 커진다.

56 FF차량의 구동축을 정비할 때 유의사항으로 옳지 않은 것은?

① 구동축의 고무부트 부위의 그리스 누유상태를 확인한다.
② 구동축 탈거 후 변속기 케이스의 구동축 장착 구멍을 막는다.
③ 구동축을 탈거할 때마다 오일씰을 교환한다.
④ 탈거공구를 최대한 깊이 끼워서 사용한다.

57 작업장의 안전점검을 실시할 때 유의사항이 아닌 것은?

① 과거 재해요인이 없어졌는지 확인한다.
② 안점점검 후 강평하고 사소한 사항은 묵인한다.
③ 점검내용을 서로가 이해하고 협조한다.
④ 점검자의 능력에 적응하는 점검내용을 활용한다.

58 공작기계 작업 시의 주의사항으로 틀린 것은?

① 몸에 묻은 먼지나 철분 등 기타의 물질은 손으로 털어낸다.
② 정해진 용구를 사용하여 파쇠철이 긴 것은 자르고 짧은 것은 막대로 제거한다.
③ 무거운 공작물을 옮길 때는 운반기계를 이용하여 옮긴다.
④ 기름걸레는 정해진 용기에 넣어 화재를 방지하여야 한다.

59 휠 밸런스 시험기 사용 시 적합하지 않은 것은?

① 휠의 탈·부착 시에는 무리한 힘을 가하지 않는다.
② 균형추를 정확히 부착한다.
③ 계기판은 회전이 시작되면 즉시 판독한다.
④ 시험기 사용방법과 유의사항을 숙지 후 사용한다.

60 자동차의 배터리 충전 시 안전한 작업이 아닌 것은?

① 자동차에서 배터리 분리 시 (+) 터미널 단자를 먼저 분리한다.
② 배터리 온도가 45℃ 이상 오르지 않게 한다.
③ 충전은 환기가 잘되는 넓은 곳에서 한다.
④ 과충전 및 과방전을 피한다.

정답 및 해설

2020년 CBT 기출복원문제

01	02	03	04	05	06	07	08	09	10
④	②	①	②	②	③	②	①	①	③
11	12	13	14	15	16	17	18	19	20
③	④	①	③	①	④	③	②	②	③
21	22	23	24	25	26	27	28	29	30
①	④	③	③	③	④	③	②	③	②
31	32	33	34	35	36	37	38	39	40
④	④	②	③	①	③	④	④	④	②
41	42	43	44	45	46	47	48	49	50
③	①	①	①	②	②	③	②	③	④
51	52	53	54	55	56	57	58	59	60
②	④	②	③	②	④	②	①	③	①

01 정답 | ④
해설 | ① 1mile = 1.6km
② 1lb = 0.45kg
③ 1kgf · m = 7.23lbf · ft

02 정답 | ②
해설 | (+) 불균형률 = $\frac{최대\ 분사량 - 평균\ 분사량}{평균\ 분사량} \times 100(\%)$
$= \frac{66-60}{60} \times 100(\%) = 10\%$

03 정답 | ①
해설 | 스로틀 포지션 센서는 스로틀 밸브의 위치, 즉 스로틀 밸브의 열림량을 측정하여 열림량에 따라서 연료량을 조절하는 역할을 한다.

04 정답 | ②
해설 | 연료펌프의 체크밸브가 불량할 경우 잔압이 유지되지 않아 연료압력이 급격히 저하된다.

05 정답 | ②
해설 | 피에조 저항이란 압전소자에 압력이 가해질 때 재료의 전기적 저항이 바뀌는 것으로 매니폴드압력 센서가 이를 사용하여 압력을 검출하여 흡입공기의 양을 파악한다.

06 정답 | ③
해설 | 산소 센서는 배기가스 중에 산소농도와 대기 중의 산소농도 차이를 측정하여 피드백 제어에 입력요소로 작용한다.

07 정답 | ②
해설 | 연료탱크에 기화된 HC 증발가스를 캐니스터에 포집하여 PCSV(퍼지컨트롤 솔레노이드 밸브)를 통해 흡기관으로 유입된다.

08 정답 | ①
해설 | 전자식 연료 분사 장치의 경우 관성질량이 작아서 응답성이 향상된다.

> [Tip] 전자제어 연료 분사 장치의 장점
> • 고출력 및 정확한 혼합비 제어로 배기가스 저감
> • 연료소비율 향상
> • 기관의 효율 증대
> • 부하 변동에 대해 신속한 응답
> • 저온 기동성의 향상

09 정답 | ①
해설 |

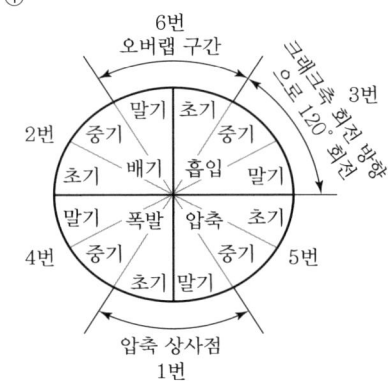

10 정답 | ③
해설 | 후부안전판의 설치방법 등의 기준[자동차 및 자동차부품의 성능과 기준에 관한 규칙 제19조 제4항]
- 가장 아랫부분과 지상과의 간격은 55cm 이내일 것
- 차량 수직방향의 단면 최소높이는 10cm 이상일 것
- 차량 폭의 100% 이하일 것, 좌·우 최외측 타이어 바깥면 지점부터의 간격은 각각 100mm 이내일 것
- 지상으로부터 200cm 이하의 높이에 있는 차체후단으로부터 차량 길이 방향의 안쪽으로 40cm 이내에 설치할 것

11 정답 | ③
해설 | 행정 체적 = (연소실 체적 × 압축비) − 연소실 체적
= (40 × 9) − 40 = 320cc

12 정답 | ④
해설 | 이론 열효율 = $\left(1 - \left(\frac{1}{압축비}\right)^{비열비-1}\right) \times 100(\%)$
= $\left(1 - \left(\frac{1}{8.5}\right)^{1.4-1}\right) \times 100(\%) ≒ 57.5\%$

13 정답 | ①
해설 | 산소 센서는 피드백 제어를 하기 위해 사용한다. 배기가스 중에 산소가 많이 있으면 낮은 전압(0.5V 이하)을 발생되고 배기가스 중에 산소가 거의 없으면 높은 전압(0.5V 이상)이 발생된다.

14 정답 | ③
해설 | 윤활유는 인화점과 발화점이 높아야 한다.

[Tip] 윤활유의 구비조건
- 점도가 적당할 것
- 청정력이 클 것
- 열과 산의 저항력이 클 것
- 비중이 적당할 것
- 인화점과 발화점이 높을 것
- 응고점이 낮을 것
- 기포 발생이 적을 것
- 카본 생성이 적을 것
- 점도지수가 클 것
- 유성이 좋을 것

15 정답 | ①
해설 | 옥탄가란 엔진 연료로 사용되는 휘발유의 특성을 나타내는 수치로, 노킹에 대한 저항성을 의미한다. 탄화수소의 종류인 아이소 옥테인의 정도로 수치가 달라진다.

16 정답 | ④
해설 | 실린더 형식에 따른 분류
- 수평형
- 직렬형
- V형
- W형
- 방사형(성형)

17 정답 | ③
해설 | 크랭크 축이 받는 힘의 종류
- 휨
- 비틀림
- 전단

18 정답 | ②
해설 | 삼원 촉매장치에서 유해가스의 정화
- $NO_x \rightarrow N_2 + O_2$
- $CO \rightarrow CO_2$
- $HC \rightarrow H_2O + CO_2$

19 정답 | ②
해설 | 속도(m/s) × $\frac{1km}{1000m}$ × $\frac{3600s}{1h}$
= $10 \times \frac{3600}{1000} = 36km/h$

20 정답 | ③
해설 | 연료의 구비조건
- 휘발성이 알맞을 것
- 발열량이 클 것
- 카본 퇴적이 적을 것
- 옥탄가가 높을 것
- 저장 및 취급이 용이할 것

21 정답 | ①
해설 | DOHC는 캠축이 2개로 기존 SOHC 기관보다 구조가 복잡하다.

22 정답 | ④
해설 | 밸브스프링 점검
- 장력 : 기준값의 15% 이내
- 자유높이 : 기준값의 3% 이내
- 직각도 : 기준값의 3% 이내

23 정답 | ③
해설 | 전동식 냉각팬의 장점
- 기관 속도에 따른 냉각효율에 영향이 없다.
- 예열시간이 짧다.
- 작동온도가 ECU에 의해 제어되므로 항상 균일하게 유지한다.
- 팬벨트가 없어 냉각팬의 분해조립이 간단하다.

24 정답 | ③
해설 | 휠 트램프는 스프링 아래 진동으로 차축이 X축을 중심으로 진동하는 현상이다.

스프링 위 진동
- 바운싱 : 상하 진동
- 피칭 : 앞뒤 진동(Y축)
- 롤링 : 좌우 진동(X축)
- 요잉 : 회전 진동(Z축)

25 정답 | ③
해설 | 앞바퀴 정렬의 종류에는 토인, 토아웃, 캠버, 캐스터 등이 있다.

26 정답 | ④
해설 | 차량총중량(kgf) × 구배(%) = 5000kgf × 0.2
= 1000kgf

27 정답 | ③
해설 | 진공배력장치는 대기압과 흡기 다기관의 진공의 차이를 이용해 대기압의 힘으로 브레이크 페달력을 증가시키는 역할을 한다.

28 정답 | ②
해설 | 언더 스티어링은 선회 반지름이 커지는 현상을 말한다.
① 오버 스티어링 : 선회 반지름이 작아지는 현상
③ 리버스 스티어 : 선회 중 조향 특성이 변하는 현상(언더 스티어 → 오버 스티어, 오버 스티어 → 언더 스티어)
④ 토크 스티어링 : 급가속 시 가속 진행 방향이 틀어지는 현상

29 정답 | ③
해설 | 캐스터란 차를 옆면에서 보았을 때 조향축이 중앙을 기준으로 얼마나 기울어져 있는지를 나타내는 각도이다.

30 정답 | ②
해설 | **드라이브 라인(액슬축, 추진축)의 과대한 소음이 발생하는 원인**
- 조인트 및 드라이브 샤프트, 추진축 스플라인에 그리스 불충분
- 드라이브 샤프트, 추진축 휨
- 드라이브 샤프트 스플라인, 추진축 마모 과다

31 정답 | ④
해설 | ① 트레드 : 노면과 직접 접촉하는 부분
② 브레이커 : 트레드와 카커스의 중간에 위치한 코드 벨트
③ 카커스 : 타이어가 받는 하중을 지지하고 충격을 흡수하는 부위

32 정답 | ④
해설 | 동력조향장치의 차속감응 제어를 통해 고속에서 직진 안정성을 위해 조향력을 무겁게 하고, 저속에서 조향력을 가볍게 한다.

33 정답 | ②
해설 | 유압식 제동장치에서 적용되는 유압의 원리는 비압축성 유체가 압력을 받을 때 모든 부위로 동일한 압력이 작용하는 것을 뜻하는 파스칼의 원리이다.

34 정답 | ③
해설 | 전동식 동력조향장치는 유압 제어를 하지 않으므로(전동 모터 제어) 오일펌프가 필요 없어 연비를 향상시킬 수 있다.

35 정답 | ①
해설 | **판스프링의 구조**
- 스프링아이 : 주 스프링 판 양 끝에 핀 고정부 역할
- 스팬 : 주 스프링아이의 사이 거리
- 섀클 : 스팬의 길이를 가능하게 하는 역할
- U볼트 : 차축과 판스프링 사이를 고정하는 역할

36 정답 | ③
해설 | 클러치는 엔진과 연결을 차단하는 일을 하며, 변속기로 전달되는 엔진의 토크를 필요에 따라 단속하고, 출발 시 엔진의 동력을 서서히 연결하는 역할을 한다.

37 정답 | ④
해설 | 출력축 회전수 = $\dfrac{\text{엔진의 회전수}}{\text{변속비}} = \dfrac{4500}{1.5}$rpm
= 3000rpm

38 정답 | ④
해설 | 마스터 실린더의 체크밸브의 작동 불량은 브레이크 라인의 잔압 유지와 관련되므로 조향 쏠림과는 거리가 멀다.

39 정답 | ④
해설 | 마스터 실린더의 리턴구멍이 막힌 경우 제동이 풀리지 않는다.

40 정답 | ②
해설 | 축 방향 길이 변화에 대응하기 위한 부품은 슬립이음이다.

41 정답 | ③
해설 | 콘덴서는 안정된 직류 전압을 공급하기 위해 고주파 노이즈를 제거하는 기능을 갖고 있다. 이외에도 직류 전압 제거 기능, 전압을 유지시켜 주는 기능을 갖고 있다.

42 정답 | ①
해설 | **단락 바의 기능**
- 에어백 컴퓨터를 떼어낼 때 경고등과 접지를 연결
- 고압(High) 배선과 저압(Low) 배선을 서로 단락
- 에어백 점화회로가 구성되지 않도록 하는 부품

43 정답 | ①
해설 | 발전기에서 생성된 교류전류를 정류하여 축전지의 [+] 단자로 흐르게 하는 부품은 [+] 실리콘 다이오드이다.
- [+] 다이오드가 단락되면 역류(축전지 → 발전기)가 발생한다.
- [+] 다이오드가 절연(단선)되면 전류가 차단된다.

44 정답 | ①
해설 | ECU는 크랭크각 센서 등의 기준신호를 받아 점화시기를 결정하여 파워 TR(트랜지스터)의 B단자에 전원을 단속하여 점화 코일을 통해 점화한다.

45 정답 | ②
해설 | 1ℓ × 비중 × (1 − 황산(%))
= 1000mℓ × 1.280 × (1 − 0.35) = 832g

46 정답 | ②
해설 | 기동 전동기 무부하 시험에는 전류계, 회전계, 가변저항, 전압계 등이 필요하다.

47 정답 | ③
해설 | 전면유리를 왁스로 닦는 경우 가시성이 떨어진다.

48 정답 | ②
해설 | 부특성 서미스터는 온도가 증가하면 저항값이 감소하는 것을 말한다. 수온 센서, 흡기온 센서, 핀서모 센서 등에 사용한다.

49 정답 | ③
해설 | 과충전을 많이 하면 전해액이 빠르게 감소하여 양극판의 격자가 산화된다.

50 정답 | ④
해설 | 키르히호프의 제1법칙이란 회로 내의 어떤 한 점에 유입한 전류의 총합과 유출한 전류의 총합은 같으며 대수적 합은 0이라는 내용의 법칙이다.

51 정답 | ②
해설 | 드웰 구간이란 파워 TR이 On되어 있는 구간이며, 엔진 회전수에 따라 ECU가 제어한다. 즉 1차 전류가 통전되는 구간이며, 드웰 구간이 길수록 점화 전압이 높게 발생한다. 최고 전압은 보통 300~400V이며 감쇠 진동 구간이 없으면 점화 코일이 불량이다.

52 정답 | ④
해설 | 부하전류는 축전지 용량의 3배 이하로 조정한다.

53 정답 | ②
해설 | 점화 2차 파형의 점화 전압은 혼합기가 희박하면 점화 전압이 높아지고, 실린더 간 점화 전압의 차이는 약 8kV 정도 이내여야 한다.

54 정답 | ③
해설 | **도난경보장치 경계조건**
- 후드 스위치(hood switch)가 닫혀 있을 것
- 트렁크 스위치가 닫혀 있을 것
- 각 도어 스위치가 모두 닫혀 있을 것
- 각 도어 잠금 스위치가 잠겨 있을 것

55 정답 | ②
해설 | **로터코일의 기전력 상승 조건**
- 자극의 수가 많을수록
- 코일의 권수(감은 수)가 많을수록
- 코일의 회전이 빠를수록
- 코일에 흐르는 전류가 클수록

56 정답 | ④
해설 | 드라이브 샤프트의 탈거공구를 깊이 끼우는 경우 오일씰 파손이나 스플라인이 마모될 수 있으므로 적당히 힘을 주어 사용한다.

57 정답 | ②
해설 | 사소한 사항이라도 재해요인이 있다면 반드시 제거한다.

58 정답 | ①
해설 | 몸에 묻은 먼지나 철분 등은 브러시 등을 사용하여 털어낸다.

59 정답 | ③
해설 | 휠 밸런스 장비가 회전하고 있을 때에는 회전방향에서 떨어져 회전이 멈출 때까지 대기한 후 판독을 진행한다.

60 정답 | ①
해설 | **충전 주의사항**
- 차에 설치한 상태로 충전할 때 (−) 터미널 단자를 먼저 분리하고 충전할 것
- 환기가 잘되는 곳에서 충전할 것
- 전해액의 온도가 45°C를 넘지 않도록 할 것
- 충전 시 축전지 근처에서 불꽃 등을 일으키지 말 것
- 충전시간은 되도록 짧게할 것

CBT 기출복원문제 2021년

01 냉각수 온도 센서 고장 시 엔진에 미치는 영향으로 틀린 것은?
① 공회전 상태가 불안정하게 된다.
② 워밍업 시기에 검은 연기가 배출될 수 있다.
③ 배기가스 중에 CO 및 HC가 증가된다.
④ 냉간 시동성이 양호하다.

02 점화 1차 전압 파형으로 확인할 수 없는 사항은?
① 드웰 시간
② 방전 전류
③ 점화 코일 공급 전압
④ 점화플러그 방전 시간

03 베어링에 작용하중이 80kgf의 힘을 받으면서 베어링 면의 미끄럼 속도가 30m/s일 때 손실마력은? (단, 마찰계수는 0.2이다.)
① 4.5PS
② 6.4PS
③ 7.3PS
④ 8.2PS

04 가솔린 엔진의 흡기 다기관과 스로틀 보디 사이에 설치되어 있는 서지탱크의 역할 중 옳지 않은 것은?
① 실린더 상호 간에 흡입 공기 간섭 방지
② 흡입 공기 충진 효율을 증대
③ 연소실에 균일한 공기공급
④ 배기가스 흐름 제어

05 엔진의 밸브 스프링이 진동을 일으켜 밸브 개폐 시기가 불량해지는 현상은?
① 스텀블
② 서징
③ 스털링
④ 스트레치

06 4기통인 4행정 사이클 엔진에서 회전수가 1800rpm, 행정길이가 75mm인 피스톤의 평균 속도는?
① 2.55m/sec
② 2.45m/sec
③ 2.35m/sec
④ 4.5m/sec

07 엔진에서 디지털 신호를 출력하는 센서는?
① 압전 세라믹을 이용한 노크 센서
② 가변저항을 이용한 스로틀 포지션 센서
③ 칼만 와류방식을 이용한 공기유량 센서
④ 전자유도 방식을 이용한 크랭크 축 각도 센서

08 연료의 온도가 상승하여 외부에서 불꽃을 가까이하지 않아도 자연히 발화되는 최저 온도는?
① 인화점
② 착화점
③ 발열점
④ 확산점

09 점화순서가 1-3-4-2인 4행정 엔진의 3번 실린더가 압축행정을 할 때 1번 실린더는?
① 흡입행정
② 압축행정
③ 폭발행정
④ 배기행정

10 엔진의 윤활유 유압이 높을 때의 원인과 관계없는 것은?
① 베어링과 축의 간격이 클 때
② 유압 조정 밸브 스프링의 장력이 강할 때
③ 오일 파이프의 일부가 막혔을 때
④ 윤활유의 점도가 높을 때

11 연소실 체적이 40cc이고, 총 배기량이 1280cc인 4기통 기관의 압축비는?
① 6:1 ② 9:1
③ 18:1 ④ 33:1

12 전자제어 엔진의 흡입공기량 측정에서 출력이 전기 펄스(Pulse, digital) 신호인 것은?
① 벤(Vane)식
② 칼만(Karman) 와류식
③ 핫 와이어(hot wire)식
④ 맵 센서(MAP sensor)식

13 실린더 지름이 80mm이고 행정이 70mm인 엔진의 연소실 체적이 50cc인 경우의 압축비는?
① 8 ② 8.5
③ 7 ④ 7.5

14 내연기관의 일반적인 내용으로 옳은 것은?
① 2행정 사이클 엔진의 인젝션 펌프 회전속도는 크랭크 축 회전속도의 2배이다.
② 엔진 오일은 일반적으로 계절마다 교환한다.
③ 크롬 도금한 라이너에는 크롬 도금된 피스톤 링을 사용하지 않는다.
④ 가압식 라디에이터 부압 밸브가 밀착불량이면 라디에이터가 손상하는 원인이 된다.

15 엔진의 부하 및 회전속도의 변화에 따라 형성되는 흡입다기관의 압력변화를 측정하여 흡입공기량을 계측하는 센서는?
① MAP 센서 ② 베인식 센서
③ 핫 와이어식 센서 ④ 칼만 와류식 센서

16 부동액 성분의 하나로 비등점이 197.2℃, 응고점이 -50℃인 불연성 포화액인 물질은?
① 에틸렌글리콜 ② 메탄올
③ 글리세린 ④ 변성 알코올

17 블로다운(blow down) 현상에 대한 설명으로 옳은 것은?
① 밸브와 밸브시트 사이에서의 가스 누출현상
② 압축행정 시 피스톤과 실린더 사이에서 공기가 누출되는 현상
③ 피스톤이 상사점 근방에서 흡배기 밸브가 동시에 열려 배기 잔류가스를 배출시키는 현상
④ 배기행정 초기에 배기밸브가 열려 배기가스 자체의 압력에 의하여 배기가스가 배출되는 현상

18 엔진 플라이휠의 기능과 관계없는 것은?
① 엔진의 동력을 전달한다.
② 엔진을 무부하 상태로 만든다.
③ 엔진의 회전력을 균일하게 한다.
④ 링기어를 설치하여 엔진의 시동을 걸 수 있게 한다.

19 기동전동기에서 회전력을 기관의 플라이휠에 전달하는 것은?
① 피니언 기어 ② 아마추어
③ 브러시 ④ 시동스위치

20 〈보기〉는 흡기 시스템의 동적효과 특성을 설명한 것이다. ㉠, ㉡에 들어갈 알맞은 단어는?

〈보기〉
흡입행정의 마지막에 흡입 밸브를 닫으면 새로운 공기의 흐름이 갑자기 차단되어 (㉠)가 발생한다. 이 압력파는 음으로 흡기 다기관의 입구를 향해서 진행하고, 입구에서 반사되므로 (㉡)가 되어 흡입 밸브 쪽으로 음속으로 되돌아온다.

① ㉠ 간섭파, ㉡ 유도파
② ㉠ 서지파, ㉡ 정압파
③ ㉠ 정압파, ㉡ 부압파
④ ㉠ 부압파, ㉡ 서지파

21 MF(Maintenance Free) 배터리의 특징에 대한 설명으로 옳지 않은 것은?
① 자기방전률이 높다.
② 전해액의 증발량이 감소되었다.
③ 무보수(무정비) 배터리라고도 한다.
④ 산소와 수소가스를 증류수로 환원시킬 수 있는 촉매 마개를 사용한다.

22 피스톤 간극이 크면 나타나는 현상이 아닌 것은?
① 블로바이 현상이 발생한다.
② 압축압력이 상승한다.
③ 피스톤 슬랩이 발생한다.
④ 엔진의 시동이 어려워진다.

23 가솔린 엔진의 연료펌프에서 연료라인 내의 압력이 과도하게 상승하는 것을 방지하기 위한 장치는?
① 체크 밸브(Check Valve)
② 릴리프 밸브(Relief Valve)
③ 니들 밸브(Needle Valve)
④ 사일런서(Silencer)

24 중·고속 주행 시 연료 소비율의 향상과 엔진의 소음을 줄일 목적으로 변속기의 입력 회전수보다 출력 회전수를 빠르게 하는 장치는?
① 클러치 포인트
② 오버 드라이브
③ 히스테리시스
④ 킥 다운

25 현가장치가 갖추어야 할 기능이 아닌 것은?
① 승차감의 향상을 위해 상하 움직임에 적당한 유연성이 있어야 한다.
② 원심력이 발생되어야 한다.
③ 주행 안정성이 있어야 한다.
④ 구동력 및 제동력 발생 시 적당한 강성이 있어야 한다.

26 추진축의 자재이음은 어떤 변화를 가능하게 하는가?
① 축의 길이
② 회전속도
③ 회전축의 각도
④ 회전 토크

27 휠 얼라인먼트를 사용하여 점검할 수 있는 것으로 가장 거리가 먼 것은?
① 토(toe)
② 캠버
③ 킹핀 경사각
④ 휠 밸런스

28 동력 조향장치의 스티어링 휠 조작이 무거울 때 의심되는 고장부위 중 가장 거리가 먼 것은?
① 랙 피스톤 손상으로 인한 내부 유압작동 불량
② 스티어링 기어 박스의 과다한 백래시
③ 오일탱크의 오일 부족
④ 오일펌프 결함

29 클러치 작동기구 중에서 세척유로 세척해서는 안 되는 것은?
① 릴리스 포크
② 클러치 커버
③ 릴리스 베어링
④ 클러치 스프링

30 조향 유압계통에 고장이 발생되었을 때 수동조작을 이행하는 것은?
① 밸브 스풀
② 볼 조인트
③ 유압 펌프
④ 오리피스

31 브레이크 페달의 유격이 과다한 이유로 가장 거리가 먼 것은?
① 드럼 브레이크 형식에서 브레이크 슈의 조정 불량
② 브레이크 페달의 조정 불량
③ 타이어 공기압의 불균형
④ 마스터 실린더의 파손 피스톤과 브레이크 부스터 푸시로드의 간극 불량

32 싱크로나이저 슬리브 및 허브 검사에 대한 설명으로 옳지 않은 것은?
① 싱크로나이저와 슬리브를 끼우고 부드럽게 돌아가는지 점검한다.
② 슬리브의 안쪽 앞부분과 뒤쪽 끝이 손상되지 않았는지 점검한다.
③ 허브 앞쪽 끝부분이 마모되지 않았는지를 점검한다.
④ 싱크로나이저 허브와 슬리브는 이상 있는 부위만 교환한다.

33 동력 조향장치 정비 시 안전 및 유의사항으로 틀린 것은?
① 자동차 하부에서 작업할 때는 시야 확보를 위해 보안경을 벗는다.
② 공간이 좁으므로 다치지 않도록 주의한다.
③ 제작사의 정비지침서를 참고하여 점검 정비한다.
④ 각종 볼트와 너트는 규정 토크로 조인다.

34 변속기의 변속비(기어비)를 구하는 식은?
① 엔진의 회전수를 추진축의 회전수로 나눈다.
② 부축의 회전수를 엔진의 회전수로 나눈다.
③ 입력축의 회전수를 변속단 카운터축의 회전수로 곱한다.
④ 카운터 기어 잇수를 변속단 카운터 기어 잇수로 곱한다.

35 다음 중 브레이크 드럼이 갖추어야 할 조건과 가장 거리가 먼 것은?
① 무거워야 한다.
② 방열이 잘되어야 한다.
③ 강성과 내마모성이 있어야 한다.
④ 동적 · 정적 평형이 되어야 한다.

36 스프링의 진동 중 스프링 위 진동과 관계없는 것은?
① 바운싱(bouncing)
② 피칭(pitching)
③ 휠 트램프(wheel tramp)
④ 롤링(rolling)

37 변속장치에서 동기 물림 기구에 대한 설명으로 옳은 것은?
① 변속하려는 기어와 메인 스플라인과의 회전수를 같게 한다.
② 주축기어의 회전속도를 부축기어의 회전속도보다 빠르게 한다.
③ 주축기어와 부축기어의 회전수를 같게 한다.
④ 변속하려는 기어와 슬리브와의 회전수에는 관계없다.

38 자동차로 서울에서 대전까지 187.2 km를 주행하였다. 출발시간은 오후 1시 20분, 도착시간은 오후 3시 8분이었다면 평균 주행속도는?
① 126km/h ② 104km/h
③ 156km/h ④ 60km/h

39 유압 브레이크는 무슨 원리를 응용한 것인가?
① 아르키메데스의 원리
② 베르누이의 원리
③ 아인슈타인의 원리
④ 파스칼의 원리

40 〈그림〉과 같은 브레이크 페달에 100N의 힘을 가하였을 때 피스톤의 면적이 5cm²라고 하면 작동 유압은?

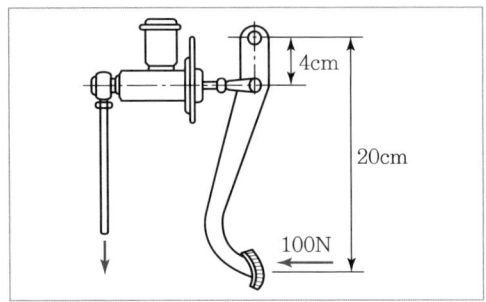

① 100kPa ② 500kPa
③ 1000kPa ④ 5000kPa

41 다음은 배터리 격리판에 대한 설명이다. 옳지 않은 것은?

① 격리판은 전도성이어야 한다.
② 전해액에 부식되지 않아야 한다.
③ 전해액의 확산이 잘되어야 한다.
④ 극판에서 이물질을 내뿜지 않아야 한다.

42 자동차용 납산 배터리를 급속충전할 때 주의사항으로 옳지 않은 것은?

① 충전시간을 가능한 길게 한다.
② 통풍이 잘되는 곳에서 충전한다.
③ 충전 중 배터리에 충격을 가하지 않는다.
④ 전해액의 온도가 약 45℃가 넘지 않도록 한다.

43 스파크 플러그 표시기호의 한 예이다. 열가를 나타내는 것은?

BP6ES

① P ② 6
③ E ④ S

44 배터리 전해액의 비중을 측정하였더니 1.180이었다. 이 배터리의 방전률은? (단, 비중 값이 완전충전 시 1.280이고, 완전방전 시의 비중 값은 1.080이다.)

① 20% ② 30%
③ 50% ④ 70%

45 연료 탱크의 연료량을 표시하는 연료계의 형식 중 계기식의 형식에 속하지 않는 것은?

① 밸런싱 코일식 ② 연료면 표시기식
③ 서미스터식 ④ 바이메탈 저항식

46 AC 발전기의 출력 변화 조정은 무엇에 의해 이루어지는가?

① 엔진의 회전수 ② 배터리의 전압
③ 로터의 전류 ④ 다이오드 전류

47 〈그림〉에서 $I_1 = 5A$, $I_2 = 2A$, $I_3 = 3A$, $I_4 = 4A$라고 하면 I_5에 흐르는 전류(A)는?

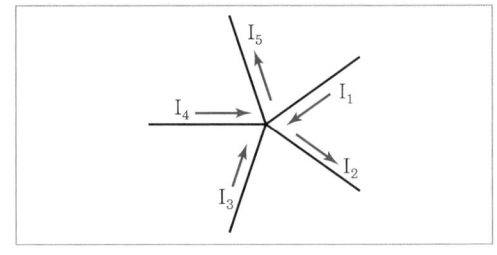

① 8A ② 4A
③ 2A ④ 10A

48 플레밍의 왼손 법칙을 이용한 것은?

① 충전기 ② DC 발전기
③ AC 발전기 ④ 전동기

49 〈그림〉은 시동 전동기를 엔진에서 떼어내고 분해하여 결함 부분을 점검하는 것을 나타내고 있다. 이때 점검항목으로 옳은 것은?

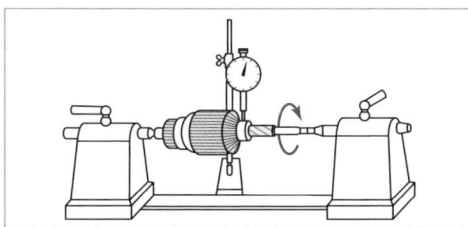

① 전기자 축의 휨 상태 점검
② 전기자 축의 마멸 점검
③ 전기자 코일 단락 점검
④ 전기자 코일 단선 점검

50 반도체의 장점으로 옳지 않은 것은?
① 극히 소형이고 경량이다.
② 내부 전력 손실이 매우 적다.
③ 고온에서도 안정적으로 동작한다.
④ 예열을 요구하지 않고 곧바로 작동할 수 있다.

51 발광 다이오드에 대한 설명으로 옳지 않은 것은?
① 응답속도가 느리다.
② 백열전구에 비해 수명이 길다.
③ 전기적 에너지를 빛으로 변환시킨다.
④ 자동차의 차속센서, 차고센서 등에 적용되어 있다.

52 물체의 전기저항 특성에 대한 설명 중 옳지 않은 것은?
① 단면적인 증가하면 저항은 감소한다.
② 도체의 저항은 온도에 따라서 변한다.
③ 보통의 금속은 온도 상승에 따라 저항이 감소된다.
④ 온도가 상승하면 전기저항이 감소하는 소자를 부특성 서미스터(NTC)라 한다.

53 서로 다른 종류의 두 도체(또는 반도체)의 접점에서 전류가 흐를 때 접점에서 줄열(Joul' sheat) 외에 발열 또는 흡열이 일어나는 현상은?
① 홀 효과
② 피에조 효과
③ 자계 효과
④ 펠티에 효과

54 바디 컨트롤 모듈(BCM)에서 타이머 제어를 하지 않는 것은?
① 파워 윈도우
② 후진등
③ 감광 룸램프
④ 뒤 유리 열선

55 자동차에 직류 발전기보다 교류 발전기를 많이 사용하는 이유로 옳지 않은 것은?
① 크기가 작고 가볍다.
② 정류자에서 불꽃 발생이 크다.
③ 내구성이 뛰어나고 공회전이나 저속에도 충전이 가능하다.
④ 출력 전류의 제어작용을 하고 조정기 구조가 간단하다.

56 수동변속기 작업과 관련된 사항 중 옳지 않은 것은?
① 분해와 조립순서에 준하여 작업한다.
② 세척이 필요한 부품은 반드시 세척한다.
③ 로크너트는 재사용이 가능하다.
④ 싱크로나이저 허브와 슬리브는 일체로 교환한다.

57 물건을 운반 작업할 때 안전하지 못한 경우는?
① LPG 봄베, 드럼통을 굴려서 운반한다.
② 공동 운반에서는 서로 협조하여 운반한다.
③ 긴 물건을 운반할 때는 앞쪽을 위로 올린다.
④ 무리한 자세나 몸가짐으로 물건을 운반하지 않는다.

58 연료압력 측정과 진공점검 작업 시 안전에 관한 유의사항이 잘못 설명된 것은?

① 엔진 운전이나 크랭킹 시 회전 부위에 옷이나 손 등이 접촉하지 않도록 주의한다.
② 배터리 전해액이 옷이나 피부에 닿지 않도록 한다.
③ 작업 중 연료가 누설되지 않도록 하고 화기가 주위에 있는지 확인한다.
④ 소화기를 준비한다.

59 전동기나 조정기를 청소한 후 점검하여야 할 사항으로 옳지 않은 것은?

① 연결의 견고성 여부
② 과열 여부
③ 아크 발생 여부
④ 단자부 주유상태 여부

60 자동차 엔진이 과열된 상태에서 냉각수를 보충할 때 적합한 것은?

① 시동을 끄고 즉시 보충한다.
② 시동을 끄고 냉각시킨 후 보충한다.
③ 엔진을 가·감속하면서 보충한다.
④ 주행하면서 조금씩 보충한다.

정답 및 해설

2021년 CBT 기출복원문제

01	02	03	04	05	06	07	08	09	10
④	②	②	④	②	④	③	②	③	①
11	12	13	14	15	16	17	18	19	20
②	②	①	③	①	①	④	②	①	③
21	22	23	24	25	26	27	28	29	30
①	②	②	②	②	③	④	②	③	①
31	32	33	34	35	36	37	38	39	40
③	④	①	①	①	③	①	②	④	③
41	42	43	44	45	46	47	48	49	50
①	①	②	③	②	③	④	④	①	③
51	52	53	54	55	56	57	58	59	60
①	③	④	②	②	③	①	②	④	②

01 정답 | ④
해설 | 냉각수 온도 센서가 불량인 경우 엔진의 냉간, 열간 상태를 확인할 수 없어 냉간 시동성이 불량할 수도 있다.

02 정답 | ②
해설 | 점화 1차 전압 파형으로 확인 가능한 것은 드웰 시간, 점화 코일에 공급되는 전압, 점화 플러그 방전 시간, 피크전압, 진동감쇄 상태를 알 수 있다.

03 정답 | ②
해설 | 손실마력이란 기관의 각부 마찰에 의하여 손실되는 마력을 말한다.

$$손실마력 = \frac{작용하중(kgf) \times 마찰계수 \times 미끄럼 속도(m/s)}{75}$$

따라서 $\frac{80 \times 0.2 \times 30}{75} = 6.4PS$이다.

04 정답 | ④
해설 | 서지탱크란 넓은 체적으로 공기를 담고 있으면서 각 실린더별로 안정된 공기흐름으로 흡입되게 도움을 주는 장치로, 실린더 상호 간에 흡입 공기 간섭을 방지하는 것, 흡입공기 충진 효율을 증대시키는 역할, 연소실에 균일한 공기 공급 등의 역할을 한다.

05 정답 | ②
해설 | 서징은 밸브 스프링이 진동을 일으켜 밸브 계폐 시기가 불량해지는 현상이다.
① 스텀블 : 가속 시 엔진의 순간적 출력저하와 회전상태의 불균형에 의한 차체의 전, 후 진동현상
③ 스털링 사이클 : 용적형 외연기관 사이클
④ 스트레치 : 인장력에 의해 소재가 늘어남

06 정답 | ④
해설 | 피스톤 평균속도 $= \frac{회전수 \times 행정길이 \times 2}{60}$

$= \frac{1800 \times 0.075 \times 2}{60} = 4.5 m/sec$

07 정답 | ③
해설 | 칼만 와류방식은 초음파를 통한 디지털 신호를 수신한다.

08 정답 | ②
해설 | • 착화점 : 연료의 온도가 상승하여 외부에서 불꽃을 가까이하지 않아도 자연히 발화되는 최저 온도점
• 인화점 : 외부 불꽃에 의해 인화가 일어나는 최저 온도점

09 정답 | ③
해설 | 3번 실린더가 압축이므로, 4번 실린더는 배기, 2번 실린더는 압축, 1번은 폭발이 된다.

10 정답 | ①
해설 | 오일간극(베어링과 축의 간격)이 큰 경우 유압이 낮아진다.

11 정답 | ②
해설 | 압축비 $= \frac{총 배기량}{연소실 체적 \times 기통수} + 1 = \frac{1280}{40 \times 4} + 1 = 9$

따라서 9:1이다.

12 정답 | ②
　해설 | 칼만 와류방식은 초음파와 와류를 이용하여 측정하는 방식이다(디지털 파형).
　　① 벤방식 : 댐핑챔버와 가변저항을 이용(아날로그 파형)
　　③ 핫 필름, 핫 와이어방식 : 백금열선, 열막의 온도를 유지하기 위한 전류소모량으로 공기유량을 측정(아날로그 파형)
　　④ MAP 센서 : 흡기 다기관의 절대압력으로 흡입공기량 간접계측(아날로그 파형)

13 정답 | ①
　해설 | • 전체체적 $= \left(\dfrac{\text{지름}}{2}\right)^2 \times \pi \times \text{행정길이}$
　　　　　　　　$= \left(\dfrac{80}{2}\right)^2 \times \pi \times 70 ≒ 350\text{cc}$
　　• 압축비 $= \dfrac{\text{연소실 체적} + \text{전체 체적}}{\text{연소실 체적}}$
　　　　　　$= \dfrac{50\text{cc} + 350\text{cc}}{50\text{cc}}$
　　　　　　$= 8$

14 정답 | ③
　해설 | 크롬 도금한 라이너에 크롬 도금이 된 피스톤 링을 사용하면 경도가 같아 마멸의 원인이 될 수 있어 사용하지 않는다.
　　① 2행정 1사이클 엔진의 분사펌프 회전속도는 크랭크축 회전속도와 같다.
　　② 엔진오일의 교환주기는 1년 또는 15000km 주행 시이다.
　　④ 가압식 라디에이터의 정압밸브가 밀착불량이면 고압에 의해 라디에이터가 손상될 수 있다.

15 정답 | ①
　해설 | MAP 센서는 엔진의 부하 및 회전속도의 변화에 따라 형성되는 흡입 다기관의 압력변화를 측정하여 흡입공기량을 계측하는 센서이다.

16 정답 | ①
　해설 | **부동액의 특징**
　　• 부동액 : 물과 어는점이 낮은 원료를 혼합하여 만든 용액
　　• 부동액의 원료 : 에틸렌글리콜, 프로필렌글리콜, 에틸알코올, 메탄올
　　• 부동액의 비중이 클수록 어는점이 낮아져 비중계를 통해 부동액의 세기를 점검할 수 있음
　　• 메탄올 비등점 : 65℃
　　• 글리세린 비등점 : 290℃

17 정답 | ④
　해설 | 블로다운이란 배기행정 토기에 배기밸브가 열려 배기가스 자체의 압력에 의해 배기가스가 배출되는 현상을 말한다.

18 정답 | ②
　해설 | 엔진의 동력을 변속기에 전달하는 플라이휠은 엔진의 회전력을 균일하게 만들어 주고, 링기어를 설치해 엔진의 시동을 걸 수 있게 해주는 역할도 한다. 또한, 부품의 마모를 감소시키는 역할도 해준다.

19 정답 | ①
　해설 | 피니언 기어는 아마추어와 함께 회전하여 전동기의 회전력을 플라이휠에 전달하는 부분이다.
　　② 아마추어(전기자 코일) : 코일에 전류가 흐를 때 회전력이 발생되는 부분
　　③ 브러시 : 전기자 코일에 흐르는 전류를 정류자를 통해 공급하기 위한 부분
　　④ 시동 스위치 : 운전자의 의지에 따라 기동모터에 전원을 공급하기 위한 스위치

20 정답 | ③
　해설 | • 정압파 : 흡입밸브쪽 → 흡기관 입구
　　• 부압파 : 흡기관 입구 → 흡입밸브쪽

21 정답 | ①
　해설 | MF 배터리는 자기방전률이 낮아 수명이 길다.

22 정답 | ②
　해설 | **피스톤 간격이 클 때 나타날 수 있는 현상**
　　• 블로바이 현상 발생 가능
　　• 압축압력 하락
　　• 피스톤 슬랩 발생 가능
　　• 엔진의 시동성이 나빠짐

23 정답 | ②
　해설 | **릴리프 밸브의 역할**
　　• 과도한 압력 상승 방지
　　• 부품의 파손 방지
　　• 맥동적 파동 감소

24 정답 | ②
　해설 | 오버 드라이브란 고속 주행 시 연료 소비율의 향상, 정숙성 향상을 도모하기 위해 변속기의 입력 회전수보다 출력 회전수를 빠르게 하는 장치이다.

25 정답 | ②
　해설 | 현가장치는 원심력에 의해 차체 진동 및 회전이 발생할 때 자세를 제어하는 것이 목적이다.

26 정답 | ③
　해설 | 자재이음은 2개의 축이 각도를 이루어 교차할 때 각도변화를 자유롭게 하여 동력을 전달하기 위한 장치이다.

27 정답 | ④
　해설 | • 휠 얼라인먼트로는 휠 밸런스를 점검할 수 없고 별도의 기계(휠 밸런스 장비)를 사용해 점검할 수 있음
　　• 휠 얼라인먼트 점검요소 : 토, 캠버, 캐스터, 킹핀 경사각, 셋백, 스러스트각

28 정답 | ②
　해설 | **주행 중 조향핸들이 무거워지는 이유**
　　• 앞 타이어의 공기가 빠졌다.
　　• 조향기어 박스의 오일이 부족하다.
　　• 볼 조인트가 과도하게 마모되었다.
　　• 조향기어의 백래시가 작다.
　　• 휠 얼라인먼트가 불량하다.
　　• 타이어의 마모가 과다하다.

29 정답 | ③
해설 | 클러치 작동기구 중 릴리스 베어링을 세척유로 닦을 경우 베어링 내부의 오일이 녹아 제 역할을 못하게 될 수 있기에 세척하면 안 된다.

30 정답 | ①
해설 | 밸브 스풀은 밸브 보디에 있는 3개의 홈에 대응하는 3개의 랜드가 있어 유압계통에 고장이 발생되었을 때 밸브 스풀의 이동에 따라 밸브 보디의 오일 통로가 계폐되어 움직인다.

31 정답 | ③
해설 | 타이어 공기압의 불균형이 발생하면 주행 중 쏠림이 발생할 수 있다. 이는 브레이크 페달의 유격과는 연관이 없다.

32 정답 | ④
해설 | 싱크로나이저 허브와 슬리브는 세트로 교환한다.

33 정답 | ①
해설 | 자동차 하부작업 시 오일이나 이물질이 눈에 들어갈 수 있으므로 이를 방지하기 위해 보안경을 착용한다.

34 정답 | ①
해설 | 변속비(기어비) = $\dfrac{\text{기관의 회전수}}{\text{추진축의 회전수}}$

35 정답 | ①
해설 | 브레이크 드럼이 무거운 경우 관성력의 증대로 제동밀림 등이 발생할 수 있다. 따라서 브레이크 드럼은 강성이 크고 가벼운 것이 좋다.

36 정답 | ③
해설 | 휠 트램프는 스프링 아래 차축의 X축 기준 진동이다.
스프링 위 진동
- 바운싱 : 상하 진동
- 피칭 : 앞뒤 진동(Y축)
- 롤링 : 좌우 진동(X축)
- 요잉 : 회전 진동(Z축)

37 정답 | ①
해설 | 변속장치에서 동기 물림 기구 즉, 싱크로나이저 기구는 변속하려는 기어와 메인 스플라인의 회전수를 같게 한다.

38 정답 | ②
해설 | 평균속도 = $\dfrac{\text{주행거리}}{\text{걸린시간}} = \dfrac{187.2\text{km}}{108\text{분}/60\text{분}} = 104\text{km/h}$

39 정답 | ④
해설 | 유압 브레이크는 폐관 속 비압축성 유체에 가한 압력의 변화는 유체의 다른 부분에 그대로 전달된다는 파스칼의 원리이다.

40 정답 | ③
해설 | $20 : 4 = 5 : 1$
$100\text{N} \times 5 = 500\text{N}$
$1\text{cm}^2 = \dfrac{1}{10000}\text{m}^2$
$5\text{cm}^2 = \dfrac{5}{10000}\text{m}^2$

$pa = \text{N/m}^2$
$kpa = 1000pa$
따라서 $500\text{N} \div \dfrac{5}{10000}\text{m}^2$
$= \dfrac{10000 \times 500}{5}\text{N/m}^2$
$= 10000 \times 100pa$
$= 1000kpa$

41 정답 | ①
해설 | **배터리 격리판의 구비조건**
- 비전도성일 것
- 전해액의 확산이 잘 될 것
- 다공성일 것
- 전해액에 부식되지 않을 것
- 기계적 강도가 있을 것
- 극판에 좋지 않은 물질을 내뿜지 않을 것

42 정답 | ①
해설 | 자동차용 납산 배터리를 급속충전할 경우 충전시간을 되도록 짧게, 통풍이 잘되는 곳에서, 충전 중 배터리에 충격을 가하지 않고, 전해액의 온도가 약 45℃가 넘지 않도록 한다.

43 정답 | ②
해설 | 점화플러그의 규격에서 3번째 숫자는 열가를 의미하며, 열가의 숫자가 클수록 냉형이고, 열 방출이 잘되어 고속 기관에서 사용한다.

44 정답 | ③
해설 | 방전률 = $\dfrac{\text{측정 비중}}{\text{완충 비중} + \text{완전 방전 비중}} \times 100(\%)$
$= \dfrac{1.180}{1.280 + 1.080} \times 100(\%) = 50\%$

45 정답 | ②
해설 | 연료면 표시기식의 경우 연료량을 측정하여 표시하기 위한 것이 아닌 경고등 작동을 위한 방법이다.

46 정답 | ③
해설 | **AC 발전기의 출력(전압) 조정**
- 엔진이 저속회전 시에 출력전압을 일정하게 하기 위해 로터코일에 흐르는 전류를 최대한 증가시킨다.
- 엔진의 고속회전 시 조정전압이 약 14.5V 이상이 발생하면 베이스 로터코일에 흐르는 전류를 순간 차단하여 출력전압이 낮아진다.

47 정답 | ④
해설 | 키르히호프의 제1법칙($I_1 + I_3 + I_4 = I_2 + I_5$)을 사용하여 풀면 다음과 같다.
$I_5 = I_1 + I_3 + I_4 - I_2$
$= 5 + 3 + 4 - 2 = 10A$

48 정답 | ④
해설 | • 플레밍의 왼손법칙 : 전동기, 모터
• 플레밍의 오른손법칙 : 발전기

49 정답 | ①
해설 | 〈그림〉은 다이얼게이지를 사용하여 전기자의 휨 상태를 점검하는 것이다.

50 정답 | ③
해설 | **반도체의 특징**
• 소형 경량이다.
• 저항이 낮아 내부 전력 손실이 적다.
• 사용 온도 범위가 좁고 고온에서 효율이 떨어진다.
• 예열이 필요 없다.
• 역전압에 의해 파손될 수 있다.

51 정답 | ①
해설 | 발광 다이오드는 응답속도가 빠르며 타 전구에 비해 수명이 길고 전기적 에너지를 빛으로 변환시키는 장치이다.

52 정답 | ③
해설 | 보통의 금속은 온도 상승에 따라 저항이 증가하는 정특성을 지닌다.

53 정답 | ④
해설 | 펠티에 효과란 전류를 흐르게 했을 때, 각 접점에서 발열 혹은 흡열 작용이 일어난 현상을 말한다.

54 정답 | ②
해설 | 후진등은 변속레버 스위치에 의해 R단일 때 작동한다.

55 정답 | ②
해설 | **교류 발전기의 특징**
• 저속에서 충전할 수 있다.
• 고속회전에 잘 견딘다.
• 회전부에 정류자가 없어 허용 회전속도 한계가 높다.
• 반도체(실리콘 다이오드)로 정류하므로 전기적 용량이 높다.
• 소형, 경량이며, 브러시의 수명이 길다.
• 전압조정기만 필요하며 조정기의 구조가 비교적 단순하다.
• 출력 전류의 제어작용을 한다.

56 정답 | ③
해설 | 로크너트(풀림방지너트), 와셔, 가스켓류는 신품으로 교환한다.

57 정답 | ①
해설 | LPG 봄베, 드럼통을 운반할 경우 손수레(대차) 등을 이용한다.

58 정답 | ②
해설 | 배터리 전해액이 옷이나 피부에 닿지 않아야 하는 작업은 축전지 전해액 충전작업 또는 전해액 비중 점검이다.

59 정답 | ④
해설 | 배전이 연결되는 단자부위에는 윤활이나 주유를 하지 않는다.

60 정답 | ②
해설 | 냉각수 보충, 교환작업 시 화상의 위험이 있으므로 엔진이 충분히 냉각된 상태에서 실시해야 한다.

CBT 기출복원문제 2022년

01 엔진오일의 유압이 규정값보다 높아지는 원인이 아닌 것은?
① 엔진 과냉
② 유압조절밸브 스프링의 장력이 과다
③ 오일량 부족
④ 윤활라인의 일부 또는 전부가 막힘

02 점화장치의 구성부품의 단품 점검사항으로 옳지 않은 것은?
① 점화플러그는 간극게이지를 활용하여 중심전극과 접지전극 사이의 간극을 측정한다.
② 고압케이블은 멀티테스터를 활용하여 양 단자 간의 저항을 측정한다.
③ 폐자로 점화 코일의 1차 코일은 멀티테스터로 점화 코일 (+)와 (−)단자 간의 저항을 측정한다.
④ 폐자로 점화 코일의 2차 코일은 멀티테스터로 점화 코일 중심단자와 (+) 전극 사이의 저항을 측정한다.

03 공회전 속도조절 장치로 볼 수 없는 것은?
① 로터리 밸브 액추에이터
② ISC 스텝모터
③ ISA 액츄에이터
④ 아이들 스위치

04 엔진의 윤활장치 설명으로 옳지 않은 것은?
① 엔진오일의 압력은 약 2~4kg/cm^{2}이다.
② 범용 오일 10W−30이란 숫자는 오일의 점도이다.
③ 겨울철에는 점도 지수가 낮은 오일이 효과적이다.
④ 엔진 온도가 낮아지면 오일의 점도는 높아진다.

05 엔진의 타이밍 벨트 교환작업에 대한 설명으로 옳지 않은 것은?
① 타이밍 벨트의 소음을 줄이기 위해 윤활을 한다.
② 타이밍 벨트의 타이밍 마크의 정렬을 맞춘다.
③ 타이밍 벨트의 정렬과 장력을 정확히 맞춘다.
④ 타이밍 벨트 교환 시 엔진 회전 방향에 유념한다.

06 기관에서 공기과잉률이란?
① 이론공연비
② 실제공연비÷이론공연비
③ 실제공연비
④ 이론공연비÷실제공연비

07 공연비 피드백 제어에 사용되는 산소 센서의 기능은?
① 배기가스 중 산소농도 감지
② 흡입공기 중 산소농도 감지
③ 실린더 내의 산소농도 감지
④ 배기가스의 온도 감지

08 실린더 헤드 볼트 장착 방법에 대한 설명으로 옳지 않은 것은?

① 실린더 블록에 접착제를 바른 후 개스킷을 설치하고, 개스킷 윗면에 접착제를 바르고 실린더 헤드를 장착한다.
② 볼트로 조일 때 변형 방지를 위해 탈착과 반대로 중앙에서 바깥쪽을 향해 조인다.
③ 볼트를 조일 때 순서대로 한 번에 규정 토크값으로 조여 준다.
④ 볼트를 조일 때 주로 각도법을 이용한다.

09 〈그림〉은 어떤 센서의 출력파형인가?

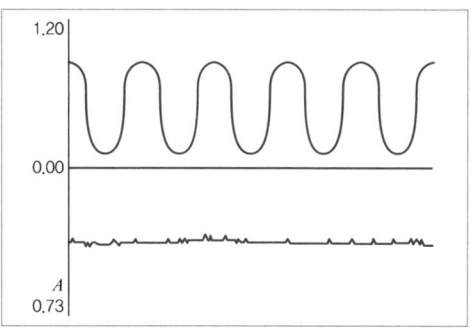

① 아이들 스피드 액추에이터(ISA) 정상파형
② 산소 센서 전방 & 후방 파형
③ APS 1,2 센서 파형
④ 맵센서 & TPS 센서 파형

10 실린더의 연소실 체적이 60cc, 행정 체적이 360cc인 기관의 압축비는?

① 5:1 ② 6:1
③ 7:1 ④ 8:1

11 가솔린 차량의 배출가스 중 NO_x의 배출을 감소시키기 위한 방법으로 적당한 것은?

① EGR 장치 채택
② 캐니스터 설치
③ 간접연료 분사방식 채택
④ DPF 시스템 채택

12 가솔린 연료의 구비조건이 아닌 것은?

① 옥탄가가 높을 것
② 체적 및 무게가 크고, 발열량이 작을 것
③ 연소속도가 빠를 것
④ 온도와 관계없이 유동성이 좋을 것

13 LPI 엔진의 연료장치에서 장기간 차량정지 시 수동으로 조작하여 연료 토출 통로를 차단하는 밸브는?

① 매뉴얼 밸브   ② 과류방지 밸브
③ 릴리프 밸브   ④ 리턴밸브

14 다음 중 GDI 엔진의 레일압력 센서를 탈거하는 방법에 대한 설명으로 잘못된 것은?

① 연료 라인의 잔류 압력을 제거한다.
② 흡기 다기관을 탈거한다.
③ 레일 압력센서 커넥터를 분리한다.
④ 복스렌치를 이용하여 딜리버리 파이프로부터 레일 압력센서를 탈거한다.

15 디젤 엔진의 연료장치에서 분사 노즐을 탈거하는 방법에 대해 잘못 설명된 것은?

① 분사 노즐 홀더로부터 분사 파이프를 탈거한다.
② 분사 노즐 홀더로부터 리턴 파이프를 탈거한다.
③ 조정 렌치를 이용하여 노즐홀더 너트 부에서 분사 노즐 홀더를 탈거한다.
④ 탈거한 분사 노즐 홀더를 깨끗한 세척유를 이용하여 세척한다.

16 〈그림〉의 파형 분석에 대한 설명으로 틀린 것은?

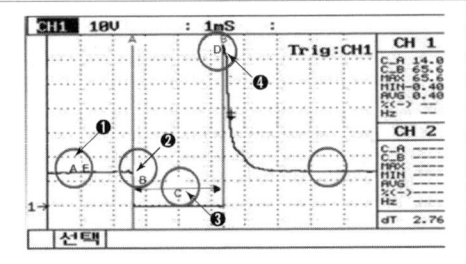

① ❶ : 인젝터에 공급되는 전원 전압
② ❷ : 연료 분사가 시작되는 시점
③ ❸ : 인젝터의 연료분사시간
④ ❹ : 폭발 연소구간의 전압

17 엔진에서 밸브 가이드 실이 손상되었을 때 발생할 수 있는 현상으로 가장 타당한 것은?

① 압축압력 저하
② 냉각수 오염
③ 밸브 간극 증대
④ 백색 배기가스 배출

18 희박한 혼합가스가 일반적으로 엔진에 미치는 영향으로 맞는 것은?

① 기동이 쉽다.
② 저속 및 공전이 원활하다.
③ 연소 속도가 빠르다.
④ 동력 감소를 가져온다.

19 전자제어 디젤 엔진 연료 분사장치에서 예비분사에 대한 설명으로 옳은 것은?

① 예비 분사는 디젤 엔진의 시동 성능을 향상시키기 위한 분사를 말한다.
② 예비 분사는 연소실의 연소 압력 상승을 부드럽게 하여 소음과 진동을 줄여준다.
③ 예비 분사는 주 분사 이후에 미연가스의 완전 연소와 후처리 장치의 재연소를 위해 이루어지는 분사이다.
④ 예비 분사는 인젝터의 노후화에 따른 보정 분사를 실시하여 엔진의 출력저하 및 엔진 부조를 방지하는 분사이다.

20 GDI 엔진의 고압 연료펌프를 탈거하는 방법에 대한 설명으로 옳지 않은 것은?

① 점화 스위치를 OFF로 하고, 배터리 (+)케이블을 분리한다.
② 에어 클리너와 흡기 호스를 탈거한다.
③ 연료압력 조절밸브 커넥터를 분리한다.
④ 고압 연료 파이프를 탈거한다.

21 평균유효 압력이 10kgf/cm², 배기량이 7500cc, 회전속도 2400rpm, 단기통인 2행정 사이클의 지시마력은?

① 200PS   ② 300PS
③ 400PS   ④ 500PS

22 배기 밸브가 하사점 전 55°에서 열려 상사점 후 15°에서 닫힐 때 총 열림각은?

① 240°   ② 250°
③ 255°   ④ 260°

23 수동변속기 장치에서 클러치 압력판에 대하여 설명한 것은?

① 클러치 스프링의 장력을 이기고 클러치판을 누르고 있던 압력판을 분리시키는 역할을 한다.
② 클러치판을 밀어서 플라이휠에 압착시키는 역할을 한다.
③ 릴리스 포크에 의해 클러치 축 방향으로 움직여 회전 중인 릴리스 레버를 눌러 엔진의 동력을 차단하는 역할을 한다.
④ 플라이휠과 압축판 사이에 설치되어 마찰력에 의해 변속기에 동력을 전달한다.

24 수동변속기 차량의 클러치판은 어떤 축의 스플라인에 조립되어 있는가?
① 추진축 ② 크랭크 축
③ 액슬축 ④ 변속기 입력축

25 출발할 때 클러치에서 소음이 발생하는 원인과 거리가 먼 것은?
① 클러치 압력스프링의 장력 과다
② 릴리스 레버의 높이가 고르지 않음
③ 압력판 및 플라이휠의 변형
④ 페이싱 리벳의 헐거움

26 수동변속기에서 싱크로나이저 링이 작용하는 시기는?
① 클러치 페달을 놓을 때
② 클러치 페달을 밟을 때
③ 변속기어가 물릴 때
④ 변속기어가 물려있을 때

27 변속기를 탈부착하는 작업에서 변속기 잭 사용 시 주의사항으로 옳은 것은?
① 리프트와 변속기 잭 상승 및 하강은 부드럽게 하고 급하강이나 급상승 등은 피한다.
② 장비에서 떠나있는 시간이 길어지거나 사용하지 않을 때는 상승상태로 놓는다.
③ 사용 또는 점검 중에 이상을 발견하였을 경우에는 고장이 발생할 때까지 사용한 후 수리한다.
④ 작업이 미흡한 경우나 안전장치를 개조하여 사용하여야 기능이 충분히 발휘된다.

28 종감속기어에 사용되는 하이포이드 기어의 구동 피니언은 일반적으로 링 기어 지름 중 약 몇 % 정도 편심되어 있는가?
① 5~10% ② 10~20%
③ 20~30% ④ 30~40%

29 드라이브 샤프트(등속조인트) 고무부트 교환 시 필요한 공구가 아닌 것은?
① 육각 렌치
② 스냅 링 플라이어
③ 부트 클립 플라이어
④ (-) 드라이버

30 기관의 회전속도 1500rpm, 제2변속비 2:1 종감속비 4:1, 타이어의 유효지름 100cm이다. 이때 자동차의 시속(km/h)은 약 얼마인가? (단, 바퀴와 지면은 미끄럼이 전혀 없다고 가정한다.)
① 0.58km/h ② 141.3km/h
③ 70.6km/h ④ 35.3km/h

31 다음 〈그림〉이 의미하는 경고등의 명칭으로 옳은 것은?

① EBD 경고등 ② 브레이크 경고등
③ TPMS 경고등 ④ 경고등

32 자동차 타이어 공기압에 대한 설명으로 옳은 것은?
① 비오는 날 빗길 주행 시 공기압을 15% 정도 낮춘다.
② 모래길 및 자동차 바퀴가 빠질 우려가 있을 때는 공기압을 15% 정도 높인다.
③ 공기압이 높으면 트레드 양단이 마모된다.
④ 좌우 바퀴의 공기압이 차이가 날 경우 제동력 편차가 발생할 수 있다.

33 〈보기〉를 읽고 ㉠과 ㉡에 들어갈 용어로 옳은 것은?

---〈보기〉---
(㉠)-(㉡)을/를 협각(Included Angle)이라 하며 이 각의 크기에 따라 타이어의 중심선과 조향축 연장선이 만나는 점이 정해지며, 스크러브 반경이 달라진다.

① ㉠ 캠버각, ㉡ 캐스터각
② ㉠ 캠버각, ㉡ 킹핀 경사각
③ ㉠ 킹핀경사각, ㉡ 캐스터각
④ ㉠ 킹핀경사각, ㉡ 토우

34 현가장치에서 드가르봉식 쇽업소버의 설명으로 가장 거리가 먼 것은?
① 질소가스가 봉입되어 있다.
② 오일실과 가스실이 분리되어 있다.
③ 오일에 기포가 발생하여도 충격 감쇠효과가 저하되지 않는다.
④ 쇽업소버의 작동이 정지되면 질소가스가 팽창하여 프리 피스톤의 압력을 상승시켜 오일 챔퍼의 오일을 감압한다.

35 유압 브레이크 패드 교환 시 필요한 특수공구는?
① 브레이크 수분 진단기
② 전용 진단기
③ 압축공기와 고무판
④ 캘리퍼 피스톤 압축기

36 동력조향장치의 유압계통 점검사항으로 옳지 않은 것은?
① 캠 링과 프런트 사이드 플레이트의 긁힘
② 펌프축과 풀리의 균열 또는 변형
③ 유량제어 밸브의 상태
④ 베인의 확실한 고정 상태

37 브레이크 파이프의 잔압 유지와 직접적인 관련이 있는 것은?
① 브레이크 페달
② 마스터 실린더 2차컵
③ 마스터 실린더 체크밸브
④ 푸시로드

38 조향장치에서 토(toe) 조정방법으로 옳은 것은?
① 스티어링 암의 길이를 가감하여 조정한다.
② 조향기어 백래시로 조정한다.
③ 타이로드의 길이를 변화시켜 조정한다.
④ 드래그 링크를 교환해서 조정한다.

39 구동축(드라이브 샤프트)의 정비법으로 옳은 것은?
① 부트 밴드(Boot Band)는 신품으로 교환해야 한다.
② 구동축 조인트의 그리스가 부족할 경우 다른 그리스류를 첨가할 수 있다.
③ CV 조인트는 동일한 차종일 경우 양 구동축을 서로 혼용할 수 있다.
④ 부트는 휠 측과 차동기어 측이 동일하므로 사용할 수 있다.

40 방향 지시등 전구의 점멸이 정상속도보다 빠를 때의 원인으로 옳은 것은?
① 용량이 큰 전구를 사용
② 한쪽 전구 단선
③ 퓨즈 단선
④ 스위치 불량

41 〈그림〉과 같이 55W의 전구 2개를 12V 배터리에 접속하였을 때 회로에는 약 몇 A의 전류가 흐르는가?

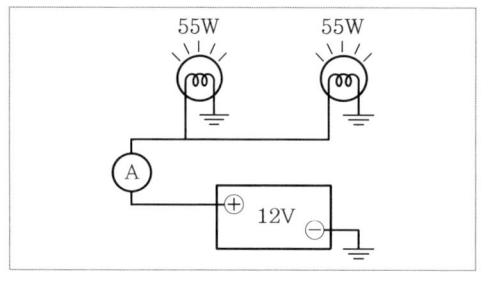

① 5.3A ② 9.2A
③ 12.5A ④ 20.3A

42 축전지의 취급에 대한 설명으로 옳지 않은 것은?
① 전해액을 만들어 사용할 경우 고무 또는 납 그릇을 사용하되, 황산에 증류수를 조금씩 첨가하면서 혼합한다.
② 축전지의 단자 및 케이스 면은 소다수로 세척한다.
③ 연속 대전류를 방전되는 것은 금지해야 한다.
④ 전해액은 극판 위 10~13mm 정도 되도록 보충한다.

43 4A로 연속 방전하여 방전종지전압에 이를 때까지 20시간 소요되었다면 이 축전지의 용량(Ah)은?
① 5Ah ② 0.2Ah
③ 60Ah ④ 80Ah

44 와이퍼 장치에서 간헐적으로 작동되지 않는 요인으로 거리가 먼 것은?
① 와이퍼 릴레이의 고장
② 와이퍼 블레이드 마모
③ 와이퍼 스위치 고장
④ 와이퍼 모터 배선 불량

45 기동전동기의 스타터 모터가 작동하지 않거나, 회전력이 약한 원인이 아닌 것은?
① 배터리 전압이 낮다.
② ST단자에 공급되는 전원이 12V이다.
③ 접지가 불량하다.
④ 계자 코일이 단락되었다.

46 이모빌라이저 장치에서 엔진 시동 제어장치가 아닌 것은?
① 충전장치 ② 시동장치
③ 점화장치 ④ 연료장치

47 스캐너의 기능이 아닌 것은?
① 자기진단 기능
② 액추에이터 강제 구동 기능
③ 주행 데이터 검색 기능
④ 센서 입력 기능

48 기동전동기가 정상 회전하지만, 엔진이 시동되지 않는 원인과 관련이 있는 사항은?
① 조향핸들 유격이 맞지 않을 때
② 현가장치에 문제가 있을 때
③ 크랭크각 센서가 단선일 때
④ 산소 센서의 작동이 불량일 때

49 감전사고를 방지하는 방법이 아닌 것은?
① 차광용 안경을 착용한다.
② 반드시 절연 장갑을 착용한다.
③ 물기가 있는 손으로 작업하지 않는다.
④ 고압이 흐르는 부품에는 표시를 한다.

50 〈보기〉는 배출가스 정밀검사에 관한 내용이다. 정밀검사모드로 맞는 것을 모두 고른 것은?

〈보기〉
㉠ ASM 2525 모드
㉡ KD 147 모드
㉢ Lug down 3 모드
㉣ CVS-75 모드

① ㉠, ㉡
② ㉠, ㉡, ㉢
③ ㉠, ㉢, ㉣
④ ㉡, ㉢, ㉣

51 자동차 및 자동차 부품의 성능과 기준에 관한 규칙상 자동차의 최소회전반경은 바깥쪽 앞바퀴 자국의 중심선을 따라 측정할 때에 몇 m를 초과해서는 안 되는가?

① 2m
② 10m
③ 12m
④ 14m

52 자동차검사기준 및 방법에서 등화장치 검사기준에 대한 설명으로 옳지 않은 것은?

① 변환빔의 진폭은 10m 위치에서 기준수치 이내일 것
② 변환빔의 광도는 3000cd 이상일 것
③ 컷오프선의 꺽임각이 있을 경우 꺽임각의 연장선은 우측 하향일 것
④ 어린이운송용 승합자동차에 설치된 표시등이 안전기준에 적합할 것

53 후부안전판은 자동차너비의 몇 % 미만이어야 하는가?

① 60%
② 80%
③ 100%
④ 120%

54 자동차 전장계통 작업 시 작업방법으로 옳지 않은 것은?

① 전장품 정비 시 축전지 (-) 단자를 분리한 상태에서 한다.
② 연결 커넥터를 고정할 때는 연결부가 결합되었는지 확인한다.
③ 배선 연결부를 분리할 때는 배선을 잡아당겨서 한다.
④ 각종 센서나 릴레이는 떨어뜨리지 않도록 한다.

55 정비 작업 시 안전사항과 거리가 먼 것은?

① 차량의 급작스러운 움직임에 대비하여 앞, 뒤 타이어에 고임목을 설치한다.
② 차체 아래에서 작업할 경우 반드시 안전스탠드(잠금장치)를 사용한다.
③ 차량 작업 시 금연한다.
④ 절차과정에서 요구하지 않는 한 이그니션 스위치는 항상 ON 위치에 둔다.

56 에어백 장치를 점검·정비할 때 안전하지 못한 행동은?

① 조향 휠을 탈거할 때 에어백 모듈 인플레이터 단자는 반드시 분리한다.
② 조향 휠을 장착할 때 클럭 스프링의 중립 위치를 확인한다.
③ 에어백 장치는 반드시 축전지 전원을 차단하고 정비한다.
④ 인플레이터의 저항은 절대 측정하지 않는다.

57 화재의 분류 중 B급 화재 물질로 옳은 것은?

① 종이
② 휘발유
③ 목재
④ 석탄

58 소화 작업 시 기본요소가 아닌 것은?
① 가연 물질을 제거한다.
② 산소를 차단한다.
③ 점화원을 냉각시킨다.
④ 연료를 기화시킨다.

59 감전 위험이 있는 곳에 전기를 차단하여 수선점검을 할 때의 조치와 관계가 없는 것은?
① 스위치 박스에 통전장치를 한다.
② 위험사항에 대한 방지장치를 한다.
③ 스위치에 안전장치를 한다.
④ 필요한 곳에 통전금지 기간에 관한 사상을 게시한다.

60 정비 작업 시 지켜야 할 안전수칙 중 옳지 않은 것은?
① 작업에 맞는 공구를 사용한다.
② 작업장 바닥에는 오일을 떨어뜨리지 않는다.
③ 전기장치 작업 시 오일이 묻지 않도록 한다.
④ 잭(Jack)을 사용하여 차체를 올린 후 손잡이를 그대로 두고 작업한다.

정답 및 해설

2022년 CBT 기출복원문제

01	02	03	04	05	06	07	08	09	10
③	④	④	③	①	②	①	③	②	③
11	12	13	14	15	16	17	18	19	20
①	②	①	④	③	④	④	④	②	①
21	22	23	24	25	26	27	28	29	30
③	②	②	④	①	③	①	②	①	④
31	32	33	34	35	36	37	38	39	40
③	④	②	④	④	④	③	③	①	②
41	42	43	44	45	46	47	48	49	50
②	①	④	②	②	①	④	③	①	②
51	52	53	54	55	56	57	58	59	60
③	③	③	③	④	①	②	④	①	④

01 정답 | ③
해설 | 오일량이 부족한 경우 유압은 감소한다.

02 정답 | ④
해설 | 배전기방식, DLI, DIS 방식에 따라 2차 저항 측정방법이 다르며 폐자로 (+) 배전기방식 점화 코일의 경우 고압선이 1개소 있으므로 점화 코일 중심단자와 (−) 전극 사이의 저항을 측정하는 것이 옳은 방법이다.

03 정답 | ④
해설 | 아이들 스위치는 조절장치를 동작하기 위한 신호 사용된다.

04 정답 | ③
해설 | 점도 지수가 높을수록 온도에 따른 점도의 변화가 적으므로 점도 지수가 높은 오일이 효과적이다.

05 정답 | ①
해설 | 벨트에 윤활을 하는 경우 미끄럼이 발생할 수 있다.
타이밍 벨트 교환 시 점검 및 주의사항
- 타이밍 마크 확인
- 벨트 텐션 조정
- 벨트의 균열 및 마모 점검
- 회전방향에 주의

06 정답 | ②
해설 | 공기 과잉률이란 이론공연비(이론적으로 완전연소가 가능한 공기와 연료의 비율) 14.7을 기준으로 실제 공연비의 비율을 말하는 것으로 λ(람다)로 표기하며 배기관의 산소 센서로 판단한다.
- 공기과잉률(λ) = 1인 경우 완전연소
- 공기과잉률(λ) < 1인 경우 연료가 많으므로 농후한 연소
- 공기과잉률(λ) > 1인 경우 연료가 적으므로 희박한 연소

07 정답 | ①
해설 | 산소 센서는 배기가스 중의 산소농도와 대기 중의 산소농도 차이를 측정하여 피드백 제어에 입력요소로 작용한다.

08 정답 | ③
해설 | 볼트를 조일 때 한 번에 규정 토크 값으로 조이면 헤드나 볼트의 변형이 올 수 있으므로 조금씩 나눠서 조인다.

09 정답 | ②
해설 | 〈그림〉의 파형 1은 촉매컨버터 전에 설치된 산소 센서의 파형이고 파형 2는 촉매컨버터 이후에 설치된 산소 센서의 파형으로 촉매컨버터의 정화상태 등을 파악할 수 있다.

10 정답 | ③
해설 | 압축비 = $\dfrac{\text{실린더 체적}}{\text{연소실 체적}}$ = $\dfrac{\text{행정 체적} + \text{연소실 체적}}{\text{연소실 체적}}$
= $\dfrac{\text{행정 체적}}{\text{연소실 체적}} + 1$ 이므로 $\dfrac{360cc}{60cc} + 1 = 7$
따라서 7:1이다.

11 정답 | ①
해설 | EGR 밸브는 배기가스를 재순환하여 연소실 온도는 낮춰 질소산화물 생성을 억제한다.

12 정답 | ②
해설 | **가솔린 연료의 구비조건**
- 유동성이 좋을 것
- 연소속도가 빠를 것
- 기화가 용이할 것
- 연소 상태가 양호할 것
- 발열량이 클 것
- 내폭성이 우수할 것
- 부식성이 적을 것

13 정답 | ①
해설 | 매뉴얼 밸브는 장기간 차량을 운행하지 않을 경우, 수동으로 연료라인을 닫아 주는 밸브이다.

14 정답 | ④
해설 | 파이프 탈거를 위해서는 오픈앤드 렌치를 필요로 한다.

15 정답 | ③
해설 | 노즐홀더 탈거 시 복스렌치 혹은 오픈앤드 렌치를 이용한다.

16 정답 | ④
해설 | 인젝터는 연료분사장치로 연소구간이 없다. ④는 서지전압(피크전압)으로 인젝터 코일의 자기유도에 의해 발생한 전압이다.

17 정답 | ④
해설 | 밸브 가이드 실이 손상될 경우 실린더 헤드에 오일이 연소실로 유입되어 연소될 수 있다. 이때의 연소로 인해 백색 배기가스가 배출될 수 있다.

18 정답 | ④
해설 | 희박한 혼합가스란 연료가 부족한 상태이므로 엔진의 동력 감소에 영향을 미칠 수 있다.

19 정답 | ②
해설 | 예비 분사란 주 분사가 이루어지기 전에 연료를 분사하여 연소할 때 연소실의 압력 상승을 부드럽게 하여 연소가 잘 이루어지도록 하기 위한 것으로, 이는 엔진의 소음과 진동을 감소시키는 효과가 있다.

예비 분사 중단 조건
- 예비 분사가 주 분사를 너무 앞지르거나 엔진 회전 속도가 3000rpm 이상인 경우
- 분사량이 너무 적거나 주 분사량이 불충분한 경우
- 엔진 자동 중단에 오류가 발생하거나 연료압력이 최솟값(100bar) 이하인 경우

20 정답 | ①
해설 | 배터리 (−)케이블을 분리한다.

21 정답 | ③
해설 | 지시마력 = $\dfrac{PVRN}{75 \times 60 \times 100}$

여기서
P = 평균유효압력
V = 배기량, 행정체적
R = 엔진회전수(4행정일 경우 1/2)
N = 기통수
75 = kgf · m/s를 PS마력으로 치환하기 위함
60 = 분당회전수를 초당회전수로 치환하기 위함
100 = cm단위를 m로 치환하기 위함

따라서 $\dfrac{10 \times 7500 \times 2400}{75 \times 60 \times 100} = 400PS$

22 정답 | ②
해설 | 배기밸브의 열림각
= BBDC(하사점 전) + 180° + ATDC(상사점 후)
= 55° + 180° + 15° = 250°

23 정답 | ②
해설 | ① 릴리스레버(현재는 다이어프램)
③ 릴리스베어링
④ 클러치 디스크

24 정답 | ④
해설 | 클러치판은 플라이휠과 압축판 사이에 설치되어 마찰력에 의해 변속기 입력축에 동력을 전달한다.

25 정답 | ①
해설 | 클러치 압력스프링의 장력이 과소할 경우 클러치 미끄러짐에 의해 소음이 발생할 수 있다.

26 정답 | ③
해설 | 싱크로나이저 링은 변속기어가 물릴 때 기어와 허브의 속도를 동기화하는 기능을 한다.

27 정답 | ①
해설 | **변속기 잭 사용 시 주의사항**
- 장비에서 떠나있는 시간이 길어지거나 사용하지 않을 때는 변속기를 하강 상태로 유지시킨다.
- 사용 또는 점검 중 이상 발생 시 즉시 작동을 멈추고 수리 후에 사용한다.
- 안전장치는 절대 개조 및 해제하지 않는다.
- 리프트와 변속기 잭 상승 및 하강은 부드럽게 하고 급하강이나 급상승 등은 피한다.

28 정답 | ②
해설 | **하이포이드 기어**
- 스파이럴 베벨 기어의 구동 피니언을 편심시킨 것
- 추진축을 낮게 할 수 있어 차고가 낮아지고 거주성과 안전성이 증가
- 스파이럴 베벨 기어와 비교하여 감속비가 같고, 링 기어의 크기가 같은 경우에 구동 피니언을 크게 할 수 있어서 기어 이의 강도가 증가
- 옵셋량은 링 기어 중심과 피니언 중심이 어긋난 것으로 링 기어 지름의 10~20% 정도

29 정답 | ①
해설 | **드라이브 샤프트 분해(double off−set joint type)**
- (−) 드라이버로 록킹 클립을 일으키기
- 부트 클립 플라이어를 사용하여 부트 밴드 풀기
- 이때 부트가 손상되지 않도록 주의하기
- 스냅 링 플라이어를 사용하여 스냅 링을 분리하기

30 정답 | ④

해설 | • 바퀴의 회전수 = $\frac{1500}{2 \times 4}$ = 187.5rpm

• 바퀴의 둘레 = $2\pi r = 2 \times 3.14 \times 0.5m = 3.14m$

• 차속 = 바퀴의 회전수 × 바퀴의 둘레
= 3.14 × 187.5m/분
= $\frac{3.14 \times 187.5 \times 60}{1000}$ km/h
≒ 35.3km/h

31 정답 | ③

해설 | 〈그림〉은 TPMS 경고등(타이어공기압 경고등)으로 타이어 공기압이 부족한 경우 점등된다.

32 정답 | ④

해설 | 모래길 및 자동차 바퀴가 빠질 우려가 있을 때는 공기압을 15% 정도 낮춘다.

타이어 공기압
• 자동차 바퀴가 빠질 우려가 있을 때는 공기압을 약간 낮춘다.
• 공기압이 높으면 트레드 중앙부가 마모된다.
• 공기압이 낮으면 트레드 양단이 마모된다.

33 정답 | ②

해설 | 캠버각과 킹핀 경사각의 연장선이 만나는 각도를 협각이라 한다.

34 정답 | ④

해설 | 쇽업소버의 작동이 정지되면 질소가스가 팽창하여 프리 피스톤의 압력을 상승시켜 오일 챔퍼의 오일을 가압한다.

35 정답 | ④

해설 | 유압 브레이크 패드 교환 시 신품의 두께가 두꺼우므로 캘리퍼 피스톤 압축기를 통해 압축한 후 조립한다.

36 정답 | ④

해설 | 베인의 형태가 둥글게 유지되어 있는지 확인하고, 로터 홈에서 충분한 유격으로 움직이는지 확인한다.

37 정답 | ③

해설 | **브레이크 파이프의 잔압과 직접 관련된 부품**
• 마스터 실린더 체크밸브
• 휠 실린더 피스톤 실(seal) : 파손되는 경우 압력 저하
• 슈 리턴 스프링의 장력 : 장력이 약한 경우 압력 저하
• 캘리퍼 피스톤 실(seal) : 파손되는 경우 압력 저하

38 정답 | ③

해설 | 토(toe)의 조정은 타이로드의 길이를 변화시켜 조정한다.

39 정답 | ①

해설 | 부트 밴드는 소모성이므로 반드시 신품으로 교환해야 한다.
② 조인트의 그리스가 부족할 경우 규격에 맞는 그리스로 보충한다.
④ 부트는 휠 측과 차동기어측(변속기측)의 길이가 다르므로 혼용하여 사용할 수 없다.

40 정답 | ②

해설 | **방향 지시등 전구의 점멸속도가 빨라지는 원인**
• 한쪽 전구의 단선
• 플래셔 유닛의 불량
• 전구의 용량을 규정용량보다 작은 것으로 교체한 경우
• 회로 내 저항 감소로 전류가 증가된 경우

41 정답 | ②

해설 | P = EI
$I = \frac{P}{E} = \frac{110W}{12V}$ ≒ 9.2A

42 정답 | ①

해설 | 증류수에 황산을 조금씩 첨가하면서 혼합한다.

43 정답 | ④

해설 | 축전지의 용량 = 방전전류 × 소요시간 = 4A × 20h
= 80Ah

44 정답 | ②

해설 | 와이퍼 블레이드가 마모된 경우 유리가 잘 닦이지 않는 닦임 불량 현상은 나타날 수 있으나 와이퍼의 작동에는 영향이 없다.

45 정답 | ②

해설 | ST단자에 공급되는 전원이 12V 미만일 경우 회전력이 약할 수 있다.

46 정답 | ①

해설 | **엔진 시동의 3요소**
• 기동(시동)
• 연료
• 점화

47 정답 | ④

해설 | 스캐너의 기능으로는 센서 출력 기능이 있다.

48 정답 | ③

해설 | 크랭크각 센서가 단선일 경우 점화시기와 분사시기를 알 수 없어 시동이 걸리지 않는다.

49 정답 | ①

해설 | 차광용 안경은 용접 또는 산소 절단 사용 시 착용한다.

50 정답 | ②

해설 | ㉣ CVS – 75 모드란 북미 배출가스 주행모드이다.

51 정답 | ③

해설 | 자동차의 최소회전반경은 바깥쪽 앞바퀴 자국의 중심선을 따라 측정할 때에 12m를 초과하여서는 아니 된다(「자동차 및 자동차부품의 성능과 기준에 관한 규칙」 제9조 제1항).

52 정답 | ③

해설 | 컷오프선의 꺾임점(각)이 있는 경우 꺾임점의 연장선은 우측 상향이어야 한다(「자동차관리법 시행규칙」 [별표 15] 제73조 관련).

53 정답 | ③
해설 | 후부안전판의 양 끝부분은 뒷 차축 중 가장 넓은 차축의 좌·우 최외측 타이어 바깥면 지점을 초과하여서는 아니 된다.

54 정답 | ③
해설 | 해선 연결부를 분리할 때 배선을 잡아당기면 배선이 끊어지거나 커넥터가 파손될 수 있다.

55 정답 | ④
해설 | 절차과정에서 요구하지 않는 한 이그니션 스위치는 항상 OFF 위치에 둔다.

56 정답 | ①
해설 | **에어백장치 점검·정비 방법 및 순서**
1. 점화 스위치를 LOCK 위치로 돌리고 배터리 케이블의 (−)단자를 분리하고 약 30초 이상 기다린 후 에어백 관련 작업을 수행한다(백업전원 약 150ms 유효).
2. 다른 차량의 에어백 부품을 사용하지 않는다.
3. 모든 에어백 모듈의 재사용을 위해 분해 또는 수리하지 않는다.
4. 에어백 시스템의 정비 및 점검 작업을 진행 후 반드시 시스템을 리셋시킨다(IG ON → Off → ON).
5. 에어백 스퀴브(인플레이터) 커넥터의 저항을 측정하지 않는다.

57 정답 | ②
해설 | **화재의 분류**
- A급 : 종이, 목재 등 일반화재
- B급 : 유류화재
- C급 : 전기화재
- D급 : 금속화재(마그네슘 등)

58 정답 | ④
해설 | **소화 작업 시 기본요소**
- 냉각소화 : 점화원 냉각
- 질식소화 : 산소 차단
- 제거소화 : 가연물 제거
- 억제소화 : 연쇄반응 단절

59 정답 | ①
해설 | 안전을 위해 통전 방지장치를 한다.

60 정답 | ④
해설 | 손잡이는 제거하고 스탠드로 지지한 후에 작업한다.

CBT 기출복원문제 2023년

01 자동차 소화기로 사용할 수 없는 것은?
① 이산화탄소 소화기
② 할로겐 소화기
③ 물 소화기
④ 분말 소화기

02 자동차 통신시스템으로 작동하는 것이 아닌 것은?
① CAN
② 운전자세 메모리 시스템(IMS)
③ 차체 제어 모듈(BCM)
④ LED 램프

03 점화플러그 간극 규정 값은?
① 4mm   ② 7mm
③ 3mm   ④ 1mm

04 각 실린더 분사량을 측정하였더니 최대 분사량이 56cc, 최소 분사량이 45cc, 평균 분사량이 50cc였다면 (−) 불균형률은 얼마인가?
① 10   ② 15
③ 20   ④ 12

05 전자제어 브레이크 자기진단 요소가 아닌 것은?
① 요레이트
② 조향각 센서
③ 휠 스피드 센서
④ 부스트 압력 센서

06 메모리 파워 시트유닛(IMS) 등받이 각도가 불량할 때 점검해야 할 요소는?
① 프론트 하이트 모터
② 리어 하이트 모터
③ 리클라이 모터
④ 슬라이드 모터

07 다음 단자배열을 이용하여 지르코니아 타입 산소센서의 신호점검방법으로 옳은 것은?

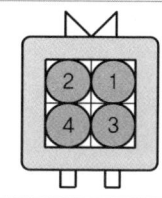

1. 산소센서 신호
2. 산소센서 접지
3. 산소센서 히터 전원
4. 산소센서 히터 제어

① 배선 측 커넥터 3번, 4번 단자 간 전류 점검
② 배선 측 커넥터 1번 단자와 접지 간의 전압 점검
③ 배선 측 커넥터 3번 단자와 접지 간의 전압 점검
④ 배선 측 커넥터 1번, 2번 단자 간 전류 점검

08 점화스위치 IG1과 연결되지 않는 것은?
① 인젝터   ② 크랭크 각 센서
③ 점화 1차   ④ 기동전동기

09 브레이크 제동시 떨리는 현상이 나타나는 원인으로 옳은 것은?
① 패드 면에 그리스나 오일이 묻어 있음
② 브레이크 디스크의 변형
③ 브레이크 페달 리턴 스프링이 약함
④ 브레이크 계통에 공기가 유입

10 자동차 등화장치에서 12V 축전지에 30W의 전구를 사용하였다면 저항값은?

① 4.8 ② 5.4
③ 6.3 ④ 7.3

11 EGR고장 시 발생하는 현상이 아닌 것은?

① 공회전 시 엔진부조
② 출력저하
③ HC, CO 감소
④ NOx 증가

12 엔진 과냉을 초래할 수 있는 부품은?

① 서모스텟(Thermostat)
② 워터펌프(Water pump)
③ 타이밍 벨트(Timing belt)
④ 오일펌프(Oil pump)

13 밸브스프링 점검 항목 및 점검 기준으로 틀린 것은?

① 장력 : 스프링 장력의 감소는 표준값의 10% 이내일 것
② 자유고 : 자유고의 낮아짐의 변화량은 3% 이내일 것
③ 직각도 : 직각도는 자유높이 100mm당 3mm 이내일 것
④ 접촉면의 상태는 2/3 이상 수평일 것

14 블로바이 가스 주성분으로 맞는 것은?

① SO_2 ② CO
③ NOx ④ HC

15 연료의 저위발열량이 10500kcal/kgf, 제동마력 93PS, 제동열효율이 31%인 기관의 시간당 연료소비량(kgf/h)은?

① 5.53 ② 16.07
③ 18.07 ④ 17.07

16 축간거리가 1.2m인 자동차를 왼쪽으로 완전히 꺾을 때 오른쪽 바퀴의 조향각이 30°이고, 왼쪽 바퀴의 조향각이 45°일 때, 자동차의 최소회전 반경은? (단, 바퀴 접지면 중심과 킹핀 중심 간의 거리는 무시한다.)

① 1.7m ② 2.4m
③ 3.0m ④ 3.6m

17 크랭크 축의 점검사항으로 해당하지 않는 것은?

① 크랭크 축 베어링 외경
② 크랭크 축 축 방향 유격
③ 크랭크 축 휨
④ 크랭크 축 무게

18 전자제어 엔진의 연료압력이 높아지는 원인으로 가장 거리가 먼 것은?

① 연료의 부족
② 연료 리턴 라인의 막힘
③ 연료압력조절기의 진공 누설
④ 연료압력조절기의 고장

19 실린더 안지름 91mm, 행정이 95mm이고, 4기통 엔진 회전수가 700rpm인 엔진의 피스톤 평균속도는 약 얼마인가?

① 2.2cm/sec ② 2.2m/sec
③ 4.4m/sec ④ 4.4cm/sec

20 스프링 상수가 5kgf/mm의 코일을 2cm 압축하는데 필요한 힘은?

① 10kgf ② 20kgf
③ 100kgf ④ 200kgf

21 앞바퀴 정렬에서 토(Toe)는 어느 것으로 조정하는가?

① 드래그링크 ② 조향기어
③ 피트먼암 ④ 타이로드

22 냉각장치에서 왁스실에 왁스실을 넣어 온도가 높아지면 팽창축을 열게 하는 온도 조절기는?
① 바이 메탈형 ② 펠릿형
③ 벨로즈형 ④ 바이패스 밸브형

23 크랭크 샤프트 포지션 센서 부착 방법이 옳지 않은 것은?
① 센서 부착 시, 부착 홀에 밀어 넣어 부착한다.
② 부착하기 전에 센서 O-링에 실런트를 도포한다.
③ 크랭크샤프트 포지션 센서 부착 시, 규정 토크를 준수하여 부착한다.
④ 부착 볼트를 조여서 크랭크샤프트 포지션 센서를 부착한다.

24 EGR(Exhaust Gas Recirculation)밸브 대한 설명 중 틀린 것은?
① HC를 저감시키기 위한 장치이다.
② 배기가스 재순환 장치이다.
③ NOx를 저감시키기 위한 장치이다.
④ 연소실 온도를 낮추기 위한 장치이다.

25 다이얼 게이지(dial gauge)로 측정할 수 없는 것은?
① 크랭크 축 또는 캠 축의 휨 측정
② 링기어(종감속) 차동기어의 백래시 측정
③ 크랭크 축의 엔드플레이(end play) 측정
④ 크랭크 축의 마멸량 측정

26 정(+)의 캠버 설명으로 옳은 것은?
① 바퀴의 윗부분이 안쪽으로 벌어진 상태이다.
② 바퀴의 중심선이 수직인 상태이다.
③ 바퀴의 윗부분이 바깥쪽으로 벌어진 상태이다.
④ 바퀴의 윗부분이 안쪽으로 기울어진 상태이다.

27 기동전동기가 정상 회전하지만, 엔진이 시동되지 않는 원인과 관련이 있는 사항은?
① 밸브 타이밍이 맞지 않을 때
② 조향 핸들 유격이 맞지 않을 때
③ 현가장치에 문제가 있을 때
④ 산소센서의 작동이 불량할 때

28 다이얼 게이지로 캠축 휨을 측정할 때 설치 방법으로 옳은 것은?
① 스핀들의 앞 끝을 공작물의 좌측으로 기울이게 놓는다.
② 스핀들의 앞 끝을 보기 좋은 위치에 놓는다.
③ 스핀들의 앞 끝을 공작물의 우측으로 기울이게 놓는다.
④ 스핀들의 앞 끝을 기준면인 축(shaft)에 수직으로 놓는다.

29 자동차 등화장치 중 방향지시등의 전구 색깔로 알맞은 것은?
① 녹색 ② 하얀색
③ 호박색 ④ 빨간색

30 랙-피니언 형 동력조향장치 교환 시 작업요소가 아닌 것은?
① 동력조향장치의 오일을 배출한다.
② 타이로드 록-너트를 분리한다.
③ 교환 작업 완료 후 앞바퀴 얼라이먼트를 조정한다.
④ 신품 장착 후 유압라인 공기빼기 작업을 한다.

31 자동차 전기장치에서 "유도 기전력의 방향은 코일 내의 자속의 변화를 방해하는 방향으로 발생한다."는 현상을 설명한 것은?
① 렌츠의 법칙
② 키르히호프의 제1법칙
③ 뉴턴의 제1법칙
④ 앙페르의 법칙

32 변속기의 변속비를 구하는 식으로 옳은 것은?

① $\frac{주축}{부축} \times \sqrt{\frac{부축}{주축}}$ ② $\frac{주축}{부축} \times \frac{주축}{부축}$

③ $\frac{부축}{주축} \times \frac{주축}{부축}$ ④ $\frac{부축}{주축} \times \frac{부축}{주축}$

33 기동전동기의 계자코일과 전기자코일을 직렬로 연결했을 때 나타나는 현상에 대한 설명으로 틀린 것은?

① 자기력이 커져 구동력이 증가하는 효과가 있다.
② 계자코일이 끊어지면 전기자 코일에도 전류가 흐르지 않는다.
③ 코일이 권수가 줄어들어 회복속도가 빠르다.
④ 코일의 권수가 늘어나는 효과가 있다.

34 도난경보장치의 작동조건으로 옳은 것은?

① 후드, 트렁크, 모든 도어가 닫혀있고, 모든 도어가 잠긴상태
② 후드, 트렁크, 모든 도어가 열려있고, 모든 도어가 잠긴상태
③ 후드, 트렁크, 모든 도어가 열려있고, 모든 도어가 열린상태
④ 후드, 트렁크, 모든 도어가 닫혀있고, 모든 도어가 열린상태

35 바디전장시스템의 모듈에서 스위치를 감지하기 위한 5V 풀업(Pull-Up) 방식에 대한 설명으로 옳은 것은?

① 스위치 OFF 시 2.5V이다.
② 스위치 OFF 시 5V이다.
③ 스위치 ON 시 2.5V이다.
④ 스위치 ON 시 5V이다.

36 차동제한장치의 장점으로 거리가 먼 것은?

① 미끄럼이 방지되어 타이어의 수명이 연장된다.
② 요철노면 주행에 후부 흔들림을 방지할 수 있다.
③ 미끄러운 노면에서 출발이 용이하다.
④ 저속커브길 주행 시 안전성이 양호하다.

37 자동차 발전기 풀리에서 소음이 발생할 때 교환 작업에 대한 내용으로 틀린 것은?

① 배터리의 (-)단자부터 탈거한다.
② 전용 특수공구를 사용하여 풀리를 교체한다.
③ 구동벨트를 탈거한다.
④ 배터리의 (+)단자부터 탈거한다.

38 전원 이동불가 현상 발생으로 버튼 시동시스템을 진단장비로 점검 시 내용으로 틀린 것은?

① 시리얼 통신라인 체크
② 실내 및 외부 안테나 구동 검사
③ 스마트키(POB) 작동상태
④ 스타터 모터 상태 점검

39 유류 화재 시 물을 뿌리면 안 되는 이유는 무엇인가?

① 산소를 차단하기 때문이다.
② 물과 화학반응이 일어나기 때문이다.
③ 누전되기 때문이다.
④ 연소면이 확대되기 때문이다.

40 캠의 구성 중 캠 높이에서 기초원을 뺀 부분으로 밸브를 여닫는 양정에 해당하는 것은?

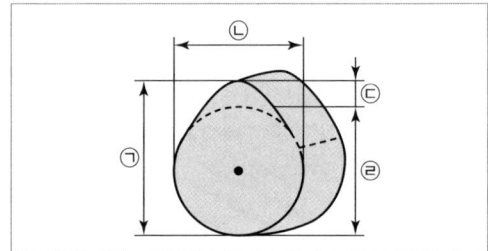

① ㉠   ② ㉡
③ ㉢   ④ ㉣

41 10℃ 기온에서 축전지 전해액을 측정하였더니 비중계의 눈금이 1.283이었다. 20℃에서의 비중은 얼마인가?

① 1.290   ② 1.276
③ 1.280   ④ 1.283

42 산소센서 설치위치로 옳은 것은?

① 배기 머플러의 전, 후
② 연소실 입구
③ 스로틀 밸브의 뒤쪽 흡기다기관
④ 서지탱크

43 암전류(Parasitic Current)에 대한 설명으로 틀린 것은?

① 전자제어장치 차량에서는 차종마다 정해진 규정치 내에서 암 전류가 있는 것이 정상이다.
② 일반적으로 암 전류의 측정은 모든 전기장치를 OFF하고, 전체 도어를 닫은 상태에서 실시한다.
③ 배터리 자체에서 저절로 소모되는 전류이다.
④ 암 전류가 큰 경우 배터리 방전의 요인이 된다.

44 NPN형 정방형 트랜지스터 전류는 어느 쪽으로 흐르는가?

① 이미터에서 컬렉터로
② 베이스에서 컬렉터로
③ 컬렉터에서 베이스로
④ 컬렉터에서 이미터로

45 안전벨트 프리텐셔너의 설명으로 틀린 것은?

① 에어백 전개 후 탑승객의 구속력이 일정 시간 후 풀어주는 리미터 역할을 한다.
② 차량 충돌 시 신체의 구속력을 높여 안전성을 향상시킨다.
③ 자동차 후면 추돌 시 에어백을 빠르게 전개시킨 후 구속력을 증가시킨다.
④ 자동차 충돌 시 2차 상해를 예방하는 역할을 한다.

46 2m 떨어진 위치에서 후방보행자 안전장치 경고음 기준으로 알맞은 것은? (단, 자동차 검사기준을 따른다)

① 60dB(A)~85dB(A)
② 90dB(A)~115dB(A)
③ 70dB(A)~95dB(A)
④ 80dB(A)~105dB(A)

47 토인(toe in) 설명으로 알맞지 않은 것은?

① 조향 링키지의 마멸에 의해 토 인이 되는 것을 방지한다.
② 바퀴가 옆방향으로 미끄러지는 것과 타이어의 마멸을 방지한다.
③ 캠버에 의해 토 아웃되는 것을 방지한다.
④ 주행 저항 및 구동력의 반력으로 토 아웃이 되는 것을 방지한다.

48 자동차 구조상 좌, 우 등을 2개씩 설치가 가능한 등은 무엇인가? (단, 자동차 검사기준을 따른다.)

① 후퇴등   ② 안개등
③ 후미등   ④ 주간주행등

49 압력식 캡이 열리는 값으로 맞는 것은?

① 0.9~1.1kgf/cm²   ② 2.9~3.1kgf/cm²
③ 5.0~6.0kgf/cm²   ④ 7.0~9.0kgf/cm²

50 클러치 디스크 페이싱 마모량 점검 시 리벳 깊이 한계값으로 옳은 것은?

① 0.1mm ② 0.2mm
③ 0.3mm ④ 0.4mm

51 엔진오일 소비증대 큰 원인이 되는 것은?

① 비산과 누설 ② 연소와 누설
③ 희석과 혼합 ④ 비산과 압력

52 축전지 충전을 하는데 안전사항으로 옳지 않은 것은?

① 축전지 충전은 상온의 밀폐된 곳에서 실시한다.
② 축전지가 단락하여 스파크가 일어나지 않게 한다.
③ 환기장치가 적절하지 못한 작업장에서는 축전지를 과충전하여서는 안 된다.
④ 전해액을 혼합할 때에는 증류수에 황산을 천천히 붓는다.

53 자동차 발전기 점검 방법으로 옳지 않은 것은?

① 배터리를 시동 전 전압과 시동 후 전압의 차이가 있으면 정상이다.
② 발전기 B단자에서 전류를 측정하였을 때 측정값이 규정 값 이상이면 정상이다.
③ 엔진 시동 후 충전경고등이 소등되면 정상이다.
④ 엔진 시동 후 발전기 전압과 시동 전의 발전기 전압에 차이가 없으면 정상이다.

54 방열기 압력식 캡에 관하여 설명한 것이다. 알맞은 것은?

① 냉각범위를 넓게 냉각효과를 크게하기 위하여 사용된다.
② 부압 밸브는 방열기 내의 부압이 빠지지 않도록 하기 위함이다.
③ 게이지 압력은 2~3kgf/cm²이다.
④ 냉각수량을 약 20% 증가시키기 위해서 사용된다.

55 브레이크 장치의 유압회로에서 발생하는 베이퍼록 현상의 원인이 아닌 것은?

① 긴 내리막길에서 과도한 풋 브레이크 사용
② 브레이크 드럼과 라이닝의 끌림에 의한 과열
③ 브레이크 오일의 변질에 의한 비등점 저하
④ 엔진 브레이크의 과도한 사용

56 구동바퀴가 차체를 추진시키는 힘(구동력)을 구하는 공식으로 옳은 것은? (단, F=구동력, T=축의 회전력, R=바퀴의 반지름이다.)

① $F = \dfrac{T}{R}$ ② $F = T \times 2R$
③ $F = \dfrac{R}{T}$ ④ $F = T \times R$

57 차량 속도계 시험시 유의사항으로 틀린 것은?

① 롤러에 묻은 기름이나 흙을 닦아낸다.
② 시험 차량의 타이어 공기압이 정상인가 확인한다.
③ 리프트를 하강 상태에서 차량을 중앙으로 진입시킨다.
④ 시험 차량은 공차상태로 하고 운전자 1인이 탑승한다.

58 공기식 브레이크 장치의 구성품과 거리가 먼 것은?

① 브레이크 밸브
② 브레이크 챔버
③ 릴레이 밸브
④ 하이드로 에어백

59 6실린더 엔진의 점화장치를 엔진 스코프로 점검할 때 아래 파형에서 엔진의 캠각은?

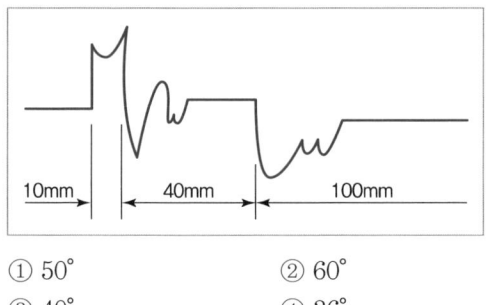

① 50°   ② 60°
③ 40°   ④ 36°

60 저항이 4Ω인 전구를 12V 축전지에 의하여 점등했을 때 접속이 올바른 상태에서 전류(A)는 얼마인가?

① 4.8A   ② 3.0A
③ 2.4A   ④ 6.0A

정답 및 해설

2023년 CBT 기출복원문제

01	02	03	04	05	06	07	08	09	10
③	④	④	①	④	③	②	④	②	①
11	12	13	14	15	16	17	18	19	20
③	①	①	④	③	②	④	①	②	③
21	22	23	24	25	26	27	28	29	30
④	②	②	①	④	③	①	④	③	②
31	32	33	34	35	36	37	38	39	40
①	③	③	①	②	④	④	②	④	③
41	42	43	44	45	46	47	48	49	50
②	①	③	④	③	①	①	③	①	③
51	52	53	54	55	56	57	58	59	60
②	①	④	①	④	①	③	④	③	②

01 정답 | ③
해설 | 자동차 화재의 경우 유류화재 또는 전기화재가 대부분이므로 물 소화기 사용은 적절하지 않다.

02 정답 | ④
해설 | LED 헤드램프의 경우 CAN통신을 통한 오토라이트 제어가 가능하지만 LED 램프의 경우 범위가 모호하기 때문에 통신시스템으로 작동하는 것으로 단정하기 어렵다.

03 정답 | ④
해설 | 일반적으로 점화플러그 접지와 중심전극의 간극 규정은 1.0~1.1mm이다.

04 정답 | ①
해설 | $(-)$불균형률 $= \dfrac{평균분사량 - 최소분사량}{평균분사량} \times 100(\%)$

$= \dfrac{50cc - 45cc}{50cc} \times 100(\%) = 10(\%)$

05 정답 | ④
해설 | **전자제어 브레이크(차체자세제어) 자기진단 요소**
- 요레이트 센서, G센서 : 요(yaw) - 모멘트 검출
- 휠 스피드 센서 : 휠 잠김 검출
- 조향각 센서 : 조향각속도 검출
※ 부스트 압력 센서 : 과급장치가 적용된 차량에서 흡기의 오버부스트를 방지하기 위해 설치하므로 전자제어 브레이크와는 무관하다.

06 정답 | ③
해설 | ① 프런트 하이트 모터 : 시트 앞부분 높이 조절
② 리어 하이트 모터 : 시트 뒷부분 높이 조절
③ 리클라이 모터 : 등받이 조절
④ 슬라이드 모터 : 시트 전·후 이동

07 정답 | ②
해설 | 산소센서의 출력 신호는 전압을 측정하며, 산소센서의 신호단자와 접지단자(차량 접지)에서 측정할 수 있다.

08 정답 | ④
해설 | IG1은 연료장치, 점화장치에 전원이 인가되는 부분으로 크랭크 각 센서, 점화 1차, 인젝터는 직접적으로 시동을 걸게 해주는 것과 관계가 있다.
※ 기동전동기는 ST단자에 연결되어 있음

09 정답 | ②
해설 | • 브레이크가 안 밟히는 현상 → 패드 면에 그리스나 오일이 묻어 있음
• 브레이크가 밟힌 현상이 유지, 제동이 풀리지 않는 현상 → 브레이크 페달 리턴 스프링이 약함
• 베이퍼록 현상 → 브레이크 계통에 공기가 유입

10 정답 | ①
해설 | $P = E \times I$

위 공식에 $I = \dfrac{E}{R}$ 공식을 대입

$P = E \times \dfrac{E}{R}$

저항 $R = \dfrac{E^2}{P} = \dfrac{12^2}{30} = 4.8\Omega$

11 정답 | ③
해설 | • EGR밸브는 배기가스를 연소실로 재순환하여 연소온도를 낮추는 역할을 한다.
• 엔진 냉간 시, 공회전 시 EGR이 열린 경우 연소온도의 과도한 저하로 엔진출력 저하와 부족 현상이 발생할 수 있다.
• 엔진 중속 주행 시 EGR밸브가 작동되지 않을 경우 연소온도의 증가로 NOx가 증가할 수 있다.
• EGR밸브와 HC, CO의 발생과는 무관하다.

12 정답 | ①
해설 | 서모스탯이 열림 상태로 고착된 경우 시동 초기에 냉각수 온도가 낮을 때에도 라디에이터로 냉각수가 흘러 엔진이 과냉될 수 있다.

13 정답 | ①
해설 | **밸브스프링의 점검**
• 자유높이 : 기준값의 3% 이내
• 직각도 : 기준값의 3% 이내
• 장력 : 기준값의 15% 이내
• 접촉면 : 2/3 이상 수평일 것

14 정답 | ④
해설 | 블로바이 가스는 피스톤과 실린더 간극이 큰 경우 연소실의 혼합기가 크랭크실로 유입되는 현상으로 혼합기의 주 성분인 탄화수소 HC가 정답이다.

15 정답 | ③
해설 | 제동열효율 = $\dfrac{632.3 \times 제동마력}{저위 발열량 \times 연료 소비율}$

※ 여기서 632.3kcal/h은 PS마력으로 변환하기 위함

$0.31 = \dfrac{632.3 \times 93PS}{10500 \times X}$

$X = \dfrac{632.3 \times 93PS}{10500 \times 0.31} = 18.065 \, \text{kgf/h}$

16 정답 | ②
해설 | 최소회전반경 = $\dfrac{L}{\sin\alpha} + r = \dfrac{1.2m}{\sin 30°} + 무시 = 2.4m$

(단, L : 축거, α : 외측바퀴의 최대 조향각, r : 킹핀거리 = 무시)

17 정답 | ④
해설 | **크랭크 축의 점검사항**
• 크랭크 축 베어링 외경(메인, 핀저널의 마모량 점검)
• 크랭크 축의 축방향 유격
• 크랭크 축과 베어링의 오일간극
• 크랭크 축 회전 밸런스

18 정답 | ①
해설 | 엔진의 연료량이 부족한 경우 연료압력이 규정압력보다 낮아지는 원인이 된다.

19 정답 | ②
해설 | 피스톤 평균속도 = $\dfrac{회전수 \times 행정길이(m) \times 2}{60}$

$= \dfrac{700 \times 0.095 \times 2}{60} = 약 \, 2.22 \text{m/sec}$

20 정답 | ③
해설 | 스프링 상수(kgf/mm) = $\dfrac{가해진 \, 힘(kgf)}{변형된 \, 길이(mm)}$

힘(kgf) = 스프링 상수 × 변형된 길이
= 5kgf/mm × 20mm = 100kgf

21 정답 | ④
해설 | 휠 얼라이먼트에서 토(Toe)는 타이로드 길이를 조절하여 조정한다(등속축 기준으로 타이로드가 뒤쪽에 있는 경우 타이로드 길이를 길게하면 토인으로 조정된다).

22 정답 | ②
해설 | **냉각장치 중 서모스탯의 종류**
• 왁스 펠릿형 : 펠릿에 왁스를 봉입
• 벨로즈형 : 에테르를 봉입
• 바이메탈형 : 열팽창계수가 다른 두 개의 금속을 붙여 사용

23 정답 | ②
해설 | 크랭크각 센서는 실린더 블록의 외부에서 크랭크축을 검출하기 위해 장착되므로 센서를 부착 전에 오링에 엔진오일을 도포하여 크랭크실에서 외부로 오일이 누출되지 않도록 한다.

24 정답 | ①
해설 | EGR밸브는 배기가스를 연소실로 재순환하여, 연소 온도를 낮춰 질소산화물(NOx)의 생성을 억제하기 위한 장치이다.

25 정답 | ④
해설 | **다이얼 게이지로 측정할 수 있는 것**
• 크랭크 축 또는 캠 축의 휨 측정
• 링기어(종감속) 차동기어의 백래시 측정
• 크랭크 축의 엔드플레이(end play) 측정
※ 크랭크 축의 마멸량 측정은 마이크로미터로 측정

26 정답 | ③
해설 | 휠 얼라이먼트에서 캠버의 정의는 차량을 앞에서 보았을 때 그 앞바퀴가 어떤 각도를 두고 설치되어있는 것이며, 정의 캠버는 바퀴의 윗부분이 약간 벌어진 상태를 말한다.

27 정답 | ①
해설 | 밸브 타이밍이 맞지 않는 경우 흡기밸브의 열림 기간이 피스톤의 운동과 일치 하지 않아 압축압력이 형성되지 않아 시동이 걸리지 않는다.

28 정답 | ④
해설 | 다이얼 게이지는 측정물의 위치를 비교측정 하기 위한 기기로 축의 휨을 측정할 경우 축이 회전 시 움직임을 측정하기 위해 축에 수직으로 놓는다.

29 정답 | ③
해설 | 「자동차규칙」 제44조(방향지시등) 제2항
등광색은 호박색일 것

30 정답 | ②
해설 | 타이로드 록-너트는 타이로드 앤드를 고정하기 위한 부품으로 타이로드 앤드를 탈거하는 경우 록-너트는 분리하지 않고 살짝 풀어준다.

31 정답 | ①
해설 | ② 키르히호프의 제1법칙 : 회로 내의 어떤 한 점에 유입한 전류의 총합과 유출한 전류의 총합은 같으며 대수적 합은 0이라는 내용의 법칙
③ 뉴턴의 제1법칙 : 관성의 법칙
④ 앙페르의 법칙 : 전류와 자기장 간에 양적인 관계(전류의 자기작용)를 나타내는 법칙

32 정답 | ③
해설 | 기어비 = $\dfrac{출력축\ 기어}{입력축\ 기어}$ 이므로, $\dfrac{부축기어}{주축기어} \times \dfrac{주축기어}{부축기어}$

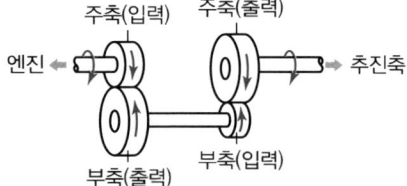

33 정답 | ③
해설 | **직권 전동기의 특징**
- 계자코일과 전기자코일을 직렬로 연결
- 코일의 권수가 늘어나는 효과
- 저항이 클수록 구동력은 증가, 회전속도는 감소
- 한쪽 코일이 끊어지면 다른 코일에도 전류가 흐르지 않음

34 정답 | ①
해설 | **도난경보장치 경계조건**
- 후드스위치(hood switch)가 닫혀있을 것
- 트렁크스위치가 닫혀있을 것
- 각 도어스위치가 모두 닫혀있을 것
- 각 도어 잠금 스위치가 잠겨있을 것

35 정답 | ②
해설 | **풀업방식(Pull-Up) 방식**
스위치 OFF 상태일 때는 전류가 흐르지 않아 모듈에 전압(5V)이 인가되며, 스위치가 ON일 때 저항에 전류가 흘러 모듈에 전압이 0V가 된다.

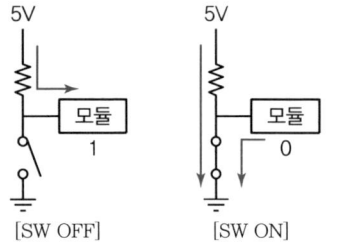

36 정답 | ④
해설 | **차동제한장치(LSD)의 특징**
- 타이어 슬립을 방지하여 타이어 수명 연장
- 요철 노면 주행 시 후부 흔들림을 방지
- 급속 직진 주행 시 안정성 양호
- 가속 또는 커브길 선회 시 바퀴의 공전 방지
- 미끄러운 노면에서 출발 시 용이

37 정답 | ④
해설 | 일반적으로 자동차 전장품 교환 시 배터리 (-)단자부터 탈거해야 한다.

38 정답 | ②
해설 | 안테나는 원격시동 또는 이모빌라이저 시스템에 필요한 것이며 전원 이동과는 거리가 멀다. '전원 이동'이란 시동 버튼을 누를 때 시동에 필요한 ESCL 록 해제 및 스타터 모터, 연료펌프로 전원을 인가하는 것을 말한다. 이 때 필요한 요소는 FOB키의 인증정보, FOB 홀더, 스마트키 유닛(ECU), PDM(전원분배모듈), 시리얼 통신라인, 엔진, ECU 등이 있다.

39 정답 | ④
해설 | 물을 뿌리면 유증기가 발생하여 연소면이 확대된다.

40 정답 | ③
해설 |

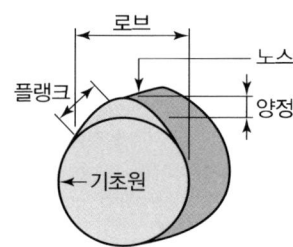

㉠ : 캠높이
㉡ : 로브
㉢ : 양정
㉣ : 기초원

41 정답 | ②
해설 | $S_{20} = S_t + 0.0007(t-20)$
$= 1.283 + 0.0007(10-20)$
$= 1.283 - 0.007 = 1.276$

42 정답 | ①
해설 | 산소센서는 배기가스 중의 잔여 산소농도를 검출하여 이론공연비로 맞추기 위한 피드백 제어에 사용되므로 배기가스를 검출할 수 있는 배기 다기관 혹은 머플러 전, 후단에 설치한다.

43 정답 | ③
해설 | 배터리 자체에서 저절로 소모되는 전류는 자기방전전류이다.

44 정답 | ④
해설 | NPN형 트렌지스터의 경우 아래 그림과 같이 베이스에서 이미터로 컬렉터에서 이미터로 전류가 흐른다.

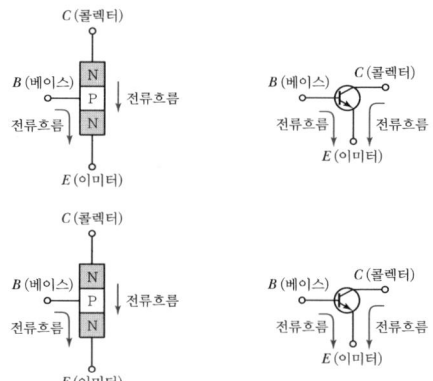

45 정답 | ③
해설 | 안전벨트 프리텐셔너는 자동차의 전방, 측방 충돌시 에어백 작동과 별개로 벨트의 구속력을 증가시킨다.

46 정답 | ①
해설 | 「자동차규칙」 제53조의2(후방보행자 안전장치) 제3항 제2호 가목(후방보행자 안전장치 경고음)
승용자동차와 승합자동차 및 경형·소형의 화물·특수자동차는 60데시벨(A) 이상 85데시벨(A) 이하일 것

47 정답 | ①
해설 | 조향 링키지의 마멸에 의해 토 아웃이 되는 것을 방지한다.

48 정답 | ③
해설 | 「자동차규칙」 제42조(제동등), 제43조(후미등)
좌우에 각각 1개씩 설치할 것. 다만, 기준에 따라 각각 1개의 추가 설치가 가능하다.

49 정답 | ①
해설 | 라디에이터 압력식 캡의 정압 밸브는 약 $0.9~1.1 kgf/cm^2$에서 열려 라디에이터 내부 압력을 일정하게 유지한다.

50 정답 | ③
해설 | 클러치 디스크 점검사항
• 리벳의 헤드가 0.3mm 미만인 경우 디스크를 교환한다.
• 직각자를 사용하여 점검한 마찰면의 편평도는 0.5mm 이내이어야 한다.

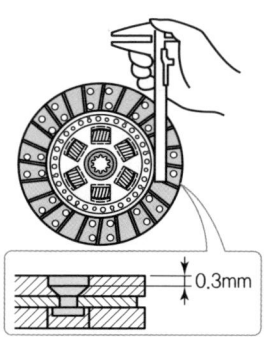

51 정답 | ②
해설 | 엔진오일이 소비되는 원인
• 실린더 간극, 밸브가이드 마모에 의한 내부 누설에 의한 연소실에서의 "연소"
• 크랭크축 오일 리테이너 파손, 오일팬 가스켓 파손 등에 의한 외부 "누설"

52 정답 | ①
해설 | 축전지 충전 시 수소가스가 발생할 수 있으므로 환기가 잘되는 곳에서 실시한다.

53 정답 | ④
해설 | 엔진 시동 전 발전기 전압은 배터리와 동일한 12V이고 엔진 시동 후 발전기가 동작하면 약 14.5V 이상이 발생한다.

54 정답 | ①
해설 | 방열기 압력식 캡
• 부압 밸브는 발열기 내에 부압이 발생한 경우 열려 리저버 탱크에서 냉각수를 유입시킨다.
• 게이지 압력은 약 $0.9~1.1 kgf/cm^2$이다.
• 냉각수량을 약 20% 감소시키기 위해서 사용된다.

55 정답 | ④
해설 | • 제동장치의 유압회로에서 베이퍼록 현상은 과열에 의해 브레이크 오일이 끓는 현상으로 과도한 브레이크 사용이나 라이닝의 끌림에 의한 과열 또는 브레이크액의 비등점(끓는점) 저하 등이 원인이 될 수 있다.
• 엔진 브레이크의 경우 엔진의 동력손실을 이용한 것으로 유압식 제동장치와는 무관하다.

56 정답 | ①
해설 | 토크(T)(회전력) = 힘(F)(구동력)×거리(R)(바퀴의 반지름)이므로 구동력은 토크를 바퀴의 반지름으로 나눈 값으로 나타낼 수 있다.

57 정답 | ③
해설 | 리프트를 상승상태에서 차량을 진입시켜 리프트에서 차량 정지 후 리프트를 하강하여 동력계 롤러에 안착시킨다.

58 정답 | ④
해설 | 하이드로 에어백의 경우 유압식 브레이크 장치에서 제동력을 증가시켜주는 배력장치의 종류이다.

59 정답 | ③
해설 | 100mm 구간이 점화 1차 전류가 흐르는 구간으로
$$캠각 = \frac{점화1차시간}{전체시간} \times \frac{360°}{기통수}$$
$$= \frac{100}{10+40+100} \times \frac{360°}{6} = 40°$$

60 정답 | ②
해설 | $I = \frac{E}{R} = \frac{12V}{4Ω} = 3A$

CBT 기출복원문제 2024년

01 구동력의 단위로 맞는 것은?
① kgf
② kgf · m
③ kgf · m/s
④ ps

02 실린더가 정상적인 마모를 할 때 마모량이 가장 큰 부분은?
① 실린더 헤드
② 실린더 윗부분
③ 실린더 밑부분
④ 실린더 중간 부분

03 승용차에서 전자제어식 가솔린 분사기관을 채택하는 이유로 거리가 먼 것은?
① 기관 최대 회전수 향상
② 유해 배출가스 저감
③ 연료소비율 개선
④ 신속한 응답성

04 연료파이프 피팅을 탈거하기 위해 사용하는 공구로 적합한 것은?
① 탭 렌치
② 양구 렌치
③ 복스 렌치
④ 오픈엔드 렌치

05 라디에이터(Radiator)의 코어 튜브가 파열되었다면 그 원인으로 맞는 것은?
① 수온 조절기가 제 기능을 발휘하지 못할 때
② 팬 벨트가 헐거울 때
③ 오버플로우 파이프가 막혔을 때
④ 물 펌프에서 냉각수 누수일 때

06 분사펌프의 분사량 조정은 무엇으로 하는가?
① 타이머
② 태핏 간극
③ 플런저 스프링
④ 조속기

07 자동차 기관의 실린더 마멸량을 측정할 때 측정기구로 사용할 수 없는 것은?
① 실린더 보어 게이지
② 내측 마이크로미터
③ 플라스틱 게이지
④ 텔레스코핑 게이지와 외측 마이크로미터

08 라디에이터 캡에 대한 설명으로 맞지 않은 것은?
① 고압 및 부압밸브가 각 1개씩 있다.
② 고온 시 캡을 함부로 열지 말아야 한다.
③ 여압식이라 한다.
④ 고온팽창 시 과잉 냉각수는 대기 중으로 배출된다.

09 냉각계통 누설 점검 개소가 아닌 것은?
① 서모스탯에서의 누설
② 프론트 케이스에서의 누설
③ 워터펌프에서의 누설
④ 라디에이터에서의 누설

10 엔진 냉각수 과열 시 점검항목으로 볼 수 없는 것은?
① 수온 조절기 탈거 후 열림 상태 점검
② 워터펌프 구동상태
③ 유온센서 작동상태
④ 냉각수온에 따른 팬 모터 작동상태

11 자동차 연료가 불완전 연소할 때 많이 발생하는 무색, 무취의 가스는?

① HC
② CO
③ NOx
④ CO_2

12 점화 플러그에 불꽃이 튀지 않는 이유 중 가장 거리가 먼 것은?

① 파워 TR 불량
② 점화코일 불량
③ 발전기 불량
④ ECU 불량

13 유해배출 가스 중 블로바이 가스의 배출 감소장치로 적당한 것은?

① 삼원촉매장치
② 캐니스터
③ EGR밸브
④ PCV밸브

14 부특성 흡기온도 센서(ATS)에 대한 설명으로 맞지 않은 것은?

① 흡기온도가 낮으면 저항값이 커지고, 흡기온도가 높으면 저항값은 작아진다.
② 흡기온도의 변화에 따라 컴퓨터는 연료분사시간을 증감시켜주는 역할을 한다.
③ 흡기온도의 변화에 따라 컴퓨터는 점화시기를 변화시키는 역할을 한다.
④ 뜨거운 흡기온도를 감지하면 출력전압이 커진다.

15 가솔린 기관의 진공도 측정 시 안전에 관한 내용으로 적합하지 않은 것은?

① 기관의 벨트에 손이나 옷자락이 닿지 않도록 주의한다.
② 작업 시 주차브레이크를 걸고 고임목을 괴어 둔다.
③ 리프트를 눈높이까지 올린 후 점검한다.
④ 화재 위험이 있을 수 있으니 소화기를 준비한다.

16 부품을 분해 및 정비할 시 반드시 새것으로 교환하여야 할 부품이 아닌 것은?

① 오일 실(oil seal)
② 볼트(bolt) 및 너트(nut)
③ 개스킷(gasket)
④ 오링(O-Ring)

17 DOHC(Double Over Head Camshaft)의 특징으로 맞지 않은 것은?

① 2개의 캠축을 사용하여 흡·배기 캠이 실린더마다 각각 2개씩 총 4개의 캠이 설치된다.
② 실린더마다 4개의 흡·배기 밸브가 장착되어 엔진 구동 시 흡기 효율 및 배기 효율이 우수하므로 엔진 출력을 높일 수 있다.
③ SOHC 엔진보다 구조가 복잡하고 소음이 크다.
④ SOHC 엔진에 비해 고속 회전에 적합하지 않다.

18 배기가스의 CO, HC, NOx를 O_2, CO_2, N_2, H_2O 등으로 산화 또는 환원시키는 것은?

① 배기가스 재순환장치
② 블로바이 가스 환원 장치
③ 삼원촉매장치
④ 증발가스 처리 장치

19 점화플러그 간극 규정값은 몇 mm인가?

① 약 0.5mm
② 약 1mm
③ 약 2mm
④ 약 3mm

20 라디에이터 코어 막힘률을 구하는 공식은?

① $\dfrac{신품용량-사용품용량}{사용품용량} \times 100(\%)$

② $\dfrac{사용품용량-신품용량}{사용품용량} \times 100(\%)$

③ $\dfrac{신품용량-사용품용량}{신품용량} \times 100(\%)$

④ $\dfrac{사용품용량-신품용량}{신품용량} \times 100(\%)$

21 수동변속기 점검방법으로 틀린 것은?
① 각종 섭동부의 작동상태를 확인한다.
② 떨림, 소음이나 기어의 빠짐을 점검한다.
③ 변속기 오일의 누설 여부를 확인한다.
④ 헬리컬기어보다 측압을 많이 받는 스퍼기어는 측압와셔의 마모를 확인한다.

22 수동변속기 동력전달장치에서 마찰 클러치판에 대한 내용으로 옳지 않은 것은?
① 온도변화에 대한 마찰계수의 변화가 커야 한다.
② 클러치판은 플라이휠과 압력판 사이에 설치된다.
③ 토션 스프링은 클러치 접촉시 회전 충격을 흡수한다.
④ 쿠션 스프링은 접촉시 접촉 충격을 흡수하고 서서히 동력을 전달한다.

23 정(+)의 캠버는 바퀴의 윗부분이 어떤 상태인가?
① 안쪽으로 모인 상태
② 바깥쪽으로 벌어진 상태
③ 위쪽
④ 뒤쪽

24 타이로드 엔드가 너클에서 분리되지 않을 때 사용하는 공구로 알맞은 것은?
① 볼 조인트 탈착기 ② 버니어 캘리퍼스
③ 피스톤 압축기   ④ 시크니스 게이지

25 수동변속기에서 클러치(clutch)의 구비조건으로 틀린 것은?
① 회전부분의 평형이 좋을 것
② 동력을 차단할 경우에는 차단이 신속하고 확실할 것
③ 미끄러지는 일이 없이 동력을 확실하게 전달할 것
④ 회전관성이 클 것

26 브레이크 패드에 마모 인디게이터가 설치되어 있는 경우 몇 mm 마모가 되었을 때 경고음이 작동되는가?
① 1.0mm   ② 2.0mm
③ 0.5mm   ④ 1.5mm

27 브레이크슈의 리턴 스프링에 관한 설명이다. 가장 거리가 먼 것은?
① 리턴 스프링이 약하면 휠 실린더 내의 잔압은 높아진다.
② 리턴 스프링이 약하면 드럼을 과열시키는 원인이 될 수도 있다.
③ 리턴 스프링이 강하면 드럼과 라이닝의 접촉이 신속히 해제된다.
④ 리턴 스프링이 약하면 브레이크슈의 마멸이 촉진될 수 있다.

28 브레이크 장치에서 디스크 브레이크의 특징으로 틀린 것은?
① 제동 시 한쪽으로 쏠리는 현상이 적다.
② 수분에 대한 건조성이 빠르다.
③ 브레이크 페달의 행정이 일정하다.
④ 패드 면적이 크기 때문에 작은 유압이 필요하다.

29. 클러치 스프링 장력이 400N이고 코일스프링이 6개일 때 클러치 페이싱 한 면에 작용하는 마찰력(N)은? (단, 마찰계수는 0.3이다.)
   ① 620
   ② 626
   ③ 726
   ④ 720

30. 타이어 TPMS(Tire Pressure Monitoring System) 경고음이 작동하는 조건이 아닌 것은?
   ① 차량 속도 40km/h 이상일 때
   ② 급가속할 때
   ③ 급감속할 때
   ④ 핸들을 20% 각도로 선회할 때

31. 패치를 이용한 타이어 수리에 대한 설명으로 올바르지 않은 것은?
   ① 손상부위가 관통에 의해 직경 2~3mm 정도의 작은 파손일 경우 적합하다.
   ② 패치를 붙일 자리는 철솔 등으로 거칠게 연마한 후 내부를 충분히 닦아낸다.
   ③ 손상면의 크기를 대조해 충분한 여유가 있는 패치를 선택한다.
   ④ 충분히 밀착될 수 있도록 고무망치 등으로 두드려 부착하고, 경과를 관측한다.

32. 브레이크 디스크 점검사항으로 틀린 것은?
   ① 런아웃 측정
   ② 두께측정
   ③ 균열점검
   ④ 마찰계수 점검

33. 유압식 조향장치 부품 교환 후 에어빼기 작업방법에 대한 설명으로 틀린 것은?
   ① 규정오일을 사용한다.
   ② 조향핸들을 좌우로 돌려가며 실시한다.
   ③ 가속페달을 밟으며 실시한다.
   ④ 리저버 탱크 캡을 열어야 한다.

34. 자동차의 최소회전반경을 구하는 공식은?
   ① $R = \dfrac{축간거리}{\cos a} + r$
   ② $R = \dfrac{축간거리}{\sin a} + r$
   ③ $R = \dfrac{\cos a}{축간거리} + r$
   ④ $R = \dfrac{윤간거리}{\sin a} + r$

35. 검사기기를 이용하여 운행 자동차의 주 제동력을 측정하고자 한다. 다음 중 측정방법이 잘못된 것은?
   ① 바퀴의 흙이나 먼지, 물 등의 이물질을 제거한 상태로 측정한다.
   ② 공차상태에서 사람이 타지 않고 측정한다.
   ③ 적절히 예비운전이 되어 있는지 확인한다.
   ④ 타이어의 공기압은 표준 공기압으로 한다.

36. 등속도 자재이음의 종류로 틀린 것은?
   ① 트랙터형(Tractor type)
   ② 버필드형(Birfield type)
   ③ 훅 조인트형(Hook Joint type)
   ④ 제파형(Rzeppa type)

37. 유압식 동력조향장치에서 공기빼기를 실시해야 할 경우가 아닌 것은?
   ① 기관 정지 후 갑자기 오일 수준이 상승할 때
   ② 동력조향펌프 교환 시
   ③ 파워스티어링 오일 교환
   ④ 정상 작동 온도 시 차이와 냉각 시 오일 수준 차이가 없을 때(5mm 이내)

38. 타이어의 단면높이가 180mm, 타이어의 폭이 235mm인 타이어의 편평비는 약 얼마인가?
   ① 65%
   ② 77%
   ③ 80%
   ④ 120%

39 브레이크 드럼 연삭작업 중 전기가 정전되었을 때 가장 먼저 취해야 할 조치사항으로 맞는 것은?
① 스위치는 그대로 두고 정전원인을 확인한다.
② 스위치 전원을 내리고(OFF) 주전원의 퓨즈를 확인한다.
③ 작업하던 공작물을 탈거한다.
④ 연삭에 실패했으므로 새것으로 교환하고 작업을 마무리한다.

40 산업 안전·보건표지에서 다음 그림이 나타내는 표시는?

① 보건복지 표지
② 비상구 표지
③ 녹십자 표지
④ 응급구호 표지

41 축전지 12V에 5Ω 저항 2개가 직렬로 설치되어 있다. 이 2개 저항 사이의 전압(V)은?
① 6V
② 1.2V
③ 2.5V
④ 12V

42 축전지에 대한 설명 중 잘못된 것은?
① 완전충전된 전해액의 비중은 1.260~1.280이다.
② 충전은 보통 정전류 충전을 한다.
③ 양극판이 음극판의 수보다 1장 더 많다.
④ 축전지 내부에 단락이 있으면 충전하여도 전압이 높아지지 않는다.

43 자동차 12V 축전지에 30W의 헤드라이트를 한쪽 전구만 켰을 때 흐르는 전류(A)는?
① 15
② 5
③ 2.5
④ 7.5

44 NTC 서미스터를 사용하지 않는 센서는?
① 수온센서
② 흡기온도센서
③ 유온센서
④ 연료게이지

45 이모빌라이저에 관한 설명으로 틀린 것은?
① 도난방지장치가 작동되면 점화 및 연료분사가 되지 않는다.
② 도난방지장치가 작동되면 시동키 회전이 되지 않는다.
③ 반드시 등록된 키를 통해서만 시동이 가능하다.
④ 도난방지를 위한 장치이다.

46 발전기 자체의 고장으로 맞지 않은 것은?
① 발전기 정류자의 고장
② 브러시 소손에 의한 고장
③ 슬립 링의 오손에 의한 고장
④ 발전기 릴레이의 오손과 소손에 의한 고장

47 아래의 등화장치 점검표를 보고 (A)에 작성되어야 하는 판정으로 옳은 것은?

점검 항목	규정		등화장치	
			측정	판정
광도	좌/우	3000cd 이상	[좌측] 4600cd [우측] 4900cd	(A)
진폭	좌/우	설치높이 ≤1.0m	설치높이 >1.0m	
		−0.5% ~−2.5%	−1.0% ~−3.0%	[좌측] 0.9m −1.2% [우측] 1.3m −1.7%	

① 등화장치 재검사
② 등화장치 양호
③ 등화장치 불량
④ 판정할 수 없다.

48 2점식 안전띠 조절장치가 분리되거나 파손되지 않아야 하는 인장하중은 얼마인가?
① 7800N   ② 8800N
③ 9800N   ④ 11240N

49 트랜지스터의 대표적 기능으로 릴레이와 같은 작용은?
① 스위칭 작용   ② 채터링 작용
③ 정류 작용   ④ 상호유도 작용

50 자동차의 종합경보장치에 포함되지 않는 제어 기능은?
① 도어록 제어기능
② 감광식 룸램프 제어기능
③ 도어 열림 경고 제어기능
④ 엔진 고장지시 제어기능

51 빛의 세기에 따라 저항이 적어지는 반도체로 자동 전조등 제어장치에 사용되는 반도체 소자는?
① 광량센서(CDS)   ② 피에조 소자
③ NTC 서미스터   ④ 발광다이오드

52 기동 전동기의 솔레노이드 스위치의 풀인 점검 시 올바른 배선 연결로 알맞은 것은?
① 배터리(+) 전원-B단자, 배터리(-) 전원-전동기 몸체
② 배터리(+) 전원-ST단자, 배터리(-) 전원-전동기 몸체
③ 배터리(+) 전원-ST단자, 배터리(-) 전원-M단자
④ 배터리(+) 전원-ST단자, 배터리(-) 전원-B단자

53 주행계기판의 수온계가 작동하지 않을 경우 냉각 회로에서 점검이 필요한 것은?
① 에어컨 압력 센서   ② 냉각수온 센서
③ 크랭크 포지션 센서 ④ 공기유량 센서

54 기동전동기 무부하 시험을 하려고 한다. A와 B에 필요한 점검 장비로 알맞은 것은?

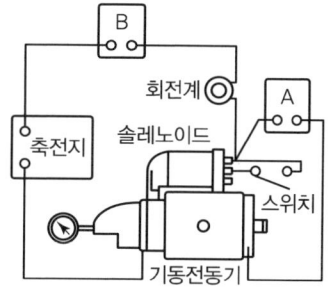

① A : 전류계, B : 전압계
② A : 저항계, B : 전압계
③ A : 전류계, B : 저항계
④ A : 전압계, B : 전류계

55 축전지 전해액에 대한 설명으로 맞지 않은 것은?
① 전해액은 표준상태일 때 비중이 가장 낮다.
② 극판과 접촉하여 충전할 때에는 전류를 저장하고 방전될 때에는 전류를 발생시킨다.
③ 셀 내부에서 전류를 전도하는 작용도 한다.
④ 증류수에 황산을 섞은 묽은 황산을 사용한다.

56 기동전동기에서 오버런닝 클러치를 사용하지 않는 형식은?
① 전기자 섭동식   ② 피니언 섭동식
③ 감속 기어식   ④ 벤딕스식

57 자동차 계기판에 있는 수온계의 눈금은 어떤 것의 온도를 나타내는가?
① 실내 온도
② 워터자켓의 냉각수 온도
③ 연소실의 폭발 온도
④ 배기가스의 온도

58 도난방지장치에서 리모컨을 이용하여 경계상태로 돌입하려고 하는데 정상 작동하지 않는 경우의 점검 부위가 아닌 것은?

① 리모콘 자체 점검
② 수신기 점검
③ 트렁크 스위치 점검
④ 글로브 박스 스위치 점검

59 통합 운전석 기억장치는 운전석 시트, 아웃사이드 미러, 조향 휠, 룸미러 등의 위치를 설정하여 기억된 위치로 재생하는 편의장치다. 재생 금지 조건이 아닌 것은?

① 점화스위치가 OFF되어 있을 때
② 변속레버가 위치 "P"에 있을 때
③ 차속이 일정속도(예 3km/h 이상) 이상일 때
④ 시트 관련 수동 스위치의 조작이 있을 때

60 사이드미러(후사경) 열선 타이머 제어시 입·출력 요소가 아닌 것은?

① 전조등 스위치 신호
② IG 스위치 신호
③ 열선 스위치 신호
④ 열선 릴레이 신호

정답 및 해설

2024년 CBT 기출복원문제

01	02	03	04	05	06	07	08	09	10
①	②	①	④	③	④	③	④	②	③
11	12	13	14	15	16	17	18	19	20
②	③	④	④	③	②	④	③	②	③
21	22	23	24	25	26	27	28	29	30
④	①	②	①	④	②	①	④	④	①
31	32	33	34	35	36	37	38	39	40
①	④	③	②	②	③	④	②	②	④
41	42	43	44	45	46	47	48	49	50
①	③	③	④	②	④	②	③	②	④
51	52	53	54	55	56	57	58	59	60
①	③	②	④	①	④	②	④	②	①

01 정답 | ①
해설 | 구동력은 힘의 크기이므로 kgf, N 등의 단위로 사용된다.
① kgf : 힘
② kgf · m : 일량
③ kgf · m/s : 일률(마력)
④ ps : 일률(마력)

02 정답 | ②
해설 | 마모량은 폭발압력을 받는 실린더 윗부분(TDC)에서 가장 크다.

03 정답 | ①
해설 | 기관의 최대 회전수는 기구적인 부분에서 결정되므로 전자제어를 채택하는 이유와는 거리가 멀다.

04 정답 | ④
해설 | 연료파이프 피팅을 탈거하기 위해서는 렌치의 끝이 열려 있는 오픈엔드 렌치가 필요하다.
① 탭 렌치 : 구멍에 나사산을 내기 위한 공구이다.
② 양구렌치, ③ 복스렌치 : 끝이 막혀있으므로 파이프 피팅을 탈거하기에 적합하지 않다.

05 정답 | ③
해설 | 라디에이터의 코어 튜브가 파열된 '원인'을 물어보는 문제이다. 오버플로우 파이프가 막힌 경우 라디에이터 내부에 압력이 높아져 튜브가 파손될 수 있다.

06 정답 | ④
해설 | 분사펌프(플런저) 방식의 디젤기관에서 조속기(거버너)는 분사량을 조정하는 역할을 한다.

07 정답 | ③
해설 | 플라스틱 게이지는 크랭크축 저널 베어링, 캠축 베어링의 오일간극을 측정할 때 사용된다.

08 정답 | ④
해설 | 라디에이터 캡이 적용된 방식일 경우 고온팽창 시 과잉 냉각수는 리저버 탱크로 유입된다.

09 정답 | ②
해설 | 프론트 케이스의 리테이너가 파손될 경우 엔진오일이 누설될 수 있으며, 냉각수의 누설과는 거리가 멀다.

10 정답 | ③
해설 | **냉각수 과열 시 점검항목**
- 서모스탯(수온조절기)의 작동상태 점검
- 워터펌프 구동상태 점검
- 냉각수온 센서의 작동상태
- 냉각 팬 구동상태
- 라디에이터 막힘 여부

11 정답 | ②
해설 | 불완전 연소는 산소가 부족한 상태(농후한 연소의 경우)에서 발생하고, 이때 발생되는 가스는 CO, HC가 있으며, 무색, 무취라고 명시하였으므로 일산화탄소(CO)로 볼 수 있다.

12 정답 | ③
해설 | 발전기 충전이 불량하더라도 축전지에 전원으로 엔진 시동이 일정 시간 유지될 수 있다. (점화 플러그에 불꽃 발생됨)

13 정답 | ④
   해설 | **블로바이 가스의 배출 감소장치**
   • PCV밸브
   • 오일분리기
   • 바이패스 호스(관)

14 정답 | ④
   해설 | 부특성 서미스터 방식의 온도센서는 온도가 높아지면 저항이 낮아지므로 출력전압이 작아진다.

15 정답 | ③
   해설 | 가솔린 기관의 진공도 측정 시 엔진을 무부하 상태로 시동을 유지해야 하므로 리프트에 올리지 않고 지면에서 측정한다.

16 정답 | ②
   해설 | **부품의 분해 및 정비 시 새것으로 교환하여야 하는 부품**
   • 오일 실(oil seal)
   • 개스킷(gasket)
   • 오링(O-Ring)
   • 풀림 방지 기능이 있는 볼트(bolt) 및 너트(nut)

17 정답 | ④
   해설 | **DOHC의 특징**
   • 2개의 캠축을 사용하여 흡기, 배기 캠이 실린더마다 각각 2개씩, 총 4개의 캠이 설치된다.
   • 실린더마다 4개의 흡기, 배기밸브가 장착되어 엔진 구동 시 흡기 효율 및 배기 효율이 우수하므로 엔진 출력을 높일 수 있다.
   • SOHC 엔진보다 구조가 복잡하고 소음이 크다.
   • 흡기 및 배기밸브의 작동에 제약이 없어 고속 회전에 적합하다.

18 정답 | ③
   해설 | 지문은 삼원촉매장치에 대한 내용이다.
   배출가스 제어장치의 기능
   • 배기가스 재순환 장치(EGR) : NOx 생성 억제
   • 블로바이 가스 환원 장치 : 블로바이가스(HC) 연소
   • 증발가스 처리장치 : 연료탱크 내 증발가스(HC) 연소

19 정답 | ②
   해설 | 점화플러그의 간극은 보통 0.7~1.1mm의 간극을 두고 있다. 정확한 간극은 제조 회사마다 다르다.

20 정답 | ③
   해설 | 라디에이터의 코어 막힘률 $= \dfrac{막힘량}{신품용량} \times 100(\%)$으로 구할 수 있다.
   여기서, 막힘량 = 신품용량 - 사용품용량(구품용량)이므로, 코어 막힘률 $= \dfrac{신품용량 - 사용품용량}{신품용량} \times 100(\%)$을 통해 구할 수 있다.

21 정답 | ④
   해설 | 스퍼기어는 평기어, 헬리컬기어는 나선형 기어로 헬리컬기어는 스퍼기어보다 측압(옆방향 힘)을 더 받으므로 측압 와셔의 마모를 확인해야 한다.

22 정답 | ①
   해설 | 온도변화에 대한 마찰계수의 변화가 클 경우 온도변화에 따라 클러치의 전달 효율이 크게 변함을 의미하므로 구비조건으로 적절하지 않다.

23 정답 | ②
   해설 | 정(+)의 캠버는 바퀴의 윗부분이 바깥쪽으로 벌어진 상태를 말하며, 부(-)의 캠버는 바퀴의 윗부분이 안쪽으로 모인 상태를 말한다.

24 정답 | ①
   해설 | 타이로드 엔드는 너클과 볼조인트 형식으로 체결되어 있으므로, 엔드 탈거에 적합한 공구는 볼 조인트 탈착기(풀러)이다.

25 정답 | ④
   해설 | 회전관성이 클 경우 동력 차단 및 연결이 불량하므로 클러치의 구비조건으로는 '회전관성이 작은 것'이 적합하다.

26 정답 | ②
   해설 | 패드의 두께가 마모되어 '2.0mm' 정도가 남았을 경우, 마모 인디게이터가 브레이크 디스크에 접촉하며 경고음이 발생한다.

27 정답 | ①
   해설 | 리턴 스프링이 약하면 휠 실린더 내의 잔압이 낮아져 베이퍼 록 현상이 발생할 수 있다.

28 정답 | ④
   해설 | 디스크 브레이크의 패드 면적이 작기 때문에 큰 유압이 필요하여 주로 승용차에 적용된다.

29 정답 | ④
   해설 | 클러치 페이싱 마찰력(F) = 스프링 장력(P) × 마찰계수(f) × 스프링 갯수 = 400N × 0.3 × 6 = 720N

30 정답 | ①
   해설 | 지문의 내용은 간접방식의 TPMS의 비작동(경고음 작동) 조건이 아닌 것을 의미한다.
   간접식 TPMS의 비 작동조건으로는 급가·감속 시, 급선회 시 등 타이어의 압력이 급격히 변할 수 있는 조건이므로 ①과는 거리가 멀다.

31 정답 | ①
   해설 | ①은 플러그 방식의 타이어 수리 방법이다.

32 정답 | ④
   해설 | 브레이크 디스크 점검방법으로는 런아웃 측정(흔들림), 두께측정(마모량), 균열(손상)을 점검하며, 마찰계수는 점검사항이 아니다.

33 정답 | ③
   해설 | 유압식 조향장치(파워펌프 방식)의 공기빼기 작업은 크랭킹 상태에서 실시한다.

34 정답 | ②

해설 | 최소회전반경$(R) = \dfrac{L}{\sin a} + r$

여기에서 a = 외측바퀴의 최대조향각, r = 킹핀거리,
L = 축간거리(휠베이스)

35 정답 | ②

해설 | 제원 측정을 제외한 검사에서는 공차상태에서 운전자 1인이 탑승한 상태에서 측정한다.

36 정답 | ③

해설 | 훅 조인트 형식은 부등속도 자재이음이다.

등속도 자재이음의 종류
- 트랙터식
- 이중 훅 이음식
- 벤딕스식
- 제파식
- 버필드식

37 정답 | ④

해설 | 엔진 시동 전후로 오일 수준이 5mm 이상 차이가 나는 경우 공기빼기를 실시해야 한다.

38 정답 | ②

해설 | 편평비 = $\dfrac{높이}{폭} = \dfrac{180mm}{235mm} = 0.765 = 76.6\%$

편평비는 약 77%이다.

39 정답 | ②

해설 | 작업 중 정전되었을 때 가장 먼저 취해야 할 조치사항은 스위치 전원을 내리는 것이다.

40 정답 | ④

해설 | 안전보건표지의 종류와 형태(「산업안전보건법 시행규칙」[별표 5])

41 정답 | ①

해설 | 5Ω의 저항 2개가 직렬 연결되어 합성저항은 10Ω이다.

따라서, 회로에 흐르는 전류 $I = \dfrac{E}{R} = \dfrac{12}{10}$ 이므로, 5Ω 저항 1개에 걸리는 전압 $E = IR = \dfrac{12}{10} \times 5 = 6V$ 이다.

42 정답 | ③

해설 | 축전지는 화학적 평형을 고려하여 음극판의 수가 양극판의 수보다 1장 더 많다.

43 정답 | ③

해설 | $P = EI$ 공식에서 $I = \dfrac{P}{E} = \dfrac{30}{12} = 2.5A$

44 정답 | ④

해설 | NTC 서미스터는 온도에 따른 저항의 변화를 측정하므로 압력 또는 연료레벨을 측정해야 하는 연료 게이지에 적용하지 않는다.

45 정답 | ②

해설 | 시동키 회전이 되지 않는 경우는 기구적인 이유이므로 전자제어 방식인 이모빌라이저(전자식 도난방지 장치)에 대한 내용과는 거리가 멀다.

46 정답 | ④

해설 | 발전기 릴레이는 일종의 스위치 역할을 하는 것으로 발전기 자체의 불량과는 거리가 멀다.

47 정답 | ②

해설 | 측정된 하향등의 광도와 진폭이 규정 값 내에 있으므로 검사 결과는 양호하다.

48 정답 | ③

해설 | 「자동차규칙」에 의거 하여 2점식 안전띠 조절장치의 인장하중은 9800N이다.

안전띠 조절장치(2점식) 성능기준(「자동차 및 자동차부품의 성능과 기준에 관한 규칙」[별표 16])
- 검사 : 좌석안전띠는 착용 시 착용자의 몸에 맞고 쉽게 조절될 것
- 강도 : 인장하중 9800N의 하중에서 분리되거나 파손되지 않을 것
- 마이크로슬립시험
  - 시험 시 2개의 안전띠 조절장치 각 시험품마다 안전띠의 미끄러짐은 25mm를 초과하지 않을 것
  - 2개의 안전띠 이동량의 합은 40mm를 초과하지 않을 것

49 정답 | ①

해설 | 트랜지스터의 전류는 베이스의 전류에 의해 제어되므로 스위치 작용이 가능하며, 베이스 전류에 비해 컬렉터의 큰 전류를 제어하므로 증폭 작용도 가능하다.

50 정답 | ④

해설 | 지문에서 주어진 종합경보장치는 ETACS, BCM으로 편의장치를 의미하므로 엔진제어와는 거리가 멀다.

51 정답 | ①

해설 | 지문은 광량센서에 대한 내용이다.
② 피에조 소자 : 압력에 따라 기전력 발생
③ NTC 서미스터 : 온도가 와 저항이 반비례
④ 발광다이오드 : 순방향 전류가 흐르면 빛 발생

52 정답 | ③

해설 | **솔레노이드 스위치 점검방법**
- 풀인코일 : ST단자, M단자
- 홀드인코일 : ST단자, 전동기 몸체

53 정답 | ②
해설 | 계기판의 수온계는 냉각수 온도센서의 출력으로 작동되므로 수온계가 작동하지 않을 경우 냉각수온 센서를 점검한다.

54 정답 | ④
해설 | 전압측정 : 병렬연결, 전류측정 : 직렬연결이므로, 그림에서 B는 직렬연결(전류계), A는 병렬연결(전압계)를 설치하여 측정한다.

55 정답 | ①
해설 | 축전지의 전해액(묽은 황산)은 방전될수록 황산비율이 줄어들어 비중이 낮아지므로, 표준상태일 때 비중이 가장 높다.

56 정답 | ④
해설 | 기동전동기에서 벤딕스식은 피니언기어를 플라이휠의 링기어에 연결하는 방법이 관성을 이용하는 방식이므로, 피니언기어를 역방향으로 회전시킬 수 없어 오버닝 클러치가 사용되지 않는다.

57 정답 | ②
해설 | 자동차 계기판에 있는 수온계는 엔진 냉각수의 온도를 나타낸다.

58 정답 | ④
해설 | 경계상태 진입을 위한 조건은 도어의 닫힘 및 잠김 상태, 트렁크, 후드의 닫힘 상태이므로 실내의 글로브 박스 스위치와는 거리가 멀다.

59 정답 | ②
해설 | IMS(통합 메모리 시스템)장치는 안전을 위해 변속레버가 P단이 아닌 경우 작동을 금지한다.

60 정답 | ①
해설 | 전조등 스위치와 열선 제어와는 거리가 멀다.

> [Tip] 윈도우 열선
> 윈도우 열선은 통합 바디 컨트롤 모듈(BCM)의 제어를 받으며 엔진 신호와 열선 스위치 신호가 BCM로 입력되면 리어 윈도우 열선은 약 20분간 On 되었다가 자동으로 Off 된다.

CBT 기출복원문제 2025년

01 4행정 사이클 기관에서 블로다운(Blow Down) 현상이 일어나는 행정은?
① 배기행정 말~흡기행정 초
② 흡입행정 말~압축행정 초
③ 폭발행정 말~배기행정 초
④ 압축행정 말~폭발행정 초

02 기관의 도시 평균유효압력에 대한 설명으로 옳은 것은?
① 이론 PV선도로부터 구한 평균유효압력
② 기관의 기계적 손실로부터 구한 평균유효압력
③ 기관의 실제 지압선도로부터 구한 평균유효압력
④ 기관의 크랭크 축 출력으로부터 계산한 평균유효압력

03 엔진오일에 캐비테이션이 발생할 때 나타나는 현상이 아닌 것은?
① 소음, 진동 증가
② 점도지수 증가
③ 윤활 불안정
④ 펌프 토출압력의 불규칙한 변화

04 1PS로 1시간 동안 하는 일량을 열량 단위로 표시하면?
① 약 432.7kcal   ② 약 532.5kcal
③ 약 632.3kcal   ④ 약 732.5kcal

05 다음은 방열기 코어의 종류로 맞지 않는 것은?
① 코루게이트형   ② 리본셀룰러형
③ 플레이트형   ④ 인서트형

06 기관 정비작업 시 피스톤 링의 이음 간극을 측정할 때 측정도구로 가장 알맞은 것은?
① 마이크로미터   ② 버니어 캘리퍼스
③ 시크니스 게이지 ④ 다이얼 게이지

07 전자제어 엔진에 사용되는 MAP 센서의 진공도가 크면 출력 전압값은 어떻게 변하는가?
① 높아진다.
② 낮아진다.
③ 낮아지다 갑자기 높아진다.
④ 높아지다 갑자기 낮아진다.

08 연소실 체적이 210cc이고, 행정 체적이 3780cc인 디젤 6기통 기관의 압축비는 얼마인가?
① 17 : 1   ② 18 : 1
③ 19 : 1   ④ 20 : 1

09 MPI차량의 경우 공회전 상태에서 연료압력 조절기의 진공호스를 막았을 때 나타나는 현상으로 맞는 것은?
① 연료압력이 상승한다.
② 기관 회전수가 계속 올라간다.
③ 시동이 꺼진다.
④ 연료펌프가 멈춘다.

10 신품 라디에이터의 냉각수 용량이 원래 30L인데 물을 넣으니 15L밖에 들어가지 않았다. 이때 코어의 막힘률은?
① 10%   ② 25%
③ 50%   ④ 98%

11 엔진에서 블로바이가스의 발생 원인으로 맞는 것은?

① 엔진 부조에 의해 발생된다.
② 실린더 헤드 가스켓의 조립불량에 의해 발생된다.
③ 밸브 시트면의 접촉 불량에 의해 발생된다.
④ 실린더와 피스톤링의 마멸에 의해 발생된다.

12 공기량 검출 센서 중에서 초음파를 이용하는 센서는?

① 핫 필름식 에어플로 센서
② 칼만 와류식 에어플로 센서
③ 댐핑챔버를 이용한 에어플로 센서
④ MAP을 이용한 에어플로 센서

13 전자제어 가솔린 기관에서 인젝터 유효 분사시간에 대한 설명으로 옳은 것은?

① 전류가 가해지고 인젝터가 닫힐 때까지 소요된 총시간
② 전류가 가해지고 분사하기 직전까지 소요된 시간
③ 전체 분사시간 중 인젝터 필틀이 완전히 열릴 때까지 도달하는데 걸린 시간을 뺀 나머지 시간
④ 전류가 차단되고 인젝터 자력선이 완전히 소모될 때까지 걸리는 시간

14 내연기관에서 언더 스퀘어 엔진은 어느 것인가?

① 실린더 내경/행정 = 1
② 실린더 내경/행정 < 1
③ 실린더 내경/행정 > 1
④ 실린더 내경/행정 ≦ 1

15 삼원촉매기에서 촉매로 사용되는 물질로 맞는 것은?

① Pt, Pd, Rh   ② Sn, Pt, S
③ Al, Pt, Mn   ④ Mn, Ph, S

16 전자제어엔진의 연료펌프 내부에 있는 체크밸브(check valve)가 하는 역할은?

① 차량이 전복 시 화재발생을 방지하기 위해서 사용된다.
② 연료라인의 과도한 연료압 상승을 방지하기 위한 목적으로 설치되었다.
③ 인젝터에 가해지는 연료의 잔압을 유지시켜 베이퍼 록 현상을 방지한다.
④ 연료라인에 적정 작동압이 상승될 때까지 시간을 지연시킨다.

17 4행정 사이클 가솔린 기관에서 점화 후 최고 압력에 도달할 때까지 1/400초 소요된다. 이 기관이 2000rpm으로 운전될 때의 최적의 점화시기를 결정하면?(단, 이 기관의 최고 폭발압력에 도달하는 시기는 ATDC 12°이다.)

① BTDC 18°   ② BTDC 15°
③ BTDC 12°   ④ ATDC 30°

18 디젤엔진의 기계식 연료 분사 장치에서 연료의 분사량을 조절하는 것은?

① 컷오프밸브   ② 조속기
③ 연료여과기   ④ 타이머

19 전자제어 연료분사장치의 공기비 제어(λ – close loop control)에 대한 설명 중 틀린 것은?

① 공기비(λ) 제어가 활발한 영역은 산소센서의 작동온도가 약 600°C일 때이다.
② 정화율을 높이기 위해 시동 시, 가속 시, 전부하 시에도 ECU의 공기비(λ) 제어기능은 계속된다.
③ 산소센서는 공기비(λ) 기준으로 하여 급격히 변화하는 출력 전압을 ECU에 입력하고 인젝터를 통해 연료량을 제어한다.
④ 질소산화물(NOx), 탄화수소(HC), 일산화탄소(CO) 등의 유해가스를 삼원촉매장치를 통해 가장 효율적으로 정화할 수 있는 공기비(λ)는 1이다.

20 기관에서 밸브 스템의 구비조건이 아닌 것은?
① 관성력이 증대되지 않도록 가벼워야 한다.
② 열전달 면적을 크게 하기 위하여 지름을 크게 한다.
③ 스템과 헤드의 연결부는 응력집중을 방지하도록 곡률반경이 작아야 한다.
④ 밸브 스템의 윤활이 불충분하기 때문에 마멸을 고려하여 경도가 커야 한다.

21 FF차량의 구동축을 정비할 때 유의사항으로 틀린 것은?
① 구동축의 고무부트 부위의 그리스 누유 상태를 확인한다.
② 구동축 탈거 후 변속기 케이스의 구동축 장착 구멍을 막는다.
③ 구동축을 탈거할 때마다 오일씰을 교환한다.
④ 탈거 공구를 최대한 깊이 끼워서 사용한다.

22 자동차 디젤엔진의 분사펌프에서 분사 초기에는 분사시기를 변경시키고 분사 말기에는 분사시기를 일정하게 하는 리드 형식은?
① 역 리드
② 양 리드
③ 정 리드
④ 각 리드

23 주행속도 72km/h의 자동차에 브레이크를 작용했을 때 제동거리는 얼마인가?(단, 차륜과 도로면의 마찰계수는 0.4이다.)
① 31m
② 41m
③ 51m
④ 61m

24 자동차의 중량을 액슬 하우징에 지지하여 바퀴를 빼지 않고 액슬축을 빼낼 수 있는 형식은?
① 반부동식
② 전부동식
③ 분리식 차축
④ 3/4 부동식

25 다음 현가장치 중 진동을 흡수하고 진동시간을 단축하며 스프링의 부담을 감소시키기 위한 장치는?
① 스테빌 라이저
② 공기 스프링
③ 쇽업소버
④ 비틀림 막대 스프링

26 선회 주행 시 앞바퀴에서 발생하는 코너링 포스가 뒷바퀴보다 크게 되면 나타나는 현상은?
① 토크 스티어링 현상
② 언더 스티어링 현상
③ 오버 스티어링 현상
④ 리버스 스티어링 현상

27 동력조향장치에서 조향핸들을 회전시켜 압력이 상승되는 순간 이 정보를 전압으로 변환하여 ECU가 공전속도를 제어하기 위한 기준신호로 사용되는 것은?
① 인히비터 스위치
② 파워스티어링 압력 스위치
③ 전기부하 스위치
④ 공전속도제어 서보

28 전자제어 제동장치(ABS)에서 바퀴가 고정(잠김)되는 것을 검출하는 것은?
① 브레이크 드럼
② 하이드롤릭 유닛
③ 휠 스피드 센서
④ ABS-ECU

29 브레이크 장치에서 베이퍼 록(Vapor Lock)이 생길 때 어떤 현상이 일어나는가?
① 브레이크 성능에는 지장이 없다.
② 브레이크 페달의 유격이 커진다.
③ 브레이크 오일이 응고된다.
④ 브레이크 오일이 누설된다.

30 변속기의 기능 중 옳지 않은 것은?
① 기관의 회전력을 변환시켜 바퀴에 전달한다.
② 기관의 회전수를 높여 바퀴의 회전력을 증가시킨다.
③ 후진을 가능하게 한다.
④ 정차할 때 기관의 공전운전을 가능하게 한다.

31 동력조향장치에서 직진할 경우 동력피스톤의 운동상태는?
① 동력피스톤이 왼쪽으로 움직여서 왼쪽으로 조향한다.
② 동력피스톤이 오른쪽으로 움직여서 오른쪽으로 조향한다.
③ 동력피스톤이 리액션 스프링을 압축하여 왼쪽으로 이동한다.
④ 동력피스톤 좌, 우실의 유압이 같으므로 정지 상태이다.

32 주행 중 타이어의 열 상승에 가장 영향을 적게 미치는 것은?
① 주행속도 증가
② 하중의 증가
③ 공기압의 증가
④ 주행거리 증가(장거리 주행)

33 다음 중 마스터 실린더에 대한 설명으로 틀린 것은?
① 마스터 실린더의 체크밸브는 브레이크 페달의 되돌림을 좋게 하는 역할을 한다.
② 마스터 실린더의 체크밸브는 파이프 내의 잔압을 유지하기 위한 것이다.
③ 마스터 실린더 피스톤 머리 부분의 구멍은 피스톤의 되돌림을 좋게 하는 역할을 한다.
④ 탠덤 마스터 실린더는 보통 마스터 실린더 2개를 직렬로 연결하는 구조로 되어있다.

34 동력조향장치에서 오일펌프에 걸리는 부하가 기관 아이들링 안정성에 영향을 미칠 경우 오일펌프 압력스위치는 어떤 역할을 하는가?
① 유압을 더욱 다운시킨다.
② 부하를 더욱 증가시킨다.
③ 기관 아이들링 회전수를 증가시킨다.
④ 기관 아이들링 회전수를 다운시킨다.

35 자동차가 고속으로 달릴 때 일어나는 앞바퀴의 진동으로 차의 앞부분이 상하 또는 옆으로 진동하는 현상을 무엇이라 하는가?
① 완더
② 트램핑
③ 로드 스웨이
④ 쉐이크

36 제동 배력 장치에서 브레이크 페달을 밟았을 때 하이드로 백 내의 작동 설명으로 옳지 않은 것은?
① 공기밸브는 닫힌다.
② 진공밸브는 닫힌다.
③ 동력피스톤이 하이드로릭 실린더 쪽으로 움직인다.
④ 동력피스톤 앞쪽은 진공상태이다.

37 승용차 타이어는 트레드 홈 깊이가 몇 mm 이하일 때 교환해야 안전한가?
① 1.6mm
② 2.0mm
③ 2.4mm
④ 3.2mm

38 조향장치가 갖추어야 할 조건으로 옳지 않은 것은?
① 조향조작이 주행 중의 충격에 영향을 받지 않을 것
② 조작하기 쉽고 방향변환이 원활하게 행하여질 것
③ 선회 시 저항이 적고 선회 후 복원성이 좋을 것
④ 조향핸들의 회전과 바퀴의 선회차가 클 것

39 쇽업소버를 장착할 때 최대경사각도의 범위는?

① 15° 이내 ② 30° 이내
③ 45° 이내 ④ 60° 이내

40 종 감속 및 차동장치에서 구동피니언의 잇수가 6, 링 기어 잇수가 60, 추진축이 1000rpm일 때 왼쪽 바퀴가 150rpm이었다. 이때 오른쪽 바퀴는 몇 rpm인가?

① 25rpm ② 50rpm
③ 75rpm ④ 1000rpm

41 엔진의 크랭킹이 안되거나 크랭킹이 천천히 되는 원인이 아닌 것은?

① 기동장치의 결함
② 엔진오일의 점도가 높을 경우
③ 축전기 또는 케이블 불량
④ 연소실에 연료가 과다하게 분사될 경우

42 자동차의 경음기에서 음질 불량의 원인으로 가장 거리가 먼 것은?

① 다이어프램의 균열이 발생하였다.
② 전류 및 스위치 접촉이 불량하다.
③ 가동판 및 코어의 헐거움 현상이 있다.
④ 경음기 스위치 쪽 배선이 접지되었다.

43 현재 사용되고 있는 유압식 브레이크의 안전장치 중 휠의 스키드 방지를 위한 안전장치가 아닌 것은?

① P-밸브
② 탠덤 마스터 실린더
③ ABS
④ 로드센싱 프로포셔닝 밸브

44 백워닝(후방경보) 시스템의 기능과 가장 거리가 먼 것은?

① 차량 후방의 장애물을 감지하여 운전자에게 알려주는 장치이다.
② 차량 후방의 장애물은 초음파 센서를 이용하여 감지한다.
③ 차량 후방의 장애물은 감지 시 브레이크가 작동하여 차속을 감속시킨다.
④ 차량 후방의 장애물 형상에 따라 감지되지 않을 수도 있다.

45 현가장치 코일 스프링의 스프링 상수(G)가 35000 N/m이고 차륜당 자동차 중량(m)이 500kg일 때 고유진동수(f)는?

① 1.33Hz ② 2.67Hz
③ 4.18Hz ④ 8.37Hz

46 전자제어 기관의 점화장치에서 1차 전류를 단속하는 부품은?

① 다이오드 ② 점화스위치
③ 파워 트랜지스터 ④ 컨트롤 릴레이

47 전압을 일정하게 유지하기 위해서 이용되는 다이오드는?

① 정류 다이오드 ② 바랙터 다이오드
③ 바리스터 다이오드 ④ 제너 다이오드

48 자동차용 배터리를 급속충전할 시 주의사항으로 옳지 않은 것은?

① 배터리를 자동차에 연결한 채 충전할 경우 접지 (-)터미널을 떼어 놓을 것
② 충전전류는 용량 값의 약 4배 정도의 전류로 할 것
③ 될 수 있는 대로 짧은 시간에 실시할 것
④ 충전 중 전해액 온도가 45℃ 이상 되지 않도록 할 것

49 IGBT에 대한 설명 중 틀린 것은?

① BJT와 MOSFET의 장점을 조합한 소자이다.
② 스위칭 속도는 MOSFET보다 빠르다.
③ IGBT는 BJT보다 빠르다.
④ IGBT는 전력용 MOSFET과 같이 전압제어 소자이다.

50 다음 〈그림〉과 같이 자동차 전원장치에서 IG1과 IG2로 구분된 이유로 옳은 것은?

① 점화스위치의 ON/OFF와 관계없이 배터리와 연결을 유지하기 위해
② START 시에도 와이퍼회로, 전조등회로 등에 전원을 공급하기 위해
③ 점화스위치가 ST일 때만 점화 코일, 연료펌프 회로 등에 전원을 공급하기 위해
④ START 시 시동에 필요한 전원 이외의 전원을 차단하여 시동을 원활하게 하기 위해

51 가동 베인식 공기유량 센서에서 회전판의 위치를 검출하는 것은?

① 포텐쇼 미터   ② 암페어 미터
③ 열선   ④ 칼만 맴돌이 센서

52 정밀한 기계를 수리할 때 부속품을 세척하기 위하여 가장 안전한 방법은?

① 걸레로 닦는다.
② 와이어 브러시를 사용한다.
③ 에어건을 사용한다.
④ 솔을 사용한다.

53 자동차 차고센서로 이용되고 있는 포토 트랜지스터에 대한 설명으로 틀린 것은?

① 빛의 양 변화가 전류의 변황으로 치환되는 원리를 이용한 것이다.
② 트랜지스터의 베이스에 빛이 닿으면 베이스 전류의 증가로 컬렉터 전류가 흐른다.
③ 증폭작용에 의해 포토 다이오드 보다 변환 효율이 좋은 전기신호를 얻을 수 있다.
④ 빛이 들어오면 ECU에서 베이스 전원을 변화시키고 컬렉터 전압이 흘러 고전압이 발생된다.

54 〈그림〉과 같은 회로에서 전구의 용량이 정상일 때 전원 내부로 흐르는 전류는 몇 A인가?

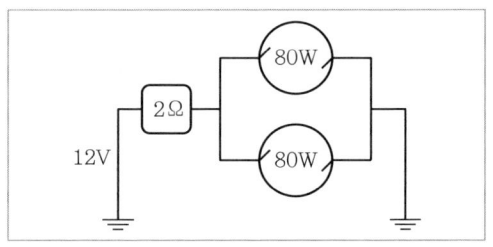

① 2.14A   ② 4.13A
③ 6.65A   ④ 13.32A

55 이모빌라이저 시스템의 림프홈 기능에 대한 설명으로 맞는 것은?

① 이모빌라이저의 기능 장애 시 암호를 이용하여 시동을 걸 수 있다.
② 엔진 자동 정지 후 브레이크를 밟은 상태에서 기어를 D 레인지로 변속 시 자동으로 엔진 시동을 건다.
③ 자동차 점화 키 분실 시 어떠한 방법으로도 시동이 불가능하게 한다.
④ 차량 정차 시 일정 시간 공회전할 경우 자동으로 엔진을 정지시킨다.

56 자동차에서 와이퍼 장치 정비 시 안전 및 유의사항으로 틀린 것은?

① 전기회로 정비 후 단자결선은 사전에 회로시험기로 측정 후 결선한다.
② 와이퍼 전동기의 기어나 캠 부위에 세정액을 적당히 유입시켜야 한다.
③ 블레이드가 유리면에 닿지 않도록 하여 작동시험을 할 수 있다.
④ 겨울철에는 동절기용 세정액을 사용한다.

57 계자 권선이 전기자에 병렬로 연결된 직류기는?

① 분권기
② 직권기
③ 복권기
④ 타여자기

58 점화 2차 파형에서 감쇠 진동 구간이 없을 경우 고장 원인으로 옳은 것은?

① 점화 코일 불량
② 점화 코일의 극성 불량
③ 점화케이블의 절연상태 불량
④ 스파크플러그의 에어갭 불량

59 내수성이 강하고 높은 열부하를 가지며, -20~130°C의 사용온도 범위를 가진 그리스는?

① 고온 그리스
② 칼슘비누 그리스
③ 리튬비누 그리스
④ 나트륨비누 그리스

60 교류발전기 불량 시 점검해야 할 항목으로 옳지 않은 것은?

① 다이오드 불량 점검
② 로터 코일 절연 점검
③ 홀드인 코일 단선 점검
④ 스테이터 코일 단선 점검

정답 및 해설

2025년 CBT 기출복원문제

01	02	03	04	05	06	07	08	09	10
③	③	②	③	④	③	②	③	①	③
11	12	13	14	15	16	17	18	19	20
④	②	③	②	①	③	①	②	②	③
21	22	23	24	25	26	27	28	29	30
④	①	③	②	③	③	②	③	②	②
31	32	33	34	35	36	37	38	39	40
④	③	①	③	③	①	①	④	③	②
41	42	43	44	45	46	47	48	49	50
④	④	②	④	①	③	④	②	②	④
51	52	53	54	55	56	57	58	59	60
①	③	④	②	①	②	①	①	③	③

01 정답 | ③
해설 | 블로다운 현상은 폭발행정 말기에 미리 열린 배기밸브를 통해 배기가스 자체의 압력으로 배기되는 현상이므로 폭발행정 말기에서 배기행정 초기에 일어난다.

02 정답 | ③
해설 |
- 도시 평균유효압력은 실제 피스톤에 작용하는 힘과 피스톤의 이동거리의 관계를 통하여 엔진이 하는 일을 계산할 수 있다.
- 압력은 각 피스톤행정에 따라 다르므로 평균값을 사용하여 간단히 구할 수 있다.
- $W = p \times (V_1 - V_2)$에서 압력의 평균값 p를 평균유효압력이라고 한다.
- 여기서 W = 피스톤에 한 일(kgf · cm)
  p = 도시 평균유효압력(kgf/cm²)
  V_1 = 실린더 체적(cc)
  V_2 = 연소실 체적(cc)

03 정답 | ②
해설 | 캐비테이션은 오일펌프가 빠르게 회전할 때 출구 쪽에 발생되는 공동현상으로 소음, 진동증가, 윤활불량, 오일압력 불안정 등의 현상이 발생할 수 있고, 온도에 변화에 따른 점도의 변화 정도를 의미하는 점도지수와는 관련이 없다.

04 정답 | ③
해설 | 1PS = 632.3kcal/h이므로 1시간 동안 하는 열량은 632.3kcal/h × 1h = 632.3kcal이다.

05 정답 | ④
해설 | 방열기 코어의 종류로는 코루게이트형, 리본셀룰러형, 플레이트형이 있다.

06 정답 | ③
해설 | **시크니스 게이지를 사용한 점검**
- 실린더 헤드 변형도
- 피스톤 링의 이음 간극
- 톱휠 간극
- 오일펌프 사이드 간극

07 정답 | ②
해설 | MAP센서의 진공도가 크다면 절대압력은 낮은 상태이므로 출력전압은 낮아진다.

08 정답 | ③
해설 | 압축비 = $\dfrac{\text{연소실 체적} + \text{행정 체적}}{\text{연소실 체적}} = \dfrac{210 + 3780}{210} = 19$

따라서 19:1이다.

09 정답 | ①
해설 | 연료압력 조절기의 진공호스가 막힐 경우 연료 리턴량이 줄어들어 연료압력이 상승한다.

10 정답 | ③
해설 | 코어 막힘률 = $\dfrac{\text{신품 용량} - \text{구품 용량}}{\text{신품 용량}} \times 100(\%)$

$= \dfrac{15}{30} \times 100(\%) = 50(\%)$

11 정답 | ④
해설 | 블로바이 가스는 압축행정에서 실린더와 피스톤링 간극을 통해 크랭크실로 누설된 혼합기를 의미하므로 실린더 혹은 피스톤링의 마멸에 의해 발생된다.

12 정답 | ②
해설 | **공기유량센서의 작동방식**
- 핫 필름, 핫 와이어방식 : 백금열선, 열막의 온도를 유지하기 위한 전류소모량으로 공기유량을 측정
- 칼만 와류방식 : 초음파와 와류를 이용
- 베인방식 : 댐핑챔버와 가변저항을 이용
- MAP 센서 : 흡기 다기관의 절대압력으로 흡입 공기량 간접계측

13 정답 | ③
해설 | 인젝터 유효 분사시간은 전류가 가해지고 인젝터가 닫힐 때까지 소요된 총시간에서 인젝터 핀들이 완전히 열릴 때까지 도달하는데 걸린 시간을 뺀 나머지 시간을 의미한다.

14 정답 | ②
해설 | 행정이 실린더 내경보다 큰 엔진을 언더 스퀘어 엔진이라고 한다. 언더 스퀘어 엔진은 회전속도가 느리나 회전력이 크다.

15 정답 | ①
해설 | 삼원 촉매기에서 백금(Pt)은 CO, HC를 정화하고, 로듐(Rh)은 NO_x를 정화하며, 파라듐(Pd)은 촉매의 활성개시 온도를 낮춰주는 역할을 한다.

16 정답 | ③
해설 | **체크밸브의 역할**
- 역류 방지
- 잔압 유지
- 베이퍼 록 방지
- 재시동성 향상

17 정답 | ①
해설 | 2000rpm=12000°/s이므로 1/400s 동안 크랭크축의 회전 각도는 30°이다. 따라서 최적의 점화 시기는 30°-12°=BTDC 18°이다.

18 정답 | ②
해설 | 조속기는 디젤 엔진의 기계식 연료 분사 장치에서 연료의 분사량을 조절하는 장치로, 연료 분사량을 가감하여 기관의 회전속도를 제어하는 역할을 하며 오버런, 갑작스러운 엔진 정지를 방지하는 역할을 한다.

19 정답 | ②
해설 | 시동 시, 전부하(스로틀 완전열림) 시에는 엔진 출력의 안정성이 중요하므로 농후한 연소를 실시한다. 따라서 이론공연비에 근접시키기 위한 공기비 제어를 중단한다.

20 정답 | ③
해설 | **밸브 스템의 구비조건**
- 강도가 크고 가벼울 것
- 열 전도성이 높을 것
- 스템과 헤드의 연결부는 응력집중을 방지하기 위해 곡률반경을 크게 할 것
- 섭동부의 경도가 클 것

21 정답 | ④
해설 | FF차량의 구동축(등속조인트)를 탈거할 때 탈고 공구를 깊이 끼울 경우 오일씰 및 스플라인이 손상될 수 있으므로 주의해야 한다.

22 정답 | ①
해설 | **리드 형식에 따른 조정방법**
- 정 리드 : 분사 말기를 조정
- 역 리드 : 분사 초기를 조정
- 양 리드 : 분사 초기, 말기를 조정

23 정답 | ③
해설 | $L = \dfrac{V^2}{2\mu g}$ 공식에서

$V = 72\text{km/h} = \dfrac{72}{3.6}\text{m/s} = 20\text{m/s}$

$L = \left(\dfrac{20^2}{2 \times 0.4 \times 9.8}\right)\text{m} = 51.02\text{m}$

24 정답 | ②
해설 | 전부동식은 자동차의 중량을 액슬 하우징에 지지해서 바퀴를 빼지 않고 액슬축을 빼낼 수 있는 방식이다.

25 정답 | ③
해설 | ① 스테빌 라이저 : 토션바의 일종으로 독립현가장치 차량의 롤링을 방지하기 위한 장치
② 공기 스프링 : 공기 압력을 이용한 차고 조절 및 스프링 감쇠력 제어가 가능한 장치
③ 쇽업소버 : 스프링의 진동을 흡수하여 진동 시간 감소 및 스프링 부담을 감소시키기 위한 장치
④ 비틀림 막대 스프링 : 토션바라고도 하며, 재료의 탄성 변형을 이용한 장치

26 정답 | ③
해설 | 앞바퀴의 코너링 포스가 큰 경우 원심력을 이기고 더 안쪽으로 회전하여, 회전반경이 작아진다.
- 오버 스티어링 : 선회 시 운전자의 의도보다 회전반경이 작아지는 현상
- 언더 스티어링 : 선회 시 운전자의 의도보다 회전반경이 커지는 현상

27 정답 | ②
해설 | 유압식 동력 조향장치에서 파워스티어링 오일펌프 압력이 높을 경우 엔진에 부하가 커지므로 공회전 시 회전속도를 상승 제어한다.

28 정답 | ③
해설 | **휠 스피드 센서의 특징**
- 마그네틱 센서를 사용하여 바퀴(휠)의 속도(회전 및 잠김)를 검출한다.
- 4센서 4채널 방식의 경우 각 바퀴마다 1개씩 설치된다.
- 톤 휠의 회전에 의해 교류전압이 발생한다.
- 휠 속도센서의 출력 주파수는 속도에 비례한다.

29 정답 | ②
해설 | 베이퍼 록 현상은 브레이크액이 비등하여 제동이 불량해지는 현상으로 브레이크 라인에 기체가 압축되어 페달 유격이 커질 수 있다.

30 정답 | ②
해설 | 기관의 회전수를 낮춰 바퀴의 회전력을 증가시킨다.

[Tip] 회전수와 회전력의 관계
기어의 전달에서 회전수와 회전력은 반비례 관계로 회전수가 증가되면 회전력은 약해지고, 회전수가 감소되면 회전력은 강해진다.

31 정답 | ④
해설 | 동력조향장치에서 동력피스톤은 운전자의 조향의지에 따라 같은 방향으로 움직이므로 직진할 경우 정지 상태이다.

32 정답 | ③
해설 | **타이어 열 상승 원인(마찰력 증가)**
- 빠른 주행속도
- 큰 하중
- 낮은 공기압
- 장거리 주행

33 정답 | ①
해설 | 마스터 실린더의 체크밸브는 파이프 내의 잔압을 유지하여 제동응답성을 좋게 하는 역할을 한다.

34 정답 | ③
해설 | 동력조향장치에서 오일펌프에 걸리는 부하가 기관 아이들링 안정성에 영향을 미치는 경우 오일펌프 압력스위치는 기관 아이들링 회전수를 증가시킨다.

35 정답 | ③
해설 |
- 완더 : 주행 시 한쪽으로 쏠렸다가 반대 방향으로 확 쏠리는 현상
- 로드 스웨이 : 고속 주행 시 차량의 앞부분이 상하 또는 좌우로 제어할 수 없을 정도로 심한 진동이 일어나는 진동 현상
- 트램핑 : 좌, 우 바퀴의 상하 진동
- 쉐이크 : 승객이 승, 하차할 때 발생하는 차량 진동

36 정답 | ①
해설 | **브레이크 페달을 밟았을 때 진공배력장치의 작동**
- 공기밸브는 열린다.
- 진공밸브는 닫힌다.
- 동력피스톤이 마스터 실린더 쪽으로 움직인다.
- 동력피스톤 앞쪽은 진공상태이다.
- 동력피스톤 뒤쪽은 대기압 상태이다.

37 정답 | ①
해설 | 승용차의 트레드 홈 깊이는 일반적으로 1.6mm 이하일 때 교환한다.

38 정답 | ④
해설 | **조향장치의 조건**
- 조작이 주행 중 충격에 영향을 받지 않아야 한다.
- 조작이 쉬우며 방향 전환 조작이 잘되어야 한다.
- 최소 회전 반지름이 작아 좁은 곳에서도 방향 전환이 잘되어야 한다.
- 진행 방향을 바꾸는 경우 섀시나 보디 등에 무리한 힘이 작용하지 않아야 한다.
- 고속 주행 시에도 핸들이 떨리거나 혼자서 회전하지 않아야 한다.
- 조향핸들 회전과 바퀴의 선회가 일치해야 한다.
- 수명이 길면서도 다루기 쉽고, 정비가 용이해야 한다.
- 조향핸들 조향력의 좌·우 차이가 없어야 한다.
- 선회 시 반동을 이겨내고 조향이 가능한 힘을 가져야 한다.
- 회전각과 선회 반경과의 관계를 운전자가 알 수 있도록 직관적이어야 한다.

39 정답 | ③
해설 | 쇽업소버의 장착 시 최대경사각도는 45°이내이다.

40 정답 | ②
해설 | 각 바퀴가 $\frac{1000}{10} = 100\mathrm{rpm}$이므로 총합이 $200\mathrm{rpm}$이 되어야 한다.
즉, $200-150=50\mathrm{rpm}$이다.

41 정답 | ④
해설 | 크랭킹은 시동모터(기동장치)를 통해 엔진의 크랭크축을 강제로 회전시키는 방법으로 연료분사, 점화와는 관련이 없다.

42 정답 | ④
해설 | 경음기 스위치 배선이 접지되면 스위치가 눌린 상태로, 경음기가 지속적으로 작동한다. 음질 불량의 원인과는 거리가 멀다.

43 정답 | ②
해설 | 탠덤 마스터 실린더는 브레이크 유압 회로가 불량이 발생했을 때를 대비하여 두 개로 분리한 것으로 스키드 방지의 목적이 아니다.

44 정답 | ③
해설 | 차량 후방의 장애물을 감지 시 소리가 울려 운전자가 파악할 수 있게 한다. 차량 후방에 장애물을 감지하여 직접 브레이크를 작동하는 방식은 후방경보가 아닌 주차 보조 시스템이다.

45 정답 | ①
해설 | $T = 2\pi\sqrt{\frac{m}{k}} = 2\pi\sqrt{\frac{500}{35000}} = 0.75s$
$f = \frac{1}{T} = \frac{1}{0.75} = 1.33Hz$

46 정답 | ③
해설 | 전자제어 기관의 점화장치에서 1차 전류를 단속하는 부품은 파워 트랜지스터로, ECU로부터 제어 신호를 받아 점화코일에 흐르는 1차 전류를 단속한다.

47 정답 | ④
해설 | • 바랙터 : 정전 용량이 전압에 따라 변하는 소자
• 바리스터 : 서지에 대한 회로 보호용 소자
• 제너 : 정전압 회로용 소자

48 정답 | ②
해설 | 충전전류는 용량의 50%로 한다.

49 정답 | ②
해설 | IGBT는 MOSFET 보다 스위칭 속도가 느리다.

50 정답 | ④
해설 | 자동차 전원장치에서 IG1과 IG2로 구분된 이유는 시동 시 필요 전원 이외에 전원을 차단해 시동을 원활하게 하기 위함이다.

51 정답 | ①
해설 | 베인방식의 공기유량 센서는 스로틀 포지션 센서, 악셀포지션 센서와 동일하게 포텐쇼 미터 방식을 사용한다.

52 정답 | ③
해설 | 정밀 기계를 걸레 혹은 브러시로 힘을 주어 닦는 경우 기계의 마모 및 손상이 될 수 있으므로 에어건을 사용하여 먼지 등을 세척한다.

53 정답 | ④
해설 | 포토 트랜지스터는 베이스 전원을 ECU가 제어하는 것이 아닌 빛의 유무에 따라 제어된다.

54 정답 | ②
해설 | 전구의 12V 정격용량이 80W이므로 전구 2개를 병렬 연결하였을 때 저항 R_2는 다음과 같다.

$$P = EI = \frac{E^2}{R}$$

$$R_2 = \frac{E^2}{P} = \frac{12^2}{160} = 0.9Ω$$

따라서 회로의 합성저항은
$R_1 + R_2 = 2Ω + 0.9Ω = 2.9Ω$이다.

옴의 법칙에 의해 $I = \frac{E}{R}$ 이므로

$I = \frac{12}{2.9} = 4.13A$ 이다.

55 정답 | ①
해설 | 림프홈 기능은 페일세이프의 일종으로 이모빌라이저 시스템 불량 발생 시 암호를 이용하여 강제 시동이 가능한 기능이다.

56 정답 | ②
해설 | 전동기의 기어나 캠 부분은 윤활을 위해 기계의 섭동부로 그리스를 도포한다.

57 정답 | ①
해설 | **계자와 전기자의 권선방법에 따른 분류**
• 병렬 연결-분권기
• 직렬 연결-직권기
• 직병렬 연결-복권기

58 정답 | ①
해설 | ②, ③, ④은 감쇠구간 불량과 무관하다. 점화계통 불량에 의한 현상은 다음과 같다.
• 점화 코일의 극성 불량의 경우 점화가 되지 않는다.
• 점화케이블의 절연상태가 불량한 경우 누전의 가능성이 있다.
• 점화플러그의 간극(에어갭)이 크면 피크전압이 높아진다.
• 점화플러그의 간극(에어갭)이 작으면 피크전압이 낮아진다.

59 정답 | ③
해설 | ③ 다목적 그리스로 사용온도 범위는 −20~130℃이다.
※ 참고
• 칼슘비누 그리스 : 컵 그리스라고도 부르며, 사용온도 범위는 60℃ 이하
• 나트륨비누 그리스 : 화이버 그리스라고도 부르며 사용온도 범위는 −10~100℃
• 알미늄비누 그리스 : 내열성, 방청성이 떨어지며, 사용온도 범위는 80℃까지

60 정답 | ③
해설 | 홀드인 코일의 점검은 기동전동기의 솔레노이스 스위치 점검이다.

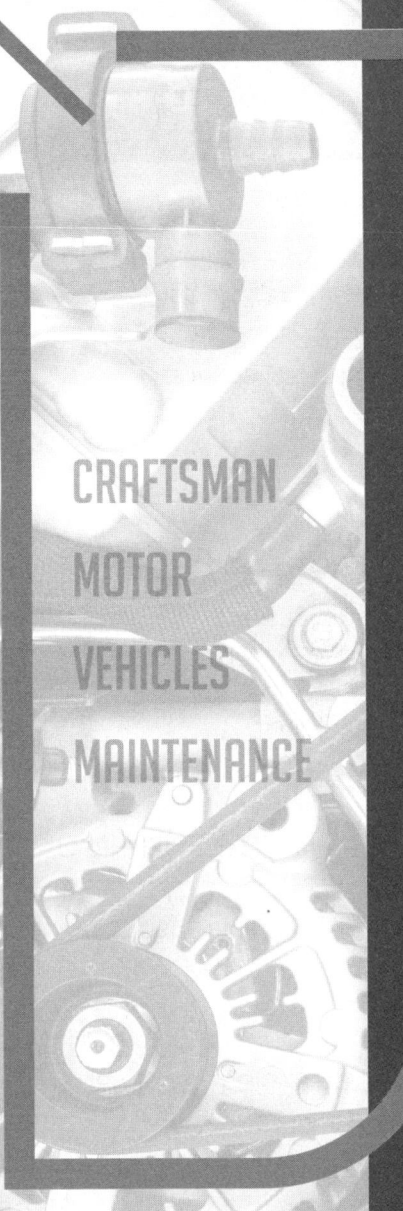

PART 06

적중모의고사

제1회 적중모의고사
제2회 적중모의고사
제3회 적중모의고사
제4회 적중모의고사
제5회 적중모의고사
제6회 적중모의고사
제7회 적중모의고사

적중모의고사 제1회

01 실린더의 안지름이 80mm이고, 행정이 84mm인 4실린더 엔진의 총 배기량은?
① 약 1200cc   ② 약 1370cc
③ 약 1688cc   ④ 약 1800cc

02 〈보기〉의 조건에서 밸브 오버랩 각도는?

〈보기〉
흡입 밸브 열림 : BTDC 18°
흡입 밸브 닫힘 : ABDC 46°
배기 밸브 열림 : BBDC 54°
배기 밸브 닫힘 : ATDC 10°

① 8°   ② 28°
③ 44°   ④ 64°

03 실린더 헤드를 분리할 때 올바른 방법은?
① 바깥쪽에서 안쪽으로 향하여 대각선 방향으로 푼다.
② 시계방향으로 차례대로 푼다.
③ 반드시 토크렌치를 사용한다.
④ 반시계방향으로 차례대로 푼다.

04 엔진오일 교환에 관한 사항으로 옳은 것은?
① 점도가 서로 다른 오일을 혼합하여 사용해도 된다.
② 재생오일을 사용하여 엔진오일을 교환한다.
③ 엔진오일 점검게이지가 F 눈금선을 넘어가지 않게 주입한다.
④ 엔진오일 점검게이지의 L 눈금선에 정확하게 주입한다.

05 엔진오일 유압이 낮아지는 원인과 거리가 먼 것은?
① 베어링의 오일 간극이 크다.
② 유압조절밸브의 스프링 장력이 크다.
③ 오일팬 내의 윤활유 양이 작다.
④ 윤활유 공급라인에 공기가 유입되었다.

06 서모스탯에 대한 설명으로 옳지 않은 것은?
① 닫힘 고착 시 엔진 과열
② 왁스형 서모스탯은 가열 시 왁스가 수축함
③ 열림 고착 시 연료 소비율 저하
④ 열림 고착 시 엔진 과냉

07 냉각장치에서 냉각수의 비점을 올리기 위한 장치는?
① 워터재킷   ② 라디에이터
③ 진공 캡   ④ 압력 캡

08 가솔린 기관에서 와류를 일으켜 흡입공기의 효율을 향상시키는 장치는?
① 어큐뮬레이터
② 가변 흡기 장치
③ EGR 밸브
④ 가변 스월 컨트롤 밸브(SCV)

09 전자제어 가솔린 기관에서 인젝터 점검 방법으로 틀린 것은?
① 솔레노이드 코일의 저항을 점검한다.
② 인젝터의 리턴 연료량을 점검한다.
③ 인젝터의 연료 분사 상태를 점검한다.
④ 인젝터의 작동음을 점검한다.

10 가솔린 직접 분사 방식(GDI) 연료장치의 연료 공급 순서로 옳은 것은?

① 연료 탱크 → 저압 펌프 → 고압 펌프 → 연료 레일 → 고압 인젝터
② 연료 탱크 → 저압 펌프 → 연료 레일 → 고압 펌프 → 고압 인젝터
③ 연료 탱크 → 고압 펌프 → 저압 펌프 → 연료 레일 → 고압 인젝터
④ 연료 탱크 → 저압 펌프 → 연료 레일 → 고압 펌프 → 고압 인젝터

11 디젤기관에서 개방형 분사노즐의 장점과 관련이 없는 것은?

① 구조가 간단하다.
② 분사 시작 때의 무화 정도가 낮다.
③ 노즐 스프링, 니들 밸브 등 운동 부분이 있다.
④ 분사 파이프 내에 공기가 머물지 않는다.

12 디젤 분사노즐 시험기(Injection Pump Tester)로 확인할 수 없는 것은?

① 분사 초기 압력   ② 분무 상태
③ 후적 상태   ④ 연료 온도

13 LPG 자동차의 계기판에서 연료계의 지침이 작동하지 않는 결함 원인으로 옳은 것은?

① 필터 불량   ② 인젝터 불량
③ 연료펌프 불량   ④ 액면계 결함

14 LPG 기관에 사용되는 연료의 특성에 대한 설명으로 틀린 것은?

① 여름철에는 시동 성능이 떨어진다.
② NOx 배출량이 가솔린 기관에 비해 많다.
③ LPG의 옥탄가는 가솔린보다 높다.
④ 연소 후 연소실에 카본 퇴적물이 적다.

15 지르코니아 산소 센서에 대한 설명으로 옳은 것은?

① 산소 센서는 흡기 다기관에 부착되어 산소 농도를 감지한다.
② 산소 센서는 최고 1V의 기전력을 발생한다.
③ 농후한 혼합기가 흡입될 때 최소 0.4V의 기전력이 발생한다.
④ 배기가스 중 산소 농도를 감지하여 NOx 저감 목적으로 설치한다.

16 전자제어 연료분사 차량에서 크랭크각 센서의 역할이 아닌 것은?

① 냉각수 온도 검출
② 연료의 분사 시기 결정
③ 점화 시기 결정
④ 피스톤의 위치 검출

17 〈그림〉과 같은 커먼레일 인젝터 파형에서 주분사 구간을 가장 알맞게 표시한 것은?

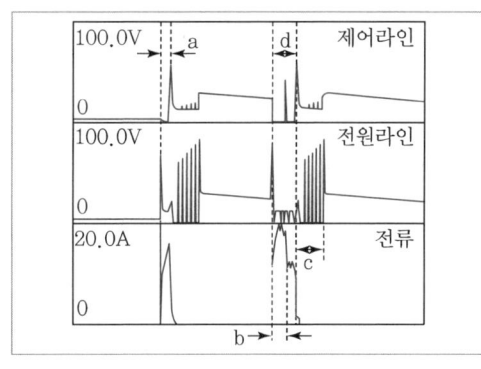

① a   ② b
③ c   ④ d

18 배기장치의 구성요소가 아닌 것은?

① 소음기   ② 배기파이프
③ 서지탱크   ④ 배기 다기관

19 가변 흡입 장치에 대한 설명으로 틀린 것은?
 ① 고속 시 매니폴드의 길이를 길게 조절한다.
 ② 흡입 효율을 향상시켜 엔진 출력을 증가시킨다.
 ③ 엔진 회전 속도에 따라 매니폴드의 길이를 조절한다.
 ④ 저속 시 흡입관성의 효과를 향상시켜 회전력을 증대한다.

20 디젤 촉매 필터(CPF 또는 DPF)에 대한 설명 중 잘못된 것은?
 ① 지속적인 PM 포집에도 DPF 전·후단의 압력차가 발생하지 않으면 DPF 및 차압센서의 고장 여부를 예상할 수 있다.
 ② CPF 전·후단의 온도차를 측정하여 PM의 토적 정도를 예측한다.
 ③ 기준 차압(약 20~30kPa) 이상일 때 이를 감지하여 CPF 재생 시기로 판단한다.
 ④ 차압센서는 디젤 촉매 필터(CPF) 전단 및 후단의 압력을 측정한다.

21 폐자로 타입의 점화 코일 1차 저항에 대한 점검 내용으로 틀린 것은?
 ① 저항 측정 위치로 테스터기를 설정
 ② 무한대로 표시된 경우 관련 배선 정상
 ③ 규정값보다 낮은 경우 내부회로 단락
 ④ 멀티테스터를 이용하여 점검

22 점화 1차 코일에 흐르는 전류를 단속하는 것은?
 ① 컨트롤 릴레이   ② 파워 트랜지스터
 ③ 점화 코일   ④ 다이오드

23 클러치 스프링 점검과 관련된 내용으로 틀린 것은?
 ① 클러치 스프링의 장력 편차는 운전에 영향을 주지 않는다.
 ② 사용 높이가 3% 이상 감소 시 교환한다.
 ③ 직각도 높이 100mm에 대하여 3mm 이상 변형 시 교환한다.
 ④ 장력이 15% 이상 변화 시 교환한다.

24 클러치 페달 교환 후 점검 및 작업 사항으로 옳은 것은?
 ① 클러치 오일 교환
 ② 릴리스 실린더 누유 점검
 ③ 클러치 페달 높이 및 유격 조정
 ④ 마스터 실린더 누유 점검

25 클러치 페달 유격 및 디스크에 대한 설명으로 틀린 것은?
 ① 페달 유격이 작으면 클러치가 미끄러진다.
 ② 페달의 리턴 스프링이 약하면 동력 차단이 불량하게 된다.
 ③ 클러치 판에 오일이 묻으면 미끄럼의 원인이 된다.
 ④ 페달 유격이 크면 클러치 끊김이 나빠진다.

26 수동변속기 내부구조에서 싱크로메시(Synchro-mesh) 기구의 작용은?
 ① 배력 작용   ② 가속 작용
 ③ 동기치합 작용 ④ 감속 작용

27 수동변속기에서 가장 큰 토크를 발생하는 변속 단은?
 ① 오버드라이브 단에서
 ② 1단에서
 ③ 2단에서
 ④ 직결 단에서

28 추진축의 수리에 대한 방법이 잘못된 것은?
① 프로펠러 샤프트를 분리하였을 때, 변속기 내의 기어 오일이 유출되므로 플러그를 삽입한다.
② 스냅 링은 세척 후 재사용한다.
③ 추진축을 1회전시켜 휨 값을 측정하고 판독한다. 다이얼 게이지 바늘이 움직인 눈금 양의 1/2이 휨 값이다.
④ 추진축을 V-블록 위에 설치하고 다이얼 게이지를 설치한다.

29 CV(등속도) 자재이음에 대한 설명으로 틀린 것은?
① CV(등속도) 자재이음은 회전 각속도가 맞지 않는 것을 방지한다.
② 주로 FF(Front engine Front drive) 차량의 구동축에 사용된다.
③ 종류에는 트랙터 자재이음, 벤딕스 와이스 자재이음, 제파 자재이음 등이 있다.
④ 자재이음은 변속기와 종감속기어 사이에서 동력을 전달하는 드라이브라인에만 적용된다.

30 유효반지름이 0.5m인 바퀴가 500rpm으로 회전할 때 차량의 속도(km/h)는?
① 25.00km/h ② 50.92km/h
③ 94.2km/h ④ 10.98km/h

31 타이어 구조에서 노면과 직접 접촉하는 부분은?
① 트레드 ② 카커스
③ 비드 ④ 숄더

32 휠 밸런스 점검 시 안전수칙으로 틀린 것은?
① 점검 후 테스터 스위치를 끄고 자연 정지시킨다.
② 타이어의 회전 방향에서 점검한다.
③ 회전하는 휠에 손을 대지 않는다.
④ 적정 회전 속도로 점검한다.

33 조향핸들이 가벼워지는 원인으로 틀린 것은?
① 정(+)의 캐스터 과다
② 정(+)의 캠버 과다
③ 조향핸들의 유격 과다
④ 타이어 공기압 과다

34 현가장치가 갖추어야 할 기능이 아닌 것은?
① 주행 안정성이 있어야 한다.
② 승차감 향상을 위해 상하 움직임에 적당한 유연성이 있어야 한다.
③ 원심력이 발생되어야 한다.
④ 구동력 및 제동력 발생 시 적당한 강성이 있어야 한다.

35 일체차축 현가장치의 특징으로 가장 거리가 먼 것은?
① 설계와 구조가 비교적 단순하며, 유지보수 및 설치가 용이하다.
② 차축이 분할되어 시미의 위험이 적어 스프링 정수가 적은 스프링을 사용할 수 있다.
③ 스프링 아래 진동이 커 승차감이나 안정성이 떨어지고 충격 중 주행 조작력이 매우 떨어진다.
④ 내구성이 좋아 얼라인먼트 변형이 적다.

36 조향기어의 백래시가 너무 크면 어떻게 되는가?
① 핸들의 축방향 유격이 크게 된다.
② 조향 기어비가 크게 된다.
③ 조향 각도가 크게 된다.
④ 핸들의 자유 유격이 크게 된다.

37 전자제어 조향장치에서 차속센서의 역할은?
① 공전 속도 조절 ② 조향력 조절
③ 공연비 조절 ④ 점화 시기 조절

38 앞 브레이크 패드 교환 시 필요한 특수공구는?
① 브레이크 수분 진단기
② 전용 진단기
③ 압축공기와 고무판
④ 캘리퍼 피스톤 압축기

39 유압식 제동장치에서 제동력이 떨어지는 원인으로 가장 거리가 먼 것은?
① 유압장치에 공기 유입
② 기관 출력 저하
③ 브레이크 오일 부족
④ 패드 및 라이닝에 이물질 부착

40 축전지 전해액이 옷에 묻었을 경우 조치방법으로 옳은 것은?
① 걸레에 경유를 묻혀 닦아낸다.
② 헝겊에 알코올을 적셔 닦아낸다.
③ 옷을 벗고 몸에 묻은 전해액을 물로 씻는다.
④ 공기로 불어낸다.

41 4기통 디젤엔진의 예열회로를 점검한 결과, 예열플러그 1개당 저항이 15Ω이었다. 회로는 직렬 연결이며, 전압이 12V일 때 회로에 흐르는 전류는?
① 0.2A
② 2A
③ 20A
④ 5A

42 기관에 설치된 상태에서 시동 시(크랭킹 시) 기동전동기에 흐르는 전류와 회전수를 측정하는 시험은?
① 단선 시험
② 단락 시험
③ 접지 시험
④ 부하 시험

43 미등장치의 입력전원, 접지전원, 스위치 작동 여부를 동시에 알 수 있는 부위로 옳은 것은?
① 전구 부위
② 릴레이 부위
③ 스위치 부위
④ 퓨즈 부위

44 자동차의 회로 부품 중에서 일반적으로 "ACC 회로"가 포함된 것은?
① 카 스테레오
② 히터
③ 와이퍼 모터
④ 전조등

45 암 전류(Parasitic Current)에 대한 설명으로 틀린 것은?
① 전자제어장치 차량에서는 차종마다 정해진 규정치 내에서 암 전류가 있는 것이 정상이다.
② 일반적으로 암 전류의 측정은 모든 전기장치를 OFF하고, 전체 도어를 닫은 상태에서 실시한다.
③ 배터리 자체에서 저절로 소모되는 전류이다.
④ 암 전류가 큰 경우 배터리 방전의 요인이 된다.

46 스마트 정션 박스(Smart Junction Box)의 기능에 대한 설명으로 틀린 것은?
① Fail Safe Lamp 제어
② 에어컨 압축기 릴레이 제어
③ 램프 소손 방지를 위한 PWM 제어
④ 배터리 세이버 제어

47 가솔린 엔진의 배기가스(CO, HC, NOx) 검사 방법으로 틀린 것은?
① 엔진을 난기 운전하여 워밍업한 후 공회전 상태를 유지시킨다.
② 측정 버튼을 누르고 10초 이상 경과 후 측정 지시 값이 안정화되면 배출가스 농도를 확인한다.
③ 엔진 공회전 상태에서 채취관(프로브)을 배기구에 30cm 이상 삽입한다.
④ 각종 전기장치를 ON 한다.

48 사이드 슬립 측정 전 준비 사항으로 틀린 것은?
① 타이어 공기압이 규정 값인지 확인한다.
② 바퀴를 잭으로 들어 올린 후 위·아래로 흔들어 허브 유격을 확인한다.
③ 좌우로 흔들어 엔드 볼 및 링키지를 확인한다.
④ 보닛을 위·아래로 눌러보아 ABS 시스템이 정상인지 확인한다.

49 등화장치의 일반적인 검사 기준 및 방법에 대한 설명으로 틀린 것은?
① 전조등 작동 상태가 정상인지 점검한다.
② 적재 상태에서 운전자 1인이 탑승하여 점검한다.
③ 타이어 공기압이 규정 압력인지 확인한다.
④ 차량의 현가장치가 정상인지 확인한다.

50 방독마스크를 착용해야 하는 작업 현장과 거리가 먼 것은?
① 아황산가스 발생 장소
② 암모니아 발생 장소
③ 일산화탄소 발생 장소
④ 산소 발생 장소

51 다이얼 게이지 취급 시 안전사항으로 옳지 않은 것은?
① 작동이 불량하면 스핀들에 주유 혹은 그리스를 도포하여 사용한다.
② 분해 청소나 조정은 하지 않는다.
③ 다이얼 인디케이터에 충격을 가해서는 안 된다.
④ 측정 시 측정물에 스핀들을 직각으로 설치하고 무리한 접촉은 피한다.

52 LPG 자동차 관리에 대한 주의사항 중 잘못된 것은?
① LPG가 누출되는 부위를 손으로 막으면 안 된다.
② 가스 충전 시에는 합격 용기인가를 확인하고, 과충전되지 않도록 해야 한다.
③ 엔진실이나 트렁크실 내부 등을 점검할 때 라이터나 성냥 등을 켜고 확인한다.
④ LPG는 온도 상승에 의한 압력 상승이 있기 때문에 용기는 직사광선 등을 피하는 곳에 설치하고 과열되지 않도록 해야 한다.

53 계기 및 보안장치의 정비 시 안전사항으로 틀린 것은?
① 엔진이 정지 상태이면 계기판은 점화스위치 ON 상태에서 분리한다.
② 충격이 가해지거나 이물질이 들어가지 않도록 주의한다.
③ 회로 내에 규정치보다 높은 전류가 흐르지 않도록 한다.
④ 센서의 단품 점검 시 배터리 전원을 직접 연결하지 않는다.

54 브레이크등 회로에서 12V 축전지에 24W의 전구 2개가 연결되어 점등된 상태라면 합성저항은?
① 2Ω ② 3Ω
③ 4Ω ④ 6Ω

55 〈그림〉의 회로에서 12V 배터리에 저항 3개를 직렬로 연결하였을 때 전류계 "A"에 흐르는 전류는?

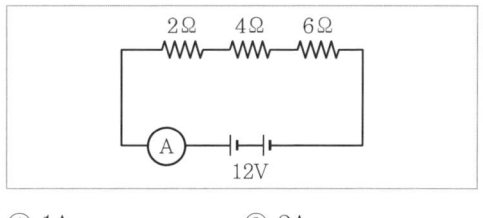

① 1A ② 2A
③ 3A ④ 4A

56 자동차의 축간거리가 2.3m, 바퀴의 접지면의 중심과 킹핀과의 거리가 20cm인 자동차가 좌회전할 때 우측 바퀴의 조향각은 30°, 좌측 바퀴의 조향각은 32°이었을 때 최소회전반경은?

① 3.3m ② 4.8m
③ 5.6m ④ 6.5m

57 다음 〈보기〉의 빈칸에 들어갈 내용으로 옳은 것은?

〈보기〉
산업재해란 생산 활동을 행하는 중에 업무에 관계되는 에너지와 충돌하여 생명의 기능이나 (   )을/를 상실하는 현상을 말한다.

① 작업상 업무 ② 작업조건
③ 노동 능력   ④ 노동 환경

58 타이어의 공기압에 대한 설명으로 틀린 것은?

① 공기압이 낮으면 일반 포장도로에서 미끄러지기 쉽다.
② 좌, 우 공기압에 편차가 발생하면 브레이크 작동 시 위험을 초래한다.
③ 공기압이 낮으면 트레드 양단의 마모가 많다.
④ 좌, 우 공기압에 편차가 발생하면 차동 사이드 기어의 마모가 촉진된다.

59 윈드 실드 와이퍼가 작동하지 않을 때 고장 원인이 아닌 것은?

① 와이퍼 블레이드 노화
② 전동기 전기자 코일의 단선 또는 단락
③ 퓨즈 단선
④ 전동기 브러시 마모

60 축전지를 충전할 때 화기를 가까이하면 위험한 이유는?

① 산소 가스가 인화성 가스이기 때문에
② 수소 가스가 폭발성 가스이기 때문에
③ 산소 가스가 폭발성 가스이기 때문에
④ 수소 가스가 인화성 가스이기 때문에

정답 및 해설

제1회 적중모의고사

01	02	03	04	05	06	07	08	09	10
③	②	①	③	②	②	④	④	②	①
11	12	13	14	15	16	17	18	19	20
③	④	④	①	②	①	④	③	①	②
21	22	23	24	25	26	27	28	29	30
②	②	①	③	②	③	②	②	④	③
31	32	33	34	35	36	37	38	39	40
①	②	①	③	②	④	②	④	②	③
41	42	43	44	45	46	47	48	49	50
①	④	①	①	③	②	④	④	②	④
51	52	53	54	55	56	57	58	59	60
①	③	①	②	①	②	③	①	①	②

01 정답 | ③
해설 | 1실린더 배기량 = 행정 체적
= 피스톤의 단면적 × 행정 = $\frac{\pi}{4}D^2 \times L$
= $\frac{\pi}{4}(8cm)^2 \times 8.4cm = 422.01cm^3 = 422.01cc$
4실린더이므로 422.01cc × 4 = 1688.04cc

02 정답 | ②
해설 | 밸브 오버랩 각도 = 흡기밸브 열림 + 배기밸브 닫힘
= 18° + 10° = 28°

03 정답 | ①
해설 | 토크렌치는 조립 시에만 사용한다.
실린더 헤드 분해 방법
- 바깥쪽에서 안쪽, 대각선 방향으로 푼다.
- 힌지핸들을 사용해 장력을 제거한 후에 스피드핸들을 사용하여 마무리한다.
- 토크렌치는 조립 시에만 사용한다.

04 정답 | ③
해설 | 엔진오일 신유 주입은 L(Low) – F(Full) 눈금선 사이에 위치하게 조절한다.

05 정답 | ②
해설 | 유압조절밸브(릴리프밸브)의 스프링 장력이 큰 경우 유압이 높아질 수 있다.

06 정답 | ②
해설 | 왁스형(펠릿형) 서모스탯의 경우 가열 시 왁스가 팽창하여 냉각수 게이트(엔진 → 라디에이터)를 열어준다.

07 정답 | ④
해설 | 냉각수의 비등점을 올리기 위해 냉각수 라인 내의 압력을 높게 유지시키는 장치(압력 캡 = 라디에이터 캡)가 필요하다.

08 정답 | ④
해설 | 가변 스월 컨트롤 밸브(SCV)는 두 개 중 하나의 흡기 포트를 닫아 연소실에 유입되는 흡입 공기의 유속을 증가시키며 스월(소용돌이) 효과를 발생시킨다.
① 어큐뮬레이터 : 유압회로에서 맥동 흡수 역할
② 가변 흡기 장치 : 흡기유로의 길이를 저속에서는 길게, 고속에서는 짧게 하여 흡입효율 향상
③ EGR 밸브 : 배기가스를 재순환하여 질소산화물 생성 억제

09 정답 | ②
해설 | 리턴 연료량 점검은 커먼레일 디젤기관(CRDI)의 인젝터 점검 방법이다.

10 정답 | ①
해설 | **GDI 엔진의 개요**
- GDI(Gasoline Direct Injection) 엔진은 실린더 내에 연료를 고압으로 직접 분사하여 연소시킴으로써 성능 향상, 연비 개선, 배기가스 저감을 동시에 실현한 엔진이다.
- 고압 연료 분사 시스템 연료 공급은 '연료 탱크 → 저압 펌프 → 고압 펌프 → 연료 레일 → 고압 인젝터' 순으로 공급된다.

11 정답 | ③
해설 | 개방형 분사노즐은 니들 밸브가 없어 항상 분공이 열려 있다.

12 정답 | ④
해설 | **분사노즐 시험기의 시험 항목**
- 분사 압력
- 분사 상태
- 후적 상태

13 정답 | ④
해설 | 연료계의 지침이 작동하지 않는 원인은 액면계 결함이다. 필터, 인젝터, 연료펌프가 불량인 경우, 연료 압력 저하, 시동 꺼짐 등의 문제가 발생될 수 있다.

14 정답 | ①
해설 | 겨울철에 LPG가 잘 기화되지 않아 시동 성능이 떨어진다.

15 정답 | ②
해설 | 산소 센서는 배기 다기관에 설치되어 연료분사량 피드백 제어의 기준신호로 사용된다. 농후한 혼합기일 때 최고 1V 기전력을 발생하며, 희박한 경우 최소 0.1V의 기전력이 발생한다.

[Tip] **산소 센서**
- 산소 센서는 배기 다기관에 부착되어 대기 중의 산소 농도와 배기가스 중 산소 농도의 차이를 검출한다.
- 산소 농도 차이(공기과잉률)를 검출하여 ECU의 연료분사량 조절을 위한 피드백 신호로 사용한다.
- NOx 저감 목적 장치
  - EGR 밸브 : 생성 억제
  - 촉매컨버터 : 정화(환원)하여 배출

16 정답 | ①
해설 | 냉각수 온도 검출은 냉각 수온 센서에서 실시한다.

17 정답 | ④
해설 |
- a : 예비분사 구간
- b : 풀인 구간
- c : 홀드인 구간
- d : 주분사 구간(풀인+홀드인)

18 정답 | ③
해설 | 서지탱크는 흡기 계통 구성요소이다.

19 정답 | ①
해설 | 가변 흡입 장치는 고속 시 매니폴드의 길이를 짧게, 저속 시 길게 조절한다.

20 정답 | ②
해설 | CPF 전·후단의 압력차를 측정하여 PM의 토적 정도를 예측한다.

21 정답 | ②
해설 | 관련된 배선이 단선되었을 때 혹은 부도체일 때 저항이 무한대로 표시된다.

22 정답 | ②
해설 | 파워 트랜지스터의 스위치 작용을 통해 1차 전류를 단속 (회로 차단을 통한 역기전력 발생 유도)한다.

[Tip] **트랜지스터의 주요 기능**
- 증폭 작용
- 스위치 작용

23 정답 | ①
해설 | 클러치 스프링의 장력 편차로 인해 클러치 미끄러짐에 의한 동력 손실이 발생할 수 있다.

24 정답 | ③
해설 | 클러치 페달 교환 작업은 유압 라인의 분해 및 조립이 없으므로 유압계통의 점검은 필요 없다.

[Tip] **유압계통의 점검이 필요한 경우**
- 클러치 오일 교환 : 클러치 오일이 오염된 경우
- 릴리스 실린더 누유 점검, 마스터 실린더 누유 점검 : 오일의 양이 비정상적으로 감소하는 경우

25 정답 | ②
해설 | 페달의 리턴 스프링이 약하면 페달이 약간 밟혀 있는 효과로 클러치가 미끄러질 수 있다(슬립).

26 정답 | ③
해설 | 싱크로메시 기구는 기어가 물릴 때 기어와 허브의 속도를 동기화하여 접속한다.

[Tip] **동기치합**
속도를 동기화하여 기어가 물리도록 하는 것

27 정답 | ②
해설 | 변속비가 가장 큰 1단에서 토크가 가장 크고 회전 속도가 가장 느리다.

28 정답 | ②
해설 | **추진축의 수리 중 장착 시 주의점**
- 조립 전에, 베어링 컵의 측면과 롤러 및 십자축의 그리스 그루브 홈에 그리스를 도포한다.
- 추진축을 바이스에 물려 프로펠러 샤프트의 베어링 2개를 플라스틱 해머로 두드려 조립한다.
- 십자축과 요크의 조립 마크를 일치시켜 프로펠러 샤프트에 십자축과 요크를 조립하고, 베어링을 플라스틱 해머로 두드려 요크에 조립한다.
- 신품의 스냅 링을 조립한다.

29 정답 | ④
해설 | 자재이음은 드라이브 라인의 구동축(액슬축), 추진축(프로펠러 샤프트) 등에 사용한다.

30 정답 | ③
해설 | 속도 $= 2 \times \pi \times r \times 회전수$
$= \dfrac{2 \times \pi \times 0.5 \times 500 \times 60}{1000}$
$= 94.2 \text{km/h}$
※ 60은 분당 회전수를 시간당 회전수로 변환하기 위하여 곱한다.
※ 1000은 m 단위를 km 단위로 환산하기 위해 나눈다.

31 정답 | ①
해설 | 트레드는 타이어에서 노면과 직접 접촉하는 부분을 말한다.
② 카커스 : 타이어의 뼈대
③ 비드 : 타이어와 휠의 접촉부(공기 누설 방지)
④ 숄더 : 트레드의 양 끝단부로 내부의 열 발산을 쉽게 하는 구조

32 정답 | ②
해설 | 휠 밸런스 장비는 타이어 회전 방향에서 점검 시 사고의 위험이 있다. 따라서 타이어가 회전하고 있을 때에는 회전 방향에서 떨어져 회전이 멈출 때까지 대기한 후 점검을 진행한다.

33 정답 | ①
해설 | 정(+)의 캐스터가 과다한 경우 강한 복원력에 의해 주행 시 핸들이 무거워진다.

34 정답 | ③
해설 | 원심력이란 원운동의 바깥 방향으로 작용하는 관성력이며, 현가장치의 기능은 이 원심력에 의한 차량의 쏠림을 막아주는 것이다.

35 정답 | ②
해설 | 일체차축 현가장치는 스프링 정수가 큰 스프링을 사용한다.

36 정답 | ④
해설 | 기어의 백래시가 크다는 것은 기어의 간극이 크다는 의미로 이 경우 핸들의 유격이 커지게 된다.

37 정답 | ②
해설 | 전자제어 조향장치에서 차속센서의 역할은 차량이 고속일 때는 조향 안정성을 위해 조향력을 크게 해주고 저속일 때는 편의성을 위해 조향력을 작게 해주는 것이다.

38 정답 | ④
해설 | 브레이크 패드의 신품은 구품보다 두께가 두껍기 때문에 캘리퍼 피스톤 압축기로 밀어 넣어 조립해야 한다.

39 정답 | ②
해설 | **제동력 저하의 원인**
- 브레이크 오일의 비등 또는 공기 유입에 의한 베이퍼록 현상
- 패드, 라이닝, 드럼의 마찰열에 의한 마찰계수 저하(페이드 현상)
- 브레이크 오일 부족
- 브레이크 페달의 유격 과대
- 브레이크 라인 압력 저하
- 패드 및 라이닝에 이물질(오일 등 마찰계수 저하) 부착

40 정답 | ③
해설 | 축전지 전해액은 묽은 황산이므로 옷에 묻었을 경우 옷을 벗고 신체에 묻은 전해액을 바로 물로 씻어야 한다.

41 정답 | ①
해설 | 15Ω 저항이 직렬로 4개 연결되었으므로
합성저항 $= 15Ω \times 4 = 60Ω$
$I = \dfrac{E}{R} = \dfrac{12}{60} = 0.2\text{A}$

42 정답 | ④
해설 | 단선, 단락, 접지 시험은 전기자 시험의 종류이다.

43 정답 | ①
해설 | 입력, 접지전원, 스위치 작동 여부 확인을 위해서는 회로에서 전구(사용부품, 저항) 부분을 확인한다.

44 정답 | ①
해설 | ACC 회로는 오디오, 시거잭, 시계 등에 이용한다.

45 정답 | ③
해설 | 배터리 자체에서 소모되는 전류는 자기 방전 전류이다.

46 정답 | ②
해설 | 에어컨 압축기 릴레이 제어는 에어컨 모듈에서 실시한다.

47 정답 | ④
해설 | 배기가스 점검 시 각종 전기장치는 OFF 해야 한다.

48 정답 | ④
해설 | 보닛을 위·아래로 눌러보는 시험은 현가장치 시험이다.

49 정답 | ②
해설 | 등화장치의 검사는 공차 상태에서 실시한다.

50 정답 | ④
해설 | 산소는 유해가스가 아니다.

51 정답 | ①
해설 | 다이얼 게이지의 작동이 불량한 경우 조정하거나 수리하지 않고 신품으로 교환한다.

52 정답 | ③
해설 | LPG 자동차의 누설이 있는 경우 점화원에 의해 폭발할 수 있다.

53 정답 | ①
해설 | 전장품의 정비는 점화스위치 OFF 및 배터리 (−) 단자 분해 상태에서 실시한다.

54 정답 | ②

해설 | $P = \dfrac{E^2}{R}$

$R = \dfrac{E^2}{P} = \dfrac{12 \times 12}{48} = 3\Omega$

55 정답 | ①

해설 | 직렬회로의 합성저항 = 2 + 4 + 6 = 12Ω

$I = \dfrac{E}{R} = \dfrac{12}{12} = 1A$

56 정답 | ②

해설 | 최소회전반경 = $\dfrac{L}{\sin\alpha} + r$

L : 축거
α : 외측 바퀴의 최대조향각
r : 킹핀거리

$\dfrac{2.3m}{\sin 30°} + 0.2m = 4.8m$

57 정답 | ③

해설 | 「산업안전보건법」 제2조 제1항에 따라 노동 능력 상실을 산업재해로 정의하고 있다.

[Tip] 「산업안전보건법」 제2조 제1항
"산업재해"란 노무를 제공하는 사람이 업무에 관계되는 건설물·설비·원재료·가스·증기·분진 등에 의하거나 작업 또는 그 밖의 업무로 인하여 사망 또는 부상하거나 질병에 걸리는 것을 말한다.

58 정답 | ①

해설 | 공기압이 낮으면 접촉면이 넓어져 미끄러짐의 가능성이 줄어든다. 반면 공기압이 지나치게 높을 경우 접촉면이 얇아지며 미끄러짐이 발생할 수 있다.

59 정답 | ①

해설 | 와이퍼 블레이드가 노화된 경우 앞 유리가 잘 닦이지 않는 등 기능적인 측면에서 효율이 떨어질 뿐, 작동 불능과는 거리가 멀다.

60 정답 | ②

해설 | 충전 시 (-) 극판에서 폭발성 수소 가스가 발생하므로 화기에 주의한다.

적중모의고사 제2회

01 피스톤 링 및 피스톤 조립 시 올바른 방법이 아닌 것은?

① 모든 피스톤을 조립한 후에는 1번 실린더와 4번 실린더가 상사점에 올라오도록 맞추어 놓는다.
② 피스톤 링 압축 공구를 이용하여 피스톤 링을 압축한 후 고무망치를 이용하여 힘을 조절하여 조립한다.
③ 피스톤 링 1조가 4개로 되어 있을 경우 맨 밑에 압축 링을 먼저 끼운 다음 오일 링을 차례로 끼운다.
④ 피스톤 링 장착 방법은 링의 엔드 갭이 크랭크 축 방향과 크랭크 축 직각 방향을 피해 피스톤 링의 개수에 따라 120~180도 간격으로 설치한다.

02 스프링 상수가 5kgf/mm의 코일을 1cm 압축하는데 필요한 힘은 얼마인가?

① 2kgf
② 5kgf
③ 20kgf
④ 50kgf

03 제동 열효율이 35%인 디젤기관에서 저위발열량이 10500Kcal/kg의 경유를 사용하면 연료소비율(g/PS-h)은 얼마인가?

① 약 154g/PS-h
② 약 169g/PS-h
③ 약 165g/PS-h
④ 약 172g/PS-h

04 기관부품을 점검 시 작업 방법으로 가장 적절한 것은?

① 기관을 가동과 동시에 부품의 이상 유무를 빠르게 판단한다.
② 부품을 정비할 때 점화스위치를 ON 상태에서 축전지 케이블을 탈거한다.
③ 부품을 교환할 때 점화스위치를 OFF 상태에서 축전지 (-)케이블을 탈거한다.
④ 출력전압은 쇼트 시킨 후 점검한다.

05 엔진오일 팬의 장착에 대한 설명으로 옳지 않은 것은?

① 엔진오일 팬을 재사용하는 경우 조립 전 실런트와 이물질, 그리고 엔진오일 등을 깨끗하게 제거한다.
② 교환할 신품 엔진오일 팬과 구품 엔진오일 팬이 동일한 제품인지 확인한 후 신품 엔진오일 팬을 조립한다.
③ 오일 팬을 장착하고 오일 팬 장착 볼트는 여러 차례에 걸쳐 균일하게 체결한다.
④ 오일 팬에 실런트를 4.0~5.0mm 도포하여 실런트가 충분히 경화된 후 조립한다.

06 기관의 열효율을 측정하였더니 배기 및 복사에 의한 손실이 35%, 냉각수에 의한 손실이 35%, 기계 효율이 80%라면 제동 열효율은 얼마인가?

① 35%
② 30%
③ 28%
④ 24%

07 다음 중 수온센서는 어떤 소자를 이용한 것인가?
① 홀소자 ② 서미스터
③ 트랜지스터 ④ 콘덴서

08 냉각장치에서 냉각팬을 교환하는 방법으로 옳지 않은 것은?
① 냉각팬이 작동하지 않도록 배터리 (−) 터미널을 탈거한다.
② 냉각팬의 고정볼트를 풀고 냉각팬을 탈거한다.
③ 화상에 주의하며 냉각수를 배출시킨다.
④ 점화 스위치를 OFF한 상태에서 탈거한다.

09 인젝터에서 연료 분사량의 결정요소가 아닌 것은?
① 니들밸브의 행정 ② 분사구의 면적
③ 연료의 압력 ④ 분사구의 각도

10 연료압력이 너무 높은 원인에 해당하는 것은?
① 연료 필터가 막힘
② 연료압력 레귤레이터 밸브의 고착
③ 연료 누유
④ 연료 펌프 고장

11 LPG 자동차 관리에 대한 주의사항으로 틀린 것은?
① LPG는 고압이고, 누설이 쉬우며 공기보다 무겁다.
② LPG는 온도상승에 의한 압력상승이 발생하므로 용기는 직사광선 등을 피하여 설치하고 과열되지 않도록 한다.
③ 가스 충전 시 100% 충전시킨다.
④ 엔진룸이나 트렁크 내부 등을 점검할 때 라이터 등을 사용하지 않는다.

12 LPG기관에서 액체상태의 연료를 기체상태의 연료로 전환시키는 장치는?
① 믹서 ② 베이퍼라이저
③ 솔레노이드 유닛 ④ 봄베

13 디젤기관에서 전자제어식 고압펌프의 특징이 아닌 것은?
① 동력 성능의 향상 ② 쾌적성 향상
③ 부가장치가 필요 ④ 가속 시 스모크 저감

14 디젤 엔진 후처리 장치(DPF)의 재생을 위한 연료 분사는?
① 점화분사 ② 주분사
③ 사후분사 ④ 직접분사

15 가솔린 분사장치의 온도센서로 가장 많이 사용되는 것은?
① 다이오드 ② PTC 서미스터
③ 트랜지스터 ④ NTC 서미스터

16 아날로그 신호가 출력되는 센서가 아닌 것은?
① 옵티컬 방식의 크랭크각 센서
② 스로틀 포지션 센서
③ 수온 센서
④ 흡기온도 센서

17 〈그림〉은 TPS회로이다. 점 A에 접속이 불량할 때 스로틀 포지션 센서(TPS)의 출력전압 측정 시 나타나는 반응은?

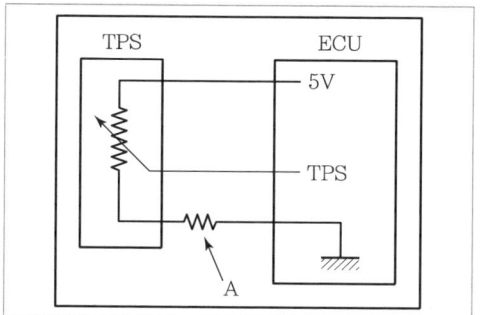

① TPS값이 밸브 개도에 따라 가변되지 않는다.
② TPS값이 항상 기준보다 조금은 낮게 나온다.
③ TPS값이 항상 기준보다 높게 나온다.
④ TPS값이 항상 5V로 나오게 된다.

18 가변 흡기제어장치의 배선 커넥터 점검사항이 아닌 것은?

① 커넥터 일련번호
② 커넥터 느슨함
③ 커넥터 접촉불량
④ 커넥터 핀 구부러짐

19 배기가스 재순환장치(EGR)에 관한 설명으로 틀린 것은?

① 연소가스가 흡입되므로 엔진 출력이 저하된다.
② 뜨거워진 연소가스를 재순환시켜 연소실 내의 연소 온도를 높여 유해가스 배출을 억제한다.
③ 질소산화물(NOx)을 저감시키기 위한 장치이다.
④ 엔진의 냉각수 온도가 낮을 때는 작동하지 않는다.

20 점화플러그에서 자기청정온도가 정상보다 높아졌을 때 나타날 수 있는 현상은?

① 조기 점화   ② 후화
③ 역화   ④ 실화

21 기관 점화장치의 파워 TR 불량 시 나타나는 현상이 아닌 것은?

① 주행 시 가속력이 저하된다.
② 연료 소모가 많다.
③ 시동이 불량하다.
④ 크랭킹이 불가능하다.

22 자기진단 출력단자에서 전압변동을 시간대로 나타낸 아래 오실로스코프 파형의 코드 번호로 맞는 것은?

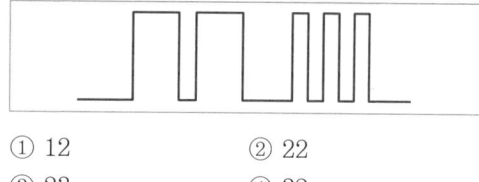

① 12   ② 22
③ 23   ④ 32

23 주행 중인 2ton의 자동차가 제동 시 브레이크 드럼에 작용하는 힘이 2000N, 브레이크 드럼 직경이 30cm일 때 브레이크 드럼에 작용하는 회전력(N·m)은? (노면과의 마찰계수는 0.3이다.)

① 7   ② 45
③ 150   ④ 90

24 전자제어식 제동장치(ABS)에서 제동 시 타이어 슬립율을 구하는 방법으로 옳은 것은?

① (차륜속도−차체속도) / 차체속도×100(%)
② (차체속도−차륜속도) / 차체속도×100(%)
③ (차체속도−차륜속도) / 차륜속도×100(%)
④ (차륜속도−차체속도) / 차륜속도×100(%)

25 수동변속기 동력전달장치에서 클러치 디스크에 대한 설명으로 틀린 것은?
① 토션 스프링은 클러치 접촉 시 회전충격을 흡수한다.
② 온도변화에 대한 마찰계수의 변화가 커야 한다.
③ 클러치 디스크는 플라이휠과 압력판 사이에 설치한다.
④ 쿠션 스프링은 접촉 충격을 흡수하고 서서히 동력을 전달한다.

26 변속기를 탈 부착하는 작업에서 변속기 잭 사용 시 주의사항은?
① 장비에서 떠나있는 시간이 길어지거나 사용하지 않을 때는 변속기를 상승 상태로 유지시킨다.
② 사용 또는 점검 중 이상 발견 시 고장이 발생할 때까지 사용한 후 수리한다.
③ 보다 원활한 작업을 위해 안전장치를 개조하여 기능을 시킨다.
④ 잭의 상승 및 하강은 부드럽게 하고 급강하 또는 급상승을 피한다.

27 자동차 발진 시 마찰클러치 떨림 현상이 발생하는 경우는?
① 주축의 스플라인에서 디스크가 축 방향으로 이동이 자유롭지 못할 때
② 클러치 유격이 너무 클 경우
③ 디스크 페이싱 마모가 균일하지 못할 때
④ 디스크 페이싱의 오염 및 유지(오일 또는 그리스) 부착

28 드라이브 라인의 조정에 대한 설명으로 잘못된 것은?
① 사이드 기어 스러스트의 간극이 규정값 범위를 벗어나면 심의 두께를 교환한다.
② 드라이브 피니언의 프리로드가 표준값 이하이면 로크 너트를 조금씩 풀면서 조정한다.
③ 링기어와 드라이브 피니언 기어의 백래시가 규정값보다 크거나 작으면 심의 두께를 조정한다.
④ 드라이브 피니언의 프리로드가 표준값 이상이면 드라이브 피니언 스페이서를 교환한다.

29 종감속비를 결정하는 데 필요한 요소가 아닌 것은?
① 엔진 출력   ② 제동 성능
③ 차량 중량   ④ 가속 성능

30 앞바퀴 구동 승용차에서 드라이브샤프트가 변속기측과 차륜측에 2개의 조인트로 구성되어 있다. 변속기측에 있는 조인트는?
① 플렉시블 조인트
② 버필드 조인트
③ 유니버설 조인트
④ 더블오프셋 조인트

31 자동차 타이어 공기압에 대한 설명으로 옳은 것은?
① 비오는 날 도로 주행 시 공기압을 15% 정도 낮춘다.
② 웅덩이 등에 바퀴가 빠질 우려가 있으면 공기압을 15% 정도 높인다.
③ 좌우 바퀴의 공기압이 차이가 날 경우 제동의 편차가 발생할 수 있다.
④ 공기압이 높으면 트레드 양단이 마모된다.

32 〈보기〉와 같은 승용차용 타이어의 표기에 대한 설명으로 옳지 않은 것은?

―〈보기〉―
205 / 65 / R 14

① 205 : 단면폭 205mm
② 65 : 편평비 65%
③ R : 레이디얼 타이어
④ 14 : 림 외경 14cm

33 휠 얼라인먼트 시험기의 측정항목이 아닌 것은?
① 토인
② 캐스터
③ 킹핀 경사각
④ 휠 밸런스

34 독립현가방식의 현가장치 장점이 아닌 것은?
① 바퀴의 시미(shimmy) 현상이 적다.
② 스프링의 정수가 작은 것을 사용할 수 있다.
③ 스프링 아래 질량이 작아 승차감이 좋다.
④ 부품의 수가 적고 구조가 간단하다.

35 자동차가 요철이 심한 노면을 주행할 때 좌우 구동륜의 구동토크를 균등하게 분배하는 것은?
① 현가장치
② ABS장치
③ 4WS장치
④ 차동장치

36 조향핸들의 프리로드 점검방법으로 옳지 않은 것은?
① 차륜을 정면으로 정렬시킨다.
② 프리로드 점검 시 조향바퀴가 땅에 닿지 않게 차량을 들어 올린다.
③ 스프링 저울을 조향핸들에 묶은 후, 회전반경 구심력 방향으로 스프링 저울을 최대한 잡아당겨 저울값을 확인한다.
④ 정비지침서를 기준으로 규정값을 확인하고, 이상이 있는 경우 현가장치와 조향장치를 전반적으로 점검한다.

37 〈보기〉는 애커먼 장토의 원리를 설명하고 있다. ㉠~㉢에 들어갈 내용으로 알맞은 것은?

〈보기〉
애커먼 장토의 원리는 조향각도를 (㉠)로 하고, 선회할 때 선회하는 안쪽 바퀴의 조향 각도가 바깥쪽 바퀴의 조향 각도보다 (㉡)되며, (㉢)의 연장선상의 한 점을 중심으로 동심원을 그리면서 선회하여 사이드슬립 방지와 조향 핸들 조작에 따른 저항을 감소시킬 수 있는 방식이다.

① ㉠ 최소, ㉡ 작게, ㉢ 앞차축
② ㉠ 최대, ㉡ 작게, ㉢ 뒷차축
③ ㉠ 최소, ㉡ 크게, ㉢ 앞차축
④ ㉠ 최대, ㉡ 크게, ㉢ 뒷차축

38 유압식 제동장치에서 제동력이 떨어지는 원인으로 가장 거리가 먼 것은?
① 브레이크 오일압력의 누설
② 유압장치에 공기 유입
③ 패드 및 라이닝에 이물질 부착
④ 기관출력 저하

39 디스크 브레이크와 비교해 드럼 브레이크의 특성으로 맞는 것은?
① 페이드 현상이 잘 일어나지 않는다.
② 구조가 간단하다.
③ 브레이크의 편제동 현상이 적다.
④ 자기작동 효과가 크다.

40 축전기의 전압이 12V이고, 권선비가 1 : 40인 경우 1차 유도전압이 350V이면 2차 유도전압은?
① 7000V
② 12000V
③ 13000V
④ 14000V

41 12V − 100A의 발전기에서 나오는 출력은?
① 1.73PS
② 1.63PS
③ 1.53PS
④ 1.43PS

42 충전 회로 내에서 과충전을 방지하기 위해 사용하는 다이오드는?
① 포토 다이오드
② 발광 다이오드
③ 트랜지스터
④ 제너 다이오드

43 축전지의 용량을 시험할 때 안전 및 주의사항이 아닌 것은?
① 기름이 묻은 손으로 시험기를 조작하지 않는다.
② 부하시험에서 부하전류는 축전지 용량과 관계없이 일정하게 한다.
③ 부하시험에서 부하시간을 15초 이상 실시하지 않는다.
④ 축전지 전해액이 옷에 묻지 않도록 주의한다.

44 기동전동기의 종류에서 계자 코일과 전기자 코일이 직렬로 접속되어 있으며, 큰 회전력을 얻을 수 있으나 부하의 변화에 따라 회전속도의 변화가 큰 것은?
① 직권 전동기   ② 분권 전동기
③ 복권 전동기   ④ 동기 전동기

45 고휘도 방전전구를 정비할 때 안전사항으로 틀린 것은?
① 전구가 장착되지 않은 상태에서 스위치를 작동하지 않는다.
② 일반 전조등 전구로 교환이 가능하다.
③ 전원 스위치를 OFF하고 작업한다.
④ 전구 홀더와 전구를 정확히 고정한다.

46 전조등 회로의 구성부품이 아닌 것은?
① 전조등 릴레이   ② 스테이터
③ 딤머 스위치   ④ 라이트 스위치

47 윈드 실드 와이퍼 작동 시 와이퍼 블레이드의 떨림 현상과 닦임 불량 현상의 원인은?
① 와이퍼 모터 불량
② 전면유리에 왁스 또는 기름이 묻음
③ 와이어 스위치 불량
④ 와이퍼 모터 파킹스위치 접촉 불량

48 버튼 엔진 시동 시스템 전체의 마스터 역할을 수행하는 스마트 키 유닛의 기능이 아닌 것은?
① 이모빌라이저 통신
② 스마트 키의 인증 실패 시 트랜스폰더와 통신하여 키 정보 확인
③ 인증 기능(트랜스폰더 효력 및 FOB 인증)
④ 시스템 진단

49 야간에 자동차 승차 시 문이 닫히자마자 실내가 천천히 어두워지도록 하는 것은?
① 테일 램프   ② 감광식 룸 램프
③ 클러스터 램프   ④ 도어 램프

50 자동차 전기배선의 통전검사 방법으로 옳지 않은 것은?
① 커넥터에서 단자를 분리하여 점검하고자 할 때는 전용 공구를 사용하여 분리한다.
② 커넥터의 통전검사 시 배선을 벗기고 테스트용 지침봉을 밀어 넣는다.
③ 커넥터 결합 시 "딸깍" 결합소리가 나도록 결합한다.
④ 퓨즈 상태 및 접촉 불량 여부를 먼저 확인한다.

51 자동차의 연료탱크 및 주입구, 가스 배출구에 대한 기준으로 옳지 않은 것은? (단, 「자동차 및 자동차부품의 성능과 기준에 관한 규칙」에 의한다.)
① 연료장치는 자동차의 움직임에 의하여 연료가 새지 아니하는 구조일 것
② 배기관의 끝으로부터 30cm 이상 떨어져 있을 것(연료탱크 제외)
③ 차실 안에 설치하지 아니하여야 하며, 연료탱크는 차실과 벽 또는 보호판 등으로 격리되는 구조일 것
④ 노출된 전기단자 및 전기개폐기로부터 10cm 이상 떨어져 있을 것(연료탱크 제외)

52 제동력 검사기준에 대한 설명으로 틀린 것은?
① 좌우 차바퀴 제동력의 차이는 해당 축중의 20% 이내일 것
② 앞축의 제동력 합은 해당 축중의 50% 이상일 것
③ 모든 축의 제동력의 합이 공차중량의 50% 이상일 것
④ 주차제동력의 합은 차량 중량의 20% 이상일 것

53 전조등 시험기의 정밀도에 대한 검사기준으로 옳지 않은 것은? (단, 자동차 관리법상에 의한다.)
① 광축편차 : ±29/174mm 이내
② 측정 정밀도 광축 : ±16/147mm 이내
③ 측정 정밀도 광도 : ±1000cd 이내
④ 광도지시 : ±15% 이내

54 라이트를 벽에 비추어 보면 차량의 광축을 중심으로 좌측 라이트는 수평으로, 우측 라이트는 약 15도 정도의 상향 기울기를 가지게 된다. 이를 무엇이라 하는가?
① 컷 오프 라인
② 쉴드 빔 라인
③ 루미네슨스 라인
④ 주광축 경계 라인

55 리머 가공을 설명한 것으로 옳은 것은?
① 드릴 구멍보다 먼저 작업한다.
② 드릴 가공보다 더 정밀도를 높은 가공면을 얻기 위한 가공법이다.
③ 드릴 구멍보다 더 작게 가공하는 데 사용한다.
④ 축의 바깥지름을 가공할 때 사용한다.

56 전동공구 사용 시 발생할 수 있는 감전 사고에 대한 설명으로 틀린 것은?
① 감전으로 인한 2차 재해가 발생할 수 있다.
② 공장의 전기는 저압교류를 사용하기 때문에 안전하다.
③ 전기 감전 시 사망할 수 있다.
④ 전기 감전은 사전 감지가 어렵다.

57 현가장치 정비작업 시 유의사항으로 적합하지 않은 것은?
① 볼트, 너트는 규정토크로 조여야 한다.
② 부품의 분해 및 조립은 순서에 의한다.
③ 각종 볼트 및 너트는 규정된 공구를 사용한다.
④ 현가장치 부품을 조일 때는 반드시 바이스를 사용하여 Jaw를 꽉 조이고 고정시켜야 한다.

58 제3종 유기용제 취급 장소의 색 표시는?
① 빨강
② 노랑
③ 파랑
④ 녹색

59 렌치를 사용한 작업에 대한 설명으로 틀린 것은?
① 스패너의 자루가 짧다고 느낄 때는 긴 파이프를 연결하여 사용해야 한다.
② 스패너를 사용할 때는 앞으로 당겨야 한다.
③ 스패너는 조금씩 돌리며 사용해야 한다.
④ 파이프렌치의 주 용도는 둥근 물체 조립용이다.

60 전해액을 만들 때 황산에 물을 혼합하면 안 되는 이유는?
① 유독가스가 발생하기 때문에
② 혼합이 잘되지 않기 때문에
③ 폭발의 위험이 있기 때문에
④ 비중 조정이 쉽기 때문에

정답 및 해설

제2회 적중모의고사

01	02	03	04	05	06	07	08	09	10
③	④	④	③	④	④	②	③	④	②
11	12	13	14	15	16	17	18	19	20
③	②	③	③	④	①	③	①	②	①
21	22	23	24	25	26	27	28	29	30
④	③	④	②	②	④	①	②	②	④
31	32	33	34	35	36	37	38	39	40
③	④	④	④	④	③	④	④	④	④
41	42	43	44	45	46	47	48	49	50
②	④	②	①	②	②	②	④	②	②
51	52	53	54	55	56	57	58	59	60
④	①	②	①	②	②	④	③	①	③

01 정답 | ③
해설 | **피스톤 링 및 피스톤 조립방법**
- 피스톤 링 장착 방법은 링의 엔드 갭이 크랭크 축 방향과 크랭크 축 직각 방향을 피해서 120~180도 간격으로 설치한다.
- 피스톤 링 1조가 4개로 되어 있을 경우 맨 밑에 오일 링을 먼저 끼운 다음 압축 링을 차례로 끼운다.
- 피스톤 링을 조립할 경우에는 피스톤 링에 오일을 도포한다.
- 피스톤을 실린더에 장착하기 위해서는 피스톤 링 압축 공구를 이용하여 실린더에 삽입해야 한다.
- 피스톤을 실린더에 장착할 경우 반드시 방향을 맞추고 조립하여야 한다.
- 피스톤 링 압축 공구를 이용하여 피스톤 링을 압축한 후 고무망치를 이용하여 힘을 조절하여 조립한다.
- 피스톤은 1개 실린더씩 조립하고 커넥팅 로드 캡의 너트를 조립한 후 토크렌치를 이용하여 너트를 조립한다.
- 피스톤은 1개 조립 후 크랭크 축을 돌려 원활하게 돌아가는지 점검하면서 조립한다.
- 모든 피스톤을 조립한 후에는 1번 실린더와 4번 실린더가 상사점에 올라오도록 맞추어 놓는다.

02 정답 | ④
해설 | 코일을 압축하는데 필요한 힘 = 스프링 상수 × 압축량
$5\text{kgf/mm} \times 10\text{mm} = 50\text{kgf}$

03 정답 | ④
해설 | 제동 열효율 $= \dfrac{632.3}{\text{저위 발열량} \times \text{연료 소비율}}$

※ 여기서 632.3kcal/h은 PS마력으로 변환하기 위함

$0.35 = \dfrac{632.3}{10500 \times \text{X}}$

$\text{X} = \dfrac{632.3}{10500 \times 0.35} = 0.172\text{kg/PS}-\text{h}$

$= 172\text{g/PS}-\text{h}$

04 정답 | ③
해설 | 부품 정비 및 교환 시 점화스위치는 OFF 상태에서 축전지 (-)케이블을 탈거하고 작업한다.

05 정답 | ④
해설 | 실린더 블록에 도포한 실런트가 경화되기 전에 조립한다.

06 정답 | ④
해설 | 제동 열효율
= (100% - 배기복사 손실율 - 냉각 손실율) × 기계 효율
= (100% - 35% - 35%) × 0.8 = 24%

07 정답 | ②
해설 | ① 홀소자 : 홀센서 방식의 캠각 센서, 크랭크각 센서 등에 쓰임
③ 트랜지스터 : 증폭, 스위칭 작용으로 파워 TR, 전압조정기 등에 쓰임
④ 콘덴서 : 축전기로 IC회로의 안정화, 점화 코일의 고주파 노이즈 제거 등에 사용

08 정답 | ③
해설 | 냉각팬 교환 시 냉각수 라인의 분해 및 조립은 실시하지 않으므로 냉각수 배출 작업은 하지 않는다.

09 정답 | ④
해설 | 연소분사량 결정요소
- 니들밸브의 행정이 길면 분사량이 많다.
- 분사구의 면적이 넓으면 분사량이 많다.
- 연료의 압력이 높으면 분사량이 많다.

10 정답 | ②
해설 | 연료압력 조절밸브가 막힘 상태로 고착된 경우 상승된 압력의 배출이 불가하여 라인 압력이 상승할 수 있다.

11 정답 | ③
해설 | LPG 봄베를 100% 충전할 경우 액화된 가스의 온도 및 압력상승에 의해 폭발의 위험이 있어 일반적으로 80% 정도를 완충상태라고 한다.

12 정답 | ②
해설 | ① 믹서 : 기화된 연료를 공기와 혼합하여 연소실에 공급한다.
③ 솔레노이드 유닛(액기상솔레노이드) : 냉각수 온도에 따라 기체 혹은 액체상태의 연료를 베이퍼라이저로 공급하는 장치이다.
④ 봄베 : 고압으로 압축 액화된 LPG의 저장 탱크이다.

13 정답 | ③
해설 | 전자제어식 고압펌프방식에서는 엔진컨트롤유닛(ECU)에서 분사량 및 분사시기를 제어하므로 부가장치가 필요없다.

14 정답 | ③
해설 | 사후분사는 소량의 연료를 DPF에 포집된 미세입자(PM)을 연소시켜 DPF 재생 효과가 있다.
① 점화분사(예비분사, 파일럿분사) : 디젤 착화를 쉽게 하기 위한 분사로 소음 및 진동, 노킹 방지에 효과가 있다.
② 주분사 : 동력발생을 위한 연소가 진행되는 동안의 분사과정을 말한다.

15 정답 | ④
해설 | NTC 서미스터는 부특성 서미스터로 온도가 상승하면 저항이 작아지는 성질이 있다.
② PTC 서미스터 : 정특성 서미스터로 온도가 상승하면 저항이 커지는 성질이 있다.

16 정답 | ①
해설 | 옵티컬 방식의 크랭크각 센서는 수광다이오드(포토다이오드)가 빛을 받을 때에 전압이 발생하는 형식으로 디지털 방식의 파형이 나타난다.

17 정답 | ③
해설 | 점 A의 접속저항(원래는 없던 저항)으로 가변저항 이후의 잔여 전압의 차이가 발생하여 출력전압이 항상 기준보다 높게 나온다(최대값은 고정임).

18 정답 | ①
해설 | 배선 커넥터 점검사항
- 전선이 날카로운 부위나 모서리에 간섭되면 그 부위를 테이프 등으로 감싸서 전선이 손상되지 않도록 한다.
- 느슨한 커넥터의 접속은 고장의 원인이 되므로 커넥터 연결을 확실히 한다.
- 하네스를 분리시킬 때 커넥터를 잡고 당겨야 하며, 하네스를 잡아당겨서는 안 된다.

19 정답 | ②
해설 | EGR밸브는 배기가스를 재순환하여 연소실 내의 연소온도를 낮춰 NOx을 생성을 억제한다.

20 정답 | ①
해설 | 자기청정온도는 450~600℃ 정도로 이 이상 온도가 상승할 경우 가솔린 조기 점화에 의해 노킹이 발생할 수 있다.

21 정답 | ④
해설 | 점화 계통의 불량과 기동모터의 작동(크랭킹)과는 무관하다.

22 정답 | ③
해설 | 출력신호는 왼쪽에서 순서대로 펄스 신호폭이 넓은 파형이 10단위, 좁은 파형이 1단위 신호로 10단위와 1단위 신호의 조합으로 표현된다. 따라서 넓은 파형 2개+좁은 파형 3개로 23코드이다.

23 정답 | ④
해설 | 드럼의 회전력 = 드럼에 작용하는 힘 × 마찰계수 × 드럼의 반경
= 2000N × 0.3 × 0.15m = 90N · m

24 정답 | ②
해설 | 타이어 슬립율이란 차체속도와 차륜(타이어)의 회전속도의 차이를 차체속도로 나눠 백분율로 표기한 것이다.

25 정답 | ②
해설 | 온도변화에 대한 마찰계수의 변화가 적어야 한다.

26 정답 | ④
해설 | ① 장비에서 떠나있는 시간이 길어지거나 사용하지 않을 때는 변속기를 하강 상태로 유지시킨다.
② 사용 또는 점검 중 이상 발생 시 즉시 작동을 멈추고 수리 후에 사용한다.
③ 안전장치는 절대 개조 및 해제하지 않는다.

27 정답 | ①
해설 | 엔드플레이(축 방향 유격)가 불량일 경우 수동변속기에서 떨림이나 소음이 발생할 수 있다.

28 정답 | ②
해설 | 드라이브 피니언의 프리로드가 표준값 이하이면 로크 너트를 조금씩 조이며 조정한다.

프리로드(Pre-load, 예 하중) 측정
다이얼형 토크 렌치를 로크 너트에 설치하고 드라이브 피니언을 회전시킬 때 눈금을 판독하여 정상 여부를 판별한다. 회전토크가 규정치를 벗어났다면 스페이서를 교환하고 재측정한다.

29 정답 | ②
해설 | 종감속비를 결정하는 것은 구동에 의미가 있으므로 제동성능과는 무관하다.

30 정답 | ④
해설 | **버필드(파르빌형)형식 등속조인트의 특징**
- 제퍼식을 개량하여 파일럿 핀을 없앤 방식이다.
- 구조가 간단하다.
- 중심 유지용 베어링을 두지 않아도 된다.
- 각이 큰 경우에도 큰 동력의 전달이 가능하여 앞바퀴 구동축으로 많이 사용하고 있다.

31 정답 | ③
해설 | ① 비오는 날 도로 주행 시 공기압을 15% 정도 높여 하이드로 플레닝 현상을 방지한다.
② 웅덩이 등에 바퀴가 빠질 우려가 있는 경우 공기압을 낮추는 것이 유리하다
④ 공기압이 높으면 트레드 중앙부분이 마모된다.

32 정답 | ④
해설 | 숫자 14는 림의 외경, 타이어의 내경 인치(in)를 뜻한다.

33 정답 | ④
해설 | 휠 밸런스는 휠 타이어의 단품점검이다.

34 정답 | ④
해설 | **독립현가장치의 특징**
- 승차감이 우수하다.
- 로드홀딩이 좋다.
- 구조가 복잡하다.
- 시미현상이 적다.

35 정답 | ④
해설 | **차동장치**
좌우 구동 바퀴의 주행거리가 달라지는 경우 좌우 구동 바퀴를 한 개의 축으로 고정해서는 안 되므로 차축을 좌우 별도의 둘로 나누고, 그 중앙에 차동 기어를 설치하여 좌우의 차축 및 바퀴가 서로 단독으로 회전하도록 한 것

36 정답 | ③
해설 | **조향핸들 프리로드 점검방법**
- 조향바퀴가 땅에 닿지 않게 차량을 들어 올리고, 안전상태를 확인한다.
- 핸들을 끝까지 돌린 후 직진 방향으로 정렬한다.
- 스프링 저울을 핸들에 묶는다.
- 회전반경 구심력 방향으로 저울을 잡아당겨 회전하기 바로 전까지의 저울값을 확인한다.
- 정비지침서를 기준으로 규정 값을 확인하고, 이상이 있는 경우 현가장치와 조향장치를 전반적으로 점검한다.

37 정답 | ④
해설 | **애커먼 장토의 원리**
조향각도를 최대로 하여 선회 시 안쪽 바퀴의 조향 각도가 바깥쪽보다 크게 되어 뒷 차축의 연장선상의 한점을 중심으로 동심원을 그리며 선회하여 사이드슬립 방지 등을 하는 방식이다.

38 정답 | ④
해설 | 제동력의 저하와 기관출력은 연관이 없다.

39 정답 | ④
해설 | 드럼 브레이크는 디스크 브레이크보다 페이드 현상이 잘 일어나며, 구조가 복잡하다. 또한 브레이크의 편제동 현상이 보다 크다. 그러나 자기작동 효과가 있어 제동성능이 우수하다.

40 정답 | ④
해설 | 2차 유도전압 = 1차 유도전압 × 권선비 = 350V × 40 = 14000V

41 정답 | ②
해설 | $P = EI = 12 \times 100 = 1200W$
$1PS = 736W$
$1W = \frac{1}{736}PS$
$1200W = \frac{1200}{736}PS = 1.63PS$

42 정답 | ④
해설 | 충전 회로 내에 과전압이 발생한 경우 제너 다이오드를 통해 접지시킨다.

43 정답 | ②
해설 | 부하전류는 축전지 용량의 3배 이하로 한다.

44 정답 | ①
해설 | 직렬 접속인 경우 직권 전동기를 이용한다.
② 병렬 접속인 경우 분권 전동기를 이용한다.
③ 직병렬 접속인 경우 복권 전동기를 이용한다.

45 정답 | ②
해설 | 고휘도 방전전구(HID)는 방전(스파크)에 의한 발광 방식으로 안정기 필요하고 일반전구는 필라멘트 발열 방식을 이용하고 있으므로 상호 호환이 불가능하다.

46 정답 | ②
해설 | 스테이터는 발전기의 구성부품이다.

47 정답 | ②
해설 | 와이퍼 닦임 불량 현상의 원인으로는 블레이드 마모, 유리가 이물질 등으로 인한 오염된 경우 등이 있다.

48 정답 | ④
해설 | 시스템 진단 기능은 엔진컨트롤유닛(ECU)에서 실시한다.

49 정답 | ②
　해설 | 감광식 룸 램프를 통해 도어스위치가 닫힐 때 약 5~6초 정도 감광 시간 후에 완전히 꺼지게 제어한다.

50 정답 | ②
　해설 | 커넥터의 통전검사 시 배선은 벗기지 않고 테스트용 지침봉을 밀어 넣어 측정한다.

51 정답 | ④
　해설 | 화재위험이 있으므로 전기장치로부터 20cm 이상 떨어져 설치한다.

52 정답 | ①
　해설 | 동일차축의 좌, 우 차바퀴 해당 축 하중의 8퍼센트 이내일 것. [「자동차관리법 시행규칙」 [별표 15] 자동차검사기준 및 방법(제73조 관련)]

53 정답 | ②
　해설 | 측정 정밀도 광축은 ±29/174mm 이내일 것. [「자동차관리법 시행규칙」 [별표 12] 기계, 기구의 정밀도 검사기준 및 검사방법(제68조 제5항 관련)]

54 정답 | ①
　해설 | 라이트를 벽에 비추어 보면 차량의 광축을 중심으로 좌측 라이트는 수평으로, 우측 라이트는 약 15도 정도의 상향 기울기를 가지게 되는 것을 컷 오프 라인이라 한다.
　　　② 실드 빔 : 전조등의 형태 중 렌즈와 전극의 일체형인 것
　　　③ 루미네슨스 : 방전에 의한 발광현상

55 정답 | ②
　해설 | 리머 가공은 가공면을 정밀하게 하기 위한 가공법이다.
　　　① 드릴 작업 후에 작업을 진행한다.
　　　③ 드릴 구멍보다 더 크게 가공된다.
　　　④ 구멍의 안지름을 가공할 때 사용한다.

56 정답 | ②
　해설 | 일반적으로 공장의 전기는 380V 교류전압을 사용한다.

57 정답 | ④
　해설 | 부품을 조일 때는 규격에 맞는 공구를 사용하여야 한다. 바이스를 사용하는 경우 볼트나 너트부가 손상될 수 있다.

58 정답 | ③
　해설 | • 제1종 유기용제 : 빨강
　　　• 제2종 유기용제 : 노랑
　　　• 제3종 유기용제 : 파랑

59 정답 | ①
　해설 | 공구를 사용할 때에는 개조 또는 연결 없이 원래의 공구 상태로 한다.

60 정답 | ③
　해설 | 황산이 수분을 흡수하는 작용이 강하므로 폭발 반응이 일어날 수 있다.

적중모의고사 제3회

01 연소실 체적이 20cc이고, 행정 체적이 160cc일 때의 압축비는?
① 5 : 1
② 6 : 1
③ 8 : 1
④ 9 : 1

02 행정의 길이 200mm인 가솔린 기관에서 피스톤의 평균속도를 5m/s라면, 크랭크 축의 1분간 회전수는?
① 75rpm
② 150rpm
③ 750rpm
④ 1500rpm

03 엔진 정비작업 시 발전기 구동벨트를 발전기 풀리에 걸 때는 어떤 상태에서 거는 것이 좋은가?
① 엔진 정지 상태에서
② 천천히 크랭킹 상태에서
③ 엔진 아이들 상태에서
④ 엔진을 서서히 가속하면서

04 실린더 헤드를 소성역 각도법으로 조립할 때 주의사항으로 틀린 것은?
① 사용한 헤드볼트는 가급적 재사용하지 않는다.
② 토크렌치로 여러 번 조인다.
③ 헤드볼트를 토크렌치로 조인 후 각도조임한다.
④ 헤드볼트를 조이는 순서는 바깥쪽부터 먼저 조인다.

05 윤활장치 내의 압력이 지나치게 올라가는 것을 방지하여 회로 내의 유압을 일정하게 유지하는 기능을 하는 것은?
① 오일 펌프
② 유압 조절기
③ 오일 여과기
④ 오일 냉각기

06 기관의 유압이 낮아지는 원인이 아닌 것은?
① 오일압력 경고등이 소등되어 있을 때
② 오일 펌프가 마멸된 때
③ 오일이 부족할 때
④ 유압조절 밸브 스프링이 약화되었을 때

07 엔진의 냉각장치에 대한 점검방법으로 잘못된 것은?
① 라디에이터의 누수 점검 – 압력 시험
② 가압식 라디에이터 캡의 누수 점검 – 압력 시험
③ 서모스탯의 점검 – 압력 시험
④ 냉각온도 점검 – 라디에이터 입력호스와 출력호스의 온도차를 시험

08 기관이 지나치게 냉각되었을 때 기관에 미치는 영향으로 옳은 것은?
① 출력 저하로 연료소비율 증대
② 연료 및 공기흡입 과잉
③ 점화불량과 압축과대
④ 엔진오일의 열화

09 연료압력조절기 교환 방법에 대한 설명으로 옳지 않은 것은?
① 연료압력조절기 딜리버리 파이프(연료 분배 파이프)에 장착할 때 O링은 기존 연료압력조절기에 장착한 것을 사용한다.
② 연료압력조절기 고정 볼트 또는 로크너트를 푼 다음 연료압력조절기를 탈거한다.
③ 연료압력조절기와 연결된 리턴호스와 진공호스를 탈거한다.
④ 연료압력조절기를 교환한 후 시동을 걸어 연료누설 여부를 점검한다.

10 자동차 연료로 사용하는 휘발유는 주로 어떤 원소들로 구성되어 있는가?
① 탄소와 황
② 산소와 수소
③ 탄소와 수소
④ 탄소와 4-에틸납

11 전자제어기관이 정지 후 연료압력이 급격히 저하되는 원인에 해당되는 것은?
① 연료 필터가 막혔을 때
② 연료 펌프의 체크밸브가 불량할 때
③ 연료의 리턴 파이프가 막혔을 때
④ 연료 펌프의 릴리프 밸브가 불량할 때

12 디젤기관의 분사노즐에 대한 시험항목이 아닌 것은?
① 연료의 분사량
② 연료의 분사각도
③ 연료의 분무상태
④ 연료의 분사압력

13 디젤 기관의 노킹을 방지하는 대책으로 알맞은 것은?
① 실린더 벽의 온도를 낮춘다.
② 착화지연 기간을 길게 유도한다.
③ 압축비를 낮게 한다.
④ 흡기온도를 높인다.

14 LPi 엔진에서 연료의 부탄과 프로판의 조성비를 결정하는 입력요소로 옳은 것은?
① 크랭크각 센서, 캠각 센서
② 연료온도 센서, 연료압력 센서
③ 공기유량 센서, 흡기온도 센서
④ 산소 센서, 냉각수온 센서

15 LPG 기관에서 액체 LPG를 기체 LPG로 전환 시키는 장치는?
① 믹서
② 연료봄베
③ 긴급차단 솔레노이드 밸브
④ 베이퍼라이저

16 전자제어 연료분사장치의 고장 진단 및 점검에 사용되는 스캐너로 직접적으로 진단할 수 있는 항목이 아닌 것은?
① 엔진의 피드백 제어장치 작동상태
② 배기가스 제어장치의 삼원 촉매장치 이상 유무
③ ECU(Electic Control Unit)의 자기진단 기능
④ 크랭크각 센서 및 1번 TDC 센서 이상 유무

17 맵센서 단품의 점검, 진단, 수리방법에 대한 설명으로 잘못된 것은?
① 측정된 맵센서와 TPS 파형이 비정상인 경우에는 맵센서 또는 TPS 교환작업을 한다.
② 엔진 시동을 ON하고 공회전 상태에서 파형을 점검한다.
③ 키 스위치 ON 후 스캐너를 연결하고, 오실로 스코프 모드를 선택한다.
④ 점화 스위치를 OFF하고 맵 센서 및 TPS 신호선에 프로브를 연결한다.

18 기관의 진공도에 따라 흡입공기량을 계측하는 센서는?
① 매니폴드 압력(MAP) 센서
② 크랭크 포지션 센서(CPS)
③ 차량 속도 센서(VSS)
④ 스로틀 포지션 센서(TPS)

19 흡기 다기관 진공도 시험으로 알아낼 수 없는 것은?
① 밸브 작동의 불량
② 점화 시기의 불량
③ 흡·배기 밸브의 밀착상태
④ 연소실 카본 누적

20 가솔린 자동차의 배기관에서 배출되는 배기가스와 공연비와의 관계를 잘못 설명한 것은?
① CO는 혼합기가 희박할수록 적게 배출된다.
② HC는 혼합기가 농후할수록 많이 배출된다.
③ NOx는 이론 공연비 부근에서 최소로 배출된다.
④ CO_2는 혼합기가 농후할수록 적게 배출된다.

21 점화장치에서 DLI(Distributor Less Ignition) 시스템의 장점으로 옳지 않은 것은?
① 점화진각 폭의 제한이 크다.
② 고전압 에너지 손실이 적다.
③ 점화에너지를 크게 할 수 있다.
④ 내구성이 크고 전파방해가 적다.

22 폐자로 타입의 점화 코일 1차 저항에 대한 점검 및 판정 내용으로 틀린 것은?
① 무한대로 표시된 경우 관련 배선이 정상이다.
② 규정값보다 낮은 경우 내부회로가 단락이다.
③ 저항 측정위치로 테스터기를 설정한다.
④ 멀티테스터기를 이용하여 점검한다.

23 클러치 압력판 스프링의 총 장력이 90kgf이고, 레버비가 6 : 2일 때 클러치를 조작하는데 필요한 힘은?
① 20kgf
② 30kgf
③ 40kgf
④ 50kgf

24 조향핸들이 1회전 하였을 때 피트먼암이 40° 움직였다. 이때 조향기어비는?
① 9 : 1
② 0.9 : 1
③ 45 : 1
④ 4.5 : 1

25 클러치 페달의 자유간극이 나타나는 이유는?
① 릴리스 베어링과 릴리스 레버의 간극 때문이다.
② 릴리스 레버와 클러치 디스크의 간극 때문이다.
③ 클러치 판과 플라이휠의 간극 때문이다.
④ 클러치 페달과 릴리스 베어링의 간극 때문이다.

26 수동변속기 동력전달장치에서 마찰 클러치판에 대한 내용으로 옳지 않은 것은?
① 클러치 판은 플라이휠과 압력판 사이에 설치된다.
② 온도변화에 대한 마찰계수의 변화가 커야 한다.
③ 토션 스프링은 클러치 접촉 시 회전충격을 흡수한다.
④ 쿠션 스프링은 접촉 시 접촉충격을 흡수하고 서서히 동력을 전달한다.

27 싱크로나이저 슬리브 및 허브 검사에 대한 설명이다. 가장 거리가 먼 것은?
① 싱크로나이저와 슬리브를 끼우고 부드럽게 돌아가는지 점검한다.
② 슬리브의 안쪽 앞부분과 뒤쪽 끝이 손상되지 않았는지 점검한다.
③ 허브 앞쪽 끝부분이 마모되지 않았는지를 점검한다.
④ 싱크로나이저 허브와 슬리브는 이상 있는 부위만 교환한다.

28 종감속 장치(베벨 기어식)에서 구동피니언과 링기어의 접촉상태의 종류가 아닌 것은?
① 페이스 접촉
② 캐스터 접촉
③ 토 접촉
④ 힐 접촉

29 차량에서 허브(hub) 작업을 할 때 지켜야 할 사항으로 가장 적당한 것은?

① 잭(Jack)으로 든 상태에서 작업한다.
② 잭(Jack)과 견고한 스탠드로 받치고 작업한다.
③ 프레임(Frame)의 한쪽으로 받치고 작업한다.
④ 차체를 로프(Rope)로 고정시키고 작업한다.

30 차동기어장치의 고장 중 파이널 기어의 마모 및 사이드 베어링 마모 시 조치사항으로 적당한 것은?

① 교환   ② 조정
③ 수리   ④ 정렬

31 스프링의 진동 중 스프링 위 질량의 진동과 관계 없는 것은?

① 바운싱(Bouncing)
② 피칭(Pitching)
③ 휠 트램프(Wheel Tramp)
④ 롤링(Rolling)

32 현가장치의 정비작업 시 유의사항으로 적합하지 않은 것은?

① 부품의 분해 및 조립은 순서에 의한다.
② 볼트, 너트는 규정 토크로 조여야 한다.
③ 각종 볼트 및 너트는 규정된 공구로 사용한다.
④ 현가장치 부품을 조일 때는 반드시 바이스를 이용하여 jaw를 꽉 조이고 고정시킨다.

33 조향 핸들이 가벼워지는 원인이 아닌 것은?

① (+) 정의 캠버 과다
② (+) 정의 캐스터 과다
③ 타이어 공기압 과다
④ 조향 핸들 유격 과다

34 자동차의 무게중심 위치와 조향 특성과의 관계에서 조향각에 의한 선회반지름보다 실제 주행하는 선회반지름이 작아지는 현상은?

① 오버 스티어링   ② 언더 스티어링
③ 파워 스티어링   ④ 뉴트럴 스티어링

35 엔진정지 상태에서 기동스위치를 "ON" 시켰을 때 축전지에서 발전기로 전류가 흘렀다면 그 원인은?

① + 다이오드가 단락되었다.
② + 다이오드가 절연되었다.
③ - 다이오드가 단락되었다.
④ - 다이오드가 절연되었다.

36 진공식 브레이크 배력장치의 설명으로 옳지 않은 것은?

① 압축공기를 이용한다.
② 흡기 다기관의 부압을 이용한다.
③ 기관의 진공과 대기압을 이용한다.
④ 배력장치가 고장나면 일반적인 유압제동장치로 작동된다.

37 55W의 전구 2개를 12V 축전지에 〈그림〉과 같이 접속하였을 때 약 몇 A의 전류가 흐르는가?

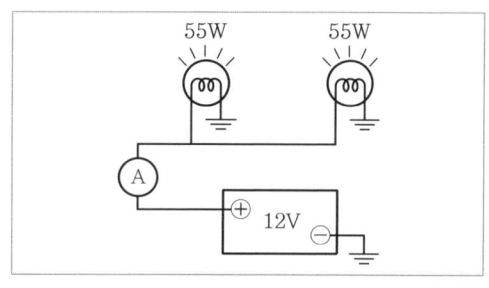

① 5.3A   ② 9.2A
③ 12.5A ④ 20.3A

38 다음 중 전력 계산 공식으로 옳지 않은 것은?
(단, P=전력, I=전류, E=전압, R=저항이다.)
① $P=EI$
② $P=E^2R$
③ $P=E^2/R$
④ $P=I^2R$

39 〈그림〉의 (가)는 정상적인 발전기 충전 파형이다. (나)와 같은 파형이 나올 경우로 옳은 경우는?

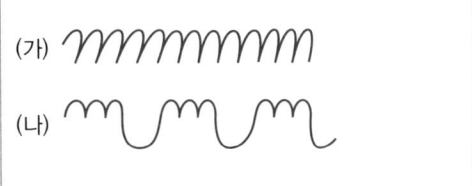

① 브러시 불량
② 다이오드 불량
③ 레귤레이터 불량
④ L(램프)선이 끊어졌음

40 축전지를 급속 충전할 때 축전지의 접지 단자에서 케이블을 떼어내는 이유는?
① 과충전을 방지하기 위함이다.
② 발전기의 다이오드를 보호하기 위함이다.
③ 조정기 접점을 보호하기 위함이다.
④ 충전기를 보호하기 위함이다.

41 기동전동기의 종류로 올바르게 나열한 것은?
① 직권형, 분권형, 복권형
② 직권형, 병렬형, 복합형
③ 직권형, 복권형, 병렬형
④ 분권형, 복권형, 복합형

42 AUTO LAMP CUT 기능(미등 자동소등 기능)에 대한 설명으로 옳은 것은?
① 주행을 도와주는 기능이다.
② 연료를 절약하기 위해서이다.
③ 미등이 빠르게 작동하기 위해서이다.
④ 배터리 방전을 방지하기 위해서이다.

43 차량이 선회할 때 타이어 접지면에서 발생하는 원심력을 이기는 힘은 무엇인가?
① 코너링포스
② 구심력
③ 마찰력
④ 구름저항

44 전자제어 와이퍼 시스템에서 레인센서 및 유닛(unit)의 작동으로 틀린 것은?
① 레인센서 및 유닛은 다기능 스위치의 통제를 받지 않고 종합제어장치의 회로와 별도로 작동한다.
② 레인센서는 센서 내부의 LED와 포토다이오드로 비의 양을 감지한다.
③ 비의 양은 레인센서에서 감지, 유닛은 와이퍼 속도와 구동 시간을 조절한다.
④ 자동 모드에서 비의 양이 부족하면 레인센서는 오토 딜레이(Auto Delay) 모드에서 길게 머문다.

45 암 전류(Parasitic Current)에 대한 설명으로 틀린 것은?
① 전자제어장치 차량에서는 차종마다 정해진 규정치 내에서 암 전류가 있는 것이 정상이다.
② 일반적으로 암 전류의 측정은 모든 전기장치를 OFF하고, 전체 도어를 닫은 상태에서 실시한다.
③ 배터리 자체에서 저절로 소모되는 전류이다.
④ 암 전류가 큰 경우 배터리 방전의 요인이 된다.

46 세이프티 파워 윈도우 장치에 대한 설명으로 잘못된 것은?
① 초기화는 세이프티 모터 및 유닛이 윈도우의 최상단을 인식하는 과정이다.
② 오토 업 작동 중 부하가 감지되면 모터가 역회전한다.
③ 세이프티 유닛 교환 후 초기화 작업은 불필요하다.
④ 오토 업, 다운 기능이 있다.

47 신규 검사 및 정규 검사에서 원동기 항목의 검사 기준에 포함되지 않는 것은?

① 원동기의 설치상태가 확실할 것
② 원동기 제작 일련번호가 등록증에 기재된 것과 일치할 것
③ 점화, 충전, 시동장치의 작동에 이상이 없을 것
④ 윤활유 계통에서 윤활유의 누출이 없을 것

48 축거 3m, 바깥쪽 앞바퀴의 최대회전각 30° 안쪽 앞바퀴의 최대회전각은 45°일 때의 최소회전반경은? (단, 바퀴의 접지면과 킹핀 중심과의 거리는 무시한다.)

① 15m   ② 12m
③ 10m   ④ 6m

49 제동기 시험 사용 시 주의할 사항으로 틀린 것은?

① 시험 중 타이어와 가이드 롤러와의 접촉이 없도록 한다.
② 브레이크 페달을 확실히 밟은 상태에서 측정한다.
③ 롤러 표면은 항상 그리스로 충분히 윤활시킨다.
④ 타이어 트레드의 표면에 습기를 제거한다.

50 방향지시등의 작동조건에 관한 내용으로 틀린 것은?

① 좌측·우측에 설치된 비상등은 한 개의 스위치에 의해 동시 점멸하는 구조일 것
② 1분간 90±30회(60~120회)로 점멸하는 구조일 것
③ 방향지시등 회로와 전조등 회로는 연동하는 구조일 것
④ 시각적·청각적으로 동시에 작동되는 표시장치를 설치할 것

51 클러치스프링의 직각도는 자유높이 100mm에 대하여 몇 mm 이내이면 사용 가능한가?

① 3mm   ② 5mm
③ 10mm   ④ 15mm

52 기관에서 화재가 발생했을 때 조치방법으로 가장 적절한 것은?

① 점화원을 차단한 후 소화기를 사용한다.
② 기관을 가속하여 냉각팬을 이용하여 끈다.
③ 물을 붓는다.
④ 자연적으로 모두 연소될 때까지 기다린다.

53 실린더의 안쪽 표면에 혼(hone)이라는 숫돌로 연삭하여 다듬어 유막을 형성하는 것은?

① 보링머신   ② 호닝머신
③ 리머   ④ 평면연삭기

54 일감의 지름 크기가 같은 오픈렌치와 복스렌치를 일체화한 것이며, 스패너 쪽은 빠르게 조일 수 있고 복스렌치 쪽은 큰 토크로 죄는 작업을 할 수 있는 렌치는?

① 토크 렌치   ② 조정 렌치
③ 소켓 렌치   ④ 콤비네이션 렌치

55 LPG 기관에서 액상 또는 기상 솔레노이드 밸브의 작동을 결정하기 위한 엔진 ECU의 입력요소는?

① 흡기관 부압   ② 냉각수 온도
③ 엔진 회전수   ④ 배터리 전압

56 작업장의 화재분류로 옳은 것은?

① A급 화재 – 전기화재
② B급 화재 – 유류화재
③ C급 화재 – 금속화재
④ D급 화재 – 일반화재

57 바퀴 정렬에서 뒷 차축이 추진하려고 하는 방향의 중심선과 자동차 중심선이 이루는 각은?
① 협각
② 셋백
③ 스러스트 각
④ 토인

58 휠 얼라인먼트의 목적으로 가장 거리가 먼 것은?
① 타이어의 수명 향상
② 직진 복원성 향상
③ 앞바퀴의 조향성 향상
④ 연비 향상

59 대부분의 자동차에서 탠덤 마스터 실린더를 사용하는 가장 주된 이유는?
① 2중 브레이크 효과를 얻을 수 있기 때문에
② 리턴 회로를 통해 브레이크가 빠르게 풀리게 할 수 있기 때문에
③ 안전상의 이유 때문에
④ 드럼 브레이크와 디스크 브레이크를 함께 사용할 수 있기 때문에

60 휠 밸런스 시험기 사용에 대한 설명으로 적합하지 않은 것은?
① 휠의 탈부착 시에는 무리한 힘을 가하지 않는다.
② 균형추를 정확히 부착한다.
③ 계기판은 회전이 시작되면 즉시 판독한다.
④ 시험기 사용방법과 유의사항을 숙지 후 사용한다.

정답 및 해설

제3회 적중모의고사

01	02	03	04	05	06	07	08	09	10
④	③	①	④	②	①	③	①	①	③
11	12	13	14	15	16	17	18	19	20
②	①	④	②	④	②	②	①	④	③
21	22	23	24	25	26	27	28	29	30
①	①	②	①	①	②	④	②	②	①
31	32	33	34	35	36	37	38	39	40
③	④	②	①	①	①	②	②	②	②
41	42	43	44	45	46	47	48	49	50
①	④	①	①	③	③	②	④	②	③
51	52	53	54	55	56	57	58	59	60
①	①	②	④	②	②	③	④	③	③

01 정답 | ④

해설 | 압축비 = $\dfrac{행정\ 체적}{연소실\ 체적} + 1 = \dfrac{160cc}{20cc} + 1 = 9$

따라서 9:1이다.

02 정답 | ③

해설 | 크랭크 축 1회전 = 2행정 = 0.4m

피스톤은 초당 5m의 속도로 움직이므로 분당 300m를 이동한다. 이때 $1m = \dfrac{1}{0.4}$ 크랭크 축 1회전과 같으므로

$300\left(\dfrac{1}{0.4}\right)$회전/min = 750rpm이다.

※ 회전/min = rpm

03 정답 | ①

해설 | 엔진 크랭킹, 공회전(아이들), 가속 시에는 기관의 풀리가 작동하고 있으므로 구동벨트 연결 시 엔진 정지 상태에서 작업하는 것이 가장 안전하다.

04 정답 | ④

해설 | 헤드볼트를 조이는 순서는 안쪽부터 바깥쪽으로 대각선으로 실시한다.

05 정답 | ②

해설 | ① 오일 펌프 : 유압발생
③ 오일 여과기 : 불순물 제거
④ 오일 냉각기(쿨러) : 디젤 기관 오일의 과열을 방지

06 정답 | ①

해설 | 오일압력 경고등은 유압이 낮아짐에 따라 소등되는 것으로 유압이 낮아지는 원인이 아닌 결과이다.

07 정답 | ③

해설 | 서모스탯의 점검은 가열 시험을 통해 온도에 변화에 따른 열림 정도로 파악한다.

08 정답 | ①

해설 | **기관이 과냉(지나치게 냉각)된 경우**
- 블로바이 현상에 의해 혼합기의 누출로 압축압력이 저하되어 엔진 출력이 저하되고 연료소비율이 증대된다.
- 엔진오일이 냉각되면 점도가 커져 섭동부의 저항력이 커지므로 엔진 출력이 저하되고 연료소비율이 증대한다.

09 정답 | ①

해설 | 오링, 가스켓, 동와셔 등 누설 방지에 사용되는 부품은 신품으로 교환한다.

10 정답 | ③

해설 | 휘발유는 탄소와 수소의 화합물이다. 기화된 가스는 HC(탄화수소)이다.

11 정답 | ②

해설 | **체크밸브의 역할**
- 역류방지
- 잔압유지
- 재시동성 향상

12 정답 | ①

해설 | 연료의 분사량 시험은 분사펌프시험에서 실시한다.

13 정답 | ④
해설 | 디젤기관 노킹을 방지하기 위해서는 착화가 잘되는 조건을 만들어 줘야 한다. 착화가 잘 되기 위해서는 흡기 온도 및 압력 높게 유지, 연료는 희박상태, 착화성이 좋은 연료, 와류 생성 등의 조건을 갖추고 있어야 한다.

14 정답 | ②
해설 | 부탄과 프로판의 조성비는 연료의 온도, 압력에 의해 결정한다.

15 정답 | ④
해설 | 베이퍼라이저는 액체상태의 석유가스를 감압하여 기체상태로 변화시켜 믹서로 보내주는 장치이다.
① 믹서 : 기화된 가스와 공기를 일정 비율 15 : 3으로 혼합하여 연소실로 보내주는 장치
② 연료봄베 : 액화된 LPG를 고압으로 저장하는 연료탱크
③ 긴급차단 솔레노이브 밸브 : 충돌사고 등으로 인한 연료파이프 손상 시 연료 누출을 방지

16 정답 | ②
해설 | 촉매장치의 이상 유무는 1, 2차 산소 센서의 파형을 통해 간접적으로 파악할 수 있다.

17 정답 | ②
해설 | 맵(MAP) 센서의 파형 변동은 가속, 감속 시에 일어나므로 시동을 켜고 가속·감속 시 파형 상태를 확인한다.

18 정답 | ①
해설 | 매니폴드 압력(MAP) 센서는 흡기 다기관의 절대압력을 검출하여 기관의 진공도에 따라 흡입공기량을 계측하는 센서이다.
② 크랭크 포지션 센서(CPS) : 크랭크 축의 속도 및 1번 피스톤의 위치 검출
③ 차량 속도 센서(VSS) : 차량의 주행속도를 검출
④ 스로틀 포지션 센서(TPS) : 스로틀 밸브의 열림 각도를 검출

19 정답 | ④
해설 | 압축압력 시험을 통해 압축압력이 높은 경우 카본 누적되었다고 판단할 수 있다.

20 정답 | ③
해설 | 질소산화물(NOx)은 고온에서 발생하므로 연소가 활발한 이론 공연비 부근에서 최대로 배출된다.

21 정답 | ①
해설 | DLI 방식은 배전기가 없고 전자제어 방식으로 점화 시기의 제어가능 범위가 넓다.

22 정답 | ①
해설 | 배선의 단선(끊어짐, 불통, 비통전)일 경우 저항이 무한대로 측정된다.

23 정답 | ②
해설 | 클러치 조작힘 = $\dfrac{\text{스프링 장력}}{\text{레버비}} = \dfrac{90\text{kgf}}{3} = 30\text{kgf}$

24 정답 | ①
해설 | 1회전 = 360°

조향기어비 = $\dfrac{\text{조향각}}{\text{피트먼암각}} = \dfrac{360°}{40°} = 9$

따라서 9 : 1이다.

25 정답 | ①
해설 | 클러치 페달의 자유간극(유격)은 릴리스 베어링이 릴리스 레버를 누르기 전까지의 거리이다.

26 정답 | ②
해설 | 클러치 판은 마찰력에 의해 동력을 전달하므로 온도변화에 대한 마찰계수의 변화가 작아야 한다.

27 정답 | ④
해설 | 싱크로나이저 슬리브와 허브에 마모나 손상이 발생한 경우, 일체로 교환한다.

싱크로나이저 허브 및 슬리브
- 싱크로나이저 허브는 주축에 있는 스플라인에 고정되며, 외주에는 슬리브와 결합하여 슬리브가 움직일 수 있도록 안내하는 기어가 있다.
- 싱크로나이저 슬리브는 허브 위에 물려서 움직일 수 있으며 바깥 둘레에는 시프트 포크가 물릴 수 있는 홈이 파여 있다.

28 정답 | ②
해설 | 캐스터 각은 휠·얼라이먼트에서 핸들에 복원성을 주기 위한 각도이다.

29 정답 | ②
해설 | 차량의 허브 작업을 위해서는 타이어를 지면에서 올린 상태로 반드시 견고한 스탠드로 받치고 작업해야 한다.

30 정답 | ①
해설 | 차동기어장치에 불량이 발생 시 교환 조치한다.
- 기어의 마모 : 기어 교환
- 차동기어 백래시 : 시임(스러스트 와셔) 교환
- 링기어 접촉불량 : 위치 조정(스러스트 와셔 교환)
- 링기어 백래시 : 스크류로 링기어 조정
- 종감속 피니언 기어 프리로드 불량 : 로크너트 조정, 피니언 스페이서 교환

31 정답 | ③
해설 | 휠 트램프는 스프링 아래 진동(바퀴의 진동)과 관련이 있다.

스프링 위 진동
- 바운싱 : 상하 진동
- 피칭 : 앞뒤 진동(Y축)
- 롤링 : 좌우 진동(X축)
- 요잉 : 회전 진동(Z축)

32 정답 | ④
해설 | 부품의 분해 조립 시 규정된 공구를 사용한다. 바이스를 사용 시 볼트나 너트가 손상될 수 있다.

33 정답 | ②
해설 | (+) 정의 캐스터가 과다한 경우 핸들이 복원토크로 인해 주행 시 핸들이 무거워진다.

34 정답 | ①
해설 | 운전자의 핸들 조작보다 핸들이 더 회전되어 선회반지름이 작아지는 현상은 오버 스티어링이다. 반대로 운전자의 핸들 조작보다 핸들이 덜 회전되어 선회반지름이 커지는 현상은 언더 스티어링이다.

35 정답 | ①
해설 | 교류 발전기에서 + 실리콘 다이오드는 정류작용 및 역류 방지기능이 있다.

36 정답 | ①
해설 | 압축공기를 이용한 배력장치는 공기배력장치이다.

37 정답 | ②
해설 | P = EI
$I = \dfrac{P}{E} = \dfrac{110W}{12V} ≒ 9.2A$

38 정답 | ②
해설 | **전력 계산 공식**
- P = EI
- P = E²/ R
- P = I²R

39 정답 | ②
해설 | 3상 중 1상 실리콘 다이오드 불량에 의한 역류 현상으로 (나)의 파형이 나타난다.

40 정답 | ②
해설 | 급속 충전 시 발생하는 고전압, 과전류에 의해 실리콘 다이오드가 파손될 수 있다.

41 정답 | ①
해설 | **기동전동기의 종류**
- 직권형 기동전동기 : 직렬배열
- 분권형 기동전동기 : 병렬배열
- 복권형 기동전동기 : 직·병렬배열

42 정답 | ④
해설 | 미등 회로는 상시전원으로 점화키가 없어도 작동하므로 사용자의 실수로 미등을 켜고 장시간 주차한 경우 배터리 방전으로 이어질 수 있으므로 미등 자동소등 기능을 통해 배터리 방전을 막을 수 있다.

43 정답 | ①
해설 | 차량이 회전하는 경우 차량 바깥쪽으로 원심력이 발생하고 안쪽으로 코너링포스가 발생한다.

44 정답 | ①
해설 | 레인센서 및 유닛은 다기능 스위치의 Auto 상태일 때 작동한다.

45 정답 | ③
해설 | 배터리 자체에서 저절로 소모되는 전류는 자기방전전류라 하며 배터리 온도가 높을수록 자기방전률이 높다.

46 정답 | ③
해설 | 세이프티 유닛 교환 후 위치 및 영점 설정을 위해 초기화 작업을 실시한다.

47 정답 | ②
해설 | 「**자동차관리법 시행규칙**」 **[별표15] 자동차 검사기준 및 방법(제73조 관련)**
- 시동상태에서 심한 진동 및 이상음이 없을 것
- 원동기의 설치상태가 확실할 것
- 점화, 충전, 시동장치의 작동에 이상이 없을 것
- 윤활유 계통에서 윤활유의 누출이 없고, 유량이 적정할 것
- 팬벨트 및 방열기 등 냉각 계통의 손상이 없고 냉각수의 누출이 없을 것

48 정답 | ④
해설 | 최소회전반경 = $\dfrac{L}{\sin\alpha} + r$
L : 축간거리(축거, 휠베이스)
α : 외측바퀴의 최대조향각
r : 킹핀거리
$\dfrac{3m}{\sin30°} = 6m$

49 정답 | ③
해설 | 롤러와 타이어면의 마찰에 의해 제동력을 판단하므로 그리스로 윤활시키는 경우 제동력이 실제보다 낮게(미끄러짐) 발생한다.

50 정답 | ③
해설 | 방향지시등은 다른 등화장치와 독립적으로 작동되는 구조일 것. 「자동차 및 자동차부품의 성능과 기준에 관한 규칙」 [별표 6의17] 방향지시등의 설치 및 광도기준(제44조 3호 관련)

51 정답 | ①
해설 | 자유높이 : 3%, 직각도 : 3%, 장력 : 15% 이내

52 정답 | ①
해설 | 유류 화재가 발생하였을 때 물을 붓는 경우 수면과 유면의 경계를 타고 화염의 범위가 넓어지므로 위험하다.

53 정답 | ②
해설 | **가공의 종류**
- 보링 : 실린더(bore)를 가공하는 작업
- 호닝 : 혼(hone)이라는 숫돌로 실린더(bore)를 연마하는 작업
- 리머 가공 : 드릴링한 구멍을 정밀가공하는 방법
- 평면연삭기 : 실린더헤드와 같이 평평한 가공물을 연삭하는 공구

54 정답 | ④
해설 | 오픈렌치와 복스렌치의 일체화(조합)한 렌치는 콤비네이션 렌치, 조합 렌치라고 한다.

55 정답 | ②
해설 | 기관의 온도가 낮은 경우 연료의 기화가 어렵기 때문에 기체상태의 LPG를 사용(기상 솔레노이드 밸브 작동)하기 위해 냉각수 온도를 검출하여 ECU에 전달한다.

56 정답 | ②
해설 |
- A급 화재 – 일반화재
- B급 화재 – 유류화재
- C급 화재 – 전기화재
- D급 화재 – 금속화재

57 정답 | ③
해설 |
① 협각 : 캠버와 킹핀각의 연장선이 이룬 각도
② 셋백 : 앞차축과 뒷 차축의 평행도
④ 토인 : 차량을 위에서 봤을 때 타이어의 앞부분이 뒷부분 보다 좁은 상태

58 정답 | ④
해설 | **휠 얼라인먼트의 목적**
- 캠버, 토우 : 타이어 편마모 방지
- 캐스터, 킹핀경사각 : 조향핸들의 복원성
- 캠버 : 차축의 휨방지
- 토인 : 앞바퀴의 벌어짐 방지

59 정답 | ③
해설 | 텐덤 마스터 실린더(피스톤이 2개인 마스터 실린더)를 사용하는 이유는 유압라인을 2개로 하여 1개 라인의 문제가 생겨 제동이 안 되는 경우에도 한쪽 라인에서 제동력을 유지하기 위한 장치이다.

60 정답 | ③
해설 | 휠 밸런스 시험은 회전이 끝나고 판독한다.

휠 밸런스 측정순서
- 버튼을 조작해 측정기를 작동시킨다.
- 모듈 상의 직경 조작부를 타이어에 표기된 휠 직경(인치)에 맞춰 수정한다.
- 전용 계측자를 활용해 외경을 측정하고, 이에 맞게 버튼을 눌러 수정한다.
- 축부터 림까지의 거리를 가늠자를 활용해 측정하고, 수정한다.
- 타이어의 회전상태를 확인하고, 좌우로 요동치거나 축에서 벗어나는 움직임이 없는지 점검한다.
- 측정기의 신호로 측정이 완료된 것을 확인한다.

적중모의고사 제4회

01 분사펌프 시험기로 측정할 수 있는 것이 아닌 것은?
① 연료온도   ② 후적
③ 분무상태   ④ 초기압력

02 크랭크 축에 밴드 브레이크를 설치하고, 토크암의 길이를 1m로 하여 측정하였더니 10kgf의 힘이 작용하였다. 이때 엔진 회전수가 1200rpm이라면 이 기관의 제동출력은 몇 PS인가?
① 32.5   ② 22.6
③ 16.7   ④ 8.4

03 연료계통에서 가솔린 증발손실을 막는 역할을 하는 것은?
① 연료압력조절기   ② 서지탱크
③ 캐니스터   ④ 연료제트

04 실린더 블록이나 헤드의 평면도 측정에 알맞는 게이지는?
① 마이크로미터
② 다이얼 게이지
③ 버니어 캘리퍼스
④ 직각자와 필러 게이지

05 기관의 윤활회로의 유압이 규정 값보다 상승하는 원인으로 옳지 않은 것은?
① 유압조절밸브의 스프링 장력이 규정값보다 크다.
② 오일펌프가 마멸되어 오일 간극이 커졌다.
③ 기관의 온도가 낮아져 점도가 높아졌다.
④ 오일펌프 출력단 이후에 막힘이 있다.

06 윤활유의 역할이 아닌 것은?
① 냉각 작용   ② 팽창 작용
③ 방청 작용   ④ 밀봉 작용

07 공랭식 냉각장치의 특징에 관한 설명으로 옳지 않은 것은?
① 정상 온도에 도달하는 시간이 짧다.
② 구조가 간단하고, 마력당 중량이 가볍다.
③ 기후 및 운전상태 등에 따른 기관의 온도 변화가 적다.
④ 냉각수 동결 및 누수에 대한 우려가 없다.

08 냉각수 규정용량이 15L인 라디에이터에 냉각수를 주입하였더니 12L가 주입되어 가득 찼다면 이 경우 라디에이터 코어막힘률은?
① 20%   ② 25%
③ 30%   ④ 45%

09 전자제어 연료장치에서 기관이 정지된 후 연료압력이 급격히 저하되는 원인으로 옳은 것은?
① 연료의 리턴 파이프가 막혔을 때
② 연료 필터가 막혔을 때
③ 연료펌프의 체크밸브가 불량할 때
④ 연료펌프의 릴리프밸브가 불량할 때

10 디젤 노크의 방지 대책으로 옳지 않은 것은?
① 세탄가가 높은 연료를 사용한다.
② 기관의 회전속도를 빠르게 한다.
③ 흡입공기의 온도를 낮게 유지한다.
④ 압축비를 높게 한다.

11 〈그림〉은 점화 일차 회로의 회로도이다. A~D점 중 점화 일차 파형을 측정할 때 가장 좋은 지점은?

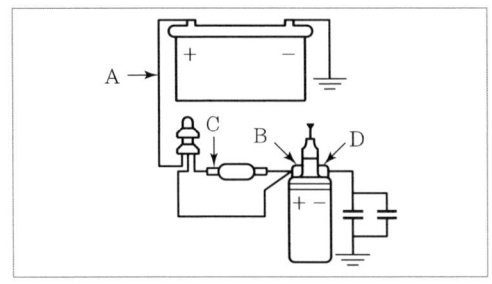

① A점　　② B점
③ C점　　④ D점

12 실린더와 피스톤의 간극이 과대할 때 발생하는 현상이 아닌 것은?
① 압축압력의 저하　② 오일의 희석
③ 피스톤 과열　　　④ 백색 배기가스 발생

13 노크(knock)센서에 관한 설명으로 가장 옳은 것은?
① 노킹 발생을 검출하고 이에 대응하여 점화시기를 지연시킨다.
② 노킹 발생을 검출하고 이에 대응하여 점화시기를 진각시킨다.
③ 노킹 발생을 검출하고 이에 대응하여 엔진 회전속도를 올린다.
④ 노킹 발생을 검출하고 이에 대응하여 엔진 회전속도를 내린다.

14 디젤기관의 분사펌프식 연료장치의 연료공급 순서가 맞는 것은?
① 연료탱크 → 연료여과기 → 연료 공급 펌프 → 연료여과기 → 분사펌프 고압파이프 → 분사노즐 → 연소실
② 연료탱크 → 연료여과기 → 연료 공급 펌프 → 분사펌프 → 연료여과기 → 고압파이프 → 분사노즐 → 연소실
③ 연료탱크 → 연료 공급 펌프 → 연료여과기 → 분사펌프 → 연료여과기 → 고압파이프 → 분사노즐 → 연소실
④ 연료탱크 → 연료여과기 → 연료 공급 펌프 → 연료여과기 → 분사펌프 → 분사노즐 → 고압파이프 → 연소실

15 수동 변속기 조작 시 이중 기어 물림방지를 위한 장치는?
① 첵 볼　　② 이중롤러
③ 릴리스 볼　④ 인터 록

16 링기어 이의 수가 120, 피니언 이의 수가 12이고, 1500cc급 엔진의 회전저항이 6m·kgf일 때, 기동전동기의 필요한 최소 회전력은?
① 0.6m·kgf　② 2m·kgf
③ 20m·kgf　　④ 6m·kgf

17 공기 과잉률이란?
① 이론 공연비
② 실제 공연비
③ 공기 흡입량÷연비 소비량
④ 실제 공연비÷이론 공연비

18 밸브스프링 서징현상을 방지하는 방법으로 틀린 것은?
① 밸브스프링 고유진동수를 높게 한다.
② 부등 피치 스프링이나 원추형 스프링을 사용한다.
③ 피치가 서로 다른 이중 스프링을 사용한다.
④ 사용 중인 스프링보다 피치가 더 큰 스프링을 사용한다.

19 4행정 6실린더 기관의 3번 실린더 흡기 및 배기 밸브가 모두 열려 있는 경우 크랭크 축을 회전방향으로 120° 회전시켰다면 압축 상사점에 가장 가까운 상태에 있는 실린더는? (단, 점화순서는 1-5-3-6-2-4)

① 1번 실린더　　② 2번 실린더
③ 4번 실린더　　④ 6번 실린더

20 각 실린더의 분사량을 측정하였더니 최대 분사량이 66cc, 최소 분사량이 58cc, 평균 분사량이 60cc였다면 분사량의 "(+) 불균율"은 얼마인가?

① 5%　　② 10%
③ 15%　　④ 20%

21 지르코니아 산소 센서(O₂ Sensor)에 대한 설명으로 옳은 것은?

① 산소 센서는 농후한 혼합기가 흡입될 때 0~5V의 기전력이 발생한다.
② 산소 센서는 흡기 다기관에 부착되어 산소의 농도를 감지한다.
③ 산소 센서는 최고 1V의 기전력을 발생한다.
④ 산소 센서는 배기가스 중의 산소농도를 감지하여 NOx를 줄일 목적으로 설치한다.

22 축전지 용량 시험기의 사용방법으로 바르지 않은 것은?

① 축전지 용량시험은 고정된 부하를 일정 시간 주었을 때 전압 강하량으로 성능을 판정하는 방법이다.
② 표시창에서 전압값과 눈금이 위치한 색깔이 녹색인 경우 정상이다.
③ 표시창에서 전압값과 눈금이 위치한 색깔이 황색인 경우 충전하여 사용할 수 있다.
④ 용량시험기의 최대부하를 설정해 놓은 상태에서 접속한다.

23 자동차가 200m를 통과하는 데 10초가 걸렸다면 이 자동차의 속도는?

① 68km/h　　② 72km/h
③ 86km/h　　④ 92km/h

24 자동차에서 제동 시의 슬립비를 표시한 것으로 맞는 것은?

① $\dfrac{자동차속도 - 바퀴속도}{자동차속도} \times 100$

② $\dfrac{자동차속도 - 바퀴속도}{바퀴속도} \times 100$

③ $\dfrac{바퀴속도 - 자동차속도}{자동차속도} \times 100$

④ $\dfrac{바퀴속도 - 자동차속도}{바퀴속도} \times 100$

25 자동차의 진동현상 중 스프링 위 Y축을 중심으로 하는 앞뒤 흔들림 회전 고유진동은?

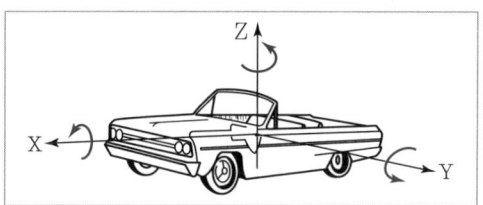

① 롤링　　② 요잉
③ 피칭　　④ 바운싱

26 하이드로플레이닝 현상을 방지하는 방법이 아닌 것은?

① 트레드의 마모가 적은 타이어를 사용한다.
② 타이어의 공기압을 높인다.
③ 카프형으로 셰이빙 가공한 것을 사용한다.
④ 러그 패턴의 타이어를 사용한다.

27 수동변속기 차량에서 마찰 클러치의 디스크가 마모되어 미끄러지는 원인으로 가장 적합한 것은?
① 클러치 유격이 너무 적음
② 마스터 실린더의 누유
③ 클러치 작동기구의 유압 시스템에 공기 유입
④ 센터 베어링의 결함

28 자동차가 고속으로 선회할 때 차체가 기울어지는 것을 방지하기 위한 장치는?
① 타이로드　　② 토인
③ 프로포셔닝밸브　④ 스테빌라이저

29 브레이크 파이프에 잔압 유지와 직접적인 관련이 있는 것은?
① 브레이크 페달
② 마스터 실린더 2차컵
③ 마스터 실린더 체크밸브
④ 푸시로드

30 국내 승용차에 가장 많이 사용되는 현가장치로서 구조가 간단하고 스트러트가 조향 시 회전하는 것은?
① 위시본형　　② 맥퍼슨형
③ SLA형　　　④ 데디온형

31 차축에서 1/2, 하우징이 1/2 정도의 하중을 지지하는 차축 형식은?
① 전부동식　　② 반부동식
③ 3/4 부동식　④ 독립식

32 정의 캠버란 다음 중 어떤 것을 말하는가?
① 바퀴의 아래쪽이 위쪽보다 좁은 것을 말한다.
② 앞바퀴의 앞쪽이 뒤쪽보다 좁은 것을 말한다.
③ 앞바퀴의 킹핀이 뒤쪽으로 기울어진 각을 말한다.
④ 앞바퀴의 위쪽이 아래쪽보다 좁은 것을 말한다.

33 제동장치에서 전진방향 제동 시 자기작동이 되는 슈를 무엇이라 하는가?
① 서보슈　　　② 리딩슈
③ 트레일링슈　④ 역전슈

34 ABS 차량에서 4센서 4채널방식의 설명으로 틀린 것은?
① ABS 작동 시 각 휠의 제어는 별도로 제어된다.
② 휠 속도센서는 각 바퀴마다 1개씩 설치된다.
③ 톤 휠의 회전에 의해 교류전압이 발생한다.
④ 휠 속도센서의 출력 주파수는 속도에 반비례한다.

35 동력조향장치 정비 시 안전 및 유의사항으로 틀린 것은?
① 자동차 하부에서 작업할 때는 시야확보를 위해 보안경을 벗는다.
② 제작사의 정비지침서를 참고하여 점검·정비한다.
③ 공간이 좁으므로 다치지 않게 주의한다.
④ 각종 볼트 및 너트는 규정토크로 조인다.

36 타이로드의 길이를 조정하여 수정하는 바퀴정렬은?
① 토우　　　② 캠버
③ 킹핀 경사각　④ 캐스터

37 조향휠 유격의 원인으로 아닌 것은?
① 조향기어의 마멸
② 웜축 또는 섹터축의 유격
③ 타이로드의 휨
④ 볼 이음의 마멸

38 주행 중 브레이크를 밟았을 때 차가 떨리는 원인으로 옳은 것은?
① 패드 면에 그리스나 오일이 묻어 있음
② 브레이크 디스크의 변형
③ 브레이크 페달 리턴 스프링이 약함
④ 브레이크 계통에 공기가 유입

39 추진축의 스플라인부가 마멸될 때 생기는 현상은?
① 완충작용이 불량하게 된다.
② 주행 중에 소음이 생긴다.
③ 동력전달 성능이 향상된다.
④ 종 감속 장치의 결합이 불량하게 된다.

40 〈그림〉은 안전벨트 경고 타이머의 작동상태를 나타내고 있다. 안전벨트 경고등의 작동주기와 듀티값으로 옳은 것은?

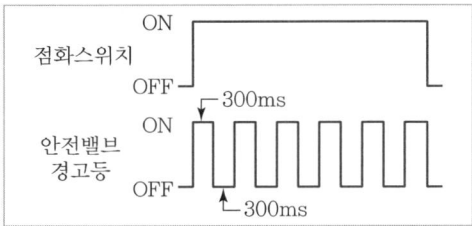

① 주기 : 0.3초, 듀티 : 30%
② 주기 : 0.3초, 듀티 : 50%
③ 주기 : 0.6초, 듀티 : 30%
④ 주기 : 0.6초, 듀티 : 50%

41 2Ω, 3Ω, 6Ω의 저항을 병렬로 연결하여 12V의 전압을 가하면 흐르는 전류는?
① 1A   ② 2A
③ 3A   ④ 12A

42 다음 전기 기호 중에서 트랜지스터의 기호는?
①    ②
③ 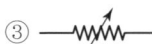   ④

43 다음 중 부동액의 원액으로 틀린 것은?
① 에틸렌글리콜   ② 에틸알코올
③ 그리스   ④ 글리세린

44 기동전동기에서 회전력을 엔진의 플라이휠에 전달하는 것은?
① 브러시   ② 시동 스위치
③ 아마추어   ④ 피니언 기어

45 전압계 및 전류계로 발전기 출력을 점검하는 방법으로 옳은 것은?
① 점화스위치를 ON 시키고 축전지 접지케이블을 분리한다.
② 전류계의 측정치가 한계치보다 낮으면 발전기를 탈거하여 점검한다.
③ 엔진을 2500rpm으로 증가시켜 발생되는 최소 전류값을 측정한다.
④ 엔진 시동을 걸고 전조등을 OFF 시키고 블로워 스위치를 High에 놓는다.

46 다음 중 발전기의 구동벨트 장력 점검방법으로 맞는 것은?
① 벨트 길이 측정게이지로 측정 점검
② 정지된 상태에서 벨트의 중심을 엄지손가락으로 눌러서 점검
③ 엔진을 가동한 후 텐셔너를 이용하여 점검
④ 발전기의 고정 볼트를 느슨하게 하여 점검

47 테스트 램프 사용에 대한 설명으로 틀린 것은?
① 전압을 정확히 측정할 수 있다.
② 테스트 램프는 한 쌍의 리드선으로 접속된 12V 램프와 함께 이루어져 있다.
③ 테스트 램프의 한쪽 선은 차체 등에 접지시키고, 다른 선은 전압이 인가된 곳에 연결하여 램프의 점등으로 통전 여부를 알 수 있다.
④ 테스트 램프 내에 자체전원이 있으면 배터리 (−) 단자를 분리해야 한다.

48 다음은 에어백 시스템에 대한 설명으로 옳지 않은 것은?

① 커튼 에어백은 차량의 측면 충돌 시 탑승객들을 보호하기 위해 설치된다.
② 시트 벨트 프리텐셔너(BPT : Seat Belt Pretensioner)는 차량이 후방 충돌 시 에어백이 작동하기 전 프리텐셔너를 작동시켜 승객의 몸이 앞으로 쏠려서 차량의 부딪치는 것을 방지하는 역할을 한다.
③ PPD 센서는 조수석의 승객 탑승 유무를 판단하여 에어백 제어장치로 데이터를 송신한다.
④ 에어백의 작동은 차량 충돌 시 충돌감지 센서가 충돌이 일어났음을 감지하고 동시에 세이핑 센서(안전센서)도 감지하여 에어백 컨트롤 유닛으로 전송하면 인플레이터(기폭장치)쪽으로 폭발 신호를 출력하게 된다.

49 납산축전기의 비중이 1.280일 때 축전지 상태는?

① 50% 방전되어 있다.
② 70% 방전되어 있다.
③ 완전 방전되어 있다.
④ 완전 충전되어 있다.

50 전조등 4핀 릴레이를 단품 점검하고자 할 때 적합한 시험기는?

① 전류 시험기　② 축전기 시험기
③ 회로 시험기　④ 전조등 시험기

51 자동차 전기회로의 보호장치로 옳은 것은?

① 안전 밸브　② 캠버
③ 퓨저블링크　④ 턴시그널 램프

52 도난경보장치의 작동조건으로 옳은 것은?

① 후드, 트렁크, 모든 도어가 닫혀있고 잠긴 상태
② 모든 도어, 글로브박스, 후드가 잠긴 상태
③ 모든 도어가 잠긴 상태
④ 모든 도어가 닫혀있는 상태

53 사이드 슬립 시험기 사용 시 주의할 사항으로 옳지 않은 것은?

① 공차상태에서 운전자 1인이 탑승해야 한다.
② 시험기의 답판 및 타이어에 부착된 기름, 수분, 흙 등을 제거한다.
③ 시험기에 대해 직각방향으로 진입한다.
④ 답판에 진입하였을 때 차속이 빠르면 브레이크를 사용하여 차속을 맞춘다.

54 연삭작업 시 안전사항이 아닌 것은?

① 숫돌과 받침대 간격을 가급적 멀리 유지한다.
② 보안경을 착용해야 한다.
③ 연삭하기 전에 시운전을 통해 공전상태를 확인 후 작업해야 한다.
④ 숫돌 차의 회전속도는 규정 이상을 넘어서는 안 된다.

55 〈그림〉의 화살표 방향으로 조정 렌치를 사용해야 하는 가장 중요한 이유는?

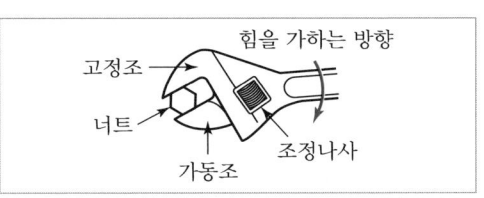

① 볼트나 너트의 머리 손상을 방지하기 위하여
② 작은 힘으로 풀거나 조이기 위하여
③ 렌치의 파손 방지 및 안전을 위하여
④ 작업의 자세가 편리하기 때문에

56 에어공구 사용에 대한 설명 중 틀린 것은?
  ① 공구의 교체 시에는 반드시 밸브를 꼭 잠그고 하여야 한다.
  ② 활동 부분은 항상 윤활유 또는 그리스를 급유한다.
  ③ 사용 시에는 반드시 보호구를 착용해야 한다.
  ④ 에어공구를 사용할 때에는 밸브를 빠르게 열고 닫는다.

57 작업시작 전의 안전점검에 관한 사항 중 잘못 연결된 것은?
  ① 인적인 면 – 건강상태, 기능상태
  ② 물리적인 면 – 기계기구 설비, 공구
  ③ 관리적인 면 – 작업내용, 작업순서
  ④ 환경적인 면 – 작업방법, 안전수칙

58 엔진 오일 압력이 일정 이하로 떨어질 때, 점등되어 운전자에게 경고해주는 것은?
  ① 연료 잔량 경고등
  ② 주차브레이크등
  ③ 엔진 오일 경고등
  ④ 냉각수 과열 경고등

59 밸브 래핑 작업을 수작업으로 할 때 가장 효율적이며 안전하게 작업하는 방법은?
  ① 래퍼를 양손에 끼고 오른쪽으로 돌렸다.
  ② 래퍼를 양손에 끼고 왼쪽으로 돌리면서 이따금 가볍게 충격을 준다.
  ③ 래퍼를 양손에 끼고 양방향으로 돌리면서 이따금 가볍게 충격을 준다.
  ④ 래퍼를 양손에 끼고 양방향으로 돌렸다.

60 정비작업 시 지켜야 할 안전수칙 중 잘못된 것은?
  ① 작업에 맞는 공구를 사용한다.
  ② 작업장 바닥에는 오일을 떨어뜨리지 않는다.
  ③ 전기장치는 기름기 없게 작업을 한다.
  ④ 잭(Jack)을 사용하여 차체를 올린 후 손잡이를 그대로 두고 작업한다.

정답 및 해설

제4회 적중모의고사

01	02	03	04	05	06	07	08	09	10
①	③	③	④	②	②	③	①	③	③
11	12	13	14	15	16	17	18	19	20
④	③	①	①	④	①	④	④	①	②
21	22	23	24	25	26	27	28	29	30
③	④	②	①	③	④	①	④	③	②
31	32	33	34	35	36	37	38	39	40
②	①	②	④	①	①	③	②	②	④
41	42	43	44	45	46	47	48	49	50
④	②	③	④	②	②	①	②	④	③
51	52	53	54	55	56	57	58	59	60
③	①	④	①	③	④	④	③	③	④

01 정답 | ①
해설 | **분사펌프 시험기(노즐테스터)로 측정할 수 있는 항목**
- 분사개시압력(초기압력)
- 분무상태
- 후적(노즐팁에 경유가 맺히는 현상)

02 정답 | ③
해설 | 제동마력(PS) = $\dfrac{회전력 \times 엔진\ 회전수}{716} = \dfrac{10 \times 1200}{716}$
= 16.7PS

03 정답 | ③
해설 | **연료탱크 증발가스 제어**
- 캐니스터 + PCSV(퍼지컨트롤 솔레노이드 밸브)
- 연료탱크 내에서 증발된 연료를 활성탄 캐니스터에 포집하여 ECU의 신호를 받아 PCSV를 열어 흡기 다기관으로 흡입되어 연소된다.

04 정답 | ④
해설 | 필러 게이지는 간극 게이지, 두께 게이지라고도 부르며 실린더 블록이나 헤드의 평면도 측정에 이용된다.

[Tip] **실린더 헤드 평면도가 불량인 경우 발생하는 현상**
- 혼합기 누설에 의한 압축압력 저하
- 냉각수 누설에 의한 오일 오염(유백색)
- 오일 누설에 의한 오일 감소

05 정답 | ②
해설 | **유압회로의 불량 원인**
- 오일펌프가 마멸되는 경우 유압이 낮아진다.
- 오일 간극이 커지는 경우 유압이 낮아진다.
- 오일펌프 출력(릴리프 밸브)단에서 막힘이 있다면 라인 압력이 상승해도 리턴유로가 막혀 라인압력이 높아질 수 있다.

06 정답 | ②
해설 | 윤활유의 역할은 감마, 냉각, 방청, 밀봉, 세척작용이 있다.

07 정답 | ③
해설 | **공랭식 냉각장치의 특징**
- 기온이 높을 경우 기온이 낮을 때 보다 냉각효과가 떨어진다.
- 차량이 멈춰있는 경우 주행 중일 때 보다 냉각효과가 떨어진다.

08 정답 | ①
해설 | 코어막힘률 = $\dfrac{신품용량 - 구품용량}{신품용량} \times 100\%$
= $\dfrac{3L}{15L} \times 100\% = 20\%$

09 정답 | ③
해설 | 체크밸브가 불량인 경우 기관정지 후 역류에 의해 연료라인의 압력저하 현상이 발생한다.

10 정답 | ③
해설 | 디젤 노크 방지 대책 중 가장 좋은 것은 자기 착화가 잘 되게 하는 것이다. 자기착화가 잘 되는 조건은 다음과 같다.
- 흡입공기 온도를 높일 것
- 압축비를 크게 할 것
- 세탄가가 높은 연료 사용할 것
- 연소실 온도를 높게 할 것
- 분사 초기 분사량을 적게 할 것
- 혼합기의 와류가 발생되게 할 것
- 착화지연시간을 짧게 할 것

11 정답 | ④
해설 | 파형 측정을 위해 스위치 ON, OFF 시 전압 변화가 일어나는 D점에서 파형을 측정한다.

12 정답 | ③
해설 | **실린더와 피스톤 간극의 과대 시 발생 현상**
- 피스톤 간극이 큰 경우 오일 및 혼합기가 누설될 수 있다.
- 혼합기(블로바이 가스)가 크랭크 실로 누설될 수 있으며 압축압력이 저하되고 오일이 희석된다.
- 오일이 연소실로 누설되면 연소실에서 오일이 연소되어 백색 배기가스가 발생할 수 있다.

13 정답 | ①
해설 | 점화시기가 빠르면 노킹이 발생하므로 노크센서를 통해 노킹을 감지하는 경우 점화시기를 지연(지각)시킨다.

14 정답 | ①
해설 | 디젤기관의 분사펌프식 연료장치는 연료탱크 → 연료여과기 → 연료 공급 펌프 → 연료여과기 → 분사펌프 고압 파이프 → 분사노즐 → 연소실의 순으로 연료가 공급된다.

[Tip] 분사펌프방식의 특징
- 분사펌프에 분사량 조절을 위한 거버너(조속기)가 있다.
- 분사펌프에 분사시기 조절을 위한 타이머가 있다.
- 분사펌프에 역류 및 후적 방지를 위한 딜리버리 밸브가 있다.
- 분사 초기 압력 조정은 분사노즐에서 실시한다.

15 정답 | ④
해설 | 수동변속기에서 이중 기어 물림방지를 위해 인터 록 기어를 사용한다.

16 정답 | ①
해설 | • 기어비 = $\dfrac{\text{링기어 잇수}}{\text{피니언 잇수}} = \dfrac{120}{12} = 10$

• 최소 회전력 = $\dfrac{\text{회전저항}}{\text{기어비}} = \dfrac{6}{10} = 0.6\,\text{m} \cdot \text{kgf}$

17 정답 | ④
해설 | 공기 과잉률이란 이론 공연비(이론적으로 완전연소가 가능한 공기와 연료의 비율) 14.7을 기준으로 실제 공연비의 비율을 말하는 것으로 λ(람다)로 표기하며 배기관의 산소 센서로 판단한다.

- 공기 과잉률(λ) = 1인 경우 완전연소
- 공기 과잉률(λ) < 1인 경우 연료가 많으므로 농후한 연소
- 공기 과잉률(λ) > 1인 경우 연료가 적으므로 희박한 연소

18 정답 | ④
해설 | **서징현상 방지방법**
- 피치가 작은 스프링을 사용해 고유진동수를 높게 한다.
- 피치가 다른 이중 스프링 사용한다.
- 피치가 다른 부등피치 스프링 사용한다.

19 정답 | ①
해설 |

20 정답 | ②
해설 | (+) 불균율 = $\dfrac{\text{최대분사량} - \text{평균분사량}}{\text{평균분사량}} \times 100\%$

$= \dfrac{66\text{cc} - 60\text{cc}}{60\text{cc}} \times 100\% = 10\%$

21 정답 | ③
해설 | 지르코니아 산소 센서의 출력값은 농후한 혼합기일 경우 최대 1V의 기전력이 발생한다.

22 정답 | ④
해설 | 터미널 접속 후 선택스위치를 돌려 축전지의 용량에 맞게 설정하고 시험스위치를 5초 정도 눌러 전압 강하를 판정한다.

23 정답 | ②
해설 | 속도 = 거리/시간 = $\dfrac{200\text{m}}{20\text{s}} = 20\text{m/s}$

m/s를 km/h로 단위 환산
$\dfrac{20 \times 3600}{1000} = 72\text{km/h}$

24 정답 | ①
해설 | 타이어 슬립율이란 차체속도와 차륜(타이어)의 회전속도의 차이를 차체속도를 기준으로 백분율로 표기한 것이다.

25 정답 | ③
해설 | 스프링 위 Y축을 중심으로 앞뒤로 흔들리는 현상을 피칭이라고 부른다.

스프링 위 진동 종류
- 바운싱 : 상하 진동
- 피칭 : 앞뒤 진동(Y축)
- 롤링 : 좌우 진동(X축)
- 요잉 : 회전 진동(Z축)

26 정답 | ④
해설 | 수막(하이드로플레이닝) 현상 방지를 위해 리브 패턴의 타이어를 사용한다.

27 정답 | ①
해설 | **클러치 작동 시 미끄러지는 현상 발생 시 예상 가능한 고장원인**
- 클러치 페달의 자유유격이 작은 경우
- 클러치 디스크의 페이싱 마모가 심한 경우
- 클러치 디스크의 페이싱에 오일이 묻은 경우
- 압력 판 및 플라이휠이 손상된 경우
- 유압장치가 불량한 경우

28 정답 | ④
해설 | 스테빌라이저(활대)는 독립현가장치에서 롤링 방지를 위해 장착한다.

29 정답 | ③
해설 | **마스터 실린더 체크밸브의 역할**
- 브레이크액이 한 방향으로만 흐르게 한다.
- 파이프 내 잔압을 $0.6 \sim 0.8 \text{kgf/cm}^2$으로 유지시킨다.

30 정답 | ②
해설 | 맥퍼슨형은 구조가 간단하고 적은 부품으로 구성된 특징이 있어 국내 승용차에 현가장치로 많이 이용하고 있다.

맥퍼슨 형식 현가장치의 특징
- 위시본형 대비 적은 부품으로 조립되어 있고 구조가 간단하다.
- 적은 하중의 스프링으로도 설계가 가능하여 로드홀딩 능력이 뛰어나다.
- 엔진룸 공간을 넓게 사용할 수 있다.
- 구조상 튜닝 폭이 넓지 않아 기본 설계가 확정되어 있다.

31 정답 | ②
해설 | 1/2부동식(반부동식)은 내부 고정 장치를 풀지 않고는 차축을 빼낼 수 없다. 뒷바퀴 구동 방식 승용차에서 많이 사용된다. 1/2부동식은 차량 하중의 1/2을 차축이 지지한다.
① 전부동식 : 바퀴를 빼지 않고도 차축을 빼낼 수 있으며, 버스, 대형 트럭에 사용된다. 그리고 차량에 가해지는 하중 및 충격과 바퀴에 작용하는 작용력 등은 차축 하우징이 받는다.
③ 3/4부동식 : 3/4 부동식은 차축이 차량 하중의 1/3을 지지한다.

32 정답 | ①
해설 | **캠버 각의 정의**
캠버는 차량을 정면에서 관측할 때 확인 가능한 각도를 말한다. 타이어는 중심선이 지면에 수직이 아닌 약간 위쪽이 벌어진 상태로 조립되는데 이때 수직선 대비 기울어진 정도를 캠버 각이라고 한다. 정면에서 볼 때 윗부분이 벌어진 것을 정의 캠버(+)라 한다.

33 정답 | ②
해설 | 자기작동이 되는 슈를 리딩슈, 자기작동 하지 않는 슈는 트레일링슈로 명칭한다.

34 정답 | ④
해설 | 휠 속도센서의 출력 주파수는 속도에 비례한다.

35 정답 | ①
해설 | 하부작업의 경우 눈에 이물질이 들어갈 수 있으므로 보안경을 써야 한다.

36 정답 | ①
해설 | 토우는 타이로드의 길이를 조정하여 바퀴정렬을 수정하는 것으로 자동차를 앞으로 보았을 때 바퀴의 앞부분이 안쪽으로 기울어진 정도를 토인으로 부른다.

[Tip] **토우 각의 기능**
- 차량의 앞바퀴가 회전할 때 캠버로 인해 차륜이 벌어지려는 성질을 교정
- 반발작용을 통해 사이드 슬립이나 타이어 마모가 방지
- 링 조향 링키지 마모로 토 아웃이 되는 것을 방지

37 정답 | ③
해설 |
- 타이로드가 휘는 등의 변형이 발생하면 차량이 한쪽으로 쏠릴 수 있다.
- 타이로드의 볼 이음 부분이 마모되면 조향휠 유격이 발생할 수 있다.

38 정답 | ②
해설 | **제동 시 떨림의 주요 원인**
- 좌우 제동력 편차
- 브레이크 디스크 및 드럼 마모 심함
- 브레이크 디스크와 패드 밀착 불량
- 브레이크 디스크, 드럼의 변형
- 한쪽 캘리퍼 작동 불량
- 크로스 멤버 불량

39 정답 | ②
해설 | **드라이브 라인(액슬축, 추진축)의 소음 발생 원인**
- 조인트 및 드라이브 샤프트, 추진축 스플라인에 그리스 불충분
- 드라이브 샤프트, 추진축 휨
- 드라이브 샤프트 스플라인, 추진축 마모 과다

40 정답 | ④
해설 | • 작동주기 = ON 시간 + OFF 시간 = 300ms + 300ms
= 600ms = 0.6s

• ON 듀티 = $\dfrac{\text{ON 시간}}{\text{ON 시간} + \text{OFF 시간}} \times 100\%$

= $\dfrac{300\text{ms}}{600\text{ms}} \times 100\% = 50\%$

41 정답 | ④
해설 | $\dfrac{1}{R} = \dfrac{1}{2} + \dfrac{1}{3} + \dfrac{1}{6} = \dfrac{3+2+1}{6} = \dfrac{6}{6} = 1\Omega$

$I = \dfrac{E}{R} = \dfrac{12}{1} = 12A$

42 정답 | ②
해설 | ① 다이오드
③ 가변저항
④ 전구

43 정답 | ③
해설 | 수냉식 엔진의 냉각수는 겨울철 동파가 될 수 있어 얼지 않는(부동) 성질을 가진 에틸렌글리콜, 에틸알코올, 글리세린 같은 부동액을 일정량 혼합하여 사용한다. 그리스는 윤활제이다.

44 정답 | ④
해설 | **기동전동기의 구조**
• 전기자(아마추어) : 자계 안에서 힘을 받아 회전
• 계자 : 자계를 형성
• 솔레노이드 스위치 : 피니언기어를 플라이휠에 접속
• 피니언 기어 : 전기자와 함께 회전하며 플라이휠에 동력(회전력)을 전달

45 정답 | ②
해설 | **발전기 충전 전류(출력)시험**
• 엔진에 시동을 건다.
• 모든 전기부하를 가동한다.
• 엔진의 회전속도를 2500rpm으로 증가시킨 후 발생되는 최대 전류값을 측정한다.
• 발전기의 정격용량에 한계치 미만인 경우 발전기를 탈거하여 점검한다.
※ 주의 : 축전지의 케이블은 분리하지 않는다.

46 정답 | ②
해설 | **벨트의 장력 점검방법**
• 벨트의 중심을 엄지손가락으로 눌러 벨트의 처짐 양으로 장력을 점검한다.
※ 발전기 풀리와 아이들러 사이의 벨트를 약 10kgf의 힘으로 눌렀을 때 10mm 정도의 처짐이 발생하면 정상으로 판정한다.
• 기계식 장력계를 이용하여 점검한다.
※ 장력계의 손잡이를 누른 상태에서 발전기 풀리와 아이들러 사이의 벨트를 장력계 하단의 스핀들과 후크 사이에 위치시킨다. 장력계의 손잡이를 놓은 후 지시계의 눈금을 읽는다.

47 정답 | ①
해설 | 테스트 램프는 전압이 발생되는 곳에 통전되었을 때 전구에 빛이 들어오는 측정 장치로 정확한 전압 측정은 불가능하고, 빛의 세기에 따른 전압을 예측할 수 있다.

48 정답 | ②
해설 | 프리텐셔너는 전, 측방 충돌 시 작동하게 된다.

49 정답 | ④
해설 |

전체 전압	셀당 단자전압	비중 (20℃)	충전 상태	판정
12.6V 이상	2.1V 이상	1.280	100% 충전	정상 (사용 가능)
12.0V	2.0V	1.230	75% 충전	양호 (사용 가능)
11.7V	1.95V	1.180	50% 충전	불량 (충전 요망)
11.1V	1.85V	1.130	25% 충전	불량 (충전 요망)
10.5V	1.75V	0.080	0% 충전	불량(교환)

50 정답 | ③
해설 | 릴레이의 단품 점검은 통전시험으로 멀티테스터, 회로시험기를 이용한다.

51 정답 | ③
해설 | **자동차 전기회로의 보호장치 종류**
• 퓨즈
• 퓨저블링크
• 서킷브레이커

52 정답 | ①
해설 | **도난경보장치 경계조건**
• 후드스위치(hood switch)가 닫혀있을 것
• 트렁크스위치가 닫혀있을 것
• 각 도어스위치가 모두 닫혀있을 것
• 각 도어 잠금 스위치가 잠겨있을 것

53 정답 | ④
해설 | 답판에 진입하기 전에 미리 차속을 줄여 서서히 진입한다.

54 정답 | ①
해설 | **연삭작업 안전수칙**
• 연삭기 덮개의 노출각도는 90°이거나 전체 원주의 1/4을 초과하지 말 것
• 연삭숫돌 교체 시 3분 이상 시운전을 할 것
• 사용 전에 연삭숫돌을 점검하여 숫돌의 균열 여부를 파악한 후 사용할 것
• 연삭숫돌과 받침대의 간격은 3mm 이내 유지할 것
• 작업 시 연삭숫돌의 정면에서 150° 정도 비켜서서 작업할 것
• 가공물은 급격한 충격을 피하고 점진적으로 접촉시킬 것
• 작업 시 연삭숫돌의 측면사용을 금지할 것
• 소음이나 진동이 심하면 즉시 작업을 중지할 것

• 연삭 작업 시 반드시 해당 보호구(보안경, 방진마스크 등)를 착용할 것

55 정답 | ③
해설 | 가동조는 조정나사와 기어로 연결되어 있으므로 견디는 힘이 약하다.

조정 렌치 사용방법
볼트나 너트의 크기에 따라서 조(Jaw)의 크기를 가동조의 이동으로 임의로 조절하여 사용하는 공구로 볼트 또는 너트를 조이거나 풀 때 고정 조에 힘이 가해지도록 사용하여야 한다.

56 정답 | ④
해설 | **에어공구 사용 시 주의사항**
• 적정 공기압을 사용할 것
• 컴프레셔 및 에어라인의 수분을 완전 제거 후 사용할 것
• 사용 전 에어전용 오일 또는 그리스를 급유할 것
• 호스를 공구에 연결하기 전 호스 내에 이물질을 에어를 통해 제거할 것
• 에어공구에 충격을 가하지 말 것
• 밸브는 서서히 열고 닫을 것

57 정답 | ④
해설 | 환경적인 면 – 작업장의 유해인자, 분진, 화학물질 등

58 정답 | ③
해설 | 엔진 오일 압력이 일정 이하로 떨어지면 오일 압력 스위치의(입력요소) 접점이 연결되어 경고등이 점등(출력요소)된다.

> **[Tip] 엔진오일 경고등의 작동**
> 키온(Key On) 시 오일 경고등이 켜지는 이유는 기관이 정지되어있어 오일펌프가 작동하지 않아 오일압력이 낮기 때문이다.

59 정답 | ③
해설 | • 밸브 시트와 밸브페이스의 접촉면에 카본이 쌓이거나 변형에 의해 밀착이 불량한 경우 밸브 래핑 작업을 실시한다.
• 밸브 래핑은 밸브 시트에 연마제를 적당량 도포한 후 막대기로 불을 붙이려는 것처럼 두 손 사이에서 래핑도구를 회전(양방향, 간헐적으로 충격)하여 수행한다.

60 정답 | ④
해설 | 잭(Jack)은 자동차를 들어 올리기 위한 장치로 작업 중 작업자의 실수로 잭의 손잡이를 타격하는 경우 올려놓은 자동차가 낙하하여 사고가 발생할 수 있다. 따라서 잭을 이용하여 차량을 들어 올린 후 차량지지대를 이용하여 완벽하게 차체를 고정시키고 작업해야 한다.

적중모의고사 제5회

01 〈보기〉는 스파크 플러그 표시 기호의 한 예이다. 이때 열가를 나타내는 것은?

〈보기〉
BP6ES

① P ② 6
③ E ④ S

02 패치를 이용한 타이어 수리 방법으로 올바르지 않은 것은?

① 패치와 손상면의 크기를 대조해 가로, 세로 각각 여유가 충분한지 확인한다.
② 비교적 큰 손상면도 수리가 가능하다.
③ 패치 부착 후 충분히 밀착될 수 있도록 고무망치 등으로 두드린다.
④ 휠 타이어의 탈거 없이 수리가 가능하다.

03 로터코일의 시험 방법으로 옳지 않은 것은?

① 로터코일의 단선시험은 멀티테스터로 슬립링과 슬립링 사이의 통전 여부를 점검한다. 통전이 되는 경우 정상이다.
② 로터코일의 단락 시험은 멀티테스터로 슬립링과 로터, 슬립링과 로터 축 사이의 통전 여부를 점검한다. 통전이 되지 않는 경우가 정상이다.
③ 스테이터 코일의 단락 시험은 테스트램프로 스테이터 코일과 스테이터 코어 사이의 통전 여부를 점검한다. 통전이 되지 않는 것이 정상이다.
④ 스테이터 코일의 단선 시험은 회로시험기로 스테이터 코일 단자 사이의 통전 여부를 점검한다.

04 타이어 공기압을 표준보다 높게 주입하였을 때 발생하는 현상으로 옳지 않은 것은?

① 주행저항이 커진다.
② 고무공처럼 튀는 느낌을 가질 수 있다.
③ 트레드 중앙부분이 마모된다.
④ 접지면이 좁아 제동능력이 저하될 수 있다.

05 다음은 점화플러그에 점검방법에 대한 설명이다. 옳지 않은 것은?

① 세라믹 인슐레이터의 파손 및 손상 여부를 점검한다.
② 전극의 간극점검은 다이얼 게이지로 한다.
③ 개스킷의 파손 및 손상 여부를 점검한다.
④ 전극의 간극이 불량한 경우 접지전극을 구부려 조정할 수 있다.

06 VDC(Vehicle Dynamic Control) 점검사항이 아닌 것은?

① 조향 휠 센서
② 부스트 압력센서
③ 차고센서
④ 가속도 센서

07 클러치판에 기름이 묻어 미끄러진다. 이에 대한 고장 원인으로 옳은 것은?

① 압력판 스프링이 노쇠하여 기름이 샌다.
② 페이싱이 닳아서 기름이 샌다.
③ 변속기 앞쪽 오일실이 파손되었다.
④ 엔진 오일의 점도가 높다.

08 자동차의 교류 발전기에서 직류로 정류하려 할 때 필요한 것은?
① 전기자(Armature)
② 조정기(Regulator)
③ 실리콘 다이오드(Diode)
④ 릴레이(Relay)

09 기관이 회전 중에 유압경고등 램프가 꺼지는 원인으로 옳은 것은?
① 기관 오일량의 부족
② 유압이 높음
③ 유압 스위치와 램프 사이 배선의 접지 단락
④ 유압 스위치 불량

10 배기가스 정화에 삼원 촉매 변환기를 이용한 차량에서 정화율이 가장 높은 공연비는?
① 약 1:1
② 약 8:1
③ 약 12:1
④ 약 15:1

11 패스트 아이들 기구는 어떤 역할을 하는가?
① 연료가 절약되게 한다.
② 빙결을 방지한다.
③ 고속회로에서 연료의 비등을 방지한다.
④ 기관이 워밍업 되기 전에 엔진의 공전속도를 높인다.

12 수온조절기가 하는 역할이 아닌 것은?
① 라디에이터로 유입되는 물의 양을 조절한다.
② 65℃ 정도에서 열리기 시작하고 85℃ 정도에서는 완전히 열린다.
③ 펠릿형, 벨로우즈형, 스프링형 3종류가 있다.
④ 기관의 온도를 적절히 조정하는 역할을 한다.

13 자기유도작용과 상호유도작용 원리를 이용한 것은?
① 발전기
② 점화 코일
③ 기동모터
④ 축전지

14 논리회로에서 AND 게이트의 출력이 HIGH(1)로 되는 조건은?
① 양쪽의 입력이 HIGH일 때
② 한쪽의 입력만 LOW일 때
③ 한쪽의 입력만 HIGH일 때
④ 양쪽의 입력이 LOW일 때

15 유압식 클러치에서 동력차단이 불량한 원인 중 가장 거리가 먼 것은?
① 페달의 자유간극 없음
② 유압라인의 공기 유입
③ 클러치 릴리스 실린더 불량
④ 클러치 마스터 실린더 불량

16 실린더 지름이 100mm의 정방형 엔진이다. 행정 체적은 약 얼마인가?
① 600cm^3
② 785cm^3
③ 1200cm^3
④ 1490cm^3

17 윤중에 대한 정의로 옳은 것은?
① 자동차가 수평으로 있을 때, 1개의 바퀴가 수직으로 지면을 누르는 중량
② 자동차가 수평으로 있을 때, 차량 중량이 1개의 바퀴에 수평으로 걸리는 중량
③ 자동차가 수평으로 있을 때, 차량 총 중량이 2개의 바퀴에 수평으로 걸리는 중량
④ 자동차가 수평으로 있을 때, 공차 중량이 4개의 바퀴에 수직으로 걸리는 중량

18 종합경보장치(Total Warning System)의 제어에 필요한 입력요소가 아닌 것은?
① 열선 스위치
② 도어 스위치
③ 시트밸트 경고등
④ 차속센서

19 버튼 엔진 시동 시스템에서 주행 중 엔진 정지 또는 시동 꺼짐에 대비하여 FOB 키가 없을 경우에도 시동을 허용하기 위한 인증 타이머가 있다. 이 인증 타이머의 시간은?
① 10초
② 20초
③ 30초
④ 40초

20 다음 〈보기〉에서 설명하는 부품으로 옳은 것은?

〈보기〉
실린더는 주철제이며, 내면은 원통형으로 가공되어 있다. 상부에는 액을 보급하기 위한 리저버(저장용기)를 설치하고 있으며, 실린더 내부에는 피스톤, 피스톤 컵, 리턴스프링 등이 조립되어 있다.

① 에어 부스터(Air booster)
② 릴리스 포크(Release fork)
③ 마스터 실린더(Master cylinder)
④ 릴리스 실린더(Release cylinder)

21 경질고무를 여러 겹으로 겹치고 볼트 및 너트를 통해 조립한 것으로 마찰 부분이 없고, 급유할 필요가 없으며 원주방향의 급격한 회전을 완화할 수 있는 조인트는?
① 십자형 자재이음
② 플렉시블 조인트
③ 트리포드 조인트
④ 벨 조인트

22 배기장치의 차압센서에 대한 설명으로 옳지 않은 것은?
① 배기 다기관에 부착한다.
② CPF 재생시기 판단을 위한 PM 포집량을 예측한다.
③ 필터 전·후단의 압력차를 검출한다.
④ 압력차를 검출하여 ECU로 전송한다.

23 가솔린 엔진의 흡기 다기관과 스로틀 밸브 사이의 위치한 서지탱크의 역할에 대한 설명으로 잘못된 것은?
① 연소실에 균일한 공기 공급
② 배기가스 흐름 제어
③ 실린더 상호 간의 흡입공기 간섭 방지
④ 흡입공기 충진효율 증대

24 부동액의 점검은 무엇으로 측정하는가?
① 마이크로미터
② 비중계
③ 온도계
④ 압력게이지

25 자동차가 정지상태에서 출발하여 10초 후에 속도가 60km/h가 되었다면 이때의 가속도는?
① 약 0.167m/s^2
② 약 0.6m/s^2
③ 약 1.67m/s^2
④ 약 6m/s^2

26 다음 중 직접점화장치(DIS)의 구성요소와 관계없는 것은?
① ECU
② 배전기
③ 이그니션 코일
④ 점화플러그

27 피스톤링 1개당 마찰력(Pr), 실린더수(Z), 피스톤당 링수(N)일 때 총 마찰력(P)은?
① $P = (Pr \times Z)/N$
② $P = (Pr \times N)/Z$
③ $P = Pr \times N \times Z$
④ $P = 2\pi \times Pr \times Z \times N$

28 마스터실린더의 내경이 2cm일 때 푸시로드에 100kgf의 힘이 작용하면 브레이크 파이프에 작용하는 유압은?

① 32kgf/cm²   ② 25kgf/cm²
③ 10kgf/cm²   ④ 200kgf/cm²

29 트랜지스터(NPN형)에서 점화 코일의 1차 전류는 어느 쪽으로 흐르게 하는가?

① 이미터에서 컬렉터로
② 베이스에서 컬렉터로
③ 컬렉터에서 베이스로
④ 컬렉터에서 이미터로

30 점화 플러그(plug) 청소기를 사용할 때 보안경을 사용하는 가장 큰 이유는?

① 빛이 너무 세기 때문에
② 빛이 너무 밝기 때문에
③ 빛이 자주 깜박거리기 때문에
④ 모래알이 눈에 들어가기 때문에

31 〈그림〉의 점화 2차 파형 각 구간별 설명 중 옳지 않은 것은?

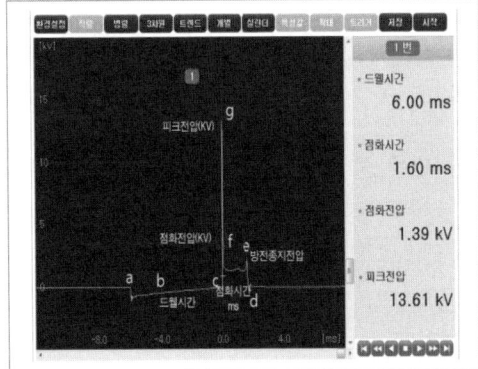

① 연소선 전압 규정 : 1~5kV
② 점화서지전압 규정 : 10~15kV
③ 연소시간 규정 : 1ms~1.7ms
④ 드웰 시간 규정 : 15~20ms

32 AGM(Absorbent Glass Mat) 배터리에 대한 특징이 아닌 것은?

① 수명이 짧고 충전 성능은 떨어진다.
② ISG(Idle Stop & Go) 적용 차량에 사용된다.
③ 연비 향상 효과가 있다.
④ 양 극판이 흡습성 글라스매트를 감싼 형태이다.

33 등화장치의 일반적인 검사기준 및 방법에 대한 설명으로 잘못된 것은?

① 타이어 공기압이 규정 압력인지 점검한다.
② 차량의 현가장치의 정상 여부를 점검한다.
③ 전조등 작동상태의 정상 여부를 점검한다.
④ 적차 상태에서 운전자 1인 탑승 후 점검한다.

34 브레이크의 드럼 연삭작업 중 전기가 정전되었을 때 가장 먼저 취해야 할 조치사항은?

① 스위치 전원을 내리고 주전원의 퓨즈를 점검한다.
② 스위치를 그대로 유지시키고 정전원인을 파악한다.
③ 연삭이 불완전 상태이면 새 것으로 교환하고 작업을 마무리한다.
④ 작업하던 공작물을 탈거한다.

35 가속할 때 발생하는 일시적인 가속 지연 현상을 나타내는 용어는?

① 스톨링(stalling)
② 스텀블(stumble)
③ 서징(sursing)
④ 헤지테이션(hesitation)

36 〈보기〉에서 설명하는 CV이음의 종류로 맞는 것은?

〈보기〉
중심요크로 중심을 지지한 방식이며, 중심요크에는 중심지지용 볼이 설치되어있다. 이 형식은 구조가 복잡해지고 설치공간이 많이 필요하다.

① 트랙터식　　② 2중 훅 이음식
③ 벤딕스식　　④ 제파식

37 엔진 냉각장치 성능 점검사항으로 틀린 것은?

① 핀 서모센서의 작동상태 확인
② 워터펌프의 작동상태 확인
③ 냉각팬의 작동상태 확인
④ 서모스탯의 작동상태 확인

38 디젤엔진에서 플런저의 유효 행정을 크게 하였을 때 일어나는 것은?

① 송출 압력이 커진다.
② 송출 압력이 적어진다.
③ 연료 송출량이 많아진다.
④ 연료 송출량이 적어진다.

39 고속디젤 기관의 열역학적 사이클에 해당하는 것은?

① 오토 사이클　　② 디젤 사이클
③ 정적 사이클　　④ 복합 사이클

40 배기장치에 관한 설명이다. 옳은 것은?

① 배기 소음기는 온도는 낮추고 압력을 높여 배기소음을 감쇠한다.
② 배기 다기관에서 배출되는 가스는 저온 저압으로 급격한 팽창으로 폭발음을 발생한다.
③ 단 실린더에도 배기 다기관을 설치하여 배기가스를 모아 방출해야 한다.
④ 소음효과를 높이기 위해 소음기의 저항을 크게 하면 배압이 커져 기관출력이 줄어든다.

41 전자제어기관에서 배기가스가 재순환되는 EGR 장치의 EGR율(%)을 바르게 나타낸 것은?

① $EGR율(\%) = \dfrac{EGR\ 가스량}{배기\ 공기량 + EGR\ 가스량} \times 100(\%)$

② $EGR율(\%) = \dfrac{EGR\ 가스량}{흡기\ 공기량 + EGR\ 가스량} \times 100(\%)$

③ $EGR율(\%) = \dfrac{흡기\ 공기량}{흡기\ 공기량 + EGR\ 가스량} \times 100(\%)$

④ $EGR율(\%) = \dfrac{배기\ 공기량}{흡기\ 공기량 + EGR\ 가스량} \times 100(\%)$

42 전자제어엔진의 연료펌프 내부에 있는 체크밸브(Check Valve)가 하는 역할은?

① 차량이 전복 시 화재발생을 방지하기 위해 사용된다.
② 연료라인의 과도한 연료압 상승을 방지하기 위한 목적으로 설치되었다.
③ 인젝터에 가해지는 연료의 잔압을 유지시켜 베이퍼 록 현상을 방지한다.
④ 연료라인에 적정 작동압이 상승될 때까지 시간을 지연시킨다.

43 〈그림〉은 시동 전동기를 엔진에서 떼어내고 분해하여 결함부분을 점검하는 것을 보여주고 있다. 이 점검을 통해 측정할 수 있는 사항으로 옳은 것은?

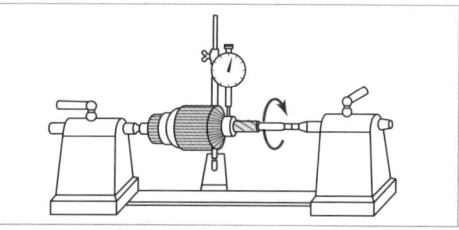

① 전기자 축의 휨 상태
② 전기자 축의 마멸 상태
③ 전기자 코일의 단락 유무
④ 전기자 코일의 단선 유무

44 클러치 접속 시 회전 충격을 흡수하는 스프링은?
① 쿠션 스프링 ② 리테이닝 스프링
③ 댐퍼 스프링 ④ 클러치 스프링

45 운전자가 위험 물체를 보고 브레이크를 밟아 차량이 정차할 때까지 거리는?
① 반사거리 ② 공주거리
③ 제동거리 ④ 정지거리

46 스로틀 포지션 센서의 점검방법으로 옳지 않은 것은?
① 전압 측정
② 전류 측정
③ 저항 측정
④ 스캐너를 이용한 측정

47 전자제어 연료 분사 장치의 연료분사 방식 중 동시분사방식에 대해 옳게 설명한 것은?
① 크랭크샤프트 2회전마다 전기통(모든 실린더)을 동시에 1회 분사한다.
② 크랭크샤프트 1회전마다 전기통(모든 실린더)을 동시에 1회 분사한다.
③ 점화 순서에 따라 흡입행정 직전에 분사된다.
④ 흡입 또는 압축행정 직전에 있는 실린더에만 동시에 분사된다.

48 20℃에서 양호한 상태인 100Ah의 축전지는 200A의 전기를 얼마 동안 발생시킬 수 있는가?
① 1시간 ② 2시간
③ 20분 ④ 30분

49 판스프링의 구조에 속하지 않는 것은?
① 섀클 ② 스팬
③ 스트러트 ④ U볼트

50 〈그림〉은 전자제어 연료 분사 장치의 인젝터 파형이다. ①~④에 대한 설명으로 옳지 않은 것은?

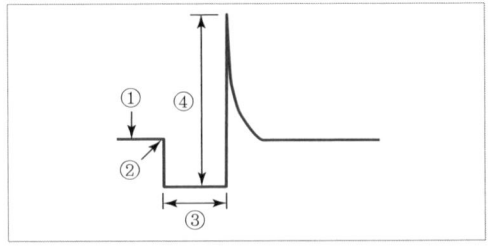

① 인젝터의 구동 전압을 나타낸다.
② 인젝터를 구동시키기 위한 트랜지스터의 OFF 상태를 나타낸다.
③ 인젝터의 구동 시간(연료 분사시간)을 나타낸다.
④ 인젝터 코일의 자장 붕괴 시 역기전력을 나타낸다.

51 스프링 아래 질량의 고유 진동에 관한 그림이다. X축을 중심으로 하여 회전운동을 하는 진동은?

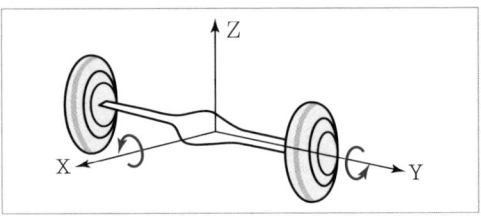

① 휠 트램프(Wheel tramp)
② 와인드업(Wind up)
③ 롤링(rolling)
④ 죠(Jaw)

52 압축비가 동일할 때 이론 열효율이 가장 높은 사이클은?
① 오토 사이클 ② 디젤 사이클
③ 사바테 사이클 ④ 브리튼 사이클

53 〈보기〉의 빈칸에 들어갈 내용으로 알맞은 것은?

$$옥탄가 = \frac{이소옥탄}{이소옥탄+(\quad)} \times 100(\%)$$

① 노말헵탄
② 알파(α)메틸나프타린
③ 톨루엔
④ 세탄

54 기관 작동 중 냉각수의 온도가 83℃를 나타낼 때 절대온도(K)는?

① 약 563K ② 약 456K
③ 약 356K ④ 약 263K

55 자동차가 선회할 때 차체의 좌우 진동을 억제하고 롤링을 감소시키는 것은?

① 스태빌라이저 ② 겹판 스프링
③ 타이로드   ④ 킹핀

56 가솔린기관의 노크를 방지하기 위한 방법으로 옳지 않은 것은?

① 점화시기를 적절하게 한다.
② 기관의 부하를 적게 한다.
③ 연료의 옥탄가를 높게 한다.
④ 흡기온도를 높게 한다.

57 평균 유효압력이 7.5kgf/cm², 행정체적 200cc, 회전수 2400rpm일 때 4행정 4기통 기관의 지시마력은?

① 14PS ② 16PS
③ 18PS ④ 20PS

58 〈그림〉과 같은 마스터 실린더의 푸시로드에는 몇 kgf의 힘이 작용하는가?

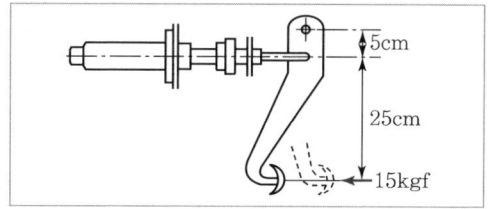

① 75kgf   ② 90kgf
③ 120kgf ④ 140kgf

59 물건을 운반 작업할 때 위험한 경우는?

① LPG 봄베, 드럼통을 굴려서 운반한다.
② 공동 운반에는 서로 협조하여 운반한다.
③ 긴 물건을 운반할 때는 앞쪽을 위로 올린다.
④ 무리한 자세나 몸가짐으로 물건을 운반하지 않는다.

60 헤드볼트를 체결할 때 토크렌치를 사용하는 이유로 가장 옳은 것은?

① 신속하게 체결하기 위해
② 작업상 편리하기 위해
③ 강하게 체결하기 위해
④ 규정 토크로 체결하기 위해

정답 및 해설

제5회 적중모의고사

01	02	03	04	05	06	07	08	09	10
②	④	③	①	②	②	③	③	②	④
11	12	13	14	15	16	17	18	19	20
④	③	②	①	①	②	①	③	③	③
21	22	23	24	25	26	27	28	29	30
②	①	②	②	③	②	③	①	④	④
31	32	33	34	35	36	37	38	39	40
④	①	④	①	④	②	①	③	④	④
41	42	43	44	45	46	47	48	49	50
②	③	①	③	④	②	②	④	③	②
51	52	53	54	55	56	57	58	59	60
①	①	①	③	①	④	②	②	①	④

01 정답 | ②
해설 | 점화플러그의 규격에서 3번째 숫자는 열가를 의미하며, 열가의 숫자가 클수록 냉형이고, 열 방출이 잘되어 고속기관에서 사용한다.

02 정답 | ④
해설 | • 패치를 이용한 타이어 수리 시 타이어 내부에 패치를 부착하므로 휠 타이어를 탈거하고 수리한다.
• 휠 타이어의 탈거 없이 수리 가능한 방법은 플러그(보통 지렁이로 표현)를 사용하는 방법이 있다.

03 정답 | ③
해설 | 스테이터 코일의 단락 시험은 통전 여부의 경우 저항값을 읽어야 하므로 테스트램프(전압 유무 확인)로는 측정할 수 없다.

04 정답 | ①
해설 | 표준보다 공기압을 낮게 주입하였을 때 주행저항이 커진다.

05 정답 | ②
해설 | 전극의 간극이 불량(작거나 큰 경우)한 경우 롱노즈 플라이어 같은 공구로 접지전극을 구부려 조정할 수 있으며, 간극점검은 필러게이지(간극게이지)를 사용한다.

06 정답 | ②
해설 | 부스트 압력센서는 과급 압력을 측정하여 웨이스트 게이트 밸브를 작동하는 신호로 사용한다.

07 정답 | ③
해설 | 변속기 오일실이 파손되면 변속기의 오일이 누설되어 클러치판이 오염될 수 있다.

08 정답 | ③
해설 | **실리콘 다이오드(정류기)의 특징**
• 정류작용을 하여 교류를 직류로 변환할 수 있도록 한다.
• 발전기에서 역류를 방지하도록 한다.
• 일반적으로 (＋)다이오드 3개, (－)다이오드 3개, 여자 다이오드 3개가 설치되어 있다.
• 정류 과정에서 고열이 발생하므로 방열판을 설치하고 로터에 냉각팬을 설치하는 방식도 있다.

09 정답 | ②
해설 | 기관이 회전 중 오일펌프의 압송에 의해 유압이 상승하면 경고등 접점이 떨어져 램프가 꺼지게 된다.

10 정답 | ④
해설 | • 촉매컨버터의 정화율은 이론공연비 부근에서 가장 높다.
• 이론공연비는 이론적으로 완전 연소가 가능한 공기와 연료의 혼합비율로 14.7(공기) : 1(연료)을 의미한다.

11 정답 | ④
해설 | **패스트 아이들 기구의 역할**
• 기관의 공회전 속도를 높여 예열시간(워밍업 타임) 단축을 위해 사용한다.
• 패스트 아이들 대시포트는 기관의 급감속 시 충격을 완화한다.
• 기관의 부하에 대한 보정 제어를 한다.
• 에어컨스위치, 파워펌프 압력스위치 등 각종 전기장치 작동 시 엔진의 부하에 대응하여 공회전 속도를 높인다.

12 정답 | ③
해설 | **수온조절기의 종류**
- 필렛형 : 왁스 충전방식
- 벨로우즈형 : 알코올, 에테르충전 방식
- 바이메탈형 : 열팽창률이 다른 2개의 금속을 이어 붙인 방식

13 정답 | ②
해설 | 점화 코일은 자기유도작용(1차), 상호유도작용(2차)의 원리를 이용한다.
① 발전기 : 플레밍의 오른손 법칙
③ 기동모터 : 플레밍의 왼손 법칙
④ 축전지 : 전류의 화학작용

14 정답 | ①
해설 | **각 논리회로의 출력이 HIGH(1)로 되는 조건**
- AND 게이트 : 양쪽의 입력이 모두 HIGH(1)일 때
- OR 게이트 : 한쪽의 입력 또는 양쪽의 입력이 모두 HIGH(1)일 때
- NOT 게이트 : 입력이 LOW(0)일 때

15 정답 | ①
해설 | 페달의 자유간극이 없는 경우 클러치 스프링의 장력 저하(클러치판의 마찰력 감소)로 클러치가 미끄러지게 된다. 반대로 자유간극이 큰 경우 동력차단이 불량할 수 있다.

16 정답 | ②
해설 | • 정방형 엔진의 행정=피스톤 외경

$$\text{행정 체적} = \text{피스톤 단면적} \times \text{행정} = \frac{\pi}{4} D^2 \times L$$
$$= 0.785 \times 10^2 \times 10 cm^3 = 785 cm^3$$

17 정답 | ①
해설 | **윤중, 축중, 공차중량의 정의**
- 윤중 : 자동차가 수평으로 있을 때, 1개의 바퀴가 수직으로 지면을 누르는 중량
- 축중 : 자동차가 수평 상태에 있을 때 1개의 차축에 연결된 모든 바퀴의 윤중의 합
- 공차중량 : 자동차가 수평으로 있을 때, 중량이 4개의 바퀴에 수직으로 걸리는 중량(승객, 수하물 없이 측정)

18 정답 | ③
해설 | **입력요소와 출력요소의 구분**
- 입력요소란 자동차에서 어떠한 제어를 하기 위한 기준 신호를 의미한다. 예를 들어 열선 스위치(입력)가 눌리면 열선 타이머릴레이 제어(출력)를 하기 위한 신호로 사용, 도어 스위치(입력)가 오프되면 도어열림 경고등(출력)을 켜주기 위한 신호도 사용된다.
- 출력요소란 자동차에서 기준 신호를 받아 실제 작동되는 작동부를 의미한다. 예를 들어 시트벨트를 장착하지 않고(시트벨트 스위치)(입력) 차량의 속도가 발생(차속 센서)(입력)한 경우 시트벨트 경고등을 켠다(출력).

19 정답 | ③
해설 | **30초 인증 타이머(버튼 엔진 시동 시스템)**
- 주행 중 엔진 정지 혹은 시동 꺼짐에 대비하여 FOB 키가 없을 때에도 시동을 허용하기 위한 기능이다.
- 이 시간 동안 키가 없이도 시동은 가능하며, 시간경과 혹은 인증실패 상태에서는 버튼을 누르면 재인증 시도할 수 있다.

20 정답 | ③
해설 | ① 에어 부스터 : 에어 컴프레셔를 사용한 배력 제동장치
② 릴리스 포크 : 수동변속기에서 릴리스 실린더에서 동력을 받아 클러치 릴리스 베어링을 작동하기 위한 부품
④ 릴리스 실린더 : 클러치 마스터 실린더에서 유압을 받아 클러치 릴리스 포크를 작동하기 위한 부품

21 정답 | ②
해설 | ① 십자형 자재이음 : 길이의 십자 모양의 십자축과 십자축의 각 끝을 요크에 연결하기 위한 캡식 니들 롤러 베어링으로 구성된다.
③ 트리포드 조인트 : 축 방향의 슬라이드가 가능하며, 방진성이 양호하고 토크 용량이 크다는 특징이 있다.
④ 벨 조인트 : 휠 측에 사용되고 있다. 등속성이 우수하고 작동각이 크며, 소형이라 취급이 용이하다는 특징이 있다.

22 정답 | ①
해설 | **차압센서의 특징**
- 디젤 촉매 필터(CPF)에 설치하여 전·후단의 압력차를 측정하고 PM의 토적 정도를 예측한다.
- 지속적인 PM 포집에도 디젤 엔진 후처리 장치(DPF) 전·후단의 압력차가 발생하지 않으면 DPF 및 차압센서의 고장 여부를 예상할 수 있다.
- 차압센서는 CPF 전단 및 후단의 압력을 측정한다.
- 기준 차압(약 20~30kPa) 이상일 때 이를 감지하여 CPF 재생 시기로 판단한다.

23 정답 | ②
해설 | **서지탱크의 특징**
- 흡기 장치의 부품으로 적당한 부피의 공동부를 갖는 공기 보조탱크를 말한다.
- 흡기 간섭(맥동적 유동)이 완화(방지)되고, 흡기 관성 효과가 향상된다.

24 정답 | ②
해설 | **부동액의 특징**
- 부동액 : 물과 어는점이 낮은 원료를 혼합하여 만든 용액
- 부동액의 원료 : 에틸렌글리콜, 프로필렌글리콜, 에틸알코올
- 부동액의 비중이 클수록 어는점이 낮아져 비중계를 통해 부동액의 세기를 점검할 수 있다.

25 정답 | ③
해설 | 60km/h를 m/s 단위로 변환
$$= \frac{60 \times 1000}{3600} \text{m/s} = 16.66\text{m/s}$$
10초 후 16.66m/s로 증속 되었으니
$$\frac{16.66\text{m/s}}{10\text{s}} = 1.66\text{m/s}^2$$

26 정답 | ②
해설 | 직접점화장치(DIS)는 전자제어 방식으로 연소실 1개당 점화 코일 1개가 설치되어 있고 ECU를 통해 점화시기가 각각 제어되므로 배전기가 필요 없다.

27 정답 | ③
해설 | 총 마찰력 = 피스톤 1개당 마찰력 × 피스톤당 링 수 × 실린더 수

28 정답 | ①
해설 | 압력 = $\dfrac{\text{힘}}{\text{단면적}} = \dfrac{100\text{kgf}}{\dfrac{\pi}{4} 2^2 \text{cm}^2} = 31.84\text{kgf/cm}^2$

29 정답 | ④
해설 | NPN형 트렌지스터의 경우 아래 그림과 같이 베이스에서 이미터로 컬렉터에서 이미터로 전류가 흐른다.

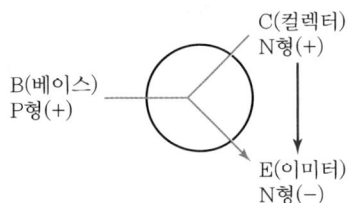

30 정답 | ④
해설 | 점화플러그 간극의 카본을 제거하는 방법 중 샌드블라스터를 사용할 경우 블라스터에서 고압으로 분사되는 연마제(샌드)가 눈에 들어갈 수 있기에 보안경을 사용해야 한다.

31 정답 | ④
해설 | 점화 2차 파형의 드웰 시간(점화 준비시간)(TR ON 구간)은 2~6ms이다.

32 정답 | ①
해설 | MF 배터리 대비 3배 이상 수명이 길다.

33 정답 | ④
해설 | 자동차의 검사항목은 공차 상태에서 운전자 1명이 승차하여 시행한다. [「자동차관리법 시행규칙」 [별표 15] 자동차검사기준 및 방법(제73조 관련) 1조 가항]

34 정답 | ①
해설 | 전기를 사용한 공구의 사용 중 정전이 발생한 경우 반드시 전원을 먼저 차단하고 점검 및 수리 후에 작업하던 공작물은 탈거하고 작업이 불완전한 상태이면 새것으로 교환 후에 작업을 마무리한다.

35 정답 | ④
해설 | • 헤지테이션(가속 지연)

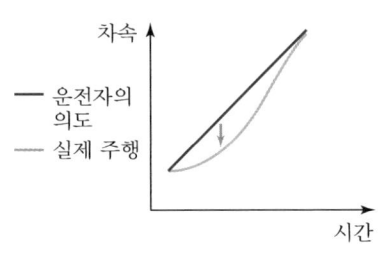

• 서징(정속 주행 시 전후 진동)

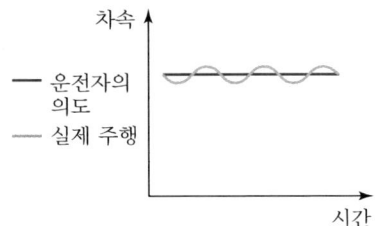

• 스텀블(가속 시 전후 진동)

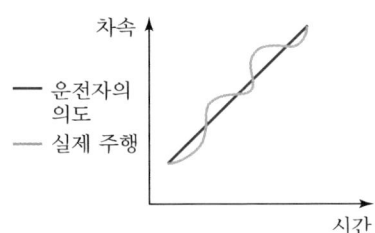

36 정답 | ②
해설 | 2중 훅 이음식은 중심요크로 중심을 지지하는 CV이음으로 구조가 복잡해지고 설치공간이 많이 필요하다.
CV이음의 종류
• 트랙터식 : 등속의 상태가 불완전하고 각도가 큰 곳에서는 작동의 제한이 있다.
• 벤딕스식 : 4개의 스틸 볼을 이용해 동력을 전달하며 4개의 볼의 중심에는 중심유지용의 작은 볼을 설치한 구조로 되어있다.
• 제파식 : 동력 전달용 볼의 위치를 바른 곳에 유지시켜 주는 볼 리테이너가 있고, 볼 리테이너는 한쪽 축의 중공부에 고정된 파일럿 핀에 의해 연결각에 따라 자동으로 위치가 움직인다.
• 버필드식 : 원호에 스플라인을 통하여 볼을 감싸고 있는 아웃 링과의 결합으로 구성되어 있다. 각이 큰 경우에도 큰 동력의 전달이 가능하여 앞바퀴 구동축으로 많이 사용하고 있다.

37 정답 | ①
해설 | 핀 서모센서는 에어컨라인 에바포레이터 빙결을 감시하는 센서이다.

38 정답 | ③
해설 | 플런저의 유효 행정이 커지면 분사되는 연료의 체적(부피)이 증가하므로 송출량은 많아진다.

39 정답 | ④
해설 | **각 기관의 열역학 사이클**
- 가솔린 기관 : 오토 사이클(정적 사이클)
- 디젤 기관 : 디젤 사이클(정압 사이클)
- 고속디젤 기관 : 사바테 사이클(복합 사이클)

40 정답 | ④
해설 | 배압이 커지면 배기브레이크 효과로 기관출력이 저하될 수 있다.

41 정답 | ②
해설 | EGR율이란 흡기관에 흡입되는 전체 공기량(흡입 공기량 + EGR 가스량) 중 EGR 가스가 몇 퍼센트 포함되어 있는지 수치로 표현한 것이다.

42 정답 | ③
해설 | 체크밸브는 연료 라인의 역류를 방지하여 기관의 시동이 꺼진 뒤에도 연료 라인의 잔압을 유지하고 이후 재시동 시 연료공급을 원활하게 하는 역할을 한다.

> [Tip] **베이퍼 록**
> 유압라인에서 오일 또는 연료가 비등(기화)하여 기포에 의해 유압이 낮아져 재기능을 하지 못하는 상태

43 정답 | ①
해설 | 〈그림〉은 축의 처짐(휨)을 점검하는 것이다. 일반적으로 V 블록에 축을 올려놓고 축을 회전시키면서 다이얼게이지 눈금의 좌, 우 움직임을 읽은 값에 1/2을 하여 최종 측정값으로 한다.

44 정답 | ③
해설 | • 회전 충격 흡수 : 댐퍼 스프링
• 접촉 충격 흡수 : 쿠션 스프링

45 정답 | ④
해설 | • 공주거리 : 운전자가 위험 물체를 보고 브레이크를 밟을 때까지의 거리
• 제동거리 : 운전자가 브레이크를 밟아 차량이 정차할 때까지의 거리
• 정지거리 : 공주거리 + 제동거리

46 정답 | ②
해설 | 스로틀 포지션 센서는 전류가 미세하여 측정하지 않는다.

47 정답 | ②
해설 | • 동시분사방식 : 크랭크샤프트 1회전마다 전기통(모든 실린더)을 동시에 1회 분사한다.
• 독립분사방식 : 점화 순서에 따라 배기행정 말기(흡입행정 직전)에 분사된다. 크랭크 샤프트 2회전마다 1회씩 분사한다.

48 정답 | ④
해설 | 방전가능시간 = $\dfrac{\text{축전지 용량}}{\text{소모전류}} = \dfrac{100Ah}{200A} = 0.5h$
= 30분

49 정답 | ③
해설 | **판스프링의 구조**
- 스프링아이 : 주 스프링 판 양 끝에 핀 고정부
- 스팬 : 주 스프링아이의 사이 거리
- 섀클 : 스팬의 길이를 가능하게 하는 역할
- U볼트 : 차축과 판스프링 사이를 고정

50 정답 | ②
해설 | 인젝터를 구동시키기 위한 트랜지스터의 ON 상태를 나타낸다.

51 정답 | ①
해설 | **스프링 아래 진동의 종류**
- 휠 트램프(Wheel tramp) : X축을 중심으로 회전운동을 하는 고유진동
- 와인드 업(Wind up) : Y축을 중심으로 회전운동을 하는 고유진동
- 휠 호프(Wheel hop) : Z축으로 평행하게 상하운동을 하는 고유진동
- 죠(Jaw) : Z축을 중심으로 회전운동을 하는 교유진동

52 정답 | ①
해설 | **조건에 따른 이론 열효율이 높은 사이클 순서**
- 압축비 동일 : 오토 > 사바테 > 디젤
- 최고압력 동일 : 디젤 > 사바테 > 오토

53 정답 | ①
해설 | **옥탄가**
- 연료의 내폭성을 나타내는 수치로 옥탄가가 높을수록 노킹방지 성질이 강하다.
- 옥탄가 = $\dfrac{\text{이소옥탄}}{\text{이소옥탄 + 노말헵탄(정헵탄)}} \times 100(\%)$

54 정답 | ③
해설 | 0°C = 273K
83°C + 273K = 356K

55 정답 | ①
해설 | 스태빌라이저는 한쪽으로 치우친 충격을 분산시켜 주는 형태의 현가장치이다. 보통 활대와 비슷한 형태로 링크와 로워암을 연결하여 차체의 롤링 진동을 막아준다

56 정답 | ④
해설 | **가솔린 노킹을 방지 대책(자기착화를 방지해야 함)**
- 점화시기를 지각(지연)시킬 것
- 흡입공기의 온도를 낮게 할 것
- 연소실의 온도를 낮게 할 것
- 압축압력을 낮게 할 것
- 혼합기는 농후하게 할 것
- 연소실 표면적은 최소로 할 것

- 혼합기에 와류가 있을 것(연료가 부족한 곳에서 노킹 발생)
- 옥탄가가 높은 연료를 사용할 것

57 정답 | ②
해설 | 지시마력 $= \dfrac{PVRN}{75 \times 60 \times 100 \times 2}$

$= \dfrac{7.5 \times 200 \times 2400 \times 4}{75 \times 60 \times 100 \times 2} = 16PS$

여기서
75 = kgf · m/s 단위에서 PS로 단위변환
60 = 분당 회전수를 초당 회전수로 변환
100 = cm를 m로 변환
2 = 4행정 1사이클 기관은 크랭크 축이 2회전 시 1회 폭발하므로 회전력/2

58 정답 | ②
해설 | 지렛대 비 = 5 : 30 = 1 : 6
15kgf × 6 = 90kgf

59 정답 | ①
해설 | LPG 봄베, 드럼통을 운반할 경우 손수레(대차) 등을 이용한다.

60 정답 | ④
해설 | 토크렌치는 규정 토크로 볼트를 체결하기 위해 사용하며 헤드볼트의 경우 헤드와 실린더 사이 가스켓이 있어 조임 토크가 다를 경우 가스켓의 밀착력이 달라 밀착력이 약한 부분에서 혼합기, 냉각수, 오일 등이 누설될 수 있다.

적중모의고사 제6회

01 점화플러그 간극 규정 값은?
① 0.3~0.4mm ② 7.9~8.0mm
③ 1.2~1.3mm ④ 1.0~1.1mm

02 점화플러그에 대한 설명으로 틀린 것은?
① 열가는 점화플러그의 열방출 정도를 수치로 나타내는 것이다.
② 방열효과가 낮은 특성의 플러그를 열형 플러그라고 한다.
③ 전극의 온도가 자기청정온도 이하가 되면 실화가 발생한다.
④ 고부하 고속회전이 많은 기관에서는 열형 플러그를 사용하는 것이 좋다.

03 축간거리가 3.5m이고, 조향각이 30°이다. 이때 최소회전반경은? (단, 킹핀거리는 무시한다.)
① 7m ② 8m
③ 9m ④ 10m

04 흡기다기관 진공도 시험으로 알아낼 수 없는 것은?
① 밸브 작동의 불량
② 점화시기의 불량
③ 흡·배기 밸브의 밀착상태
④ 연소실 카본 누적

05 소화기의 종류에 대한 설명으로 틀린 것은?
① 분말 소화기 – 기름화재나 전기화재에 사용한다.
② 탄산가스 소화기 – 가스와 드라이아이스를 이용하여 소화하며 기름화재나 전기화재에 유효하다.
③ 물 소화기 – 고압의 원리로 물을 방출하여 소화하며, 기름화재나 전기화재에 사용한다.
④ 거품 소화기 – 연소물에 산소를 차단하여 소화하며, 기름화재나 일반화재에 사용한다.

06 조정렌치를 취급하는 방법으로 틀린 것은?
① 렌치에 파이프 등을 끼워서 사용하지 말 것
② 조정 조(Jaw) 부분에 윤활유를 도포할 것
③ 볼트 또는 너트의 치수에 밀착되도록 크기를 조절할 것
④ 작업 시 몸쪽으로 당기면서 작업 할 것

07 NTC 서미스터의 특징이 아닌 것은?
① 자동차의 수온센서에 사용된다.
② 온도와 저항은 반비례한다.
③ 부특성의 온도계수를 갖는다.
④ $BaTiO_3$를 주성분으로 한다.

08 공회전 상태가 불안정할 경우 점검사항으로 틀린 것은?
① 공회전속도 제어 시스템을 점검한다.
② 삼원 촉매장치의 정화상태를 점검한다.
③ 흡입공기 누설을 점검한다.
④ 스로틀바디를 점검한다.

09 크랭크샤프트 포지션 센서 부착시 O링에 도포하는 것은?
① 휘발유 ② 경유
③ 엔진 오일 ④ 브레이크액

10 기관의 분해 정비를 결정하기 위해 기관을 분해하기 전 점검해야 할 사항으로 거리가 먼 것은?
① 기관 운전 중 이상소음 및 출력점검
② 피스톤 링 갭(gap) 점검
③ 실린더 압축압력 점검
④ 기관 오일압력 점검

11 파워스티어링 부품이 아닌 것은?
① 유압 리타더　② 동력 실린더
③ 유압 펌프　　④ 유압제어장치

12 자동차검사기준 및 방법에서 등화장치 검사기준에 대한 설명으로 틀린 것은?
① 변환빔의 진폭은 10미터 위치에서 기준수치 이내일 것
② 변환빔의 광도는 3천 칸델라 이상일 것
③ 컷오프선의 꺾임각이 있을 경우 꺾임각의 연장선은 우측 하향일 것
④ 어린이 운송용 승합자동차에 설치된 표시등이 안전기준에 적합할 것

13 ETACS 간헐 와이퍼에서 입력요소에 해당하는 것은?
① INT 스위치 및 시동스위치
② INT 스위치 및 INT 타이머 스위치
③ INT 스위치
④ INT 스위치 및 라이트 스위치

14 엔진의 회전수가 3500rpm, 제2속의 감속비 1.5, 최종감속비 4.8, 바퀴의 반경이 0.3m일 때 차속은? (단, 바퀴는 지면과 미끄럼은 무시한다.)
① 약 35km/h　② 약 45km/h
③ 약 55km/h　④ 약 65km/h

15 3A로 15시간 방전할 수 있는 배터리 용량은 최소 얼마인가?
① 30Ah　② 40Ah
③ 45Ah　④ 60Ah

16 계기판의 엔진 회전계가 작동하지 않는 결함 원인에 해당 되는 것은?
① VSS(Vehicle Speed Sensor) 결함
② CPS(Crankshaft Position Sensor) 결함
③ MAP(Manifold Pressure Sensor) 결함
④ CTS(Coolant Temperature Sensor) 결함

17 행정이 100mm이고, 회전수가 1500rpm인 4행정 사이클 가솔린 엔진의 피스톤 평균속도는?
① 5m/sec　② 15m/sec
③ 20m/sec　④ 50m/sec

18 엔진의 흡입장치 구성요소에 해당되지 않는 것은?
① 촉매장치
② 서지탱크
③ 공기청정기
④ 레조네이터(resonator)

19 교류발전기의 외부 단자에 대한 설명으로 올바르지 않은 것은?
① B+단자 : 자동차 주전원 및 축전지 충전 단자이다.
② C단자 : 발전기의 조정 전압을 제어하기 위해 신호를 내보내는 단자이다.
③ FR단자 : 발전기의 발전 상태를 모니터링하는 단자이다.
④ L단자 : 발전기의 접지 단자이다.

20 전자제어 가솔린엔진에서 점화시기에 영향을 주는 것은?

① 노킹 센서
② PCV(Positive Crankcase Ventilation)
③ 퍼지 솔레노이드 밸브
④ EGR 솔레노이드 밸브

21 빛을 받으면 전류가 흐르는 다이오드는?

① 제너 다이오드
② 발광 다이오드
③ 트랜지스터
④ 포토 다이오드

22 전자제어 연료분사 가솔린 기관에서 연료펌프의 체크밸브는 어느 때 닫히는가?

① 연료 분사 시
② 기관 회전 시
③ 연료 압송 시
④ 기관 정지 후

23 윤활회로 압력 점검 방법에 대한 설명으로 옳은 것은?

① 공회전 상태에서 오일압력이 0.3kgf/cm² 이하가 되면 오일 경고등이 소등되는데, 이때에는 오일펌프 또는 베어링 각 부의 마멸이나 오일 스트레이너의 막힘, 오일 필터의 막힘 등을 생각할 수 있다.
② IG ON 상태에서는 오일 경고등이 소등되어야만 하고, 시동을 걸어 오일압력이 0.3~1.6 kg/cm² 정도를 형성하면 경고등이 점등되는 것이다.
③ 일반적으로 엔진 온도 80℃, 엔진 회전수 2000 rpm 정도에서 최소한 2kg/cm² 정도의 압력이 유지되어야 한다.
④ IG ON 상태에서 윤활회로 압력과 오일 경고등의 전기회로를 점검한다.

24 다음 회로에서 스위치 ON/OFF 시 A점의 전압을 바르게 표시한 것은? (단, 배선과 TR의 저항은 무시한다.)

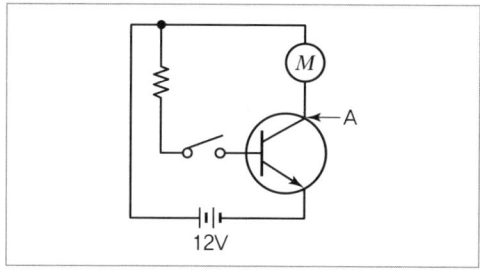

① ON : 0V, OFF : 12V
② ON : 0V, OFF : 0V
③ ON : 12V, OFF : 0V
④ ON : 12V, OFF : 12V

25 아래 그림은 어떤 센서의 출력 파형인가?

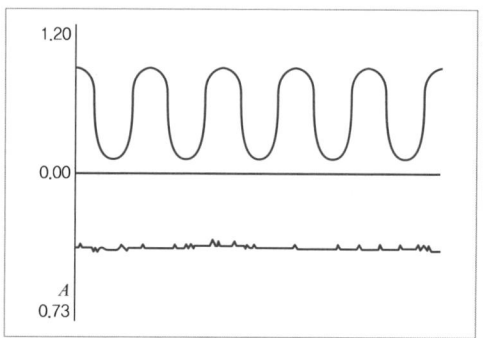

① 아이들 스피드 액추에이터(ISA) 정상파형
② 산소센서 전방 & 후방 파형
③ APS 1, 2 센서 파형
④ 맵센서 & TPS 센서 파형

26 조향핸들의 유격은 당해 자동차의 조향핸들 지름의 몇 % 이내이어야 하는가?

① 12.5%
② 13.5%
③ 15%
④ 20%

27 EGR(Exhaust Gas Recirculation) 밸브가 작동하는 구간으로 맞는 것은?
① 급가속 구간 ② 중속 구간
③ 공회전 구간 ④ 저속 구간

28 NPN 파워트랜지스터에 접지되는 단자는?
① 접지가 필요 없다. ② 베이스
③ 컬렉터 ④ 이미터

29 가변흡기제어장치의 배선 커넥터 점검사항이 아닌 것은?
① 커넥터 접촉불량
② 커넥터 느슨함
③ 커넥터 일련번호
④ 커넥터 핀 구부러짐

30 다음 내용을 보고 ( )안에 알맞게 연결된 것은 무엇인가?

> 연료탱크의 주입구 및 가스배출구는 화재 발생위험으로 배기통 끝에서 (㉠)cm 이상, 노출된 전기단자로부터 (㉡)cm 이상 간격을 두고 설치하여야 한다.

① ㉠ : 20 ㉡ : 30
② ㉠ : 25 ㉡ : 20
③ ㉠ : 20 ㉡ : 25
④ ㉠ : 30 ㉡ : 20

31 동력조향장치에 사용되는 작동유가 갖추어야 할 성질이 아닌 것은?
① 압축성과 유동성이 좋아야 한다.
② 온도 변화에 대한 점도 변화가 적어야 한다.
③ 산화 안정성을 무시한다.
④ 밀봉재를 변질시키지 말아야 한다.

32 전동공구 사용 시 발생할 수 있는 감전사고에 대한 설명으로 틀린 것은?
① 감전으로 인한 2차 재해가 발생할 수 있다.
② 공장의 전기는 저압교류를 사용하기 때문에 안전하다.
③ 전기 감전 시 사망할 수 있다.
④ 전기감전은 사전 감지가 어렵다.

33 유압식 전자제어 파워스티어링 ECU의 입력 요소가 아닌 것은?
① 차속 센서
② 스로틀 포지션 센서
③ 크랭크축포지션 센서
④ 조향각 센서

34 다음 내연기관에 관한 내용으로 맞는 것은?
① DOHC 엔진의 경우 반구형 연소실을 많이 사용한다.
② 워터재킷과 오일 통로는 실린더 헤드에 설치되어 있다.
③ 베어링 스프레드는 피스톤 핀 저널에 베어링을 조립 시 밀착되게 끼울 수 있게 한다.
④ DOHC 엔진의 밸브 수는 16개이다.

35 기동전동기의 스타터 모터가 작동하지 않거나, 회전력이 약한 원인이 아닌 것은?
① 배터리 전압이 낮다.
② ST단자에 공급되는 전원이 12V이다.
③ 접지가 불량하다.
④ 계자코일이 단락되었다.

36 주행저항 중에서 구름저항의 원인으로 틀린 것은?
① 타이어 접지부의 변형에 의한 것
② 노면 조건에 의한 것
③ 타이어의 미끄러짐에 의한 것
④ 자동차의 형상에 의한 것

37 점화장치의 구비조건으로 틀린 것은?
① 불꽃 에너지가 높아야 한다.
② 점화시기 제어가 정확해야 한다.
③ 발생 전압이 높고 여유 전압이 작아야 한다.
④ 절연성이 우수해야 한다.

38 운전석 메모리 시트 시스템(IMS)의 출력요소가 아닌 것은?
① 슬라이드 전·후진 스위치
② 프런트 하이트 모터
③ 리클라이 모터
④ 슬라이드 모터

39 부동액 교환 작업에 대한 설명으로 틀린 것은?
① 보조탱크의 FULL까지 부동액 보충
② 여름철 온도를 기준으로 물과 원액을 혼합으로 부동액을 희석
③ 냉각계통 냉각수를 완전히 배출시키고 세척제로 냉각장치 세척
④ 부동액이 완전히 채워지기 전까지 엔진을 구동하여 냉각팬이 가동되는지 확인

40 흡기 다기관 교환 시 함께 교환하는 부품으로 옳은 것은?
① 흡기 다기관 고정 볼트
② 흡기 다기관 개스킷
③ 에어클리너
④ 엔진오일

41 수냉식 냉각장치의 장단점에 대한 설명으로 틀린 것은?
① 실린더 주위를 균일하게 냉각시켜 공랭식보다 냉각효과가 좋다.
② 공랭식보다 보수 및 취급이 복잡하다.
③ 실린더 주위를 저온으로 유지시키므로 공랭식보다 체적효율이 좋다.
④ 공랭식보다 소음이 크다.

42 점화스위치에서 점화코일, 계기판, 컨트롤 릴레이 등의 시동과 관련된 전원을 공급하는 단자는?
① ST   ② IG1
③ IG2   ④ ACC

43 화상으로 수포가 발생했을 때 응급조치로 가장 적절한 것은?
① 수포를 터뜨리지 않고, 소독가제로 덮어준 후 의사에게 진료한다.
② 화상 연고를 바르고 수포를 터뜨려 치료한다.
③ 수포를 터뜨린 후 병원으로 후송한다.
④ 응급조치로 찬물에 식혀준 후 수포를 터뜨린다.

44 브레이크 드럼의 지름이 600mm, 브레이크 드럼에 작용하는 힘이 180kgf인 경우 드럼에 작용하는 토크(kgf·cm)는? (단, 마찰계수는 0.15이다.)
① 405   ② 810
③ 4050   ④ 8100

45 점화장치의 점화회로 점검사항으로 틀린 것은?
① 메인 및 서브 퓨저블링크의 단선 유무
② 점화순서 및 고압케이블의 접속 상태
③ 점화코일 쿨러의 냉각상태 점검
④ 배터리 충전상태 및 케이블 접속 상태

46 흡기다기관의 검사 항목으로 옳은 것은?
① 흡기 다기관의 변형과 균열 여부를 검사한다.
② 엔진 시동 후 흡기 다기관 주위에 엔진오일을 분사하여 엔진 rpm의 변화 여부를 확인한다.
③ 흡기 다기관의 압축상태를 점검한다.
④ 흡기 다기관과 밀착되는 헤드의 배기구 면을 확인한다.

47 기관 부품을 점검 시 작업방법으로 가장 적합한 것은?
① 기관을 가동과 동시에 부품의 이상 유무를 빠르게 판단한다.
② 부품을 정비할 때 점화스위치를 ON 상태에서 축전지 케이블을 탈거한다.
③ 산소센서의 내부저항을 측정하지 않는다.
④ 출력 전압은 쇼트시킨 후 점검한다.

48 유압식 동력조향장치(Power Steering System)의 구성품이 아닌 것은?
① 구동 벨트   ② 조향 모터
③ 구동 풀리   ④ 오일 펌프

49 자동차 계기판의 온도계는 어느 부분의 온도를 표시하는가?
① 라디에이터 중간 부분의 냉각수 온도
② 배기 매니폴드 부근의 냉각수 온도
③ 실린더 라이너 하단부의 냉각수 온도
④ 실린더 헤드 부위의 냉각수 온도

50 기동전동기의 동력전달 방식이 아닌 것은?
① 싱크로매시식   ② 전기자 섭동식
③ 벤딕스식   ④ 피니언 섭동식

51 브레이크 계통에 공기가 혼입되었을 때 공기빼기 작업방법으로 틀린 것은?
① 공기 배출작업 중 에어브리더 플러그를 잠그기 전에 페달을 놓는다.
② 페달을 몇 번 밟고 브리더 플러그를 1/2~3/4 풀었다가 실린더 내압이 저하되기 전에 조인다.
③ 블리더 플러그에 비닐 호스를 끼우고 한쪽 끝을 브레이크 오일통에 넣는다.
④ 마스터 실린더에 오일을 가득 넣은 후 반드시 공기배출을 해야 한다.

52 윈드 실드 와이퍼 작동 시 와이퍼 블레이드의 떨림 현상과 닦임 불량 현상의 원인은?
① 와이퍼 모터 불량
② 전면유리에 왁스 또는 기름이 묻음
③ 와이어 스위치 불량
④ 와이퍼 모터 파킹스위치 접촉 불량

53 안전벨트 프리텐셔너의 설명으로 틀린 것은?
① 에어백 전개 후 탑승객의 구속력이 일정 시간 후 풀어주는 리미터 역할을 한다.
② 차량 충돌 시 신체의 구속력을 높여 안전성을 향상시킨다.
③ 자동차 후면 추돌 시 에어백을 빠르게 전개시킨 후 구속력을 증가시킨다.
④ 자동차 충돌 시 2차 상해를 예방하는 역할을 한다.

54 자동차의 교류발전기를 교환하고 시험하는 내용으로 틀린 것은?
① 시동 후 발전기의 출력 전류를 측정할 때는 모든 전기 부하를 ON해야 한다.
② 시동 후 발전기의 출력 전압은 배터리 전압으로 출력 전류는 50A 미만으로 출력되어야 한다.
③ 발전기의 팬벨트 장력을 규정값으로 조정한다.
④ 시동 후 발전기의 출력전압은 배터리 전압보다 높게 나와야 한다.

55 버튼 시동 시스템에서 단품 교환 후 키 등록이 필요 없는 것은?
① 스마트 키   ② 전원분배 모듈
③ 스마트 키 ECU   ④ 실내 안테나

56 점화플러그 불꽃시험 시 주의사항으로 옳은 것은?
① 배터리 (−)단자 탈거 후 점검
② 크랭크 각 센서 탈거 후 점검
③ 고전압에 의한 감전 주의
④ 점화스위치 ACC 상태 유지

57 연소팽창에 의해 크랭크실로 유입되는 가스를 연소실로 유도하여 재연소시키는 장치는?

① 촉매 변환기
② 연료증발가스 배출 억제장치
③ 블로바이 가스 환원 장치
④ 배기가스 재순환 장치

58 LPG기관에 사용되는 연료의 특성에 대한 설명으로 틀린 것은?

① 겨울철에는 시동 성능이 떨어진다.
② NOx 배출량이 가솔린 기관에 비해 많다.
③ LPG의 옥탄가는 가솔린 보다 높다.
④ 연소 후 연소실에 카본 퇴적물이 적다.

59 일감의 지름 크기가 같은 오픈렌치와 복스렌치를 일체화한 것이며, 스패너 쪽은 빠르게 조일 수 있고 복스렌치 쪽은 큰 토크로 죄는 작업을 할 수 있는 렌치는?

① 토크 렌치　② 조정 렌치
③ 소켓 렌치　④ 콤비네이션 렌치

60 방열기 압력식 캡에 관하여 설명한 것이다. 알맞은 것은?

① 냉각범위를 넓게 냉각효과를 크게하기 위하여 사용된다.
② 부압 밸브는 방열기 내의 부압이 빠지지 않도록 하기 위함이다.
③ 게이지 압력은 2~3kgf/cm²이다.
④ 냉각수량을 약 20% 증가시키기 위해서 사용된다.

정답 및 해설

제6회 적중모의고사

01	02	03	04	05	06	07	08	09	10
④	④	①	④	③	②	④	②	③	②
11	12	13	14	15	16	17	18	19	20
①	③	②	③	③	②	①	①	④	①
21	22	23	24	25	26	27	28	29	30
④	④	③	①	②	①	②	④	③	④
31	32	33	34	35	36	37	38	39	40
③	②	③	③	②	④	③	①	②	②
41	42	43	44	45	46	47	48	49	50
④	②	①	②	③	①	③	②	④	①
51	52	53	54	55	56	57	58	59	60
①	②	①	②	④	③	④	②	③	①

01 정답 | ④
해설 | 점화플러그의 간극은 약 1.0~1.1mm이다.

02 정답 | ④
해설 | 냉형 플러그는 방열 경로가 짧아 열방출이 빠르고 고속 · 고부하 엔진에 적합하다.

03 정답 | ①
해설 | 최소회전반경
$= \dfrac{L(m)}{\sin\alpha} + r = \dfrac{3.5\text{m}}{\sin 30°} + 0 = \dfrac{3.5\text{m}}{0.5} = 7\text{m}$

04 정답 | ④
해설 | • 연소실의 카본 누적 점검은 "압축압력시험"으로 실시한다.
• 압축압력 시험에서 압축압력이 높은 경우 연소실에 카본이 쌓인 것으로 판단할 수 있다.

05 정답 | ③
해설 | 물 소화기는 A급 화재(종이, 목재 등 일반 가연물 화재)에 사용된다.

06 정답 | ②
해설 | 조정 조(Jaw)에 윤활유를 도포할 경우 렌치와 너트 사이의 마찰력 저하로 미끄러질 수 있다.

07 정답 | ④
해설 | 티이타늄산바륨($BaTiO_3$)은 PTC의 재료로 사용되며, NTC의 재료에는 고온/중온/저온용에 따라 Al_2O_3/Cu_2O_3/MnO, NiO, Fe_2O_3 분말을 소결한 복합산화물 세라믹을 사용한다.

08 정답 | ②
해설 | 공회전 시 삼원촉매장치의 정화작용에 영향을 주며, 삼원촉매장치가 공회전에 영향을 주는 것은 아니다. 공회전 시 배출가스 온도가 낮아(약 200~300℃) 삼원촉매장치의 효율이 약 10% 이하로 떨어져 주행시와 비교하여 일산화탄소는 6.5배, 탄화수소는 2.5배 더 많이 배출된다.

09 정답 | ③
해설 | 크랭크 샤프트 포지션 센서(CKPS)에 부착시 크랭크실의 오일 누설 방지를 위해 오링을 장착하므로 엔진 오일을 도포하여 밀봉작용을 도와준다.

10 정답 | ②
해설 | 피스톤 링 갭은 기관 분해 후 점검사항이다.
• 실린더 압축압력시험을 통해 엔진 성능이 현저하게 저하될 때 분해 · 수리 여부를 결정한다.
• 실린더 헤드 개스킷 불량, 헤드 변형, 실린더 벽, 피스톤 링 마멸, 밸브 불량 등을 판정할 수 있다.

11 정답 | ①
해설 | 유압 리타더는 대형차량의 추진축에 설치된 제3브레이크 장치이다.

12 정답 | ③
해설 | ① 변환빔의 진폭은 10미터 위치에서 기준수치 이내일 것
② 변환빔의 광도는 3천 칸델라 이상일 것
③ 컷오프선의 꺾임각이 있을 경우 꺾임각의 연장선은 우측으로 15° 상향일 것

13 정답 | ②
해설 | 간헐 와이퍼의 입력요소
- 점화스위치 : ON전원(IG2)을 입력
- INT 스위치 : 다기능 스위치에서 간헐와이퍼 작동
- INT 타이머 : 다기능 스위치에서 간헐 타임 조절

14 정답 | ③
해설 | 바퀴의 속도 = $\dfrac{\text{엔진회전수}}{\text{변속비} \times \text{종감속비}} = \dfrac{3500\text{rpm}}{1.5 \times 4.8}$
$= 486.11\text{rpm}$

차속 = 바퀴의 속도 × 바퀴의 둘레($2\pi r$) × $\dfrac{60}{1000}\text{km/h}$

(여기서 $\dfrac{60(\text{분} \rightarrow \text{시간})}{1000(\text{m} \rightarrow \text{km})}$은 단위변환을 위함)

$= 486.11\text{rpm} \times 2 \times 3.14 \times 0.3\text{m} \times \dfrac{60}{1000}\text{km/h}$
$= 54.94\text{km/h}$

15 정답 | ③
해설 | 축전지의 용량(Ah) = 일정 방전전류(A) × 방전 종지 전압까지의 연속방전시간(h) = $3\text{A} \times 1.5\text{h} = 45\text{Ah}$

16 정답 | ②
해설 | 엔진 회전수를 검출하여 계기판으로 전송해주는 센서는 크랭크각 센서이다.
※ 참고
- VSS : 차속센서
- MAP : 흡기압센서
- CTS : 냉각수온센서

17 정답 | ①
해설 | 피스톤의 평균속도 = $\dfrac{2 \times \text{행정(m)} \times \text{회전수(rpm)}}{60}$
$= \dfrac{2 \times 0.1\text{m} \times 1500\text{rpm}}{60} = 5\text{m/s}$

18 정답 | ①
해설 | 촉매장치 : 유해가스(NOx, HC, CO) 감소 목적으로 배기장치에 속함
※ 레조네이터 : 흡기계의 공명음을 억제하기 위한 소음장치이다.

19 정답 | ④
해설 | L단자 : 충전 불가 시 계기판의 충전경고등을 점등시키기 위한 단자이다.

20 정답 | ①
해설 | 점화시기가 너무 진각되면 노크가 발생되며, 노킹 센서는 노크를 감지하여 점화시기를 일정 수준으로 지각시킨다.

21 정답 | ④
해설 | 다이오드의 특징
- 제너다이오드 : 일정 역전압 이상(브레이크 다운전압)에서 전류가 역방향으로 흐름
- 발광다이오드 : 순방향 전류가 흐를 때 빛이 발생
- 트랜지스터 : 증폭작용, 스위칭 작용
- 포토 다이오드 : 빛을 받으면 역방향 전류가 흐름

22 정답 | ④
해설 | 연료펌프의 체크밸브는 엔진 정지 후 닫혀 연료라인 내에 잔압을 유지시켜 재시동성을 향상시키는 역할을 한다.

23 정답 | ③
해설 | 윤활회로 압력 점검
- 시동상태의 엔진이 규정 속도일 때 윤활회로 압력과 오일 경고등의 전기회로를 점검
- 일반적으로 엔진 온도 80℃, 엔진 회전수 2000rpm 정도에서 최소한 2kg/cm^2 정도의 압력이 유지
- IG ON 상태에서는 오일 경고등이 점등되어야만 하고, 시동을 걸어 오일압력이 $0.3 \sim 1.6\text{kg/cm}^2$ 정도를 형성하면 경고등이 소등
- 만약 공회전 상태에서 오일압력이 0.3kg/cm^2 이하가 되면 오일 경고등이 계속 점등되는데, 이때에는 오일펌프 또는 베어링 각 부의 마멸이나, 오일 스트레이너의 막힘, 오일 필터의 막힘 등을 생각할 수 있다.

24 정답 | ①
해설 | 전압강하와 NPN 트랜지스터의 기본 원리를 묻는 문제다.
- 스위치 OFF상태에서는 TR의 컬렉터(A)까지 12V가 대기한다.
- 스위치 ON 되면(TR의 베이스에 전류가 흘러 스위칭작용) 대기했던 전원은 컬렉터 – 이미터 – 배터리(–)로 흐른다.
- 이때 전압강하에 의해 모터에서 전원이 소모되므로 A지점에서는 0V가 된다.

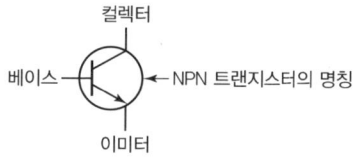

※ 트랜지스터를 단순화시키면 다음과 같이 표현할 수 있다.

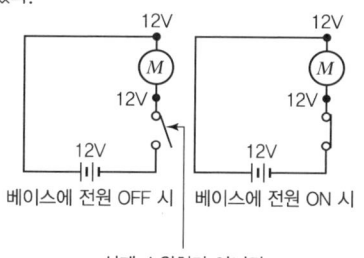

실제 스위치가 아니라 TR을 표현한 것임

25 정답 | ②
해설 | 지문의 파형은 삼원촉매장치 앞뒤의 산소센서의 파형을 나타낸다.

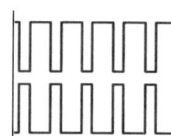

아이들 스피트 액추에이터(ISA) 정상 파형

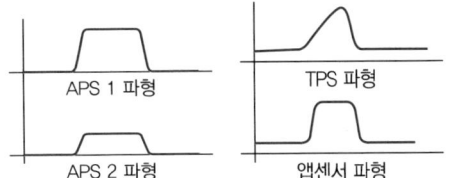

26 정답 | ①
해설 | 조향핸들의 유격(조향바퀴가 움직이기 직전까지 조향핸들이 움직인 거리)은 조향핸들 지름의 12.5% 이내이어야 한다.

27 정답 | ②
해설 | EGR밸브는 배기가스를 재순환하여 연소실 온도를 낮춰 질소산화물(NOx)의 발생을 억제하기 위한 장치로 EGR이 작동할 때 엔진의 동력손실이 발생할 수 있어 공회전, 저속, 급가속 구간에서는 작동하지 않는다.

28 정답 | ④
해설 | NPN형 트랜지스터의 경우 베이스에서 이미터로 컬렉터에서 이미터로 전류가 흐르기 때문에 이미터 단자가 접지된다.

29 정답 | ③
해설 | 배선 커넥터가 느슨하게 연결되거나 접촉불량, 커넥터 핀이 구부러진 경우 각종 장치의 불량이 발생할 수 있어 점검한다. 커넥터의 일련번호는 점검사항이 아니다.

30 정답 | ④
해설 | **연료장치(「자동차 규칙」 제17조)**
- 자동차의 연료탱크·주입구 및 가스배출구는 다음 각호의 기준에 적합하여야 한다.
- 배기관의 끝으로부터 30센티미터 이상 떨어져 있을 것
- 노출된 전기단자 및 전기개폐기로부터 20센티미터 이상 떨어져 있을 것

31 정답 | ③
해설 | 작동유(오일)는 산화 및 열화 안정성이 좋아야 한다.

32 정답 | ②
해설 | 공장의 전기는 고압(380V 교류)을 사용하므로 감전에 유의해야 한다.

33 정답 | ③
해설 | **전자제어 파워스티어링 시스템**
- 차속센서, 스로틀 포지션 센서는 차량 속도에 따른 조향력 조절을 위한 기준 신호로 사용한다.
- 조향각 센서는 운전자의 좌, 우 회전 방향을 검출한다.
- 차량이 저속에서는 조향력을 가볍게 고속에서는 무겁게 조정한다.
- 엔진 회전수와 무관하다.

34 정답 | ③
해설 | ① 반구형, 쐐기형, 지붕형, 욕조형 등이 있으며, 최근에 주로 사용되는 DOHC 엔진은 지붕형 연소실을 많이 사용한다(흡·배기 밸브가 2개씩 장착).
② 워터재킷과 오일통로는 실린더 블록에 설치되어 있다.
④ 밸브 수는 정해진 것이 아니라 엔진 형태에 따라 다르게 할 수 있다.

35 정답 | ②
해설 | ST단자는 배터리 전원 ⊕단자에 연결되어 있으므로 12V일 경우 정상이다.

36 정답 | ④
해설 | ④는 공기저항에 영향을 준다.
구름저항
- 바퀴가 수평 노면을 굴러갈 때 발생하는 저항이다.
- 원인 : 노면의 굴곡, 타이어 접지부 저항, 타이어의 노면 마찰손실에서 발생한다.

37 정답 | ③
해설 | **점화장치의 요구 조건**
- 불꽃 에너지가 높을 것
- 점화시기 제어가 정확할 것
- 발생 전압이 높고, 여유 전압이 클 것
- 절연성이 우수하고, 잡음 및 전파 방해가 적을 것

38 정답 | ①
해설 | 스위치는 입력 요소이다. ②~④는 전동시트의 모터 종류이다.
IMS의 출력요소
- 리클라이 모터 : 등받이 조절
- 프런트 하이트 모터 : 시트 앞부분 높이 조절
- 리어 하이트 모터 : 시트 뒷부분 높이 조절
- 슬라이드 모터 : 시트 전·후 이동

39 정답 | ②
해설 | ① 보조 탱크에도 FULL까지 보충한다.
② 반드시 겨울철 온도를 기준으로 물과 원액을 혼합하여 부동액을 희석시켜 주어야 한다.
④ 부동액 교환 후에는 부동액이 완전하게 채워지기 전까지는 엔진을 구동하여 냉각 팬이 가동되는지 확인하여야 한다.

40 정답 | ②
해설 | 개스킷은 정비·교환 시 신품으로 교체한다.

41 정답 | ④
해설 |
- 실린더 주변의 워터재킷이 방음효과가 있어 소음이 적다.
- 풍절음이 없다(공랭식과 비교시).

42 정답 | ②
해설 |
- IG1 : 시동에 필요한 점화코일, 계기판, 컴퓨터, 컨트롤 릴레이 등에 전원 공급
- IG2 : 시동에 불필요한 와이퍼, 에어컨, 히터, 열선, 블로어모터 등(ST에서 기동전동기가 작동할 동안 전원이 차단됨)

43 정답 | ①
해설 | 수포를 터뜨리면 2차 감염으로 인한 염증 및 흉터의 원인이 될 수 있다.

44 정답 | ②
해설 | 제동토크 = 마찰계수×(힘×반지름)
= 0.15×30cm×180kgf = 810kgf·cm

45 정답 | ③
해설 | 점화코일에는 쿨러(냉각장치)가 필요 없다.

46 정답 | ①
해설 | **흡기다기관의 검사 항목**
- 흡기 다기관의 변형과 균열 여부를 검사한다.
- 흡기 다기관과 밀착되는 헤드의 흡기구 면을 확인한다.
- 흡기 다기관의 카본 누적 여부와 정상 작동 여부를 검사한다.
- 흡기 다기관의 진공 상태를 점검한다.
- 엔진 시동 후 흡기 다기관 주위에 보디 크리닝 액을 분사하면서 엔진 rpm의 변화 여부를 살펴본다.

47 정답 | ③
해설 | **산소센서 측정 시 주의사항**
- 출력전압 측정 시 아날로그 테스터로 측정하지 말 것
- 산소센서 내부저항을 절대 측정하지 말 것
- 전압 측정 시 오실로스코프나 전용 스캐너를 사용할 것
- 무연 가솔린을 사용할 것
- 출력전압을 단락시키지 말 것

48 정답 | ②
해설 | 조향 모터는 전동식 동력조향장치(MDPS)의 구성품이다.

49 정답 | ④
해설 | 계기판의 온도계를 통해 실린더 헤드 부위의 냉각수 온도를 체크할 수 있다.

50 정답 | ①
해설 | 기동전동기의 동력전달 방식 : 벤딕스식, 전기자 섭동식, 피니언 섭동식(오버런닝 클러치식)

51 정답 | ①
해설 | 페달을 밟은 상태에서 블리더 플러그를 잠근다.

52 정답 | ②
해설 | 전면유리에 왁스 또는 기름이 묻을 때 와이퍼 블레이드의 떨림 현상과 닦임 불량 현상이 일어난다.

53 정답 | ①
해설 | 벨트 프리텐셔너(Pre-tensioner) 충돌 시 느슨한 벨트를 당겨주는 동시에 탑승자의 상체를 고정시켜(구속력 증가) 2차 상해를 예방하는 역할을 한다.

54 정답 | ②
해설 | 시동 후 발전기의 출력전압은 약 13.8~14.9V로 배터리 전압보다 높아야 하며, 충전 전류 평균값은 정격 용량의 80% 이상이어야 한다.

55 정답 | ④
해설 | 스마트 키 ECU는 스마트 키 유닛(FOB 키)의 인증정보를 받아 시동을 허용한다. 스마트키 배터리 방전 시 스마트 키를 FOB키 홀더에 꽂으면 전원분배모듈(PDM)에서 스마트 키의 인증정보를 받아 시동을 허용한다.

56 정답 | ③
해설 | 점화플러그의 불꽃시험 시 점화스위치가 ON되어야 하고, 전원 공급 및 크랭크각 센서의 신호가 필요하다.

57 정답 | ③
해설 | 블로바이 가스 환원장치는 압축 행정 또는 팽창 행정에서 피스톤 링의 링 엔드 등에서 크랭크케이스로 블로바이 가스(누출된 미연소 및 연소가스)를 연소실로 재순환하여 재연소 시키는 장치이다.

58 정답 | ②
해설 | ① 겨울철에는 연료탱크에서부터 믹서까지 잔류하고 있는 연료가 얼어서 시동이 걸리지 않게 된다.
② LPG는 NOx 배출량이 가솔린 보다 적다.
③ LPG의 옥탄가는 가솔린 보다 10% 높다.

59 정답 | ④
해설 | **콤비네이션 렌치**

오프엔드 렌치 / 복스 렌치

60 정답 | ①
해설 | ② 라디에이터 내부의 냉각수 온도가 떨어지면 체적이 감소하여 압력이 떨어지는 부압 상태(대기압보다 낮은 압력)가 된다. 이때 진공밸브(부압 밸브)가 열리면서 리저버 탱크의 냉각수가 라디에이터로 유입되어 라디에이터의 부압이 해소된다.
③ 게이지 압력 : $0.2\sim0.9\mathrm{kgf/cm^2}$
④ 냉각수 상승에 따른 냉각수의 약 20%의 체적분이 리저버 탱크로 빠져나가므로 라디에이터의 냉각수량은 그만큼 감소된다.

적중모의고사 제7회

01 일반적으로 기관의 회전력이 가장 클 때는?
① 어디서나 같다 ② 저속
③ 고속 ④ 중속

02 엔진의 온도에 따라 팬의 회전수를 바꾸어 엔진의 냉각 풍량을 조절할 수 있는 유체 커플링의 장점이 아닌 것은?
① 엔진 워밍업 시간을 연장시킬 수 있다.
② 엔진의 출력 손실을 줄인다.
③ 연료 소비량이 절약된다.
④ 엔진의 과냉ㆍ과열을 방지한다.

03 고속 디젤 기관의 열역학적 기본 사이클은?
① 브레이톤 사이클 ② 오토 사이클
③ 사바테 사이클 ④ 디젤 사이클

04 가솔린 기관 차량에서 전동팬이 회전하지 않을 때 예상되는 고장 내용으로 거리가 먼 것은?
① 수온스위치 불량
② 냉각팬 퓨즈 단선
③ 온도게이지 불량
④ 전동팬 릴레이 불량

05 기관의 윤활유 구비조건으로 틀린 것은?
① 비중이 적당할 것
② 인화점 및 발화점이 낮을 것
③ 점성과 온도와의 관계가 양호할 것
④ 카본 생성에 대한 저항력이 있을 것

06 외력을 제거하면 원래의 상태로 돌아가는 것을 무엇이라 하는가?
① 항복점 ② 소성변형
③ 인장강도 ④ 탄성변형

07 엔진 회전수에 따라 최대의 토크가 될 수 있도록 제어하는 가변흡기 장치의 설명으로 옳은 것은?
① 흡기관로 길이를 엔진 회전속도가 저속 시에는 길게 하고, 고속 시에는 짧게 한다.
② 흡기관로 길이를 엔진 회전속도가 저속 시에는 짧게 하고, 고속 시에는 길게 한다.
③ 흡기관로 길이를 가ㆍ감속 시에는 길게 한다.
④ 흡기관로 길이를 감속 시에는 짧게 하고, 가속 시에는 길게 한다.

08 전자제어 엔진에서 흡입공기량 측정방법이 아닌 것은?
① 피스톤 직경 ② 흡기 다기관 부압
③ 엔진 회전속도 ④ 스로틀 밸브 열림각

09 내연기관 밸브장치에서 밸브스프링의 점검과 관계가 없는 것은?
① 스프링 장력 ② 자유높이
③ 직각도 ④ 코일의 수

10 MPI 전자제어 가솔린 연료 분사장치에서 연료 계통에 대한 설명으로 틀린 것은?
① 솔레노이드 코일 방식의 인젝터를 사용한다.
② 엔진 회전속도에 따라 연료펌프 회전속도를 변화시킨다.
③ 연료펌프는 일반적으로 DC모터를 사용한다.
④ 체크밸브는 연료라인에 잔압을 형성시킨다.

11 전자제어기관에서 배기가스가 재순환되는 EGR 장치의 EGR율(%)을 바르게 나타낸 것은?

① EGR율 = $\dfrac{\text{EGR 가스량}}{\text{배기 공기량} + \text{EGR 가스량}} \times 100(\%)$

② EGR율 = $\dfrac{\text{EGR 가스량}}{\text{흡입 공기량} + \text{EGR 가스량}} \times 100(\%)$

③ EGR율 = $\dfrac{\text{흡입 공기량}}{\text{흡입 공기량} + \text{EGR 가스량}} \times 100(\%)$

④ EGR율 = $\dfrac{\text{배기 공기량}}{\text{흡입 공기량} + \text{EGR 가스량}} \times 100(\%)$

12 다음 중 피스톤의 1왕복으로 1사이클을 완성하는 기관은?

① 4행정 1사이클 기관
② 2행정 1사이클 기관
③ 정압사이클 기관
④ 정적사이클 기관

13 차량 주행 중 급감속 시 스로틀 밸브가 급격히 닫히는 것을 방지하여 운전성을 좋게 하는 것은?

① 아이들 업 솔레노이드
② 대시포트
③ 퍼지 컨트롤 밸브
④ 연료차단 밸브

14 다음 중 촉매기의 분류에 속하지 않는 것은?

① 1상 산화 촉매기
② 1상 3원 촉매기
③ 2상 촉매기
④ 2상 3원 촉매기

15 변속기의 변속비가 1.5인 엔진을 다이나모미터에 걸었더니 추진축 회전이 1100rpm 회전력이 80m·kgf로 나왔다. 이 때 엔진의 회전수와 회전력이 바르게 표시된 것은?

① 733rpm, 53m·kgf
② 733rpm, 120m·kgf
③ 1650rpm, 53m·kgf
④ 1650rpm, 120m·kgf

16 희박연소 엔진(린번)에서 스월(Swirl)을 일으키는 밸브에 해당되는 것은?

① 매니폴드 스로틀 밸브(MTV)
② 어큐뮬레이터
③ EGR 밸브
④ 오일 컨트롤 밸브(OCV)

17 기관의 체적 효율이 떨어지는 원인으로 옳은 것은?

① 흡입 공기가 열을 받았을 때
② 과급기를 설치할 때
③ 흡입 공기를 냉각할 때
④ 배기밸브보다 흡입밸브가 클 때

18 조기점화에 대한 설명 중 틀린 것은?

① 점화플러그 전극에 카본에 부착되어도 일어난다.
② 과열된 배기밸브에 의해서도 일어난다.
③ 조기 점화가 일어나면 각 부품에 응력이 증대된다.
④ 조기 점화가 일어나면 연료 소비량이 적어진다.

19 전자제어 가솔린 엔진에 사용되는 센서 중 흡기온도 센서에 관한 내용으로 틀린 것은?

① 흡기온도가 낮을수록 공연비는 증가된다.
② 온도에 따라 저항값이 변화되는 NTC형 서미스터를 주로 사용한다.
③ 엔진 시동과 직접 관련되며 흡입 공기량과 함께 기본 분사량을 결정한다.
④ 온도에 따라 달라지는 흡입 공기밀도 차이를 보정하여 최적의 공연비가 되도록 한다.

20 피스톤 헤드 부분에 있는 홈(Heat dam)의 역할은?

① 제1압축링을 끼우는 홈이다.
② 열의 전도를 방지하는 홈이다.
③ 무게를 가볍게 하기 위한 홈이다.
④ 응력을 집중하기 위한 홈이다.

21 배기가스의 일부를 배기계에서 흡기계로 재순환시켜 질소산화물 생성을 억제시키는 장치는?

① 퍼지 컨트롤 밸브
② 차콜 캐니스터
③ EGR(Exhaust Gas Recirculation system)
④ 가변밸브 타이밍 제어장치(CVVT)

22 가솔린 연료의 기화성에 대한 설명으로 틀린 것은?

① 연료라인이 과열하면 베이퍼 록(Vapor Lock) 현상이 발생한다.
② 냉각상태에서 시동 시에는 기화성이 좋아야 한다.
③ 더운날 기화기 내의 연료가 비등할 수 있다.
④ 연료펌프가 불량하면 퍼콜레이션(Percolation) 현상이 발생한다.

23 흡기장치에는 공기유량을 계측하는 방식이 있는데 그중 공기질량 측정방식에 해당하는 것은?

① 흡기 다기관 압력방식
② 가동 베인식
③ 열선식
④ 칼만 와류식

24 앞엔진 뒷바퀴 구동식 자동차에 비하여 앞엔진 앞바퀴 구동식 자동차의 장점이 아닌 것은?

① 차실바닥이 편평하므로 거주성이 좋다.
② 빙판 등에서의 등판능력이 우수하다.
③ 자동차 앞뒤 중량배분이 균일하다.
④ 차량 중량이 감소된다.

25 중량이 2000kgf인 자동차가 20°의 경사로를 등반 시 구배(등판) 저항은 약 몇 kgf인가?

① 522kgf
② 584kgf
③ 622kgf
④ 684kgf

26 자동차의 타이어 유효반경이 0.333m 최대출력 시 엔진 회전수가 5400rpm 종감속비가 3.2, 변속기 톱기어 변속비가 1.0일 때 이 자동차의 최고 속도는 약 몇 km/h인가?

① 201.61
② 211.74
③ 212.76
④ 213.74

27 수동변속기 차량의 클러치판에서 클러치 접속 시 회전충격을 흡수하는 것은?

① 쿠션 스프링
② 댐퍼 스프링
③ 클러치 스프링
④ 막 스프링

28 후축에 9890kgf의 하중이 작용될 때 4개의 타이어를 장착하였다면 타이어 한 개당 받는 하중은 얼마인가?

① 약 2473
② 약 2770
③ 약 3770
④ 약 3473

29 차륜 정렬상태에서 캠버가 과도할 때 타이어의 마모 상태는?

① 트레드의 중심부가 마멸
② 트레드의 한쪽 모서리가 마멸
③ 트레드의 전반에 걸쳐 마멸
④ 트레드의 양쪽 모서리가 마멸

30 전자제어 현가장치(ECS)에서 보기의 설명으로 맞는 것은?

〈보기〉
조향 휠 각속도센서와 차속정보에 의해 ROLL 상태를 조기에 검출해서 일정 시간 감쇠력을 높여 차량이 선회주행 시 ROLL을 억제하도록 한다.

① 안티 스쿼트 제어
② 안티 다이브 제어
③ 안티 롤 제어
④ 안티 스프트 스쿼트 제어

31 트램프(tramp)는 자동차가 주행 중 앞부분에 심한 진동이 생기는 현상이다. 트램프(tramp)의 주된 원인은?

① 적재량 과다 ② 토션바 스프링 마멸
③ 내압의 과다 ④ 바퀴의 불평형

32 차륜 정렬 측정 및 조정을 해야 할 이유와 거리가 먼 것은?

① 브레이크의 제동력이 약할 때
② 현가장치를 분해·조립했을 때
③ 핸들이 흔들리거나 조작이 불량할 때
④ 충돌 사고로 인해 차체에 변형이 생겼을 때

33 수동변속기 작업과 관련된 사항 중 틀린 것은?

① 분해와 조립순서에 준하여 작업한다.
② 로크너트는 재사용이 가능하다.
③ 싱크로나이저 허브와 슬리브는 일체로 교환한다.
④ 세척이 필요한 부품은 반드시 세척한다.

34 가솔린 전자제어 기관의 연료펌프에 대한 설명으로 맞지 않는 것은?

① 체크밸브는 재시동성 향상을 위해 시동정지 후에도 압력을 유지한다.
② 연료탱크 내장형은 소음, 증발가스 억제작용을 한다.
③ 연료펌프는 점화스위치가 IG(ON) 상태에서는 계속 회전한다.
④ 릴리프밸브는 라인 내 압력이 규정 값 이상으로 상승되는 것을 방지한다.

35 사이드슬립 테스터로 측정한 결과 왼쪽 바퀴가 안쪽으로 6mm, 오른쪽 바퀴가 바깥쪽으로 8mm 움직였다면 전체 미끄럼량은?

① in 1mm ② out 1mm
③ in 7mm ④ out 7mm

36 다음 중 모든 바퀴가 고정(Lock)되었을 경우 제동거리를 산출하는 식으로 맞는 것은?(단, L = 제동거리, V = 차속, μ = 타이어와 지면 사이 마찰계수, g = 중력가속도)

① $L = \dfrac{V}{2\mu g}$ ② $L = \dfrac{g}{2\mu V}$

③ $L = \dfrac{\mu}{2Vg}$ ④ $L = \dfrac{V^2}{2\mu g}$

37 일반적인 브레이크 오일의 주성분은?

① 윤활유와 경유
② 알코올과 피마자 기름
③ 알코올과 윤활유
④ 경유와 피마자 기름

38 다음 중 조향장치와 관련이 없는 것은?

① 스티어링 기어 ② 피트먼 암
③ 타이로드 ④ 쇽업소버

39 유압식 브레이크 장치에서 브레이크가 풀리지 않는 원인은?

① 오일점도가 낮기 때문
② 파이프 내에 공기혼입
③ 체크밸브 접촉 불량
④ 마스터 실린더의 리턴 구멍 막힘

40 튜브리스 타이어의 장점으로 맞지 않는 것은?

① 펑크 수리가 간단하다.
② 못 같은 것이 박혀도 공기가 잘 새지 않는다.
③ 고속 주행에도 잘 발열하지 않는다.
④ 림이 변형되어도 타이어와 밀착이 좋아 공기가 잘 새지 않는다.

41 2Ω, 3Ω, 6Ω의 저항을 병렬로 연결하여 12V의 전압을 가하면 흐르는 전류는?
① 1A ② 2A
③ 3A ④ 12A

42 킹핀 옵셋에 영향을 미치는 차륜 정렬 요소로 가장 밀접하게 짝을 이루고 있는 것은?
① 캐스터와 캠버
② 캠버와 토
③ 캠버와 킹핀 경사각
④ 킹핀 경사각과 토

43 다음 전기 기호 중에서 트랜지스터의 기호는?

44 전기자의 철심을 성층하는 가장 적절한 이유는?
① 기계 손을 적게 하기 위해
② 와류 손을 적게 하기 위해
③ 히스테리시스손을 적게 하기 위해
④ 포유부하손을 적게 하기 위해

45 기동전동기의 풀인(pull-in) 시험을 시행할 때 필요한 단자의 연결로 옳은 것은?
① 배터리 (+)는 ST단자에, 배터리 (−)는 M단자에 연결한다.
② 배터리 (+)는 ST단자에, 배터리 (−)는 B단자에 연결한다.
③ 배터리 (+)는 B단자에, 배터리 (−)는 M단자에 연결한다.
④ 배터리 (+)는 B단자에, 배터리 (−)는 ST단자에 연결한다.

46 MOSFET의 특징 중 틀린 것은?
① 전력용 MOSFET은 전압 제어소자이다.
② 매우 높은 입력임피던스를 가지고 있기 때문에 큰 입력전류만을 필요로 한다.
③ 스위칭 속도가 매우 빠르다.
④ MOSFET은 공핍형과 증식형이 있다.

47 논리소자 중 입력신호 모두가 1일 때에만 출력이 1로 되는 회로는?
① NOT(논리부정)
② AND(논리곱)
③ NAND(논리곱 부정)
④ NOR(논리합 부정)

48 배터리 고장의 3대 요소에 해당되지 않는 것은?
① 과충전 ② 과방전
③ 과열   ④ 사용시간

49 자동차용 AC 발전기의 내부구조와 가장 밀접한 관계가 있는 것은?
① 슬립링   ② 전기자
③ 오버닝 클러치 ④ 정류자

50 다음 중 자동차용 축전지에 대한 설명으로 맞는 것은?
① 자동차용 축전지의 비중은 전해액의 온도가 4℃일 때를 표준으로 하여 표시되어 있다.
② 전류의 측정은 전류계를 축전지의 회로에 직렬로 접속하여 실시한다.
③ 완전 충전된 자동차용 축전지의 전해액 비중은 20℃에서 1.180이다.
④ 축전지를 과충전시키면 전해액이 현저하게 감소한다.

51 기전력이 2V이고 0.2Ω의 저항 5개가 병렬로 접속되었을 때 각 저항에 흐르는 전류는 몇 A인가?

① 10A   ② 20A
③ 30A   ④ 40A

52 버튼 시동 시스템에 대한 설명으로 틀린 것은?

① 사용자가 FOB 키를 소지 후 브레이크 페달을 밟고 시동 버튼을 누르면 자동으로 시동이 걸린다.
② 시동 버튼에 LED가 주황색인 경우는 ACC 상태, 파랑색은 IG ON, LED 소등 시에는 전원 OFF 또는 시동 상태를 나타낸다.
③ 변속 레인지가 D 레인지에 있어도 사용자가 FOB 키를 소지 후 브레이크 페달을 밟고 시동 버튼을 누르면 자동으로 시동이 걸린다.
④ 차량 전복에 의한 연료 누출 및 비상시 강제로 시동 버튼을 눌러 시동을 끌 수 있다.

53 점화플러그의 방전전압에 영향을 미치는 요인이 아닌 것은?

① 전극의 틈새모양, 극성
② 혼합가스의 온도, 압력
③ 흡입 공기의 습도와 온도
④ 파워 트랜지스터의 위치

54 자동차 정비작업 시 안전 및 유의사항으로 옳지 않은 것은?

① 기관을 운전할 때는 일산화탄소가 생성되므로 환기장치를 해야 한다.
② 헤드 가스킷이 닿는 표면에는 스크레이퍼로 큰 압력을 가하여 깨끗이 긁어낸다.
③ 점화플러그를 청소할 때에는 보안경을 쓰는 것이 좋다.
④ 기관을 들어낼 때 체인 및 리프팅 브래킷은 중심부에 튼튼히 걸어야 한다.

55 배출가스 절감 및 연료 절감을 위하여 자동차가 정차할 때 자동으로 기관의 작동을 정지시키는 시스템을 무엇이라고 하는가?

① ISG   ② EGR
③ ABS   ④ ECS

56 전자제어 점화장치의 작동 순서로 옳은 것은?

① 각종 센서 → ECU → 파워 트랜지스터 → 점화 코일
② ECU → 각종 센서 → 파워 트랜지스터 → 점화 코일
③ 파워 트랜지스터 → 각종 센서 → ECU → 점화 코일
④ 각종 센서 → 파워 트랜지스터 → ECU → 점화 코일

57 AC 발전기의 계철은 어떤 역할을 하는가?

① 전류 손실 방지   ② 전류 상승 방지
③ 자력 손실 방지   ④ 전압 강하 방지

58 부동액을 점검하는 도구는?

① 마이크로미터   ② 비중계
③ 온도계   ④ 압력 게이지

59 일반적인 직류기 전기자 권선법에 대한 설명 중 틀린 것은?

① 정류 개선을 위한 단절권 사용
② 대부분 회전자 권선은 2층권
③ 각 슬롯에 다른 두 코일변 삽입
④ 환상권, 개로권 사용

60 축전지에서 한랭 시 일어나는 현상이 아닌 것은?

① 비중이 상승한다.
② 화학반응이 저하된다.
③ 용량이 저하된다.
④ 전압이 높아진다.

정답 및 해설

제7회 적중모의고사

01	02	03	04	05	06	07	08	09	10
④	①	③	③	②	④	①	①	④	②
11	12	13	14	15	16	17	18	19	20
②	②	②	④	③	①	①	④	③	②
21	22	23	24	25	26	27	28	29	30
③	④	③	③	④	②	②	①	②	③
31	32	33	34	35	36	37	38	39	40
④	①	②	③	②	④	②	④	④	④
41	42	43	44	45	46	47	48	49	50
④	③	②	③	①	②	②	④	①	②
51	52	53	54	55	56	57	58	59	60
①	③	④	②	①	①	③	②	④	④

01 정답 | ④
해설 | 일반적으로 기관의 회전력이 가장 클 때는 중속(3000~4000rpm) 영역이다.

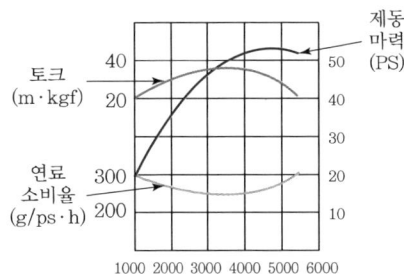

02 정답 | ①
해설 | 유체 커플링을 적용한 냉각팬의 경우 엔진이 냉간 시 회전속도를 낮추어 엔진 워밍업 시간을 단축시킬 수 있다.

03 정답 | ③
해설 | 고속 디젤 기관의 열역학적 기본 사이클은 사바테 사이클이다. 사바테 사이클은 정압과 정적 사이클의 복합적인 사이클(고속 디젤 사이클, 사바테 사이클, 복합 사이클)이다.

04 정답 | ③
해설 | ECU는 수온스위치 또는 냉각수온 센서의 신호를 입력받아 엔진 워밍업이 끝나면 전동팬(냉각팬)을 작동시키는데 이때 냉각팬(전동팬)에 회로를 구성하는 퓨즈 또는 릴레이가 불량일 경우에도 고장이 발생할 수 있다. 엔진 온도 게이지는 냉각팬과 별개로 작동하므로 냉각팬의 고장과는 거리가 멀다.

05 정답 | ②
해설 | **엔진오일의 구비조건**
- 점도지수가 커 온도와 점도와의 관계가 양호해야 한다.
- 인화점 및 자연 발화점이 높아야 한다.
- 강인한 유막을 형성해야 한다.
- 응고점이 낮아야 하고, 비중과 점도가 적당해야 한다.
- 기포 발생과 카본 생성에 대한 저항력이 커야 한다.

06 정답 | ④
해설 |
- 외력을 제거하면 원래의 상태로 돌아가는 변형 = 탄성변형
- 외력을 제거하여도 원래의 상태로 돌아가지 않는 변형 = 소성변형
- 재료가 탄성변형에서 소성변형으로 바뀌는 지점 = 항복점
- 외력이 재료를 잡아당기는 방향으로 작용할 때 재료가 버틸 수 있는 최대응력 = 인장강도

07 정답 | ①
해설 | 가변흡기 장치는 흡기 효율 증대를 위해 고속(스로틀 밸브 열림) 시에 VIS 밸브 모터를 구동하여 통로의 길이를 짧게 제어한다.

08 정답 | ①
해설 | 주어진 지문에서 피스톤 직경은 변화가 없는 고정값이므로 실시간 변화하는 흡입공기량 측정을 위한 요소로는 적합하지 않다.

09 정답 | ④
해설 | **밸브스프링의 점검**
- 자유높이 : 기준값의 3% 이내
- 직각도 : 기준값의 3% 이내
- 장력 : 기준값의 15% 이내

10 정답 | ②
해설 | MPI 방식에서 연료펌프는 DC모터 방식으로 항상 같은 회전수로 작동되며, 압력조절기를 통해 엔진회전속도에 따른 연료압력을 제어한다.

11 정답 | ②
해설 | EGR율 $= \dfrac{\text{EGR 가스량}}{\text{EGR 가스량} + \text{흡입 공기량}} \times 100(\%)$

12 정답 | ②
해설 | 피스톤의 1왕복은 2행정이므로 2행정 1사이클 기관에 대한 문제이다.
정압, 정적, 복합 사이클은 4행정 1사이클 기관의 종류이다.

13 정답 | ②
해설 | **대시포트의 기능**
- 차량 주행 중 급감속 시 스로틀 밸브가 급격히 닫힘으로 인한 엔진의 충격을 완화시킨다.
- 급격한 부압 변화를 완화시킴으로써 미연소 가스의 배출을 방지한다.

14 정답 | ④
해설 | 촉매를 정화방법으로 분류하면 1상 산화촉매, 1상 삼원(3원)촉매, 2상 촉매로 분류할 수 있다. 2상 촉매기에서 첫 번째 촉매에서 Nox을 정화하고, 두 번째 촉매에서 CO, HC를 정화한다.

15 정답 | ③
해설 |
- 엔진 회전수 = 추진축 회전수 × 변속비
  = 1100rpm × 1.5 = 1650rpm
- 엔진 회전력 $= \dfrac{\text{추진축 회전력}}{\text{변속비}} = \dfrac{80\text{m}\cdot\text{kgf}}{1.5}$
  $= 53.3\text{m}\cdot\text{kgf}$

16 정답 | ①
해설 | 희박연소엔진에서 스월을 일으키기 위해 한쪽 흡입 밸브을 차단하기 위한 장치가 매니폴드 스로틀 밸브(MTV)이다. 최근에는 스월을 일으키기 위한 장치를 스월 컨트롤 밸브(SCV)라고 부른다.

17 정답 | ①
해설 | 흡입 공기가 열을 받게 되면 질량은 변하지 않고 체적(부피)만 커져 체적 효율이 떨어지게 된다.

18 정답 | ④
해설 | 조기 점화가 일어나면 노킹 발생으로 인해 엔진 출력이 저하되므로 연료소비량이 증가된다.

19 정답 | ③
해설 | 흡기온도 센서는 엔진 시동과 직접적인 관련이 없으며 기본 분사량에도 영향을 주지 않는다. 흡기온도 센서는 EGR 보정, 연료 분사량 보정에 영향을 준다.

20 정답 | ②
해설 | 히트 댐의 역할은 피스톤 헤드의 열이 아래쪽(피스톤 스커트)으로 전달되지 않게 하는 것이다.

21 정답 | ③
해설 | 배기가스의 일부를 배기계에서 흡기계로 재순환시켜 연소실의 온도를 낮춰 질소산화물을 억제시키는 장치는 EGR이다.

22 정답 | ④
해설 | 퍼콜레이션은 연료펌프와 관련 없이, 더운 날 기화기 내에서 연료가 비등할 경우 순간적으로 농후한 연료가 공급되어 시동이 불가능한 상태를 말한다.

23 정답 | ③
해설 | 열선(열막)식 공기유량 센서는 공기의 질량을 측정하여 연료 분사량을 조절하는 방식이다.

24 정답 | ③
해설 | 앞엔진 뒷바퀴 구동식(FR) 방식과 비교하였을 때 앞엔진 앞바퀴 구동식(FF)방식의 경우 동력원과 구동륜이 전륜에 집중되므로 자동차 앞뒤 중량 배분이 불균일한 단점이 있다.

25 정답 | ④
해설 | 등판저항 = 중량 × sin(경사) = 2000kgf × sin(20°)
  = 684kgf

26 정답 | ②
해설 | 차속(km/h)
  $= \text{구동축 회전수(rpm)} \times 2\pi r(\text{m}) \times \dfrac{60}{1000}$
  $= 1687.5 \times 2 \times 3.14 \times 0.333 \times \dfrac{60}{1000}$
  $= 211.7\text{km/h}$
여기서 구동축 회전수(rpm)
  $= \dfrac{\text{추진축 회전수}}{\text{종감속비}} = \dfrac{5400}{3.2} = 1687.5\text{rpm}$

27 정답 | ②
해설 |
- 회전 충격 흡수 : 댐퍼 스프링
- 접촉 충격 흡수 : 쿠션 스프링

28 정답 | ①
해설 | 윤중 $= \dfrac{9890\text{kgf}}{4} = 2472.5\text{kgf}$

29 정답 | ②
해설 | 정의 캠버가 과도하면 타이어 트레드의 바깥쪽 모서리가 지면과 접촉되므로 바깥쪽(한쪽) 모서리가 마멸된다.

30 정답 | ③
해설 | **전자제어 현가장치(자세제어장치)의 기준신호**
- 안티 스쿼트 제어 : 스로틀 포지션 센서
- 안티 다이브 제어 : 브레이크 압력, 브레이크 스위치
- 안티 롤 제어 : 조향각 센서

31 정답 | ④
해설 | 트램프는 타이어의 정적 불평형으로 인해 발생한다.
- 정적 불평형 : 휠 트램핑(트램프)
- 동적 불평형 : 시미

32 정답 | ①
해설 | 제동력 감소는 유압회로 불량 또는 마찰력 저하, 페달 유격 불량 등이 주원인이므로, 차륜 정렬(휠 얼라이먼트) 조정과는 거리가 멀다.

33 정답 | ②
해설 | 분해조립 작업 시 동와셔, 오일실(리테이너), 오링, 로크 너트 등은 신품으로 교환 후 작업한다.

34 정답 | ③
해설 | 점화스위치가 IG(ON) 상태에서 계속 회전할 경우 사고 발생으로 연료 라인이 파손될 경우 연료 누출에 의해 화재 위험이 있어 엔진이 회전할 때만 지속적으로 작동한다.

35 정답 | ②
해설 | $\dfrac{\text{아웃}-\text{인}}{2} = \dfrac{8-6}{2}$mm
$= +1$mm $=$ out 1mm

36 정답 | ④
해설 | 에너지 보존법칙에 의해 운동에너지 = 제동에너지
$\dfrac{1}{2}mV^2 = \mu mgL$ 이므로
$L = \dfrac{mV^2}{2\mu mg} = \dfrac{V^2}{2\mu g}$ 이다.

37 정답 | ②
해설 | 브레이크 오일의 주성분은 알코올과 파마자 기름이다.

> [Tip] 브레이크액의 구비조건
> - 비등점이 높을 것
> - 점도지수가 클 것
> - 점도는 적당할 것
> - 열팽창률이 적을 것

38 정답 | ④
해설 | 쇽업소버는 현가장치의 일종이다.

39 정답 | ④
해설 | 마스터 실린더의 리턴 구멍이 막히면 브레이크가 풀리지 않는 현상이 발생한다.

40 정답 | ④
해설 | 튜브리스 타이어는 림과 타이어 비드면이 접촉하여 공기 누설을 방지하므로 림이 변형된 경우 공기가 누설되기 쉬운 단점이 있다.

41 정답 | ④
해설 | $\dfrac{1}{R_1} + \dfrac{1}{R_2} + \dfrac{1}{R_3} = \dfrac{1}{R_t}$
$\dfrac{1}{2} + \dfrac{1}{3} + \dfrac{1}{6}$
$= \dfrac{3}{6} + \dfrac{2}{6} + \dfrac{1}{6} = \dfrac{6}{6} = 1\Omega$
$V = IR, I = \dfrac{12}{1} = 12$A

42 정답 | ③
해설 | 킹핀 옵셋은 인크루드각(협각)이 지면 아래에 형성될 때 킹핀각과 캠버각이 각각 지면에 만나는 지점에 거리 차이를 의미하므로 킹핀 옵셋에 영향을 미치는 것은 캠버와 킹핀 경사각이다.

43 정답 | ②
해설 | 는 트랜지스터의 기호이다.
① ─▷├─ : 다이오드
③ ─／\／\─ : 가변저항
④ ─⊗─ : 전구

44 정답 | ②
해설 | 와류에 의한 손실을 감소하기 위해 전기자 철심을 성층하여 설치한다.

45 정답 | ①
해설 | 기동전동기의 풀인 시험은 솔레노이드 스위치의 작동을 점검하는 시험이다.
- 배터리 (+)는 ST단자에 연결
- 배터리 (−)는 M단자에 연결

46 정답 | ②
해설 | 저전력 고주파용 컨버터에 이용되며, 높은 임피던스를 가지고 있기 때문에 미세한 입력전류만을 필요로 한다.

47 정답 | ②
해설 | 각 논리회로의 출력이 HIGH(1)로 되는 조건
- AND 게이트 : 양쪽의 입력이 모두 HIGH(1)일 때
- OR 게이트 : 한쪽의 입력 또는 양쪽의 입력이 모두 HIGH(1)일 때
- NOT 게이트 : 입력이 LOW(0)일 때

48 정답 | ④
해설 | 배터리의 사용시간은 배터리 수명(SOH)과 연관되며, 고장과는 거리가 멀다.

49 정답 | ①
해설 | 전기자와 오버러닝 클러치, 정류자는 기동전동기의 부품이다.

50 정답 | ②
해설 | 자동차용 축전지의 비중은 전해액의 온도가 20℃ 일 때를 표준으로 하여 표시되어 있으며, 이때의 비중은 완전 충전 시 약 1.280이다. 또한 전류를 측정하기 위해서는 테스터기를 직렬로 접속한다.

51 정답 | ①
해설 | 병렬로 접속되어 있으므로, 각 저항에 흐르는 전류는 다음과 같다.
$$I = \frac{E}{R} = \frac{2}{0.2} = 10A$$

52 정답 | ③
해설 | 변속 레인지가 D 레인지일 경우 안전상의 이유로 인히비터 스위치를 통해 시동이 제한된다.

53 정답 | ④
해설 | **점화플러그의 방전전압에 영향을 미치는 요인**
- 전극의 간극
- 혼합기의 농후, 희박
- 흡입 공기의 온도, 습도
- 점화 코일의 저항
- 연소실의 압축압력

54 정답 | ②
해설 | 헤드 가스켓이 닿는 표면은 스크레이퍼로 작은 압력을 가하여 긁어낸다.

55 정답 | ①
해설 | ISG(Idle Stop and Go)기능은 엔진의 공회전 시간을 줄여 배출가스 및 연료 절감을 위해 사용된다.

56 정답 | ①
해설 | ECU는 크랭크각 센서의 기준신호를 받아 점화시기를 결정하여 파워 TR의 B단자에 전원을 단속하여 점화한다.

57 정답 | ③
해설 | 자력의 와류손을 방지하는 역할이다.

58 정답 | ②
해설 | 부동액은 비중에 따라 어는점이 달라져 비중계를 통해 점검한다.

59 정답 | ④
해설 | 직류기 전기자 권선법 : 고상권, 폐로권, 이층권

60 정답 | ④
해설 | 한랭 시 축전지의 비중은 상승하지만, 화학반응이 저하되어 전압 및 용량이 저하된다.

2026
자동차정비기능사 필기(+전과목 무료 동영상)

초 판 발 행	2023년 02월 10일
개정3판1쇄	2025년 09월 10일
편 저	이병근
발 행 인	정용수
발 행 처	(주)예문아카이브
주 소	경기도 파주시 광인사길 79 4층(문발동)
T E L	031) 955 – 0550
F A X	031) 955 – 0660
등 록 번 호	제2016-000240호
정 가	30,000원

- 이 책의 어느 부분도 저작권자나 발행인의 승인 없이 무단 복제하여 이용할 수 없습니다.
- 파본 및 낙장은 구입하신 서점에서 교환하여 드립니다.

홈페이지 http://www.yeamoonedu.com

ISBN 979-11-6386-498-1 [13550]